Heinz Schelle | Roland Ottmann | Astrid Pfeiffer

PROJEKTMANAGER

ProjektManager

Projektleitung: Roland Ottmann
Redaktion: Astrid Pfeiffer
Herausgeber: GPM Deutsche Gesellschaft für Projektmanagement e.V. in Verbindung mit
Heinz Schelle, Roland Ottmann und Astrid Pfeiffer

Gestaltung und Produktion: Peter Design, Nürnberg
Cover-Illustration: Frey Kommunikations-Design, Fürth/B.

2. Auflage 2005 Nürnberg (Deutschland/Europäische Union)

© GPM Deutsche Gesellschaft für Projektmanagement e.V.
Die GPM ist die nationale Mitgliedsvereinigung der IPMA International Project Management Association.
www.GPM-IPMA.de

ISBN 3-924841-26-8

GRUSSWORT

Roland Ottmann (MBA) | GPM Deutsche Gesellschaft für Projektmanagement e.V.

Liebe Leserinnen und Leser,

mit vereinten Kräften haben wir entwickelt, verfasst, bewertet, getestet – und nun ist es so weit: Sie halten den „ProjektManager" in den Händen. Mit diesem Werk möchte die GPM Deutsche Gesellschaft für Projektmanagement e.V. national und international einen neuen Standard etablieren, an dem sich die Gesamtentwicklung im Projektmanagement orientiert. Der „ProjektManager" ist Teil einer Initiative, innerhalb derer die GPM ihr gesamtes Lehr- und Zertifizierungswesen überarbeitet. Wir haben die Lehr- und Prüfungsinhalte zielgerichtet gestrafft und gleichzeitig aktuelle Entwicklungen integriert. Dies spiegelt sich im Buch durchgängig wider.

Inhaltlich haben wir uns an allen Vorgaben der IPMA Competence Baseline (ICB) der International Project Management Association orientiert. Dem Bereich „Menschen im Projekt" sowie der Kommunikation haben wir hohen Stellenwert eingeräumt, weil diese Themen in der Praxis lange Zeit unterschätzt wurden und nun entsprechend Nachholbedarf besteht. So gestalten wir eine internationale Entwicklung mit, die den Menschen immer stärker in den Mittelpunkt des Projektmanagements rückt.

Ein zentrales Anliegen ist es uns, verständliche Beschreibungen zu liefern und den bestmöglichen Lesefluss zu gewährleisten. Mit einem kompakten, schnörkellosen Stil wollen wir die Dinge schnell auf den Punkt bringen. Es soll Spaß machen, sich im Projektmanagement fortzubilden und sich auf die Zertifizierung vorzubereiten. Schnell lesen und verstehen zu können spart auch Zeit – ein wesentlicher Faktor in einer Arbeitswelt, die uns diesbezüglich immer mehr abverlangt.

Der „ProjektManager" deckt alle vier Qualifikationsstufen nach GPM/IPMA – also von Level D bis Level A – ab. Um dies zu schaffen, haben wir eine Brücke gebaut, die zwei Anliegen miteinander verbindet: Lesern, die sich zum ersten Mal intensiver mit Projektmanagement befassen, einen schnellen Einstieg und gleichzeitig Profis der oberen Zertifizierungsstufen eine Fortbildung auf hohem Niveau zu ermöglichen. Wir möchten einen breiten Überblick über die wichtigsten Themen des Projektmanagements geben, aber auch ausreichende Detailtiefe garantieren, damit das Gelernte in die Praxis umgesetzt werden kann.

Das Lehrbuch soll sich im Sinne eines „Kontinuierlichen Verbesserungsprozesses" von Auflage zu Auflage weiterentwickeln. Anregungen sind uns deshalb immer willkommen. So stellen wir sicher, dass kontinuierlich aktuelle Erkenntnisse und Erfahrungen Eingang in das Werk sowie in Ausbildung, Zertifizierung und die Weiterentwicklung der Disziplin Projektmanagement im Allgemeinen finden.

Danken möchte ich Prof. Dr. Heinz Schelle für seine Arbeit als Autor und seine unermüdliche fachliche Unterstützung, Astrid Pfeiffer für ihren Einsatz als Redakteurin, Koordinatorin und Autorin, unseren Autoren Günter Rackelmann und Kurt E. Weber, die je ein Kapitel beigesteuert haben, sowie Karin Peter und ihrem Team für die zügige Erstellung des Layouts. Unseren „Testlesern" Dr. Hans Stromeyer (Vesalius Ventures), Frank Bettgenhäuser (Deutsche Post), Dr. Conor John Fitzsimons (Fitzsimons Coaching & Consulting), Uwe Kliche (Dornier Consult) und Erwin Weitlaner (Siemens) danke ich herzlich für ihren Einsatz und ihre hilfreichen Anmerkungen. Uns liegt viel daran, diesen Austausch weiter zu pflegen. Dank gebührt auch den Assessoren der GPM-Zertifizierungsstelle PM-ZERT Sandra Bartsch-Beuerlein und Wulff Seiler für die Erstellung der Taxonomie sowie Werner Schmehr, Geschäftsführer der PM-ZERT, Klaus Pannenbäcker, einem der Väter des 4-L-C und Treiber des damit verbundenen Assessment-Konzepts, und allen anderen Unterstützern dieses Werks.

Viel Spaß beim Lesen und Lernen und natürlich viel Erfolg bei Ihrer Karriere im Projektmanagement wünscht Ihnen Ihr

Roland Ottmann (MBA)
Vorsitzender des Vorstands der GPM Deutsche Gesellschaft für Projektmanagement e.V.
Projektleiter und Mitautor „ProjektManager"

Prof. Dr. Edward G. Krubasik | Siemens AG

Liebe Leserinnen und Leser,

exzellentes Projektmanagement ist für alle an einem Projekt Beteiligten ein essenzieller Erfolgsfaktor. Qualität, Schnelligkeit und Wirtschaftlichkeit sind die Maßstäbe des Erfolgs. Professionalität in allen Facetten eines Projekts sicherzustellen ist mir seit langem ein persönliches Anliegen.

Siemens realisiert heute knapp 50 Prozent des Konzernumsatzes mit Projekten. Hierin erkennt man die hohe Abhängigkeit unseres Erfolgs von erfolgreichem Projektmanagement. Im Zeitalter der Globalisierung und des wachsenden Wettbewerbs müssen wir hervorragende Produkte und Lösungen schnell entwickeln, aber auch termingerecht und mit der geforderten Qualität beim Kunden zum Einsatz bringen. Eine Projektdisziplin auf allen Managementebenen in der Linie ist dafür unabdingbar. Das erreichen wir aber nur, wenn alle Beteiligten entsprechend qualifiziert werden, mit Standards und Best Practice-Werkzeugen vertraut sind und das Management Projektdisziplin einfordert. Bei Siemens haben wir dafür vor Jahren die unternehmensweite Initiative PM@Siemens ins Leben gerufen.

In diesem Zusammenhang begrüße ich ausdrücklich die Zielsetzung der GPM Deutsche Gesellschaft für Projektmanagement e.V., mit dem vorliegenden Buch eine höhere Qualifikation im Projektmanagement zu erreichen. Das Buch spricht alle wichtigen Themen des Projektmanagements an und erläutert diese umfassend. Das Werk hat das Potenzial, sich zu einem anerkannten Baustein für die Verbesserung des Projektmanagements zu etablieren und künftige Projektmanager auf ihre Anforderungen vorzubereiten.

Ich wünsche allen Lesern eine gewinnbringende Lektüre. Dieses Buch wird den Leser neue Aspekte für ein erfolgreiches Projektmanagement erkennen lassen. Projektmanagement ist eine Mammutaufgabe, über die noch in vielen Unternehmen und Institutionen schlummernde Ergebnispotenziale mobilisiert werden können.

Ich wünsche Ihnen allen viel Erfolg für Ihre Projekte.

Herzliche Grüße, Ihr

Prof. Dr. Edward G. Krubasik
Mitglied des Zentralvorstands der Siemens AG
Präsident des Zentralverbands der Elektrotechnik- und Elektronikindustrie e.V.
Vizepräsident des Bundesverbands der Deutschen Industrie e.V.

INHALTSVERZEICHNIS

1 Einführung

Qualifizierungs- und Zertifizierungsprogramme bilden für das Projektmanagement-Personal (Projektmanager und ihre Mitarbeiter) einen Anreiz,
- ihr Wissen und ihre Erfahrung zu erweitern,
- ihr persönliches Verhalten zu verbessern,
- sich kontinuierlich weiterzubilden,
- die Qualität des Projektmanagements zu erhalten und zu steigern sowie
- bessere Projektergebnisse und Projektabläufe zu erreichen.

Die Kriterien für die Erlangung eines Zertifikats stammen aus den Bereichen Projektmanagement-Grundlagen, -Methoden, -Verfahren und -Werkzeuge, Projektorganisation, soziale Kompetenz und allgemeine Management-Gebiete sowie persönliches Verhalten und allgemeiner Eindruck. Die Beurteilung für diese Bereiche baut auf der Taxonomie der Competence Baseline (ICB) der International Project Management Association (IPMA) auf. Sie umfasst 42 Elemente für Wissen und Erfahrung im Projektmanagement.

Die Beurteilung der Projektmanagement-Kompetenz wird ausgedrückt in
- den Anforderungen für die Zertifizierung (Soll-Werte Level D–A),
- der Selbstbeurteilung (Ist-Werte Level D–A) und
- der Beurteilung eines Kandidaten durch die Assessoren (Assessment-Werte Level D–A).

Die Anforderungen für die Zertifizierung werden in der Taxonomie als minimal erwartete Werte auf einer Skala von 0 bis 10 angegeben.

Die GPM Deutsche Gesellschaft für Projektmanagement e.V. als nationale Gesellschaft der IPMA in der Bundesrepublik Deutschland hat beschlossen, die ICB als nationale Competence Baseline für die Zertifizierung von Projektmanagement-Personal zu nutzen.

2 Erläuterung

Bitte bewerten Sie Ihr Wissen und Ihre Kenntnisse sowie Ihre Erfahrung zu den jeweiligen Projektmanagement-Elementen und markieren Sie das Ergebnis in der jeweils relevanten Tabelle. Die Bedeutung der einzelnen Stufen entnehmen Sie nachfolgender Legende.

Legende zu den Bewertungstabellen

0	Keine Kenntnisse beziehungsweise keine Kompetenz
1–3	Niedriger Kenntnisstand beziehungsweise niedrige Kompetenz
4–6	Mittlerer Kenntnisstand beziehungsweise mittlere Kompetenz
7–9	Hoher Kenntnisstand beziehungsweise hohe Kompetenz
10	Außerordentlicher Experte

W Wissen/Kenntnisse

Niedrig (1–3)
Ich kenne das Element und die Erfolgskriterien und kann es/sie vorstellen und erläutern.

Mittel (4–6)
Ich verfüge über solide Kenntnisse über das Element und seine Kriterien für eine erfolgreiche Anwendung, kann das Wissen anwenden und die Ergebnisse kontrollieren.

Hoch (7–9)
Ich verfüge über Spezialkenntnisse zu dem Element, kann die Kriterien für eine erfolgreiche Anwendung bewerten, neue schaffen und bewerten sowie die Anwendungsergebnisse erklären und bewerten.

Außerordentlicher Experte (10)
Ich bin anerkannter Experte zu dem Element, beherrsche das Wissen sowie die Zusammenhänge und kann darüber hinaus Mitarbeiter zum Element fachlich coachen und managen.

E Erfahrung

Niedrig (1–3)
Ich habe zu dem Element etwas Erfahrung aus wenigen Projekten aus einem Wirtschaftssektor und habe zu dessen Management über eine oder mehrere Projektphasen beigetragen.

Mittel (4–6)
Ich habe zu dem Element Erfahrung aus mehreren Projekten aus mindestens einem großen Wirtschaftssektor und habe zu deren Management über die meisten Projektphasen und auf vielen Gebieten Wesentliches beigetragen.

Hoch (7–9)
Ich habe zu dem Element eine breite Erfahrung aus vielen verschiedenartigen Projekten, für deren Management ich über die meisten Phasen verantwortlich war.

Außerordentlicher Experte (10)
Ich bin anerkannter Manager und Mentor zu dem Element, beherrsche eine erfolgversprechende praktische Umsetzung und kann darüber hinaus Mitarbeiter zur praktischen Umsetzung des Elements coachen und managen.

3 ICB-Elemente und Zuweisung zu den Kapiteln

ICB-Element 1: Projekte und Projektmanagement ($\rightarrow$ A1)

	0	1	2	3	4	5	6	7	8	9	10
W						D	C	B	A		
E				C			B	A			

ICB-Element 2: Projektmanagement-Einführung ($\rightarrow$ F1)

	0	1	2	3	4	5	6	7	8	9	10
W					D	C	B	A			
E				C		B	A				

ICB-Element 3: Management by Projects ($\rightarrow$ E2, E3)

	0	1	2	3	4	5	6	7	8	9	10
W			DC		B		A				
E		C	B			A					

ICB-Element 4: Systemansatz und Integration ($\rightarrow$ E1)

	0	1	2	3	4	5	6	7	8	9	10
W					DC	B	A				
E			C	B	A						

ICB-Element 5: Projektumfeld ($\rightarrow$ A3)

	0	1	2	3	4	5	6	7	8	9	10
W					D	C	B	A			
E			C	B	A						

ICB-Element 6: Projektphasen und -lebenszyklus ($\rightarrow$ B)

	0	1	2	3	4	5	6	7	8	9	10
W						D	CBA				
E			C		BA						

ICB-Element 7: Projektentwicklung und -bewertung ($\rightarrow$ E2)

	0	1	2	3	4	5	6	7	8	9	10
W				D	C	B	A				
E			C	B	A						

ICB-Element 8: Projektziele und -strategien ($\rightarrow$ C2, E2)

	0	1	2	3	4	5	6	7	8	9	10
W					DC	BA					
E			C	B	A						

ICB-Element 9: Projekterfolgs- und -misserfolgskriterien ($\rightarrow$ A5)

	0	1	2	3	4	5	6	7	8	9	10
W					DC	B	A				
E			C	BA							

ICB-Element 10: Projektstart ($\rightarrow$ C1)

	0	1	2	3	4	5	6	7	8	9	10
W					DC	B	A				
E			C	B	A						

ICB-Element 11: Projektabschluss ($\rightarrow$ C10)

	0	1	2	3	4	5	6	7	8	9	10
W					DC	B	A				
E			C	B	A						

ICB-Element 12: Projektstrukturen ($\rightarrow$ C4)

	0	1	2	3	4	5	6	7	8	9	10
W					DC	B	A				
E			C		B		A				

ICB-Element 13: Projektinhalt, Leistungsbeschreibung ($\rightarrow$ C1)

	0	1	2	3	4	5	6	7	8	9	10
W							DCBA				
E			C		B	A					

ICB-Element 14: Projektablauf und Termine ($\rightarrow$ C5)

	0	1	2	3	4	5	6	7	8	9	10
W				A		DCB					
E			C	BA							

ICB-Element 15: Einsatzmittel ($\rightarrow$ C6)

	0	1	2	3	4	5	6	7	8	9	10
W				DCA	B						
E			C	BA							

ICB-Element 16: Projektkosten und Finanzmittel ($\rightarrow$ C6)

	0	1	2	3	4	5	6	7	8	9	10
W				A		DCB					
E			C	BA							

ICB-Element 17: Konfiguration und Änderungen ($\rightarrow$ C7)

	0	1	2	3	4	5	6	7	8	9	10
W				DC	A	B					
E			C	B	A						

ICB-Element 18: Projektrisiken ($\rightarrow$ C3)

	0	1	2	3	4	5	6	7	8	9	10
W				DC	B	A					
E		C		B		A					

ICB-Element 19: Leistungsfortschritt ($\rightarrow$ C9)

	0	1	2	3	4	5	6	7	8	9	10
W				DCBA							
E			C	B	A						

ICB-Element 20: Integrierte Projektsteuerung ($\rightarrow$ C9)

	0	1	2	3	4	5	6	7	8	9	10
W					CA	DB					
E			C	B	A						

ICB-Element 21: Information, Dokumentation, Berichtswesen ($\rightarrow$ A3, C9)

	0	1	2	3	4	5	6	7	8	9	10
W			D	C	BA						
E			C	B	A						

ICB-Element 22: Projektorganisation (→ A6)

	0	1	2	3	4	5	6	7	8	9	10
W					D	C	B	A			
E			C			B	A				

ICB-Element 33: Stammorganisation (→ A6)

	0	1	2	3	4	5	6	7	8	9	10
W						DC	B	A			
E					C	B	A				

ICB-Element 23: Teamarbeit (→ D3)

	0	1	2	3	4	5	6	7	8	9	10
W						A	DB	C			
E					CBA						

ICB-Element 34: Geschäftsprozesse (→ B)

	0	1	2	3	4	5	6	7	8	9	10
W					D	C	BA				
E				D		BA					

ICB-Element 24: Führung (→ D3)

	0	1	2	3	4	5	6	7	8	9	10
W					D		C	BA			
E					C		B	A			

ICB-Element 35: Personalentwicklung (→ D3)

	0	1	2	3	4	5	6	7	8	9	10
W			DC		B		A				
E				B		A					

ICB-Element 25: Kommunikation (→ D4)

	0	1	2	3	4	5	6	7	8	9	10
W					D	CB	A				
E				C	B	A					

ICB-Element 36: Organisationales Lernen (→ C10)

	0	1	2	3	4	5	6	7	8	9	10
W					D	C	B	A			
E				C		B		A			

ICB-Element 26: Konflikte und Krisen (→ D5)

	0	1	2	3	4	5	6	7	8	9	10
W						DC	BA				
E			C		B		A				

ICB-Element 37: Veränderungsmanagement (→ F1)

	0	1	2	3	4	5	6	7	8	9	10
W				DC			B	A			
E		C			B		A				

ICB-Element 27: Beschaffung, Verträge (→ A4)

	0	1	2	3	4	5	6	7	8	9	10
W					D	CBA					
E			C	B	A						

ICB-Element 38: Marketing, Produktmanagement (→ D4)

	0	1	2	3	4	5	6	7	8	9	10
W					DC	B		A			
E				C	B		A				

ICB-Element 28: Projektqualität (→ C8)

	0	1	2	3	4	5	6	7	8	9	10
W					DC	B	A				
E			C	B		A					

ICB-Element 39: Systemmanagement (→ E1)

	0	1	2	3	4	5	6	7	8	9	10
W						DCB	A				
E				C	B		A				

ICB-Element 29: Informatik in Projekten (→ C11)

	0	1	2	3	4	5	6	7	8	9	10
W					DCB	A					
E			C		B	A					

ICB-Element 40: Sicherheit, Gesundheit, Umwelt (→ D3)

	0	1	2	3	4	5	6	7	8	9	10
W				DC		BA					
E			C		B	A					

ICB-Element 30: Normen und Richtlinien (→ F3)

	0	1	2	3	4	5	6	7	8	9	10
W					DCA	B					
E			C	B	A						

ICB-Element 41: Rechtliche Aspekte (→ A4)

	0	1	2	3	4	5	6	7	8	9	10
W				DC		BA					
E		C		B	A						

ICB-Element 31: Problemlösung (→ D2)

	0	1	2	3	4	5	6	7	8	9	10
W					A	DCB					
E			C	B	A						

ICB-Element 42: Finanz- und Rechnungswesen (→ C6)

	0	1	2	3	4	5	6	7	8	9	10
W				D	C	B	A				
E			C	B		A					

ICB-Element 32: Verhandlungen, Besprechungen (→ A4, D4)

	0	1	2	3	4	5	6	7	8	9	10
W					DC	B	A				
E			C	B		A					

Persönliche Gesamtbewertung im Projektmanagement

	0	1	2	3	4	5	6	7	8	9	10
W				D	C	B	A				
E			C	B	A						

4 Hilfestellung zur Selbsteinstufung

gemäß Zertifizierungslevel

Aus der folgenden Einstufung geht die Bedeutung der einzelnen Kapitel für den jeweiligen Zertifizierungslevel (D, C, B, A) und damit die erforderliche Lernintensität hervor.

1 Kennen

Sie haben einmal von den Inhalten gehört und wissen, wo Sie im vorliegenden Buch und in der Literatur etwas dazu finden können.
Dieser Stoff ist für Ihren Zertifizierungslevel nicht prüfungsrelevant.

2 Wissen

Sie verstehen das Thema und können Zusammenhänge nachvollziehen und erläutern, müssen aber die Inhalte noch nicht in die Praxis umsetzen können.
Dieser Stoff ist für Ihren Zertifizierungslevel prüfungsrelevant.

3 Können

Sie können das Erlernte zur Aufgabenlösung in der Praxis anwenden.
Dieser Stoff ist für Ihren Zertifizierungslevel prüfungsrelevant.

4 Managen

Sie müssen die Aufgaben zu diesem Themenbereich möglicherweise nicht mehr selbst in der Praxis durchführen, sie aber delegieren, Mitarbeiter bei der Durchführung führen und die Lösung auf Richtigkeit überprüfen können.
Dieser Stoff ist für Ihren Zertifizierungslevel prüfungsrelevant.

Die nachfolgende Übersicht zeigt die Relevanz der einzelnen Projektmanagement-Themen pro Kapitel im Überblick. Die Relevanz der einzelnen Fragen zum Text des jeweiligen Kapitels kann dabei in dem vorgestellten Spektrum variieren. Die Kapiteleinstufung entspricht jeweils der höchsten Stufe aller Frageneinstufungen im jeweiligen Kapitel.

		Level D	Level C	Level B	Level A
A	**Projekt und Umfeld**				
A1	Projekt und Projektmanagement	2	3	3	4
A2	Projektarten	2	2	3	4
A3	Stakeholderanalyse	2	3	3	4
A4	Rechtliche Aspekte	2	2	3	4
A5	Projekterfolg und Erfolgsfaktoren	2	2	3	4
A6	Projektorganisation	2	3	3	4

		Level D	Level C	Level B	Level A
B	**Vorgehensmodelle**	2	2	3	4

↓

		Level D	Level C	Level B	Level A
C	Operatives Projektmanagement				
C1	Projektstart	2	3	3	4
C2	Projektziele	3	3	3	4
C3	Projektrisiken	2	3	3	4
C4	Projektstrukturplan	3	3	3	4
C5	Ablauf- und Terminplanung	3	3	3	4
C6	Kosten- und Einsatzmittelplanung	2	3	3	4
C7	Konfigurations- und Änderungsmanagement	2	2	3	4
C8	Qualitätsmanagement	2	2	3	4
C9	Fortschrittskontrolle und Projektsteuerung	2	3	3	4
C10	Projektabschluss und Projektlernen	2	3	3	4
C11	IT-Unterstützung	2	3	4	4

		Level D	Level C	Level B	Level A
D	Menschen im Projekt				
D1	Projektleiter	2	3	3	4
D2	Arbeitshilfen für den Projektleiter	2	3	4	4
D3	Qualifizierte Teams bilden und führen	2	3	3	4
D4	Kommunikation	2	3	4	4
D5	Konflikte und Krisen	2	3	4	4

		Level D	Level C	Level B	Level A
E	Einzelprojekt und Projektlandschaft				
E1	Programm- und Multiprojektmanagement	1	2	2	3
E2	Projektauswahl und Unternehmensstrategie	1	2	2	3
E3	Operatives Multiprojektmanagement	1	2	3	4

		Level D	Level C	Level B	Level A
F	Projektmanagement einführen und optimieren				
F1	Projektmanagement einführen	1	2	2	3
F2	Projektmanagement optimieren	1	2	3	4
F3	Normen und Richtlinien	1	2	3	4

BLOCK A

Projekt und Umfeld

A1 PROJEKT UND PROJEKTMANAGEMENT

Was ist ein Projekt? Was ist Projektmanagement? Die Antworten auf diese beiden Fragen bilden das „Kleine Einmaleins", auf dem die Leistungserstellung mit Projektcharakter basiert (IPMA Competence Baseline ICB, Element 1). Es zu kennen ist eine Grundvoraussetzung für alle, die in Theorie und Praxis mit dem Führungskonzept Projektmanagement arbeiten wollen. Damit einher geht die Fähigkeit, Projekte von Routinevorhaben abzugrenzen und festzulegen, wann dieses Konzept sinnvoll anzuwenden ist. Damit lässt sich die zunehmende Projektinflation eindämmen. Zum Rüstzeug des Projektmanagers gehört auch die Kenntnis grundlegender Arten und Mechanismen der Projektkoordination.

1 Definition Projekt

Wer sich mit Projektmanagement befasst, sollte einige grundlegende Definitionen kennen. Viele Autoren haben versucht, den Begriff Projekt zu definieren – mit unterschiedlichem Ergebnis. In jedem Fall sind Projekte aber Erst- und Einmalvorhaben – Vorhaben also, die zum ersten Mal durchgeführt und später nicht wiederholt werden. Die IPMA Competence Baseline (ICB) schreibt ihnen darüber hinaus Eigenschaften zu wie

- Komplexität,
- Außergewöhnlichkeit,
- Neuartigkeit und
- Interdisziplinarität der Aufgabenstellung [1].

Diese Definition hat zwei Nachteile: Für einige dieser Eigenschaften gibt es keine Messvorschrift. Es ist beispielsweise nur schwer feststellbar, wie komplex oder außergewöhnlich ein Vorhaben ist. Manche Eigenschaften treffen nicht auf alle Projektarten zu.

Nachteile der ICB-Definition

Beispiel
Die Mitarbeiter eines Bauunternehmens errichten pro Jahr mehrere Einfamilienhäuser. Deshalb ist diese Tätigkeit für sie nichts Neues, Außergewöhnliches mehr. Dennoch behandelt der Unternehmer jedes einzelne Vorhaben als eigenständiges Projekt – mit Projektorganisation, Risikomanagement, Ablaufplanung, Projektcontrolling und weiteren Methoden des Projektmanagements. Denn das Ineinandergreifen der Gewerke, die Zusammenarbeit mit den Unterauftragnehmern sowie der Zeit- und Kostendruck machen für jedes Bauvorhaben Projektmanagement erforderlich.

1.1 Definition nach DIN 69 901

Die Definition in der Norm DIN 69 901 [2] hat diese Nachteile nicht, weil sie den Anwendungsbereich des Führungskonzepts Projektmanagement weiter fasst.

Demnach versteht man unter einem Projekt „ein Vorhaben, das im Wesentlichen durch Einmaligkeit der Bedingungen in ihrer Gesamtheit gekennzeichnet ist, zum Beispiel
- Zielvorgabe,
- zeitliche, finanzielle, personelle und andere Begrenzungen,
- Abgrenzung gegenüber anderen Vorhaben,
- projektspezifische Organisation".

Mithilfe der Norm läßt sich im jeweiligen Einzelfall prüfen, ob ein bestimmter Prozess der Leistungserstellung ein Projekt ist.

Beispiel
Für die Herstellung von Zeitungspapier ist keine zeitliche Begrenzung vorgesehen. Deshalb existiert kein vorgegebenes Budget. Darüber hinaus fehlt das Merkmal „projektspezifische Organisation", weil die Leistung im Rahmen der Linienorganisation erbracht wird. Demnach lässt sich die Produktion von Zeitungspapier nicht als Projekt bewerten. Stattdessen gehört sie zur Kategorie der Massenfertigung. Das Führungskonzept Projektmanagement ist in diesem Fall nicht anwendbar.

Genauso lassen sich andere zielorientierte Prozesse auf ihren Projektcharakter hin untersuchen, etwa die Serienproduktion von Autos oder die Entwicklung eines Elektrogeräts.

1.1.1 Kriterium Arbeitsteilung

So nützlich die DIN 69 901 ist, sie hat dennoch einen kleinen Schönheitsfehler: Ihre Schöpfer haben ein Charakteristikum von Projekten vergessen. Das Gleiche gilt für die Definition des Project Management Institute of America (PMI). Rüsberg [3] hebt dieses Charakteristikum mit Recht hervor: die *Mehrere Beteiligte* Beteiligung mehrerer oder zahlreicher Menschen, Arbeitsgruppen, Unternehmen oder Institutionen an einem Projekt. Bei Projekten handelt es sich um arbeitsteilige Prozesse [4]. Komponiert jemand alleine ein Musikstück oder baut er eine Geige, ist das kein Projekt. Er benötigt dafür nicht die koordinierende Funktion des Managements, sondern nur die des Selbstmanagements.

1.1.2 Projekte ohne projektspezifische Organisation

Wichtig an der DIN-Definition ist der Zusatz „zum Beispiel". Denn nicht jedes Projekt muss eine projektspezifische Organisation aufweisen. Die Forschungs- und Entwicklungsabteilungen von Industrieunternehmen beispielsweise planen und realisieren ständig Vorhaben, die eine Zielvorgabe sowie eine zeitliche, finanzielle und personelle Begrenzung haben und eindeutig von anderen Vorhaben *Linien- und* abgrenzbar sind. Eine Eigenschaft aber fehlt ihnen: die projektspezifische Organisation. Der Diszipli- *Projektfunktion in* narvorgesetzte leitet diese Vorhaben im Rahmen der Linienorganisation und füllt gleichzeitig die *Personalunion* Funktion des Projektleiters aus. Diese Lösung ist empfehlenswert, wenn im Wesentlichen Mitarbeiter einer einzigen Organisationseinheit an den Arbeiten beteiligt sind.

1.1.3 Einmaligkeit der Bedingungen

Die Eigenschaft „Einmaligkeit der Bedingungen" führt gelegentlich zu Missverständnissen. Sie bezieht sich nicht auf die einzelnen Aktivitäten eines Projekts, sondern auf das Vorhaben als Ganzes. Das stellt die DIN 69 901 klar. Denn auch in Projekten mit hohem Neuheitsgrad gibt es Vorgänge, die *Gleiche Abläufe trotz* nicht nur im selben Vorhaben, sondern auch schon in früheren Projekten auf immer gleiche Weise *hohen Neuheitsgrads* ablaufen beziehungsweise abgelaufen sind. Ein Beispiel dafür ist die Erstellung von Stücklisten für Schaltungen, die in einem Projekt entwickelt werden. In Projekte kann auch eine „Leistungserstellung mit Wiederholcharakter" eingebettet sein, zum Beispiel die Produktion einer größeren Zahl von Prototypen bei der Entwicklung eines Flugzeugs.

1.1.4 Grenzfälle

Es gibt immer wieder Grenzfälle, bei denen diskutiert wird, ob es sich noch um ein Projekt oder schon um eine Kleinserienfertigung handelt. Spricht man zum Beispiel noch von einem Projekt, wenn zahlreiche Fabrikhallen exakt gleicher Konstruktion an verschiedenen Standorten gebaut werden? Für dieses Abgrenzungsproblem bietet Dülfer [5] eine Lösung im Sinn der Definition aus DIN 69 901 an. Demnach ist „das Merkmal der Einmaligkeit in der industriellen Auftragsfertigung (…) nicht in jedem Fall auf den Inhalt der Projektaufgabe zu beziehen (…), sondern mehr auf die jeweilige Projektdurchführung unter gegebenen individuellen Umweltbedingungen".

Der Übergang von der Leistungserstellung mit Projektcharakter zur Kleinserienfertigung ist oft fließend. Je ähnlicher die Konfiguration der einzelnen Objekte und je konstanter die Rahmenbedingungen, desto eher liegt eine Kleinserienfertigung vor. Im Schiffs- und im Wohnungsbau finden sich mehrere Beispiele für solche Grenzfälle.

Bei der Herstellung von Gütern wie Medikamenten oder Geräten der Unterhaltungselektronik spricht man dagegen von Massen- oder Großserienfertigung. Die Produktion eines Fernsehgeräts weist keinerlei Projektcharakter auf.

1.2 Abgrenzungsprobleme und Projektinflation

Es gibt viele Organisationen, die jeder noch so kleinen Sonderaufgabe das Etikett „Projekt" aufkleben. Systematisches Projektmanagement betreiben sie aber nicht. Stattdessen „wursteln" sich die Beteiligten irgendwie durch. Im Projektmanagement-Jargon nennt man diese Vorgehensweise einfach „Management by muddling through" (= „Management mittels Durchwursteln").

An dieser Stelle zeigt sich ein weiterer Nachteil der sehr allgemein gehaltenen DIN-Begriffsbestimmung: Sie ist nur ein Grobfilter. Aufgaben, die in diesem Filter hängen bleiben, haben ganz sicher keinen Projektcharakter. Die Definition lässt aber die Frage offen: Wann soll eine Organisation ein Vorhaben als Projekt behandeln und wann nicht?

DIN-Definition nur Grobfilter

Beispiel
Eine kleine Werkzeugmaschinenfabrik bezeichnet die Entwicklung einer neuen Spezialmaschine für einen Kunden als Projekt, weil sie für das Unternehmen einen hohen Neuheitsgrad besitzt und der Anteil des Auftragswerts am Gesamtumsatz hoch ist. Ein Automobilkonzern dagegen versteht unter einem hohen Neuheitsgrad etwas ganz anderes. Der Wert des Auftrags, den die Maschinenfabrik bekommen hat, macht bei ihm nur einen verschwindend geringen Teil des Gesamtumsatzes aus. Deshalb würde er diese Aufgabe nie als Projekt klassifizieren.

Mit anderen Worten: Jede Organisation muss für sich selbst entscheiden, welche Aufgabe, die keinen Routinecharakter hat, sie als Projekt behandeln will. Kriterien könnten dabei zum Beispiel der Auftragswert beziehungsweise das geplante Budget und die vorgesehene Dauer sein.

Es kann gefährlich werden, bei sehr kurzen Vorhaben mit geringem Budget schon alle Register des Projektmanagements zu ziehen. Denn in solchen Fällen verschlingt unter Umständen allein die Projektplanung so viel Zeit und Geld, dass für die Erstellung des Projektgegenstands nichts mehr übrig bleibt. Der Aufwand für das Projektmanagement sollte also in einem vernünftigen Verhältnis zu

Vernünftiges Aufwand-Nutzen-Verhältnis

seinem Nutzen beziehungsweise zur Projektgröße stehen. Erst ab einer längeren Projektdauer mit ausreichendem Budget kann sich eine umfassende Projektplanung erkennbar positiv auswirken.

1.3 Organisationsindividuelle Projektdefinitionen

Viele Organisationen definieren einfach selbst, welche Vorhaben sie als Projekt behandeln wollen. Eine Unternehmensberatung hat folgende individuelle Projektdefinition formuliert: „Alle Aufgaben, die nicht Routine sind und die eine geplante Zeitdauer von mehr als drei Kalendermonaten, ein Budget von mindestens 50 Personentagen und mehr als zwei Beteiligte haben, sind nach den Grundsätzen des firmeneigenen Projektmanagement-Handbuchs zu planen und zu realisieren."

Ein entwicklungsintensives Unternehmen der Pharmabranche wählte dagegen ein sehr formales Kriterium, um den Projektbegriff einzugrenzen: „Projekte sind zeitlich begrenzte, sachlich in sich abgeschlossene Vorhaben, für die ein genehmigter Entwicklungsantrag vorliegt."

2 Definition Projektmanagement

Auch bei der Definition des Begriffs Projektmanagement lohnt es sich, zunächst die einschlägige DIN-Norm zu betrachten.

Nach DIN 69 901 ist Projektmanagement „die Gesamtheit von Führungsaufgaben, -organisation, -techniken und -mitteln für die Abwicklung eines Projekts".

Unterschiedliches Verständnis vom Begriff Führung

Die Schöpfer dieser Begriffsnorm haben mit ihrer Definition allerdings Diskussionen ausgelöst und Missverständnisse verursacht, weil der Begriff Führung in sehr unterschiedlicher Bedeutung gebraucht wird. Psychologen und Sozialpsychologen verstehen darunter etwas anderes als Manager. Die dadurch entstandene Verwirrung lässt sich aber beseitigen, indem man sich der Definition von Frese [6] anschließt. Er versteht unter Führung die „Steuerung der verschiedenen Einzelaktivitäten in einer Organisation im Hinblick auf das übergeordnete Gesamtziel". Sie findet auf allen hierarchischen Ebenen dieser Organisation statt.

Analog dazu ließe sich Führung in Projekten definieren als „Steuerung der verschiedenen Einzelaktivitäten in einem Projekt im Hinblick auf die Projektziele".

2.1 Management im funktionalen und institutionalen Sinn

Ganz befriedigend ist diese Definition nicht, weil Management und damit auch Projektmanagement auf zwei verschiedene Arten interpretiert werden können. Staehle [7] hat den Begriff Management in seiner Verwendungsweise gründlich überprüft. Demnach spricht man von
• Management im funktionalen Sinn und
• Management im institutionalen Sinn.

Bedeutungsvarianten von Management

Unter Management im funktionalen Sinn versteht Staehle die „Beschreibung spezieller Prozesse und Aufgaben, die in und zwischen Organisationen ablaufen". Management im institutionalen Sinn steht dagegen für die „Beschreibung der Personen(-gruppen), die Managementaufgaben wahrnehmen".

Beide Bedeutungsvarianten finden sich auch in der Projektmanagement-Literatur und im Sprachgebrauch der Projektpraxis.

2.1.1 Merkmale von Management im funktionalen Sinn

Für Management im funktionalen Sinn arbeitet Staehle aus einer Fülle von Managementdefinitionen einige Merkmale heraus, die in nahezu allen Begriffsbestimmungen zumindest implizit enthalten sind [8]:

Merkmale von Management

- Umfangreiche Aufgaben kann ein Individuum nicht alleine bewältigen. Deshalb schließen sich Personen zusammen und teilen sich die Arbeit. Ergebnis ist ein soziotechnisches System, das bestimmte Ziele verfolgt. Soziotechnisch steht für die Verbindung eines technisch-sachlichen mit einem sozialen System (z.B. Mensch und Maschine).
- Um diese Ziele zu erreichen, sind Ressourcen nötig, die beschafft, kombiniert, koordiniert und genutzt werden müssen. Diese Aktivitäten bezeichnet man als Management. Laut Staehle muss einerseits die Struktur des soziotechnischen Systems planvoll entwickelt, andererseits der Ablauf der Arbeits-, Kommunikations- und Entscheidungsprozesse organisatorisch gestaltet werden – sowohl innerhalb des Systems als auch über die Systemgrenzen hinaus.
- Die Organisation als soziotechnisches System bietet nach Staehle den Rahmen, innerhalb dessen das Management (als Institution) seine Aufgaben (Management als Funktion) durchführen kann.

Diese Merkmale gelten auch für die Leistungserstellung mit Projektcharakter und alle Arten von Projekten, wenngleich weder in der DIN 69 901 noch in der Definition des PMI die Koordination arbeitsteiliger Prozesse berücksichtigt wird.

3 Prozesskoordination

Die Betriebswirtschaftslehre unterscheidet zwei Arten der Prozesskoordination [9]:
1. Vorauskoordination als vorausschauende Abstimmung
2. Feedback-Koordination als Reaktion auf Störungen, auch Projektsteuerung genannt ($\rightarrow$ Kapitel C9)

3.1 Koordinationsmechanismen

Für die Koordinationsmechanismen gibt es eine sinnvolle Systematik [10]: Koordination durch
- Hierarchie (persönliche Weisung)
- Selbstabstimmung
- Programme und Regeln
- Pläne beziehungsweise Planung

3.1.1 Koordination durch Hierarchie

Bei der Koordination durch Hierarchie beziehungsweise persönliche Weisung läuft die Kommunikation in vertikaler Richtung ab. Weisungen des Projektleiters oder des Fachvorgesetzten aus der Linie an Projektmitarbeiter sind Beispiele dafür. Dieses Koordinationsinstrument erlaubt nur eine Vorauskoordination über einen relativ kurzen Zeitraum und ist auf einige wenige Planungsvariablen (z.B. Projektziele) beschränkt.

Vorauskoordination für wenige Planungsvariablen

Andererseits ist es sehr flexibel. Empirische Untersuchungen weisen darauf hin, dass General Manager einen großen Teil ihrer Zeit mit mündlicher Kommunikation verbringen – wenngleich diese natürlich nicht nur der Koordination, sondern auch dem Sammeln von Informationen dient. Studien nennen einen Zeitanteil von 60 bis 80 Prozent. Diese Zahlen lassen auf eine große Bedeutung der Koordination durch Weisung schließen. Ähnliches dürfte auch für Projektmanager gelten [11].

3.1.2 Koordination durch Selbstabstimmung

Bei der Koordination durch Selbstabstimmung trifft eine Gruppe die Koordinationsentscheidungen. Ihre Entscheidungsgewalt muss offiziell vorgesehen und die gefällten Beschlüsse müssen für alle verbindlich sein. Beispiele sind Sitzungen von Projektteams. Koordination durch Selbstabstimmung kann zum Beispiel das Projektteam, das Lenkungsgremium oder das Topmanagement nach eigenem Ermessen oder generell regeln. Letzteres kann bis zur institutionalisierten Interaktion von Gremien oder Koordinationsorganen (z.B. Lenkungsausschuss, Topmanagement) reichen.

Mechanismen für Projekte mit hohem Neuheitsgrad

Dieser Koordinationsmechanismus spielt besonders in Forschungs- und Entwicklungsprojekten mit hohem Neuheitsgrad eine erhebliche Rolle. Ihm liegt die Annahme zugrunde, dass die Selbstabstimmung zumindest bei bestimmten Problemstellungen (z.B. Durchführung eines pharmazeutischen Experiments in einem kleinen, interdisziplinären Forscherteam) der Koordination durch Hierarchie überlegen ist. In der Praxis des Projektmanagements bestehen Koordination durch Selbstabstimmung und Koordination durch Hierarchie nebeneinander.

3.1.3 Koordination durch Programme und Regeln

Projektmanagement-Handbuch

Mit Programmen sind schriftlich fixierte Handlungsvorschriften und Regeln gemeint. Im Projektmanagement stellen Projektmanagement-Handbücher ein gutes Beispiel dafür dar. Darin kann unter anderem niedergelegt sein, bei welchen Projekten die Netzplantechnik ($\rightarrow$ Kapitel C5) einzusetzen ist und wie ein Projektstrukturplan erstellt werden muss. Solche Regelungen entlasten Vorgesetzte und verringern den Kommunikationsaufwand. Ihr Nachteil: Sie sind unflexibel und können nur zur Vorauskoordination eingesetzt werden. Zu Programmen zählen auch unternehmensinterne oder -externe Konventionen, Standards und Normen. In traditionellen Branchen wie der Bauindustrie gibt es eine Fülle davon. Jedem Architekten oder Bauplaner ist vor dem Zeichnen der ersten Planentwürfe klar, welche Darstellungsweise er anwenden muss.

Im Gegensatz dazu stellen Softwareentwickler zu Beginn jedes Projekts erneut die Frage, welche Entwurfssprache sie benutzen sollen. Normen und Standards fehlen in dieser jungen Branche noch weitgehend. Deshalb werden andere Koordinationsinstrumente stärker beansprucht, besonders die Koordination durch persönliche Weisung und die Koordination durch Selbstabstimmung.

3.1.4 Koordination durch Pläne beziehungsweise Planung

In der Projektmanagement-Literatur wird vor allem die Koordination durch Pläne betont. Ein Grund für dieses starke Gewicht ist die Tatsache, dass in der Geschichte des Projektmanagements die Netzplantechnik als Planungsmethode eine große Rolle gespielt hat. Mit ihrer Hilfe lassen sich zukünftige Aktivitäten systematisch planen und kontrollieren.

Softwarehersteller vermitteln gerne den Eindruck, Projektmanager verließen sich fast ausschließlich auf rechnergestützte Planungs- und Informationssysteme. Empirische Untersuchungen aber zeigen: Berichte, die auf diese Weise generiert werden, spielen im persönlichen Informationssystem von Topmanagern eine eher untergeordnete Rolle. Der „Mann an der Spitze" versucht vielmehr, sich aus vielen Einzelinformationen ein Gesamtbild von dem jeweiligen Problem zu machen, das gerade ansteht. Diese Informationen sammelt er zum größten Teil in persönlichen Gesprächen.

Informationen aus persönlichen Gesprächen

Für Forschungs- und Entwicklungsprojekte kommt Tushman [12] aufgrund empirischer Untersuchungen zu dem Ergebnis, dass die verbale Kommunikation bei der Lösung komplexer Probleme effizienter ist als schriftliche und formelle Medien wie zum Beispiel Management-Informationssysteme.

Die Koordination durch Planung ist zwar mit erheblichem Aufwand verbunden, weil eine Planung immer wieder überarbeitet werden muss. Sie hat aber auch wesentliche Vorteile:
- Sie kann mehr Planungsparameter einbeziehen als die Koordination durch persönliche Weisung oder Selbstabstimmung.
- Abhängigkeiten verschiedener Vorgänge voneinander lassen sich besser berücksichtigen. Die Netzplantechnik ist ein gutes Beispiel dafür.
- Pläne gelten im Vergleich zur Koordination durch Programme und Regeln für einen kürzeren Zeitraum und sind flexibler.

3.1.5 Voraus- und Feedback-Koordination

Die Vorauskoordination geschieht beim Projektmanagement durch Pläne und Programme. Da in Projekten nahezu immer Störungen auftreten, ist auch eine Feedback-Koordination zur Projektsteuerung unbedingt notwendig.

Feedback zur Projektsteuerung

4 Projekte in Wirtschaft und öffentlicher Verwaltung

In bestimmten Branchen, etwa in der Bauwirtschaft oder der Softwarebranche, dominiert die Leistungserstellung mit Projektcharakter. Grundsätzlich können Projekte aber in allen Wirtschaftszweigen vorkommen, etwa im Handel und in der Versicherungs-, Bank- oder Verkehrswirtschaft. Im Handel und bei den Banken werden oft interne Projekte abgewickelt mit dem Ziel, technische und organisatorische Veränderungen zu erreichen.

Die Vision vom projektorientierten Unternehmen breitet sich immer stärker über alle Wirtschaftszweige aus. Deshalb dürfte die Zahl von Projekten auch in den Organisationen zunehmen, die ihren Umsatz nicht oder nur in geringem Maß über Projekte erzielen. Projekte können innerhalb eines Unternehmens auf einen oder wenige betriebliche Funktionsbereiche beschränkt sein.

Beispiel
Ein Hersteller von Fernsehgeräten betreibt eine große eigene Forschungs- und Produktentwicklungsabteilung. In seine F&E-Projekte können auch Vertreter anderer Funktionsbereiche eingebunden werden, etwa der Fertigungsvorbereitung oder des Vertriebs. Im Großen und Ganzen beschränkt sich die Leistungserstellung mit Projektcharakter aber auf den Funktionsbereich „Forschung und Entwicklung".

Bild A1-1 zeigt die unterschiedliche Bedeutung, die Projektmanagement im Unternehmen haben kann. Es stellt den Zusammenhang zwischen der Häufigkeit der Leistungserstellung mit Projektcharakter und der Beteiligung der betrieblichen Funktionsbereiche dar.

HÄUFIGKEIT DER LEISTUNGSERSTELLUNG MIT PROJEKTCHARAKTER	ausschließlich oder dominierend	gelegentlich
BETEILIGUNG DER BETRIEBLICHEN FUNKTIONSBEREICHE AM PROJEKT		
aller oder der Mehrzahl der Bereiche	Beispiel Bauwirtschaft, Großmaschinenbau, Softwarefirmen	Beispiel Umstellung von funktionsorientierter Organisation auf Spartenorganisation
eines oder nur weniger Bereiche	Beispiel Forschungs- und Entwicklungsprojekte in einem Unternehmen mit Massen- und Großserienfertigung	Beispiel Rationalisierungsprojekt in einem betrieblichen Funktionsbereich, z.B. Errichtung eines rechnergesteuerten Hochregallagers

Bild A1-1 Verknüpfung von Leistungserstellung mit Projektcharakter und Beteiligung der betrieblichen Funktionsbereiche

Auch Non-Profit-Organisationen, zum Beispiel Institutionen des Gesundheitswesens oder die öffentliche Hand, haben das Führungskonzept Projektmanagement für sich entdeckt. Tatsächlich ange-

Hemmende Rahmenbedingungen

wandt wird es aufgrund einer Reihe von hemmenden Rahmenbedingungen allerdings eher selten, zum Beispiel wegen der Dominanz juristischen Denkens und fehlender betriebswirtschaftlicher Betrachtungsweise. Das gilt vor allem für die öffentliche Hand.

Fragen zur Selbsteinschätzung gemäß Zertifikatslevel

Nr.	Frage	Level				Selbsteinschätzung
		D	C	B	A	
A1.1	Was ist ein Projekt? Welche Eigenschaften hat es?	2	2	3	4	☐
A1.2	Wie grenzen Sie ein Projekt von Routineaufgaben in einem Unternehmen ab?	1	1	2	3	☐
A1.3	Was versteht man unter Projektmanagement?	2	2	2	2	☐
A1.4	In welchem Sinn kann man den Begriff Management auslegen?	1	2	3	3	☐
A1.5	Welche Arten und Mechanismen für Prozesskoordination gibt es?	1	2	3	3	☐
A1.6	Was ist eine organisationsindividuelle Projektdefinition?	2	2	2	3	☐

A2 PROJEKTARTEN

Projekte lassen sich verschiedenen Kategorien zuordnen. Aus Klassifizierungen (ICB-Element 1) werden häufig unmittelbar Empfehlungen für die tägliche Projektarbeit abgeleitet. Eine schlüssige Unterscheidung erleichtert den Überblick über die Projektlandschaft im Unternehmen erheblich. Sie hilft den Entscheidungsträgern dabei, Projektmanagement zielgerichtet und auf die jeweils vorliegende Projektart zugeschnitten einzusetzen. Im Zentrum dieses Kapitels steht die Unterscheidung nach internen und externen Projekten sowie nach Investitions-, Organisations- sowie Forschungs- und Entwicklungsprojekten.

1 Externe und interne Projekte

Es gab viele Versuche, Projekte in Kategorien einzuteilen. In der Regel hebt jede Klassifikation einen oder zwei Aspekte von Projekten hervor. In diesem Kapitel werden einige wichtige Klassifikationen vorgestellt [1]. Die Unterscheidung nach externen und internen Projekten setzt beim Projektauftraggeber an.

1.1 Externe Projekte

Auftraggeber externer Projekte sind Personen oder Institutionen außerhalb der Organisation, die das Projekt realisiert. Solche Projekte werden auch Auftragsprojekte genannt. Projekte dieser Art existieren vor allem in Branchen, in denen die Leistungserstellung mit Projektcharakter dominiert. Dazu gehören zum Beispiel der Hoch- und Tiefbau, der Anlagen- und Großmaschinenbau, aber auch die Software- und die Beratungsbranche.

Wichtigste Aufgabe des potenziellen Auftragnehmers ist zu prüfen, ob es sich für ihn lohnt, dem potenziellen Auftraggeber ein Angebot zu unterbreiten (= Angebotscontrolling). Der Auftraggeber dagegen muss einen geeigneten Anbieter ausfindig machen.

Angebotscontrolling

Es gibt verschiedene Methoden, um festzustellen, welcher Anbieter die gestellte Aufgabe voraussichtlich am besten erledigt. Der traditionelle Weg ist, Referenzen einzuholen, die Aufschluss über die Kompetenz im jeweiligen Fachgebiet und im Projektmanagement geben. Eine Alternative stellen Projektbenchmarking- und Reifegradmodelle dar, wie sie seit Ende der 1980er Jahre vor allem in den USA entwickelt wurden. Mithilfe dieser Modelle soll der Kunde sicherstellen können, dass der Auftragnehmer systematisches Projektmanagement beherrscht.

Identifikation des besten Anbieters

Ein Beispiel ist das erste Reifegradmodell überhaupt, das Capability Maturity Model (CMM), inzwischen weiterentwickelt zu CMMI. Es unterscheidet fünf Reifegradstufen des Projektmanagements ($\rightarrow$ Kapitel F2). Das US-Verteidigungsministerium, der weltweit größte Auftraggeber für Softwareprojekte, veranlasste die Entwicklung dieses Modells. Es greift in seinen Projekten nur noch auf Anbieter zurück, die mindestens die Reifegradstufe 3 erreicht haben. Das ist gemessen am Durchschnitt der Unternehmen ein hoher Reifegrad.

Nimmt der Auftraggeber das Angebot – mit oder ohne Änderungen – an, dann schließen beide Seiten einen Vertrag miteinander ab. Er bildet die Grundlage der Projektbearbeitung.

1.2 Interne Projekte

Bei internen Projekten ist der Auftraggeber eine Person oder eine Institution, die dem Unternehmen selbst angehört. Beispiele sind die Geschäftsleitung, Projektlenkungsgremien oder auch die Vorgesetzten von Linienabteilungen. Der Anstoß für interne Projekte sowie Finanzierungsbeiträge können aber durchaus von Externen kommen. Wenn am Projekt nur Mitglieder der eigenen Organisation mitwirken, existiert in der Regel kein förmlicher Vertrag zwischen Auftraggeber und Auftragnehmer.

Förmlicher Vertrag fehlt

Interne Projekte gibt es vor allem in den Forschungs- und Entwicklungsabteilungen von Industrieunternehmen und bei Reorganisationsvorhaben (z.B. bei der Umstrukturierung der Personalabteilung). Gerade im Entwicklungsbereich liegt meist eine große Zahl von Projektvorschlägen vor. Sie können wegen begrenzter Kapazitäten und Budgets nicht gleichzeitig realisiert werden. Deshalb müssen die Portfolio-Verantwortlichen eine Projektauswahl treffen ($\rightarrow$ Kapitel E2).

2 Investitions-, Organisations- und F&E-Projekte

Die Unterscheidung in Investitions-, Organisations- sowie Forschungs- und Entwicklungsprojekte (F&E) [2] setzt bei den Objekten an, die im jeweiligen Projekt erstellt werden.

2.1 Investitionsprojekte

In Investitionsprojekten werden Sachanlagen gebaut oder beschafft (z.B. Gebäude, Großmaschinen).

2.2 Organisationsprojekte

Organisationsprojekte [3] dienen dazu, Aufbau- und Ablauforganisationsstrukturen zu schaffen oder zu verändern. Sie sollen die Leistungsfähigkeit einer Organisationseinheit sicherstellen oder verbessern. Beispiele für Organisationsprojekte sind Unternehmensfusionen, die Einführung neuer Personalentwicklungskonzepte oder die Umorganisation einer Vertriebsabteilung. Eine häufige Besonderheit von Organisationsprojekten: Das Projektergebnis wirkt sich sowohl auf die Mitarbeiter aus, die im Projekt handeln, als auch auf andere Personen in der Organisation. Diese Personen fühlen sich häufig vom Projektergebnis (z.B. geänderte Arbeitsabläufe) bedroht oder gar geschädigt, obwohl objektiv keine negativen Auswirkungen feststellbar sind. Deshalb leisten tatsächlich und vermeintlich Betroffene häufig Widerstand gegen Organisationsprojekte.

Auswirkungen auf Projektbeteiligte und Umfeld

2.3 F&E-Projekte

In F&E-Projekten sollen neue Kenntnisse und Fertigkeiten erlangt oder Produktentwürfe mit verbesserter
- Beschaffenheit,
- Funktion,
- Designqualität,
- Wirtschaftlichkeit [4] etc.

entwickelt werden.

Wesentliches Merkmal von F&E-Projekten ist das vorab nicht bestimmbare Verhältnis von Input und Output: Niemand kann exakt vorhersagen, welches Ergebnis der Einsatz bestimmter Mengen von Produktionsfaktoren bringen wird. Eine Ausnahme sind Routineentwicklungen. Zu den F&E-Projekten zählt auch die Entwicklung von Software.

Verhältnis von Input und Output

2.4 Unterschiede

F&E-Projekte und Organisationsprojekte unterscheiden sich in einem wesentlichen, für das Projektmanagement relevanten Punkt von Investitionsvorhaben. Während bei Investitionsprojekten die Messung des Projektfortschritts durch Zählen, Messen und Wiegen (z.B. durch die Ermittlung der angebrachten Schalungsfläche oder Messung des Erdaushubs) relativ einfach ist, bereitet sie bei den beiden anderen Projektarten meist Probleme (→ Kapitel C9).

Zwei Besonderheiten innerhalb der Klasse der F&E-Projekte weisen Softwareentwicklungsprojekte auf. Bei der Entwicklung materieller Produkte lassen sich die Eigenschaften, die diese haben sollen, relativ problemlos in mess- und nachprüfbarer Weise formulieren. Dies gilt für eine Reihe von Produktzielen bei Software nicht (z.B. Benutzerfreundlichkeit). Außerdem hat Software im Vergleich zu materiellen Produkten eine hohe Plastizität. Das heißt, sie kann während des Entwicklungsprozesses noch stark und häufig verändert werden. Dieses Charakteristikum stellt an das Konfigurations- und Änderungsmanagement (→ Kapitel C7) und das Qualitätsmanagement (→ Kapitel C8) besonders hohe Anforderungen.

3 Projektklassifikation nach McFarlan und Sizemore House

Aus einigen Projektklassifikationen werden unmittelbar Empfehlungen für das Projektmanagement abgeleitet. Dies gilt zum Beispiel für die Systematik von McFarlan [5] und Sizemore House [6]. Die beiden Autoren wählen zwei Dimensionen:
1. die Erfahrung, die der Auftragnehmer mit der zugrunde gelegten Technologie hat
2. die Verbindlichkeit der Projektziele bei Projektbeginn

Sizemore House unterscheidet
- Planungs- und Kontrollmethoden (Formal Planning, Formal Control) – also Projektkoordination durch Pläne,
- Methoden der internen Integration und
- Methoden der externen Integration.

Interne Integration
Externe Integration

Mit interner Integration ist vorrangig die Auswahl des Projektleiters und der Projektteammitglieder gemeint, außerdem die Gestaltung der Beziehungen im Projektteam. Besondere Aufmerksamkeit wird dabei den Konflikten im Projekt zuteil (→ Kapitel D5). Unter externer Integration versteht Sizemore House die systematische Gestaltung der Beziehungen zum internen oder externen Auftraggeber, aber auch zu anderen Stakeholdern – zu Individuen, Gruppen und Institutionen also, die ein Interesse am Projekt beziehungsweise am Projektergebnis haben (→ Kapitel A3).

Aus Bild A2-1 geht hervor, welchen Instrumenten bei der jeweiligen Projektkategorie besonderes Gewicht zukommt. Die Matrix zeigt: Der enge Kontakt zum Auftraggeber ist besonders wichtig,

Gewichtung der Instrumente

solange die Projektziele noch nicht präzise definiert sind (II und IV). Bei unerfahrenen Teams spielt die Teambildung (= interne Integration) eine besondere Rolle. In diesen Fällen muss der Projektleiter sozial kompetent, aber auch fachlich hoch qualifiziert sein.

ERFAHRUNGEN MIT TECHNOLOGIE	PROJEKTERGEBNIS	
	Leistungsziele genau vorgegeben	Leistungsziele nur vage vorgegeben
Unternehmen hat viel Erfahrung	Schwerpunkt I Methoden der formalen Planung und Kontrolle*, interne Integration	Schwerpunkt II Externe Integration*, Methoden der formalen Planung und Kontrolle*, interne Integration
Unternehmen hat wenig Erfahrung	Schwerpunkt III Interne Integration*, Methoden der formalen Planung und Kontrolle	Schwerpunkt IV Externe Integration*, interne Integration*
* Hohe Bedeutung des Instruments; ohne Kennzeichnung: mittlere Bedeutung		

Bild A2-1 Verknüpfung von Projektergebnis und Verbindlichkeit der Projektziele [5]

Die technokratischen Instrumente besitzen besondere Bedeutung, wenn das Unternehmen bereits viel Erfahrung mit dem jeweiligen Projekttypen besitzt (I und II). Solche Vorhaben sind für die Mitarbeiter bereits Routineprojekte, bei denen man eine hohe Termin- und Kostentreue erwartet und die kein Misserfolg werden dürfen – zum Beispiel ein Bauprojekt, das in ähnlicher Form schon einmal durchgeführt wurde. Den Vorgaben des Planungs- und Kontrollsystems, über die auf das Team ein gewisser Druck ausgeübt wird, kommt dabei eine relativ hohe Verbindlichkeit zu. Die laufenden Soll-Ist-Vergleiche sind bei diesen Projekten recht aussagefähig.

Negativbeispiele Bei Projekttyp II liegt das Hauptgewicht auf der Änderungskontrolle. Ohne rigoroses Konfigurationsmanagement können aus solchen Vorhaben schnell Katastrophenprojekte werden. Beispiele für Kategorie II sind die Projekte „Allgemeines Krankenhaus Wien" [7] und „Klinikum Aachen". Diese liegen zwar schon mehrere Jahrzehnte zurück, wurden aber gründlich analysiert und eignen sich deshalb bis heute gut als Demonstrationsobjekte, anhand derer man lernen kann, wie Projektmanagement nicht ablaufen sollte. Weitere Negativbeispiele sind die Olympischen Spiele in Lillehammer 1994 und in Sydney im Jahr 2000 (Kostenexplosion) sowie der Eurotunnel zwischen Frankreich und England (Verdoppelung der Baukosten).

Positivbeispiel Es gibt aber auch positive Beispiele, die als Vorbilder dienen können. Eines davon ist das Projekt „Brief 2000" der Deutschen Post AG, das die GPM 1999 mit dem Deutschen Projektmanagement Award auszeichnete. Das Vorhaben mit einem Budget von mehreren Milliarden D-Mark wurde vor dem geplanten Termin abgeschlossen – mit niedrigeren Kosten als ursprünglich vorgesehen.

3.1 Kontingenzmodell nach McFarlan

Intensität des Instrumenteneinsatzes Der Ansatz von McFarlan und Sizemore House läuft auf ein Kontingenzmodell hinaus. Das bedeutet: Es hängt von der Projektart ab, welche Instrumente mit welcher Intensität eingesetzt werden müssen. Falls nötig, kann das Modell um einige Dimensionen erweitert werden. Zwar bedarf es noch einer intensiven empirischen Überprüfung, aber dennoch bedeutet es einen erheblichen Fortschritt gegenüber den vielen undifferenzierten Ratschlägen zum Einsatz von Instrumenten in der bisher vorhandenen Literatur.

Die hier gegebenen Empfehlungen sollen keineswegs die Bedeutung der Koordination durch Pläne herunterspielen. Sizemore House sagt dazu: „It´s all a question of balance" – frei übersetzt: „Auf die richtige Mischung der Instrumente kommt es an."

4 Weitere Klassifikationen

Es gibt noch weitere Klassifikationsschemata. Eines davon unterscheidet beispielsweise nach Projekten, an denen Beteiligte aus verschiedenen Kulturkreisen mitwirken, und solchen mit einheitlichem kulturellem Hintergrund. In verschiedenen Projektmanagement-Handbüchern von Organisationen werden außerdem Größenklassen von Projekten gebildet. Als Maßstab dienen dabei in der Regel der geplante Personaleinsatz oder die Dauer.

Fragen zur Selbsteinschätzung gemäß Zertifikatslevel

Nr.	Frage	Level				Selbsteinschätzung
		D	C	B	A	
A2.1	Wie kann man Projekte klassifizieren?	2	2	3	3	☐
A2.2	Was unterscheidet hauptsächlich F&E und Organisationsprojekte von Investitionsprojekten?	2	2	3	3	☐
A2.3	Zu welchem Zweck sollten die Projekte in einem Unternehmen klassifiziert werden?	1	2	2	3	☐
A2.4	Was ist CMM?	1	1	2	3	☐
A2.5	Was sind die Merkmale eines Investitionsprojekts?	2	2	3	3	☐
A2.6	Was sind die Merkmale eines Organisationsprojekts?	2	2	3	3	☐
A2.7	Was sind die Merkmale eines F&E Projekts?	2	2	3	3	☐

Die gegenseitige Beeinflussung von Projekt und Umfeld (ICB-Element 5) und die Fähigkeit des Projektmanagers, mit diesen Wechselbeziehungen umzugehen, bestimmen den Projekterfolg maßgeblich. Deshalb sollten die Begriffe Stakeholder und Stakeholderanalyse jedem Projektmanager vertraut sein. Er muss wissen, wie er Stakeholder identifizieren, den Grad ihrer Betroffenheit durch das Projekt feststellen und ihre Einstellung dazu herausfinden kann. Anhand dieser Informationen realisiert er Maßnahmen, um die Projektbetroffenen einzubinden und als Unterstützer des Projekts zu gewinnen. Eine geeignete Vorgehensweise wird in diesem Kapitel aufgezeigt.

1 Projekt und Stakeholder

Jedes Projekt ist in ein Umfeld mit verschiedenen Akteuren eingebettet. Projekt und Umfeld beeinflussen sich gegenseitig. Patzak und Rattay [1] bezeichnen Projekte daher als Handlungssysteme.

Laut ICB ist das Projektumfeld die Umgebung, in der das Projekt formuliert, bewertet und durchgeführt wird und die das Projekt direkt oder indirekt beeinflusst und/oder von dessen Auswirkungen betroffen ist. Diese äußeren Einflüsse können physische, ökologische, gesellschaftliche, psychologische, kulturelle, politische, wirtschaftliche, finanzielle, juristische, vertragliche, organisatorische, technologische und ästhetische Faktoren sein.

Neben dem Begriff Projektumfeld hat sich vor vielen Jahren ein weiterer Ausdruck durchgesetzt: Stakeholder, auch Projektinteressent beziehungsweise laut DIN ISO 10 006 Interessierte Partei. *Projektinteressent*

Nach der ICB sind Stakeholder Personen oder Personengruppen, „die am Projekt beteiligt, am Projektablauf interessiert oder von den Auswirkungen des Projekts betroffen sind. Sie haben ein begründetes Interesse am Projekterfolg und am Nutzen für das Projektumfeld".

Es gibt oft auch Projektinteressenten, die ein Projekt zum Scheitern bringen wollen.

Beispiel: Stakeholder in einem Verkehrsprojekt
Bei der Neugestaltung eines innerstädtischen Verkehrssystems müssen zahlreiche Projektinteressenten berücksichtigt werden, zum Beispiel
1. *die Stadtverwaltung als Auftraggeber,*
2. *die städtischen Verkehrsbetriebe als künftiger Betreiber,*
3. *beteiligte Firmen (Auftragnehmer),*
4. *der Projektleiter und sein Team,*
5. *Institutionen, die Finanzierungsbeiträge leisten (vor allem Banken und das Bundesland, zu dem die Stadt gehört),*
6. *Behörden für die technische Prüfung,*
7. *Denkmalschutz- und Naturschutzbehörden,*
8. *betroffene Anlieger,*
9. *potenzielle Benutzer sowie die Unternehmen und Organisationen, in denen sie beschäftigt sind, und*
10. *Umweltschützer und Bürgerinitiativen.*

Die meisten dieser Stakeholder dürften daran interessiert sein, dass das Verkehrssystem eines Tages in Betrieb geht. Umweltschützer und Bürgerinitiativen könnten dagegen das Ziel haben, dieses Projekt zu verhindern.

2 Systematische Gliederung der Stakeholder

Es gibt verschiedene Gliederungsansätze, die mehr Übersicht in die Fülle möglicher Stakeholder bringen sollen. Eine anschauliche Untergliederung ist die folgende [2]:

Übersichtstabelle zur Erfassung der Stakeholder

STAKEHOLDERTYP	KANN AUFTRETEN ALS (ROLLEN)
Kunde	Auftraggeber (extern oder intern) Potenzieller Nutzer des Projektergebnisses Betreiber Geldgeber
Mitarbeiter	Projektmanager Projektteammitglied Mitarbeiter, der nicht direkt mit dem Projekt befasst ist Geschäftsleitung Linienvorgesetzter Mitglied von Lenkungsgremien und des Betriebsrats Controller Projektkaufmann
Eigentümer des Unternehmens, in dem das Projekt realisiert wird	Eigentümer Anteilseigner Konsortialpartner
Zulieferer und Dienstleister jeder Art	Berater Personalbeschaffer Versicherer
Gesellschaft	Anwohner Behörde Bürgerinitiative Medien Umweltschutzbehörde Institution der technischen Aufsicht

Bild A3-1 Gliederungsansatz für Stakeholder

3 Stakeholderanalyse durchführen

Der Projektleiter muss in der Projektstartphase das Projektumfeld und die Stakeholder, die es repräsentieren, analysieren. Bei manchen Projektarten, zum Beispiel bei Planfeststellungsverfahren der öffentlichen Hand, stehen die Projektinteressenten schon vorab weitgehend fest.

3.1 Argumente für die Stakeholderanalyse

Die Stakeholderanalyse ist notwendig, weil
- Stakeholder häufig ganz unterschiedliche Erwartungen in ein und dasselbe Projekt setzen. Die Geschäftsleitung eines Telekommunikationsanbieters beispielsweise erhofft sich von einem Reorganisationsprojekt eine Steigerung der Eigenkapitalrendite. Der Betriebsrat und die Mitarbeiter, die er vertritt, wollen dagegen ihre Arbeitsplätze erhalten. Diese beiden Ziele sind nicht immer miteinander vereinbar (Zielkonflikt → Kapitel C2).

- Stakeholder ein Projekt gefährden, aber auch zu seinem Erfolg beitragen können. Viele Infrastrukturprojekte sind am Widerstand von Bürgerinitiativen gescheitert, deren Einfluss und Hartnäckigkeit die Projektinitiatoren zunächst unterschätzt haben. Hat dagegen ein Projektleiter, der in seinem Unternehmen ein Projektmanagement-Konzept einführen soll, Machtpromotoren auf seiner Seite, stehen die Chancen auf einen Projekterfolg gut. Machtpromotor könnte in diesem Fall der Geschäftsführer sein. Er hilft dem Projektleiter mit seinem Einfluss im Unternehmen, das Projekt gegen alle Widerstände voranzutreiben.

Mithilfe einer systematischen Stakeholderanalyse lassen sich Probleme und Chancen für ein Projekt früh erkennen. Aus den Ergebnissen dieser Analyse kann der Projektleiter Maßnahmen für die Stakeholderpolitik ableiten (→ Checkliste Bild A3-4). Eine solche Maßnahme kann zum Beispiel sein, bestimmte Stakeholder mittels einer Projektzeitung (→ Kapitel D4) regelmäßig über den Projektverlauf zu informieren. *Früherkennung von Chancen und Risiken*

3.2 Analyse der Kundenerwartungen

Ein Unternehmen kann nur überleben, wenn seine Kunden zufrieden sind. Deshalb sind Identifikation und Analyse der Kundenerwartungen besonders wichtige Komponenten der Stakeholderanalyse. Die Anspüche der Kunden richtig zu bewerten ist aber nicht immer ganz einfach. Die erste Frage, die sich jedes Unternehmen stellen muss, lautet: „Wer ist in unserem Fall der Kunde?" *Identifikation des Kunden*

Beispiel
Ein Unternehmen aus dem Großanlagenbau bekommt den Auftrag, eine Maschine zur Herstellung von Vollpappe zu entwickeln. Doch der Kunde tritt in ganz verschiedenen Rollen und mit unterschiedlichen Erwartungen auf: Der Leiter der Produktion will vor allem eine Steigerung des Outputs und niedrigere Kosten pro produzierter Tonne. Den Vertriebschef interessiert, wie flexibel er mit der neuen Maschine auf wechselnde Auftragsgrößen und Qualitätsanforderungen reagieren kann. Dem Finanzvorstand liegt an einem niedrigen Preis der Maschine und an günstigen Finanzierungs- und Zahlungsbedingungen. Und die Maschinenführer wünschen sich, dass die Anlage leicht zu bedienen ist und störungsfrei arbeitet. Außerdem soll sich die Belastung durch Lärm und Hitze in erträglichen Grenzen halten. Der Sicherheitsingenieur schließlich achtet darauf, dass die Bedienungsmannschaft nicht gefährdet wird.

Wer gilt angesichts so unterschiedlicher Interessen in diesem Projekt als Kunde? Welche Erwartungen muss der Auftragnehmer erfüllen, welche nicht? Die Antwort klingt einfach: Das hängt davon ab, wie der Auftraggeber seine Ziele gewichtet. *Zielgewichtung*

Beispiel
Wie vielfältig die Anforderungen der Projektinteressenten sein können, zeigt ein Vorhaben der Landesbausparkasse Baden-Württemberg [3]. In diesem Projekt wurde eine Software für freie Handelsvertreter im Außendienst entwickelt. Sie stehen an oberster Stelle der Stakeholderliste. Darüber hinaus hat die Landesbausparkasse aber noch eine ganze Reihe anderer Projektinteressenten und deren Wünsche identifiziert. Diese können nicht alle zugleich erfüllt werden. Deshalb müssen Projektleiter beziehungsweise Projektlenkungsgremien die einzelnen Stakeholderziele gewichten und Prioritäten setzen. Die Vorgehensweise aus diesem Beispiel ist auf alle Projektarten (→ Kapitel A2) und Branchen übertragbar.

Tabelle A3-2 gibt einen Überblick über wichtige Stakeholder und ihre Erwartungen an dieses Softwareprojekt und den Projektgegenstand, die entwickelte Software. An dieser Stelle wird nur ein Teil der 16 identifizierten Stakeholder mit ihren Erwartungen aufgeführt, der ausreicht, um das Prinzip einer Stakeholderanalyse deutlich zu machen.

Beispielhafter Überblick über wichtige Stakeholder

STAKEHOLDER	ERWARTUNGEN
1. Freie Handelsvertreter (Außendienst)	Schnelle Beratung und Antragserfassung Höhere Beratungsqualität Bessere Auswertung der Kunden- und Vertragsdaten Möglichkeit zum mobilen Einsatz der Software Einfache Bedienung
2. Abteilung Außendienststeuerung	Zentrale Steuerung der dezentralen Außendienstaktivitäten
3. Mitarbeiter (Softwareentwickler)	Anwendung neuer Programmiertechniken Aneignung neuen Wissens mit dem Ziel der Arbeitsplatzsicherung Steigerung des eigenen Marktwerts
4. Datenverarbeitung/ Organisation	Effizienter und kostengünstiger Softwareentwicklungsprozess Mittelfristige Verringerung externer Beratungsleistung Schaffung einer einheitlichen Außendienstsoftware mit geringem Wartungsaufwand Aufbau von Wissen bei den Mitarbeitern
5. Kundenabteilung (Sachbearbeitung)	Optimierung der Kundenberatung Konsequente Kundenorientierung Optimierung des Wegs vom Antrag zum Vertrag
6. Marketingabteilung	Imageverbesserung des Unternehmens
7. Personalrat	Arbeitsplatzerhaltung in der Datenverarbeitung Umfassende Information und frühzeitige Einbindung bei der Konzeption neuer betrieblicher Abläufe
8. Innenrevision	Revisionssichere Erstellung der Software Datensicherheit
9. Abteilung Recht und Steuerung	Sicherstellung der rechtlichen Rahmenbedingungen in den Programmen und in der Vertragsgestaltung
10. Verbundpartner (Sparkassen)	Anbindung des Datenbestands Online-Informationsaustausch
11. Andere Landesbausparkassen	Bundesweit einheitliche Software für Beratung und Auftragserfassung

Bild A3-2 Stakeholder und ihre Erwartungen

3.3 Betroffenheitsanalyse

In dem beschriebenen Softwareprojekt der Landesbausparkasse Baden-Württemberg wurden nicht nur die Stakeholder erfasst, sondern auch ihre Interessen ermittelt. So verschaffte sich die Projektleitung einen guten Überblick über Erwartungen und mögliche Risiken für das Projekt. In vielen anderen Projekten ist die Interessenlage der verschiedenen Stakeholder dagegen unübersichtlich. Das gilt besonders für Reorganisationsprojekte. In solchen Fällen kann die von Hansel und Lomnitz [4] vorgestellte Betroffenheitsanalyse weiterhelfen (→ Bild A3-3).

Mehrfach betroffene Stakeholder

Als Beispiel dient die Einführung eines neuen, rechnergestützten Verfahrens zur Behandlung von Kundenreklamationen. Bei Reorganisationsprojekten sind häufig die Sachbearbeiter wichtige Stakeholder. Wie die folgende Tabelle zeigt, können Mitarbeiter in dieser Funktion in einer ganzen Reihe von Aspekten vom Projekt betroffen sein. So ist es zum Beispiel möglich, dass sich durch das neue

Reklamationsverfahren ihre Aufgabe und ihr Handlungsspielraum verändern. Diese Aussicht macht den Betroffenen Angst. Das kann der Grund für einen offenen oder – was häufiger vorkommt – für einen versteckten Boykott des Projekts sein.

Projektinteressent: Sachbearbeiter Meier

BETROFFENHEITSASPEKT	GRAD DER BETROFFENHEIT			ART DER BETROFFENHEIT	
	nicht	wenig	stark	positiv	negativ
1. Aufgabenzuordnung			x		x
2. Arbeitsablauf			x		x
3. Handlungsspielraum			x		x
4. Verantwortung			x		x
5. Informationsstand		x			x
6. Qualität der eigenen Arbeit	x			x	
7. Arbeitsbelastung	x			x	
8. Fremdkontrolle			x		x
9. Persönliches Ansehen			x		x
10. Einfluss			x		x
11. Aufstiegschancen		x			x
12. Einkommen	x			x	
13. Arbeitszufriedenheit			x		x
14. Selbstverwirklichung			x		x
...					

Bild A3-3 Betroffenheitsanalyse

3.4 Weitere Schritte der Stakeholderanalyse

Wenn der Projektleiter die Stakeholder und ihre Erwartungen ermittelt hat, sind weitere Schritte notwendig. Er muss erkunden,

- ob die Stakeholder dem Projekt positiv oder negativ gegenüberstehen,
- wie ihre Bedeutung und Macht ist,
- wie sie sich voraussichtlich verhalten werden und
- welche Maßnahmen er treffen muss, um den Projekterfolg sicherzustellen.

Informationen sammeln

3.5 Checkliste

Checkliste A3-4 für die Stakeholderanalyse [5] kann dem Projektleiter bei der Ermittlung von Maßnahmen für die einzelnen Stakeholder helfen. Mithilfe der Bewertungsskala von + bis – in der Spalte „Klima/Stimmung" werden Projektförderer und -gegner ermittelt. In der Spalte „Bedeutung/Macht" schätzt der Projektleiter den Einfluss der Projektinteressenten ein. Anschließend überlegt er sich Strategien und Maßnahmen, mit denen er die jeweiligen Stakeholder auf seine Seite ziehen kann. Beispiele dafür sind Infoveranstaltungen für die Anwohner oder Einzelgespräche mit betroffenen Sachbearbeitern. Auf diese Weise betreibt er bereits Risikomanagement (→ Kapitel C3).

Das Verhalten der Projektinteressenten ist oft schwer vorherzusagen. Bei wichtigen und großen Projekten kann es daher sogar notwendig sein, Szenariotechniken zu verwenden, um mögliche Problemsituationen durchzuspielen. Ziel ist, diese später im Projektverlauf frühzeitig erkennen und richtig darauf reagieren zu können.

Szenariotechniken

STAKEHOLDERGRUPPE	KLIMA/ STIMMUNG + 0 –	BEDEUTUNG/ MACHT 1–5 *	ERWARTUNGEN (+) BEFÜRCHTUNGEN (–)	STRATEGIEN/MASSNAHMEN
Geschäftsführung	+	5	+	Wöchentliche Statusberichte, Vier-Augen-Gespräche
Projektleiter	+	3	+	
Projektteam	+	3	+	Statusmeetings, Kummerkasten, gemeinsame Unternehmungen etc.
Vom Projekt betroffene Abteilungen	+/–	4	+/–	Regelmäßige Information
Betriebsrat	–	4	–	Vier-Augen-Gespräche, Statusberichte laut Berichtsplan
Kunde in verschiedenen Rollen: – Auftraggeber – Nutzer – Vertreter des Kunden im Team – etc.	+ + +	4 3 3	+ + +	Regelmäßiger persönlicher Kontakt, Statusberichte laut Berichtsplan
Partnerfirmen	+	2	+	Regelmäßiger Kontakt
Lieferanten	+	3	+	Besuche vom Außendienst, gemeinsame Veranstaltungen, regelmäßige Berichte einfordern
Mitbewerber	–	3	–	Beobachten
Behörden	+/–	4	+/–	Ständiger Dialog, umfassende, rechtzeitige Informationen liefern
Medien, Öffentlichkeit	+/–	3	+/–	Presseinfo turnusmäßig und bei außergewöhnlichen Ereignissen
Anlieger	+/–	4	+/–	Infoveranstaltungen je Meilenstein
Bürgerinitiativen	+/–	4	+/–	Stakeholderdialog/ Podiumsdiskussionen
Umweltschutzgruppen	+/–	4	+/–	Stakeholderdialog/ gemeinsame Veranstaltungen

* 1 = sehr niedrig, 5 = sehr hoch

Bild A3-4 Checkliste für die Stakeholderanalyse

Bild A3-5 zeigt das Ergebnis einer Stakeholderanalyse [6]. Daran wird deutlich, auf welche Gruppen sich die Maßnahmen der Stakeholderpolitik vor allem konzentrieren müssen.

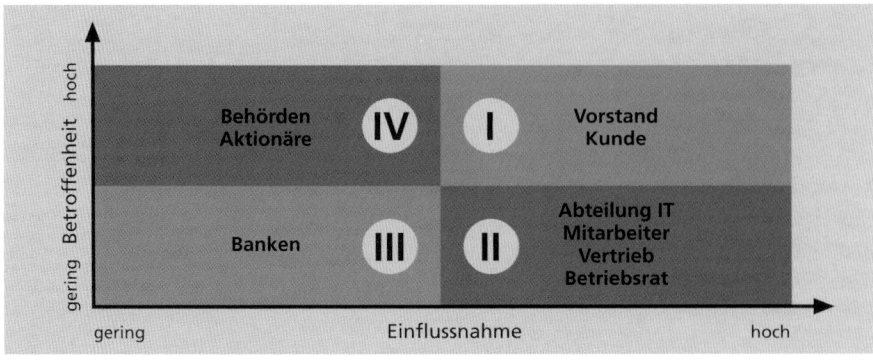

Bild A3-5 Ergebnis einer Stakeholderanalyse

3.6 Veränderungen im Projektumfeld

Die Ergebnisse einer Stakeholderanalyse sind immer nur eine Momentaufnahme. Im Projektverlauf können Stakeholder hinzukommen oder wegfallen. Viele Bürgerinitiativen formieren sich zum Beispiel erst, wenn ein Projekt schon seit Monaten läuft. Auch die Einstellung zu dem Vorhaben und die Machtverhältnisse können sich bei den Projektinteressenten im Projektverlauf erheblich ändern. Für den Projektleiter bedeutet dies: Er muss seine ursprüngliche Analyse immer wieder überprüfen und die Maßnahmen bei Bedarf ändern. Eine solche Standortbestimmung sollte er zumindest nach Erreichung wichtiger Meilensteine vornehmen.

4 Umgang mit Stakeholdern

Im Rahmen der Stakeholderanalyse muss die Projektleitung Vorsorgepläne und Sofortmaßnahmen festlegen. Vorsorgepläne dienen dazu, Probleme mit Stakeholdern zu verhindern oder abzumildern, während Sofortmaßnahmen für den Fall gedacht sind, dass die befürchteten Probleme trotz der Vorsorgemaßnahmen eintreten.

Vorsorgepläne und Sofortmaßnahmen

Beispiel für einen Vorsorgeplan
In einem Produktentwicklungsprojekt eines Herstellers von Elektrogeräten hat die Projektleitung einen Mitbewerber als wichtigen Stakeholder identifiziert. Ob dieser in nächster Zeit ein vergleichbares Gerät herausbringt und welche Eigenschaften dieses haben könnte, lässt sich schwer vorhersagen. Geschäftsleitung und Projektleiter müssen schnell reagieren, wenn derartige Pläne des Konkurrenten bekannt werden. Deshalb entschließt sich der Projektleiter in Abstimmung mit dem Projektlenkungsausschuss dazu, für das eigene Produkt Muss- und Kann-Ziele zu formulieren. Notfalls will das Unternehmen auf die Realisierung der Kann-Ziele verzichten. So kann es das eigene Produkt schneller auf den Markt bringen und der Konkurrenz zuvorkommen.

Um die Akzeptanz eines Projekts in seinem Umfeld zu erhöhen, wurde in den vergangenen Jahren das Projektmanagement-Teilgebiet Projektmarketing entwickelt (→ Kapitel D4).

Projektmarketing

5 Unterschiede Stakeholder-/Risikoanalyse

Ein Stakeholder, der das Projekt bekämpft und über Macht verfügt, stellt ein erhebliches Risiko dar. Patzak und Rattay [7] erklären, worin sich die Stakeholderanalyse von der Risikoanalyse (→ Kapitel C3) unterscheidet: „Eine Risikoanalyse liefert Fakten betreffend potenzieller Schäden der einzelnen identifizierten Risiken und setzt diese in Kosten um. Sie kann aber die kaum quantifizierbaren Auswirkungen der Einstellungen von Personen beziehungsweise Personengruppen zum Projekt nicht als solche direkt ansprechen und berücksichtigen."

6 Probleme

Ein Problem der Stakeholderanalyse sehen Patzak und Rattay darin, dass „emotional betonte Einstellungen und Erwartungen" häufig nicht offen ausgesprochen werden und sich auch durch Befragungen nicht erforschen lassen. Dafür könne es mehrere Gründe geben, zum Beispiel:

Mangelnde Offenheit der Stakeholder

- Mitarbeiter befürchten Karrierenachteile, wenn sie ihre Abneigung gegen das Projekt offen zeigen.
- Es passt nicht zur Kultur der betroffenen Organisation, die persönlichen, egoistischen Ziele auf den Tisch zu legen.
- Die Geheimhaltung der eigenen Pläne und Vorstellungen sichert den vorhandenen Umfang des persönlichen Handlungsspielraums.

Verdeckte Widerstände

Diese Einstellungsmuster führen in der Praxis häufig dazu, dass Stakeholder ihren Widerstand gegen ein Projekt nur versteckt ausüben.

Für verdeckten Widerstand gibt es eine ganze Reihe von Symptomen [8], zum Beispiel:
- Die heimlichen Kritiker schüren Diskussionen über unwichtige Details, anstatt zur Sache zu kommen (z.B. bei Teambesprechungen).
- Gute Vorschläge werden endlos diskutiert und schließlich zerredet.
- Führungskräfte und Entscheidungsträger fehlen in wichtigen Sitzungen.
- Notwendige Entscheidungen werden hinausgezögert.
- Mitarbeiter verrichten nur Dienst nach Vorschrift.
- Leistungsschwache und unmotivierte Mitarbeiter werden in das Projektteam delegiert.

Wenn sich solche Symptome zeigen, hat die Projektleitung bei der Einbeziehung der Stakeholder und der Informationspolitik bereits gravierende Fehler gemacht. Deshalb ist es so wichtig, die Einstellungen der wichtigsten Projektinteressenten frühzeitig und gründlich zu analysieren. Dafür empfehlen Patzak und Rattay unter anderem gedankliche Rollenspiele, mit deren Hilfe sich die Projektverantwortlichen in die Stakeholder hineinversetzen können.

Fragen zur Selbsteinschätzung gemäß Zertifikatslevel

Nr.	Frage	Level				Selbsteinschätzung
		D	C	B	A	
A3.1	Was sind Stakeholder?	2	2	2	2	☐
A3.2	Warum nimmt man eine Stakeholderanalyse vor?	2	2	2	2	☐
A3.3	Was sind die Ergebnisse einer Stakeholderanalyse?	2	2	2	2	☐
A3.4	Aus welchen Schritten besteht eine Stakeholderanalyse?	2	3	3	4	☐
A3.5	Welche Probleme bei der Stakeholderanalyse muss man berücksichtigen?	2	3	3	3	☐
A3.6	Wie wird Projektumfeld definiert?	2	2	2	2	☐
A3.7	Was ist eine Betroffenheitsanalyse?	2	2	2	2	☐
A3.8	Worin besteht ein Zusammenhang zwischen Stakeholder- und Risikoanalyse?	2	3	3	4	☐

A4 RECHTLICHE ASPEKTE

Projektteams müssen sich strikt an Verträge und Gesetze halten (ICB-Elemente 13, 27, 41), um Vorhaben wirtschaftlich erfolgreich realisieren zu können. Nur so lassen sich Risiken wie etwa Nachforderungen des Auftraggebers vermeiden. Von zentraler Bedeutung ist der Projektvertrag. Daran knüpft das Vertragsmanagement an, mit dessen Hilfe sich Rechte und Pflichten aus Verträgen identifizieren und durch- beziehungsweise umsetzen lassen, und schließlich auch das Nachforderungsmanagement. Es dient dazu, Nachforderungen geltend zu machen, die aus Änderungen (ICB-Element 17) resultieren, und Erlöse zu erzielen, die über den eigentlichen Vertrag hinausgehen.

1 Bedeutung

Grundlage für die Bearbeitung nahezu aller Projekte ist der Projektvertrag. Sein Inhalt bindet alle Vertragsparteien. Diese – und vor allem ihre Projektmanager – müssen ihn kennen und verstehen. Dazu sind rechtliche Grundkenntnisse notwendig.

Das Vertragsmanagement als Methode des Projektmanagements hilft zunächst dabei, die Rechte und Pflichten aus dem Vertrag zu identifizieren. Dabei werden bereits Risiken für das Projekt sichtbar (→ Kapitel C3). Nur wenn eigene Rechte genau erfasst und dokumentiert sind, ist es möglich, sie durchzusetzen. Das Vertragsmanagement steuert die Vertragsabwicklung im Projektverlauf so, dass Pflichten exakt erfüllt und damit Risiken minimiert werden können. Voraussetzung für ein effektives Vertragsmanagement ist das Bewusstsein bei Geschäftsführung und Projektmanagement, dass Verträge genauestens erfüllt werden müssen. Nur so lassen sich zusätzliche Forderungen des Vertragspartners vermeiden sowie Kosten und Termine des Projekts unter Kontrolle (→ Kapitel C9) halten.

Pflichten erfüllen und Risiken minimieren

Über das Nachforderungsmanagement (= Claim Management) trägt das Vertragsmanagement dazu bei, dass Projektteams die Projektziele erreichen oder gar übertreffen können, vor allem in finanzieller Hinsicht. In seinem Zentrum stehen die Rechte, die über den eigentlichen Vertrag hinaus existieren – Rechte also, die sich aus Zusatzarbeiten, Zusatzaufträgen und Terminverschiebungen durch den Vertragspartner ergeben. Sie können einen erheblichen wirtschaftlichen Wert haben. Ihre systematische Erfassung und Durchsetzung kann eine deutliche Erlössteigerung im Vergleich zum ursprünglichen Vertragswert einbringen. Gleichzeitig wehrt das Nachforderungsmanagement ungerechtfertigte Ansprüche des Vertragsgegners ab.

Erlössteigerung

Nachforderungen abwehren

2 Projektverträge

Der Projektvertrag ist ein Vertrag, der zwischen dem Projektträger (= Auftraggeber) und der ausführenden Partei (= Auftragnehmer) geschlossen wird. Er regelt die Rechte und Pflichten beider Parteien in einem speziellen Projekt. Entsprechend der Definition des Projekts als Vorhaben unter einmaligen Bedingungen (→ Kapitel A1) zeichnet sich der Projektvertrag ebenfalls durch die Einmaligkeit seiner Zielsetzung aus. Der Vertrag ist erfüllt, wenn dieses Ziel erreicht ist.

Beispiel
Die Schaltzentrale für ein bestimmtes Kraftwerk wird geplant und errichtet.

Ein Vertragswerk besteht manchmal nur aus einigen Seiten. Häufig sind es jedoch mehrere hundert oder gar tausende.

Beispiel

Industrieanlagenverträge sind meist sehr umfangreich. Darin wird der Liefer- und Leistungsanteil für Industrieanlagen definiert. Ferner bilden Termin- und Organisationsvorgaben, Preise und Lieferbedingungen die Eckdaten für das Projektmanagement.

Zeichnungsberechtigte Vertreter

Die zeichnungsberechtigten Vertreter der Vertragsparteien müssen das endgültige Vertragswerk unterzeichnen.

2.1 Juristische Fragen nach der Unterzeichnung

Ist der Vertrag unterzeichnet, steht der Projektleiter häufig erst einmal vor juristischen Fragen:
- Ist überhaupt ein Vertrag zustande gekommen?
- Welcher Vertragstyp liegt vor?
- Sind zu diesem Vertragstypen gesetzliche Regelungen zu beachten?

Tücken des Vertrags

Diese sind zu allererst zu klären. Der Projektleiter prüft darüber hinaus einzelne Vertragsklauseln auf besondere Tücken. Während des weiteren Projektverlaufs achtet er besonders auf Störungen in der Vertragsabwicklung und deren Rechtsfolgen – zum Beispiel auf Vertragsstrafen, die drohen, wenn das Projektteam vertraglich vereinbarte Termine überzieht. Zudem hat er vertragliche Regelungen mit Unterauftragnehmern und Verträge im Rahmen eines Konsortiums zu verfolgen. Bei internationalen Verträgen sind zusätzliche Probleme der Rechtswahl, der Ort der Rechtsauseinandersetzung sowie lokale Vorschriften zu berücksichtigen.

2.2 Juristische Grundlagen

Vertragsrecht im BGB
AGB
Sonderbestimmungen

Das Vertragsrecht ist in Deutschland in den §§ 145 ff. und §§ 311 ff. Bürgerliches Gesetzbuch (= BGB) geregelt. Dazu kommen noch Bestimmungen über Allgemeine Geschäftsbedingungen in den §§ 305–310 BGB sowie Sonderbestimmungen für einzelne Vertragstypen, etwa die §§ 433 ff. BGB für den Kaufvertrag und §§ 631 ff. BGB für den Werkvertrag. Von besonderer Bedeutung für die Vertragsabwicklung ist das neue Recht der Leistungsstörungen in den §§ 280 ff. BGB.

Verträge sind die Haupterscheinungsform des Rechtsgeschäfts. Sie regeln die Beziehungen zwischen zwei oder mehreren Parteien. Im Vertrag wird bestimmt, wer an wen zu leisten hat, was geleistet wird und welche Regeln dafür gelten. Somit erzeugen Verträge Rechtssicherheit.

Vertragsparteien bestimmen

Verträge sind also eine Art Gesetz zwischen den vertragschließenden Parteien. Konsequenterweise müssen die Vertragsparteien genau bestimmt werden. Bild A4-1 zeigt die Parteien eines Vertrags und ihre Rechtsbeziehungen.

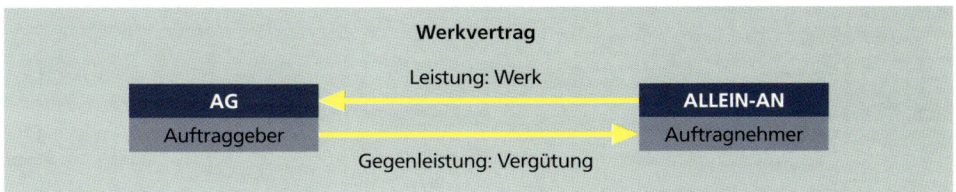

Bild A4-1 Parteien eines Vertrags und ihre Rechtsbeziehungen

2.2.1 Notwendige Angaben

Um die Vertragsparteien identifizieren zu können, sind ihre genaue Bezeichnung, die Rechtsform, die Adresse und der Name des Vertretungsberechtigten im Vertrag anzugeben.

Beispiel
Es gibt zwei Vertragspartner. Diese Parteien werden auf der ersten Seite des Vertrags genannt. Meist heißt es: Zwischen den Parteien X-GmbH – Auftraggeber – und Y-AG – Auftragnehmer – kommt folgender Vertrag zustande: ...

Häufig ist auch der gesetzliche Vertreter einer Partei – zum Beispiel der Geschäftsführer – namentlich genannt. Manchmal treten vor allem auf der Auftragnehmerseite mehrere Parteien auf. Sie müssen alle einzeln mit ihren Adressen aufgelistet werden.

Projektverträge sind in der Regel gegenseitige Verträge. Für eine bestimmte Leistung wird eine bestimmte Gegenleistung vereinbart. Leistung und Gegenleistung müssen daher im Vertrag genau spezifiziert werden. Die geforderte Leistung lässt sich zum Beispiel in Form einer technischen Spezifikation mit dem genauen Lieferumfang beschreiben. Die Gegenleistung wird im Allgemeinen in Geld erbracht. Preis und Zahlungsbedingungen müssen angegeben werden. Hinzu kommen Termine, Lieferort, Leistungsgarantien und Gewährleistungsbedingungen sowie Rechtsfolgen für den Fall, dass eine Partei gegen vertragliche Vereinbarungen verstößt (= Leistungsstörungen).

Gegenseitige Verträge

Leistungsstörungen

2.2.2 Zustandekommen eines Vertrags

Ein Vertrag kommt wirksam zustande durch
- die Unterzeichnung einer Vertragsurkunde durch alle Parteien beziehungsweise ihre Vertreter oder
- ein schriftliches oder mündliches Angebot durch eine Partei und dessen unveränderte (= vorbehaltlose) Annahme durch die andere Partei.

Beispiel
Der Turbinenlieferant A legt dem Elektrizitätswerk B ein schriftliches Angebot vor. B schreibt zurück: „Wir nehmen Ihr Angebot an." Damit ist ein Vertrag bereits wirksam zustande gekommen. A muss genau gemäß seinem Angebot liefern. Schreibt B dagegen zurück „Wir sind mit Ihrem Angebot einverstanden, möchten aber die Zuleitungen gemäß Position 10 größer dimensionieren", dann gilt das ursprüngliche Angebot von A als abgelehnt. Ein Vertrag ist nicht zustande gekommen. Er kommt erst dann rechtskräftig zustande, wenn sich A und B auch über die größeren Zuleitungen und eine entsprechende Vergütungsregelung geeinigt haben.

2.2.2.1 Invitation to tender

Aufforderung zur
Angebotsabgabe

Die Invitation to tender wird manchmal mit der Annahme verwechselt. Sie ist jedoch nur eine Aufforderung zur Angebotsabgabe, ohne die Wirkung einer Auftragserteilung.

2.2.2.2 Mündliche Verträge

Ein mündlich geschlossener Vertrag ist grundsätzlich wirksam, aus Beweisgründen allerdings nicht empfehlenswert.

2.2.3 Eindeutigkeit

Verträge sind klar und eindeutig abzufassen. Die Parteien und der Gegenstand des Vertrags müssen eindeutig bezeichnet sein.

2.2.4 Unwirksamkeit

Vertragsfreiheit

Gute Sitten

In Deutschland herrscht Vertragsfreiheit (= Vertragsautonomie). Somit sind alle vertraglichen Regelungen erlaubt und wirksam. Das Prinzip der Vertragsfreiheit findet seine Grenzen in den Verfassungsprinzipien. Die Vertragsparteien müssen die geltenden Gesetze und die guten Sitten beachten. Verträge, die dagegen verstoßen, sind unwirksam.

2.2.5 Ausland

Landesrecht prüfen

Im Ausland ist von Fall zu Fall zu prüfen, ob Abschluss und Inhalt von Verträgen staatlichen Genehmigungsvorschriften unterliegen. So sind beispielsweise Schiedsvereinbarungen in manchen Ländern nur eingeschränkt erlaubt. Selbst wenn sie zulässig sind, ist zu prüfen, ob ein Schiedsspruch im jeweiligen Land vollstreckt und eine Forderung aus einem Schiedsspruch im Land des Vertragspartners auch wirklich eingetrieben werden kann. Zu klären ist ferner, ob das jeweilige Landesrecht die Wahl einer anderen Rechtsordnung zulässt.

2.2.6 Standardverträge

Formularverträge
und AGB

Treu und Glauben

Unangemessene
Benachteiligung

Werden Standardverträge mit immer wiederkehrenden Formulierungen (= Formularverträge) oder Allgemeine Geschäftsbedingungen (= AGB) verwendet, gelten die §§ 305 ff. BGB. Danach sind – auch unter Kaufleuten – Bestimmungen unwirksam, wenn sie den Vertragspartner entgegen den Geboten von Treu und Glauben unangemessen benachteiligen (§ 307 BGB) oder wenn sie Überraschungscharakter haben (§ 305c BGB). Auf mehrdeutige Klauseln kann sich der Verwender (= Ersteller der AGB) im Zweifel nicht berufen. Eine unangemessene Benachteiligung liegt vor, wenn eine Bestimmung

- mit wesentlichen Grundgedanken der gesetzlichen Regelungen nicht zu vereinbaren ist oder
- wesentliche Rechte oder Pflichten, die sich aus der Natur des Vertrags ergeben, so einschränkt, dass die Erreichung des Vertragszwecks gefährdet ist.

Sofern die AGB der beiden Vertragsparteien sich widersprechen, ist in der Regel anzunehmen, dass diese nur insoweit Vertragsbestandteil werden, als sie übereinstimmen. Soweit sie nicht übereinstimmen, gelten die übrigen Regeln des Hauptvertrags und – falls dieser keine Regelung enthält – das Gesetz. *Einander widersprechende AGB*

Eine Abwehrklausel – zum Beispiel „Anderslautende Bedingungen gelten nicht" – ist grundsätzlich wirksam. Einer solchen Klausel ist daher in den eigenen AGB oder separat unverzüglich zu widersprechen. AGB müssen in die Vertragsverhandlung einbezogen werden. Eine Korrespondenz nach Vertragsschluss oder der Aufdruck der AGB auf der Rückseite von Rechnungen und Lieferscheinen genügen nicht. Bei einer Auftragsbestätigung ist es grundsätzlich zulässig, die AGB einzubeziehen. Sollten diese jedoch erheblich von mündlichen Vereinbarungen abweichen, sind sie unwirksam. *Abwehrklausel*

Beispiele für einen unwirksamen Vertrag *Unwirksamer Vertrag*
Der Verkäufer eines neuen Motors schließt in seinen AGB jegliche Gewährleistung aus.
Der Auftraggeber einer Industrieanlage fordert in seinem Standardvertrag für den Fall eines Verzugs ein Vertragsstrafe ohne Begrenzung nach oben.

2.3 Vertragstypen nach BGB

Im BGB sind verschiedene Vertragstypen normiert. Bei Projekten werden Kaufrecht, Dienstvertragsrecht und vor allem Werkvertragsrecht angewandt.

2.3.1 Kaufrecht

Das Kaufrecht ist in § 433 BGB geregelt. Der Verkäufer ist verpflichtet, die Sache zu übergeben und dem Käufer das Eigentum an dieser zu verschaffen. Sie muss frei von Sach- und Rechtsmängeln sein. Der Käufer ist verpflichtet, dem Verkäufer den Kaufpreis zu zahlen und die gekaufte Sache abzunehmen.

Beispiel
Der Verkäufer liefert 50 Elektromotoren aus seiner Serie.

Auch bei einmalig hergestellten beweglichen Sachen gilt weitestgehend Kaufrecht und nicht Werkvertragsrecht. Allerdings hat der Käufer Mitwirkungspflichten. *Einmalig hergestellte bewegliche Sachen*

Beispiel
Der Verkäufer stellt einen Elektromotor nach den Spezifikationen des Käufers her.

2.3.2 Dienstvertragsrecht

Der Dienstverpflichtete ist bei einem Dienstvertrag (§ 611 ff. BGB) zur Leistung der versprochenen Dienste, der Dienstberechtigte zur Gewährung der vereinbarten Vergütung verpflichtet. Abgerechnet wird nach Zeit, etwa beim Training von Personal. Eine Erfolgsverpflichtung übernimmt der Auftragnehmer nicht.

Beispiele
Ausbildung von Kundenpersonal, Erstellung eines Pflichtenhefts im EDV-Bereich.

2.3.3 Werkvertragsrecht

Der Werkvertrag verpflichtet den Auftragnehmer zur Herstellung des versprochenen Werks, den Auftraggeber zur Entrichtung der vereinbarten Vergütung (§ 631 BGB). Der Auftragnehmer schuldet dem Auftraggeber einen genau festgelegten Erfolg. Er muss die Anlage mangelfrei nach den vertraglichen Bestimmungen erstellen. Erst dann ist der Auftraggeber zur Abnahme, also zur Bestätigung der Vertragserfüllung, verpflichtet (§ 640 BGB).

Sach- und Rechtsmängel

Laut Werkvertragsrecht hat der Auftragnehmer dem Auftraggeber das Werk frei von Sach- und Rechtsmängeln zu verschaffen. Das Werk ist frei von Sachmängeln, wenn es die im Vertrag vereinbarte Beschaffenheit hat.

Beispiel
Die Parteien vereinbaren eine Putzart, die qualitativ unter den DIN-Normen liegt. Die Arbeit des Auftragnehmers ist mangelfrei, wenn er den vereinbarten Putz aufbringt.

2.3.3.1 Abnahme

Zweck

Die Abnahme ist ein wesentlicher Bestandteil des Werkvertrags. Mit ihr bekundet der Auftraggeber, dass der Erfolg gemäß den vertraglichen Vorgaben mangelfrei erreicht ist.

Beispiel
Im Rahmen eines Industrieanlagenvertrags müssen Planung, Erstellung und Inbetriebnahme der gesamten Anlage mangelfrei durchgeführt worden sein.

2.3.3.2 Industrieanlagenvertrag

In der Praxis sind häufig riesige Industrieanlagenprojekte als Gesamtpaket zu vergeben. Ein Industrieanlagenvertrag ist ein gemischter Vertrag, der neben werkvertraglichen Elementen kaufrechtliche und dienstvertragliche Bestandteile enthält. Der Schwerpunkt des Vertrags liegt jedoch in der Regel auf dem Werkvertragsrecht, sodass dieses zur Anwendung kommt.

Gliederung von Projektverträgen

Projektverträge (= Werkverträge) gliedern sich im Allgemeinen in fünf große Blöcke:
1. Präambel
2. Definitionen
3. Technische Spezifikation
4. Kommerzieller und organisatorischer Teil
5. Juristischer Teil

Anlage als Vertragsbestandteil

Die Blöcke sind meist in Form von Kapiteln räumlich voneinander getrennt und dadurch leicht erkenn- und handhabbar. Projektleiter müssen in der Lage sein, je nach Fragestellung schnell auf den richtigen Block zuzugreifen. Die eigentliche technische Spezifikation oder das detaillierte Lieferverzeichnis wird dem Vertrag häufig als Anlage beigefügt. Im Vertrag muss ausdrücklich erwähnt werden, dass die Anlage Vertragsbestandteil ist.

Die fünf Blöcke umfassen im Einzelnen folgende Regelungen:

1. Präambel

In der Präambel werden kurz die reale Ausgangslage der Parteien und deren Grundüberlegungen beziehungsweise die Interessenlage geschildert, die sie zum Abschluss des Vertrags bewegt haben. Häufig lassen sich aufgrund dieser Informationen Streitigkeiten bei der Vertragsabwicklung vermeiden oder gütlich regeln. — *Grundüberlegungen*

Beispiel

Im Land X soll die Elektrizitätsversorgung durch Nutzung der Wasserkraft ausgebaut werden. Auftraggeber ist die staatliche Elektrizitätsbehörde. Auftragnehmer ist ein weltweit tätiger Turbinenhersteller.

Daran schließt sich in der Regel eine genaue Zieldefinition an, zum Beispiel: — *Zieldefinition*
Der Auftraggeber AG beabsichtigt, in Musterstadt ein Wasserkraftwerk zu errichten und zu betreiben. Der Auftragnehmer AN liefert dazu alle Turbinen, die gesamte maschinelle Einrichtung sowie das nötige Know-how und stellt das Projektmanagement für das Gesamtprojekt.

2. Definitionen

Das Kapitel Definitionen ist international üblich, aber auch bei nationalen Verträgen sinnvoll. Gerade bei umfangreichen Verträgen ist es gängig und notwendig, Definitionen für wichtige und häufig verwendete Begriffe (= Vertragstermini) wie etwa „In-Kraft-Treten des Vertrags" und „Abnahme" festzulegen. Dies stellt ein einheitliches Verständnis von den Inhalten bei allen Beteiligten sicher und ermöglicht es – zusammen mit der Präambel – in Streitfällen zu klären, was mit den Formulierungen im Vertrag ursprünglich gemeint und gewollt war. — *Vertragstermini*

3. Technische Spezifikation

Die technische Spezifikation ist die eigentliche Liefer- und Leistungsbeschreibung, meist erstellt von Technikern. Sie bildet – zusammen mit allen sonstigen zu erbringenden Leistungen – das Leistungspaket des Auftragnehmers. Aber auch die Leistungen des Auftraggebers werden zur Klarstellung und Abgrenzung genau beschrieben. — *Liefer- und Leistungsbeschreibung*

4. Kommerzieller und organisatorischer Teil

Im kommerziellen und organisatorischen Teil werden Preise, Bestell-, Liefer- und Zahlungsbedingungen sowie Termine festgehalten. Er ist der für die Kaufleute, aber auch für das Projekt- und Vertragsmanagement relevante Vertragsteil (= kaufmännische Anforderungen). Enthalten sind zudem Regelungen über die Zusammenarbeit mit dem Auftraggeber sowie besondere kunden- oder landesspezifische Regelungen.

5. Juristischer Teil

Im juristischen Teil des Vertrags sind die Rechtsfolgen geregelt, die den Auftragnehmer treffen, wenn er seine Pflichten verletzt – also zum Beispiel nicht in der vereinbarten Qualität und Quantität oder zu den vereinbarten Terminen liefert oder andere Vertragsbedingungen missachtet. Mit anderen Worten: Dieser Vertragsteil enthält die Punkte, die zu Kosten für das Projektmanagement führen und damit den wirtschaftlichen Projekterfolg gefährden können. Besonderer Wert ist auf die Abstimmung mit den technischen Spezifikationen und dem kommerziellen und organisatorischen Teil zu legen. Auch im kommerziellen Block können bereits Rechtsfolgen geregelt sein. — *Rechtsfolgen*

2.4 Checkliste Vertragsinhalte

Es ist sinnvoll, sich die fünf Vertragsblöcke und ihre Unterpunkte in Form einer Checkliste vor Augen zu führen und sie allen rechtlich relevanten Aktivitäten zugrunde zu legen (z.B. Angebotsgestaltung).

CHECKLISTE VERTRAGSINHALTE

1. **Präambel mit Zielsetzung**

2. **Definitionen**

3. **Technische Spezifikation**

- Ausgangsdaten: Roh-, Hilfs- und Betriebsstoffe, Geologie, Klima, Wasser, Energie, Auftraggeberpersonal qualitativ und quantitativ, gesetzliche und behördliche Vorschriften
- Lieferungen
- Leistungen, insbesondere Projektmanagement-Leistungen
- Leistungsgarantien
- Montage
- Personal
- Beistellungen des Kunden (= Auftraggeber)
- Mitwirkungspflichten des Kunden

4. **Kommerzieller und organisatorischer Teil**

- Preis
- Zahlungsbedingungen
- Zahlungssicherung
- Preisgleitklausel (wegen Kostensteigerungen und Inflation)
- Verpackung
- Verschiffung
- Versicherungen
- Termine
- Prioritäten
- Einfuhrformalitäten, Begleitpapiere
- Rechnungslegung
- Bau- und Montagefortschritt (Nachweise)
- Buchhaltungs- und Steuerpflicht
- Kosten
- Testläufe
- Abnahmeprocedere

5. **Juristischer Teil**

- Order of Precedence (= Rangfolge der Vertragsbestimmungen)
- Abschluss von Änderungsvereinbarungen (= Change Orders)
- Befugnisse des Projektleiters
- Vorliegen behördlicher Genehmigungen
- In-Kraft-Treten des Vertrags mit Spätestfrist
- Pflichtverletzung durch
  - Nichterfüllung oder nicht vollständige Erfüllung
  - Verspätung und Verzug
  - mangelhafte Lieferung
- Abnahmeversuch ohne Erfolg
- Haftung und Gewährleistung
- Nacherfüllung, Schadensersatz, Rücktritt vom Vertrag
- Vertragsstrafen (= Pönalen)
- Haftungsausschlüsse (= Freizeichnung und Haftungsbegrenzung)
- Force majeure (= höhere Gewalt)
- Steuern und Abgaben
- Anzuwendendes Recht
- Vertragssprache
- Allgemeine Geschäftsbedingungen
- Normen, VOB (= Verdingungsordnung für Bauleistungen)
- Verjährung
- Schiedsgericht oder anzurufendes staatliches Gericht, Gerichtsstand
- Salvatorische Klausel (nur bei Verträgen nach deutschem Recht)

Bild A4-2 Checkliste Vertragsinhalte

Die Checkliste aus dem Industrieanlagenbau in Bild A4-2 gibt die wesentlichen Einzelregelungen wieder. Sie kann in mehr oder weniger abgewandelter Form bei allen Projektverträgen angewandt werden. Der Projektverantwortliche muss schon beim ersten Durchlesen des Vertrags die vereinbarten Sanktionen erkennen, vor allem zusätzliche Kosten und Strafen. Sie sind genauso wichtig wie die eigentlichen Lieferverpflichtungen. Gerade bei Großprojekten sind verspätete Lieferungen oder einzelne Qualitätsmängel nie auszuschließen.

2.5 Besonderheiten von Projektverträgen

Projektverträge weisen einige wichtige Besonderheiten auf, die Projektverantwortliche kennen müssen.

2.5.1 Abnahme

Die Abnahme ist ein entscheidender Meilenstein im Projektablauf. Hat der Auftragnehmer das Werk vertragsgerecht erstellt, hat der Auftraggeber die Pflicht zur Abnahme und der Auftragnehmer das Recht auf Abnahme (§ 640 BGB).

Pflicht zur / Recht auf Abnahme

Unter Abnahme des vertragsmäßig hergestellten Werks ist in der Regel die körperliche Hinnahme im Wege der Besitzübertragung zu verstehen. Diese ist mit der Erklärung des Auftraggebers verbunden, dass er das Werk als die in der Hauptsache vertragsgemäße Leistung anerkennt.

Die Abnahme ist also einerseits eine tatsächliche Handlung, nämlich die körperliche Hinnahme des Werks. Andererseits ist sie eine Rechtshandlung. Der Auftraggeber bestätigt mit der Abnahme, dass das Werk im Wesentlichen vertragsgerecht ist.

Tatsächliche Handlung Rechtshandlung

Weist das Werk bei der Abnahme noch sichtbare Mängel auf, muss der Auftraggeber einen Vorbehalt aussprechen. Tut er das nicht und nimmt das Werk ab, verliert er insoweit seine Erfüllungsansprüche. Auch eine Vertragsstrafe lässt sich nach der Abnahme nur durchsetzen, wenn sich der Auftraggeber im Abnahmeprotokoll oder in der Abnahmebescheinigung (→ Bild A4-3) vorbehält, sie geltend zu machen. Der genaue Abnahmezeitpunkt ist wegen der Rechtsfolgen, die daran anknüpfen, besonders wichtig. Die Parteien sollten ihn in ihrem gemeinsamen Abnahmeprotokoll festhalten.

Vorbehalt Erfüllungsansprüche

Abnahmezeitpunkt Abnahmeprotokoll

ABNAHMEPROTOKOLL	
Projekt	**Vertrag vom**
Auftraggeber vertreten durch	
Auftragnehmer vertreten durch	
Abnahmegegenstand	☐ Gesamtleistung ☐ Folgende Teilleistung(en):
Bei der Abnahme wurde festgestellt	☐ Die Leistung ist mangelfrei. ☐ Bis auf die umseitig verzeichneten Mängel bzw. Schäden befindet sich die Leistung im vertragsgemäßen Zustand. ☐ Die Geltendmachung der verwirkten Vertragsstrafen bleibt vorbehalten.
Tag der Abnahme	(Ort, Datum)
Auftraggeber	**Auftragnehmer**

Bild A4-3 Abnahmebescheinigung

57

2.5.1.1 Rechtsfolgen der Abnahme

Die Rechtsfolgen, die sich an die Abnahme anschließen, sind:

- Gefahrübergang (Gefahr des zufälligen Untergangs und zufälliger Verschlechterung der Anlage geht vom Auftragnehmer auf den Auftraggeber über)
- Beginn der Mängelhaftungsfristen
- Fälligkeit der Zahlungen
- Übergang der Beweislast auf den Auftraggeber (Auftraggeber muss ab diesem Zeitpunkt beweisen, dass Auftragnehmer den Mangel zu vertreten hat)

2.5.1.2 Abnahmemodalitäten

Bei Großprojekten (z.B. Industrieanlagenbau) vereinbaren die Parteien bestimmte Abnahmemodalitäten. Diese sagen aus, in welchem Zeitraum und unter welchen Bedingungen vor der Abnahme Testläufe gefahren werden und unter welchen Voraussetzungen die Abnahme als eingetreten gilt. Bild A4-4 zeigt ein Beispiel für Abnahmemodalitäten entlang einer Zeitachse.

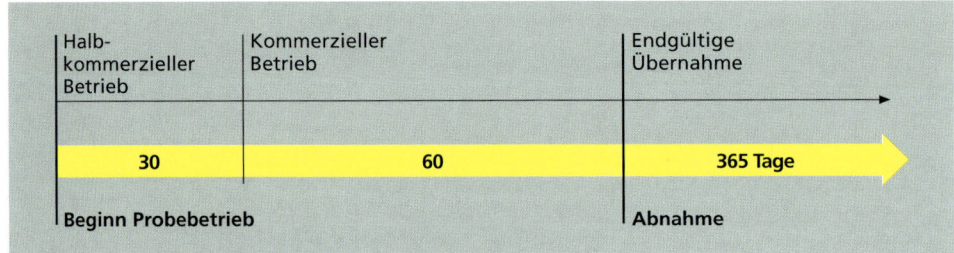

Bild A4-4 Abnahmemodalitäten (Beispiel)

2.5.2 Garantie

Mit Garantie ist insbesondere die Zusicherung einer Eigenschaft der Sache gemeint. Das Gesetz spricht von Beschaffenheits- und Haltbarkeitsgarantien. Die Garantie geht über die gesetzlichen Gewährleistungsansprüche hinaus (§§ 443, 444, 639 BGB).

Haftungsausschluss

Der Umfang der Rechte ergibt sich aus der Garantieerklärung und den Angaben in der einschlägigen Werbung. Sie sind gegenüber demjenigen geltend zu machen, der die Garantie eingeräumt hat (z.B. Verkäufer oder Hersteller). Ein Haftungsausschluss kommt hinsichtlich der Garantie für die Beschaffenheit der Sache nicht in Frage. Der Garantierende steht auch ohne Verschulden dafür ein, dass eine Sache die garantierte Beschaffenheit hat.

Beispiel
Der Hersteller garantiert die Wetterbeständigkeit eines Anstrichs für vier Jahre. Die Farbe blättert nach dreieinhalb Jahren ab. Der Hersteller haftet.

Selbständige Garantie

Unabhängig davon gibt es den Begriff Selbständige Garantie. Darunter fallen vor allem Leistungsgarantien (z.B. Ausstoß einer Produktionsanlage pro Zeiteinheit).

2.5.3 Haftungsausschluss

Der Auftragnehmer muss daran interessiert sein, eine Haftung seinerseits zu begrenzen oder zu vermeiden. Bei vereinbarten Vertragsstrafen sollte er eine zusätzliche Haftung auf Schadensersatz ausschließen. Schadensersatzansprüche sind nach oben zu begrenzen, zum Beispiel auf fünf Prozent des Anlagenwerts.

Schadensersatz-ansprüche begrenzen

2.5.4 Verjährung der Mängelansprüche

Im Werkvertragsrecht, das bei Projektverträgen häufig zur Anwendung kommt, gelten folgende Verjährungszeiten:
- Fünf Jahre bei einem Bauwerk und bei Planungs- oder Überwachungsleistungen, die für dieses Bauwerk erbracht werden
- Zwei Jahre bei der Herstellung, Wartung oder Veränderung einer Sache und bei Planungs- oder Überwachungsleistungen, die dafür erbracht werden

Die Verjährungsfrist beginnt mit der Abnahme. Bei einem innerhalb der Mangelhaftungsfrist behobenen Mangel verlängert sich die Frist um zwei Jahre ab Behebung dieses Mangels.

2.5.5 Bauverträge VOB/B

Bei Bauverträgen in Deutschland vereinbaren die Parteien in der Regel, die VOB/B (= Verdingungsordnung für Bauleistungen, Teil B) anzuwenden. Sie besteht aus vorformulierten Vertragsbedingungen, die mit der Vereinbarung Vertragsbestandteil werden. Nachforderungen durchzusetzen ist auf Basis der VOB/B erheblich leichter als auf der Grundlage eines einfachen Werkvertrags. Denn sie enthält detaillierte Regelungen dazu, unter welchen Voraussetzungen zusätzliche Vergütungsansprüche entstehen. Allerdings gilt das nur, wenn die Formvorschriften der VOB/B strikt eingehalten werden. Zum Beispiel müssen Leistungen, die im Vertrag nicht vorgesehen sind, gegenüber dem Auftraggeber vor Beginn der Arbeiten angekündigt werden.

2.6 Leistungsstörungen und Rechtsfolgen

Der Auftragnehmer hat im Rahmen des Vertrags seine Leistung vollständig, rechtzeitig und in der vereinbarten Qualität zu erbringen. Tut er das nicht, ist seine Leistung gestört (= Leistungsstörung).

Voraussetzungen

Zentraler Begriff des Leistungsstörungsrechts ist die Pflichtverletzung. Verletzt eine Vertragsseite ihre Pflichten aus dem Vertrag, kann die andere Vertragsseite den Ersatz des Schadens verlangen, der dadurch entsteht. Es kommt also nicht darauf an, welche Pflicht die eine Seite (der Schuldner) verletzt hat, solange feststeht, dass sie eine Pflicht verletzt hat.

Pflichtverletzung

Der Begriff Pflichtverletzung umfasst alle Formen der Leistungsstörungen:
1. Unmöglichkeit/Unvermögen
2. Teilweise Nichtleistung
3. Verzug
4. Schlechtleistung

Beispiele

Der Auftragnehmer ist nicht in der Lage, ein zugesagtes Ersatzteil zu liefern (= Unmöglichkeit, Unvermögen).

Der Bauauftragnehmer erstellt den Bau, unterlässt aber die Gestaltung der Freiflächen (= teilweise Nichtleistung).

Der Bauherr zahlt die Raten nicht zum vereinbarten Termin (= Verzug).

Der Grundstücksverkäufer verkauft ein mit Treibstoffresten kontaminiertes Grundstück (= Schlechtleistung).

Nacherfüllung, Schadensersatz, Rücktritt

Um den Weg zum Schadensersatz und zum Rücktritt zu eröffnen, genügt es, Nacherfüllung zu verlangen und eine angemessene Frist dafür zu setzen.

2.6.1 Leistungsstörungen bei Projektverträgen

Auftraggeberrechte

Der Auftraggeber hat bei Leistungsstörungen folgende Rechte:
1. Vertragsstrafe
2. Leistungsverweigerung (= Zurückbehaltungsrecht)
3. Nacherfüllung (früher: Nachbesserung – geht den übrigen Mängelansprüchen vor)
4. Selbstvornahme (früher: Ersatzvornahme)
5. Minderung und Rücktritt
6. Schadensersatz (bei Verschulden des Auftragnehmers)
7. Kündigung aus wichtigem Grund

Auftragnehmerrechte

Der Auftragnehmer hat bei Leistungsstörungen folgende Rechte:
1. Leistungsverweigerung (= Zurückbehaltungsrecht)
2. Geltendmachung von Verzugszinsen
3. Rücktritt
4. Schadensersatz (bei Verschulden des Auftraggebers)
5. Kündigung aus wichtigem Grund

Wollen Auftraggeber und Auftragnehmer die genannten Rechte geltend machen, müssen sie über deren Inhalt und die notwendige Vorgehensweise Bescheid wissen.

1. Vertragsstrafe

Bedingungen

Eine Vertragsstrafe kommt nur zum Tragen, wenn sie im Vertrag vereinbart ist. Zulässig und wirksam ist eine Vertragsstrafenklausel in vorformulierten Verträgen nur in bestimmter Höhe. Üblich sind Vereinbarungen über 0,1 bis 0,3 Prozent des Anlagenwerts pro Werktag der Verspätung. Ferner ist die Vertragsstrafe auf ein Maximum von fünf Prozent zu begrenzen. Werden diese Voraussetzungen nicht eingehalten, ist die Klausel unwirksam.

2. Leistungsverweigerung (= Zurückbehaltungsrecht)

(Vor-)Leistung

Wer nicht zur Vorleistung verpflichtet ist, kann seine Leistung bis zur Bewirkung der Gegenleistung verweigern (§§ 320, 341 Abs. 3 BGB).

Beispiel

Der Auftragnehmer bessert nach der Abnahme neu aufgetretene Feuchtigkeitsschäden nicht nach. Daher darf der Auftraggeber mindestens den dreifachen Mangelwert aus einer fälligen Zahlung zurückbehalten.

3. Nacherfüllung

Der Auftraggeber muss dem Auftragnehmer einen Mangel anzeigen und ihm die Gelegenheit einräumen, diesen zu beseitigen. *Mangelanzeige*

4. Selbstvornahme

Die Selbstvornahme setzt eine Fristsetzung zur Nacherfüllung und den erfolglosen Ablauf dieser Frist voraus. Der Auftraggeber kann den Ersatz der erforderlichen Aufwendungen und einen Vorschuss dafür verlangen. Die Frist muss – je nach den Umständen – angemessen sein.

5. Minderung

Voraussetzung für eine Minderung ist ebenfalls der erfolglose Ablauf einer zur Nacherfüllung bestimmten Frist. Der Auftraggeber mindert die Vergütung durch eine einfache Erklärung gegenüber dem Auftragnehmer. *Erfolgloser Fristablauf*

6. Schadensersatz, Rücktritt

Auch Schadensersatz und Rücktritt kommen nur in Frage, wenn eine Frist zur Nacherfüllung erfolglos verstrichen ist. Voraussetzung für den Schadensersatz ist zudem ein Verschulden der anderen Partei. Wenn die Nacherfüllung endgültig fehlgeschlagen ist, musste keine weitere Frist mehr eingeräumt werden. *Verschulden*

7. Kündigung aus wichtigem Grund

Eine Kündigung aus wichtigem Grund gemäß § 314 BGB ist nur möglich, wenn dem kündigenden Partner die Fortsetzung des Vertragsverhältnisses nicht mehr zumutbar ist. Die Interessen beider Seiten werden bei der Entscheidung gegeneinander abgewogen. Voraussetzung für eine wirksame Kündigung ist eine erfolglose Abmahnung oder der erfolglose Ablauf einer zur Abhilfe bestimmten Frist. Die kündigende Partei muss die Kündigung innerhalb einer angemessenen Frist ab Kenntnis des Kündigungsgrunds aussprechen, also circa innerhalb von 14 Tagen nach dem erfolglosen Ablauf der gesetzten Frist. Zusätzlich kann sie Schadensersatz verlangen. *Unzumutbarkeit*

Abmahnung

8. Geltendmachung von Verzugszinsen

Verspätungen führen zum Verzug. Die Verzugsvoraussetzungen sind: *Verzug*
- Fälligkeit der Leistung
- Überschreiten einer kalendermäßig bestimmten Zeit
- Mahnung bei nicht kalendermäßig bestimmten Zeiten
- Bei Entgeltforderungen: Ablauf von 30 Tagen nach Fälligkeit und Rechnungszugang beziehungsweise Empfang der Gegenleistung (§ 286 Abs. 3 BGB)
- Verschulden (Vorsatz oder Fahrlässigkeit von Seiten des Schuldners)

Beispiel

Die Schlussrate wurde bei Abnahme fällig. Der Auftraggeber zahlt trotz Mahnung nicht. Mit Zugang der Mahnung tritt der Verzug ein. Die Rechtsfolge: Der Auftragnehmer hat einen Schadensersatzanspruch, insbesondere auf Zinszahlung.

Eine Geldschuld ist während des Verzugs mit fünf Prozent über dem Basiszinssatz zu verzinsen. Handelt es sich bei keiner der beiden Parteien um einen Verbraucher, liegt der Zinssatz sogar acht Prozent über dem Basiszinssatz (§ 288 Abs. 1 und 2 BGB). Der Basiszinssatz wird jeweils am 1. Januar und am 1. Juli eines jeden Jahres überprüft (§ 247 BGB). Die Werte können dem Wirtschaftsteil von Tageszeitungen entnommen oder bei Banken erfragt werden.

Beispiel
Ein gewerblicher Auftraggeber ist seit dem 1. Januar mit einer Zahlung von 100.000 Euro im Verzug. Er leistet diese erst am 31. Dezember desselben Jahres. Der Auftragnehmer kann für das ganze Jahr Verzugszinsen von acht Prozent plus Basiszinssatz (= mehr als 8.000 Euro) verlangen und durchsetzen.

2.7 Vertragsbeziehungen im Projekt

Hauptvertrag

Sub-/Nachunternehmer

Bild A4-1 zeigte die Vertragsbeziehung eines Auftraggebers zu einem einzigen Auftragnehmer (= Hauptvertrag). Bei der Umsetzung der Vertragsinhalte bedient sich der Auftragnehmer in der Regel weiterer Unternehmen. Die Zusammenarbeit mit Fremdfirmen (= Dritte) regelt er nach zwei Modellen: Entweder vergibt er Unteraufträge an Unterauftragnehmer (= Subunternehmer, Nachunternehmer, Subcontractors), oder er arbeitet im Rahmen eines Konsortiums mit gleichberechtigten Partnern zusammen. Dementsprechend stellt sich die Vertragssituation unterschiedlich dar.

2.7.1 Verträge mit Unterauftragnehmern

Generalunternehmer

Vergibt der Auftragnehmer Unteraufträge an Unterauftragnehmer, ist er Hauptauftragnehmer (= Generalunternehmer). Die Rechtsbeziehungen zeigt Bild A4-5:

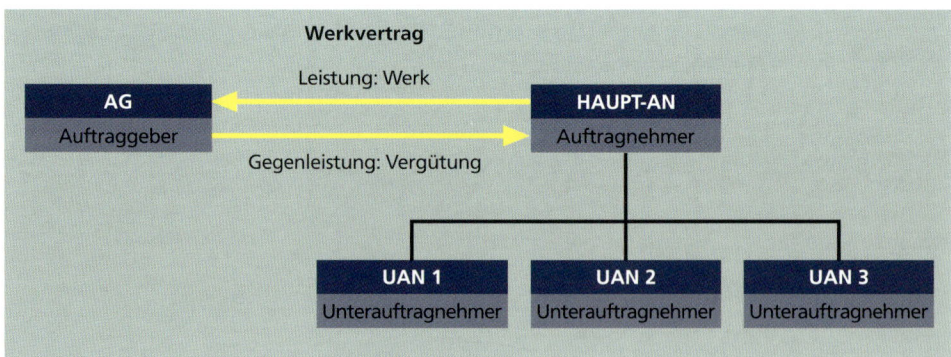

Bild A4-5 Generalunternehmer (Hauptauftragnehmer)

Aus Bild A4-5 geht hervor, dass zwei voneinander vollständig verschiedene Vertragssysteme vorliegen. Einerseits hat der (Haupt-)Auftragnehmer vertragliche Beziehungen mit dem Auftraggeber (= Kunde). Andererseits bestehen zwischen ihm und den Unterauftragnehmern weitere vertragliche Beziehungen. Wesentlich an diesem Modell ist, dass die Unterauftragnehmer keine Rechtsbeziehungen zum Auftraggeber haben. Sämtliche Beziehungen zum Auftraggeber laufen über den Hauptauftragnehmer.

Bedient sich der Hauptauftragnehmer wie in diesem Modell fremder Betriebe als Unterauftragnehmer, sind diese grundsätzlich seine Erfüllungsgehilfen gemäß § 278 BGB. Er muss daher voll für ihre Lieferungen und Leistungen gegenüber dem Auftraggeber einstehen.

Erfüllungsgehilfen

Besonderes Augenmerk muss der Hauptauftragnehmer auf Schnittstellen zwischen den Lieferbereichen einzelner Unterauftragnehmer legen. Er hat außerdem darauf zu achten, dass seine eigene Haftung und seine Gewährleistungspflichten als Auftragnehmer in ihrer Summe die Haftung und Gewährleistung der Unterauftragnehmer übersteigen können. Darüber hinaus muss er sicherstellen, dass die Gewährleistungsfristen der Unterauftragnehmer nicht vor seinen eigenen Gewährleistungsfristen gegenüber dem Auftraggeber ablaufen.

Abgleich von Haftung und Gewährleistung mit Unterauftragnehmern

2.7.2 Verträge mit Konsortien

Häufig ist nicht nur ein Unternehmen werkvertraglicher Partner des Auftraggebers, sondern mehrere. Diese Unternehmen haben sich zu einem Konsortium zusammengeschlossen.

2.7.2.1 Außenkonsortium

Im Unterschied zum Unterauftragnehmer-Modell schließt das Konsortium (= Auftragnehmer) als solches den Vertrag mit dem Auftraggeber ab. Es handelt sich also um einen einzigen Vertrag nach außen. Anders als beim Unterauftragnehmer-Modell sind alle Mitglieder des Konsortiums (= Konsorten) Vertragspartner des Auftraggebers. Sie haften gegenüber dem Auftraggeber voll für ihre eigenen Verpflichtungen wie auch für die der anderen Konsorten (= gesamtschuldnerische Haftung). Jeder Konsorte hat also auch rechtliche Beziehungen zum Auftraggeber. Bild A4-6 stellt die Rechtsbeziehungen bei einem Außenkonsortium dar.

Gesamtschuldnerische Haftung

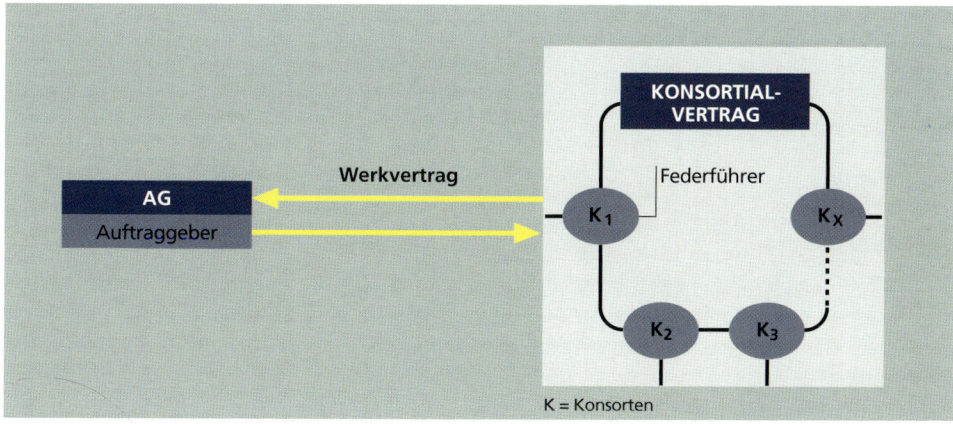

Bild A4-6 Außenkonsortium

Um den Verkehr mit dem Auftraggeber zu vereinfachen, wird in der Regel ein Konsorte zum Konsortialführer (= Federführer) und damit zum Ansprechpartner für den Auftraggeber bestimmt. Der Konsortialführer vertritt einerseits das Konsortium nach außen. Andererseits koordiniert er innerhalb des Konsortiums alle Lieferungen, Leistungen und Entscheidungen. Er nimmt also die Rolle eines Projektmanagers wahr.

Konsortialführer

Das Verhältnis der Konsorten untereinander (= Innenbeziehungen) wird in einem zweiten, gesonderten Vertragssystem geregelt: dem Konsortialvertrag. Er ist vor allem Grundlage für einen Ausgleich unter den Konsorten bei Haftungsfällen gegenüber dem Auftraggeber. Die einzelnen Konsorten sind in ihrem Verhältnis untereinander gleichberechtigt. Rechtlich handelt es sich um eine Gesellschaft bürgerlichen Rechts (GbR).

Konsortialvertrag

GbR

2.7.2.2 Innenkonsortium

Wie beim Außenkonsortium tritt beim Innenkonsortium nur der Konsortialführer als Auftragnehmer mit dem Auftraggeber in vertragliche Beziehungen. Er schließt den Vertrag im Außenverhältnis mit dem Auftraggeber im eigenen Namen, intern jedoch für Rechnung des Konsortiums. Gegenüber dem Auftraggeber haftet er voll – so wie beim Außenkonsortium der Hauptauftragnehmer. Nach innen schließt er sich jedoch mit anderen Firmen zu einem Innenkonsortium (= Stilles Konsortium) zusammen. Die einzelnen Konsorten übernehmen dabei weitergehende Pflichten als die eines bloßen Unterauftragnehmers. Der Hauptauftragnehmer kann sein Risiko an sie weitergeben beziehungsweise verteilen. Die Haftungsverteilung im Innenverhältnis ist im Konsortialvertrag geregelt.

Stilles Konsortium

Haftungsverteilung

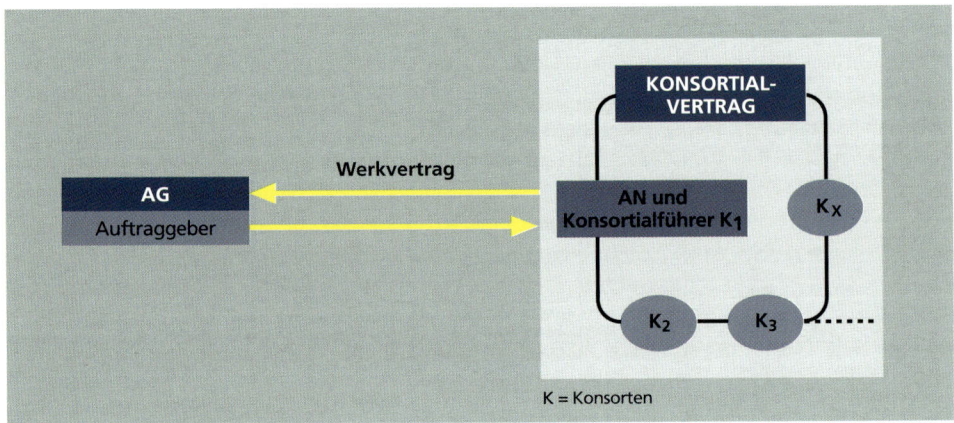

Bild A4-7 Innenkonsortium

2.7.3 Arbeitsgemeinschaft (ARGE)

Die ARGE ($\rightarrow$ Kapitel A6) findet sich vor allem im Bauwesen. Sie ist ein als Außen- oder Innengesellschaft ausgestaltetes Konsortium. Die Eigenschaften einer ARGE entsprechen grundsätzlich denen eines Konsortiums. Ein wesentlicher Unterschied zum Konsortium: die ARGE hat Gesellschaftsvermögen. Sie erbringt die (Bau-)Gesamtleistung mit gemeinsamen Sachmitteln, etwa Baumaschinen und Baumaterial, und gemeinsamem Personal. Die Gesellschafter sind am Gewinn und Verlust insgesamt beteiligt. Die ARGE erhält Aufträge meist in Form von Losen (Baulosen).

Gesellschaftsvermögen

2.8 Spezielle Risikobereiche in Projektverträgen

Die verschiedenen Projektphasen

1. Angebots- und Abschlussphase,
2. Abwicklungsphase bis Abnahme,
3. Abnahme und
4. Mängelhaftungsphase nach Abnahme

Risiken nach Phasen

bergen spezielle Risikobereiche, die bei der Vertragsgestaltung und -abwicklung zu berücksichtigen sind.

2.8.1 Angebots- und Abschlussphase

In-Kraft-Treten des Vertrags, aufschiebende Bedingung
Nur wenn die Bedingung eintritt, kommt ein Vertrag wirksam zustande (z.B. Gewährung oder Verweigerung einer Finanzierung durch eine Bank). Daher ist zu prüfen, ob nur der Beginn der Arbeiten von dem Eintritt der Bedingung abhängig gemacht wird oder die Wirksamkeit des Gesamtvertrags.

Aufschiebende Bedingung

Kostenanschlag
Im Zweifel nicht zu vergüten (§ 632 Abs. 2 BGB).

Leistungsabgrenzung an Schnittstellen
Schnittstellen sind die Übergänge von Lieferungen und Leistungen eines Auftragnehmers zu einem anderen Auftragnehmer oder Unterauftragnehmer sowie zum Auftraggeber. Sowohl in der Vertragsbeschreibung als auch zeichnerisch ist genau darzustellen, wo eine Lieferung endet und eine andere beginnt. Es ist zu empfehlen, eine Schnittstellenliste aufzustellen, um alle Lieferungen technisch, räumlich und zeitlich koordinieren zu können.

Schnittstellenliste

Koordination der Mängelhaftungsfristen
Der Auftragnehmer haftet ab Abnahme der Vertragsleistung, der Unterauftragnehmer für seinen Leistungsanteil gegebenenfalls kürzer (wegen früheren Beginns). Ohne Koordination besteht ein erhöhtes Risiko des Auftragnehmers.

Vertragsübertragung, Abtretung
Nur mit Zustimmung der anderen Partei zu vereinbaren.

Benannter Nachunternehmer
Benannter Unterauftragnehmer (= nominated Subcontractor). Eine Haftungsfreistellung des Auftragnehmers ist zu vereinbaren.

Betriebs- und Wartungsanleitungen
Der Auftragnehmer haftet für Fehlerfreiheit. Eine Haftungsbegrenzung ist für ihn besonders wichtig.

Liefer- und Leistungsausschlüsse
Sind im Interesse des Auftragnehmers vorzunehmen, besonders bei schlüsselfertigen Anlagen (z.B. Ausschluss der Mängelhaftung bei Verschleißteilen).

Einweisung von Kundenpersonal
In eine gesonderte Vereinbarung mit Dienstvertragscharakter aufzunehmen. Wird sie in den Haupt-

vertrag eingegliedert, besteht die Gefahr, dass nach werkvertraglichen Gesichtspunkten für einen Erfolg gehaftet wird.

Pauschalfestpreisverträge, schlüsselfertige Anlage
Eine genaue Leistungsabgrenzung Auftraggeber/Auftragnehmer mit Aufzählung der Ausschlüsse ist notwendig.

Selbstunterrichtungsklausel
Aufklärungspflichten

Schließt aus, dass sich der Auftragnehmer auf die Verletzung von Aufklärungspflichten durch den Auftraggeber berufen kann. Der Auftragnehmer haftet auch ohne diese Klausel grundsätzlich bei fehlender Selbstunterrichtung.

Vertragsstrafe
Pauschalierter Schadensersatz

In internationalen Verträgen keine Vertragsstrafe, sondern einen pauschalierten Schadensersatz vereinbaren. Eine Vertragsstrafe (= Penalty) zu vereinbaren ist nach angelsächsischem Recht grundsätzlich nicht zulässig.

Entwicklungsaufträge
Getrennt formulieren nach Dienstvertragsrecht, keine Haftung für den Erfolg übernehmen. Phasenweise vorgehen (z.B. Erstellung eines Pflichtenhefts).

Mitwirkungspflichten des Auftraggebers
Sind genau und umfassend auszuführen (z.B. Beschaffung von Arbeitsgenehmigungen, Import- und Exportgenehmigungen für Material und Baustelleneinrichtung, Zollformalitäten, Transfergenehmigungen).

Änderungsaufträge (= Change Orders)
Formelle Zusatzaufträge

Dafür sind formelle Zusatzaufträge notwendig, möglichst in Schriftform. Im Vertrag klarstellen, dass jede Änderung oder Zusatzleistung einen Vergütungsanspruch nach sich zieht. Die Vergütung soll auf

Vergütungsanspruch

Basis der Preise aus dem Leistungsverzeichnis oder der Kalkulation des Auftragnehmers erfolgen.

Rücktrittsmöglichkeiten
Kündigung

Wegen der erhöhten Risiken und Kosten für beide Seiten grundsätzlich ausschließen und durch Kündigung ersetzen.

Gefahr- und Eigentumsübergang
Genau regeln, gegebenenfalls separate Regelungen zum Eigentumsübergang treffen. Lokale Gesetze prüfen.

Regelung der Rechtsfolgen bei Nichterreichen der garantierten Leistung
Notwendig, zum Beispiel durch eine Minderung des Preises im prozentualen Verhältnis zur Minderung der Leistung.

Rechtsmängelhaftung
Schutzrechtsverletzungen

Gebrauchsbehinderung

Wirkt vor allem bei Patent- und sonstigen Schutzrechtsverletzungen. Regelung notwendig bei einer möglichen Gebrauchsbehinderung durch entgegenstehende Schutzrechte Dritter (z.B. bezüglich eingesetzter Maschinen oder Verfahren).

Garantien

Sie gehen über die gesetzlichen Mängelansprüche hinaus. Ein Haftungsausschluss ist insoweit nicht möglich. Daher sollten die garantierten Leistungen zwecks Haftungsbeschränkung genau definiert werden.

Höhere Gewalt

Abrechnung und Zahlung der tatsächlich erbrachten Leistungen bei Eintritt höherer Gewalt. Neu- verhandlungspflicht bei Ende der höheren Gewalt anstatt Kündigungsklauseln vereinbaren, da sich die tatsächlichen Folgen nicht absehen lassen.

Neuverhandlungspflicht

Schiedsgericht

Bewirkt Beschleunigung gegenüber ordentlichen Gerichtsverfahren, weil nur eine Instanz vorhanden ist. Es gibt keine Probleme der internationalen Zustellung. Preislich günstiger als Gerichtsverfahren. Schiedsrichter können unter Umständen von den Parteien benannte Fachleute sein. Anerkennung und Vollstreckbarkeit in anderen Staaten sind jedoch wie bei staatlichen Gerichten vorab zu prüfen.

Vollstreckbarkeit

Rechtswahlklausel

Nach Möglichkeit deutsches Recht wählen. Falls das nicht möglich ist, für das neutrale Recht eines Industriestaats entscheiden. Gegensatz: Wahl eines religiös beeinflussten Rechts (z.B. Saudi-Arabien). Rechtswahl mit Gerichtsstands- und Schiedsgerichtsvereinbarung abstimmen.

Wirksamkeit der Rechtswahl

Ein faktischer Anknüpfungspunkt ist nicht nötig. Es reicht aus, wenn die Parteien ein anerkennens- wertes Interesse an der Rechtswahl haben.

Freie Rechtswahl

Bezieht sich auf die schuldrechtlichen Beziehungen der Parteien zueinander. Die Frage des Eigen- tumsübergangs wird nach den zwingenden sachenrechtlichen Normen am Ort der Anlagenerrichtung geregelt. Dasselbe gilt für deliktsrechtliche Ansprüche (= unerlaubte Handlung). Wegen der Anknüp- fung an die am Ort gültigen Normen ist eine Haftungsbegrenzung nötig.

Schuldrechtliche Beziehungen Deliktsrechtliche Ansprüche

Vertragssprache

Möglichst eine einheitliche und international übliche Sprache vereinbaren (z.B. Englisch, Französisch, Deutsch). Bei mehrsprachigen Fassungen den Vorrang einer Sprache festlegen.

Weitere mögliche Risikobereiche

Import- und Exportbeschränkungen, lokale Partner, Genehmigungs-, Zoll- und Devisenvorschriften, Währungsrisiko, Transferrisiko, Kostenänderungen, Preisgleitklausel, Planungsgenehmigungen.

2.8.2 Abwicklungsphase bis Abnahme

Vorläufige Abnahme

Als Abnahme unter Vorbehalt der Überprüfung der zugesicherten Leistungsparameter auszugestal- ten. Die vorläufige Abnahme bezieht sich nur auf den allgemeinen Zustand und die grundsätzliche Funktionsfähigkeit der Anlage. Die garantierten Leistungswerte werden unter Umständen erst zu einem späteren Zeitpunkt geprüft.

Endgültige Abnahme
Erfolgt erst am Ende der Mängelhaftungsfrist. In diesem Zeitraum führt der Auftragnehmer eine Garantiewartung durch. Über die nach deutschem Recht vorgesehene Mängelhaftung hinaus hat der Auftragnehmer grundsätzlich jede Störung innerhalb der Garantiefrist auf seine Kosten zu beheben. Abnahmeverweigerung bei unwesentlichen Mängeln ausschließen.

Baubegleitende Inspektion und Tests (technische Abnahmen)
Stellen keine Teilabnahmen im rechtlichen Sinn dar, dienen jedoch der frühzeitigen Fehlererkennung und der Beweissicherung (z.B. Inspektion eines Industriebehälters im Herstellerwerk). Bei vorliegendem Prüfzertifikat hat der Auftraggeber zu beweisen, dass ein später auftretender Mangel durch ein geprüftes Teil verursacht wurde.

Garantiewartung
Der Auftragnehmer beseitigt alle auftretenden Schäden innerhalb der Wartungsfrist auf seine Kosten. Ein Pauschalentgelt ist möglich.

Zustimmungs- oder Abnahmefiktionen

Frist des Auftragnehmers

Gegebenenfalls mit Spätestfristen. Nimmt der Auftraggeber das Werk nicht innerhalb einer vom Auftragnehmer bestimmten angemessenen Frist ab, gilt es dennoch als abgenommen. Mit Eintritt dieser fiktiven Abnahme treten alle Rechtsfolgen der Abnahme ein (Fälligkeit der Vergütung, Gefahrübergang, Beginn der Mängelhaftung, Beweislastumkehr). Ferner können keine sichtbaren Mängel und Vertragsstrafen mehr geltend gemacht werden – es sei denn, sie wurden vorbehalten.

2.8.3 Abnahme

Die Abnahme ist eine Hauptpflicht des Auftraggebers. Der Auftragnehmer hat ein Recht auf Abnahme des mangelfreien Werks – auch dann, wenn unwesentliche Mängel bestehen.

2.8.4 Mängelhaftungsphase nach Abnahme

Haftungsbeschränkung

Beschränkung je Komponente

Pro abgrenzbarem Anlagenteil zu empfehlen. Aus Sicht des Auftragnehmers niedrige Haftung, zum Beispiel zehn bis 20 Prozent des Werts des Anlagenteils. Auf keinen Fall über 100 Prozent des Werts hinausgehen.

Mittelbare Schäden (= Mangelfolgeschäden)
Die Haftung ist ganz auszuschließen. Solche Schäden beispielhaft aufführen (z.B. Produktionsausfall, Umweltverseuchung, entgangener Gewinn).

Engineer

Neutralinstanz

Ist Vertreter des Auftraggebers und gleichzeitig Neutralinstanz mit schiedsrichterähnlicher Funktion. Entscheidet jedoch erst nach angemessener Beratung mit Auftraggeber und Auftragnehmer.

Anrufung des Schiedsgerichts
Kommt in Frage, wenn Auftragnehmer oder Auftraggeber mit der Entscheidung des Engineers unzufrieden sind. Ein Schiedsgericht durchläuft ein dreistufiges Verfahren:

1. Engineer überprüft seine Entscheidung
2. Versuch einer gütlichen Einigung
3. Beginn des Schiedsverfahrens

2.9 Spezielle Risikobereiche bei unterschiedlichen Projektarten

Projektverträge können sich auf die unterschiedlichsten Projektarten beziehen, die Rechtsgrundlage ist dennoch immer gleich. Gemeinsamkeiten in diesen Verträgen sind: *Gemeinsamkeiten*
- Werkvertragsrecht
- Mangelfreie Errichtung des Werks
- Abnahme
- Mängelhaftung des Auftragnehmers innerhalb der Verjährungsfrist
- Vergütungspflicht des Auftraggebers

Je nach Bereich sind bei Projektverträgen jedoch Besonderheiten und spezielle Tücken zu beachten.   *Tücken*

2.9.1 Industrieanlagenvertrag

Besonderheiten: enthält als gemischter Vertrag werkvertragliche, aber auch kaufvertragliche und dienstvertragliche Elemente.
Tücken: wegen des werkvertraglichen Schwerpunkts des Vertrags werkvertragliche Haftung des Auftragnehmers.

Beispiel
Verpflichtung bei einem Schulungsvertrag, dass nach der Schulung das Auftraggeberpersonal die Anlage selbständig fahren kann.

2.9.2 Forschung und Entwicklung

Besonderheiten: Zieldefinition ist notwendig, lange Entwicklungsdauer.
Tücken: werkvertragliche Erfolgsverpflichtung ohne vorherige Zieldefinition.

Beispiel
Auftragnehmer beginnt Arbeiten ohne gemeinsam vom Auftraggeber und Auftragnehmer verabschiedetes Pflichtenheft.

2.9.3 Bauvertrag nach BGB

Besonderheiten: fiktive Abnahme, Vorrang der Nacherfüllung (z.B. vor Minderung und Schadensersatz).
Tücken: Unwirksamkeit unangemessener Klauseln in Formularverträgen.

Beispiel
Vertragsstrafe ohne Obergrenze.

2.9.4 Bauvertrag nach VOB/B

Besonderheiten: ergänzende Vertragsbestimmungen, wirksam nur durch Einbeziehung in den Vertrag. Basis für Claim Management: Vergütungsregelungen für Änderungen und Zusatzleistungen (§§ 2 Nr. 5 und Nr. 6).
Tücken: Änderungen von VOB/B-Klauseln. Rechtsfolge im Streitfall: Inhaltskontrolle jeder einzelnen VOB/B-Klausel auf ihre Wirksamkeit hin.

2.9.5 Architekten- und Ingenieurvertrag

Besonderheiten: handeln in Vertretung des Auftraggebers.
Tücken: Auftraggeber haftet nicht bei Auftragsvergabe und Rechnungsfreigabe durch Architekten/Ingenieur. Ausnahme: besondere Vollmacht.

2.9.6 Vertrag mit Projektsteuerern

Besonderheiten: Honorar kann nach § 31 Abs. 2 Honorarordnung für Architekten und Ingenieure (HOAI) frei ausgehandelt werden.
Tücken: werkvertragliche Haftung des Projektsteuerers (= Projektmanagers) bei erfolgsbezogener Verpflichtung (z.B. Verpflichtung, bestimmte Termine und Kosten einzuhalten).

2.9.7 Vertrag mit Bau-Arbeitsgemeinschaft (ARGE)

Besonderheiten: Im Außenverhältnis haften alle Partner voll, im Innenverhältnis haften sie untereinander gemäß interner Haftungsverteilung.
Tücken: Insolvenz oder sonstiger Ausfall eines Partners.

2.9.8 Vertrag mit öffentlich-rechtlichen Auftraggebern

Schwellenwerte für Vergabeverfahren

Besonderheiten: förmliches Vergabeverfahren bei Überschreitung folgender Schwellenwerte:

Bau	5.000.000 Euro
Trinkwasser, Energie, Verkehr	400.000 Euro
Sonstige Lieferungen und Leistungen	200.000 Euro

Tücken: keine Abweichung vom Text der Ausschreibung erlaubt.

3 Vertragsmanagement

Vertragsmanagement ist ein Aufgabengebiet innerhalb des Projektmanagements ($\rightarrow$ Bild A4-8) zur Steuerung der Gestaltung, des Abschlusses, der Fortschreibung und der Abwicklung von Verträgen zur Erreichung der Projektziele.

Übertreffen des Projektziels

Das Vertragsmanagement (= VM, Contract Management) dient dazu, einen Vertrag so zu gestalten, abzuschließen und abzuwickeln, dass das Projektziel erreicht oder übertroffen wird. Bei Projektverträgen ist das Vertragsziel in der Regel die Erstellung eines Werks, insbesondere eines Bauwerks oder einer Industrieanlage. Das Vertragsmanagement tritt aus vertraglicher Sicht für die Zielvorgaben des Projekts ein. Dies bedeutet: Das im Vertrag definierte Werk muss mangelfrei erstellt werden. Dabei sind zeitliche, finanzielle, personelle oder andere Begrenzungen zu erkennen und in Tätigkeiten umzusetzen. So sorgt das Vertragsmanagement zum Beispiel dafür, dass vertraglich vereinbarte Termine eingehalten werden. Damit schafft es auch die Voraussetzungen für das Nachforderungsmanagement. Die Methode ist eng mit dem Änderungs- und dem Qualitätsmanagement verknüpft.

Aufgabe des Vertragsmanagements ist, alle vertraglich wichtigen Daten zu erfassen und diese für sich selbst, das Projektmanagement, die Projektmitarbeiter und das Topmanagement aufzubereiten. Es betreut die Vertragsverhandlungen zwischen Auftraggeber und Auftragnehmer, die Implementierung von Verträgen sowie Vertragsänderungen, die zum Beispiel aus technischen, terminlichen oder finanziellen Gründen nötig werden. Die betroffen und beteiligten Bereiche im Unternehmen, ein Mitglied des Projektteams, eine eigene Stabsstelle, aber zunehmend auch externe Experten können das Vertragsmanagement übernehmen. Für das Vertragsmanagement Verantwortliche sollten interdisziplinäre Kenntnisse haben. Gefragt sind also Techniker mit kaufmännischem oder Kaufleute mit technischem Wissen. Beide Personenkreise benötigen juristische Grundkenntnisse.

Vertragsänderungen

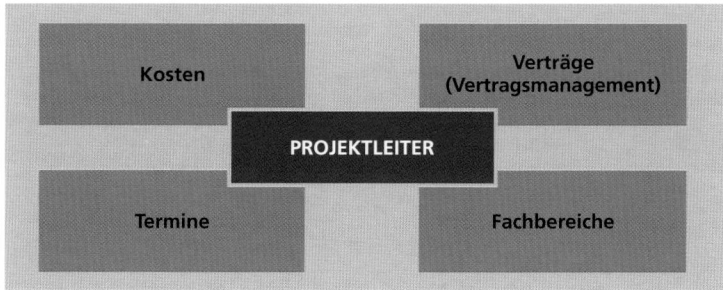

Bild A4-8 Stellung des Vertragsmanagements im Projektmanagement

3.1 Instrumente

Vertragsmanagement findet projektbegleitend statt. Es umfasst sowohl die tatsächlichen Tätigkeiten (z.B. Sicherung von Beweisen für das Nachforderungsmanagement), wie auch die rechtliche Tätigkeit (z.B. Vertragsänderungen, Mahnungen). Instrumente des Vertragsmanagements sind in erster Linie alle verfügbaren Dokumentationsmittel. Dazu gehören primär

Dokumentationsmittel

- Verträge (z.B. mit Kunden, Unterauftragnehmern, Konsorten),
- sonstige Vereinbarungen und Änderungsprotokolle,
- Korrespondenz, Baustellenberichte, Bautagebücher, Fotos,
- Lieferscheine, Zollbestätigungen, behördliche Genehmigungen,
- sonstige Mittel der Beweissicherung,
- moderne Kommunikationsmittel (vor allem EDV) sowie
- Formulare und Checklisten.

3.2 Ablauf in Phasen

Abweichung von Projektphasen

Für das Vertragsmanagement gibt es eigenständige Abschnitte und Ereignisse, die nicht mit den Phasen und Meilensteinen des Projekts identisch sein müssen. Der Lebensweg eines Projekts lässt sich aus Sicht des Vertragsmanagements in drei Phasen einteilen:

1. Angebotsphase
2. Vertragsabschluss
3. Vertragserfüllung/Projektabwicklung

3.2.1 Angebotsphase

Lastenheft

Technisches/ kaufmännisches Angebotskonzept prüfen

Das Vertragsmanagement wird möglichst früh im Projekt – also bereits in der Angebotsphase – eingeschaltet. Ausgangsbasis für ein Angebot ist meist eine Ausschreibung oder eine direkte Aufforderung, ein Angebot abzugeben. Das Lastenheft enthält die Anforderungen an den Bieter („Was ist wofür zu erbringen?"). Die zuständigen Abteilungen unterbreiten dem Vertragsmanagement das technische und kaufmännische Angebotskonzept. Das Vertragsmanagement überprüft es auf Vollständigkeit bezüglich aller Bestimmungen, die für die spätere Vertragsabwicklung bedeutsam sein können (z.B. In-Kraft-Treten des Vertrags, Termine, Zahlungsbedingungen, Haftung und Gewährleistung, Rechtswahl, Wahl eines Schiedsgerichts). Dazu dient eine Checkliste. Darüber hinaus sollte der Projektleiter angehört werden. Erfahrungen von Projektleitern mit dem jeweiligen Auftraggeberland und dem jeweiligen Auftraggeber sind ebenfalls einzubeziehen.

3.2.2 Vertragsabschluss

Pflichtenheft

Problemquellen beseitigen

In dieser Phase liegt dem Auftraggeber ein Angebot vor, das für ihn interessant ist. Im Regelfall verhandeln die Parteien über die Einzelbedingungen und stimmen das Pflichtenheft („Wie und womit ist die Leistung zu erbringen?") ab. Ist der Vertrag abschlussreif, muss das Vertragsmanagement ihn noch einmal prüfen. Denn nach langen Verhandlungsdauern – bei Großprojekten oft ein bis zwei Jahre oder länger – kann es passieren, dass unbemerkt Widersprüche entstanden oder wichtige Punkte weggefallen sind. Außerdem können noch Lücken und Unstimmigkeiten bestehen. Das Vertragsmanagement hat dafür zu sorgen, dass diese Problemquellen vor Vertragsabschluss beseitigt werden. Bei der Zertifizierung nach ISO 9001 ist ein Qualitätsmanagement-Element zur Vertragsprüfung zu erfüllen.

3.2.3 Vertragserfüllung/Projektabwicklung

Sobald der Vertrag rechtsgültig abgeschlossen ist, übernimmt im Allgemeinen ein Projektleiter die Verantwortung für das Projekt. Die Aufgabe des Vertragsmanagements besteht darin, ihm und seinen Mitarbeitern dabei zu helfen, den Vertrag zu verstehen und das Projekt termingerecht im vorgegebenen Kostenrahmen abzuwickeln.

3.3 Reihenfolge der Arbeitsschritte

Folgende Arbeitsschritte fallen im Vertragsmanagement an:
1. Vertragsanalyse
2. Stichworteingabe in die DV-gestützte Vertragsdatei
3. Vertragliche Tätigkeitsverfolgung
4. Nachforderungen

3.3.1 Vertragsanalyse

Bei diesem Arbeitsschritt werden die für die Vertragsabwicklung wesentlichen Punkte erfasst und zueinander in Beziehung gesetzt. Der Begriff Vertragsanalyse schließt auch die Analyse und Auswertung alter Verträge mit demselben Kunden oder demselben Land vor Vertragsabschluss ein. Sie *Alte Verträge* erfasst die Hauptleistungen des Auftragnehmers, die Leistungen des Auftraggebers, Vertragstermine (z.B. Leistungstermine, Zahlungen, Abnahmen), Rechtsfolgen bei Leistungsstörungen, Vertragsstrafen und Vereinbarungen zu Schiedsgerichten. Methodisch lassen sich diese Punkte in Form von Kurz- *Kurzzusammen-* zusammenfassungen darstellen, wobei auf bestimmte Stellen im Vertrag Bezug genommen wird. *fassungen* Besonders wichtig ist die Zusammenschau von Leistungsstörungen, Verspätungen und Nichterreichung garantierter Leistungen untereinander, aber auch in Verbindung mit den rechtlichen Sanktionen. Schon jetzt sind die Risiken des Vertrags zu erfassen. Darunter fallen unter anderem *Risiken des Vertrags*

- Änderungen,
- Verspätungen,
- garantierte Leistungen,
- Genehmigungen,
- Mängelbeseitigungsfristen und
- sonstige Haftungsrisiken (z.B. aus Produkt- und Umwelthaftung).

Das Vertragsmanagement legt dann die erkannten Risiken schriftlich als Teil des Projekthandbuchs *Projekthandbuch* oder in anderer Form nieder. Schriftlich erfasst wird auch die (Vertrags-)Strategie, die sich daraus *Vertragsstrategie* ergibt, um diese Risiken zu minimieren und den Vertrag buchstabengetreu zu erfüllen. Diese Unterlagen sollten allen Projektmitarbeitern zur Verfügung stehen.

Der Vertragsinhalt kann je nach Einzelfall nach unterschiedlichen Gesichtspunkten aufbereitet wer- *Aufbereitung* den. Dafür bieten sich Kurzfassungen an *nach Zielgruppe*

- für Projektleiter und Firmenmanagement mit den wesentlichen Vertragscharakteristika,
- für Projektmitarbeiter nach bestimmten Arbeitsabschnitten oder
- nach Eckterminen (Pönalen beachten!).

Auch bei diesen Kurzfassungen ist es wichtig, die einzelnen Leistungsverpflichtungen den drohenden Rechtsfolgen bei Leistungsstörungen gegenüberzustellen. Jeder Projektmitarbeiter muss für seinen Bereich die Folgen seines Handelns erkennen. Die Abbildungen A4-9 bis A4-11 stellen exemplarisch einige Muster solcher Gegenüberstellungen beziehungsweise Zusammenfassungen dar.

Zusammenfassung nach Vertragsdaten

VERTRAGSDATEN			Seite im Vertrag	
Termin	Lieferung/Leistung	Rechtsfolge bei nicht vertragsgerechter Erfüllung	Lieferung/ Leistung	Rechtsfolge
30.06.05	Anlieferung Maschine	Vertragsstrafe	3	27
....	....	....	....	....

Bild A4-9 Allgemeine Zusammenfassung wesentlicher Vertragsdaten

Bild A4-10 zeigt eine Zusammenfassung nach Terminen. Der Terminplan basiert auf dem Zeitpunkt der Vertragsunterzeichnung (15.11.2003).

Zusammenfassung nach Terminen

TERMINPLAN			
Datum	Seite im Vertragswerk	Beteiligte Partei	Vorgehen
01.– 05.01.04	15	Konsortium	Bestätigungsschreiben für Vorschusszahlung
01.– 05.01.04	21	Konsortium	Benachrichtigung des Generalvertreters für Griechenland
13.01.04	13	Konsortium	Information an AG
13.01.04	27	Konsortium	Erfüllungsbürgschaft
13.01.04	78	Konsortium	Vollständige thermodynamische Berechnung des Kamins
10.–15.02.04	15	Auftraggeber	10% Vorschusszahlung an Konsortium
10.–15.02.04	17	Konsortium	Angabe der Bankverbindung in Griechenland
10.–15.02.04	75	Konsortium	Ingenieurarbeiten: Vorabpläne
10.–15.02.04	29	N.N.	Behördliche Genehmigung des Vertrags
10.02.04	33	Alle Beteiligten	Zeitplan für Lieferungen/Leistungen AG

Bild A4-10 Zusammenfassung der Vertragspflichten nach Terminen

Bild A4-11 fasst beispielhaft vereinbarte Vertragsstrafen und ihre Voraussetzungen zusammen.

Zusammenfassung nach Vertragsstrafen

VERTRAGSSTRAFEN
1. Vertragsstrafen für Verzug
0,125 % für jede volle Woche der ersten acht Wochen
0,250 % für jede volle Woche der darauf folgenden acht Wochen
0,500 % für jede weitere nachfolgende volle Woche
Höchstens 5 % des vertraglich vereinbarten Preises für die in Verzug befindliche Einheit. Alle Strafen berechnen sich ab Beginn des kommerziellen Betriebs (Einheit I: 01.12.2003; Einheit II: 14.03.2004)
2. Vertragsstrafen für Betriebsunterbrechung oder verminderte Betriebsleistung für den Zeitraum des Beginns des kommerziellen Betriebs bis zur Endabnahme

0.–40. Kalendertag	0 % pro Kalendertag
41.–70. Kalendertag	0,025 % pro Kalendertag
71.–100. Kalendertag	0,030 % pro Kalendertag
101.–140. Kalendertag	0,035 % pro Kalendertag
Gesamtbetrag: maximal 3 % pro Einheit	

Bild A4-11 Zusammenfassung der Vertragsstrafen und ihre Voraussetzungen

Die Prozentangaben beziehen sich auf den Gesamtpreis der Einheit. Die Einheit ist in diesem Fall eine Produktionseinheit, also ein abgrenzbarer Teil der Gesamtanlage. Ist eine solche Abgrenzung nicht möglich, wird Bezug auf den Gesamtpreis der Anlage genommen.

Bezugsgrößen

3.3.2 Stichworteingabe in die EDV (Vertragsdatei)

Bei diesem Schritt wird ein alphabetisches Stichwortregister erarbeitet und in die EDV eingegeben. Es erfasst Begriffe, die im Vertrag an mehreren Stellen auftauchen können (z.B. Vertragsstrafe). In der Datei sind unter jedem Begriff Kurzzusammenfassungen der jeweiligen Regelung abgespeichert. Ferner wird Bezug auf die jeweilige Stelle im Vertrag genommen („Was ist wo und wie geregelt?").

Stichwortregister

Spätestens bei der Erstellung der Vertragsdatei werden Instrumente zur Vertragsabwicklung geschaffen. Dazu gehören Formulare, Arbeitsanweisungen, Zusammenstellungen von Schnittstellen, Leistungsabgrenzungen zwischen Auftraggeber und Auftragnehmer sowie grafische Darstellungen. Bild A4-12 zeigt eine Zeichnungsliste mit einem Vergleich der Soll- und Ist-Termine und Freigabedatum.

Instrumente zur Vertragsabwicklung

ZEICHNUNGSLISTE							
Nr.	Index	Zeichnungsinhalt	Termin Soll	Ist	Freigabedatum	Anmerkung	Verteiler

Bild A4-12 Zeichnungsliste mit Soll-Ist-Vergleich (Muster)

Bild A4-13 enthält das Muster eines Baustellen-Tagesberichts. Besonders hinzuweisen ist auf die Zeilen für Behinderungen, Änderungen und zusätzliche Leistungen. Sie müssen sorgfältig ausgefüllt werden, damit später Ansprüche geltend gemacht oder abgewehrt werden können. Denkbar ist es, die Idee eines Tagesberichts auf andere Projektarten zu übertragen. Zwar ist der Tagesbericht nur ein Teil des gesamten Projektberichtswesens, doch die meisten vertraglich relevanten Ereignisse ergeben sich auf der Baustelle, also bei der Aufstellung und Montage von Maschinen sowie der Zusammenarbeit mit dem Auftraggeber und den Unterauftragnehmern.

Tagesbericht

TAGESBERICHT

Nummer	Datum	
Auftraggeber	Baustelle	
Wetter	Arbeitszeit	
Temperatur	Anfang	Ende

Ausgeführte Arbeiten (Kennziffer der Arbeitseinheit)

Personaleinsatz					Gesamt-stunden

Behinderungen

Art	Verursacher	Umfang	Zeit

Änderungen, z.B. von Plänen, Terminen, LV usw. Welche? Durch wen?

Zusätzliche Leistungen. Welche? Tageslohnbericht Nr.

Sonstiges

Anlagen

Unterschrift des Bauleiters

Bild A4-13 Baustellen-Tagesbericht

3.3.3 Vertragliche Tätigkeitsverfolgung

Das Ziel bei diesem Arbeitsschritt ist, den Ablauf der Arbeiten aus vertraglicher Sicht zu steuern, den Vertragspartner bei Leistungsstörungen (z.B. Verspätungen) zu mahnen und Vertragsänderungen zu erfassen. Unter die vertragliche Tätigkeitsverfolgung fallen der gesamte vertragliche Schriftverkehr, das Berichtswesen, sämtliche Anmeldungen und die Speicherung aller Vertragsänderungen und sonstigen vertraglich wesentlichen Daten nach einem Nummernsystem, das jederzeit einfachen Zugriff auf diese Daten und Schriftstücke erlaubt.

Nummernsystem

Der Vertragsmanager sorgt dafür, dass der Vertrag nicht nur inhaltlich, sondern auch formal buchstabengetreu erfüllt wird. Zu diesem Zweck ist die Sicherung aller Beweismittel – also des gesamten Schriftverkehrs, aller Änderungs- und Besprechungsprotokolle, Bautagebücher, Fotos, Genehmigungen sowie Namen und Aussagen von Zeugen – nötig. Eine vollständige Dokumentation über die Vertragsabwicklung und die erbrachten Lieferungen und Leistungen muss vorliegen. Es obliegt dem Vertragsmanagement, sämtliche Unterlagen zu sammeln und bereitzuhalten.

Vertragsmanager

Beweissicherung

3.3.3.1 Vertragsänderungen

Ein Sonderfall der vertraglichen Tätigkeitsverfolgung sind Vertragsänderungen. Sie können beispielsweise wegen geänderter Wünsche des Auftraggebers, neuer Behördenauflagen oder geänderter technischer Bedingungen (→ Kapitel C7) notwendig werden. Da eine Vertragsänderung den ursprünglichen Vertrag in so wesentlichen Punkten wie dem Leistungsumfang des Auftragnehmers, der Vergütungspflicht des Auftraggebers und den Terminen betreffen kann, müssen die Verantwortlichen beider Parteien sie aushandeln. Dies sind oftmals die Projektleiter.

Danach ist im Hauptvertrag zu prüfen, ob eine Änderungsklausel vereinbart wurde und wer Vertrags-änderungen rechtsgültig unterschreiben kann. Sind solche Klauseln vorhanden, müssen die Parteien genau danach vorgehen. Fehlt eine Änderungsklausel, vereinbaren die Verantwortlichen der Vertragsparteien, wie Vertragsänderungen wirksam werden sollen. Diese Vereinbarung müssen die Unterzeichner des Hauptvertrags schriftlich niederlegen. Meist wird bestimmt, dass bei notwendigen Änderungen die Projektleiter beider Seiten Änderungsprotokolle verfassen und unterzeichnen. Mit der Unterzeichnung wird die Änderung rechtswirksam und Bestandteil des Hauptvertrags.

Änderungsklausel

Änderungsprotokoll

Eine Vereinbarung zwischen anderen Vertretern der Parteien (z.B. Bauleitern) ist keinesfalls rechtswirksam. Der Vertragsmanager muss alle Projektmitarbeiter darauf hinweisen, dass Änderungsvereinbarungen nur nach Abzeichnung durch die Projektleiter wirksam werden.

3.3.4 Nachforderungen

Eine Änderung des Leistungsgegenstands berührt prinzipiell den Vertrag. Im Extremfall bedeutet sie sogar eine ungewollte beziehungsweise unbewusste Vertragsänderung, die Nachforderungen bewirken kann.

Unbewusste Vertragsänderung

4 Nachforderungsmanagement

Das Nachforderungsmanagement (= Claim Management) ist ein Aufgabengebiet innerhalb des Projektmanagements zur Überwachung und Beurteilung von Abweichungen beziehungsweise Änderungen und deren wirtschaftlichen Folgen zwecks Ermittlung und Durchsetzung von Ansprüchen.

Im Zuge der Globalisierung verwenden viele Unternehmen nur noch den Begriff Claim Management. Wegen der besonderen Bedeutung dieses Arbeitsbereichs existiert häufig eine eigene Abteilung dafür, in vielen Fällen werden aber auch externe Fachfirmen eingeschaltet. Die Aufgabe des Claim Managements besteht darin, zunächst im Soll-Ist-Vergleich Abweichungen von Planvorgaben festzustellen ($\rightarrow$ Kapitel C9). Dann setzt es die Forderungen, die sich daraus ergeben, durch und wehrt Gegenforderungen ab (= Eigen- und Fremd-Claims). Die so erzielten Zusatzerlöse können eine überraschend hohe wirtschaftliche Bedeutung haben. In der Praxis werden die Begriffe Nachforderung und Nachtrag synonym verwendet.

Aufgaben

Eigen-/Fremd-Claim

Nachtrag

Forderungen können sich beziehen auf
- Vertragszeitverlängerungen und
- zusätzliche Vergütungsansprüche.

Ein Claim (= Forderung, Beanstandung, Anspruch) ist eine (Nach-)Forderung aufgrund eines Vertrags, die eine Vertragspartei an die andere stellen kann, wenn
- Änderungsvereinbarungen vorliegen,
- Zusatzleistungen aufgrund mündlicher Anordnung erbracht werden,
- die andere Vertragspartei ihre vertraglichen Pflichten nicht oder nur mangelhaft erfüllt und
- die Vertragsabwicklung nachweislich behindert und unterbrochen wird.

Nachforderungen aus zusätzlichen vertraglichen Vereinbarungen sind zu unterscheiden von Nachforderungen aus sonstigen Abweichungen von Planvorgaben. Der erste Fall betrifft Vertrags-

Nachforderungsarten

änderungen und die damit verbundenen Vergütungsforderungen. Im zweiten Fall geht es um zusätzliche Ansprüche über die vertraglichen Vereinbarungen hinaus.

Alle verfügbaren Dokumentationsmittel sind einzusetzen, um Abweichungen von vertraglichen Vorgaben festzuhalten. Darunter fallen vor allem Änderungsaufträge oder -protokolle, Korrespondenz sowie Baustellenberichte, aus denen Leistungs- oder Terminänderungen hervorgehen. Bei schneller Erledigung von Claims entfällt ein Teil der kostenaufwendigen Dokumentation. Hilfreich ist dabei eine Vereinbarung mit dem Partner zum Vorgehen und zum Änderungsmanagement (→ Kapitel C7).

Vereinbarung zum Vorgehen

Beispiel
Die Projektmanager beider Seiten entscheiden wöchentlich und verbindlich über die Berechtigung von Claims und deren Vergütung.

4.1 Mehrerlös durch Nachforderungen

Der Erfolg vieler Projekte hängt von einem geordneten Nachforderungsmanagement ab. Bei Großprojekten ist von einer zweiprozentigen Gewinnmarge auszugehen. Ihr steht eine Nachforderungsmasse von 25 bis 30 Prozent des Projektvolumens gegenüber. Die zweiprozentige Marge ist bereits bei geringen Kostenüberschreitungen aufgebraucht. Wird das Nachforderungsmanagement konsequent betrieben, bleibt nicht nur diese Marge erhalten. Hinzu kommen die zusätzlichen Erlöse aus der Nachforderungsmasse. Eine Faustregel besagt, dass sich rund 50 Prozent der Nachforderungsmasse durchsetzen lassen. Der Mehrerlös kann auf diese Weise auf bis zu 20 Prozent des ursprünglichen Finanzvolumens gesteigert werden.

Nachforderungsmasse

Beispiel
Bei der Lieferung der elektrotechnischen Ausrüstung für eine Kläranlage belief sich der ursprüngliche Auftragswert auf rund sieben Millionen Euro und die Gewinnmarge auf 140.000 Euro. Nachforderungen wurden in Höhe von 1,7 Millionen Euro gestellt. Davon ließ sich ein Betrag in Höhe von einer Million Euro mit einer Gewinnmarge von 20.000 Euro durchsetzen. Der Mehrerlös betrug demnach mehr als 14 Prozent.

4.2 Übergang zwischen Vertrags- und Claim Management

Die Übergänge zwischen Vertrags- und Claim Management in Projekten sind fließend. Aus Bild A4-14 wird deutlich, dass der Schwerpunkt zunächst auf dem Vertragsmanagement liegt. Mit dem Vertragsabschluss tritt das Claim Management in Erscheinung, auf das sich der Schwerpunkt dann mehr und mehr verlagert. Die auf ordnungsgemäße Vertragserfüllung gerichtete Methodik des Vertragsmanagements weicht zunehmend der erlösorientierten Methodik des Claim Managements.

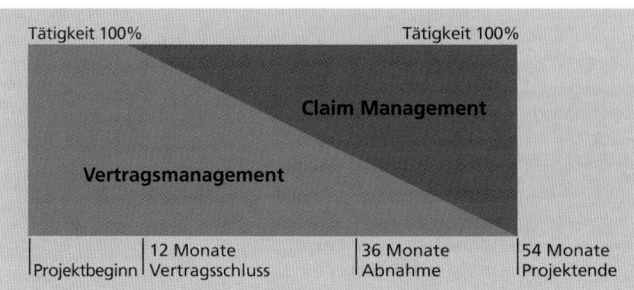

Bild A4-14 Einsatz des Vertrags- und Claim Managements im Projekt

4.3 Vorgehensweise

Eine verbindlich vorgeschriebene oder genormte Vorgehensweise gibt es beim Nachforderungs-management nicht, da sie stark von Branchen- und Projekteigenheiten abhängt. In der Praxis haben sich allerdings einige logische Schritte und Handlungsmodelle bewährt.

4.3.1 Abwicklungsphase

Das Nachforderungsmanagement setzt unmittelbar nach Vertragsabschluss ein. Denn je weiter ein Störereignis zurückliegt, desto schwieriger ist es, das Ereignis selbst und seine Ursachen zu beweisen. So entstehen unnötige Kosten. Die erfassten Nachforderungen sollte der Vertragspartner möglichst gleich mitteilen, nachdem er die Abweichung erfasst hat. Dazu verfasst er ein Claim-Schreiben. Der Nachforderungsmanager darf sich nicht dem Vorwurf aussetzen, er hätte die Gegenseite nicht oder zu spät informiert.

Zeitnah handeln

Claim-Schreiben

> **Beispiel**
> *Der Auftraggeber stellt seine Baustelle nicht termingerecht zur Verfügung. Deshalb muss der Auf-tragnehmer ihn sofort mahnen und ihm dabei die Vertragssituation deutlich machen. Ergeben sich durch die überzogenen Termine beim Auftraggeber eigene Terminverschiebungen, ist eine generelle Terminbereinigung beim Auftraggeber zu beantragen.*

4.3.1.1 Inhalte des Claim-Schreibens
Der Mindestinhalt eines Claim-Schreibens orientiert sich an dem Schema für Mahnschreiben:

Schema für Mahnschreiben

- Status
- Forderung
- Fristsetzung

Die Forderung muss bestimmt formuliert sein.

> **Beispiel**
> *„Wir fordern Sie auf, die fehlerhafte Kellerisolierung durch eine Isolierung gemäß der Baubeschrei-bung im Vertrag zu ersetzen."*

Dieses einfache Schema kann mit folgenden Inhalten angereichert werden [1]:
- Betroffene Leistung, Anlage, Gewerk etc.
- Ereignis mit Datum, Sachverhalt, Verursacher (Beweise im Anhang)
- Beschreibung der ursprünglichen vertraglichen Regelung
- Beschreibung der Auswirkung(en) des Ereignisses
- Forderungen (Termine, Kosten, Leistungen)
- Fristsetzung für die Reaktion, gegebenenfalls Maßnahmen bei deren Ausbleiben
- Dokumentation des Ereignisses und der Ursachen

4.3.2 Unterstützung durch Konfigurationsmanagement

Gibt es im Projekt ein konsequentes Konfigurationsmanagement (→ Kapitel C7), erfasst das Ände-rungsmanagement (genauer: die Konfigurationsbuchführung) die Abweichungen vom Vertrag wäh-rend des Projektverlaufs – vor allem die produktorientierten. Dies schließt die Genehmigungen von

Konfigurations-buchführung

Änderungen durch die betroffenen Vertragspartner mit ein. Das Nachforderungsmanagement braucht dann nur die vertragsrelevanten Daten von dort zu übernehmen, um sie weiter zu verarbeiten.

4.3.3 Umgang mit gegnerischen Forderungen

Vorsichtsmaßnahmen

Folgende Vorsichtsmaßnahmen dienen dazu, Fremd-Claims möglichst frühzeitig zu verhindern [2]:

- Sicherstellen, dass das Projektteam den Vertrag und die Vertragsänderungen kennt (z.B. durch Änderungsformulare)
- Unklarheiten rechtzeitig aufdecken, klarstellen und dokumentieren
- Änderungswesen regeln (möglichst vertraglich)
- Aktive Projektsteuerung
- Vertragseinhaltung laufend überprüfen und sicherstellen (Vertragspartner und eigene)
- Claim Management als Tagesordnungspunkt in Projektsitzungen
- Korrespondenz (vor allem Forderungen, Einwände, Änderungen, Anordnungen) prüfen und claimbewusst beantworten oder anderweitig reagieren
- Verhalten und Äußerungen des Vertragspartners hinsichtlich sich anbahnender Claims analysieren
- Sämtliche Ereignisse, Abweichungen oder besondere Vorkommnisse dokumentieren
- Anweisungen, Entscheidungen, Änderungen und wichtige Unterlagen schriftlich bestätigen lassen

4.4 Subjektive Einstellung

Bedenken, das Nachforderungsmanagement trübe das gute Verhältnis zwischen den Vertragsparteien, wenn aus Abweichungen gleich Ansprüche geltend gemacht werden, sind unberechtigt bis gefährlich. Ausländische Auftraggeber sehen sie als Schwäche deutscher Vertragspartner an. Das

Gegenläufige Interessen

Nachforderungsmanagement muss – besonders im internationalen Bereich und bei Großprojekten – von gegenläufigen Interessen bei Auftraggeber und Auftragnehmer ausgehen. Dabei sind gute persönliche Beziehungen zwischen Vertretern der Parteien sicher von Nutzen. Denn sie erlauben es, auch

Wechselseitige Großzügigkeit

bei kontroversen Ansprüchen die Form zu wahren und im Gespräch zu bleiben. Wechselseitige Großzügigkeit bei unwichtigen Tatbeständen kann sich für beide Seiten als sehr kostengünstig erweisen.

Im Nachforderungsmanagement werden Planungs-, Konstruktions- und Ingenieurleistungen immer bedeutender. Gaben früher vor allem Abweichungen in der Bauausführung Anlass zu Nachforderungen, so sind es heute Abweichungen von den Vorgaben bei Planung, Konstruktion und Engineer-

Potenzierte Nachforderungen

ing. Da sich solche Abweichungen in den frühen Projektphasen erheblich auswirken, ist mit einer Potenzierung von Nachforderungen zu rechnen.

Beispiel

Die versehentlich spiegelverkehrte Konstruktion eines Brückenteils wurde erst bei dem Versuch erkannt, dieses einzusetzen. Deshalb musste die Baustelle über längere Zeit stillgelegt werden. Im Rahmen des Nachforderungsmanagements war zu klären, wer haftet: der Konstrukteur, der Hersteller, das Montageunternehmen (mangelhafte Arbeitsvorbereitung) oder der Auftraggeber (unfachmännische technische Abnahme beziehungsweise Vorprüfung).

Schriftlicher Auftrag für Ingenieure

Ingenieure sollten technische Änderungen nie ohne ausdrücklichen, schriftlichen Auftrag des eigenen Managements durchführen. Denn sie neigen dazu, ohne Rücksicht auf Kosten und vertragliche

Vereinbarungen gute durch bessere Lösungen zu ersetzen. Doch eine bessere Lösung bringt möglicherweise eine Abweichung vom Vertrag mit sich. Ein geschickter Nachforderungsmanager auf der Gegenseite wird daraus die Nichterfüllung des Vertrags und damit Ansprüche herleiten.

4.5 Arbeitssystematik

Das Nachforderungsmanagement arbeitet vor allem mit Soll-Ist-Vergleichen, um Abweichungen vom Vertrag (= Abweichungen des Ist-Zustands vom Soll-Zustand) zu erfassen (→ Bild A4-15).

Soll-Ist-Vergleiche

Beispiel
Der ursprüngliche Vertragswert (= Soll) betrug 100, der aktuelle Wert beläuft sich auf 130 (= Ist). Dieser Ist-Wert beinhaltet eine Abweichung von 30 Prozent vom ursprünglichen Vertragswert. Diese 30 Prozent als zusätzlichen Erlös durchzusetzen ist Aufgabe des Nachforderungsmanagements.

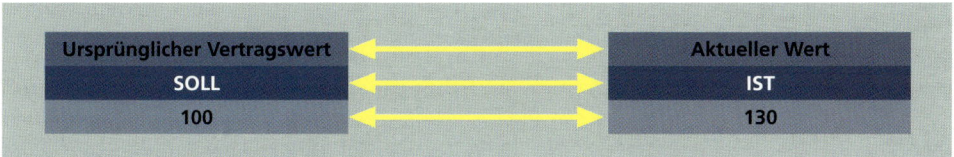

Bild A4-15 Schema Nachforderungsmanagement (Beispiel)

4.5.1 Methodik bei Abweichungen

Bei Abweichungen vom Vertrag durch akzeptierte Änderungs- oder Ergänzungsvereinbarungen ist die Methodik einfach. Die Forderungen aus diesen zusätzlichen Vereinbarungen sind wie die Forderungen aus dem Hauptvertrag geltend zu machen. Geht es aber um Abweichungen vom Vertrag aufgrund außervertraglicher Leistungen und Leistungsstörungen, muss differenzierter vorgegangen werden. Folgende Einzelschritte sind notwendig:

1. Auflistung der relevanten Ereignisse (außervertragliche Leistungen, Leistungsstörungen)
2. Bewertung (Soll-Ist-Vergleich)
3. Juristische Stellungnahme (zu Einzelfragen)
4. Einzelfallbearbeitung und Dokumentation

Schritte

4.5.1.1 Auflistung der vertraglich relevanten Ereignisse
Für Nachforderungen relevante Ereignisse können zunächst in Form einer einfachen Liste aufgezeichnet werden. Dabei werden die laufende Nummer, das Datum, das Ereignis, der vorläufige Wert, der verantwortliche Partner oder Lieferant (= Unterauftragnehmer) sowie die Referenzstelle im Vertrag oder der Dokumentation angegeben. Bild A4-16 zeigt das Muster einer solchen Liste.

NACHFORDERUNGEN					
Konsortium			Nr. 90		
Datum	Beschreibung	Kosten, Währung	Code, EDV Vertragsdatei	Lieferant/ Partner	Korrespondenz, Unterlagen, Bemerkungen
6.3.2004	Reinigen Kessel Nr. III	3.100 Euro	111.3	N.N.	Ro 302/98; 2.3.2004

Bild A4-16 Tabellarische Auflistung von Nachforderungen

Mögliche Anlässe Anlass zur Dokumentation einer möglichen Nachforderung geben vor allem
- Mehr- und Minderleistungen,
- mangelhafte Leistungen,
- Terminänderungen,
- Entwurfsänderungen,
- die Übernahme von Leistungen durch den Auftraggeber sowie
- Behinderungen und Unterbrechungen.

4.5.1.2 Bewertung (Soll-Ist-Vergleich)

Zunächst werden in der Liste pauschal die Kosten eingesetzt, die durch die Abweichung entstehen (z.B. unbezahlter Anlagenteil oder Vertragsstrafe wegen Verspätung). In der weiteren Einzelfallbearbeitung sind genauere Bewertungsgrundlagen zu schaffen. Diese setzen einen detaillierten Vergleich zwischen den vertraglichen und den tatsächlichen Daten voraus (→ Kapitel C9). So gibt beispielsweise der Soll-Terminplan die vertraglich vorgesehenen Termine wieder, der Ist-Terminplan *Kosten/* zeigt den tatsächlichen Stand. Aus diesem Terminvergleich ergibt sich der zusätzliche Personal- und *Termine/Leistung* Gerätebedarf. Zudem werden die Soll- mit den Ist-Kosten verglichen. Jede Leistungsstörung verursacht erhebliche weitere Kosten, vor allem durch die Vorhaltezeit für Geräte und Personal.

Geänderte/zusätzliche Geänderte und zusätzliche Leistungen lassen sich erkennen beziehungsweise ableiten aus
Leistungen erkennen
- dem Vergleich von Auftrags- und Ausführungsunterlagen,
- dem Vergleich von vertraglichen Bestimmungen zu Projektablauf und Randbedingungen mit dem Ist-Zustand und
- nach technischen Vorschriften erforderlichen Leistungen (z.B. nach DIN).

4.5.1.3 Juristische Stellungnahme

Die juristische Stellungnahme muss vorliegen, bevor Nachforderungen geltend gemacht werden. Der Jurist klärt, ob sich aus dem Vertrag ein Anspruch herleiten lässt. Wenn nicht, muss er darstellen, ob aus der vorhandenen Dokumentation ein Anspruch mit Aussicht auf Erfolg formuliert werden kann. Die Stellungnahme hat ferner zum Ziel, vertraglich nicht eindeutig geregelte Einzelfragen rechtlich zu bewerten und daraus abzuleiten, ob eine gesicherte Basis zur Durchsetzung eines Anspruchs vorhanden ist.

4.5.1.4 Einzelfallbearbeitung und Dokumentation

Bei der Einzelfallbearbeitung sind detaillierte Bewertungen nach der Vorgehensweise beim zweiten Schritt notwendig. Neu hinzu tritt die Überprüfung der vorhandenen Dokumentation zum Einzelfall. *Lückenloser Nachweis* Die Frage ist, ob die einzelne Abweichung anhand der vorhandenen Unterlagen lückenlos nachgewiesen werden kann. Aus den Protokollen, Baustellenberichten, Fotos und möglichen Zeugenaussagen müssen sich daher der Ablauf einer Störung und die Gegenmaßnahme einwandfrei ergeben. So ist zum Beispiel ein Nachweis darüber notwendig, dass der Auftraggeber auf seiner Baustelle mit dem Aushub verspätet fertig war und gemahnt wurde und der Auftragnehmer wegen exakt dieser Verspätung seine Termine nicht einhalten konnte.

Software- Die auf dem Markt vorhandene Software zum Claim Management erleichtert die systematische
unterstützung Abarbeitung der einzelnen Nachforderungen.

4.5.2 Umsetzung

Die Schritte bei der Vorbereitung von Nachforderungen im Rahmen der Einzelfallbearbeitung sind: *Schritte*
1. Dokumente sammeln, die eine Änderung oder die Veranlassung zur Änderung begründen (z.B. Bauherrenanweisungen, Besprechungsnotizen, Prüfvermerke)
2. Dokumente fortlaufend nummerieren
3. Änderungen durch zeitliche Darstellungen belegen und verdeutlichen
4. Vertragsleistung und geänderte Leistung zeichnerisch gegenüberstellen
5. Vertragsposition aus dem Leistungsverzeichnis und Nachforderungsposition gegenüberstellen (Aufgliederung bis zur Vergleichbarkeit notwendig)
6. Urkalkulation zur Ermittlung der zusätzlichen Vergütung bereithalten (Anwendung von Preisgleitklauseln)
7. Für den Einzelfall zusammengestellte Nachforderungsdokumente auflisten
8. Zusammenfassung mit Vergleich des ursprünglichen Preises mit dem neuen Preis

Bild A4-17 und Bild A4-18 zeigen Beispiele für Zusammenfassungen mittels Formularen.

UNTERLAGEN ZU BEHINDERUNGEN UND MEHRAUFWENDUNGEN			
Nr.	**Datum**	**Dokument**	**Inhalt**
1.	03.02.01	AN an AG	Planungsunterlagen, bauliche Voraussetzungen fehlen, maschinentechnische Ausrüstung nicht montiert
2.	20.02.01	AN an AG	Pläne Rohrleitungen und Messstellenplatzierung
3.	10.11.01	AN an AG	Bauliche Voraussetzungen fehlen
4.	15.12.01	AG an AN	Fertigstellungstermin vom 10.11.02 auf 31.12.03 geändert
5.	13.11.02	UAN an AN	Bauvoraussetzungen fehlen, Reisekosten zu berechnen
6.	05.05.03	AN an AG	Unterlagen für Programmierungen fehlen
7.	23.05.03	UAN an AN	Fehlende Bauvoraussetzungen – Inbetriebnahme Teilanlage nicht möglich
8.	07.06.03	AN an AG	Bestätigung Behinderungen
9.	20.10.03	Bericht UAN	Zusätzliche Programmiertätigkeit, Änderungen auf Wunsch von AG
10.	15.11.03	Bericht UAN	Begründungen für Mehraufwendungen
11.	18.12.03	Besprechungspro-tokoll UAN und AN	Zusätzliche Leistungen
12.	22.01.04	Protokoll UAN, AN und AG	Steuer- und Regelungsänderungen

Bild A4-17 Auflistung von Nachforderungsunterlagen

VERTRAGSPREIS – NACHFORDERUNGEN
1. Ursprünglicher Vertrag
Leistungsverzeichnis – Anlage C Gesamtumfang, Preis   netto Euro   10.574.000,00
2. Nachforderungen
Gemäß Auflistung, Preis   netto Euro   1.723.673,00
Weitere Begründung für die Nachforderungen in den Anlagen: – Sachliche Begründung – Preisliche Begründung – Auflistung Nachforderungsunterlagen – Ordner Nachforderungsunterlagen

Bild A4-18 Gegenüberstellung von Vertragspreis und Höhe der Nachforderungen

4.5.3 Erfolgskontrolle

Faustregel
für durchsetzbare
Claim-Masse

	Σ erzielte Mehrpreise im Verhältnis zum Vertragspartner
$-$	Σ der akzeptierten Minderpreise bzgl. Vertragspartner
$+$	Σ erzielte Minderpreise bzgl. UAN
$-$	Σ akzeptierte Mehrpreise bzgl. UAN
$+$	Σ Minderkosten
$-$	Σ Mehrkosten
$-$	Σ Kosten für Claim-Bearbeitung
$=$	**CLAIM-ERFOLG**

Eine Faustregel besagt, dass von einer Claim-Masse rund 50 Prozent durchgesetzt werden. Einen Anhaltspunkt zur überschlägigen Erfolgskontrolle des Aufwands für ein systematisches Claim Management bietet Bild A4-19.

Bild A4-19 Mögliches Kalkulationsschema zur Erfolgskontrolle des Nachforderungsmanagements [3]

4.6 Vorsorge

Früherkennung

Zur Claim-Vorsorge und frühzeitigen Erkennung von Claim-Situationen kann folgende Checkliste herangezogen werden [4]:

1. Projektstart-Workshop ($\rightarrow$ Kapitel C1) mit dem gesamten Projektteam durchführen
2. Immer wieder Kurzinformationen über den Vertrag erstellen
3. Checklisten über typische Claim-Situationen erarbeiten
4. Vereinbarungen über das Vorgehen in Claim-Situationen treffen
5. Laufend das Verhalten des Vertragspartners hinsichtlich Claims analysieren, die sich anbahnen
6. Lückenlos alle Änderungen, Schadensfälle, Garantiefälle usw. dokumentieren
7. Änderungsmanagement betreiben
8. Relevante Sitzungen lückenlos dokumentieren
9. Auf die sorgfältige Führung von Bautagebüchern achten
10. Wenn nötig Fotodokumentationen erstellen
11. Auf Zeugen achten und gegebenenfalls Sachverständige einschalten
12. Telefonaufzeichnungen führen
13. Anweisungen, Entscheidungen, Änderungen und wichtige Unterlagen immer schriftlich bestätigen lassen

Kostenrichtwerte

Projektvolumen	Kosten des Nachforderungsmanagements
Bis 1 Mio. Euro	ca. 3,0 %
Bis 10 Mio. Euro	ca. 1,0 %
Bis 50 Mio. Euro	ca. 0,6 %
Ab 50 Mio. Euro	ca. 0,5 %

4.7 Kosten

Die Kosten des Nachforderungsmanagements sind zwar dem jeweiligen Projekt zuzuordnen. Eine generelle Aussage ist jedoch schwierig. Als Richtwert mögen nebenstehenden Zahlen dienen.

4.8 Fehler

Folgende Fehler können beim Nachforderungsmanagement auftreten:

- Fehlendes Verständnis dafür, dass eine Nachforderung ein Recht auf Vergütung geleisteter Arbeiten ausdrückt
- Keine genaue Unterscheidung zwischen Ansprüchen auf Terminänderungen und auf Vergütung

- Fehlende Kommunikation zwischen Baustellenleitung und Entscheidungsträgern
- Fehlendes Bewusstsein dafür, Nachforderungen bei Planungs- sowie Engineering-Arbeiten genauso wie bei der eigentlichen Ausführung durchsetzen zu müssen
- Keine Unterscheidung zwischen Nachforderungen aus vertraglichen Vereinbarungen und Nachforderungen aus ergänzenden Tätigkeiten. Bei vertraglicher Vereinbarung liegt ein Zusatzauftrag vor, bei einer ergänzenden Tätigkeit nicht. Der Auftragnehmer muss nachweisen, dass der Auftraggeber die Tätigkeit veranlasst hat.
- Fehlende Bereitschaft, eine identifizierte Nachforderung weiterzuverfolgen
- Fehlende Analyse des Vertrags unter dem Gesichtspunkt von Nachforderungen
- Verstoß gegen das vertraglich vereinbarte Nachforderungsprocedere
- Ungenügende Dokumentation der Nachforderung
- Ungenaue Bewertung der Nachforderung
- Fehlende vertragliche oder rechtliche Begründung der Nachforderung
- Ungenügende Darstellung von Ursache und Wirkung
- Ungenügende Form

Nachforderungen sollten der Gegenseite in leicht verständlicher Form präsentiert werden. Der Bearbeiter sollte nicht erst nach Unterlagen suchen müssen, um eine Nachforderung verstehen und beurteilen zu können. *Präsentation*

4.9 Zusammenhang mit anderen Funktionen des Projektmanagements

Das Vertrags- und das Nachforderungsmanagement stehen mit einigen weiteren Funktionen des Projektmanagements in engem Zusammenhang.

4.9.1 Konfigurations- und Änderungsmanagement

In einem Projekt kann sowohl der Auftraggeber als auch der Auftragnehmer Änderungen (→ Kapitel C7) vorschlagen beziehungsweise beantragen. Sind diese gemäß dem vereinbarten Änderungsprocedere akzeptiert, werden sie vertragswirksam und stellen gleichzeitig eine Vertragsänderung dar. Dem Vertragsmanagement obliegt die Aufgabe, die Verträge nach den Vorgaben des Änderungsmanagements anzupassen und zu ergänzen. Liegt keine freigegebene Änderung vor, besteht dadurch eine Grundlage für strittige gegenseitige Nachforderungen. *Vereinbartes Änderungsprocedere*

4.9.2 Risikomanagement

Risikomanagement dient der Identifikation und der Abwehr von Risiken (→ Kapitel C3). Bei rechtzeitigem Erkennen bietet sich die Chance, Nachforderungen geltend zu machen. Unter Risiken kann man in diesem Kontext die Möglichkeit verstehen, dass schädliche Zustandsänderungen eintreten. Risiken in diesem Sinn werden im Rahmen des Vertragsmanagements erfasst und begrenzt. Der Vertragsmanager ermittelt dazu vor allem mögliche Leistungsstörungen und die daran geknüpften Folgen. Dabei werden Risiken nahezu automatisch erfasst und beschrieben. Auszüge aus dem Vertrag und zusätzliche Kommentare können als Belege dienen. Die Risiken können in folgende Gruppen eingeteilt werden: *Folgen von Leistungsstörungen*

Risikogruppen

- Vorhersehbare Risiken
- Besondere, noch nicht quantifizierbare Risiken aus Schwachstellen im Vertrag
- Besondere, noch nicht quantifizierbare Risiken aus dem Umfeld

Alternativen der Risikobehandlung

Von den fünf möglichen Alternativen der Risikobehandlung
- Akzeptieren,
- Eliminieren,
- Versichern,
- Durchreichen und
- Vermindern

sind vor allem die letzten beiden für das Vertragsmanagement von Bedeutung.

Optionen zur Risikoverminderung

Es ist durchaus üblich, die erkannten Risiken eines Projekts in möglichst großem Umfang über vertragliche Regelungen an Unterauftragnehmer durchzureichen, also auf Dritte abzuwälzen. Bei Warenlieferungen ins Ausland wird das Transportrisiko oft durch die Vereinbarung „Free on Board" (FOB) auf den Lieferanten als Unterauftragnehmer übertragen.

Weitere Schritte der Risikobegrenzung/-verminderung sind
- eine genaue Bewertung der Risiken,
- die Entwicklung möglicher Alternativ- oder Gegenmaßnahmen und
- die fallweise Entscheidung für bestimmte Gegenmaßnahmen bei Eintritt eines Ernstfalls.

Mit den Gegenmaßnahmen wird die Verbindung zum Nachforderungsmanagement hergestellt, denn erkannte Risiken beinhalten immer auch Chancen. Wird ein Risiko bei der fristgerechten Abwicklung einzelner Vertragspunkte erkannt, so kann bereits in dieser Phase an Nachforderungen in Form von Terminverschiebungen gedacht werden. Es empfiehlt sich, auch im Rahmen der Arbeitsorganisation eine Zusammenarbeit zwischen den verantwortlichen Mitarbeitern des Vertrags- und des Risikomanagements anzustreben.

4.9.3 Qualitätsmanagement

Zusammenarbeit Vertrags-/Risiko- management

Vertrags- und Nachforderungsmanagement ist immer auch Bestandteil eines Total Quality Managements (TQM → Kapitel C8). Der Grundsatz des TQM, Fehler dadurch zu vermeiden, dass die Prozesse von Anfang an richtig durchgeführt und dadurch beherrscht werden, findet hier seine konsequente Anwendung.

Fragen zur Selbsteinschätzung gemäß Zertifikatslevel

Nr.	Frage	Level				Selbsteinschätzung
		D	C	B	A	
A4.1	Welche Vertragstypen sind für Projekte bekannt?	2	2	3	3	☐
A4.2	Wann gilt ein Vertrag als angenommen bzw. als gültig?	1	2	3	3	☐
A4.3	Wann ist ein Vertrag unwirksam?	1	2	3	3	☐
A4.4	Worauf muss man bei Auslandsverträgen achten?	1	1	3	3	☐
A4.5	Welche Besonderheiten weisen Projektverträge auf?	1	2	3	3	☐
A4.6	Welche Rechte hat der Auftraggeber bei Leistungsstörungen?	2	2	3	4	☐
A4.7	Welche Rechte hat der Auftragnehmer bei Leistungsstörungen?	2	2	3	4	☐
A4.8	Was ist der Unterschied zwischen einem Auftragnehmer-Vertrag, einem Konsortialvertrag und einer Arbeitsgemeinschaft?	1	2	3	3	☐
A4.9	Welche speziellen Risikobereiche bergen Projektverträge?	1	2	3	4	☐
A4.10	Was sind die Aufgaben und Arbeitsschritte des Vertragsmanagements und welche Instrumente gehören primär dazu?	1	2	3	4	☐
A4.11	Welche Fähigkeiten/Kenntnisse sollte ein Vertragsmanager haben?	1	2	2	2	☐
A4.12	Was ist Nachforderungsmanagement und wann setzt es ein?	2	2	3	4	☐
A4.13	In welchen Funktionen des Projektmanagements besteht eine Verbindung zu Nachforderungsmanagement?	1	3	3	4	☐
A4.14	Wie unterscheiden sich bzw. wie hängen Änderungsmanagement und Nachforderungsmanagement zusammen?	2	3	3	4	☐

A5 PROJEKTERFOLG UND ERFOLGSFAKTOREN

Jedes Unternehmen muss für sich vor Projektbeginn festlegen, wann es ein Projekt als erfolgreich betrachtet und wann nicht. Dabei muss es nicht nur die „harten" Ziele Termin, Kosten und Leistung mit Prioritäten versehen, sondern auch entscheiden, welche Bedeutung es der Zufriedenheit der verschiedenen Stakeholder beimessen möchte. Die traditionelle Definition des Projekterfolgs wird in diesem Kapitel hinterfragt. Die Ausführungen sollen den Projektmanagern bewusst machen, dass es unterschiedliche Perspektiven und Ansätze zur Bewertung des Projekterfolgs gibt, und ihnen aufzeigen, wie sie dabei vorgehen können.

1 Definition

Viele ältere Lehrbücher über Projektmanagement haben eine sehr einfache Definition des Projekterfolgs angeboten. Ein Projekt galt als gelungen, wenn das Projektteam alle Forderungen des Auftraggebers termingerecht erfüllt und das vereinbarte Budget eingehalten hatte. Genauer gesagt, wenn es

- die Spezifikationen des Auftraggebers erfüllt oder überfüllt,
- die Terminvorgabe erreicht oder unterschritten und
- die geplanten Kosten eingehalten oder unterboten hatte.

Das klingt auf den ersten Blick plausibel. Wer genauer hinsieht, findet bei dieser Definition aber einige Problempunkte. Sie unterstellt stillschweigend: Der Auftraggeber ist mit dem Projektergebnis zufrieden, weil seine Forderungen erfüllt wurden. Aber: Kann man das wirklich in jedem Fall annehmen? Was, wenn sich im Projektverlauf zum Beispiel verschiedene Umweltbedingungen geändert haben?

Problematische Definition

Beispiel
Während der Entwicklung einer Software ergeben Tests, dass die Anwender bestimmte Funktionen nur mit Mühe bedienen können. Deshalb wäre es eigentlich notwendig, die Spezifikation zu ändern. Der Kunde äußert diesen Wunsch gegenüber dem Projektleiter. Doch dieser lehnt, den Kundenvertrag im Rücken, alle Änderungswünsche ab und verschiebt sie auf die nächste Version der Software. Die damit verbundenen Risiken für den Kunden (z.B. geringere Absatzchancen) und für das eigene Unternehmen (z.B. Unzufriedenheit des Kunden) hält er für vernachlässigbar.

Dieses Beispiel macht deutlich: Der Projektleiter hat nicht nur die Aufgabe, die Größen des Magischen Dreiecks – Kosten, Termine und Leistung (= Funktionen/Qualität) – im Griff zu behalten. Er muss auch herausfinden, ob der Auftraggeber zufrieden ist. Neuere Ansätze zur Erfolgsmessung, etwa das Modell Project Excellence der Deutschen Gesellschaft für Projektmanagement (GPM) sehen dies vor (→ Kapitel C8).

Zufriedenheit des Auftraggebers

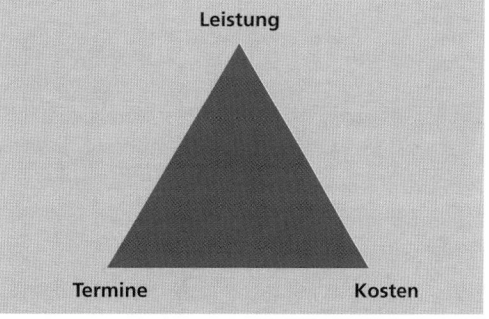

Bild A5-1 Das Magische Dreieck des Projektmanagements

89

2 Ziele der Stakeholder

Doch es genügt nicht, allein den Kunden zu berücksichtigen. Es gibt noch andere Personen, Gruppen und Institutionen, die vom Projekt betroffen sind (= Stakeholder/Projektinteressenten → Kapitel A3). Das können zum Beispiel Betriebsräte, einzelne Abteilungen im Unternehmen, Zulieferer oder auch der Bürgermeister einer Gemeinde sein, in der ein Großprojekt realisiert wurde. Der Projektleiter muss herausfinden und bewerten, wie diese Personen und Gruppen über den Projektverlauf und das Projektergebnis denken.

Feste und variable Projektinteressenten

Die Projektmitarbeiter stehen von vorneherein als Projektinteressenten fest, ebenso das Management des ausführenden Unternehmens – auch dann, wenn es nicht direkt an den Arbeiten beteiligt ist. Die Gruppe der „sonstigen Projektinteressenten" jedoch unterscheidet sich von Projekt zu Projekt in Größe und Zusammensetzung. Deshalb muss jeder Projektleiter individuell feststellen, mit welchen Interessengruppen er es jeweils zu tun hat. Die Projektinteressenten können völlig gegensätzliche Meinungen über das Projekt haben. Das bedeutet: Ihre Zielsysteme (→ Kapitel C2) unterscheiden sich voneinander.

Beispiel
Ein Handelskonzern hat bei einer Werbeagentur einen neuen Katalog in Auftrag gegeben. Die Qualität des Druckwerks ist hoch, das Unternehmen bekommt sogar eine Auszeichnung dafür. Deshalb sind die Abteilungen Marketing und Vertrieb mit dem Ergebnis mehr als zufrieden. Doch der Finanzchef ärgert sich über das Projekt. Denn die Kosten überstiegen den Festpreis erheblich, den ihm die Agentur zugesagt hatte.

3 Zielprioritäten

Einige Autoren haben in jüngerer Zeit eine sehr allgemeine Begriffsbestimmung für den Projekterfolg gewählt, die die Projektinteressenten einbezieht. Lechler [1] beispielsweise definiert – als Grundlage für eine Studie – den Projekterfolg so:

„Ein Projekt ist erfolgreich, wenn die Beteiligten zufrieden sind und die Qualität der technischen Lösung und die Termin- und Kostenziele insgesamt positiv bewerten."

Subjektive Sichtweise des Projekterfolgs

Der Begriff „technische Lösung" entspricht der Leistung wie im Magischen Dreieck des Projektmanagements dargestellt. Wer zu den Beteiligten gehört, lässt diese recht allgemein gehaltene Definition offen. Die Formulierung „positiv bewerten" erlaubt eine sehr subjektive Sichtweise des Projekterfolgs.

Ein Projekt kann nach dieser Definition auch dann als erfolgreich gelten, wenn Termine und Kosten überschritten wurden, die abgelieferte Leistung (= Qualität des Projektergebnisses) aber besonders positiv zu bewerten ist. Mit anderen Worten: Gibt der Auftraggeber bei einem Projekt mit Zeit- und Budgetüberschreitung der Leistung eine höhere Priorität als Terminen und Kosten, gilt das Projekt als Erfolg.

Beispiel
Der Preis für elektronische Bauelemente verfällt schnell. Deshalb müssen die Hersteller in Entwicklungsprojekten Termine strikt einhalten. Demgegenüber spielen die Entwicklungskosten eine untergeordnete Rolle. Ein Elektronikkonzern hat für Produkte mit einer Lebensdauer am Markt

von fünf Jahren, einem jährlichen Marktwachstum von 20 Prozent und einem jährlichen Preisverfall von zwölf Prozent errechnet: Eine Verzögerung der Entwicklungszeit von sechs Monaten lässt den Gewinn um 45 Prozent schrumpfen. Werden die F&E-Kosten um 50 Prozent überschritten, schlägt sich das aber nur mit 22 Prozent Gewinnrückgang nieder [2]. Deshalb hat die Termintreue Vorrang.

Oft hat aus der Perspektive des Kunden aber auch die Leistung Priorität, zumindest auf längere Sicht. Sein Ärger wegen überzogener Termine und Kosten lässt mit der Zeit nach. Ein mangelhaftes Produkt jedoch, das der Kunde täglich benutzen muss, sorgt auf Dauer für Verdruss.

Wer den Projekterfolg messen möchte, muss also die Größen des Magischen Dreiecks (T – K – L) mit Prioritäten versehen.

3.1 Zufriedenheit der Stakeholder priorisieren

Damit sind aber noch nicht alle Fragen beantwortet. Wiegt die Zufriedenheit der projektbeteiligten Mitarbeiter oder des Topmanagements genauso schwer wie die des Auftraggebers? Immerhin ist es der Kunde, der das Projekt finanziert und von dem der Auftragnehmer einen Anschlussauftrag haben möchte. Das Modell Project Excellence (→ Kapitel C8) billigt der Zufriedenheit der Mitarbeiter und sonstiger Projektinteressenten daher eine geringere Bedeutung zu als der Zufriedenheit der Kunden. Jedem Anwender des Modells steht es allerdings frei, die Gewichtungsfaktoren nach Belieben festzulegen.

Modell Project Excellence

4 Zeitpunkt der Erfolgsmessung

Darüber hinaus muss noch der Zeitpunkt, zu dem der Projekterfolg gemessen wird, in die Feststellung des Projekterfolgs einfließen. In diesem Zusammenhang sind die Stichpunkte Abwicklungserfolg und Anwendungserfolg von Bedeutung.

Abwicklungs- und Anwendungserfolg

Beispiel
Ein Unternehmen entwickelt ein medizinisches Diagnosegerät für Ärzte. Dafür erarbeitet das Projektteam eine Spezifikation (Pflichtenheft), die der Vorstand als interner Auftraggeber unterschreibt. Das Gerät wird im geplanten Zeit- und Kostenrahmen fertig gestellt. Tests bei Ärzten zeigen: Es erfüllt alle Spezifikationen. Projektteam, Vorstand und Ärzte sind zufrieden. Das Projekt ist erfolgreich abgeschlossen, der Abwicklungserfolg [3] also eingetreten. Doch die Markteinführung verläuft enttäuschend. Das Unternehmen verpasst die prognostizierten Absatz- und Umsatzzahlen, weil ein Konkurrent während der Projektlaufzeit ein qualitativ vergleichbares, aber billigeres Gerät auf den Markt gebracht hat. Das heißt: Der Anwendungserfolg [4] des Projekts ist gering.

Es kommt demnach auch auf den Zeitpunkt an, zu dem der Projekterfolg gemessen wird. Aussagen über den Anwendungserfolg eines Projekts sind oft erst einige Jahre nach seinem Abschluss möglich. So wird beispielsweise erst nach mehreren Projekten in einem Unternehmen deutlich, ob das neu eingeführte Projektmanagement-Konzept auch wirklich zu einer erfolgreicheren Projektabwicklung führt.

Ein Projekt kann aber auch einen hohen Anwendungserfolg und einen geringen Abwicklungserfolg haben. Möglicherweise entwickelt sich ein Produkt, das mit hohen Kosten- und Terminüberschreitungen fertiggestellt wurde, zum Renner am Markt. Forschungsprojekte, in denen das Team zwar die gewünschten Ergebnisse verfehlt, dafür aber unerwartete anderweitige Erfolge erzielt, können Ausgangspunkt für höchst erfolgreiche Innovationen sein.

Beispiel

Sie sind praktisch in jedem Büro zu finden: bunte Notiz-Klebezettel, bekannt unter dem Namen „Post-it". Diese Erfindung war ein reines Zufallsprodukt: Ein Mitarbeiter eines firmeneigenen Forschungslabors hatte den Auftrag, einen besonders starken Klebstoff zu entwickeln. Doch das Ergebnis seiner Bemühungen haftete nur so schwach, dass es sich leicht wieder abziehen ließ. Niemand wusste mit der Substanz etwas anzufangen. Erst Jahre später kam ein Kollege auf die Idee, Lesezeichen mit diesem Klebstoff zu bestreichen, um zu verhindern, dass sie ständig aus seinen Büchern fallen. Dies war der Anfang einer unglaublichen Erfolgsgeschichte.

Projekt als Phase des Innovationsprozesses

Bild A5-2 stellt den Zusammenhang zwischen den verschiedenen Dimensionen des Projekterfolgs grafisch dar [5]. In diesem Schema wird das Projekt nur als eine Phase eines umfassenden Innovationsprozesses gesehen. Dies lässt sich anhand der beiden genannten Beispiele (medizinische Diagnosegeräte, Notiz-Klebezettel) leicht nachvollziehen.

Dimensionen des Projekterfolgs

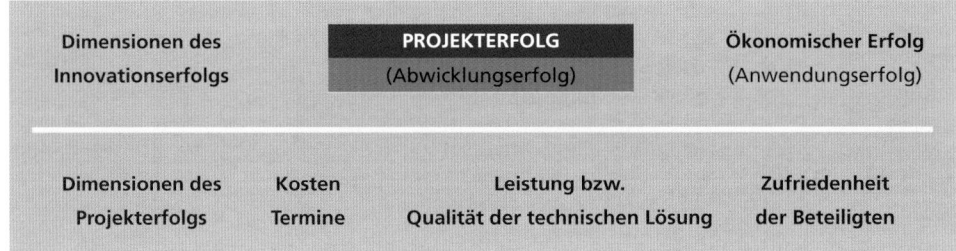

Bild A5-2 Dimensionen des Projekterfolgs

5 Ablauf der Erfolgsmessung

Erfolgskriterien priorisieren

Der Auftraggeber sollte bereits beim Start eines Projekts bestimmen, was später als Projekterfolg zu werten ist. Sonst besteht die Gefahr, dass das Projekt später schöngeredet beziehungsweise -gerechnet wird. Für den Abwicklungserfolg bedeutet das: Der Auftraggeber muss den „harten" Erfolgskriterien Termin, Kosten und Leistung Prioritäten zuweisen. Beim Kriterium Leistung ist es sinnvoll, nach Muss- und Kann-Eigenschaften zu unterscheiden.

Außerdem muss er die Projektinteressenten identifizieren und das Gewicht festlegen, das ihrem Urteil zukommen soll. Darüber hinaus ist der erwünschte Anwendungserfolg zu definieren. In einigen Projektratgebern wird deshalb mit Nachdruck empfohlen, bereits zu Projektbeginn den „Business Case" zu erstellen – also festzuhalten, welche positiven Folgen für die Organisation beziehungsweise die Projektinteressenten die Projektverantwortlichen durch das Projekt auf längere Sicht erwarten.

Änderungen der Rahmenbedingungen

Während der Projektausführung muss der Auftraggeber immer wieder prüfen, ob die Existenz des Projekts in seiner bisherigen Form noch gerechtfertigt ist oder ob sich entscheidende Rahmenbedingungen geändert haben. Sowohl diese Überprüfung als auch die spätere Bewertung des Anwendungserfolgs unterbleibt in der Praxis häufig. Das Projekt ist damit gedanklich längst ad acta gelegt, obwohl es faktisch noch weiterläuft.

6 Projekterfolgsfaktoren

Mit der Frage nach den Erfolgsfaktoren von Projekten haben sich die Autoren zahlreicher empirischer Studien befasst. Lechler wertete in einer Metastudie 44 empirische Analysen aus, die über 5.700 Projekte verschiedenster Art umfassen. Schließlich fügte er noch eine eigene Untersuchung mit einer Vielzahl von Projekten aus Deutschland hinzu. Lechler definiert den Begriff Erfolgsfaktor wie folgt:

„Kritische Erfolgsfaktoren sind die wenigen Dinge, die richtig laufen müssen, um den Projekterfolg zu sichern. Sie repräsentieren die Managementbereiche, denen besondere und kontinuierliche Aufmerksamkeit geschenkt werden muss, um hohe Erfolgschancen zu gewährleisten." [6]

Es geht also nur um Faktoren, die das Management selbst beeinflussen kann. Überraschend ist: Lechlers Befunde sind eindeutig. Er konnte elf Erfolgsfaktoren identifizieren (→ Bild A5-3).

ERFOLGSFAKTOREN	ERFOLGSWIRKUNGEN			
	++	+	0	–
Zieldefinition	17	2	1	0
Kommunikation	16	6	0	0
Planung	9	3	1	0
Topmanagement	9	2	0	0
Controlling	7	1	0	1
Projektleiterbefugnisse	6	3	0	0
Know-how Projektteam	6	0	1	0
Motivation Projektteam	5	3	0	0
Know-how Projektleiter	4	3	1	2
Planungs- und Steuerungsinstrumente	4	1	0	0
Partizipation	3	4	0	0
(Ergebnis von 44 Studien)				

Einfluss der Erfolgsfaktoren

Tabelle A5-3 gibt Auskunft darüber, wie häufig die verschiedenen Faktoren in den einzelnen Studien untersucht wurden und wie stark ihr Einfluss auf den Projekterfolg war. Zwei Pluszeichen bedeuten eine besonders starke positive Wirkung, ein Pluszeichen einen signifikanten, aber schwächeren Einfluss. Steht bei einem Faktor die Ziffer 0, war kein Einfluss nachzuweisen. Ein Minuszeichen weist auf einen negativen Einfluss hin.

Bild A5-3 Erfolgsfaktoren des Projektmanagements nach Lechler [7]

6.1 Empfehlungen

Lechler leitet aus seiner Metastudie und seiner eigenen Analyse folgende Empfehlungen ab [8], hier verkürzt und zusammengefasst dargestellt:

Empfehlungen

1. Das Topmanagement hat einen besonders starken Einfluss auf das Projektergebnis. Deshalb muss es Zeit und Energie in die Projektunterstützung stecken.
2. Der Projektleiter muss eine starke formale Stellung mit erheblichen (Entscheidungs-)Befugnissen erhalten.
3. Der Projektleiter muss Managementfähigkeiten besitzen. Diese Empfehlung unterstreicht die Bedeutung entsprechender Ausbildungsprogramme.
4. Für eine erfolgreiche Projektabwicklung ist die fachliche Kompetenz des Projektteams notwendig. In der Projektrealität weigern sich Linienmanager aus Bereichsegoismus aber oft, ihre

fähigsten Mitarbeiter für ein Projekt abzustellen.

5. Die sozialen Fähigkeiten und die Fähigkeit zur Selbstorganisation spielen eine erhebliche Rolle. Teamentwicklung und die entsprechende Schulung der Mitarbeiter haben daher einen hohen Stellenwert.

6. Der Führungsstil des Projektleiters sollte partizipativ sein (→ Kapitel D3). Das heißt: Die Teammitglieder sollten an Entscheidungen beteiligt sein, vor allem in Phasen der Ideenfindung.

7. Der Projektleiter muss auf eine gute formale Kommunikation achten, die alle Betroffenen frühzeitig einbezieht und ausgewählte Informationen vermittelt. Eine Überfrachtung mit Informationen überfordert die Adressaten. Räumliche Nähe der Teammitglieder zueinander fördert die informelle Kommunikation (→ Kapitel D4).

8. Planungs- und Kontrollinstrumente sind ein wichtiger Erfolgsfaktor. In der Frühzeit des Projektmanagements glaubte man, sie seien der Einzige. Das Planungs- und Kontrollsystem muss reaktionsfähig sein und den Erfordernissen des jeweiligen Projekts flexibel angepasst werden können.

9. Der Projektleiter muss Konflikte (→ Kapitel D5) so früh wie möglich erkennen und lösen. Vorbeugendes Konfliktmanagement ist reaktivem vorzuziehen.

10. Besondere Bedeutung kommt einer detaillierten Zielplanung zu. Hier bestätigt sich der Satz von Lomnitz: „Sage mir, wie Dein Projekt beginnt, und ich sage Dir, wie es endet." Für die Spezifikation des Projekts muss ausreichend Zeit zur Verfügung stehen. Besonders in den frühen Projektphasen, zum Beispiel bei der Zielfindung, sollte der Kunde einbezogen werden.

Kundenbeteiligung an IT-Projekten

Den starken Einfluss der Unternehmensführung auf den Projekterfolg betonen auch spätere Studien wie die der KPMG, der Standish Group und des Daily Telegraph [9]. In Analysen [10], die sich ausschließlich mit IT-Projekten befassen, wird die Beteiligung des Kunden nicht nur in der Startphase, sondern während des gesamten Projektverlaufs besonders hervorgehoben. Dabei kann es sich bei einem Vorhaben um verschiedene Gruppen oder Individuen handeln, die recht unterschiedliche Ziele haben können. Beispiele sind die Gruppe der Endbenutzer, die EDV-Abteilung der Organisation, der Lenkungsausschuss und das Topmanagement.

Fragen zur Selbsteinschätzung gemäß Zertifikatslevel

Nr.	Frage	Level				Selbsteinschätzung
		D	C	B	A	
A5.1	Wann ist ein Projekt als erfolgreich zu betrachten?	2	3	3	4	☐
A5.2	Welche Dimensionen hat der Projekterfolg?	2	3	3	4	☐
A5.3	Wie unterscheiden sich Abwicklungserfolg und Anwendungserfolg eines Projekts?	1	3	3	4	☐
A5.4	Welche Empfehlungen kann man aus empirischen Studien über Projekterfolgsfaktoren ableiten?	1	2	3	4	☐

A6 PROJEKTORGANISATION

Für Projekte gibt es verschiedene Organisationsformen. Das Verhältnis der Projekt- zur Stammorganisation ist auf unterschiedliche Art und Weise gestaltbar (ICB-Elemente 22, 33). In diesem Kapitel werden wichtige Organisationsformen sowie ihre Vor- und Nachteile beschrieben. Als Praxisbeispiel dient eine balanzierte Matrix für Entwicklungsprojekte, aus der Aufgaben, Verantwortung und Befugnisse von Projektleiter, -team und Steuerungsausschuss hervorgehen. Einen wesentlichen Teil der Projektorganisation stellt das Projektcontrolling dar. Anhand einer Stellenbeschreibung für einen Projektcontroller wird die Bedeutung dieser Funktion deutlich gemacht.

1 Projekte außerhalb der Linienorganisation

Eine spezielle Projektorganisation ist in folgenden Fällen notwendig:

Spezielle Projektorganisation

- Die Projektaufgabe weist einen vergleichsweise hohen Komplexitätsgrad auf.
- Der Ressourcenverbrauch überschreitet eine bestimmte kritische Höhe, die von Unternehmen zu Unternehmen anders sein kann.
- Die Projektaufgabe hat aus der Sicht des Unternehmens einen verhältnismäßig hohen Neuheitsgrad oder strategische Bedeutung (z.B. Einstieg in ein neues Marktsegment).
- Es besteht ein hohes Risiko, dass die eingesetzten Mitarbeiter ihre Aufgabe nicht erfüllen können (z.B. wegen zu hoher Auslastung durch Linienaufgaben).

Meist rechtfertigen schon eines oder zwei der genannten Charakteristika eine besondere organisatorische Gestaltungsmaßnahme, um eine Projektorganisation zu installieren. Ähnliche Ratschläge finden sich in der Literatur häufig. Kummer, Spühler und Wyssen [1] meinen, dass geringe organisatorische Eingriffe nur bei Projekten ausreichen, die die in Bild A6-1 aufgelisteten Kriterien erfüllen:

Besondere organisatorische Eingriffe

KRITERIUM	AUSPRÄGUNG
Bedeutung für das Unternehmen	Gering
Umfang des Projekts	Gering
Unsicherheit der Zielerreichung	Gering
Technologie	Standard
Zeitdruck	Gering
Projektdauer	Kurz
Komplexität	Gering
Bedürfnis nach zentraler Steuerung	Gering
Mitarbeitereinsatz im Projekt	Nebenamtlich (Stabsorganisation)
Persönlichkeit des Projektleiters	Wenig relevant

Bild A6-1 Kriterien für Projekte mit geringen organisatorischen Eingriffen

Die jeweilige Stammorganisation muss diese Kriterien operationalisieren – also so definieren, dass sie sie in der Praxis anwenden kann. Sie muss zum Beispiel festlegen, was als kurze Projektdauer gilt und wann das Bedürfnis nach zentraler Steuerung gering ist. Sind die Definitionen klar, können die Verantwortlichen bei Bedarf schnell entscheiden, ob besondere organisatorische Vorkehrungen notwendig sind.

Kriterien operationalisieren

1.1 Projektgesellschaften

Rechtlich und organisatorisch selbständige, von der Stammorganisation abgetrennte Projekte – zum Beispiel von einer ARGE oder einer Projektgesellschaft durchgeführt – sind eher die Ausnahme. Für die Bauvorhaben, die in Verbindung mit den Olympischen Spielen in München 1972 realisiert wurden, gründeten die Stadt München, der Freistaat Bayern und die Bundesrepublik Deutschland beispielsweise eine solche Gesellschaft.

Rechtliche Verselbständigung

Projektgesellschaften [2] sind Organisationen, die sich rechtlich gegenüber der Stammorganisation verselbständigt haben. Häufig beteiligen sich mehrere Unternehmen oder andere Organisationen an ihnen. In diesen Gesellschaften, die zum Beispiel die Rechtsform einer GmbH oder einer AG haben können, sind die Projektziele identisch mit den Organisationszielen. Ist das Projektziel erreicht, wird die Gesellschaft aufgelöst.

Internationale Vorhaben

Madauss [3] stellt drei Organisationsformen für internationale Vorhaben gegenüber, mit deren Hilfe die Aktivitäten mehrerer Firmen koordiniert werden sollen:
- Arbeitsgemeinschaft (ARGE), häufig bei großen Bauvorhaben
- Konsortium (mit einer beteiligten Firma als Hauptauftragnehmer)
- Integriertes Projektteam (IPT)

ARGE

Die Arbeitsgemeinschaft ist – so Madauss' Resümee aus langjähriger Erfahrung in der Raumfahrt – für komplexe Projekte wenig befriedigend. Denn es fehlt ein Leitunternehmen, bei dem die Verantwortung für das Gesamtsystem liegt.

Integriertes Projektteam

Eine bessere Variante stellt das Integrierte Projektteam dar. Voraussetzung ist, dass sich die beteiligten Firmen darauf einigen können, die Projektleitung und -verantwortung einem Projektteam zu übertragen, das sie selbst geschaffen haben, und dem sie sich unterstellen. Das IPT sollte – so die Empfehlung von Madauss – seinerseits einer übergeordneten Managementfirma unterstellt werden.

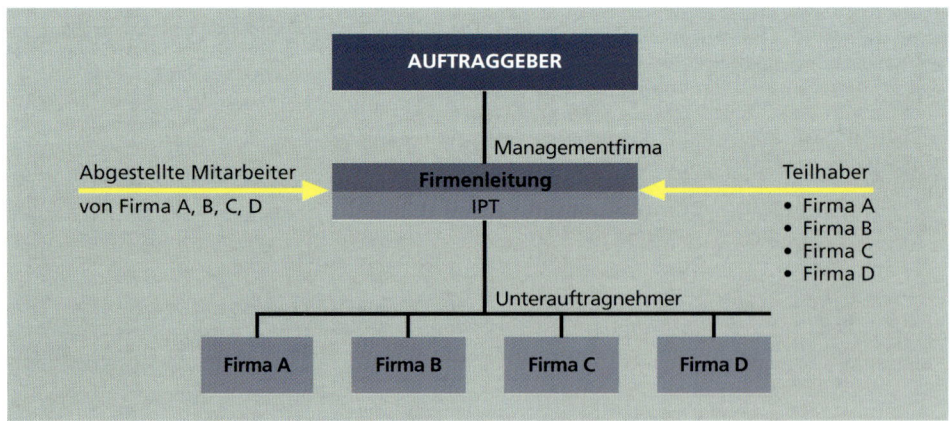

Bild A6-2 Integriertes Projektteam [4]

Konsortialorganisation

Als beste Lösung gilt die Konsortialorganisation [5] (→ Kapitel A4). Der Konsortialausschuss leitet das Konsortium. Ihm gehört je ein Vertreter der Geschäftsführung der beteiligten Unternehmen an. Ein Sprecher wird bestimmt, der sein Amt nach einem gewissen Zeitraum turnusgemäß wieder abgibt. Der Konsortialausschuss entscheidet, welches der beteiligten Unternehmen als Leitunternehmen für ein Projekt auftritt. Die übrigen Konsorten sind Unterauftragnehmer.

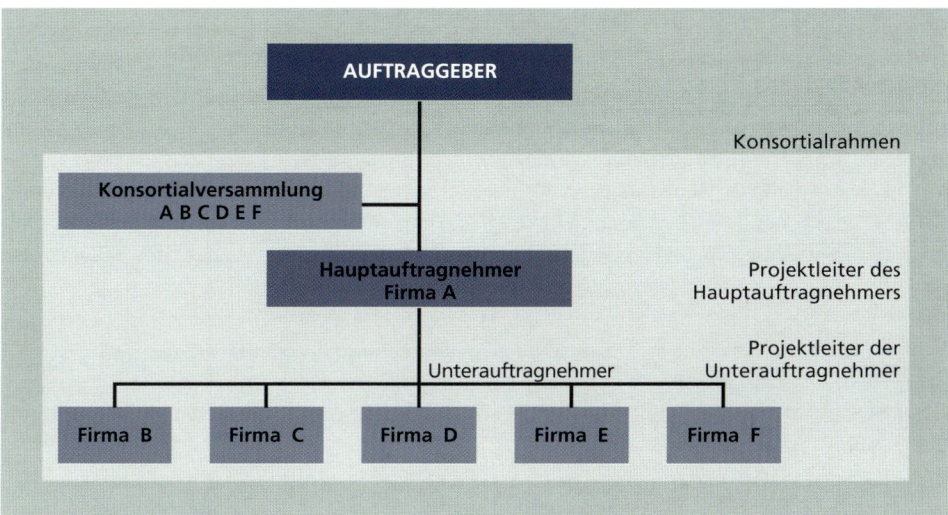

Bild A6-3 Konsortialorganisation [6]

2 Einbindung von Projekten in die Stammorganisation

Projekte sind fast immer in eine Basisorganisation eingebunden, in der ICB auch Linien- oder Stammorganisation genannt. Eine Stammorganisation kann zum Beispiel ein Unternehmen, ein Verband oder ein internationales Hilfswerk sein.

Wie viele Unternehmen in den vergangenen Jahrzehnten erfahren mussten, überfordern komplexe Projekte in den meisten Fällen die funktionale Stab-Linienorganisation ($\to$ Bild A6-1). Als komplex bezeichnet man Vorhaben, in denen besonders viele Einzelaktivitäten und Spezialisten oder Organisationseinheiten koordiniert werden müssen.

Komplexe Projekte

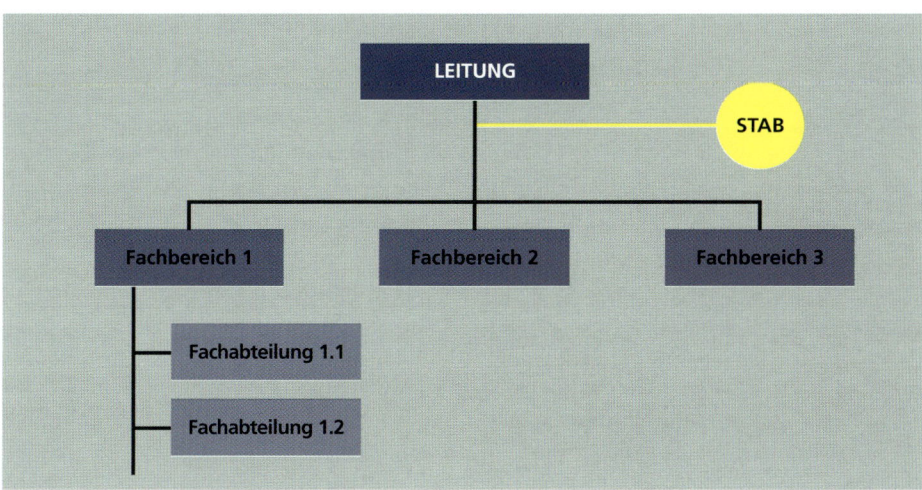

Bild A6-4 Reine Stab-Linienorganisation

Schröder [7] hat dieses Problem von Linienorganisationen am Beispiel eines externen Projekts beschrieben, das mehrere Bereiche eines funktional organisierten Unternehmens berührt. Seine Aussagen lassen sich so zusammenfassen: Gibt es in dem Projekt keine speziellen Koordinierungsmaßnahmen, tendiert es *Sequenzieller* zum sequenziellen Durchlauf. Das heißt: Die einzelnen Arbeitsschritte laufen nacheinander (= sequen-
Durchlauf ziell) ab. Sie sind wie eine Kette aneinander gereiht. Eine Abteilung schließt ihre Aufgaben ab und reicht ihre Unterlagen und Ergebnisse an die nächste Abteilung weiter. Diese bearbeitet ihre Aufgaben und übergibt ihre Ergebnisse wiederum einer weiteren Abteilung. Auf diese Weise geht die ganzheitliche Sicht auf das Projekt immer mehr verloren. Hätte jemand den Überblick über das Gesamtprojekt und stimmte die Teilvorgänge optimal aufeinander ab, wäre es dagegen möglich, die Durchlaufzeiten und die Kosten zu verringern.

Dennoch können Projekte auch im Rahmen der Linienorganisation realisiert werden. Das geschieht besonders bei Forschungs- und Entwicklungsvorhaben (F&E) häufig. Solange
- im Wesentlichen nur eine einzige Organisationseinheit das Projekt abwickelt (z.B. eine Laborgruppe),
- nur wenige Verknüpfungen und kein Ressourcenverbund mit anderen Organisationseinheiten bestehen,
- andere Instanzen nur Servicefunktionen erbringen müssen und
- der Personaleinsatz verhältnismäßig niedrig ist,

sind keine besonderen organisatorischen Maßnahmen innerhalb oder außerhalb der Linienorganisation nötig. In einem Labor beispielsweise würde automatisch der Laborleiter F&E-Projekte leiten,
Kontrollspanne ohne ausdrücklich zum Projektleiter ernannt worden zu sein. Wichtig dabei ist: Die Kontrollspanne darf nicht zu groß werden. Damit ist in diesem Fall die Zahl der Projekte gemeint, für die eine Führungskraft verantwortlich ist.

3 Projektsteuerungsgremien

Neben dem Projektleiter, dem Projektteam und den Fachabteilungen gibt es in vielen Organisationen übergeordnete ständige Projektsteuerungs- oder Projektlenkungsgremien. Sie werden häufig Portfolio-Boards genannt [8]. Diese Gremien sind für alle Projekte im Unternehmen oder eine Untermenge zuständig. Eine Untermenge können zum Beispiel alle F&E-Projekte oder alle Entwicklungsprojekte einer Produktlinie sein. Einem Projektsteuerungsgremium gehören höhere Führungskräfte des Unternehmens an. Diese entstammen häufig einer Ebene oberhalb der höchsten im Projekt eingebundenen Führungsebene.

Aufgaben Ein Projektsteuerungsgremium initiiert Projekte, legt ihre groben Ziele fest und ernennt die Projektleiter. Es fungiert als Schlichtungsinstanz bei Konflikten zwischen Projektleitung und Linie oder zwischen den verschiedenen Projektleitern. Seine wichtigste Aufgabe ist das strategische Projektmanagement. Im Gegensatz dazu obliegt das operative Projektmanagement dem Projektleiter. Dieser berichtet an das Steuerungsgremium ($\rightarrow$ Kapitel E3).

Strategisches Projektmanagement zu betreiben bedeutet – etwas vereinfacht gesagt –, die richtigen Projekte durchzuführen. Der Projektsteuerungsausschuss muss aus der Menge der vorgeschlagenen Projekte sinnvolle auswählen, aussichtslose stoppen und die ausgesuchten Vorhaben priorisieren. So wichtige Entscheidungen kann nur fällen, wer die Unternehmensstrategie und das gesamte Projektportfolio genau kennt. Ein Projektleiter wäre damit überfordert.

3.1 Lenkungsgremien für einzelne Projekte

Darüber hinaus sollte vor allem bei größeren Reorganisationsprojekten ein Lenkungsgremium für das Projekt installiert werden. In diesem Ausschuss sind das übergeordnete Management und gegebenenfalls der Auftraggeber vertreten. Es löst sich auf, wenn das Projektziel erreicht ist. Seine Aufgaben und Befugnisse sind:

- Projektfortschritt verfolgen
- Über Annahme oder Ablehnung von Meilensteinergebnissen entscheiden
- Konflikte um Befugnisse zwischen Projektleitung und Linie klären

4 Grundformen der Projektorganisation

Für das Management von Projekten unterscheidet die Literatur (z.B. [9]) meist drei grundlegende Organisationsformen:

- Einfluss- (= Stabs-)projektorganisation
- Reine (= autonome) Projektorganisation
- Matrixorganisation

4.1 Einflussprojektorganisation

In der Einflussprojektorganisation [10] hat der Projektmanager Stabsfunktion. Er besitzt gegenüber anderen Stellen keine Weisungs-, sondern nur Koordinationsbefugnisse. Einfluss auf das Projekt kann er nur über seine fachliche Autorität und sein Verhandlungsgeschick ausüben. Er trifft keine wichtigen Projektentscheidungen. Deshalb kann er auch nicht für den Projekttermin, die Projektkosten und das Projektergebnis verantwortlich sein.

Stabsfunktion des Projektmanagers

Der Projektmanager betätigt sich in der Einflussprojektorganisation als Informationssammler und -verteiler. Er muss ungehindert auf alle Projektinformationen zugreifen können. Zu seinen Aufgaben gehört es, auf Verzögerungen aufmerksam zu machen, Entscheidungen vorzubereiten, den Projektbeteiligten Empfehlungen zu geben und Aktivitäten anzuregen. Die Ressourcenautonomie und die Verselbständigung gegenüber der Basisorganisation sind schwach ausgeprägt.

Unter Ressourcenautonomie versteht man die Verfügungsmacht über die personellen und sachlichen Einsatzmittel, die für das Projekt nötig sind. Diese Autonomie ist hoch, wenn die Einsatzmittel ausschließlich für ein bestimmtes Projekt reserviert sind und der Projektleiter frei über sie verfügen kann. Sie ist gering, wenn auch andere Projektleiter oder die Basisorganisation auf dieselben Ressourcen zugreifen können. Eine Verselbständigung des Projekts liegt nur vor, wenn das Projekt außerhalb der Linie realisiert und ein Projektleiter bestimmt wird. Im Extremfall kann das Projekt rechtlich völlig aus der Stammorganisation ausgegliedert sein [11].

Ressourcenautonomie

Die Installation von Einflussprojektmanagement stellt nur einen geringen organisatorischen Eingriff dar. Diese Organisationsform wird häufig dann gewählt, wenn das Projekt auf viele Bereiche des Unternehmens Einfluss nehmen muss (z.B. Organisationsprojekte wie die Einführung einer unternehmensweit verbindlichen Software oder der Aufbau eines Qualitätsmanagement-Systems) und viele oder sogar alle Mitarbeiter des Unternehmens davon betroffen sind.

4.1.1 Umgang mit Befugnissen

Autorität
des Projektleiters

Einflussprojektmanagement kann auch bei großen Projekten mit vielen Fachabteilungen und großem Koordinationsbedarf erfolgreich sein, wenn der Projektleiter hohe persönliche und fachliche Autorität besitzt. Von ähnlichen Erfahrungen berichtet Frese [12]: „Aufgrund ihrer engen Zusammenarbeit mit den projektbeteiligten Stellen, ihres hohen Informationsstands und ihres Fachwissens üben Projektstäbe faktisch einen wesentlich stärkeren Einfluss auf die Projektaktivitäten aus, als es der Stabskonzeption entspricht." Es empfiehlt sich aber nicht, sich darauf zu verlassen. Besser ist es, dem Projektleiter nicht nur Aufgaben, sondern auch Befugnisse zuzuweisen.

Überlastung der
formalen
Entscheidungsträger

Ist die koordinierende Stabsstelle der Unternehmensleitung zugeordnet, bei der die formale Kompetenz (= formale Befugnisse) für Entscheidungen im Projekt liegt, kann sie schnell überlastet sein und ihre Entscheidungsbefugnisse nicht mehr in Entscheidungen umsetzen. Diese Überlastung droht vor allem dann, wenn sie für mehrere Projekte gleichzeitig verantwortlich ist. Viele Projektleiter eignen sich in dieser Situation einfach informelle Befugnisse an, um das Projekt am Laufen zu halten. Sie agieren pragmatisch und fällen beispielsweise dringende Entscheidungen, die sie nach ihren formellen, ihnen offiziell übertragenen Befugnissen nicht fällen dürften (z.B. Verschieben eines Meilensteins).

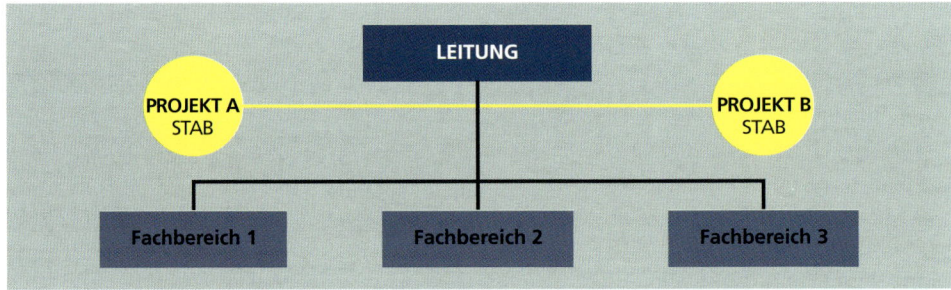

Bild A6-5 Einflussprojektorganisation

4.1.2 Vor- und Nachteile der Einflussprojektorganisation

Die Einflussprojektorganisation erfordert einen relativ geringen organisatorischen Eingriff und stößt deshalb auf wenig Widerstand der Linie – unter anderem auch, weil die Mitarbeiter in ihren Abteilungen verbleiben.
Der Projektleiter hat bei der Einflussprojektorganisation nur informelle Einflussmöglichkeiten (z.B. im persönlichen Gespräch). Für Entscheidungen sind allein die Linieninstanzen zuständig. Bei Projektstörungen ist keine schnelle Reaktion möglich. Unter Umständen ist der Projektkoordinator vom Projektgeschehen weitgehend isoliert.

4.2 Reine Projektorganisation

Projektmanager
an der Spitze

Der Projektmanager ist bei der reinen Projektorganisation für die Entscheidungen im Projekt zuständig und verantwortlich. Er steht an der Spitze einer Organisationseinheit, zu der alle Projektmitarbeiter zusammengefasst werden. Sie können aus verschiedenen Bereichen des Unternehmens stammen oder von außen rekrutiert werden. In der Vergangenheit kam die reine Projektorganisation oft bei sehr großen und lange dauernden Rüstungsvorhaben zum Einsatz. Ihre äußerste Ausprägung fand sie in „projektspezifischen Einzweckunternehmen" [13], auch Projektgesellschaften genannt. In der Literatur findet sich oft die Behauptung, die Mitarbeiter des Projektbereichs erhielten ihre Weisungen nur vom Projektleiter, der ihr fachlicher und disziplinarischer Vorgesetzter ist. Doch sie trifft nicht in allen Fällen zu, da bei der reinen Projektorganisation häufig eine organisatorische Hierarchie unter dem Projektverantwortlichen existiert. Bei größeren Projekten wird in der Regel horizontal und vertikal in organisatorische Teileinheiten, also zum Beispiel Teilprojekte mit Teilprojektleitern, aufgegliedert (= interne Strukturierung). Die Verantwortung für Projekttermin, -kosten und -leistung trägt der Projektleiter. Er verfügt über personelle und sachliche Ressourcen, die dem Projekt zugeordnet sind. Die Stammorganisation kann nicht frei mit diesen Ressourcen disponieren. Die Ressourcenautonomie ist also hoch, ebenso die Verselbständigung von der Stammorganisation.

Interne Strukturierung

In der Softwareentwicklung kann das Chief Programmer-Konzept als eine Form der reinen Projektorganisation angesehen werden, allerdings auf niedriger hierarchischer Ebene. Projektleiter ist in diesem Fall der Chefprogrammierer, auf den die gesamte Teamorganisation zugeschnitten ist [14]. Er muss dabei nicht mit anderen Projektmanagern um knappe Ressourcen in der Linie konkurrieren.

Chief Programmer-Konzept

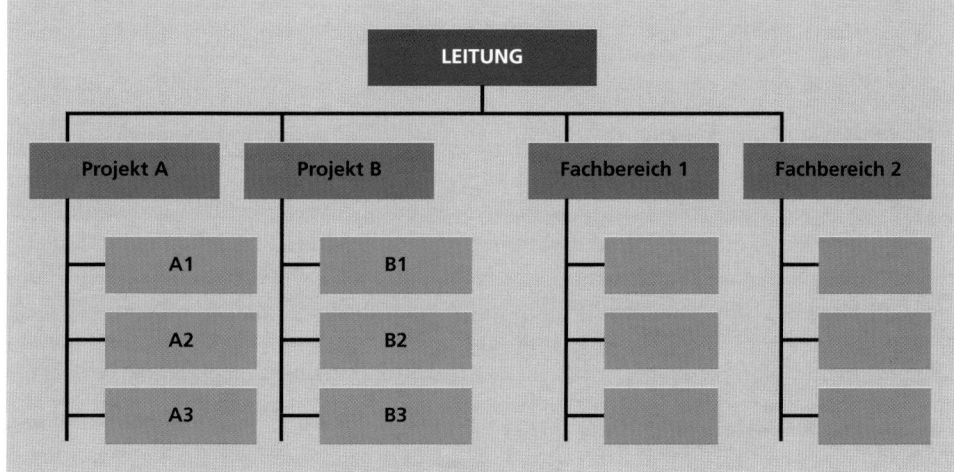

Bild A6-6 Reine Projektorganisation

4.2.1 Vor- und Nachteile der reinen Projektorganisation

Bei der reinen Projektorganisation sind die Einsatzmittel ganz auf die Projektaufgabe ausgerichtet. Es gibt kaum Konflikte zwischen Projektabteilungen und funktionalen Abteilungen. Der Projektleiter ist gleichzeitig der disziplinarische Vorgesetzte der Projektbeteiligten. Auf Störungen im Projektablauf kann er schnell reagieren.

Da Projekte in der Anlauf- beziehungsweise Konzeptphase und in der Schlussphase in der Regel weniger Personal erfordern als in der Realisierungsphase, ist in dieser Zeit unter Umständen ein Teil des Projektpersonals nicht ausgelastet. Zudem ist es oft schwierig, die Mitarbeiter nach Projektende wieder in die Linienorganisation einzugliedern. Unsicherheit über ihren weiteren Einsatz kann bei ihnen zu Motivationsverlust und geringerer Produktivität führen, während das Projekt noch läuft.

Das Personal kann bei der reinen Projektorganisation wechselndem Bedarf nur schwer angepasst werden. Somit besteht die Gefahr, dass die Projektkapazitäten nicht voll ausgeschöpft werden. Unter Umständen werden teure Betriebsmittel mehrfach angeschafft. Bei Projektbeginn und bei Projektende ergeben sich durch die Schaffung und Auflösung von Organisationseinheiten meist hohe Umstellungskosten. Die Mitarbeiter wissen nicht, wie es mit ihnen nach Projektende weitergehen wird.

4.3 Matrixorganisation

Befugnisaufteilung präzisieren

Die Luft- und Raumfahrtindustrie hat die Organisationsform „Matrix" bereits in den frühen 1960er Jahren intensiv eingesetzt. Es gibt viele Varianten der Matrixorganisation. Deshalb sollte man im jeweiligen Fall präzisieren, wie die Befugnisse zwischen Projektmanager und Linienabteilung aufgeteilt sind. Die Unterscheidung dreier Formen der Matrixorganisation, die einer Studie der IPMA [15] zugrunde liegt, soll dieser Forderung zumindest annähernd gerecht werden (Dominanz bei der Stammorganisation, ausgewogene Matrixorganisation, Dominanz bei der Projektorganisation).

4.3.1 Umgang mit Befugnissen

Multiple Command System

Bei der Matrixorganisation werden die Befugnisse und die Verantwortung zwischen Instanzen der Linie (Fachabteilungen oder -bereichen) und Projektinstanzen aufgeteilt. Die Projektmitarbeiter erhalten mindestens von zwei Instanzen Anweisungen. Ist ein Mitarbeiter an mehreren Vorhaben beteiligt, spricht man von einem Multiple Command System. Das Prinzip der Einheit der Auftragserteilung wird in diesem Fall durchbrochen. Der Konflikt zwischen Fachabteilung und Projektleitung, den diese Konstruktion zwangsläufig auslöst, ist gewollt. Befürworter argumentieren, er könne durchaus konstruktiv sein, weil so im Umgang mit Projektproblemen beide Blickwinkel zur Geltung kommen. Konflikte können einem Projekt aber auch erheblich schaden, wenn sie zum Beispiel das Projektteam demotivieren (→ Kapitel D5).

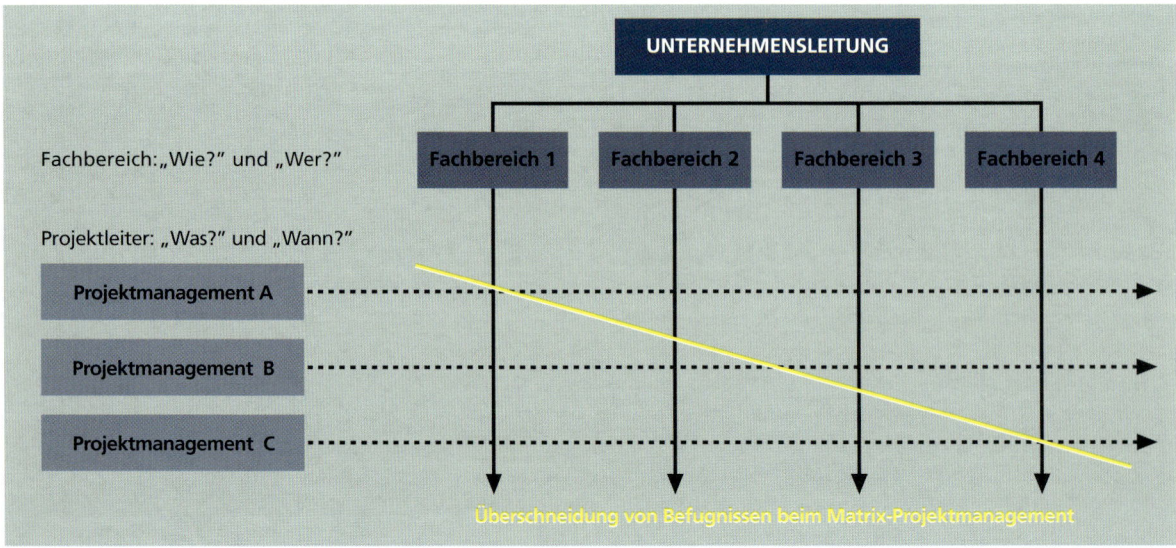

Bild A6-7 Matrixorganisation

Die Aufteilung der Befugnisse zwischen Fachabteilungen und Projektmanager läßt sich vereinfacht so darstellen: Der Projektmanager bestimmt das Was und das Wann im Projekt, die Leiter der Fachabteilungen das Wie und das Wer. Eine derart pauschale Aufteilung kann in der Praxis allerdings problematisch sein. Besonders bei Entwicklungsprojekten, die hoch qualifiziertes Personal erfordern, hängen die Qualität der Aufgabenerfüllung und die benötigte Zeit (also das Was und das Wann) stark davon ab, welcher Sachbearbeiter (= Wer) die Aufgabe erledigt. Die Fachabteilungen stellen kompetente Mitarbeiter aber nur in Projekte ab, von denen sie selbst unmittelbar profitieren. In der Praxis müssen Projektleiter deshalb hart darum kämpfen, von den Fachabteilungsleitern die fähigsten Mitarbeiter für ihr Projekt überlassen zu bekommen. Oft konkurrieren mehrere Projektleiter um knappe Kapazitäten aus den Fachabteilungen.

Probleme der pauschalen Befugnisaufteilung

Präziser und realitätsnäher formuliert Daenzer [16] die Verteilung der Befugnisse: „Die Projektleitung hat größeren Einfluss auf das Was, Wann und Wo, die Linieninstanzen auf das Wie, Womit, Woher und Wohin." Hinzu kommt die Bestimmung des Wer, die Daenzer mit Recht differenzierter betrachtet als in der Literatur üblich: Er gesteht der Projektleitung zumindest in späteren Projektphasen einen erheblichen Einfluss auf die Personalauswahl zu.

Praxisnahe Befugnisaufteilung

Hier die Bedeutung der weiteren W-Fragen im Einzelnen:
- Mit Was ist der Inhalt der Aufgabe in qualitativer und quantitativer Sicht gemeint,
- mit Wann die zeitliche Bestimmung der Aufgabendurchführung,
- mit Wo der Ort der Durchführung,
- mit Wie das angewandte Verfahren,
- mit Womit die benötigten Sachmittel,
- mit Woher die Beschaffung von Personen und Sachmitteln und
- mit Wohin die Verwendung von Personen und Sachmitteln, nachdem die Leistung erstellt ist.

Um die einzelnen Varianten der Matrixorganisation beschreiben und einordnen zu können, empfiehlt es sich, die jeweilige Aufteilung von Befugnissen zwischen Linienmanagement und Projektleitung zu untersuchen. Folgende Fragen sind in diesem Zusammenhang interessant [17]:

Fragen zur Befugnisaufteilung

BEFUGNISSE LINIENMANAGEMENT – PROJEKTLEITUNG	Linie	Projektleitung
1. Wer hat die Befugnis, Termine für die jeweilige Projektphase zu setzen (= WANN)?		
2. Wer bestimmt, unter welchen Bedingungen die Leistungsziele als erfüllt anzusehen sind (= WAS)?		
3. Wer entscheidet darüber, ob ein Mitarbeiter einem Projekt zugeordnet wird (= WER)?		
4. Wer hat die Befugnis, einen Mitarbeiter aus dem Projekt zu nehmen (= WER)?		
5. Wer entscheidet über die Einstellung eines neuen Mitarbeiters (= WER)?		
6. Wer beeinflusst durch die Beurteilung der Leistung Gehalt und Beförderung der Mitarbeiter (= WER)?		
7. Wer wählt Unterauftragnehmer aus (= WOHER)?		
8. Wer wählt Lieferanten aus (= WOHER)?		

Bild A6-8 Fragen zur Aufteilung der Befugnisse zwischen Projektleiter und Linienmanagement

Je häufiger die Antwort zu Gunsten der Projektleitung ausfällt, desto stärker ist deren formale Stellung.

4.3.2 Vor- und Nachteile der Matrixorganisation

Überschneidungen von Befugnissen können in der Matrixorganisation durchaus zu produktiven Konflikten zwischen Fachabteilung und Projektmanagement führen. Organisatorische Umstellungskosten fallen kaum an. Die Mitarbeiter können in ihren Fachabteilungen bleiben und dort auch ihre Qualifikationen weiterentwickeln. Der Personalbestand kann leicht an den wechselnden Bedarf der verschiedenen Projekte angepasst werden. Da nicht für alle Vorhaben die Matrixorganisation notwendig ist, können kleine Projekte in der Verantwortung von Linienabteilungen bleiben. Es gibt eine eindeutige Verantwortung für die Projektziele. Diese trägt der Projektleiter.

Kommunikationsbedarf

Die Matrixorganisation ist kommunikationsintensiv. Eine mangelnde Abgrenzung von Befugnissen und Aufgaben kann zu Konflikten und zu Unsicherheiten bei den Mitarbeitern führen, was möglicherweise den Projekterfolg gefährdet.

Staehle [18] bilanziert: „Es gilt (…) festzuhalten, dass zwischen der literarischen Behandlung der Matrixorganisation und ihrer realen Anwendung noch eine große Lücke klafft." Aus empirischen Studien geht hervor, dass die formalen Befugnisse des Projektleiters erheblichen Einfluss auf den Projekterfolg haben. Stellvertretend für viele solcher Analysen steht die Untersuchung von Gemünden [19] (→ Bild A6-9):

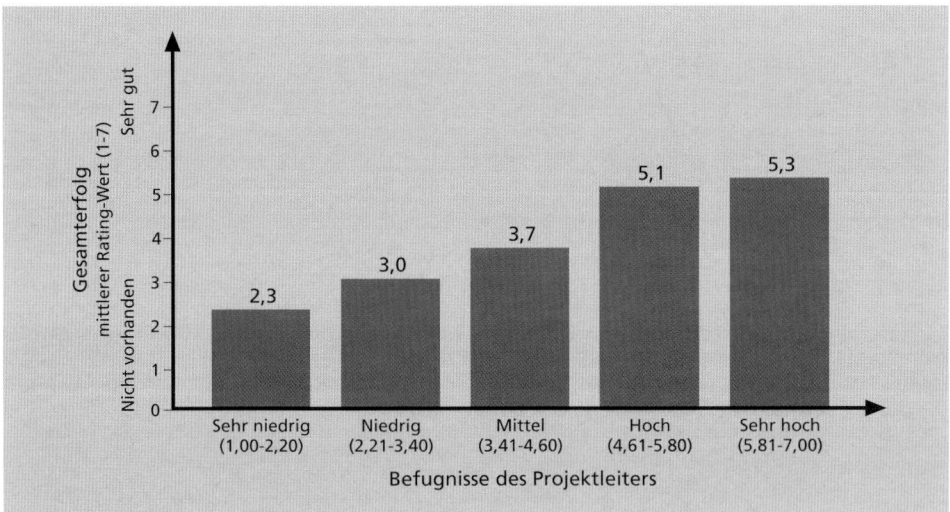

Bild A6-9 Zusammenhang zwischen formalen Befugnissen des Projektleiters und dem Projekterfolg

5 Praxisbeispiel: Balanzierte Matrix für Entwicklungsprojekte

Die folgende für Hardware-Entwicklungsprojekte entworfene Abgrenzung von Befugnissen gehört zur Kategorie balanzierte Matrix (= ausgewogene Matrixorganisation). Sie zeigt exemplarisch Verantwortung, Aufgaben und Befugnisse von Projektleiter, Linie und Projektsteuerungsausschuss am Beispiel von Entwicklungsprojekten auf.

1. Vorbemerkung

Dieses Konzept ist auf alle Produktentwicklungsprojekte des Entwicklungsbereichs „Rechnerhardware" anwendbar. Als Projekte werden in unserem Unternehmen zeitlich begrenzte, sachlich abgeschlossene Vorhaben bezeichnet, für die ein genehmigter Entwicklungsantrag vorliegt.

2. Prinzipien für das Management von Produktentwicklungsprojekten

Folgende Prinzipien gelten für das Management unserer Produktentwicklungsprojekte:
Für jedes Projekt gibt es einen Gesamtverantwortlichen (Projektleiter). Die Projektverantwortung ist personifiziert. Der Projektleiter muss die notwendigen Befugnisse haben, um seine Aufgaben erfüllen und die Projektverantwortung übernehmen zu können. Es wird zwischen strategischen und operativen Projektmanagement-Aufgaben unterschieden. Die operativen Aufgaben übernimmt der Projektleiter mit dem Projektteam, die strategischen Aufgaben der Projektsteuerungsausschuss. Sowohl strategische als auch operative Projektmanagement-Aufgaben sind bereichsübergreifend. Das bedeutet: Verschiedene Abteilungen müssen projektbezogen zusammenwirken. Die Zusammenarbeit im Projekt erfolgt nach den Prinzipien der Matrixorganisation. Damit geht vor allem die Unterscheidung nach Projekt- und Fachverantwortung (Linienverantwortung) einher.

3. Struktur der Projektorganisation

Es gibt folgende projektbezogene Instanzen/Gremien:
- Projektleiter und Projektteam
- Projektsteuerungsausschuss

Aufgaben, Verantwortung und Befugnisse von Projektleiter, Projektteam und Projektsteuerungsausschuss sind folgendermaßen festgelegt:

3.1 Projektleiter
Für jedes Projekt wird ein Projektleiter bestimmt, der es während der gesamten Laufzeit bis zur Nullserie in der Fertigung und über alle beteiligten Bereiche hinweg koordiniert. Er sollte aus dem Bereich Entwicklung kommen.

Seine Aufgabe erfordert ($\rightarrow$ Kapitel D1)
- mehrjährige Berufserfahrung,
- Managementfähigkeiten und
- Durchsetzungsvermögen.

Der Projektleiter muss im Wesentlichen
1. die Projektzielsetzung klären und an der Erarbeitung der Projektdefinition mitwirken,
2. den Projektstrukturplan erstellen, alle relevanten Stellen mit ihren Arbeitspaketen beauftragen und die jeweiligen Mittel aus dem Projektbudget freigeben,
3. den Projektablauf koordinieren,
4. das Projektteam einberufen und leiten,
5. die Projekttermine planen und überwachen,
6. die Projektkostenentwicklung planen und verfolgen,

7. den Projektfortschritt beobachten (an den Meilensteinen und Projektreview-Zeitpunkten),
8. Planabweichungen im Projekt frühzeitig erkennen und Gegenmaßnahmen einleiten,
9. Änderungen prüfen, abstimmen und in Projektpläne und Projektbearbeitung integrieren (produkt- und projektbezogen),
10. an den Projektsteuerungsausschuss berichten (zu Meilensteinen und im festgelegten Berichtsrhythmus),
11. die Instrumente anwenden, die im Unternehmen für Projektmanagement zur Verfügung stehen,
12. den projektbezogenen Informationsfluss sicherstellen,
13. die erforderliche projektbezogene Aufbau- und Ablauforganisation ausgestalten und
14. das Projekt nach innen und außen vertreten.

Der Projektleiter trägt die Verantwortung für die Realisierung der Projektziele, die in der Projekt-definition festgelegt sind: Termin, Kosten und Leistung/Produktqualität. Er ist im Projektablauf für die Koordination der Projektbeteiligten und ihrer Arbeitspakete entsprechend der Projektdefinition verantwortlich. Davon zu unterscheiden ist die Fachverantwortung der beteiligten Fachabteilungen für die Arbeitspakete, die diese betreffen.

Zur Erfüllung seiner Projektmanagement-Aufgabe hat der Projektleiter folgende Befugnisse:
1. Mitwirkungsrecht bei der Projektzieldefinition im Hinblick auf Produktziele sowie Kosten und Termine.
2. Projektbezogenes Informationsrecht über die regelmäßige Berichtspflicht der Beteiligten hinaus.
3. Projektbezogenes Weisungsrecht: Der Projektleiter ist berechtigt, den beteiligten Fachab-teilungen projektbezogene Weisungen zu geben. Diese beziehen sich auf die Rahmenangaben der jeweils übertragenen Arbeitspakete, nicht jedoch darauf, wie die Aufgaben erfüllt werden. Das „Wie" liegt nur in der Zuständigkeit und Verantwortung der Fachabteilungen. Zu den pro-jektbezogenen Weisungen gehören vor allem
   - die Abgrenzung von Arbeitspaketen,
   - die Verpflichtung von Fachabteilungen zur Abstimmung von Schnittstellen,
   - die Weitergabe von Arbeitsergebnissen und
   - die Bereitstellung projektbezogener Informationen.
4. Interne Konflikte sollen partnerschaftlich gelöst werden. Ist dies nicht möglich, setzt sich der Projektleiter mit den Vorgesetzten der betreffenden Mitarbeiter in Verbindung, um eine Lösung herbeizuführen.
5. Projektbezogenes Entscheidungsrecht: Erzielen die Mitglieder der Projektgruppe keine ein-vernehmliche Regelung, entscheidet der Projektleiter.
6. Mitspracherecht bei der Bestimmung der Verantwortlichen für Arbeitspakete, die die Fach-abteilungen benennen.
7. Vorschlagsrecht bei der Vergabe von Arbeitspaketen an externe Stellen.
8. Berechtigung, Arbeitspakete entsprechend der Projektdefinition mit projektbeteiligten Stellen verbindlich zu vereinbaren.
9. Freigabe von Arbeitspaketen durch die Erlaubnis an die beteiligten Fachabteilungen, das entsprechende Arbeitspaket mit Kosten zu belasten.
10. Berechtigung, Projektteilergebnisse zu akzeptieren oder zurückzuweisen (z.B. an Meilensteinen).
11. Recht auf Anhörung und Stellungnahme vor projektstrategischen Entscheidungen.
12. Recht zur Einberufung und Leitung des Projektteams.

Der Projektleiter soll seine Befugnisse im Zusammenwirken mit den übrigen Projektbeteiligten ausüben.

3.2 Projektteam

Für jedes Projekt wird ein Projektteam gebildet. Es setzt sich aus Vertretern der wichtigsten beteiligten Fachbereiche (z.B. Entwicklungslabor, technische Abteilung, Prototypenbau, Testfeld, Fertigungsvorbereitung) zusammen. Das Projektteam kann entsprechend den Projektanforderungen um freiwillige, zusätzliche Mitglieder erweitert werden, die nur zeitweise mitwirken. Bei Bedarf können weitere Fachvertreter hinzugezogen werden.

Das Team unterstützt den Projektleiter bei der Wahrnehmung seiner Projektmanagement-Aufgabe. Es sorgt unter anderem dafür, dass dieser die Daten termingerecht erhält, die er für die Handhabung des projektbezogenen Planungs- und Berichtssystems braucht. Seine Mitglieder vertreten zwar die Aspekte des jeweiligen Fachbereichs im Projekt. Sie sind aber keine Interessenvertreter dieser Fachbereiche im Sinn von Lobbyisten. Sie müssen ständig die Gesamtaufgabenstellung des Vorhabens im Auge haben, über die Grenzen des jeweiligen Fachgebiets hinaus. Entsprechend den Absprachen in der Projektgruppe setzen sie ihre Projektaufgaben in ihren jeweiligen Fachbereichen um.

3.3 Projektsteuerungsausschuss

Dem Projektsteuerungsausschuss gehören die Vertreter der wichtigsten beteiligten Fachbereiche (Hauptabteilungsleiter) an. Er hat keine operativen, sondern projektstrategische Aufgaben. Die Projektleiter zieht er bei Entscheidungen hinzu. Darüber hinaus bestimmt er einen Sprecher, der an die Geschäftsleitung berichtet. Der Projektsteuerungsausschuss muss durch das Berichtssystem regelmäßig über die Projekte informiert werden. Die folgende Aufzählung enthält nur projektbezogene Aufgaben, nicht aber Aufgaben, die sich aus der Linienfunktion der Hauptabteilungsleiter ergeben.

Der Projektsteuerungsausschuss muss
- Projektaufträge von der Geschäftsleitung entgegennehmen.
- Projektleiter ernennen.
- projektstrategische Entscheidungen treffen.
- die Projektdefinitionen überprüfen und unterzeichnen.
- an der Initiierung neuer Projekte mitwirken.
- Prioritäten zur Umsetzung der Produktstrategie setzen. Dazu gehören auch die Planung für das Folgejahr und die mittelfristige Planung.
- den Personaleinsatz und die Kostenentwicklung im entsprechenden Geschäftsfeld planen und überwachen.
- über die Beauftragung externer Stellen entscheiden (auf Vorschlag des Projektleiters).
- Projekte hinsichtlich Terminen, Kosten und Projektfortschritt überwachen (übergeordnete Überwachungsfunktion).
- Entscheidungen für die Geschäftsleitung vorbereiten.
- projektbezogene Konflikte lösen, soweit der Projektleiter das nicht kann.

4. Projektbezogene Funktionen und Verantwortung der Fachabteilungen

Die Fachabteilungen bearbeiten verantwortlich Projektaufgaben. Ihre Fachverantwortung bezieht sich auf die fachlich einwandfreie Erfüllung der Projektziele (das „Wie") sowie die termin- und kostengerechte Abarbeitung der übernommenen Arbeitspakete. Sie werden an der Planung und Überwachung des Projekts beteiligt, soweit sie davon betroffen sind. Bei drohenden Planabweichungen informiert der Projektleiter sie frühzeitig. Jede Fachabteilung benennt (einen) verantwortliche(n) Vertreter für das Projektteam. Dieses ist Bindeglied zwischen Fachabteilungen und

Projektleitung. Vor der Entscheidung über die Projektdefinition und über Änderungen an dieser Definition im Projektverlauf müssen die Fachabteilungen ihre Zustimmung (produkt- und prozessbezogen) geben. Damit erklären sie die Planung für sich als verbindlich.

Die Fachabteilungen sollen vertrauensvoll mit dem Projektleiter und dem Projektteam zusammenarbeiten. Auswirkungen, die ihre Arbeit und deren Ergebnisse auf die Arbeitsumfänge anderer Projektbeteiligter haben, müssen sie dem Projektleiter mitteilen. Sie bemühen sich, den Produktspezifikationen sowie den Termin- und Kostenzielen des Projekts gerecht zu werden. Umgekehrt berücksichtigt der Projektleiter die Bedürfnisse der Fachabteilungen in seiner Projektplanung und -steuerung.

Teil-/Fach-projektleiter

Neben dem Projektleiter werden – besonders im Anlagenbau – häufig die Rollen von Teil- beziehungsweise Fachprojektleitern definiert. Hauptaufgabe des Fachprojektleiters ist die Erreichung der technisch-wirtschaftlichen Zielsetzung des Fachprojekts gemäß den internen Auftragsvereinbarungen zwischen Fachabteilungsleiter und Projektleiter [20]. Fachprojekt steht in diesem Zusammenhang für ein Teilprojekt innerhalb eines Projekts.

6 Projektcontrolling und Projektkaufmannschaft

Dienstleister für den Projektleiter

Während der Projektleiter dafür sorgt, dass Kostenrahmen, Termine und Leistungsanforderungen eingehalten werden, muss der Projektcontroller Transparenz im Projekt schaffen. Er tut dies als Dienstleister für den Projektleiter. Viele Versuche, Projektmanagement in einem Unternehmen nachhaltig zu installieren, scheitern, weil das Topmanagement nicht bereit ist, das Budget für den Aufbau und die laufende Arbeit einer Projektservicestelle bereitzustellen. Infolgedessen ist der Projektleiter überlastet und verzichtet – schon aus Zeitmangel – darauf, das Instrumentarium des Projektmanagements im notwendigen Umfang zu nutzen. Hier würde das Projektcontrolling greifen.

In den vergangenen Jahrzehnten hat sich eine Reihe spezieller Controllingdisziplinen für bestimmte Funktionen herausgebildet, zum Beispiel Forschung und Entwicklung, Marketing, Beschaffung – und für Projektmanagement.

Faustregel

Eine wichtige Frage ist, wo Projektcontrolling organisatorisch angesiedelt sein soll. Als Entscheidungshilfe dient in diesem Zusammenhang eine Faustregel von Horvath [21]: „Die die Gesamtunternehmung betreffenden System bildenden (...) Koordinationsteilaufgaben werden in aller Regel zentralisiert (z.B. strategische Planung, Fragen des Informationssystems, Revision usw.). Arbeitspakete der Informationsversorgung, die Nähe zum Geschehen erfordern (…) werden dezentralisiert." Der Projektcontroller ist demnach eher dezentral angesiedelt. Er ersetzt aber nicht den Projektleiter und kann ihm auch die Verantwortung für den Projekterfolg nicht abnehmen. Die Funktionen des Projektcontrollings werden in unterschiedlicher Form wahrgenommen. Eine sehr schwache Form der Unterstützung für die Projektleitung ist die Projektassistenz, die häufig nur Projektdaten sammelt, verarbeitet und verteilt. Stark ausgeprägt sind Unterstützungsleistung und Befugnisse vor allem bei den Projektmanagement-Büros. Das sind „unternehmensinterne Anbieter von Komplettservice im Bereich Projektmanagement" [22] (→ Kapitel E3).

Unterschiedliche Controllingformen

6.1 Stellenbeschreibung für einen Projektcontroller

Die folgende, modifiziert übernommene Stellenbeschreibung [23] aus dem Anlagenbau soll Befugnisse, Aufgaben und Verantwortung des Projektcontrollers im Detail aufzeigen.

1. Befugnisse des Projektcontrollers

Der Projektcontroller kann die Projektleiter und Teilprojektleiter anweisen,
- bestimmte Instrumente des Projektmanagements anzuwenden und
- Informationen über den Bearbeitungsstand und Trends bei Vorgängen und Arbeitspaketen zu liefern, sofern diese Informationen nicht ohnehin einer Bringschuld unterliegen.

2. Hauptaufgaben

Die Projekte sollen wirtschaftlich geplant, kontrolliert und gesteuert werden. Das Projektcontrolling stellt zu diesem Zweck geeignete und anwendergerechte Systeme für Projektplanung und -kontrolle bereit. Sie werden nur dann voll wirksam, wenn auch ein geeignet strukturiertes, schnelles Informations- und Berichtssystem für das Projekt installiert wurde.

3. Aufgaben im Einzelnen

1. Der Projektcontroller begleitet das jeweilige (Teil-)Projekt, um eine geordnete, wirtschaftliche, transparente und vollständige Projektabwicklung zu gewährleisten.
2. Daraus ergibt sich, dass er projektbezogen die (Teil-/Fach-)Projektleiter sowie den jeweiligen Lenkungsausschuss und den Geschäftsbereichsleiter unterstützt.
3. Er sorgt für die Standardisierung von Netz- und Balkenplan-Aktivitäten (Vorgängen) für repräsentative Projektarten.
4. Er unterstützt bei einzelnen Planungsaufgaben.
5. Er hat die Federführung bei der Gesamtprojektplanung und -kontrolle (zusammen mit Teil- und Fachprojektleitern).
6. Er stellt eine geordnete, vollständige interne Projektdokumentation sicher.
7. Er ist das Informationszentrum für Status und Trends jedes von ihm betreuten Projekts.
8. Er entwickelt und pflegt ein für alle Projekte eines Geschäftsbereichs geeignetes, einheitliches Projektinformationssystem (Formblätter, Bildschirmmasken-Layout, Berichtswesen, PC-Unterstützung).
9. Er führt Planungsrechnungen, Soll-Ist- sowie Soll-Wird-Vergleiche ($\rightarrow$ Erläuterung im Anschluss an die Stellenbeschreibung) durch und erstellt Trendanalysen für einzelne Projekte hinsichtlich Terminen, Leistungsfortschritt, Mitteleinsatz und Kosten.
10. Er veranlasst die projektbeteiligten Führungskräfte, rechtzeitig die Planungsausgangssituation zu analysieren (Anfrage/Auftrag des Kunden für die Planung der Projektstruktur, der Organisation, der Termine, des Mitteleinsatzes, der Kosten und der Liquidität). Falls nötig ergreift er Korrektivmaßnahmen.
11. Er unterstützt die (Teil-/Fach-)Projektleiter und Abteilungsleiter bei der Angebots-, Auftrags- und mitlaufenden Kalkulation.

12. Er überwacht die Anwendung der notwendigen Methoden/des Instrumentariums zur strukturierten Projektabwicklung durch den (Teil-)Projektleiter. Damit sorgt er dafür, dass jederzeit Transparenz über den Projektstand besteht und aktuelle Daten zur Terminlage, zum Projektfortschritt und zur Kostensituation zur Verfügung stehen. Dabei wird der Leistungsstatus bei Subunternehmen und Konsortialpartnern einbezogen.

4. Verantwortung

Die mit Aufgaben des Projektcontrollings betrauten Mitarbeiter sind dafür verantwortlich, dass das bereitgestellte Instrumentarium des Projektmanagements so gut wie möglich genutzt wird und das Projektgeschehen jederzeit transparent ist.

Der Begriff Soll-Wird-Vergleich aus Punkt 9 der Stellenbeschreibung lässt sich am besten anhand eines Beispiels erläutern:

Angenommen, die geschätzten Kosten eines Projekts oder eines Arbeitspakets (= Soll-Kosten) betragen 100.000 Euro. Aufgrund der bisher angefallenen Ist-Kosten in Höhe von 50.000 Euro und einer Restkostenschätzung von 70.000 Euro, die der Arbeitspaketverantwortliche abgegeben hat, ergibt sich aber ein voraussichtliches „Wird" von 120.000 Euro.

6.2 Projektkaufmann

Aufgabe In großen Bau- und Anlagenbauprojekten, zum Teil auch in der industriellen Forschung und Entwicklung, gibt es zusätzlich die Rolle des Projektkaufmanns. Seine Hauptaufgabe ist die „Sicherstellung und Durchführung einer wirtschaftlichen, termingemäßen und vertragsgerechten Abwicklung der besonderen, projektbezogenen, kaufmännischen Angelegenheiten nach Maßgabe besonderer Festlegungen" [24].

Fragen zur Selbsteinschätzung gemäß Zertifikatslevel

Nr.	Frage	Level				Selbsteinschätzung
		D	C	B	A	
A6.1	Welche Grundformen der Projektorganisation gibt es?	2	2	3	4	☐
A6.2	In welchen Merkmalen unterscheiden sich die einzelnen Grundformen der Projektorganisation?	2	3	3	4	☐
A6.3	Wann können Projekte auch im Rahmen der Stammorganisation realisiert werden?	1	2	2	3	☐
A6.4	Wann sind welche speziellen Projektorganisationsformen empfehlenswert?	2	2	3	4	☐
A6.5	Was ist die Aufgabe von Projektsteuerungsgremien?	2	2	2	3	☐
A6.6	Welche Aufgaben haben Projektcontroller und Projektcontrolling?	2	3	3	4	☐
A6.7	Welche Aufgaben hat der Projektleiter?	2	3	3	4	☐
A6.8	Welche Verantwortung trägt der Projektleiter?	2	3	3	4	☐
A6.9	Welche Aufgaben hat ein Projektsteuerungsausschuss?	2	2	2	3	☐
A6.10	Wie kann man ein Projektsteuerungsgremium und einen Projektsteuerungsausschuss voneinander abgrenzen?	2	2	2	3	☐

BLOCK B

Vorgehensmodelle

B VORGEHENSMODELLE

Vorgehensmodelle helfen Projektmanagern dabei, Projekte über deren gesamten Lebenszyklus hinweg systematisch zu planen und zu realisieren (ICB-Element 6). Zahlreiche firmenindividuelle, branchenspezifische, auf verschiedene Projektarten abgestimmte, aber auch branchenneutrale Varianten wurden entwickelt. Vor allem bei IT-Projekten sind Vorgehensmodelle in verschiedensten Ausprägungen weit verbreitet. Dieser Branche kommt daher in diesem Kapitel besondere Bedeutung zu – ebenso wie den Elementen von Vorgehensmodellen. Thema ist außerdem die Frage: Was tun, wenn für eine heterogene Projektlandschaft kein Vorgehensmodell konstruiert werden kann?

1 Nutzen

„Legen Sie einfach los, das schaffen Sie schon!" Mit diesen oder ähnlichen Worten schicken Unternehmen tagtäglich Projektleiter ins Rennen – ohne Erfahrung, Projektmanagement-Ausbildung oder zumindest einen Coach und ein unterstützendes Projektbüro. Sie sollen Projekte systematisch planen, wurden auf diese Aufgabe aber nie vorbereitet. Deshalb bleibt ihnen nichts anderes übrig, als sich irgendwie „durchzuwursteln". Ironisch nennt man diese Vorgehensweise situatives Projektmanagement. Sie führt häufig ins Chaos.

Um das zu verhindern, wurden in den letzten Jahrzehnten zahlreiche Vorgehensmodelle entwickelt, an denen sich Projektmanager orientieren können. Es gibt firmenindividuelle und branchenspezifische Varianten (Phasen- oder Prozessmodelle, Stage-Gate-Modelle). Sie sollen jeweils für eine bestimmte Projektart angewendet werden, etwa für IT-Projekte oder Vorhaben im Anlagenbau. Daneben existieren allerdings auch Vorgehensmodelle wie beispielsweise PRINCE 2 [1] aus Großbritannien, die so allgemein gehalten sind, dass sie an die jeweilige Projektart angepasst werden können.

Varianten von Vorgehensmodellen

Versteegen [2] definiert Vorgehens- beziehungsweise Prozessmodelle folgendermaßen: „Ein Prozessmodell ist eine Beschreibung einer koordinierten Vorgehensweise bei der Abwicklung eines Vorhabens. Es definiert sowohl den Input, der zur Abwicklung der Aktivität notwendig ist, als auch den Output, der als Ergebnis der Aktivität produziert wird."

2 Elemente

Vorgehensmodelle weisen eine Reihe von gemeinsamen Elementen [3] auf, zum Beispiel Projektphasen, Aktivitäten, Meilensteine und Meilensteinergebnisse.

2.1 Projektphasen

Nach der ICB ist eine Projektphase ein zeitlicher Abschnitt des Projektablaufs, der sachlich von anderen Abschnitten getrennt ist (z.B. Konzeptionsphase). Vorgehensmodelle bestehen aus verschiedenen Projektphasen. Durch die Verknüpfung der einzelnen standardisierten Abschnitte eines Projekts sieht auch ein unerfahrener Mitarbeiter sofort, welche Reihenfolge er bei der Planung und Realisierung des Vorhabens einhalten muss. Projektphasen folgen – vor allem bei der Umsetzung in der Praxis – nicht immer streng sequenziell aufeinander, sondern können sich auch zeitlich überlappen.

Reihenfolge bei Planung und Realisierung

Ein allgemein gehaltenes Beispiel für die Abfolge von Projektphasen aus der ICB zeigt Bild B1:

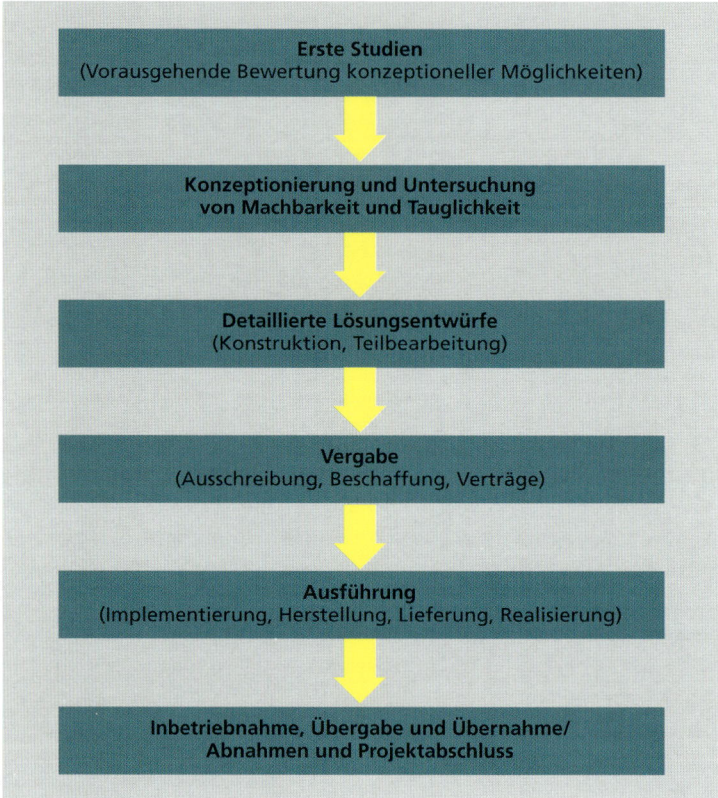

Bild B1 Beispiel für die Abfolge von Projektphasen

2.2 Aktivitäten

Erzielen bestimmter Teilergebnisse

Weitere Informationen erhält der Projektleiter dadurch, dass – wie auch Versteegen hervorhebt – für die einzelnen Phasen Aktivitäten definiert sind, die in diesem Projektabschnitt ausgeführt werden müssen, um bestimmte Teilergebnisse zu erzielen. Eine Aktivität innerhalb der Konzeptionsphase eines Produktentwicklungsprojekts könnte zum Beispiel die Patentrecherche sein. Die vordefinierten Aktivitäten sind unter Umständen schon nach den Regeln der Netzplantechnik (→ Kapitel C5) miteinander verknüpft. Es liegt also bereits ein kompletter Ablaufplan vor, dessen einzelne Vorgänge nur noch mit Zeitangaben versehen werden müssen. Je nach Vorhaben muss das Projektteam die Aktivitätenliste gegebenenfalls anpassen, indem es Tätigkeiten hinzufügt oder weglässt.

Das Beispiel [4] in Bild B2 zeigt die notwendigen Aktivitäten und die dafür zuständigen Organisationseinheiten für die Planungsphase eines materiellen Produkts.

PHASE/AKTIVITÄTEN	LENKUNGS-AUSSCHUSS	PROJEKT-LEITER	VERTRIEB	F&E	FERTIGUNG	QUALITÄT	CONTROLLING
1. Produktplanung							
Projektleiter und Kernteam einsetzen	■	○					
Anforderungsliste erstellen		■	○	○	○	○	
Kostenschätzung, Terminübersicht		■	○	○	○	○	○
Umsatzschätzung	○	■					○
Erste Wirtschaftlichkeitsrechnung	○		○				■
Formulierung des Entwicklungsauftrags		■	○	○	○	○	○
Entwicklungsfreigabe	x	○					

x Genehmigung ■ Verantwortlich ○ Mitwirkung

Bild B2 Aktivitäten und Organisationseinheiten für die Planung eines materiellen Produkts

2.3 Meilensteine und Meilensteinergebnisse

Laut ICB sind Meilensteine „Ereignisse besonderer Bedeutung und definieren häufig Phasenübergänge, bei denen – je nach Güte beziehungsweise Beurteilung der Phasenergebnisse – Entscheidungen über Freigabe der folgenden Phase, Wiederholung der letzten oder mehrerer vorheriger Phasen und Abbruch des Projekts zu treffen sind" (→ Kapitel C5).

Meilensteine liegen meist am Anfang beziehungsweise am Ende einer Phase, können aber auch innerhalb einer Phase gesetzt werden. Ihnen sind nicht nur Soll- und Ist-Termine und manchmal auch geplante und tatsächlich angefallene kumulierte Kosten zugeordnet, sondern auch angestrebte Meilensteinergebnisse (= Produkte). Ein Meilenstein steht für ein definiertes Sachergebnis (= Meilensteininhalt), gekoppelt an einen Fertigstellungstermin (= Meilensteintermin).

Eigenschaften von Meilensteinen

Meilensteinergebnisse werden mittels Aktivitäten erzeugt. Beispiele für Meilensteinergebnisse sind:
- Vom Kunden erarbeitetes Lastenheft
- Vom Projektlenkungsausschuss verabschiedetes Pflichtenheft
- Bericht des Prüffelds über den Test eines Prototyps
- Patentrecherche
- Von einer Behörde genehmigter Bauplan
- Marktstudie über die Absatzchancen eines Produkts, das neu entwickelt werden soll
- Überarbeiteter Projektstrukturplan
- Überarbeiteter Terminplan

Viele Vorgehensmodelle schreiben auch vor, wie das Meilensteinergebnis aussehen soll. So werden beispielsweise Mindestinhalte für Pflichtenhefte definiert (→ Kapitel C2) und genaue Vorschriften für andere Planungsdokumente (z.B. Vertriebsplan) formuliert.

Nach der ICB muss der Projektleiter das Phasenergebnis überprüfen. Die Erfahrung zeigt allerdings, dass es im Grunde besser wäre, Personen mit dieser Aufgabe zu betrauen, die nicht ins Projekt involviert sind. Bleibt das Phasenergebnis unter dem geforderten Qualitätsniveau, muss der Projektleiter einen Phasenrücksprung anordnen, um das Meilensteinergebnis überarbeiten oder völlig neu erstellen zu lassen. Erst dann darf er in die nächste Phase eintreten. Stellt sich heraus, dass das angestrebte Meilensteinresultat – beispielsweise aus technischen Gründen – unerreichbar ist oder sich seit dem Projektstart die Marktaussichten des Produkts deutlich verschlechtert haben, muss das Projekt womöglich sogar abgebrochen werden.

Phasenrücksprung

2.4 Qualifikationen und Rollen

In einigen Vorgehensmodellen wird beschrieben, welche Qualifikationen für die Aktivitäten notwendig sind und welche Rollenträger welche Tätigkeiten ausführen müssen. Eine solche Festlegung erfordert auch die Zuweisung von Verantwortung, Pflichten und Befugnissen. Beispiele für Rollen im Projekt sind

*Verantwortung,
Pflichten und
Befugnisse*

- Projektleiter,
- Projektcontroller,
- Lenkungsausschuss,
- Qualitätsmanager,
- Repräsentanten der Anwender beziehungsweise des Kunden und
- Systemanalytiker.

2.5 Zusätzliche Detailvorgaben

Stärker ausgearbeitete Vorgehensmodelle standardisieren noch weiter und legen für die Arbeit des Projektteams zusätzliche Details fest. So wird beispielsweise bei IT-Projekten in einigen Vorgehensmodellen vorgeschrieben, welche Werkzeuge das Team bei der Beschreibung der Benutzeranforderungen oder der Anwenderdokumentation benutzen muss. Vorgegeben ist häufig auch, wie es bei der Entwicklung von materiellen Produkten den erwarteten Deckungsbeitrag oder den Kapitalwert ermitteln soll – Größen also, mit deren Hilfe die ökonomischen Chancen des Produkts beurteilt werden.

*Ermittlung
der ökonomischen
Chancen*

Das Beispiel in Bild B3 zeigt einen Ausschnitt aus einem Vorgehensmodell für Softwareprojekte [5] mit den Elementen Phase, Meilenstein und Meilensteinergebnis. Zum Ende der Phase Studie (Meilenstein A 20) muss ein Pflichtenheft (→ Kapitel C2) vorliegen. Um den Projektbeteiligten dessen Erarbeitung zu erleichtern und um zu verhindern, dass der Inhalt der Willkür des Projektteams überlassen bleibt, gibt das Vorgehensmodell eine Gliederung vor. Bei der Abnahme des Meilensteinergebnisses in einer Meilensteinsitzung kann damit sofort überprüft werden, ob im Pflichtenheft zu allen Punkten Aussagen enthalten sind. Diese eher formale Vollständigkeitskontrolle ersetzt aber nicht die genaue inhaltliche Prüfung des Dokuments.

*Formale Vollständig-
keitskontrolle*

PHASE	0 – ANSTOSS	1 – STUDIE
Phasenziel	Projekt-/Produktzielsetzungen festgelegt	Systemanforderungen und Randbedingungen festgelegt
Phasenentscheidung	1	2
Meilenstein	A10	A20
Teilprozesse		Pflichtenheft

GLIEDERUNG PFLICHTENHEFT

1. **Zusammenfassung**

1.1 Problembeschreibung
1.2 Kurzbeschreibung der Leistungsmerkmale
1.3 Technische Anforderungsanalyse
1.4 Projektanforderungsanalyse
1.5 Lösungsalternativen und Aufwände

2. **Requirementkatalog**

3. **Technische Anforderungsanalyse**

4. **Projektanforderungsanalyse**

5. **Erster Systementwurf**

5.1 Gesamtsystem
5.2 Funktionsgruppen
5.2.1 Schnittstellen zu Benutzern
5.2.2 Schnittstellen zu anderen Funktionsgruppen

6. **Lösungsalternativen und Aufwände**

7. **Abnahmebedingungen**

7.1 Softwaresystem
7.2 Bibliotheksinhalte

8. **Rapid Prototype (bei Bedarf)**

9. **Randbedingungen**

Bild B3 Ausschnitt aus einem Vorgehensmodell

Auch für die inhaltliche Prüfung gibt es Hilfen. Ein Beispiel [6] dafür ist die Checkliste für Entwurfsüberprüfungen in Bild B4.

Inhaltliche Prüfung

FRAGEN	JA	NEIN	NICHT ZUTREFFEND
1. Enthält die Spezifikation sämtliche Auftraggeberforderungen?			
2. Erfüllt der Entwurf sämtliche Funktionsanforderungen?			
3. Berücksichtigt der Entwurf sämtliche Umgebungsbedingungen (Temperatur, Vibration, Korrosion usw.)?			
4. Wurden vorhandene Informationen ähnlicher Entwürfe überprüft und mit einbezogen?			
5. Wurden, wo immer möglich, Standardbauteile verwendet?			
6. Sind die geforderten Toleranzen in der Produktion einzuhalten?			
7. Führt der Entwurf zu optimalen Installationsbedingungen?			
8. Führt der Entwurf zu optimalen Wartungsbedingungen?			
9. Wurde eine gründliche Wertanalyse gemacht?			
10. Wurden sämtliche Sicherheitsvorkehrungen berücksichtigt?			

Bild B4 Ausschnitt aus einer Checkliste für Entwurfsüberprüfungen

Bild B5 zeigt das komplette Vorgehensmodell [7], aus dem der Aussschnitt in Bild B3 stammt.

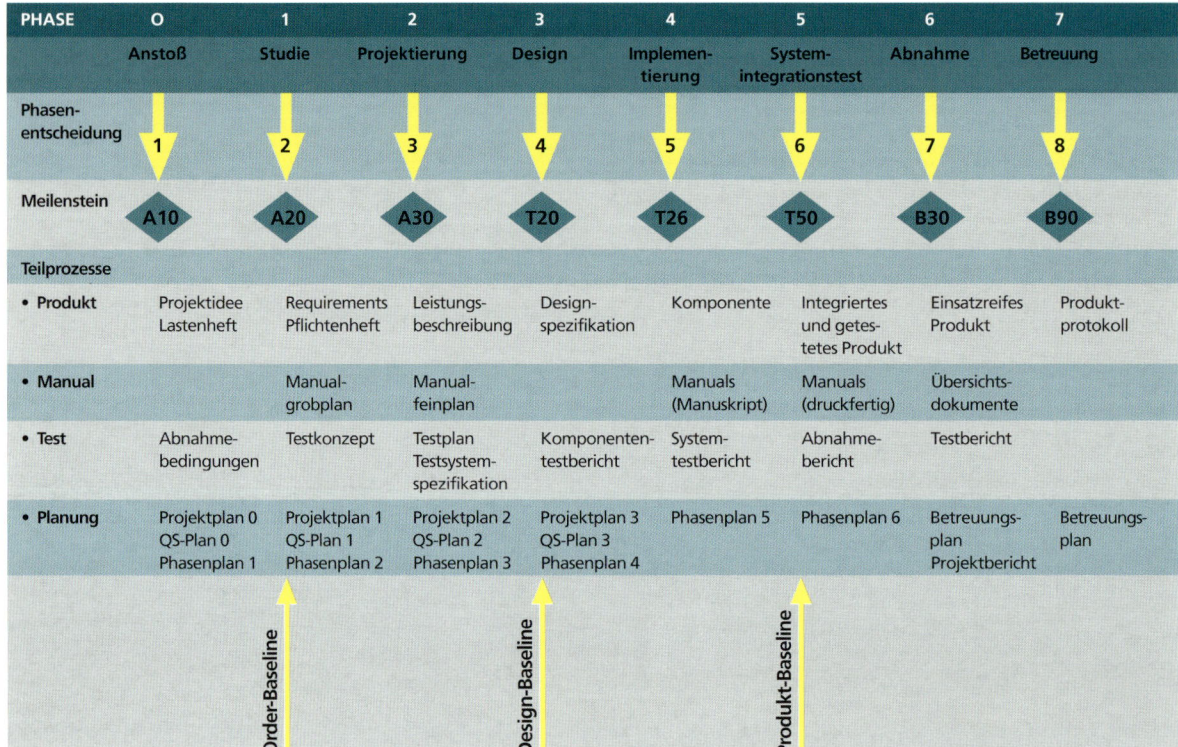

Bild B5 Beispiel für ein Vorgehensmodell aus der IT-Branche

Unterscheidung in vier Prozesse

Aus Bild B5 ist ein weiteres Detail ersichtlich. Die Entwickler des Vorgehensmodells haben vier verschiedene Prozesse unterschieden: den

- Prozess zur Erzeugung des eigentlichen Produkts (des einsatzreifen Softwaresystems),
- Prozess, in dem die notwendige Dokumentation erarbeitet wird,
- Prozess zum Test der Software (= Qualitätssicherungsprozess) und
- Projektmanagement-Prozess, mit dem die übrigen Prozesse geplant und gesteuert werden.

Kategorien von Meilensteinergebnissen

Den vier verschiedenen Prozessen entsprechen Kategorien von Meilensteinergebnissen. Zu den Meilensteinen A 10, A 20 und so fort finden so genannte Meilensteinsitzungen statt, in denen ein je nach Projekt unterschiedlich zusammengesetztes Review-Team die Meilensteinergebnisse überprüft und über das weitere Vorgehen befindet. Denkbare Optionen sind beispielsweise der Rücksprung in die vorhergehende Phase, eine erhebliche Änderung des Projektziels oder im Extremfall sogar der Projektabbruch.

Die Pfeile mit den Bezeichnungen Order-Baseline, Design-Baseline und Produkt-Baseline zu den Meilensteinen A 20, T 20 und T 50 verweisen auf den Prozess des Konfigurationsmanagements (→ Kapitel C7). Der Auftrag (= Order), der Entwurf des Systems oder das fertige Produkt wird bei Erreichen der jeweiligen Meilensteine „eingefroren". Damit entsteht eine feste Bezugsbasis. Änderungen werden immer

Referenzkonfiguration

in Bezug auf diese Ausgangsbasis (= Referenzkonfiguration) beschrieben. Das Projektteam darf Änderungen nur noch in einem kontrollierten Prozess vornehmen, in dem unter anderem die damit verbundenen Auswirkungen auf Projekttermin und -kosten überprüft werden müssen.

3 Phasengliederungen für verschiedene Projektarten

Vorgehensmodelle sind in der IT-Branche besonders verbreitet, spielen aber auch in anderen Branchen eine immer größere Rolle. Die Abbildungen B6 bis B8, in denen nur die Phasen erscheinen, zeigen Phasengliederungen für verschiedene Projektarten [8].

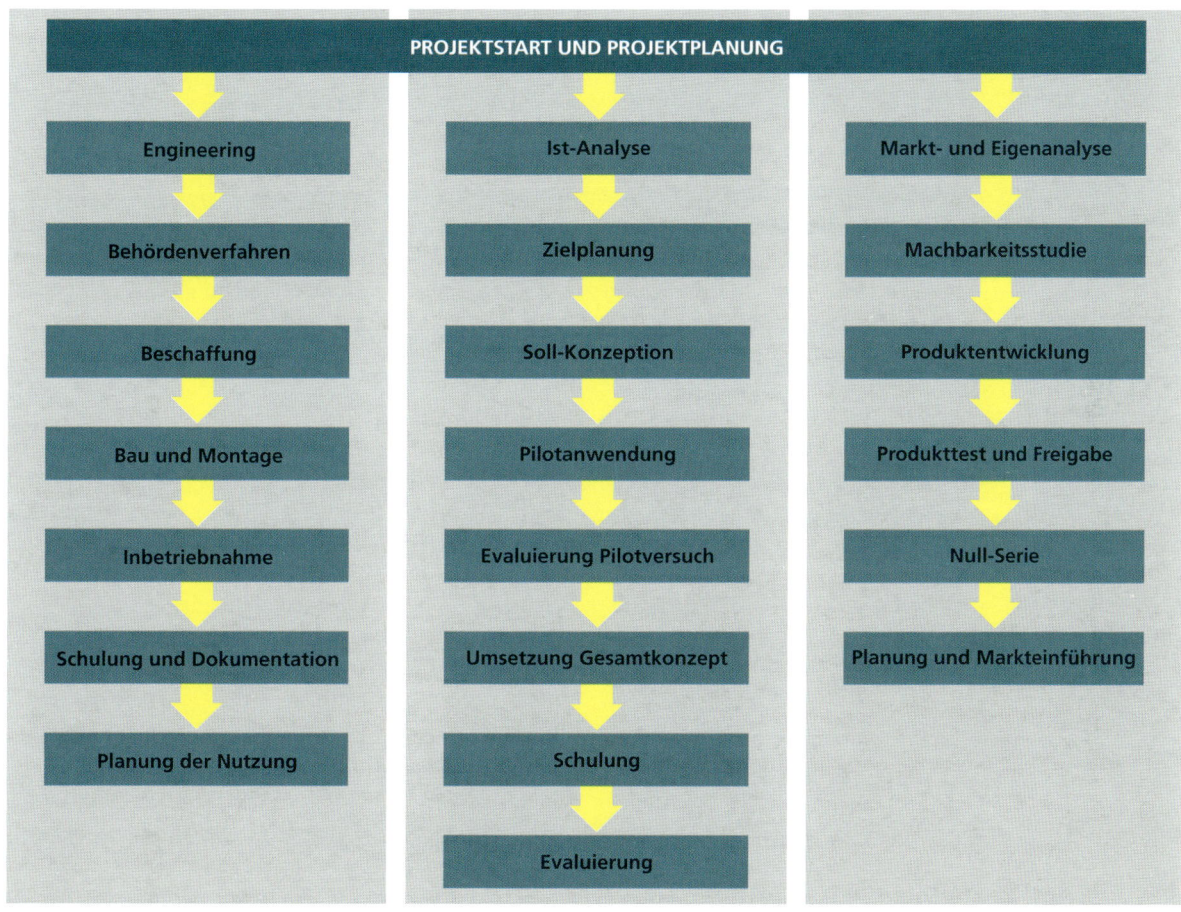

Bild B6 Phasengliederung für Investitionsprojekte   Bild B7 Phasengliederung für Organisationsprojekte   Bild B8 Phasengliederung für die Entwicklung von materiellen Produkten

3.1 Phasenüberlappungen

Alle bisher präsentierten Beispiele basieren auf einem streng sequenziellen Vorgehen. Eine Phase muss abgeschlossen sein und das entsprechende Meilensteinergebnis vorliegen sowie für gut befunden worden sein, damit die nächste Phase beginnen kann. In der Praxis ist diese Vorgehensweise aber nicht immer möglich.

Sequenzielles Vorgehen

Beispiel
Für die Fertigung einer komplizierten Schaltung in größerer Stückzahl wird ein Bauteil mit langer Lieferfrist benötigt. Es kann eigentlich erst bestellt werden, wenn ein Versuchsmuster der Schaltung im Prüffeld mit Erfolg getestet wurde. Um die gesamte Projektdauer zu verkürzen, ordert

das Team es aber auf Verdacht schon vorher. Das Risiko, dass das Bauteil gar nicht gebraucht wird, geht es bewusst ein.

Vorsicht bei Überlappungen

Phasenüberlappungen muss der Projektleiter besonders sorgfältig planen und das damit verbundene Risiko realistisch bewerten.

3.2 Parallele Abarbeitung von Phasen

In zahlreichen Vorhaben gibt es mehrere parallele Phasenstränge. Das ist beispielsweise bei IT-Projekten der Fall, in denen gleichzeitig Hardware- und Softwarekomponenten eines Produkts entwickelt werden. Beim Test des gesamten Systems führt das Projektteam die Phasenstränge wieder zusammen.

Funktion der Meilensteine

Meilensteine haben bei solchen Abläufen eine besonders wichtige Funktion. Buttermilch und Schmelzer betonen: „Die Parallelisierung von Entwicklungsaktivitäten erfordert eine noch stärkere Synchronisation. Der Planung und Überwachung von Meilensteinen als Synchronisierungs- und Kontrollpunkte kommt deshalb in parallelisierten Entwicklungsprozessen eine größere Bedeutung als in sequenziellen Abläufen zu." [9]

Simultaneous Engineering

Eine besondere Rolle spielt die Parallelisierung im Konzept des Simultaneous Engineering [10]. Schmelzer definiert: „Simultaneous (auch concurrent [oder deutsch: parallel] genannt) Engineering ist ein Vorgehenskonzept zur simultanen Entwicklung von Produkten und Produktionsmitteln." [11] Produkte und Produktionsmittel werden simultan – also zeitparallel – geplant und entwickelt. Dies geschieht durch interdisziplinär zusammengesetzte Teams. Ziel ist die Beschleunigung von Entwicklungsaktivitäten durch Überlappung.

4 Vorgehensmodelle und Qualitätsmanagement

Der Zusammenhang zwischen Vorgehensmodell und Qualitätsmanagement wurde im Element Designlenkung der alten Norm ISO 9001:1994 besonders deutlich [12]. In einem Leitfaden [13] heißt es dazu: „Bei umfangreicheren Entwicklungen sollten Sie die Entwicklungs- und Konstruktionstätigkeit (...) mithilfe eines so genannten Meilensteinplans zeitlich im Griff behalten (...). Sehen Sie in Ihrem Entwicklungsplan nach Abschluss von Zwischenstufen Meilensteine sowie am Ende der Entwicklung und Konstruktion eine Prüfung und Bewertung der Ergebnisse vor."

5 Modelle aus der IT-Branche

Vorgehensmodelle sind vor allem bei IT-Projekten verbreitet. In dieser Branche wird auch besonders intensiv über verschiedene Alternativmodelle [14] diskutiert.

5.1 Wasserfallmodell

Das Wasserfallmodell ist wohl das bekannteste Vorgehensmodell. Software soll nach diesem Konzept in mehreren Phasen entwickelt werden, die strikt sequenziell zu durchlaufen sind. Jede Phase muss vollständig abgeschlossen sein, bevor die nächste beginnt. Das Modell entspricht damit den in diesem Kapitel dargestellten Phasenabläufen für andere Projektarten.

Am Ende jeder Phase müssen genau spezifizierte Dokumente vorliegen. Deshalb wird das Modell auch dokumentgetrieben genannt. Der Benutzer ist nur in den Phasen eingebunden, in denen die Anforderungen festgelegt werden – also zu einem frühen Zeitpunkt. Das Softwaresystem bekommt er erst zu sehen, wenn es in den Probebetrieb geht. Phasenrücksprünge, etwa zur Beseitigung von Mängeln eines Teilprodukts, sind nur zwischen zwei jeweils aneinander grenzenden Phasen vorgesehen. Rücksprünge über mehrere Phasen gibt es zumindest theoretisch nicht.

Dokumentgetriebenes Modell

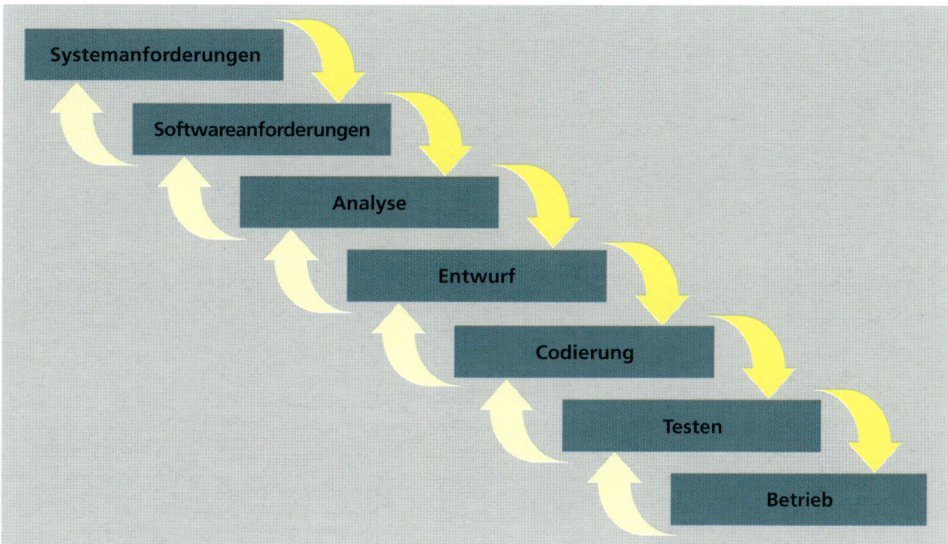

Bild B9 Wasserfallmodell

Das leicht verständliche Wasserfallmodell hat in vielen Unternehmen zu einer disziplinierten Entwicklung geführt. Es gibt aber auch Kritiker. Sie argumentieren [15]:

Kritik

- Die strenge Orientierung an Dokumenten birgt die Gefahr, dass diese im Vergleich zum eigentlichen System überbewertet werden.
- Die Benutzer können die Software erst erproben, wenn sie vollständig fertig gestellt ist. Frühere Rückmeldungen an die Entwickler sind so kaum möglich. Fehlentwicklungen werden daher oft zu spät erkannt.
- Nicht in allen Fällen ist es notwendig und sinnvoll, alle Entwicklungsschritte sequenziell durchzuführen.

Versteegen [16] kommentiert die Kritik am Wasserfallmodell: „Wenn von Anfang an alle Anforderungen feststehen, ist das Wasserfallmodell ein ingenieurmäßiges Vorgehen, das eine optimale Projektabwicklung garantiert." Doch die Realität sieht häufig anders aus als die Theorie.

5.2 V-Modell

Als Erweiterung des Wasserfallmodells wird in der Literatur das V-Modell [17] bezeichnet. Es wurde zunächst für die Bundeswehr und später für sämtliche Bundesbehörden entwickelt. Zurzeit existiert es in der Version von 1997. Das Modell hat vier verschiedene Submodelle, und zwar

Submodelle

- ein Projektmanagement-Modell (= PM),
- ein Qualitätssicherungsmodell (= QS),

- ein Systemerstellungsmodell (SE) und
- ein Konfigurationsmanagementmodell ($\rightarrow$ Kapitel C7).

Das Zusammenspiel der vier Komponenten, mit denen die jeweiligen Prozesse modelliert werden, zeigt Bild B11 [18]:

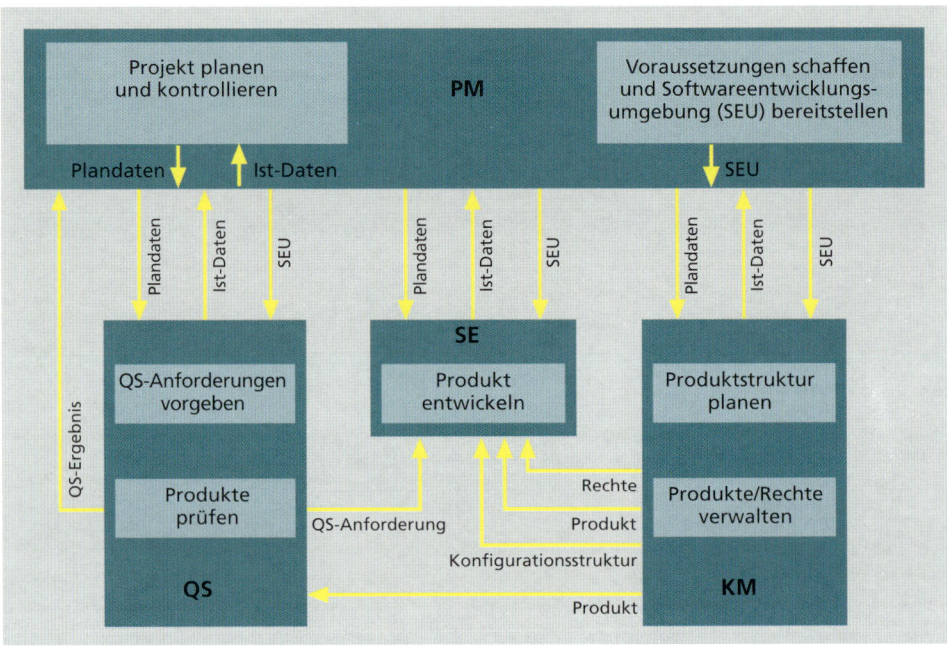

Bild B10 Zusammenspiel der vier Submodelle des V-Modells

Verifikation und Validation

Bemerkenswert ist am V-Modell: Es kann an projektspezifische Anforderungen angepasst werden (= Tailoring). Vor allem aber erweitert es das Wasserfallmodell um den Aspekt der Qualität. Man unterscheidet in diesem Zusammenhang zwischen Verifikation und Validation.

- Bei der Verifikation überprüft das Team, ob Spezifikation und Softwareprodukt übereinstimmen. Es stellt die Frage: „Haben wir das Produkt richtig hinbekommen?"
- Bei der Validation überprüft das Team, ob sich die Software für den vorgesehenen Einsatzzweck eignet. Es stellt die Frage: „Haben wir das richtige Produkt entwickelt?"

Das V-Modell gilt im Allgemeinen als gut geeignet für große Projekte [19]. Bei kleineren und mittleren Vorhaben führt es jedoch unter Umständen zu einer unnötigen Produktvielfalt und zu Projektbürokratie.

5.3 Prototyping-Ansatz

Materielle Produkte

Die Kritik, dass die Anwender beim Wasserfallmodell nur während der ersten Entwicklungsphasen eingebunden sind (Festlegung der Anforderungen), hat zum Prototyping-Ansatz geführt. Er ist bei der Entwicklung materieller Produkte üblich. Dieser Ansatz berücksichtigt vor allem, dass

- Benutzer oft nicht in der Lage sind, ihre Wünsche an ein neues System präzise und vollständig zu formulieren, und

- es in der Regel für die einzelnen Anforderungen unterschiedliche Realisierungsmöglichkeiten gibt. Man denke nur an die zahlreichen Varianten der Benutzerführung in Softwarepaketen für Projektmanagement.

Die IT-Branche unterscheidet verschiedene Arten von Prototypen [20]. An dieser Stelle sei nur der so genannte Wegwerf-Prototyp erwähnt. Er wird in der Definitionsphase des Projekts erstellt und dient dem Projektteam dazu, gemeinsam mit dem späteren Benutzer die Anforderungen und die Alternativen ihrer Realisierung zu klären. Der Prototyp wird in der Regel schnell erstellt (= Rapid Prototyping) und weggeworfen, wenn er seine Funktion erfüllt hat. Die Entwicklung solcher Prototypen lässt sich durchaus in das Wasserfallmodell, aber auch in andere Vorgehensmodelle integrieren.

Wegwerf-Prototyp

Einbindung der Benutzer

5.4 Evolutionäre und inkrementelle Vorgehensmodelle

Wasserfallmodell und V-Modell basieren auf der Annahme, dass in den ersten Projektphasen die Anforderungen der Anwender weitgehend geklärt werden konnten und dann das gesamte System in einem Stück entwickelt wird. Diese Vorgehensweise hat allerdings den Nachteil, dass der Kunde oft lange auf ein einsatzfähiges System warten muss. Außerdem hat sich gezeigt, dass Anwender manche zusätzlichen Wünsche erst artikulieren können, wenn sie das System schon produktiv eingesetzt haben.

5.4.1 Evolutionäres Modell

Das evolutionäre Modell berücksichtigt diesen Umstand: Das Projektteam realisiert zunächst nur Kernfunktionen der Software. Dann wird sie in Stufen beziehungsweise Versionen weiterentwickelt. Die Erfahrungen, die mit einer Version im praktischen Einsatz gesammelt werden, nutzt das Team für die Entwicklung der nächsten Version. Das Motto dieses Ansatzes könnte aus der Sicht des Anwenders lauten: „Ich kann nicht beschreiben, was ich will, aber wenn ich es sehe, weiß ich es." Manche Kritiker sprechen auch von einer Entwicklung nach dem Bananenprinzip: grün ausliefern und beim Kunden ausreifen lassen.

Versionsweise Weiterentwicklung

Ein Nachteil des evolutionären Modells besteht darin, dass unter Umständen in den nachfolgenden Versionen die gesamte Systemarchitektur überarbeitet werden muss, weil bei der Null-Version Kernanforderungen übersehen wurden [21].

5.4.2 Inkrementelles Modell

Aus diesem Grund bemüht man sich beim inkrementellen Modell, die Anforderungen an das neue System möglichst vollständig zu definieren. Allerdings wird wie beim evolutionären Modell zunächst nur ein Teil dieser Anforderungen im Detail spezifiziert und realisiert.

Vollständige Definition

5.5 Weitere Vorgehensmodelle in der IT-Branche

Neben den erwähnten Modellen hat die IT-Branche noch weitere entworfen, zum Beispiel
- das objektorientierte Modell, das auf der objektorientierten Softwareentwicklung basiert und den Aspekt der Wiederverwendung von Softwarekomponenten betont.
- das nebenläufige Modell, in dem – vergleichbar mit dem Ansatz des Simultaneous Engineering

bei der Entwicklung materieller Produkte – möglichst viele Aktivitäten parallel oder sich stark überlappend ablaufen sollen.
- das auch als Metamodell bezeichnete Spiralmodell, bei dem der Gedanke im Vordergrund steht, das Entwicklungsrisiko zu minimieren.

5.6 Agiles Projektmanagement

Koordination durch Selbstabstimmung (iterativ)

Als neuestes Vorgehensmodell gilt der Ansatz des Agilen Projektmanagements. Während bei den übrigen Prozessmodellen die Koordination durch Planung im Vordergrund steht, setzt dieses Modell vor allem auf Koordination durch Selbstabstimmung (→ Kapitel A1). Das Vorgehen ist außerdem stark iterativ. Die Projektleitung gibt aufeinander folgende Versionen von Teilprodukten in kurzen Zeitabständen frei, um vom Anwender schnell und häufig Rückmeldungen zu erhalten. Dokumente spielen dabei eine geringe Rolle. Im Vordergrund steht der Code. Außerdem werden nur wenige Rollen für das Projekt definiert (z.B. Projektleiter, Projektcontroller).

Agiles Manifest

Im Agilen Manifest [22] wurden folgende Grundgedanken des Agilen Projektmanagements formuliert (frei übersetzt):
- Menschen und ihre Kommunikation haben Vorrang vor Prozessen und Werkzeugen.
- Funktionierende Software hat Priorität gegenüber umfassender Dokumentation.
- Die enge Zusammenarbeit mit dem Kunden ist wichtiger als andauernde Vertragsverhandlungen.
- Eine schnelle Reaktion ist bei notwendigen Änderungen besser als striktes Festhalten an einem Plan.

6 Kritische Auseinandersetzung mit Vorgehensmodellen

Bürokratie

Einwände gegen bestimmte Arten von Vorgehensmodellen kommen insbesondere aus der IT-Branche. Sie betreffen hauptsächlich Modelle mit streng sequenziellem Vorgehen. Die zum Teil berechtigte Kritik hat zum Entwurf alternativer Modelle geführt. In anderen Bereichen der Wirtschaft, vor allem bei der Entwicklung materieller Produkte (z.B. Medikamente, Konsumgüterelektronik, Kraftfahrzeuge und Kraftfahrzeugkomponenten), im Anlagenbau und in der Bauwirtschaft werden sie weitgehend akzeptiert und benutzt. Kritisiert werden in der Regel nicht die Vorgehensmodelle selbst, sondern ihre manchmal bürokratische Handhabung und die Flut überflüssiger Dokumente.

Anpassung an Projektgröße

Der Einwand, Vorgehensmodelle eigneten sich zwar für große, aber nicht für kleine Projekte, beruht auf einer Fehlinterpretation. Denn gute Prozessmodelle können jederzeit flexibel an die Projektgröße angepasst werden. Bei manchen weniger umfangreichen und anspruchsvollen Projekten genügt es unter Umständen, nur die Meilensteine und davon sogar nur eine reduzierte Zahl zu übernehmen. Auf die Definition einzelner Aktivitäten und damit auf eine detaillierte Ablaufplanung wird völlig verzichtet. Da man die gestellte Aufgabe für nicht sehr anspruchsvoll hält, geht man davon aus, dass der Projektleiter und sein Team den Weg zu den erwarteten Meilensteinergebnissen genau kennen. Eine solche Vorgehensweise, die die Koordination durch Planung erheblich einschränkt und sich vorwiegend auf Selbstabstimmung verlässt, lässt sich mit der Auftragstaktik im militärischen Bereich vergleichen. Das Ziel wird vorgegeben, nicht aber der Weg dorthin.

6.1 Setzen der Meilensteine

Der Projektleiter sollte – unabhängig von der Branche und der Art des Vorgehensmodells – die Meilensteine immer dicht setzen und die gewünschten Meilensteinergebnisse so genau wie möglich beschreiben. Ziel ist, dass sich die Projektbeteiligten zu jeder Zeit orientieren können. Dafür sprechen sich selbst engagierte Gegner von Vorgehensmodellen aus. So schreibt Weltz, der sich in der Hauptsache gegen das Wasserfallmodell wendet: „Gegen die altmodischen Phasenmodelle lässt sich viel sagen. Sie haben aber den Vorteil, dass man weiß, wo man steht. Für die Projektverfolgung ist das ideal." [23]

Bedeutung für Projektverfolgung

Doch wie dicht sollten Meilensteine gesetzt werden? Eine verbindliche Antwort darauf, die für alle Projekte gilt, lässt sich nicht geben. Beispiele [24] aus der IT-Branche zeigen, dass die Meilensteine zum Teil nur drei Wochen auseinander liegen. Generell gilt: Die Abstände müssen umso geringer sein, je kürzer die Projektlaufzeit ist. Außerdem sollten sie einigermaßen gleichmäßig über die Laufzeit verteilt sein. Eine Studie [25] der Standish Group aus dem Jahr 1995 weist sogar darauf hin, dass eng gesetzte Meilensteine in IT-Projekten ein wesentlicher Erfolgsfaktor sind.

7 Vorteile

Vorgehensmodelle weisen zahlreiche Vorteile auf:

- Sie strukturieren das Projekt in voneinander abgegrenzte, überschaubare zeitliche Abschnitte und machen damit Komplexität beherrschbar.
- Sie schaffen in der Organisation ein gemeinsames Verständnis von Projektmanagement und eine einheitliche Vorgehensweise.
- Sie geben dem Projektleiter klare Anweisungen dazu, wie er bei seinem Vorhaben zu verfahren hat, und bieten ihm eine Reihe von Hilfestellungen – vor allem bei der Definition, Erstellung und Überprüfung der Zwischenergebnisse.
- Sie reduzieren das Risiko der Projektabwicklung, indem sie an den Phasenübergängen Abbruchstellen (Projekt-Reviews) definieren. An diesen Meilensteinen entscheiden die Verantwortlichen, ob ein Projekt weiterzuführen oder abzubrechen ist.
- Ein Vorgehensmodell mit präzise definierten Meilensteinergebnissen, die überprüft werden, verschafft dem Controller Transparenz über den Fortschritt im Projekt und ist ein wichtiges Instrument des Qualitätsmanagements.
- Vorgegebene Zwischenergebnisse geben den projektbeteiligten Mitarbeitern Orientierung. Neue Mitarbeiter können schnell in ein Vorhaben eingebunden werden.
- Nach zeitlich aufeinander folgenden Phasen vorzugehen entspricht dem Verhalten des Menschen beim Lösen komplexer Aufgaben.
- Da die nächste Phase erst beginnen darf, wenn die vorangegangene mit vollständigen und richtigen Zwischenergebnissen abgeschlossen wurde, kann man Fehler früher erkennen. Mängel werden in geringerem Maß in spätere Phasen verschleppt. Die hohen Kosten später Mängelbeseitigung werden reduziert.

7.1 Theorie versus Praxis

In der Praxis verstoßen Projektverantwortliche allerdings häufig gegen den Geist von Vorgehensmodellen. Sie
- koordinieren parallele Teilprojekte zu wenig miteinander.
- versäumen es, die Meilensteinergebnisse sorgfältig zu überprüfen. Der Schritt in die nächste Phase wird aus firmenpolitischen Gründen freigegeben, obwohl ein Phasenrücksprung notwendig wäre.
- vergessen, von Zeit zu Zeit in Meilensteinsitzungen die ursprünglichen Gründe für den Start des Projekts (z.B. günstige Umsatzprognosen, geringes Entwicklungsrisiko) zu überprüfen.

8 Projekte ohne passendes Vorgehensmodell

Bei einer heterogenen Projektlandschaft, wie es sie zum Beispiel im Forschungs- und Entwicklungsbereich eines Unternehmens gibt, kann es sein, dass kein für alle Projekte verbindliches Vorgehensmodell entwickelbar ist. Trotzdem sind Meilensteine als Haltepunkte erforderlich, an denen der Projektleiter und sein Team, der Auftraggeber und der Controller eine Zwischenbilanz ziehen. Es hat sich *Brückenbeispiele* in solchen Fällen bewährt, so genannte Brückenbeispiele (= Beispiele aus ähnlichen Projekten) zu formulieren, um dem Projektleiter und dem Team trotzdem Hilfestellung zu geben. Die Meilensteine sollten wie in Vorgehensmodellen so präzise wie möglich beschrieben werden, damit auch sachverständige Dritte nachprüfen können, ob sie erreicht wurden.

Die Tabelle in Bild B11 enthält Beispiele für gut und schlecht formulierte Meilensteine:

SCHLECHT	GUT
Technischer und vertrieblicher Produktplan vom Projektteam ausgearbeitet.	Technischer und vertrieblicher Produktplan nach der internen Produktplanungsrichtlinie erstellt und vom Projektlenkungsausschuss unterzeichnet und freigegeben.
Umzustellende Attribute in den Datenbanken festgelegt.	Die umzustellenden Attribute in den Datenbanken und die zu erweiternden Schlüssel sind identifiziert, die Art der Umstellung ist festgelegt. Die Klassifizierung der Softwareelemente in „löschen", „garantiert nicht zu ändern" und „wird abgelöst" ist verlässlich und verbindlich. Die entsprechende Löschung ist in die Wege geleitet [26].
Testfälle für Test von Modul A erarbeitet.	Zehn Testfälle für Test von Modul A aus Modulspezifikation abgeleitet.
Grobentwurf des Fragebogens liegt vor.	Es ist festgelegt, wie viele Fragebögen es für die verschiedenen Adressaten geben soll bzw. wie viele Pfade durch den Fragebogen existieren. Die Grobstruktur (Reihenfolge der Themen) und das allgemeine Layout sind definiert und vom Auftraggeber gebilligt.
Kooperationsvereinbarung mit Hochschulinstitut formuliert.	Kooperationsvereinbarung mit Hochschulinstitut formuliert, von der Rechtsabteilung überprüft und von der Geschäftsleitung unterschrieben und freigegeben.

Bild B11 Beispiele für gut und schlecht formulierte Meilensteine

Fragen zur Selbsteinschätzung gemäß Zertifikatslevel

Nr.	Frage	Level				Selbsteinschätzung
		D	C	B	A	
B1	Welche Vorgehensmodelle sind allgemein bekannt?	2	2	2	3	☐
B2	Welche gemeinsamen Elemente besitzen die bekannten Vorgehensmodelle?	2	2	2	3	☐
B3	Was versteht man unter Agilem Projektmanagement?	2	2	2	3	☐
B4	Welche Vor- und Nachteile haben die bekannten Vorgehensmodelle?	2	2	2	3	☐
B5	Wie wird Qualitätsmanagement in den Vorgehensmodellen berücksichtigt?	2	2	2	3	☐
B6	Wie wird ein Meilenstein definiert?	2	2	3	4	☐
B7	Wann wird Simultaneous Engineering eingesetzt?	1	2	2	3	☐
B8	Was versteht man unter einem Wasserfallmodell?	1	2	3	4	☐
B9	Wo wird ein V-Modell eingesetzt?	1	2	2	4	☐
B10	Welchen Vorteil erzielt man durch Prototyping?	1	2	2	4	☐
B11	Was versteht man unter evolutionären und inkrementellen Vorgehensmodellen?	1	2	2	4	☐

BLOCK C

Operatives Projektmanagement

C1 PROJEKTSTART

Die Startphase (ICB-Element 10) eines Projekts ist von zentraler Bedeutung für den weiteren Projektverlauf. In dieser Phase werden die Weichen für die Zukunft gestellt – insbesondere was die Definition der Projektziele betrifft. Für diese Weichenstellung sollte ausreichend Zeit zur Verfügung stehen. Der Projektleiter muss typische Aufgaben, Stolpersteine und mögliche Varianten des Startprozesses kennen. Unverzichtbar sind außerdem Kenntnisse über Planung und Durchführung des Projektstart-Workshops. Die notwendigen Informationen dazu stellt dieses Kapitel bereit. Es beschreibt darüber hinaus gängige Fehler im Startprozess, die es zu vermeiden gilt.

1 Bedeutung der Startphase

In den ersten Abschnitten eines Projekts werden die Weichen für den Projekterfolg gestellt. Lomnitz schreibt zu Recht: „Sage mir, wie Dein Projekt beginnt, und ich sage Dir, wie es endet." Nach Gareis [1] ist der Projektstart sogar der wichtigste Projektmanagement-Teilprozess. Denn in dieser Projektphase werden die Grundlagen für die nachfolgenden Teilprozesse geschaffen (z.B. Formulierung der Projektziele).

Zahlreiche empirische Studien zeigen, wie notwendig es ist, ausreichend Zeit und Kapazität für die Startphase zur Verfügung zu stellen: *Zeit und Kapazität*

- Nach Anders [2] stehen bei der Entwicklung materieller Produkte (z.B. Elektronik) rund 90 Prozent der letztendlich erreichten funktionalen Eigenschaften, rund 70 Prozent der Qualität und rund 60 Prozent der Produktkosten schon sehr früh fest.
- Das Bundesministerium der Verteidigung [3] hat die Erfahrung gemacht: Sobald das Konzept eines Waffensystems festgeschrieben ist, sind etwa 85 Prozent der voraussichtlichen Kosten (Entwicklungs-, Fertigungs-, Wartungs- und Betriebskosten) determiniert, also kaum mehr zu beeinflussen. Der Anteil der tatsächlichen Kosten, die bis zu diesem Zeitpunkt angefallen sind, an den gesamten Systemkosten ist dagegen noch sehr gering.
- Eine ganze Reihe von Untersuchungen für die IT-Branche [4] zeigt: Konzeptionelle Fehler, die erst entdeckt werden, wenn bereits Software entwickelt wurde, können nur mit sehr hohem finanziellem Aufwand beseitigt werden. Möller [5] mahnt: „Die Kosten für die Beseitigung von Fehlern sind nicht nur vom Zeitpunkt ihrer Entdeckung, sondern auch vom Zeitpunkt der Entstehung abhängig. Als Faustregel gilt: Je früher ein Fehler entsteht und je länger er nicht erkannt wird, umso teurer ist seine Beseitigung."
- Lechler [6] hat 444 deutsche Projekte systematisch ausgewertet. Er spricht von einer „besonders hohen Erfolgsrelevanz der ersten Projektphase", in der wichtige Rahmenbedingungen fixiert werden.
- Ein erfahrener Manager [7] von Bauprojekten betont: „Die größte Wirkung auf Projektergebnisse hinsichtlich Qualität, Kosten und Zeiten ist nur in der Frühphase eines Projekts zu erzielen."

1.1 Gängige Fehler

Viele Projektverantwortliche haben allerdings aus diesen eindeutigen Befunden wenig gelernt. Drei gängige, schwerwiegende Fehler sind:

- Das Topmanagement erteilt den Mitarbeitern einen ungenauen Auftrag („Machen-Sie-mal!"-Projekte) und erwartet schnelle Resultate.

- Zeit und Geld für eine vorgeschaltete Machbarkeitsstudie zur Klärung der Ziele fehlen.
- Die späteren Nutzer des Projektergebnisses werden aus Zeitmangel nicht in den Prozess der Zielformulierung einbezogen.

In den USA wurde für dieses ungeduldige Verhalten der Ausdruck „Whiscy-Prinzip" geprägt. Er steht für die Frage: „Why isn' t Sam coding yet?" Frei übersetzt: „Warum beschäftigt sich der Bursche immer noch mit der Konzeptformulierung und produziert nicht endlich Programmzeilen?"

Japan: frühzeitige Abarbeitung der Änderungen

Aus der Literatur ist bekannt, dass sich die Projektplaner in Japan ganz anders verhalten. Sie widmen dem Startprozess gemessen an der gesamten Projektdauer sehr viel Zeit, um möglichst viele Informationen zu gewinnen und Unsicherheiten abzubauen. Untersuchungen haben gezeigt, dass japanische Unternehmen 90 Prozent aller Änderungen im Stadium der Konzeptabwicklung abschließen. Westliche Unternehmen dagegen führen am häufigsten Änderungen erst kurz vor Serienbeginn durch – zu einem Zeitpunkt also, an dem sie besonders teuer sind [8].

Der Lohn für die Geduld der Japaner ist, dass spätere Fehlerbeseitigungen und Nachbesserungen in geringerem Maß notwendig sind als bei westlichen Unternehmen und dadurch die Projektdauer verkürzt wird.

1.2 Abgrenzung Projektbeginn – Ende der Startphase

Wann beginnt ein Projekt und wann endet die Startphase? Diese Frage ist bei zahlreichen Vorhaben nicht exakt zu beantworten. Denn viele Projekte haben eine lange Vorgeschichte:
- Verschiedene Personen äußern Projektideen und verwerfen sie wieder.
- Erste Gespräche mit Projektinteressenten und potenziellen Auftragnehmern finden statt, geraten ins Stocken und werden erst später fortgesetzt.
- Ein vorläufiges Konzept landet im Papierkorb, um möglicherweise nach einiger Zeit in modifizierter Form wieder aufgegriffen zu werden.

Informationen zur Projektgeschichte

Wie Gareis [9] mit Recht betont, ist es wichtig, dass die Akteure in der Startphase die oft lange Projektgeschichte kennen. Der Projektleiter muss für einen entsprechenden Wissenstransfer sorgen. Er macht zu Projektbeginn allerdings oft erst einmal unangenehme Erfahrungen: „In manchen Projekten sind die wesentlichen Entscheidungen längst im Vorfeld des offiziellen Projektstarts gefallen, zu einem Zeitpunkt, an dem der Projektleiter noch gar nichts von seinem ‚Glück' wusste. Im Management werden bereits Endtermine bestimmt oder gar der Budgetrahmen festgesetzt, ohne dass der technische oder organisatorische Aufwand für die Projektrealisierung bekannt ist. Dabei ist oft der Wunsch der Vater des Gedanken", so Lomnitz [10].

1.2.1 Konsens und Budget

Platz [11] setzt den Projektbeginn zu dem Zeitpunkt an, zu dem es „einen Konsens im Unternehmen gibt, dass zu diesem Thema überhaupt etwas getan wird und dass nun Kapazität für die Klärung des weiteren Vorgehens ausgegeben wird". Wurde dieser Konsens in einem Protokoll festgehalten – was zu empfehlen ist – und ein erstes Budget genehmigt, lässt sich der Startzeitpunkt sogar relativ genau bestimmen.

1.2.2 Machbarkeitsstudie und Produktplanung

Wissen die Beteiligten nicht genau, wie sie einen unbefriedigenden Zustand durch ein Projekt ändern können, ist eventuell eine Machbarkeitsstudie notwendig. Darin wird geprüft, ob die bis dahin nur grob formulierten Ziele mit dem vorhandenen Know-how erreichbar sind. Manche Unternehmen gehen seit vielen Jahren folgendermaßen vor [12]:

Ein Planungsteam, bestehend aus Vertretern der verschiedenen Funktionsbereiche wie Entwicklung, Konstruktion, Fertigung, Marketing, Vertrieb und der kaufmännischen Abteilung, erarbeitet für ein neu zu entwickelndes Produkt einen technischen, wirtschaftlichen und vertrieblichen Produktplan. Die Entwicklung kann nur beginnen, wenn diese Planungsdokumente von einem übergeordneten Produktausschuss überprüft und genehmigt wurden. Wenn das nicht der Fall ist, wird der Startprozess abgebrochen.

Ablauf einer Machbarkeitsstudie

Der Zeitpunkt des Projektbeginns liegt in den geschilderten Fällen weiter links (also früher) auf der Zeitachse (→ Bild C1-1) als in Projekten, in denen der interne oder externe Kunde schon relativ genaue Vorstellungen von Ablauf und Ergebnis hat.

Bild C1-1 [13] zeigt in idealisierter Darstellung den zunehmenden Abbau von Unsicherheit und die wachsende Zielklarheit im Verlauf des Startprozesses. Der Projektbeginn kann je nach Projektart bei unterschiedlichen Meilensteinen angesetzt werden. Liegt beispielsweise schon ein komplettes Lastenheft (→ Kapitel C2) vor, das die Anforderungen des Kunden enthält, verschiebt er sich nach rechts und ist beim Meilenstein M 2 anzusiedeln.

Wachsende Klarheit im Startprozess

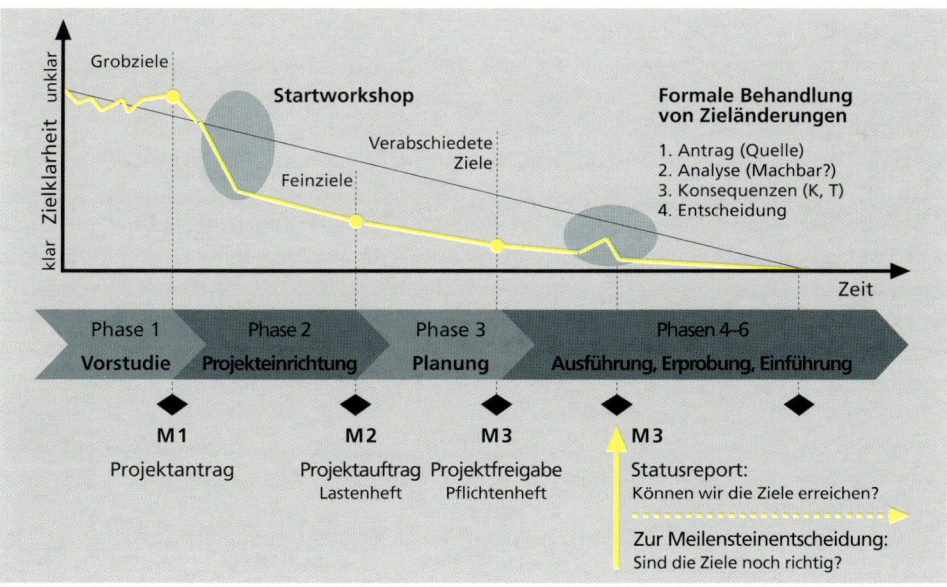

Bild C1-1 Idealisierte Darstellung der Startphase

Platz sieht das Ende der Startphase dann erreicht, wenn „die Information ausreicht, um zwischen Projekt – vertreten durch den Projektleiter – und wesentlichen Aufgabenträgern klare Vereinbarungen zur Leistungserbringung im Projekt abschließen zu können". In Bild C1-1 ist der Projektstartprozess zu Ende, sobald ein von Auftragnehmer und Auftraggeber unterschriebenes Pflichtenheft (→ Kapitel C2) vorliegt.

2 Aufgaben in der Startphase

Die Projektbeteiligten – vor allem der Projektleiter und sein Team – müssen in der Startphase
- die Projektziele und den Projektinhalt festlegen (gemeinsam mit dem Auftraggeber),
- das Projektteam formieren und die Zusammenarbeit im Team, mit der Linie und mit dem Auftraggeber regeln,
- einen ersten Projektplan erstellen,
- die Randbedingungen, insbesondere die Verfügbarkeit von Personal, finanziellen Mitteln und anderen Ressourcen (z.B. Betriebsmittel), klären und gestalten,
- die Projektorganisation aufbauen und
- eine erste Risikoanalyse (→ Kapitel C3) vornehmen.

Vereinbarkeit mit der Unternehmensstrategie

Aufgabe der Unternehmensleitung oder eines Lenkungsgremiums ist es, zu analysieren, ob das Projekt mit der Unternehmensstrategie vereinbar ist und ob es einen Beitrag zur Erreichung der Unternehmensziele leistet (z.B. Steigerung des Return on Investment, Imageverbesserung). Auf Basis dieser Analyse entscheiden sie dann, welche Priorität das Vorhaben besitzt (→ Kapitel E2).

2.1 Projektstakeholder ermitteln und Projektziele festlegen

Die unterschiedlichen Erwartungen der Stakeholder an das Projekt sollten sich möglichst weitgehend in den Projektzielen niederschlagen. Deshalb muss der Projektleiter zunächst die Projektinteressenten und ihre Vorstellungen ermitteln (→ Kapitel A3).

Kommunikation mit den späteren Anwendern

Wichtigster Stakeholder ist in der Regel der Auftraggeber, der das Projekt finanziert. Seine Vertreter bringen die Anforderungen ihres jeweiligen Fachbereichs in das Projekt ein. Aufgabe des Projektleiters ist es, die verschiedenen Rollen (→ Kapitel A3) auf Seiten des Auftraggebers und die damit verbundenen Erwartungen zu erfassen. Eine intensive Kommunikation mit den Endbenutzern des Projektergebnisses schon zu Projektbeginn gilt zu Recht als wichtiger Erfolgsfaktor. Sie fällt bei IT-Projekten besonders ins Gewicht. Denn die Akzeptanz eines komplexen, oft einarbeitungs- und schulungsintensiven technischen Systems ist ohne frühzeitige Einbindung der späteren Anwender gefährdet. Allerdings ist gerade bei Softwareentwicklungsprojekten die Kommunikation der Entwickler mit diesen häufig schwierig: Die Experten verwenden Fachbegriffe, mit denen die Benutzer wenig anfangen können. Diese wiederum tun sich schwer, den Experten ihre Wünsche, Sorgen und Nöte deutlich zu machen.

Widerstände

Die folgende Empfehlung gilt für alle Branchen, ist aber in der Praxis oft schwer zu realisieren – insbesondere dann, wenn in der Organisation erheblicher Widerstand gegen das Projekt besteht: „Endbenutzer, die ihren Fachbereich im Projektteam repräsentieren sollen, müssen richtig ausgewählt werden: Sie sollen Unternehmen und Fachbereich lange genug kennen, einen guten Überblick sowohl über Details als auch den Inhalt des Gesamtprojekts haben, Interesse an der Projektarbeit zeigen und kommunikationsfreudig sein. Sie wirken nämlich auch in ihren Fachbereich zurück und informieren dort über Projektfortschritt und -inhalte." [14]

Sind die Projektinteressenten identifiziert, müssen die Projektziele schrittweise präzisiert und priorisiert werden. Ihren endgültigen Niederschlag finden sie im Pflichtenheft (→ Kapitel C2).

2.2 Projektteam formieren und Zusammenarbeit regeln

Bei der Auswahl der Teammitglieder hat in vielen Projekten der Projektleiter nur geringe Befugnisse. Häufig muss er sich in einer Matrixorganisation mit den Mitarbeitern zufrieden geben, die ihm von den Linienvorgesetzten zugewiesen werden. In manchen Stellenbeschreibungen wird ihm bei der Personalauswahl ein Mitspracherecht, selten jedoch ein Vetorecht eingeräumt.

In der Startphase muss der Projektleiter seine Führungsfähigkeiten in besonderem Maße beweisen. Es ist seine Aufgabe, mit dem Teambildungsprozess (→ Kapitel D3) zu beginnen und dafür zu sorgen, dass

- eine positive Projektkultur entsteht,
- schwelende Konflikte bereits jetzt offen gelegt und diskutiert werden,
- sich die Teammitglieder mit der Aufgabe identifizieren und
- sie mit den Projektzielen vertraut sind und diese akzeptieren.

Teambildungsprozess

Die Startphase ist ein Projektabschnitt, in dem die Kreativität jedes einzelnen Projektgruppenmitglieds besonders gefragt ist – vor allem für den Zielbildungsprozess. In dieser Phase fährt der Projektleiter mit einem kooperativen Führungsstil (→ Kapitel D3) am besten. Mit anderen Worten: Die Teammitglieder sollten ihr Wissen einbringen können und an Entscheidungen beteiligt werden.

Dem Projektleiter obliegt es in der Startphase, die Kommunikation (→ Kapitel D4) mit der Linie und mit dem Auftraggeber im Sinn eines proaktiven Stakeholdermanagements einzurichten. Wichtig sind dabei insbesondere regelmäßige Informationen durch das formale Berichtswesen und in Statussitzungen. Er sollte zudem gute Voraussetzungen für eine funktionierende informelle Kommunikation schaffen, soweit er darauf Einfluss hat. Dies kann zum Beispiel durch räumliche Nähe der Beteiligten zueinander oder gemeinsame Unternehmungen geschehen.

Proaktives Stakeholdermanagement

2.3 Wichtige Randbedingungen klären

Zu den wichtigsten Randbedingungen gehören die personelle und die finanzielle Ausstattung des Projekts. Zu klären ist, ob

- die notwendigen Mittel für die Finanzierung vorhanden sind und
- qualifizierte Mitarbeiter zur Verfügung stehen.

Die erstgenannte Aufgabe erfordert eine zumindest überschlägige Aufwandsschätzung, die zweite eine grobe projektbezogene Personaleinsatzplanung (→ Kapitel C6). Diese muss auch die Auslastung durch andere bereits laufende Projekte und nicht projektbezogene Arbeiten berücksichtigen.

2.4 Projektorganisation festlegen

Für die Projektorganisation gibt es in vielen Unternehmen Richtlinien, die einzuhalten sind. So liegen beispielsweise bei einer Matrixorganisation meist Stellenbeschreibungen für den Projektleiter (→ Kapitel A6), die Teammitglieder, den Projektcontroller und die Lenkungsgremien vor. Darin sind Verantwortung, Aufgaben und Befugnisse festgeschrieben. In solchen Fällen hat der Projektleiter nur noch geringe Gestaltungsmöglichkeiten. Ein projektspezifisches organisatorisches Design, wie es in der Literatur zum Teil gefordert wird, ist nur begrenzt möglich. Trotzdem sollte er prüfen, ob eine projektindividuelle Anpassung nötig ist – auch wenn er über diese nicht alleine befinden kann.

Anpassung der Organisation

Immerhin kann der Projektleiter den Teammitgliedern Rollen zuweisen, zum Beispiel die Aufgabe des Protokollführers in Projektstatussitzungen oder die Funktion des Moderators in der Projektgruppe.

In jedem Fall empfiehlt es sich, bereits zum Projektstart die Aufgaben des Projektauftraggebers schriftlich zu dokumentieren, zum Beispiel
- die Freistellung eines Mitarbeiters für das Projekt,
- die Lieferung notwendiger Daten und
- die Verpflichtung zur Überprüfung von Meilensteinergebnissen.

2.5 Erste Projektplanungen vornehmen

Zu den wichtigsten Planungsdokumenten, die das Team in der Startphase erarbeiten muss, gehören
- ein erster Projektstrukturplan ($\rightarrow$ Kapitel C4),
- ein mit Terminen und Zwischenergebnissen versehener Meilensteinplan ($\rightarrow$ Kapitel B) und
- eine zumindest für die nächste Phase des Projekts detaillierte Ablauf- und Terminplanung ($\rightarrow$ Kapitel C5).

Gibt es in der Organisation ein geeignetes Standardvorgehensmodell, sollte es benutzt und wenn nötig an dieses Projekt angepasst werden.

Projektstrukturplan Was die Erarbeitung des Projektstrukturplans ($\rightarrow$ Kapitel C4) in der Startphase angeht, wenden Gegner systematischen Projektmanagements gelegentlich ein: „Ein Projektstrukturplan lässt sich in der Startphase noch nicht erstellen, weil man einige der vermutlich auszuführenden Arbeitspakete noch nicht genau kennt und bei anderen Arbeitspaketen noch nicht mehr als die Bezeichnung feststeht." Dagegen ist zu sagen: Ein Projektstrukturplan ist eine Planungsunterlage, die so gut wie nie in einem Zug erarbeitet werden kann und die im Projektverlauf fast immer geändert wird. Der Plan wandelt sich mit zunehmendem Erkenntnisgewinn.

3 Projektstart-Workshop

In Literatur und Praxis werden die Begriffe Projektstart-Workshop beziehungsweise Projektstartsitzung und Kick-off-Meeting synonym gebraucht. Es hat sich aber bewährt, zwischen beiden Sitzungsformen zu unterscheiden:
1. Kick-off-Meetings dienen der Information der Stakeholder über das Projekt. Es handelt sich dabei also im Wesentlichen um Kommunikation in eine Richtung.
2. In einer Projektstartsitzung erarbeiten die Beteiligten wesentliche Grundlagen für die späteren Projektphasen. Der beste Zeitpunkt für den Workshop lässt sich nicht genau festlegen. Platz positioniert ihn in Bild C1-1 zwischen den Meilensteinen M 1 und M 2. Bei einem mühsamen Zielklärungsprozess müssen eventuell mehrere Sitzungen stattfinden.

Realistische Dauer Als Dauer des Start-Workshops empfiehlt Gareis [15] je nach Größe des Projekts ein bis drei Tage. Dies ist realistisch. Es ist allerdings unwahrscheinlich, dass alle Aufgaben in einer einzigen Startsitzung erledigt werden können. Oft gestaltet es sich schon schwierig, alle Teilnehmer für mehrere Tage zusammenzubringen. Deshalb muss das Projektteam Vorarbeiten leisten, deren Ergebnisse im Workshop nur vorgestellt und gebilligt oder geändert werden. Standardprojektstrukturpläne und Vorgehensmodelle ($\rightarrow$ Kapitel B) erleichtern die Vorbereitung erheblich.

3.1 Teilnehmer

Neben dem Projektleiter und seinem Team sollten Repräsentanten des Auftraggebers am Projektstart-Workshop teilnehmen. Außerdem müssen andere wichtige Stakeholder beteiligt werden, soweit sie bereits identifiziert sind. Bei Reorganisationsprojekten sind dies der Betriebs- oder Personalrat sowie Vertreter der betroffenen Organisationseinheiten. Ein erster Schritt zur Akzeptanz des Projekts ist getan, wenn die wichtigen Projektinteressenten an Weichenstellungen beteiligt werden und diese mitgestalten können. Folgende Tagesordnung hat sich bewährt:

Wichtige Stakeholder

TAGESORDNUNG

1. Begrüßung und Vorstellung der Teilnehmer
2. Vorstellung der Tagesordnung und Vereinbarung von Regeln für die Zusammenarbeit in der Startsitzung und im Projekt
3. Abfrage der Erwartungen der Teilnehmer an die Startsitzung
4. Informationssammlung
5. Überblick über das vorgegebene Projektmanagement
6. Identifizierung der Stakeholder und Festlegung der groben Projektziele
7. Erstellung eines ersten Projektstrukturplans
8. Erste Kostenschätzung
9. Festlegung der Projektphasen und der wichtigsten Meilensteine
10. Detaillierte Planung für die nächste Projektphase
11. Projektorganisation und Informations- und Kommunikationssystem
12. Projektrisiken
13. Weiteres Vorgehen, insbesondere die nächsten Termine und Aufgaben
14. Feedbackrunde

4 Varianten des Startprozesses

Der Startprozess wird in diesem Kapitel idealisiert dargestellt. In der Praxis gibt es ganz verschiedene Ausformungen. Insbesondere in der Investitionsgüterindustrie unterscheidet sich die Startphase erheblich von dem in Bild C1-1 nachgezeichneten Ablauf [16]. Ein Projekt wird in diesem Industriezweig meist durch eine Kundenanfrage ausgelöst. Da detaillierte Angebote oft mit hohen Kosten verbunden und die Erfolgsquoten besonders bei schlechter Konjunkturlage niedrig sind, bewertet das Angebotscontrolling jede Anfrage. Dabei spielen unter anderem Kriterien wie die Bonität des Kunden, das Know-how des eigenen Unternehmens sowie technische, kommerzielle und politische Risiken eine Rolle (→ Kapitel E2).

Investitionsgüter-industrie

Auf Grundlage dieser Bewertung entscheidet die Unternehmensleitung, ob ein Angebot unterbreitet werden soll. Wenn ja, dann beginnt ein Team damit, die Angebotsunterlagen zu erarbeiten. Bei großen Aufträgen kann man dies als eigenes Projekt betrachten. Entwickelt das Unternehmen beispielsweise ein technisches Konzept für den potenziellen Kunden, so ist dieses die Basis für die Ermittlung des Liefertermins und die Angebotskalkulation. Nachdem Liefer-, Zahlungs- und Gewährleistungsbedingungen sowie ein Finanzierungsangebot ausgearbeitet wurden, wird dem Kunden das Angebot übermittelt.

Bei manchen Projekten muss der Zielfindungsprozess besonders sorgfältig gestaltet werden. In Raumfahrtprojekten prüft ein Review-Team sogar mehrmals zu vorgegebenen Kontrollpunkten das technische Konzept [17].

Fragen zur Selbsteinschätzung gemäß Zertifikatslevel

Nr.	Frage	Level				Selbsteinschätzung
		D	C	B	A	
C1.1	Welche Aufgaben fallen in der Startphase eines Projekts an?	2	3	3	4	☐
C1.2	Welche Tagesordnung hat sich für einen Projektstart-Workshop bewährt?	2	3	3	4	☐
C1.3	Wie kann das Ende der Startphase vom Projektbeginn abgegrenzt werden?	2	3	3	4	☐
C1.4	Welche Bedeutung hat die Startphase und welche Fehlerquellen birgt sie?	2	3	3	4	☐
C1.5	Wann beginnt ein Projekt?	2	3	3	4	☐
C1.6	Welche Aufgaben hat die Unternehmensleitung bzw. der Lenkungsausschuss in der Startphase?	2	2	2	4	☐

Projektziele festlegen: Was zunächst einfach klingt, ist bei genauerem Hinsehen mit einigem Aufwand verbunden (ICB-Elemente 8, 13). Wie sehen die Zielgrößen für das Projekt im Detail aus? Wie kann man sie messbar machen? Fragen wie diese stellen sich dem Projektmanager im Zielfindungsprozess. Er muss die wichtigsten Regeln für die Zielformulierung und den Zusammenhang zwischen Projekt- und Unternehmenszielen kennen und in der Lage sein, die Beziehungen zwischen den Projektzielen zu analysieren und bei Zielkonflikten Prioritäten zu setzen. Bei der Zielbildung sind die Erwartungen der verschiedenen Stakeholder zu berücksichtigen.

1 Zielgrößen

Die ICB unterscheidet drei Zielgrößen:
1. Ergebnis (Sach- und Dienstleistungen in der geforderten Qualität)
2. Zeit (Dauer und Termine)
3. Aufwand (Mitarbeiterstunden und Kosten)

Diese Klassifikation, die nur die „harten" Ziele (= Kosten-, Termin- und Leistungsziele) umfasst, greift aber zu kurz. In neuerer Zeit sieht man als Zielgröße auch die Zufriedenheit wichtiger Stakeholder (→ Kapitel A3) – besonders des Kunden, der Projektmitarbeiter und des Topmanagements. Bei Reorganisationsprojekten zählen außerdem der Betriebsrat und die Mitarbeiter, die das Projektergebnis betrifft, zu den Stakeholdern.

Zufriedenheit wichtiger Stakeholder

Konsequenterweise fordert das Benchmarking-Modell für Project Excellence der Deutschen Gesellschaft für Projektmanagement (GPM) deshalb von den Bewerbern um den deutschen beziehungsweise internationalen Projektmanagement-Award den Nachweis, wie der Projektleiter die Projektziele formuliert, entwickelt, überprüft und umgesetzt hat. Sie müssen vor allem zeigen,

Nachweis für den PM-Award

- welche Stakeholder identifiziert wurden,
- wie das geschehen ist und
- wie die unterschiedlichen Ziele dieser Projektinteressenten ermittelt und bei den Projektzielen berücksichtigt wurden [1].

1.1 Kostenziel

Zu den Kosten werden häufig nur die Kosten der Entwicklung beziehungsweise der Fertigung eines Systems gezählt, nicht die der Nutzungsphase. In neuerer Zeit setzt sich zumindest in einigen Branchen die Auffassung durch, dass alle Kosten in die Zielfunktion aufzunehmen sind, die während der Systemlebensdauer anfallen. Möglichst gering zu halten sind also nicht nur die Entwicklungs- und Fertigungskosten oder deren Summe, sondern die gesamten Lebenswegkosten (= Life Cycle Cost). Dazu gehören die Entwicklungs-, Fertigungs- sowie Wartungs- und Betriebskosten [2] inklusive der Kosten, die anfallen, um das System aus dem Betrieb zu nehmen und zu entsorgen.

Gesamte Lebenswegkosten

Die Bedeutung des Kostenziels wird klar, wenn man vereinfachend von einem fest vorgegebenen Verkaufserlös für die Leistung ausgeht, die im Projekt zu erbringen ist. Das gilt zum Beispiel bei einem Selbstkostenfestpreis. Der Gewinn beziehungsweise der Deckungsbeitrag (= Differenz zwischen Erlös

Selbstkostenfestpreis Deckungsbeitrag

*Selbstkosten-
erstattungspreis*

und variablen Kosten) aus dem Projekt lässt sich in diesem Fall nur maximieren, indem die beeinfluss-baren Kosten minimiert werden. Bei einem Selbstkostenerstattungspreis ist das anders: In diesem Fall entsteht die volkswirtschaftlich absurde Situation, dass der Gewinn des Unternehmens maximiert wird, wenn die Kosten möglichst hoch sind. Denn der Unternehmer erhält einen gewissen Prozent-satz der erstattungsfähigen Kosten als Gewinn zugesprochen.

Bei Entwicklungsprojekten, die in eine Serien- oder Massenfabrikation münden, bilden die Projekt-kosten nur einen Teil der Gesamtkosten – auch wenn schon im Verlauf der Entwicklung durch den Produktentwurf ein erheblicher Anteil der späteren Fertigungs-, Betriebs- und Wartungskosten fest-gelegt wird.

1.1.1 Design-to-Cost-Ansatz

*Priorität
für Kostenziel*

Beim Design-to-Cost-Ansatz dominiert das Kostenziel. Die Befürworter dieses Konzepts gehen davon aus, dass eine vorgegebene, zumeist technische Aufgabe zu sehr unterschiedlichen Kosten realisiert werden kann. Für die Entwicklung wird ein weitgehend fester Kostenbetrag vorgegeben. Die For-mulierung der Anforderungen an das System, das entwickelt wird, muss sich an dieser Kostenvorgabe orientieren. Dabei haben die wichtigsten Funktionen Priorität.

Im Gegensatz zur üblichen Vorgehensweise werden die zu erwartenden Kosten also nicht aus den Anforderungen und den Systemspezifikationen abgeleitet. Vielmehr wird die Spezifikation den ver-fügbaren Mitteln angepasst. Starke Ähnlichkeit mit der Design-to-Cost-Philosophie hat die Methodik der Zielkostenrechnung (Target Costing → Kapitel C6) [3].

1.2 Terminziel

*Priorität
für Terminziel*

Die Entwicklung der Netzplantechnik, die zunächst nur als Instrument zur Zeitplanung und -kontrolle konzipiert war, macht die hohe Priorität deutlich, die das Verteidigungsministerium und die Raum-fahrtbehörde in den USA einst dem Terminziel gegeben haben. In neuerer Zeit wird speziell für For-schungs- und Entwicklungsprojekte die Bedeutung einer kurzen Projektdauer für den Projekterfolg stark hervorgehoben (Stichwort „Time to Market").

1.3 Leistungsziel

Leistungsziele können nach verschiedenen Gesichtspunkten unterteilt werden. Eine gute Klassifizie-rung für die Entwicklung materieller Produkte, aber auch für Investitionsprojekte des Anlagenbaus hat das Verteidigungsministerium der USA erarbeitet [4].

Demnach gibt es vier Kategorien technischer Projektziele beziehungsweise technischer Erfordernisse:

*Kategorien
technischer
Projektziele*

1. Leistungs- beziehungsweise Wirkungsziele (z.B. Reichweite, Treffsicherheit, Dauer, Höchstge-schwindigkeit, Ausbringung in Stück pro Zeiteinheit)
2. Betriebsziele (z.B. die Forderung, dass eine vorgegebene Gesamtausfallzeit beim Systemein-satz nicht überschritten werden darf)
3. Auslegungs- beziehungsweise Konstruktionsziele (z.B. Gewicht, Abmessungen)
4. Produktions- und Wirtschaftlichkeitsziele beziehungsweise Produktivitätsziele (z.B. die Anfor-derungen hinsichtlich der Kosten pro Leistungseinheit, die das System erzeugt)

Diese Klassifikation von Leistungszielen kann bei Softwareentwicklungs- und Organisationsprojekten nicht benutzt werden.

1.4 Quantitative und qualitative Ergebnis- und Prozessziele

Vier Beispiele aus der Softwareentwicklung sollen die Klassifizierung in quantitative und qualitative Ergebnis- und Prozessziele [5] verdeutlichen:
- Quantitatives Prozessziel
  - Software innerhalb von zwölf Monaten entwickeln
  - Marketingkonzept binnen zwölf Monaten erstellen
- Quantitatives Ergebnisziel
  - Kosten der Abonnementverwaltung um 25 Prozent pro Transaktion verringern
  - durchschnittliche Dauer der Auftragsbearbeitung im Unternehmen um zehn Prozent reduzieren
- Qualitatives Prozessziel: Karrieremöglichkeiten für das Testpersonal vorsehen
- Qualitatives Ergebnisziel: Arbeitsbedingungen der Schulangestellten verbessern

2 Projektziele messbar machen

Der Projektleiter muss Ergebnis- und Prozessziele so definieren, dass nach Abschluss des Projekts festgestellt werden kann, ob und in welchem Maß sie erreicht wurden. Kurz: Jedes Ziel muss mess- und damit nachprüfbar sein (= Operationalisierung). Das qualitative Ziel „Arbeitsbedingungen der Schulangestellten verbessern" ist beispielsweise zu vage formuliert.

Nachprüfbarkeit

Die Operationalisierung des Kosten- und Terminziels ist im Grunde genommen einfach. Probleme ergeben sich aber, wenn in frühen Projektphasen die Schätzung von Projektdauer und -kosten häufiger revidiert wurden.

Meist werden für die Termin- und Kostentreue folgende Maße definiert:

Maße für Termin- und Kostentreue

$$\text{Termintreue} = \frac{\text{effektive Zeit für die Projektdurchführung}}{\text{ursprünglich geschätzte Projektdauer}}$$

$$\text{Kostentreue} = \frac{\text{effektive Projektkosten}}{\text{ursprünglich geplante Projektkosten}}$$

Weit kompliziertere Kennzahlen für die Messung der Termin- und Kostentreue stammen von v. Wasielewski [6]. Er berücksichtigt die Revision der Schätzwerte während der Projektlaufzeit. Das bedeutet: Das letztendliche Messergebnis fällt genauer aus.

Leistungsziele können häufig in Form technischer Kennzahlen oder Kennlinien ausgedrückt werden. Chestnut [7] nennt eine Reihe von Beispielen:
- Dimensionslose Güteziffern wie Dämpfungsmaße oder das Verhältnis von Drehmoment zu Trägheitsmoment
- Kurven, die den Wirkungsgrad in Abhängigkeit vom Lastfaktor zeigen
- Umsetzungsverhältnisse, zum Beispiel die gewonnene Substanzmenge im Verhältnis zur zugeführten Substanzmenge

Kennzahlen und Kennlinien

- Ergiebigkeit pro Zeiteinheit, also nutzbare Produkte pro Zeiteinheit im Verhältnis zur Gesamtproduktion pro Zeiteinheit
- Wärmewirkungsgrade
- Transportleistung (Gesamtgewicht des Fahrzeugs im Verhältnis zur installierten Antriebsleistung).

Ob ein System die gestellten Leistungserfordernisse erfüllt, steht manchmal erst nach einigen Einsatzjahren fest. Das gilt beispielsweise für bestimmte Zuverlässigkeitswerte. Das Ergebnis zeitlich geraffter Laboruntersuchungen etwa ist meist kein vollwertiger Ersatz für die Erprobung in der Praxis.

2.1 Probleme bei der Operationalisierung

Soziale Ziele

Projektziele zu operationalisieren kann schwierig sein. Bei der Formulierung sozialer Ziele beispielsweise müssen sich die Projektverantwortlichen oft mit Hilfsgrößen begnügen. Um beispielsweise das Ziel „Steigerung der Mitarbeiterzufriedenheit" messbar zu machen, muss der Projektleiter als Maßzahl die Fluktuationsquote wählen. Denn die Messung der Arbeitszufriedenheit mit einem standardisierten Fragebogen ist sehr aufwändig. Ob eine reduzierte Fluktuationsquote allerdings wirklich als Projekterfolg gewertet werden kann, lässt sich nur schwer feststellen. Sie könnte beispielsweise deshalb zurückgegangen sein, weil sich die Lage auf dem Arbeitsmarkt verschlechtert hat.

Softwareprojekte

In Softwareprojekten stellen sich bei der Operationalisierung besondere Probleme. Wie bestimmt man am Ende eines Projekts, ob abstrakte Ziele wie „Benutzer- und Wartungsfreundlichkeit" oder „Flexibilität der Software" tatsächlich erreicht wurden? In den vergangenen Jahrzehnten gab es eine Reihe von Versuchen, die Qualitätsziele in Softwareprojekten messbar zu machen. Dazu gehört das Qualitätsmodell nach ISO 9126. Einen Überblick über diese Versuche gibt Balzert [8].

F-C-M-Ansatz

An dieser Stelle soll nur der F-C-M-Ansatz (Factor Criteria Metric Model) kurz erläutert werden: Zunächst definiert man Qualitätsmerkmale wie Funktionalität, Zuverlässigkeit, Benutzbarkeit und Korrektheit. In einem zweiten Schritt werden diese Qualitätsmerkmale in Teilmerkmale beziehungsweise Kriterien aufgegliedert. Diese lassen sich dann durch Qualitätsindikatoren beziehungsweise durch Metriken messbar machen.

Beispiel
*Das Qualitätsmerkmal der Korrektheit ("Macht die Software das, was der Benutzer wünscht?")
wird in die Kriterien*
- *Vollständigkeit,*
- *Konsistenz und*
- *Rückverfolgbarkeit der Softwarekomponenten bezüglich der Benutzeranforderungen (das
bedeutet verfolgen zu können, wie diese Anforderungen umgesetzt wurden)
untergliedert.*

Ob beispielsweise das Kriterium der Vollständigkeit erfüllt ist, überprüfen Auftraggeber und/oder Auftragnehmer mithilfe einer Checkliste, die alle wichtigen Funktionen enthält.

Organisationsprojekte

Bei Organisationsprojekten drücken sich die Verantwortlichen oft vor einer präzisen Zielformulierung, über die der erwünschte Anwendungserfolg definiert werden muss. Sie fürchten, später an dieser Zielformulierung gemessen zu werden. Der Controller, der für Transparenz im Projekt verantwortlich ist, muss in einem solchen Fall auf eine nachprüfbare Zieldefinition bestehen.

Wie eine Zielformulierung keinesfalls aussehen sollte, zeigt das Projektbeispiel „Planung und Durchführung eines Kongresses". Zuerst die schlechte, weil unvollständige Variante:

> „Den Kongress sollen mindestens 400 Teilnehmer besuchen. Der erzielte Deckungsbeitrag muss mindestens 50.000 Euro betragen."

Weit besser wird diese Zielformulierung, wenn man ein Qualitätsziel hinzufügt:

> „Mindestens 75 Prozent der Teilnehmer müssen die Organisation und die fachlichen Inhalte der Veranstaltung mit den Noten sehr gut oder gut bewerten."

3 Weitere Regeln für die Zielformulierung

Neben der Anforderung, mess- und damit nachprüfbare Ziele zu formulieren, gibt es eine Reihe weiterer Regeln, die der Projektleiter beachten sollte. Die Tabelle von Platz [9] ($\rightarrow$ Bild C2-1) präsentiert diese Regeln zusammen mit jeweils einem Negativbeispiel. In dieser Darstellungsweise kommt wiederum die Forderung nach einer Operationalisierung von Projektzielen zum Ausdruck.

FALSCHE FORMULIERUNG	REGEL FÜR PROJEKTZIELE
1. „Die bekannten Temperaturprobleme im infrastrukturellen Zusammenhang sind zu vermeiden."	Projektziele müssen präzise, verständlich und positiv formuliert werden.
2. „Der Durchsatz im A3-Modul ist deutlich zu steigern."	Projektziele müssen so weit wie möglich quantifiziert werden.
3. „Das Gewicht sollte nicht über 16 Kilogramm liegen."	Die Zielgröße muss eindeutig sein. Ausdrücke wie „könnte", „müsste" etc. sind zu vermeiden. Durch „muss" oder „kann" kann allerdings priorisiert werden.
4. „Das Produkt muss einen hohen Anwendungskomfort haben."	Komplexe Begriffe wie Anwendungskomfort müssen in Einzelkomponenten aufgelöst werden.
5. „Die geforderte Gewichtsreduzierung des T 311 um zwölf Prozent muss durch die Verwendung von Aluminium und den Einsatz von Hohlkörpern erreicht werden."	Projektziele müssen lösungsneutral formuliert sein, damit mögliche Lösungen nicht von vornherein ausgeschlossen werden.
6. „Es ist höchste Funktionalität und vollständige Abdeckung aller Funktionen der Produkte von Mitbewerbern zu erreichen."	Projektziele müssen daraufhin überprüft werden, ob sie wirklich erforderlich sind.
7. „Die Anzeige, die mit 3,3 Volt betrieben wird und eine Genauigkeit von mindestens einem Prozent des Endwerts haben muss, ist so zu gestalten, dass sie der Bediener aus drei Metern Entfernung lesen kann."	Projektziele müssen als Einzelaussagen – also als Anforderungen – unabhängig voneinander formuliert werden.
8. „Die Projektziele sind im Schreiben vom 3. April, dem Gesprächsprotokoll vom 16. April, dem Angebot vom 18. April und der Qualitätsrichtlinie QS03 enthalten."	Projektziele müssen an einer Stelle zusammengefasst sein. Nur so können sie überprüft und aktualisiert werden.
9. „Trotz der Bedenken des Marketings wird entschieden, dass der Vorschlag der Entwicklung, die Stromversorgung über Batterien statt über Solarzellen vorzunehmen, verbindlich ist."	Projektziele müssen von allen Betroffenen akzeptiert sein.

Bild C2-1 Regeln für die Zielformulierung sowie Negativbeispiele nach Platz [9]

4 Grafische Darstellung

Hierarchische Struktur

Projektziele lassen sich in einer hierarchischen Struktur darstellen. Bild C2-2 zeigt das Ober- oder Globalziel eines Verkehrsprojekts, drei Zielklassen, die einzelnen Ziele, ihre Operationalisierung und schließlich auf der untersten Ebene das geforderte Ausmaß der Zielerreichung.

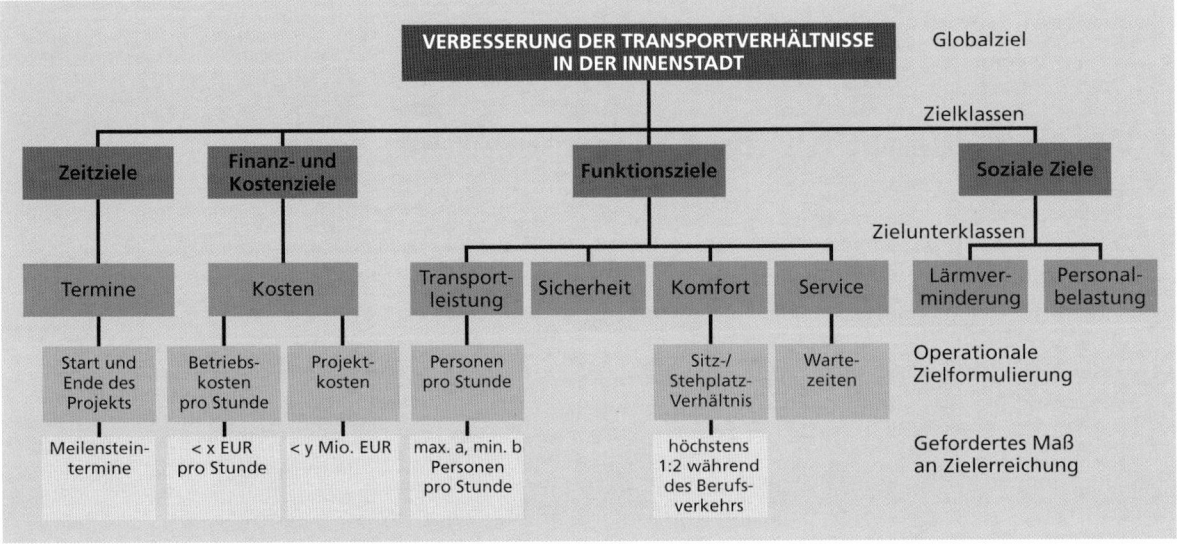

Bild C2-2 Beispiel für die grafische Darstellung von Zielen [10]

5 Beziehungen zwischen Projektzielen

Konkurrenz-und Komplementär-beziehungen

Zwischen zwei Zielen eines Projekts können Konkurrenz- oder Komplementärbeziehungen bestehen. Die zweite Beziehungsart ist unproblematisch, weil ein größerer Erfüllungsgrad bei einem Ziel auch zu einem besseren Erfüllungsgrad beim zweiten Ziel führt. Häufig gibt es aber Konkurrenzbeziehungen (= Zielkonflikte). Das bedeutet: Die zunehmende Erfüllung des einen Ziels kann nur durch Abstriche bei einem anderen Ziel erreicht werden. So ist zum Beispiel die Reduzierung der Projektdauer oft nur durch Kostensteigerungen möglich. Erhöhte Anforderungen an das zu entwickelnde System, die sich im Projektverlauf ergeben, müssen meist durch eine längere Projektdauer und höhere Projektkosten erkauft werden. Auch innerhalb des Leistungsziels, das in der Regel aus einem ganzen Bündel von Teilzielen besteht, gibt es Konkurrenzbeziehungen: Eine Erhöhung der maximalen Transportlast eines Flugzeugs beispielsweise geht zu Lasten der Reichweite.

Der klassische Versuch von Weinberg [11] zeigt das Problem besonders deutlich: Der Forscher stellte fünf Programmierteams die gleiche Aufgabe, gab aber jeder Gruppe ein anderes Projektziel vor, auf das sie sich besonders konzentrieren sollte. Team 1 sollte den Programmieraufwand in Stunden gering halten, Team 2 die Anzahl der Programmzeilen minimieren, Team 3 mit wenig Speicherplatz auskommen, Team 4 im Interesse der Wartungsfreundlichkeit auf eine möglichst große Klarheit des Programms achten und Team 5 einen benutzerfreundlichen Output erzeugen. Unabhängige Gutachter bewerteten das Ergebnis mit Schulnoten.

Die Matrix in Bild C2-3 zeigt: Alle Teams mit Ausnahme von Team 4 erhielten bei dem Ziel, dem sie die oberste Priorität zu geben hatten, die Note 1. Die Matrix weist aber auch auf zahlreiche Zielkonflikte hin. So wurde Team 1 beim Kriterium „Klarheit des Programms" mit Note 5 bewertet und bei den Kriterien „Minimierung der Zahl der Programmzeilen" und „Minimierung des Speicherplatzes" mit Note 4. Mit anderen Worten: Zwischen dem Projektziel, den Aufwand beziehungsweise die Kosten des Projekts zu minimieren, und den drei anderen Zielen besteht eine Zielkonkurrenz: Es können nicht alle Zielgrößen gleichzeitig optimiert werden.

NOTEN DES TEAMS FÜR DIE ERFÜLLUNG DES JEWEILIGEN PROJEKTZIELS

Teamziel	Minimierung des Aufwands	Minimierung der Programmzeilen	Minimierung des Speicherplatzes	Optimale Klarheit des Programms	Optimale Klarheit des Outputs
Minimierung des Aufwands	1	4	4	5	3
Minimierung der Programmzeilen	2–3	1	2	3	5
Minimierung des Speicherplatzes	5	2	1	4	4
Optimale Klarheit des Programms	4	3	3	2	2
Optimale Klarheit des Outputs	2–3	5	5	1	1

Bild C2-3 Ergebnisse des Versuchs von Weinberg [11]

Für die Projektpraxis bedeuten Zielkonflikte: Der Projektleiter beziehungsweise der Auftraggeber muss Zielkompromisse schließen. Beim Design-to-Cost-Ansatz beispielsweise sind geringe Projektkosten das wichtigste Ziel. Eine Reduzierung der Leistungsparameter nehmen die Projektverantwortlichen dafür bewusst in Kauf.

Zielkonflikte und -kompromisse

Zielkonflikte müssen auch bei der Projektsteuerung berücksichtigt werden. Jede Steuerungsmaßnahme hat Neben- und Fernwirkungen. Zu den alltäglichen Erfahrungen von Projektmanagern gehört es, dass während des Projektverlaufs gestiegene Anforderungen an den Projektgegenstand meist nur über höhere Kosten und eine längere Projektdauer erfüllt werden können. Die Abwicklungsprozeduren des Änderungs- oder Konfigurationsmanagements ($\rightarrow$ Kapitel C7) verlangen deshalb zwingend, dass bei Änderungen der Spezifikation die bisher gültigen Kosten- und Terminplanwerte überprüft und – falls nötig – revidiert werden.

In der Praxis gibt es zahlreiche Beispiele für Zielkonflikte. Kürzt man bei Hard- oder Softwaresystemen die Testzeiten, um einen Terminverzug aufzuholen, rächt sich das meist später: Eine schlechtere Produktqualität und zusätzliche Kosten für Nachbesserungen beim Kunden drohen. Auch die wachsende Zahl von Rückrufaktionen in der Automobilbranche weist auf missachtete Zielkonflikte zwischen Termin- und Qualitätsanforderungen hin. Bei der Entwicklung der Fahrzeuge wird oft auf ausreichend lange Tests unter realen Bedingungen verzichtet, um Zeit zu sparen und Kosten zu senken. Dafür müssen sie dann schon kurz nach der Auslieferung zurückgerufen und auf Kosten des Herstellers repariert werden.

Gesetz von Brooks

In die Literatur eingegangen ist das Gesetz von Brooks, der bei IBM für die Entwicklung des Rechner-betriebssystems OS 360 verantwortlich war: „Adding manpower to a late software project makes it later." Das heißt: Versuche, eine Terminverzögerung durch erhöhten Personaleinsatz wieder aufzu-holen, vergrößern die Verzögerung zusätzlich und treiben auch noch die Kosten in die Höhe.

6 Zusammenhang zwischen Projekt- und Unternehmenszielen

Der Zusammenhang zwischen Projekt- und Unternehmenszielen ist leicht herzustellen, wenn ein Unternehmen in einer Rechnungsperiode nur ein Projekt realisiert. Ein Beispiel könnte eine Werft sein, die für einen Kunden ein Schiff baut. Der Gewinn aus dem Vorhaben entspricht dann dem Perio-dengewinn des Unternehmens.

Ressourcenverbund

In den meisten Fällen sind die Verhältnisse aber weitaus komplizierter: Es werden parallel mehrere Projekte durchgeführt, die zumindest teilweise einen gemeinsamen Pool knapper Ressourcen bean-spruchen. Daneben gibt es häufig einen nichtprojektorientierten Bereich, der mit dem Projekt-bereich in einem Ressourcenverbund steht.

Damit die Unternehmensleitung Projektziele priorisieren kann, muss sie vorab Fragen wie diese klären: Wie wirkt sich eine Verkürzung der Projektdauer bei Vorhaben A, erzeugt durch teilweisen Abzug von Arbeitskräften aus Projekt B, auf das Periodenergebnis und den Umsatz des Unterneh-mens aus?

Ein Modell, das solche Entscheidungsgrundlagen liefert, gibt es zurzeit nur in Ansätzen. Bei der Begründung von Projekten achten die Verantwortlichen aber zunehmend darauf, dass die ausge-wählten Vorhaben auf die Strategie des Unternehmens abgestimmt sind (→ Kapitel E2).

7 Lasten- und Pflichtenheft

Darstellung der Leistungsziele

Die Anforderungen des Kunden an das Projekt und die detaillierte Darstellung der daraus abgelei-teten Leistungsziele müssen schriftlich festgehalten und – wenn nötig – während des Projekts revi-diert werden. Dazu dienen Lastenheft und Pflichtenheft. DIN 69 905 definiert beide Begriffe:

Lastenheft

Unter einem Lastenheft versteht man „die Gesamtheit der Anforderungen des Auftraggebers an die Lieferungen und Leistungen eines Auftragnehmers". Es macht Aussagen darüber, was zu erarbeiten ist und wofür.

Pflichtenheft

Das Pflichtenheft enthält die „vom Auftragnehmer erarbeiteten Realisierungsvorgaben aufgrund der Umsetzung des Lastenhefts".

Es beschreibt, wie und womit die Anforderungen verwirklicht werden sollen. Das Pflichtenheft ist die Grundlage für die weitere Arbeit im Projekt. In Vorhaben mit hohem Neuheitsgrad und zunächst nur vager Zielsetzung muss es im Projektverlauf fortgeschrieben und präzisiert werden.

Bild C2-4 zeigt ein Lastenheft für ein Studienprojekt geringen Umfangs. Bild C2-5 stellt die Grobgliede-rung eines Pflichtenhefts aus der Softwareentwicklung dar. Das Pflichtenheft muss am Ende der Stu-dienphase vorliegen und verabschiedet werden. In Bild C2-6 sind die Inhaltskategorien eines Pflichten-hefts für ein materielles Produkt (z.B. Mobiltelefon) dargestellt.

PROJEKTAUFTRAG	STUDIENPROJEKT „WIRTSCHAFTSFAKTOR SOFTWARE"
Projektleiter	Herr X
Zielsetzung	Die Studie soll Hinweise auf die aktuelle Bewertung der Informations-technologien (IT) insbesondere durch mittelständische Unternehmen, auf Trends in ihrer Entwicklung und auf Wege zur Nutzenoptimierung geben.
Aufgabenstellung	Die Studie soll auf folgende Fragestellungen Antwort geben: • Welche Bedeutung hat die Informationstechnologie für die Unternehmen? • Wo kommen die heute eingesetzten und die in naher Zukunft zu beschaffenden IT-Systeme her? • Wie wird die aktuelle Ausbildung der Mitarbeiter in der Datenverarbeitung bewertet? • Wie informieren sich die Unternehmen über die mit IT verbundenen Themen und wie schätzen sie die staatliche Förderpolitik in diesem Zusammenhang ein?
Zu erarbeitende Ergebnisse	• Literaturstudie • Getesteter Fragebogen • Auswertung des Fragebogens
Budget	....
Randbedingungen	Es soll vor allem die mittelständische Industrie angesprochen werden.
Termine, Meilensteine	Erster Zwischenbericht Mitte September diesen Jahres. Der Zwischenbericht muss die Ergebnisse der Vorstudie, den Fragebogen und die Ergebnisse des Pretests enthalten. Abschluss der Studie Ende März nächsten Jahres Zu den weiteren Meilensteinen und Meilensteinergebnissen siehe die detaillierte Meilensteinplanung.
Auftraggeber	Institut Y

Bild C2-4 Lastenheft für ein Studienprojekt

	PHASE O	PHASE 1
	Anstoß	Studie
Phasenziel	Projekt-/Produktzielsetzungen festlegen	Systemanforderungen und Randbedingungen festlegen
Phasenentscheidung	1	2
Meilensteine	A10	A20
Teilprodukte		Pflichtenheft

GLIEDERUNG PFLICHTENHEFT

1. **Zusammenfassung**
1.1 Problembeschreibung
1.2 Kurzbeschreibung der Leistungsmerkmale
1.3 Technische Anforderungsanalyse
1.4 Projektanforderungsanalyse
1.5 Lösungsalternativen und Aufwände

2. **Requirement-Katalog**

3. **Technische Anforderungsanalyse**

4. **Projektanforderungsanalyse**

5. **Erster Systementwurf**
5.1 Gesamtsystem
5.2 Funktionsgruppen
5.2.1 Schnittstellen zu Benutzern
5.2.2 Schnittstellen zu anderen Funktionsgruppen

6. **Lösungsalternativen und Aufwände**

7. **Abnahmebedingungen**
7.1 Softwaresystem
7.2 Bibliotheksinhalte

8. **Rapid Prototype** (bei Bedarf)

9. **Randbedingungen**

Bild C2-5 Gliederung eines Pflichtenhefts für die Softwareentwicklung [12]

INHALTSKATEGORIEN EINES PFLICHTENHEFTS

1. Produktidentifikation	Name, Bezeichnung, Nummer, ggf. mit kurzer Erläuterung von Art und Verwendung, Gebrauch, Verbrauch, ggf. verwandte Produkte (eigen/fremd), Zugehörigkeit zu Produktgruppen
2. Marketingziele	die damit erreicht werden sollen • Anwender-/Verbrauchergruppen • Zielmärkte (Branchen und Regionen) • Image, Anspruchsniveau
3. Preis- und Kostenvorstellungen	Vorgaben als Handlungsrahmen
4. Funktionelle Anforderungen	Technisches Konzept • Prinzip, Arbeitsweise, Arbeitsbereiche • Leistungsdaten, Grenzwerte, Toleranzen • Abnahmebedingungen
5. Abmessungen und Gewichte	• Form, Baumaß, Lage und Funktion der Energiezufuhr • Anschlüsse für Energien, Abluft und Abwasser
6. Betriebsbedingungen	einschließlich Umwelt, ggf. für das Exportland
7. Konstruktionsbedingungen	• Bedienbarkeit, Zugänglichkeit • Wartungsbedingungen, Reparaturmöglichkeit • Verschrottung • Kontrollsysteme
8. Sicherheitsvorschriften	• Betriebssicherheit, Sicherheit gegen Arbeitsunfälle • Schadenschutz, Lärmschutz • Entsorgung, Umweltschutz

Bild C2-6 Inhaltskategorien eines Pflichtenhefts

Fragen zur Selbsteinschätzung gemäß Zertifikatslevel

Nr.	Frage	Level D	C	B	A	Selbsteinschätzung
C2.1	Welche Zielgrößen für Projekte sind bekannt?	3	3	3	4	☐
C2.2	Welche Zielvorgaben für ein Projekt können vorliegen?	2	3	3	4	☐
C2.3	Wie kann man Projektziele operationalisieren?	2	3	3	4	☐
C2.4	Welche Regeln für die Zielformulierung sollte der Projektleiter beachten?	2	3	3	4	☐
C2.5	Welche Beziehungen zwischen Projektzielen können bestehen?	2	3	3	4	☐
C2.6	Wo werden in der Regel die Leistungsziele des Projekts festgehalten?	3	3	3	4	☐
C2.7	Warum wird ein Zusammenhang zwischen Projekt- und Unternehmenszielen hergestellt?	2	2	3	4	☐

Projekte bergen ein größeres Risikopotenzial (ICB-Element 18) als Routinetätigkeiten. Daher gibt es viele gute Argumente für ein systematisches Risikomanagement. Der Projektmanager sollte wissen, wie er bei der Risikoidentifikation, -analyse und -bewertung vorzugehen hat und wie er die wichtigsten Risiken in seinem Projekt bestimmen kann, auf die er sich einstellen muss. Mit den verschiedenen Möglichkeiten der Risikovorsorge sollte er vertraut sein. Darüber hinaus muss er wissen, auf welche Akzeptanzhindernisse systematisches Risikomanagement in Organisationen stoßen kann und wie Risikoselektion sowie Risikoüberwachung ablaufen sollten.

1 Typische Risiken im Projektgeschäft

Das Projektgeschäft weist ein wesentlich höheres Risikopotenzial auf als Routinetätigkeiten. Denn Projekte sind per Definition Vorhaben, die zum ersten Mal durchgeführt werden (→ Kapitel A1). An riskanten, innovativen Vorhaben führt aber kein Weg vorbei, wenn Unternehmen beispielsweise neue Geschäftsfelder erschließen und Kunden gewinnen wollen.

Notwendigkeit riskanter Vorhaben

Beispiel 1
Ein Kunde, der ein Softwaresystem für die Vertriebsdisposition in Auftrag gegeben hat, ist mit der Benutzerführung unzufrieden. Die Sachbearbeiter, die mit dem Programm arbeiten müssen, beschweren sich immer wieder. Deshalb ist nun fraglich, ob das Softwarehaus einen Anschlussauftrag von diesem Kunden bekommen wird.

In einem Hardware-Entwicklungsprojekt muss ein länger dauernder Versuch in der Klimakammer abgebrochen werden, weil während eines Unwetters für mehrere Stunden die Stromversorgung ausgefallen ist. Der Test muss später ganz neu aufgesetzt werden, der Projektendtermin ist in Gefahr.

Ein neues Modell eines geländegängigen Pkw muss kurz nach der Auslieferung in die Vertragswerkstätten zurückgerufen werden, weil sich erhebliche Mängel am Getriebe herausgestellt haben.

Alle drei Fälle wären bei ausreichender Risikovorsorge anders ausgegangen. Im ersten Beispiel hätte der Auftragnehmer einen so genannten „schnellen Prototyp" für die Benutzerführung entwickeln (= Rapid Prototyping) und den späteren Benutzern zur Beurteilung vorführen sollen. Im zweiten Beispiel hätte man rechtzeitig eine Notstromversorgung bereitstellen müssen. In Fall drei hatte sich der Automobilhersteller zu sehr auf die Simulation des Fahrzeugs verlassen und zu wenig Geländetests unternommen, um möglichst schnell auf den Markt zu kommen.

Risikovorsorge

Böse Überraschungen lassen sich durch systematische Risikovorsorge oft vermeiden. Tritt ein Schadensfall ein, dann trifft er die Verantwortlichen nicht unvorbereitet.

Projektrisiken sind laut ICB „unsichere Ereignisse oder mögliche Situationen mit negativen Auswirkungen (Schäden) auf den Projekterfolg insgesamt, auf einzelne Projektziele, Ergebnisse oder Ereignisse. Sie werden bestimmt durch die Wahrscheinlichkeit des Risikoeintritts und des möglichen Schadens bei Eintreten des Risikos (...)".

Mit Risikoeintritt ist der Eintritt des Ernstfalls gemeint.

Projektrisikomanagement umfasst nach der ICB „im Rahmen der Risikoanalyse die Identifikation, Klassifizierung und Bewertung von Projektrisiken aller Art sowie die Entwicklung und Durchführung von Maßnahmen zur Risikobewältigung. Die Risikoanalyse und -bewältigung sind ein systematischer und formaler Prozessansatz, im Gegensatz zur Intuition. Die Prozesse des Risikomanagements finden in allen Phasen des Projektlebenswegs statt" [1].

Proaktiv statt reaktiv

Schon aus der Definition des Begriffs Risiko ergibt sich, dass Risikomanagement niemals reaktiv, sondern immer nur proaktiv ist. Das bedeutet, „dass sich Risikomanagement mit Risiken beschäftigt, bevor sie eintreten" [2]. Gegen Risiken, die nicht identifiziert wurden, kann sich das Management nur durch Zeitpuffer, eine gute Kalkulation oder den Abschluss einer Versicherung wappnen.

2 Argumente für systematisches Risikomanagement

Risikovorsorge ist meist erheblich billiger, als den Schaden zu beheben, der entsteht, wenn aus einem Risiko der Ernstfall wird. Zahlreiche Autoren aus dem IT-Sektor verweisen auf die vielen Projekte, die wegen unterlassener Risikovorsorge gescheitert sind. Die jährlich erscheinenden Chaos-Studien der Standish Group [3] zählen stets eine ganze Reihe solcher Vorhaben auf.

Reifegradmodelle

In verschiedenen Reifegradmodellen für IT-Projekte wird deshalb auch überprüft, ob die bewertete Organisation einen Risikomanagement-Prozess installiert hat. Im Capability Maturity Model (CMM) (→ Kapitel C9, F2) wird für Reifegradstufe 3 Risikomanagement verlangt [4]. Das US-Verteidigungsministerium beispielsweise erteilt nur Softwareunternehmen Aufträge, die diese Stufe für ihr Projektmanagement-System nachweisen können.

Gesetze

In vielen Bereichen schreibt der Gesetzgeber Risikomanagement vor. Das deutsche Gesetz zur Kontrolle und Transparenz im Unternehmensbereich (= KonTraG) vom 1. Mai 1998 verpflichtet Aktiengesellschaften und andere Unternehmen, deren Bilanzsumme, Umsatz und Mitarbeiterzahl eine gewisse Grenze überschreiten, ein Überwachungssystem einzurichten, um „den Fortbestand der Gesellschaft gefährdende Entwicklungen frühzeitig zu erkennen" (§ 91 Abs. 2 AktG).

An das Risikomanagement von Banken stellt die „Neue Basler Eigenkapitalvereinbarung" (Basel II) seit einiger Zeit erhöhte Anforderungen – und zwar nicht nur bei Vorhaben im Immobilienbereich, sondern auch bei IT-Projekten [5]. Eine Arbeitsgruppe beim Bundesverband Öffentlicher Banken hat einen eigenen Vorschlag für die Kategorisierung operationaler Risiken erarbeitet [6]. In diesem Papier gibt es auch eine Kategorie „Prozesse und Projektmanagement".

Neben zahlreichen anderen Risiken (z.B. Währungs- oder Umweltrisiken) können auch Risiken aus besonders großen Projekten die Existenz eines Unternehmens gefährden.

Nachhaltigkeits-
management

Immer mehr Unternehmen verschreiben sich dem Nachhaltigkeitsmanagement. Das heißt, sie betreiben Risikomanagement in den Bereichen Ökonomie, Umweltschutz und Soziales (z.B. Arbeitsbedingungen für die Mitarbeiter), um eine nachhaltige Unternehmensentwicklung sicherzustellen. Mit dem Ziel, durch Transparenz Risiken (z.B. Imageschäden) zu vermindern, veröffentlichen sie nicht nur Wirtschafts-, sondern auch Umwelt- und Sozialdaten (z.B. über CO_2-Emissionen oder entlassene Mitarbeiter). So wollen sie die Finanzmärkte von ihrer Zukunftsfähigkeit überzeugen, Vertrauen schaffen und ihr Ansehen steigern.

2.1 Vorsorgekosten gegen Schadenshöhe abwägen

Ob Vorsorge wirklich geringere Kosten verursacht als der Schadensfall, muss die Projektleitung für jedes identifizierte Risiko untersuchen. Es gibt durchaus kleinere Schäden, die man einfach in Kauf nehmen kann, weil sie das Budget weniger belasten als Maßnahmen der Risikovorsorge.

Akzeptable Risiken

Beispiel
Ein Bauherr, der beispielsweise bei der Höhe des Kniestocks vom genehmigten Bauplan nach oben abweicht und damit erhebliche Vorteile für die spätere Nutzung erzielt, geht das Risiko ein, von der Bauüberwachung dabei ertappt zu werden. Er nimmt dieses Risiko, das er durch plankonformes Bauen und Verzicht auf den zusätzlichen Nutzen (= Kosten der Risikovorsorge) vermeiden könnte, aber ganz bewusst in Kauf, weil das zu erwartende Bußgeld durch den erreichten Vorteil weit überkompensiert wird.

3 Risikoarten

In der Literatur wurde eine Reihe von Versuchen unternommen, Risiken zu klassifizieren. Versteegen [7] wählte eine praktikable Unterscheidung in kaufmännische, technische, Termin-, Ressourcen- und „politische" Risiken.

Kategorisierung nach Versteegen

3.1 Kaufmännische Risiken

Beispiel
Ein Auftraggeber, der eine Großanlage bestellt hat, gerät während der Projektabwicklung in Zahlungsschwierigkeiten. Er kann den vertraglich vereinbarten Zahlungsverpflichtungen nicht mehr nachkommen.

3.2 Technische Risiken

Beispiel
Trotz eines positiven geologischen Gutachtens treten beim Bau eines Straßentunnels plötzlich Wassereinbrüche auf.

3.3 Terminrisiken

Beispiel
Ein Zulieferer schafft es nicht, ein wichtiges Werkzeug für ein neues Spritzgussteil in einem Produktentwicklungsprojekt rechtzeitig bereitzustellen.

3.4 Ressourcenrisiken

Beispiel
Die Leitung eines Produktentwicklungsprojekts hat bestimmte Mitarbeiter für das Projekt

eingeplant. Doch diese stehen nicht zur Verfügung, weil ein Kunde Mängel an einem bereits ausgelieferten anderen Produkt festgestellt hat, die schnellstmöglich beseitigt werden müssen.

3.5 „Politische" Risiken

Beispiel
In einem großen Anlagenbauprojekt entscheidet sich die Geschäftsleitung trotz der Bedenken des Projektleiters für einen Zulieferer, der für seine schlechte Produktqualität bekannt ist. Der Grund: Die beiden Geschäftsleiter kennen sich seit ihrer Schulzeit.

3.6 Abhängigkeiten zwischen Risikoarten

Zwischen den Risikoarten bestehen Abhängigkeiten. Hier einige Beispiele:
- Wirbt ein Wettbewerber einen hoch qualifizierten Mitarbeiter während eines F&E-Projekts ab (= Ressourcenrisiko), kann dies erhebliche Auswirkungen auf die Terminerfüllung (= Terminrisiko) und die Einhaltung der versprochenen Qualität (= technisches Risiko) haben.
- Ein Wassereinbruch beim Tunnelbau (= technisches Risiko) führt zu Kostenüberschreitungen (= kaufmännisches Risiko).
- Hält ein Unternehmen einen vertraglich zugesagten Termin nicht ein (= Terminrisiko), muss es eine Vertragsstrafe (= kaufmännisches Risiko) bezahlen.
- Um Terminverzögerungen (= Terminrisiko) aufzuholen, werden für ein Projekt im Anlagenbau zusätzliche Monteure benötigt. Diese sind wegen des hohen Einarbeitungsaufwands aber nicht kurzfristig verfügbar (= Ressourcenrisiko).

4 Risikoidentifikation

In der Projektpraxis [8] herrscht häufig die Meinung vor, es genüge, die Risiken zu Projektbeginn zu ermitteln. Viele Projektverantwortliche übersehen, dass in verschiedenen Projektphasen unterschiedliche Risiken auftreten und dass sich Risiken in ihrer Bedeutung beziehungsweise ihrem Gewicht für das Projekt verändern können. Die ICB betont deshalb auch, dass Risikomanagement in allen Phasen eines Projekts betrieben werden muss.

Dynamik von Risiken im Projektverlauf

4.1 Checklisten

Beispiel Startphase

In diesem Unterkapitel geht es zunächst nur um die Identifizierung von Risiken in der Startphase (→ Kapitel C1). Ein wichtiges Hilfsmittel dafür sind Checklisten. Jede Organisation sollte abgeschlossene Projekte systematisch analysieren (→ Kapitel C10) und anhand der Ergebnisse solche Listen anfertigen.

Die VDMA-Checkliste [9] in Bild C3-1 unterscheidet nur nach technischen und kaufmännischen Risiken. Diese Rahmenprüfliste muss den Gegebenheiten der jeweiligen Organisation angepasst und wenn nötig erweitert werden. Eine umfangreiche Checkliste aus dem Anlagenbau findet sich bei Franke [10].

Standardisierte Checklisten für andere Projektarten gibt es zurzeit kaum. Eine Ausnahme bilden Prüflisten für IT-Projekte, die das US-Verteidigungsministerium herausgegeben hat.

Risikochecklisten sollte der Projektleiter oder ein Beauftragter für Risikomanagement nicht im stillen Kämmerlein ausfüllen. Sie sind ein Hilfsmittel für die Arbeit im Projektteam. Sind in der Projektgruppe alle am Vorhaben beteiligten Fachbereiche – und dazu gehört fast immer auch die kaufmännische Abteilung – vertreten, ist am ehesten gewährleistet, dass eine breite Palette von Risiken erkannt wird. Versteegen schreibt [11]: „Ein wichtiger Aspekt des teamorientierten Risikomanagements besteht sicherlich darin, das Wissen aller an einem Vorhaben Beteiligten zu bündeln, also in einer Art Wissensmanagement zu vereinen."

Team einbeziehen

VDMA-CHECKLISTE
1. Technische Risiken
1.1. Risiken, da es sich um ein neues Produkt handelt
1.2. Risiken, da eine neue Anwendung vorgesehen ist
1.3. Risiken, da ein neues Fertigungsverfahren erprobt wird
1.4. Risiken, weil eine neue Technologie eingesetzt wird
1.5. Zugesicherte Eigenschaften (Produkt) können nicht eingehalten werden
1.6. Zugesicherte Leistung (z.B. Ausstoß) wird nicht erreicht
1.7. Funktionszuverlässigkeit des Gesamtsystems (Verfügbarkeit) nicht gewährleistet
1.8. Funktionszuverlässigkeit der Teilsysteme nicht gewährleistet
1.9. Schnittstellenrisiko in der Projektbearbeitung
1.10. Schnittstellenrisiko des Systems resultierend aus
1.10.1. Fremdvergabe
1.10.2. ungenügender Engineering-Leistung
1.10.3. unzureichender Leistungsbeschreibung
1.10.4. mangelhafter lokaler Fertigung
1.11. Transport und Verpackung
2. Kaufmännische Risiken in Verbindung mit der technischen Leistung
2.1. Konventionalstrafen wegen Terminüberschreitung, mangelhafter/falscher Eigenschaften und Leistung des Systems
2.2. Zulieferrisiko (Vertrag, Termin, Qualität, Kosten)
2.3. Produkthaftpflicht/Folgeschäden
2.4. Risiken aus vom Auftraggeber vorgeschriebener lokaler Fertigung (geringere Qualität etc.)
2.5. Unklare Leistungsabgrenzung bei Montagen
2.6. Höhere Gewalt
3. Kaufmännische Risiken (innere Risiken)
3.1. Hoher Auftragswert bezogen auf das eingesetzte Kapital
3.2. Kalkulationsrisiko insbesondere bezüglich Vollständigkeit, Richtigkeit, Preisgleitung etc.
3.3. Finanzierungsrisiken (intern, vor allem Liquidität)
3.4. Gewährleistung (Umfang, Möglichkeiten der Haftungsbegrenzung, Fristen, Regelung von Folgeschäden)
3.5. Absicherung der Zahlungsverpflichtungen
3.6. Leistungsabgrenzung von Montagen (vertragliche Regelung)
3.7. Festlegung der Abnahmebedingungen und -zeitpunkte
3.8. Risiken aus Kompensationsgeschäften
3.9. Risiken, die aus der Organisation bzw. dem Personal resultieren
4. Kaufmännische Risiken, Risiken aus dem Umfeld des Unternehmens
4.1. Politisches oder wirtschaftliches Risiko
4.2. Währungsrisiko
4.3. Fehlende Vereinbarung über geltendes Recht
4.4. Behördenrisiko (Verzögerung von Genehmigungsverfahren)
4.5. Konsortialrisiken
4.6. Finanzierungsrisiken (extern)
4.7. Steuern und Abgaben in fremden Ländern
4.8. Höhere Gewalt (z.B. Streik)
4.9. Schiedsgerichtsklausel
4.10. Sprachliches Risiko (z.B. bei Unterweisung des Kundenpersonals)

Bild C3-1 Checkliste zur Risikoidentifikation

4.2 Risiko-Workshop

Viele Unternehmen haben für ihre Projekte noch keine Checklisten erarbeitet, auch wenn sie Vorhaben immer wieder in ähnlicher Weise durchführen. Statt völlig auf eine Risikoanalyse zu verzichten – was oft geschieht – empfiehlt sich für diese Unternehmen in der Startphase und auch in späteren Projektabschnitten ein Risiko-Workshop. Er kann in den Start-Workshop (→ Kapitel C1) eingebettet werden. Zusätzlich sollte das Team Erfahrungen aus ähnlichen Vorhaben in anderen Unternehmen nutzen.

Erfahrungen anderer Organisationen

Auch in Projekten, die für die Organisation völlig neu sind (z.B. Unternehmensfusion) ist ein Risiko-Workshop das Mittel der Wahl.

Füting [12] gibt detaillierte Anweisungen für einen solchen Workshop. Hier eine Kurzfassung:
- Zunächst stellt der Projektleiter sein Projekt vor und verteilt Unterlagen wie Projektstrukturplan, Meilensteinplan und Lasten- oder vorläufige Pflichtenhefte.
- In einer Art Brainstorming (Metaplansitzung → Kapitel D2) schreiben die Teilnehmer aus allen projektbeteiligten betrieblichen Funktionsbereichen auf Kärtchen, was ihrer Meinung nach in dem Vorhaben schief gehen kann.
- In einem dritten Schritt müssen für die einzelnen Risiken Eintrittswahrscheinlichkeiten sowie monetäre Konsequenzen und Maßnahmen für den Ernstfall ermittelt werden.

5 Analyse und Bewertung

Risikoliste

Das Ergebnis einer Risikoidentifizierung ist in der Regel eine umfangreiche Risikoliste, unabhängig von der Vorgehensweise (z.B. Checkliste, Workshop). Nun müssen die Risiken bewertet werden, damit das Management Prioritäten setzen und die Risikovorsorge entsprechend gestalten kann.

Umstrittene mathematische Verfahren

In den vergangenen Jahrzehnten entwickelte das US-Militär eine Fülle komplizierter Instrumente für die Risikoanalyse und -bewertung. Sie erfordern einige Mathematikkenntnisse. Ihr Nutzen ist dennoch umstritten. In der Praxis haben sich diese Instrumente deshalb wohl auch nicht durchgesetzt. Das US-Verteidigungsministerium ist inzwischen wieder zu Checklisten und einfachen Bewertungsverfahren übergegangen.

5.1 Monetäre Bewertung

Tragweite und Schadensmaß

Ein häufig gewählter Weg, ein Risiko zu quantifizieren, ist die monetäre Bewertung. Die Frage lautet: Welcher Schaden in Euro ergibt sich für das Unternehmen (Tragweite oder Schadensmaß), wenn aus dem Risiko der Ernstfall wird? Oder konkret: Welche Vertragsstrafe ist fällig, wenn der zugesagte Projektendtermin um vier Wochen überschritten wird? Welche Konsequenzen für den Projektdeckungsbeitrag hat eine Markteinführung, die drei Monate später als geplant stattfindet?

Wenn der Ernstfall Menschenleben kostet, ist der Maßstab „Geld" allerdings nicht anwendbar. Das gilt auch für andere gravierende Schadensfälle, etwa bei Imageverlust durch einen Störfall in der Chemiebranche, Rückrufaktionen von Automobilherstellern oder groben Planungsfehlern einer Behörde.

5.2 Schätzen der Wahrscheinlichkeit

Die gängigen Lehrbücher empfehlen neben der quantitativen Bewertung der Schadensfolgen eine Schätzung dazu, wie wahrscheinlich der Ernstfall ist. In der Norm DIN 62 198 [13] wird „Projektrisiko" als die „Kombination aus der Eintrittswahrscheinlichkeit eines bestimmten Ereignisses und seinen Folgen für die Projektziele" bezeichnet.

Häufig wird dabei für die Eintrittswahrscheinlichkeit, die eine subjektive Wahrscheinlichkeit ist, eine Maßzahl zwischen null Prozent und 100 Prozent gewählt. Null Prozent bedeutet: Nach Meinung des Urteilenden ist absolut sicher, dass der Ernstfall nicht eintritt. 100 Prozent heißt: Der Ernstfall tritt mit absoluter Sicherheit ein. Es handelt sich also nicht mehr um ein Risiko.

Subjektive Wahrscheinlichkeit in Prozent

Beide Zahlen – der Schaden (hier gemessen in Euro) und die Wahrscheinlichkeit (gemessen in Prozent) – können nun miteinander multipliziert werden und ergeben einen Risikowert. Die Formel lautet:

Risikowert = Eintrittswahrscheinlichkeit (%) x Tragweite (EUR)

Risikowert

Beispiel
Die Mitglieder eines Projektteams schätzen die Wahrscheinlichkeit, dass der Projektendtermin um vier Kalenderwochen überschritten wird, auf 20 Prozent. Überzieht das Team den Termin um diese Zeitspanne, sind 50.000 Euro Konventionalstrafe zu zahlen. Bei diesem Risiko ergibt sich eine Gefährdung von 0,20 x 50.000 Euro = 10.000 Euro Strafe.

5.2.1 Modifizierte Form der Delphi-Methode

Franke [14] hat für die Risikobewertung durch Experten eine modifizierte Form der Delphi-Methode (→ Kapitel C6) entwickelt. Ein Moderator erläutert zunächst das Risiko, das bewertet werden soll. Anschließend diskutiert die Gruppe darüber. Dann nennen die beteiligten Fachleute für verschiedene mögliche Schadenshöhen jeweils eine subjektive Wahrscheinlichkeit. Der Moderator wertet die Ergebnisse anschließend mit einem Verfahren der statistischen Simulation aus. Dieser Ansatz bringt zwar mehr als die einfache Berechnung des arithmetischen Mittels aus den Angaben der Beteiligten, verursacht aber einen vergleichsweise hohen Aufwand.

Statistische Simulation

6 Selektion

Bewertung durch Experten Die Darstellung in Bild C3-2 [15] ist das Ergebnis einer Risikobewertung durch Experten. Die Risiken wurden in einer ABC-Analyse bereits in A-, B- und C-Risiken eingeteilt.

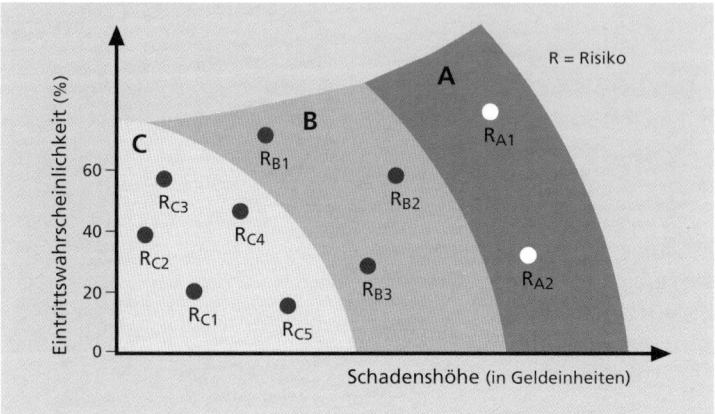

Bild C3-2 Einteilung der Risiken in A-, B- und C-Risiken

A-, B- und C-Risiken A-Risiken haben den größten Einfluss auf die Risikosituation des Projekts, weil die geschätzte Eintrittswahrscheinlichkeit, die vermutete Schadenshöhe und damit auch das Produkt aus beiden Größen hoch sind. B-Risiken rangieren bezüglich Eintrittswahrscheinlichkeit und Tragweite zwischen C- und A-Risiken. Die Projektleitung sollte sie auf jeden Fall ernst nehmen. Bei den C-Risiken fallen Eintrittswahrscheinlichkeit und finanzielle Tragweite gering aus. Demnach können sie bei der Risikovorsorge zunächst außer Acht gelassen werden. Allerdings muss die Projektleitung C-Risiken im Projektverlauf trotzdem im Auge behalten, weil sie sich zu B- oder sogar zu A-Risiken entwickeln können. Bei den A-Risiken besteht für den Projektleiter vorrangig Handlungsbedarf.

6.1 Schadensklassen-Ansatz

Da es manchmal problematisch ist, die voraussichtliche Schadenshöhe in Geld zu messen, haben verschiedene Autoren andere Ansätze geschaffen.

Schadensklassen Versteegen [16] bildet Schadensklassen. Dazu wählt er einen ordinalen Maßstab (Ordnungszahlen wie Platzierungen bei einem Sportwettbewerb). Bild C 3-3 zeigt hierzu ein Beispiel.

SCHADENSKLASSE	ZEIT	KOSTEN	FUNKTIONALITÄT
3 Höchster denkbarer Schaden	Erheblicher Zeitverzug	Erhöhung größer als zehn Prozent des geplanten Budgets	Anforderungen der Priorität 1 nicht vollständig implementiert
2 Mittlerer Schaden	Geringer Zeitverzug	Erhöhung bis zehn Prozent des geplanten Budgets	Anforderungen der Priorität 1 vollständig, aber fehlerhaft implementiert
1 Niedriger Schaden	Kaum Zeitverzug	Erhöhung bis fünf Prozent des geplanten Budgets	Anforderungen der Priorität 1 vollständig, aber mit kleinen Schönheitsfehlern implementiert

Bild C3-3 Schadensklassen nach Versteegen

Für die Eintrittswahrscheinlichkeiten gilt ebenfalls eine Ordinalskala. Die Zahl 1 steht für eine relativ niedrige Eintrittswahrscheinlichkeit, die Zahl 5 für eine hohe. Der Risikowert ergibt sich aus der Multiplikation der beiden Ordinalzahlen. Die höchste Schadensziffer ist bei den hier angewandten Ordinalskalen 15 (3 mal 5). *Risikowert*

6.2 Einfacher Ansatz aus der Praxis

Viele Praktiker begnügen sich – wenn sie überhaupt Risikomanagement betreiben – mit der Bewertungsskala „hoch", „mittel" und „gering". Das in Bild C3-4 auszugsweise angeführte Beispiel [17], das bereits Maßnahmen der Risikovorsorge enthält, stammt aus einem IT-Projekt. *Einfache Bewertungsskala*

RISIKO	RISIKOURSACHE	KONSEQUENZEN	MASSNAHMEN
(H)och, (M)ittel, (G)ering			
Fixer Einführungstermin (H)	Der externe Rechner für die Altanwendung wird zum Stichtag abgeschaltet.	Die neue Anwendung muss bis zu diesem Termin implementiert sein. Andernfalls muss mit massiven Behinderungen im operativen Tagesgeschäft gerechnet werden.	Straffes Projektmanagement, Einführung der unbedingt notwendigen Kernfunktionalitäten.
Behinderung des Kerngeschäfts durch Softwarefehler beim Systemanlauf (M/H)	Tiefgreifende Softwaremodifikationen werden erwartet. Komplexe Schnittstellen zur PPS-(Produktionsplanung und -steuerung)Anwendung vorhanden.	Unter Termindruck unzureichend getestete, fehlerhafte Software behindert das operative Kerngeschäft. Finanzielle Verluste.	Konsequente Umsetzung des geplanten Testkonzepts. Während der Anlaufphase intensive Einführungsunterstützung.
Schlechte Antwortzeiten (H)	Die Software wurde bisher beim Kunden mit einem weitaus geringeren Transportvolumen eingesetzt. Komplexe Online-Schnittstellen zu Systemen auf anderen Rechnern existieren. Einsatz erprobter Hardware, aber dezentrales Druckerkonzept.	Behinderung im Tagesgeschäft (z.B. bei telefonischer Auftragsannahme, Ausdruck der Versandpapiere).	Projektbegleitende Performance-Analyse: Simulation des Echtbetriebs im Anwendertest. Einsatz eines Tools zur Messung und Überwachung der System-Performance.

Bild C3-4 Risikoanalyse mit Gegenmaßnahmen

7 Überwachung

Risiken müssen im Projektverlauf ständig überwacht werden. Je nachdem, in welcher Phase die Risikoidentifizierung und -bewertung stattfindet, zeigen sich unterschiedliche, phasentypische Risiken [18]. Bereits identifizierte und bewertete Risiken können sich in ihrer Tragweite ändern. So kann etwa das Risiko, dass ein Konkurrent ein Produkt früher auf den Markt bringt, in der Startphase noch niedrig eingeschätzt worden sein. Nachdem aber die Marketingabteilung neue Informationen gewonnen hat, muss es in der Implementierungsphase höher angesetzt werden. Besonders geeignete Zeitpunkte für die Überprüfung der Risikosituation sind die Hauptmeilensteine eines Projekts (→ Kapitel B). *Änderung der Risikobewertung*

Wirksamkeitskontrolle

Die Tabelle [19] in Bild C3-5 enthält ein Beispiel für eine laufende Risikoüberwachung, bei der auch die Wirksamkeit der getroffenen Maßnahmen kontrolliert wird. Es stammt aus der IT-Branche. Die Prioritätskennziffern zeigen an, auf welche Risiken sich der Projektleiter in diesem Monat besonders konzentrieren muss.

PRIORITÄT	PRIORITÄT	RISIKO	RISIKOPOLITISCHE MASSNAHMEN
in diesem Monat	im Vormonat		(derzeitiger Stand)
1	1	Einhaltung des zugesagten Endtermins.	Verhandlungen mit dem Auftraggeber über Funktionen des Programms, die erst in Version 2 zur Verfügung stehen, wurden aufgenommen.
4	2	Die Eigenschaft „What you see is what you get" wird nicht erreicht.	Ein freier Mitarbeiter, der schon einmal erfolgreich für das Unternehmen tätig war, widmet sich ab der nächsten Woche dem Problem.
2	3	Die Benutzerführung entspricht nicht den Erwartungen des Auftraggebers.	Das Team entwickelt kurzfristig zwei Prototypen für die Benutzerführung. Sobald sie fertig sind, stellt der Auftraggeber potenzielle Benutzer zum Test ab.
3	4	Einige Module existieren in verschiedenen Versionen. Zurzeit ist noch unklar, an welcher jeweils weitergearbeitet werden soll bzw. welche Module in welcher Version an den Kunden ausgeliefert werden sollen.	Das Programmpaket für Konfigurationsmanagement wird konsequent benutzt. Ein Mitarbeiter wurde abgestellt, um die Referenzkonfiguration zu erstellen und die stillschweigend vollzogenen Änderungen nachträglich zu dokumentieren.
5	5	Der Angebotspreis ist ein „politischer" Preis. Es droht die Gefahr, dass die tatsächlichen Kosten über dem Festpreis liegen.	Das liefernde Softwarehaus passt das Programm zur projektbegleitenden Kostenkontrolle so an, dass eine Kostenbelastung auf Arbeitspaketebene möglich ist. Das Projekt wird nachträglich in Arbeitspakete strukturiert. Die kaufmännische Abteilung sorgt für eine schnellere Verfügbarkeit der Kosteninformationen. Der Projektleiter holt monatlich Restaufwandsschätzungen ein, gemessen in Personenstunden.

Bild C3-5 Laufende Risikoüberwachung mit Wirksamkeitskontrolle der Maßnahmen

8 Vorsorgestrategien

Man unterscheidet bei der Risikovorsorge zwischen Risikovermeidung, Risikoverminderung, Risikobegrenzung, Risikoverlagerung und Risikoakzeptanz.

8.1 Risikovermeidung

Angebotscontrolling

Vorrangiges Ziel dieser Strategie ist es, ein Risiko gar nicht erst einzugehen. Im Extremfall kann dies bedeuten, dass sich das Unternehmen nach eingehendem Angebotscontrolling ($\rightarrow$ Kapitel E2) dazu entschließt, dem potenziellen Auftraggeber kein Angebot zu unterbreiten. Eine andere Möglichkeit wäre, bestimmte Anforderungen aus dem Lastenheft, deren Erfüllung ein hohes Risiko bedeutet, zu streichen.

8.2 Risikoverminderung

Vorbeugung

Diese Strategie soll die Eintrittswahrscheinlichkeit der identifizierten Projektrisiken durch Vorbeugung verringern. Das Risiko der Kostenüberschreitung kann zum Beispiel durch häufige Restkostenschätzungen und die Berechnung der voraussichtlichen Cost at Completion (voraussichtliche Gesamt-kosten → Kapitel C6) erheblich reduziert werden.

8.3 Risikobegrenzung

Mittels Risikobegrenzung sollen die Folgen des Schadensfalls gering gehalten werden. Maßnahmen der Risikobegrenzung greifen also erst, wenn der Ernstfall bereits eingetreten ist. Eine Möglichkeit zur Schadensbegrenzung ist, Redundanzen vorzusehen.

Folgen abmildern

Beispiele
Um die Auswirkungen eines längeren Rechnerausfalls auf den Projektendtermin und die Projekt-kosten so gering wie möglich zu halten, wird rechtzeitig ein zweiter Rechner bereitgestellt.

8.4 Risikoverlagerung

Bei der Risikoverlagerung (= Risikotransfer) versucht das Unternehmen, das Projektrisiko auf andere Organisationen zu übertragen. Das kann zum Beispiel eine Versicherung sein, die es zu Beginn der Ar-beiten abschließt. Risiken sind freilich nur versicherbar, wenn die Eintrittswahrscheinlichkeit gering, die mögliche Schadenshöhe aber groß ist. Durch eine entsprechende Vertragsgestaltung (→ Kapitel A4) können Auftragnehmer das Risiko auch auf den Auftraggeber abwälzen. Wie weit es gelingt, Risiken im Vertrag auf andere zu übertragen, hängt vor allem von der Marktposition des Auftragnehmers ab.

Versicherungen und Verträge

8.5 Risikoakzeptanz

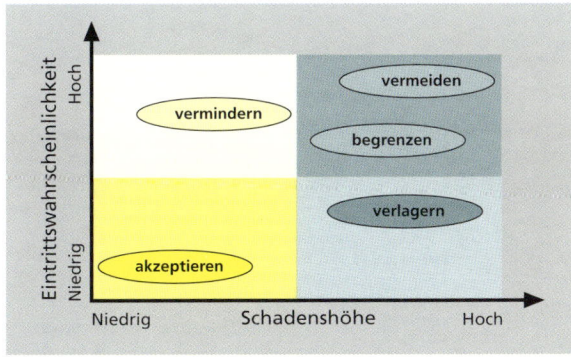

In Projekten gibt es Risiken, die das Management akzeptiert und gegen die es deshalb keine Vorsorge trifft. Das sind in der Regel Risiken, die eine geringe Schadenshöhe und eine nied-rige Eintrittswahrscheinlichkeit haben. Bild C3-6 zeigt im groben Überblick die jeweils geeigneten Maßnahmen [20].

Bild C3-6 Auswahl geeigneter Maßnahmen zur Risikovorsorge

9 Software für Risikomanagement

In einer Untersuchung des Fraunhofer-Instituts für Informations- und Datenverarbeitung [21] gaben mehrere Unternehmen an, sie würden gerne Risikomanagement betreiben, hätten dafür aber keine geeignete Software. Doch für Risikomanagement ist – von einem Tabellenkalkulations- und Textver-arbeitungsprogramm zur Erstellung von Checklisten abgesehen – nicht unbedingt Software not-wendig. Versteegen empfiehlt [22]: „Ein Tool sollte immer eine untergeordnete Rolle spielen."

10 Akzeptanzprobleme des Risikomanagements

Risikomanagement in einer Organisation einzuführen kann schwierig sein. Unternehmen beispielsweise, in denen Mitarbeiter Probleme in Projekten so lange wie möglich verheimlichen und die Überbringer schlechter Nachrichten bestraft werden, tun sich mit der ehrlichen und frühzeitigen Identifizierung und Bewertung von Risiken schwer. In solchen Organisationen werden zwar gelegentlich Risiko-Checklisten benutzt. Diese füllen die Projektverantwortlichen aber meist nur oberflächlich aus, um den Anweisungen aus dem Projektmanagement-Handbuch formal nachzukommen und den Projektcontroller bei Laune zu halten.

Risiko-Checkliste mit Alibifunktion

DeMarco und Lister haben dieses Problem [23] realistisch beschrieben: „Wenn Sie in einer Organisation arbeiten, die kein umfassendes Risikomanagement betreibt, können Sie zwar einige Risikomanagement-Werkzeuge und -Techniken für Ihr Projekt nutzen, aber Sie dürfen Ihre Erkenntnisse nicht öffentlich kundtun. Wer in einem Umfeld die Wahrheit sagt, in dem Optimismus (Lüge) regiert, bringt sich selbst in eine missliche Lage. Wenn Sie ankündigen, die Chance, einen erhofften Liefertermin zu halten, läge bei nur zehn Prozent, müssen Sie damit rechnen, dass ein hungriger Rivale sich andient: Geben Sie mir den Job, Boss, ich bringe die Schäfchen rechtzeitig ins Trockene."

Verheimlichen von Risiken

Dymond schreibt über das Verheimlichen von Risiken: „Die Erfahrung mit dem Risikomanagement seit dem Erscheinen des CMM (Capability Maturity Model → Kapitel C8, C9, F2) zeigt, dass die versäumte Kommunikation von Risiken eines der größten Hindernisse beim Risikomanagement darstellt. Das Verleugnen potenzieller Probleme – das heißt Risiken – führt dazu, dass diese sich zu Krisen auswachsen, sobald sie eintreten." [24]

Unternehmenskultur

Wer ernsthaft Risikomanagement betreiben will, muss dafür sorgen, dass sich die dafür notwendige Unternehmenskultur entwickelt. In einer solchen Kultur dürfen die Überbringer schlechter Nachrichten nicht bestraft werden. Außerdem müssen die Mitarbeiter über Risiken offen diskutieren dürfen.

Das Reifegradmodell für Projektrisikomanagement von Hall [25] in Bild C3-7 beschreibt den Weg einer Organisation vom Ignorieren der Risiken hin zum perfekten Risikomanagement.

	STUFE 1	STUFE 2	STUFE 3	STUFE 4	STUFE 5
	Problem	Abschwächung	Prävention	Antizipation	Chance
Wunsch	Ich bin es leid, immer Feuerwehr zu spielen.	Ich möchte wissen, was schief gehen kann.	Ich möchte so handeln, dass ich mir hinterher keine Vorwürfe machen muss.	Ich möchte unsere Erfolgschancen kennen.	Ich möchte meine eigenen Ziele übertreffen.
Entdeckung	Ich bin zu beschäftigt, um über die Zukunft nachdenken zu können.	Ich bin mir der Risiken des Projekts bewusst, weiß aber nicht, wie ich sie meinem Chef erkären soll.	Ich versuche, die Ursachen für meine potenziellen Probleme herauszufinden.	Ich kann durch eine regelmäßige Überprüfung des Projektstatus die Gefährdung von Projektzielen vorhersehen.	Ich identifiziere Chancen im Projekt, um besser als geplant zu sein.
Planung	Ich bin zu beschäftigt, um für den Notfall zu planen.	Ich mache Pläne für den Notfall.	Ich plane, um Probleme zu vermeiden.	Ich versuche, meine Risiken so genau wie möglich zu quantifizieren, um mich auf die wichtigsten Dinge konzentrieren zu können.	Ich revidiere meine Planung, um aus den vorliegenden Informationen den größtmöglichen Nutzen zu ziehen.

	STUFE 1	STUFE 2	STUFE 3	STUFE 4	STUFE 5
Verhalten im Projekt	Ich habe keine Angst.	Ich möchte meine Probleme nicht offen legen.	Ich teile meine Befürchtungen anderen mit, wenn ich gefragt werde.	Wenn ein Risiko quantifiziert werden kann, bekommen wir es auch in den Griff.	Risiken, die identifiziert wurden, werden bekämpft.
Messen	Ich glaube, dass Risikomanagement eine zu vage Angelegenheit ist, um von Wert zu sein.	Ich verfolge meine wichtigsten Risiken laufend.	Ich habe für mich eine eigene Vorgehensweise entwickelt und sammle laufend Daten über den Projektstatus.	Ich nutze die Informationen über den Projektstatus, um die Risikoplanung zu aktivieren.	Ich kalkuliere versäumte Chancen ein.
Verbessern	Ich bin zu beschäftigt, um etwas verbessern zu können.	Ich vermeide Fehler, die meine Karriere gefährden könnten.	Ich versuche, Probleme und Überraschungen für das Projektteam zu vermeiden.	Bei Fehlentwicklungen steuere ich dagegen, um die Projektziele trotzdem zu erreichen.	Meine guten Ideen ermöglichen es uns, besonders gute Leistungen zu erbringen.

Bild C3-7 Reifegradmodell für Projektrisikomanagement

Fragen zur Selbsteinschätzung gemäß Zertifikatslevel

Nr.	Frage	D	C	B	A	Selbsteinschätzung
			Level			
C3.1	Welche für Projekte relevanten Risikoarten sind bekannt?	2	2	2	2	☐
C3.2	Welche Abhängigkeiten zwischen verschiedenen Risikoarten können bestehen?	2	3	3	4	☐
C3.3	Warum soll man Risikomanagement betreiben?	2	2	2	2	☐
C3.4	Wann muss in der Startphase eines Projekts ein Risiko-Workshop durchgeführt werden?	2	3	3	4	☐
C3.5	Wie werden Risiken bewertet?	2	3	3	4	☐
C3.6	Wann und wie werden Risiken überwacht?	2	3	3	4	☐
C3.7	Welche Strategien können zur Risikovorsorge angewandt werden?	2	3	3	4	☐
C3.8	Welche Bedingungen für die Akzeptanz des Risikomanagements im Unternehmen sind notwendig?	1	2	2	4	☐
C3.9	Wie werden Risikoanalyse und -bewältigung definiert?	2	2	2	2	☐
C3.10	Welche Möglichkeiten der Risikoidentifizierung gibt es?	2	3	3	4	☐
C3.11	Was ist der Unterschied zwischen Risikoanalyse und Risikomanagement?	2	2	2	2	☐

Was ist in unserem Projekt zu tun? Die Antwort enthält in professionell geführten Projekten der Projektstrukturplan (PSP). Diese hierarchisch aufgebaute Projektdarstellung (ICB-Element 12) erfüllt verschiedene Aufgaben, die der Projektmanager zu kennen hat. Er muss wissen, welche Gliederungsmöglichkeiten es gibt und welche sich für sein Projekt eignen, wie er den PSP systematisch erstellt und codiert und welche Fehler es zu vermeiden gilt. Ein wichtiges Hilfsmittel sind für ihn detaillierte Arbeitspaketbeschreibungen. In vielen Fällen können ihm Standardstrukturpläne dabei helfen, den Planungsaufwand zu verringern und an alle wichtigen Aufgaben zu denken.

1 Definition

Gewissenhafte Menschen erstellen vor einem größeren privaten Vorhaben (z.B. Urlaubsreise, Familienfeier) eine Checkliste mit allen Aktivitäten, die noch zu erledigen sind. Auch Projektleiter und ihre Teams sollten dies für ihre Projekte möglichst früh tun (→ Kapitel C1): einen Projektstrukturplan erarbeiten, der die notwendigen Aktivitäten enthält. Im Unterschied zu einfachen privaten Prüflisten umfasst ein PSP in der Regel mehrere Ebenen, ist also hierarchisch gegliedert. Für den Aufbau gibt es einige Konventionen.

Hierarchische Gliederung

Laut ICB versteht man unter Projektstrukturierung die Gliederung eines Projekts nach seinen Arbeitsinhalten und -aufgaben. Der PSP ist die grafische oder tabellarische Darstellung der Projektstrukturierung und die systematische Antwort auf die Frage: „Was ist in unserem Projekt zu tun?"

Ein PSP ist eine hierarchisch über verschiedene Gliederungsebenen aufgebaute Darstellung des Projekts. Dabei kann das Projekt nach Objekten, Teilaufgaben oder Funktionsbereichen zerlegt sein.

1.1 Arbeitspakete

Die hierarchisch niedrigsten Positionen in jedem Zweig eines PSP heißen Arbeitspakete (= AP, Work Packages). Sie werden nicht mehr weiter unterteilt. Aufgaben dagegen, die untergliedert werden, nennt man Teilaufgaben. Bild C4-1, das an die Inhalte der DIN 69901 angelehnt ist, verdeutlicht dies.

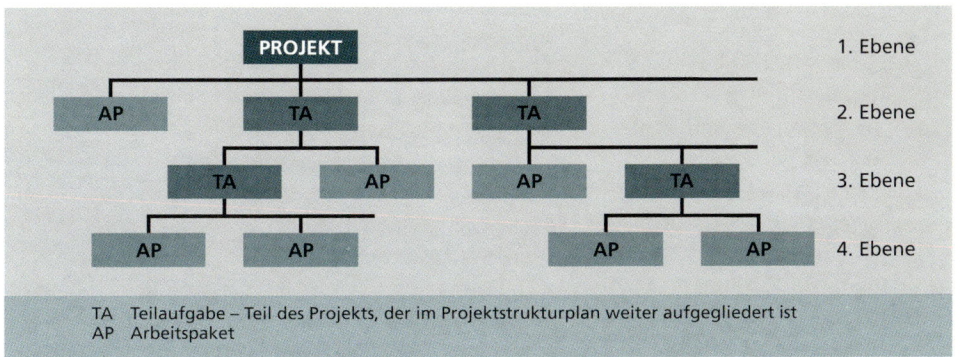

TA Teilaufgabe – Teil des Projekts, der im Projektstrukturplan weiter aufgegliedert ist
AP Arbeitspaket

Bild C4-1 Darstellung von Teilaufgaben und Arbeitspaketen in einem PSP

Ursprünglich verstand man unter einem Arbeitspaket nur Gruppen von Vorgängen oder einen einzelnen Vorgang eines Netzplans. Sie bildeten das Bindeglied zwischen PSP und Netzplan, weil sie in beiden Plänen auftauchen.

Die DIN 69901 definiert dagegen ein Arbeitspaket als „Teil des Projekts, der im PSP nicht weiter aufgegliedert ist und auf einer beliebigen Gliederungsebene liegen kann".

2 Aufgaben

Projektstrukturpläne haben vielfältige Aufgaben. Die wichtigste beschreibt die ICB so: „Der PSP ist zentrales Ordnungs- und Kommunikationsinstrument im Projekt." Erstellen Projektleiter und Team den PSP gemeinsam, gewährleistet dies, dass alle ein einheitliches Verständnis von Aufgaben und Vorgehensweisen im Projekt haben.

Erleichterte Auwands-
und Kostenschätzung

Für die projektbezogene Kostenplanung und -kontrolle hat der PSP ebenfalls große Bedeutung. Arbeitspakete sind in vielen Systemen der Projektkostenkontrolle die untersten Elemente in einer Hierarchie von Kostenträgern [1] ($\rightarrow$ Kapitel C6). Die Erfahrung zeigt: Wird ein komplexes Projekt in Teilaufgaben und Arbeitspakete zerlegt, lassen sich Aufwand und Kosten viel leichter schätzen als bei einer nicht untergliederten Gesamtaufgabe.

Dokumentation
und Pflichtenheft

Daneben dienen der Plan und sein Nummernsystem häufig als Bezugsbasis für die Dokumentation der Projektberichte und der technischen Unterlagen. Auch die Gliederung des Pflichtenhefts, in dem die Projektspezifikationen festgehalten sind, entspricht oft der Unterteilung im PSP. Schließlich können die einzelnen Positionen auch Informationsobjekte in Kostendatenbanken sein, soweit sie Bestandteil einer Standardstruktur sind ($\rightarrow$ Kapitel C6).

Weitere Aufgaben

Der PSP ist Grundlage
- für die Verteilung der Aufgaben und Verantwortlichkeiten.
- für die projektinterne Auftragssteuerung. Der Projektleiter als „Unternehmer im Unternehmen" vergibt die einzelnen Arbeitspakete als interne Aufträge an die Fachabteilungen. In manchen Unternehmen unterschreiben die Arbeitspaketverantwortlichen die Arbeitspaketbeschreibung.
- für Risikoanalysen: Die Planer können prüfen, bei welchen Arbeitspaketen das Risiko der Termin- oder Kostenüberschreitung beziehungsweise das Risiko, die geforderte Leistung zu verfehlen, besonders hoch ist. Der Projektleiter muss speziell bei risikobehafteten Arbeitspaketen auf Frühwarnungen achten und Vorsorge treffen.
- für die Ablauf- und Terminplanung: Die Arbeitspakete können in der Ablaufplanung nach den Regeln der Netzplantechnik verknüpft werden ($\rightarrow$ Kapitel C5). Erfordert diese Planung einen höheren Detaillierungsgrad, zerlegt das Team die Arbeitspakete im Netzplan in mehrere Vorgänge.

Das folgende Beispiel für Regeln im Umgang mit einem PSP stammt aus dem Anlagenbau [2]:
- Für jedes Projekt darf nur ein PSP erstellt und angewendet werden (in der Praxis existieren zum Teil innerhalb eines Projekts für verschiedene Zwecke unterschiedliche Projektstrukturpläne). Eine Standardstruktur, die aufgebaut und gepflegt werden muss, sollte die Basis für jedes Projekt bilden.
- Die Projektleitung ist für die projektspezifische Anwendung des PSP und zusammen mit den Fachabteilungen für die Revision verantwortlich.
- Der PSP muss für die gesamte Projektlaufzeit gelten.

- Der PSP ist mit seinem Inhalt und Nummernsystem für alle am Projekt beteiligten Aufgabenträger sowie zentrale Servicestellen (z.B. Einkauf, Rechnungswesen) verbindlich.
- Die Arbeitspakete des PSP sind durch die verantwortlichen Stellen auf Veranlassung und unter Überwachung durch die Projektleitung zu erarbeiten.

3 Gliederung

Die ICB nennt als Gliederungsprinzipien die Orientierung
- am zu erstellenden Produkt (= Objekt),
- an erforderlichen Funktionen im Projekt (= Verrichtung),
- an zuständigen Organisationseinheiten und
- an dem Standort, an dem eine Aufgabe ausgeführt wird.

In der Praxis sind Objektgliederung und Verrichtungsgliederung (= Funktionsgliederung) am häufigsten zu finden. Zwei Lehrbuchbeispiele [3], die sich auf das gleiche Projekt beziehen, verdeutlichen diese beiden Gliederungsprinzipien (→ Bild C4-2 und C4-3).

Objekt- und Funktionsgliederung

3.1 Objektorientierte Gliederung

Bei der objektorientierten Gliederung zerlegen die Planer den Projektgegenstand, in diesem Fall eine Kamera, gedanklich in seine Komponenten, Baugruppen und eventuell Einzelteile. Bei einer rein objektorientierten Gliederung ist die Produktstruktur beziehungsweise der Produktstrukturplan mit dem PSP identisch [4]. Mit einer solchen Gliederung können aber nicht alle Aufgaben (Funktionen) erfasst werden, die notwendig sind, um das Projektziel zu erreichen. So haben sich die Projektmitarbeiter beispielsweise auch darum zu kümmern, dass die neu entwickelte Kamera später verkauft werden kann (= Vertriebsvorbereitungen). Außerdem müssen sie das Projekt managen. Dafür ist eine funktionsorientierte Gliederung notwendig.

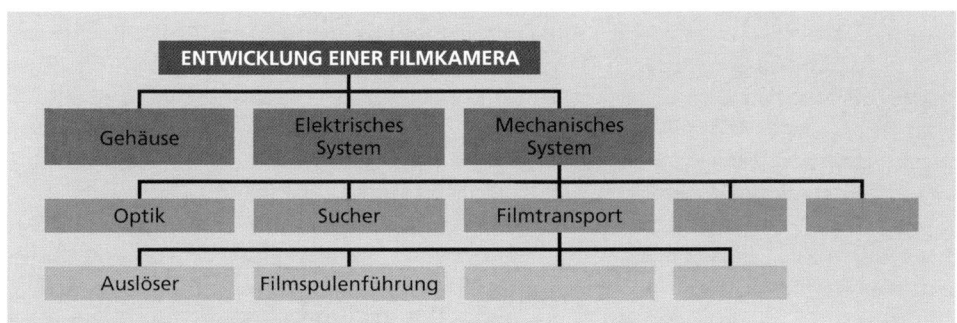

Bild C4-2 Objektorientierter PSP (Ausschnitt)

3.2 Funktionsorientierte Gliederung

In allen Projekten gibt es eine Fülle von Funktionen, zum Beispiel
- Analyse der Kundenanforderungen
- Entwurf der Systemkonzeption

- Qualitätsmanagement
- Planung und Überwachung des Projekts
- Änderungsmanagement
- Fertigungsvorbereitung
- Marketing und Vertriebsvorbereitungen
- Ausbildung des Personals
- Betreuung der Anlaufphase
- Dokumentation
- Projektabschluss und Erfahrungssicherung

Unterschiedliche PSP für ein Projekt

Die funktionsorientierte Gliederung ergibt für das Kameraprojekt einen ganz anderen PSP als die objektorientierte.

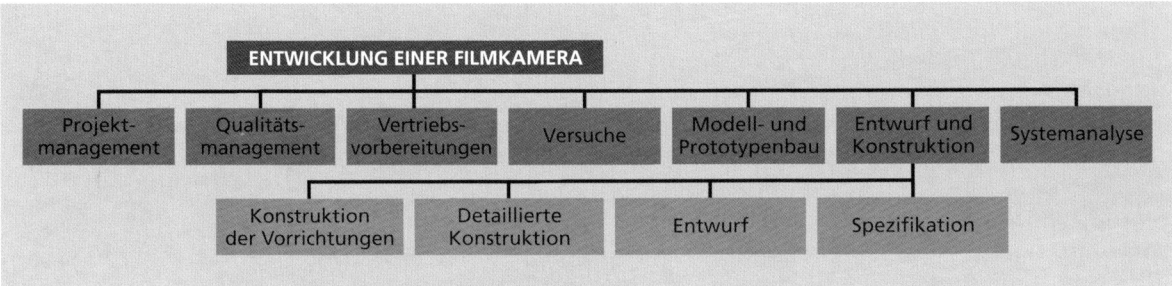

Bild C4-3 Verrichtungsorientierter PSP (Ausschnitt)

Auch der funktionsorientierte PSP weist einen Mangel auf: Die Komponentenstruktur der Kamera fehlt. Sie ist dem Gliederungsprinzip auf den oberen Ebenen geopfert worden.

3.3 Gliederungsprinzipien kombinieren

Gemischt-orientierter PSP

Um eine ganzheitliche Sicht auf das Projekt sicherzustellen, muss das Team es sowohl funktionsorientiert als auch objektorientiert betrachten. Deshalb gibt es in der Praxis fast nur PSP, bei denen beide Gliederungsprinzipien kombiniert werden. Oft wechseln die Planer von Ebene zu Ebene zwischen Objekt- und Funktionsgliederung. Manchmal kommt es sogar vor, dass beide auf der gleichen Ebene angewendet werden. Die Empfehlung von Platz [5], je Ebene nur ein Strukturierungsprinzip einzusetzen, missachten die Planer meist.

Starre Regeln dafür, welches Prinzip wann angewendet werden soll, gibt es nicht. Es lässt sich aber feststellen, dass in einer sehr frühen Projektphase, in der der Projektgegenstand noch kaum strukturiert ist, die funktionsorientierte Gliederung vorherrscht – zum Beispiel bei Entwicklungsprojekten mit hohem Neuheitsgrad. Später, in den oberen Ebenen des PSP, sollten die Teilaufgaben vorwiegend objektorientiert gegliedert sein. Entscheidend ist also die richtige Kombination der Gliederungsprinzipien.

Das Beispiel in Bild C4-4 zeigt dies anhand des Kameraprojekts.

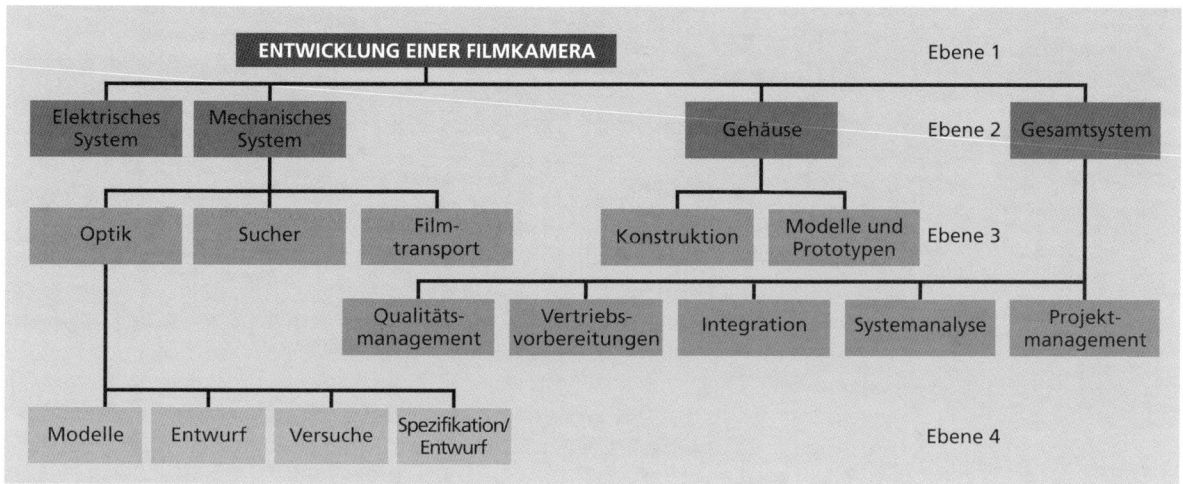

Bild C4-4 Kombination von Objekt- und Funktionsgliederung (gemischtorientierter PSP, Ausschnitt)

Bei den Positionen auf der vierten Ebene handelt es sich um Arbeitspakete. Sie wurden entsprechend der DIN-Definition nicht mehr weiter untergliedert. Die Aufgliederung sollte beendet werden, sobald ein Aufgabenbündel einem Mitarbeiter als Arbeitspaketverantwortlichem zugewiesen werden kann.

Ende der Aufgliederung

4 Erstellung

Wurden in der Organisation schon ähnliche Projekte durchgeführt oder ist der Aufbau des Projektgegenstands im Prinzip bekannt, können die Planer die Projektstruktur in der Regel von oben nach unten (= top down) entwickeln.

Beispiel
In einem Pkw-Entwicklungsprojekt erarbeiten die Planer einen PSP. Dabei können sie von der bekannten Produktstruktur eines Autos (Karosserie, Fahrgestell, Motorblock etc.) ausgehen. Auch die notwendigen Hauptfunktionen wie etwa Vertriebsvorbereitungen, Beantragung der Zulassung, Erstellen der Dokumentation für Wartung und Betrieb sowie Ausbildung von Wartungstechnikern sind bekannt, weil sie bei jeder Pkw-Entwicklung anstehen. Diese großen Aufgabenblöcke können über verschiedene Ebenen bis hinunter zu den Arbeitspaketen untergliedert werden. Das gilt auch dann, wenn das geplante Fahrzeug eine ganze Reihe neuer Eigenschaften aufweist.

Anders läuft die Erstellung des PSP ab, wenn das Projekt für die Organisation einen hohen Neuheitsgrad besitzt. Bei solchen Vorhaben, etwa bei einem PR-Projekt für eine Schule, ermittelt der Projektleiter am besten gemeinsam mit seinem Team in einem Workshop die notwendigen Aktivitäten, bündelt sie zu Arbeitspaketen und verdichtet sie von unten nach oben (= bottom up) zu Teilaufgaben.

Hoher Neuheitsgrad

4.1 Erstellung über Hilfsmittelstruktur

Anstelle der direkten Aufstellung von Projektstrukturplänen, bei der Objekte oder Funktionen identifiziert und unmittelbar zu einer PSP-Struktur zusammengebaut werden, hat sich im Management von Forschungs- und Entwicklungsprojekten eine aufwändigere Vorgehensweise bewährt. Platz [6] beschreibt diese am Beispiel von IT-Projekten:

F&E-Projekte

1. Zunächst erarbeitet man die Produktstruktur, in der alle Bestandteile des Projekts in hierarchischer Gliederung grafisch dargestellt werden. Sie entspricht der Stückliste bei der mechanischen Fertigung und ist identisch mit einem rein objektorientierten PSP. Die Produktstruktur darzustellen ist eine technische Planungsaufgabe.

2. Aus dem Produktstrukturplan wird dann eine Hilfsmittelstruktur erarbeitet: ein Plantyp, der Zwischenschritt und Übergang von der Produkt- zur Projektstruktur ist. Dieser Plan enthält nicht nur die Produktstruktur, sondern darüber hinaus alle Entwurfsdokumente, Prototypen, Untersuchungen, Hilfsmittel, Werkzeuge und Ähnliches. Mit dieser Struktur werden auch Ergebnisse (z.B. Marktuntersuchungen oder Resultate von Wertanalysen) festgehalten, die zwar nicht für den Auftraggeber oder den Markt gedacht sind, aber im Projektverlauf erarbeitet werden müssen, um die Projektziele zu erreichen.

3. Nun stellen die Planer die Frage, welche Arbeitspakete notwendig sind, um die definierten End- und Zwischenergebnisse zu erreichen. So leiten sie aus der Hilfsmittelstruktur den PSP ab. Er muss alle für den Projekterfolg notwendigen Arbeitspakete enthalten. Auf der Ebene der Arbeitspakete ist er ausschließlich funktionsorientiert.

In jüngerer Zeit gibt es einige Bestrebungen, die Methodik der Projektstrukturierung zu erweitern und mehrere Gliederungsprinzipien – also zum Beispiel die Unterteilung nach Produktkomponenten und Ort der Herstellung beziehungsweise Entwicklung – nebeneinander zuzulassen. Dies führt zu mehrdimensionalen Projektstrukturplänen [7]. Umfangreichere praktische Erfahrungen mit diesen Ansätzen stehen allerdings noch aus.

Mehrdimensionale PSP

4.2 Änderungen im Projektverlauf

Mit der einmaligen Erstellung eines PSP ist es meist nicht getan. Besonders bei Projekten mit hohem Neuheitsgrad und zunächst unpräzisem Leistungsziel muss das Team im Projektverlauf oft Teilaufgaben und Arbeitspakete hinzufügen oder streichen. Auch detaillierte Arbeitspaketbeschreibungen sind am Anfang nicht immer möglich. Arbeitspakete tragen dann vorerst nur einen Namen, ohne näher spezifiziert zu werden. Ein PSP ist also nicht statisch, sondern er „lebt".

„Lebender" PSP

5 Arbeitspaketbeschreibungen

Routinearbeitspakete sind auf jeden Fall in den PSP aufzunehmen, da sie ebenfalls erledigt werden müssen und Einsatzmittel erfordern. Wenn Arbeitspakete keinen Routinecharakter haben, ist es nötig, sie nach einem bestimmten Schema detailliert zu beschreiben. Für Arbeitspaketbeschreibungen gibt es keine verbindliche Vorschrift. Jede Organisation kann sie nach ihren Vorstellungen gestalten. Sie sollten aber folgende Mindestinhalte umfassen:

Mindestinhalte

- Name, Nummer, Version und Status (geplant, geprüft, freigegeben) des Arbeitspakets
- Kurze inhaltliche Beschreibung
- Geplante Ergebnisse, die zu erstellen sind

- Voraussetzungen für die Ausführung (z.B. notwendige Zulieferungen)
- Geplanter Anfang und geplantes Ende beziehungsweise geplante Dauer
- Geplanter Aufwand (meist im Mengenmaßstab, z.B. Personentage)
- Arbeitspaketverantwortlicher

Häufig werden weitere Informationen angegeben, zum Beispiel

Zusätzliche Inhalte

- Vorschriften, die die Mitarbeiter bei der Ausführung beachten müssen (z.B. Sicherheitsvorschriften oder das Qualitätsmanagement-Handbuch der Organisation), und
- einzelne Aktivitäten, die der Arbeitspaketverantwortliche erledigen muss, damit das Arbeitspaket ausgeführt werden kann.

Bild C4-5 zeigt ein Beispiel für ein Arbeitspaketformular. Für die detaillierte Beschreibung eines Arbeitspakets ist die Organisationseinheit zuständig, die die Fachverantwortung für dieses Arbeitspaket trägt. Ist zum Zeitpunkt der Beschreibung der Arbeitspaketverantwortliche schon ernannt, übernimmt er diese Aufgabe. Der Projektleiter ist dazu verpflichtet, dessen Beschreibung zu überprüfen. Schließlich ist er für die termin-, kosten- und leistungsgetreue Ausführung des Projekts verantwortlich.

Verantwortlichkeiten

ARBEITSPAKETFORMULAR	
Datum	
Projekt	Arbeitspaket-Nr.
Projektphase	Version
Arbeitspaketbeschreibung	
Ergebnis	
Aktivitäten	
Voraussetzungen und notwendige Zulieferungen	
Verantwortlicher	
Termine	
Plan, aktuell	
Anfangstermin	
Endtermin	
Aufwand (z.B. in Mitarbeitertagen)	
Beteiligte Mitarbeiter	

Bild C4-5 Arbeitspaketformular

6 Standardstrukturpläne

Bislang war in diesem Kapitel nur von individuellen Projektstrukturplänen die Rede, die für jedes Projekt neu erarbeitet werden. Unternehmen und andere Organisationen lassen aber seit vielen Jahren auch Standardstrukturpläne für bestimmte Projektklassen erstellen. Die Planer müssen den Strukturplan dann nur noch für den jeweiligen Einsatzfall anpassen, indem sie unnötige Teilaufgaben und Arbeitspakete streichen oder andere hinzufügen. Diese Vorgehensweise eignet sich zum Beispiel für den Bau

Anpassung
für den Einzelfall

von Kraftwerken oder Nachrichtensatelliten. Die Elemente eines Standardstrukturplans können auch als Informationsobjekte in einer Projektkostendatenbank dienen. Standardstrukturpläne bieten eine Reihe von Vorteilen. Sie

- gewährleisten eine gewisse Einheitlichkeit der Projektplanung,
- verhindern, dass das jeweilige Team bei jedem Projekt einen ganz neuen Plan erstellen muss,
- dienen als Checkliste und stellen sicher, dass keine wesentlichen Positionen und Arbeitspakete vergessen werden, und
- reduzieren den Planungsaufwand und tragen somit zur Rationalisierung im Projektmanagement bei.

Standardstrukturen sind beispielsweise im Kraftwerks- und im Anlagenbau zu finden. Bild C4-6 stellt einen von Madauss [8] für die European Space Agency (ESA) entwickelten Standardstrukturplan dar. Dieses Beispiel zeigt, dass oft auch für Projekte mit hohem Neuheitsgrad eine Standardisierung möglich ist.

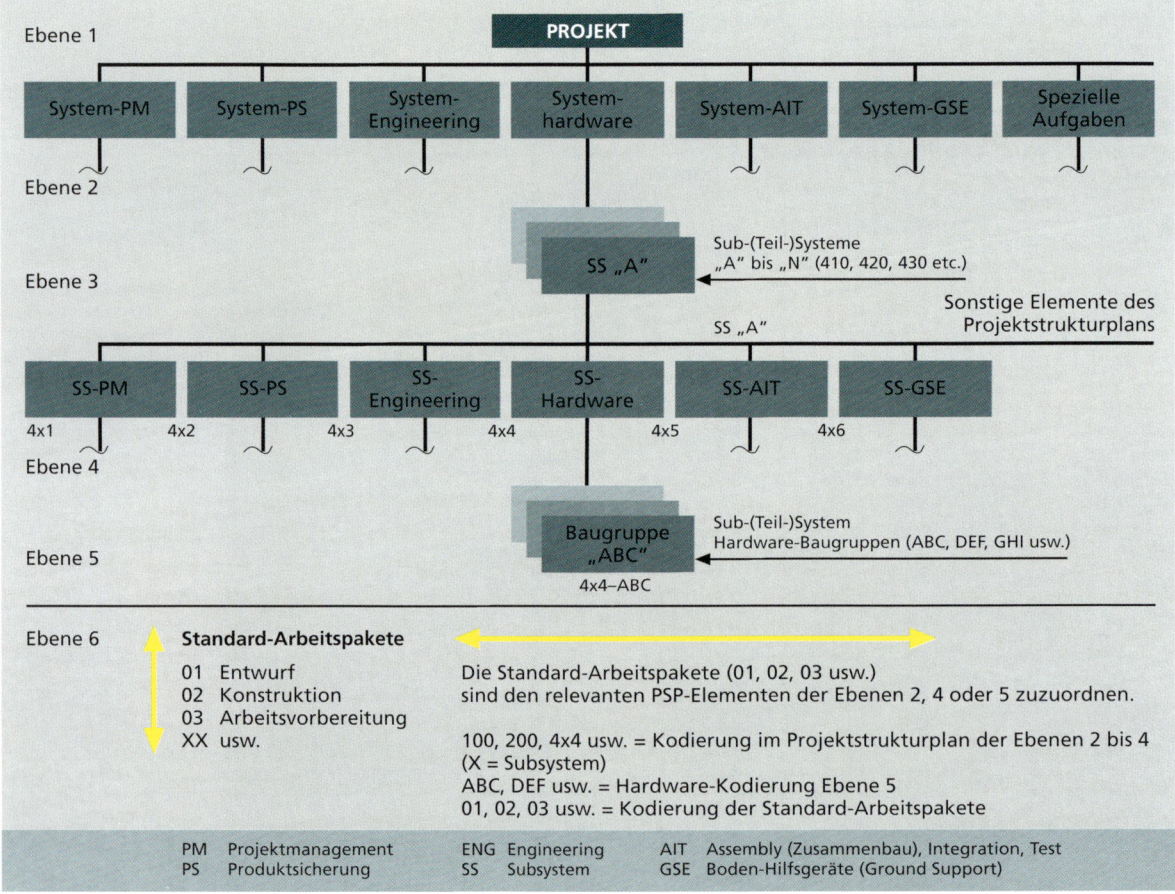

Bild C4-6 Standardstrukturplan der ESA

Einen Ausschnitt aus einer Standardstruktur auf Arbeitspaketebene zeigt Bild C4-7 [9]. Die Arbeitspakete wurden bereits in Vorgänge untergliedert, die nun Bestandteile eines Standardablaufplans sind. Diese können in einem Netzplan miteinander verknüpft werden.

Teilaufgabe Ebene 2: Markteinführung
Teilaufgabe Ebene 3: Verkaufsförderung

Ap-Nr.	Arbeitspaket	Vorgang	Zuständig	Ergebnis
...	...	...	...	Kurzbeschreibung
...	...	...	...	des geplanten Ergebnisses
...	...	...	...	der einzelnen Vorgänge
...	Außendienstschulung	...	PE	
...	...	Konzeption	...	
...	...	Organisation	...	
...	...	...	...	

Teilaufgabe Ebene 2: Antrieb
Teilaufgabe Ebene 3: Motor

Ap-Nr.	Arbeitspaket	Vorgang	Zuständig	Ergebnis
...	...	Entwurf	...	Kurzbeschreibung
...	Motorentwicklung	...	EL	des geplanten Ergebnisses
...	...	Ausgestaltung	...	der einzelnen Vorgänge
...		...	...	
...	...	Muster	...	
...	...	...	...	

Quelle: Hirzel, M.: Durch Standardisierung Innovationspakete beschleunigen. In: Hirzel, Leder & Partner (Hrsg.): Speed-Management. Geschwindigkeit zum Wettbewerbsvorteil machen. Wiesbaden 1992, S. 81–101
Die Grafik wurde in der Terminologie etwas verändert.

Bild C4-7 Ausschnitt aus einer Standardstruktur auf Arbeitspaketebene

Bild C4-8 zeigt einen Standardstrukturplan für Softwareprojekte [10].

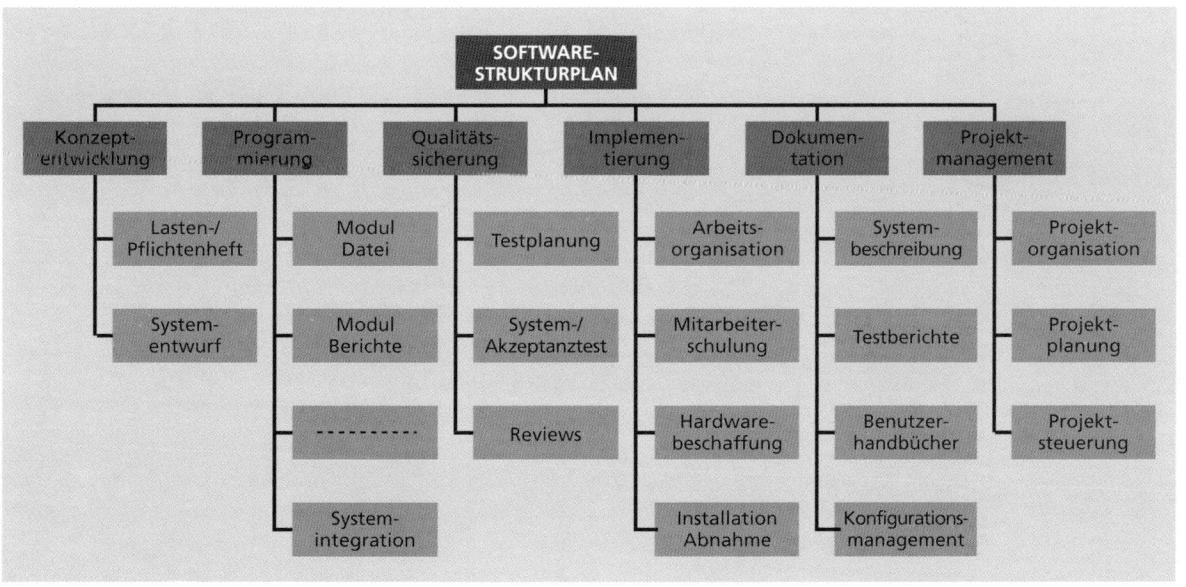

Bild C4-8 Standardstrukturplan für Softwareprojekte

7 Regeln für die PSP-Erstellung

Mehr Arbeit als nötig macht sich, wer Projektstrukturpläne für jedes Projekt von Grund auf neu entwickelt. In vielen Unternehmen fehlen jedoch Standards und Regeln, die eine gewisse Einheitlichkeit der Projektplanung garantieren.

Allgemein gültige, branchenneutrale Empfehlungen zur Vorgehensweise bei der Aufstellung eines PSP lassen sich kaum geben. Es ist beispielsweise nicht generell festlegbar, wie tief der Plan gegliedert werden soll. Einige Ratschläge verschiedener Autoren sind durchaus angreifbar, zum Beispiel dieser: „Die Unterteilung in Teilaufgaben und Arbeitspakete sollte beendet werden, wenn Arbeitspakete erreicht sind, die einer organisatorischen Stelle (Fachabteilung oder externem Auftraggeber) insgesamt voll verantwortlich zur Realisierung übergeben werden können. Die darin noch erforderliche Koordination braucht nicht mehr vom Projektmanagement ausgeführt zu werden, sondern kann vom jeweiligen Vorgesetzten innerhalb seines Verantwortungsbereichs erbracht werden." [11]

Überdimensionierte Arbeitspakete Folgt man dieser Empfehlung konsequent, können sich Arbeitspakete ergeben, die gemessen an der ihnen zugeordneten Kostenplansumme oder ihrer geplanten Dauer zu groß sind. Sie behindern die erfolgreiche Planung und Kontrolle der Projektabwicklung.

Ganz allgemein können für die PSP-Erstellung folgende Anhaltspunkte formuliert werden:
- Für jedes Arbeitspaket sollte es nur einen Verantwortlichen geben – unabhängig davon, wie viele Personen an dem Arbeitspaket arbeiten.
- Bei phasenorientiertem Projektmanagement sollte ein Arbeitspaket eindeutig einer Phase zuordenbar sein. Ausnahmen sind phasenübergreifende Aufgaben wie die laufende Kostenverfolgung.
- Aufgaben, die extern vergeben werden, sind als eigenständige Teilaufgaben beziehungsweise Arbeitspakete auszuweisen.
- Für jedes Element des PSP sollte eine klare Spezifikation formulierbar sein, damit Dritte später eindeutig feststellen können, ob das Arbeitspaket oder die Teilaufgabe bereits erledigt ist. Nur so kann der Projektleiter den Leistungsfortschritt erkennen. Arbeitspakete sind sozusagen Mikromeilensteine des Projektleiters, die ihm die Projektüberwachung erleichtern.

Beispiel
Die Formulierung „Pflichtenheft ausarbeiten" ist unbrauchbar, weil es damit dem Belieben des Verantwortlichen überlassen bleibt, wie ausführlich und sorgfältig er diese Aufgabe erfüllt. Besser ist die folgende Formulierung, die auf einen Standard verweist und schon eine Qualitätssicherungsmaßnahme enthält: „Pflichtenheft nach dem Standard ausarbeiten, der im Projektmanagement-Handbuch vorgegeben ist, und dann vom Auftraggeber genehmigen lassen."

Abgrenzungen und Schnittstellen Ein Arbeitspaket ist möglichst als in sich geschlossenes Leistungselement zu definieren – mit klaren, einfachen Abgrenzungen und Schnittstellen zu anderen Arbeitspaketen [12].
- Die für das Arbeitspaket eingeplante Zeit sollte im Vergleich zur Projektdauer kurz genug sein. Sonst besteht die Gefahr, dass die Projektleitung einen Terminverzug zu spät erkennt und keine wirksamen Gegenmaßnahmen mehr treffen kann. Ausgenommen sind Arbeitspakete, die über die gesamte Projektdauer laufen, etwa das Paket „Terminplanung und -verfolgung".

Beispiel
Ist für ein Arbeitspaket eine Ausführungszeit von 2. Januar bis Ende Oktober geplant, fällt es neunmal durch das Raster der monatlichen Terminkontrolle. Erst Ende Oktober muss der Arbeitspaketverantwortliche Farbe bekennen. Werden Arbeitspakete mit kürzerer Dauer geschnürt, kann der Projektleiter Verzögerungen früher feststellen.

- Der Kostenplanwert (→ Kapitel C6) für ein Arbeitspaket muss groß genug sein, weil sonst die projektbegleitende Kostenkontrolle schwierig wird.

7.1 Größenbestimmung für Arbeitspakete

Reschke und Svoboda [13] nennen als Richtwerte für die Größe eines Arbeitspakets einen Kostenanteil von einem bis fünf Prozent der Gesamtkosten eines Vorhabens. Erfahrungen haben gezeigt, dass sich die Genauigkeit der Kostenzuordnung zu einzelnen Teilaufgaben und Arbeitspaketen ab einem bestimmten Punkt mit zunehmender Zahl der Planungs- und Kontrolleinheiten exponentiell verschlechtert [14]. Eine zu geringe Detaillierung (also eine zu grobe Rasterung) mindert dagegen den Aussagewert der Abweichungsanalyse und erschwert die Kostensteuerung. Welcher Detaillierungsgrad zweckmäßig ist, hängt auch stark von der Organisation der Datenerfassung ab.

Auswirkungen auf Kostenzuordnung und -steuerung

Eine differenziertere Empfehlung gibt Burghardt [15] für Entwicklungsprojekte. Für Großprojekte mit mehreren Millionen Euro Budget nennt er eine Untergrenze von zwei Personenmonaten, für kleinere Projekte eine Untergrenze von einer Personenwoche. Diese Empfehlung impliziert einen weit höheren Detaillierungsgrad als die Angaben von Reschke und Svoboda. Die Diskrepanz zwischen beiden Empfehlungen könnte durch Effizienzunterschiede bei der Organisation der Datenerfassung erklärt werden.

In jedem Fall sind die Verantwortlichen gefordert, Arbeitspakete weder zu klein noch zu groß zu planen. Damit befinden sie sich in einem Zielkonflikt (→ Kapitel C2): Einerseits sollen sie die Termine, andererseits – parallel dazu – die Kosten überwachen. Diese beiden Anforderungen führen zu unterschiedlichen Ansätzen, wenn es um die ideale Arbeitspaketgröße geht. In der Praxis muss ein Kompromiss gefunden werden.

Zielkonflikt

8 Codierung

Wie die Teilaufgaben und Arbeitspakete des PSP nummeriert werden, bleibt jeder Organisation selbst überlassen. Häufig ist aus den vergebenen Nummern zu ersehen, welcher Ebene des PSP das Element angehört (= identifizierender Schlüssel). Die Teilaufgabennummer 41 220 000 beispielsweise, die vier von Null verschiedene Zahlen enthält, zeigt damit an, dass die Teilaufgabe zur vierten Ebene des Projektstrukturplans gehört.

Identifizierender Schlüssel

Daneben gibt es klassifizierende Schlüssel, die zum Beispiel die Zugehörigkeit des Elements zu einer verantwortlichen Organisationseinheit oder zu einer Projektphase anzeigen.

Klassifizierender Schlüssel

Da die Teilaufgaben und Arbeitspakete im Projektverlauf mit Kosten belastet werden, müssen bei der Codierung auch die Anforderungen des betrieblichen Rechnungswesens beachtet werden.

9 Häufige Fehler und Versäumnisse

Ressourcen-problematik

Vielen Projektverantwortlichen ist es zu mühsam, einen PSP zu erstellen. Sie steigen lieber sofort in die Ablauf- und Terminplanung ein. Dieses Vorgehen ist gefährlich – vor allem deshalb, weil es einige Teilaufgaben und Arbeitspakete gibt, die nicht in die Ablauf- und Terminplanung eingehen müssen, aber dennoch Ressourcen beanspruchen. Ein Beispiel dafür sind die verschiedenen sich ständig wiederholenden Aufgaben des Projektmanagements wie die Termin- und Kostenüberwachung.

Änderungen

Probleme entstehen zudem, wenn das Team zwar in der ersten Planungseuphorie einen PSP erstellt hat, notwendige Änderungen im Projektverlauf aber nicht einarbeitet.

Vergessene Teilaufgaben

Es kommt auch vor, dass die Planer wichtige Teilaufgaben vergessen, zum Beispiel den systematischen Projektabschluss. Die Ausrede lautet häufig: „Das haben wir sowieso im Kopf!" Später denkt dann aber doch niemand daran.

Fragen zur Selbsteinschätzung gemäß Zertifikatslevel

Nr.	Frage	Level				Selbsteinschätzung
		D	C	B	A	
C4.1	Wozu wird ein PSP eingesetzt?	3	3	3	4	☐
C4.2	Wie kann ein PSP gegliedert werden?	3	3	3	4	☐
C4.3	Welche Gliederungsprinzipien für PSP haben sich in der Praxis durchgesetzt?	2	2	2	4	☐
C4.4	Welche Mindestinhalte sollte die Arbeitspaketbeschreibung enthalten?	3	3	3	4	☐
C4.5	Welche Regeln für die PSP-Erstellung haben sich bewährt?	2	3	3	4	☐
C4.6	Warum soll man die PSP-Erstellung nicht überspringen und gleich mit Ablauf- und Terminplanung anfangen?	2	2	2	2	☐
C4.7	Welcher Vorteil kann durch Standardstrukturpläne erzielt werden?	2	2	3	4	☐
C4.8	Welche Vor- bzw. Nachteile bieten mehrdimensionale Projektstrukturpläne?	1	2	2	4	☐

C5 ABLAUF- UND TERMINPLANUNG

Ablauf- und Terminplanung (ICB-Element 14) sind der Schlüssel zur detaillierten Planung und Verfolgung der Termin-, Kosten- und Leistungsziele in Projekten. Sie erlauben es, vorausschauend zu planen und Alternativen durchzuspielen. In der Terminplanung werden Soll-Termine und laufend erfasste Ist-Termine miteinander verglichen. Der Soll-Ist-Vergleich bildet die Grundlage für eine erfolgreiche Projektsteuerung. Die richtige Vorgehensweise bei der Ablauf- und Terminplanung, deren wichtigstes Instrument die Netzplantechnik ist, wird in diesem Kapitel vorgestellt. Der Netzplan ermöglicht es, Abhängigkeiten zwischen Vorgängen darzustellen und Termine zu berechnen.

1 Bedeutung

Projektmanagement erfordert eine Werkzeugkiste zur Planung, Steuerung und Überwachung, um ein Projekt mit Rücksicht auf technische und wirtschaftliche Aspekte
- in einer vorgegebenen Zeit (= Termine),
- mit beschränktem Budget beziehungsweise Einsatzmitteln (→ Kapitel C6) sowie
- unter Einhaltung der Leistungsziele (Leistungsgüte, Qualität → Kapitel C8)

realisieren zu können (= Magisches Dreieck Termine, Kosten, Leistung). Die Methoden und Verfahren der Ablauf- und Terminplanung bilden den Schlüssel zur operativen Verfolgung dieser Ziele.

Die Ablaufplanung liefert bereits in einer frühen Phase des Projekts wertvolle Unterstützung bei der Projektplanung und ermöglicht es, Planvarianten und Alternativlösungen mit Blick auf Termine, Kosten und Einsatzmittel durchzuspielen. Die Ablaufplanung unterstützt die Projektplanung und -koordination, vor allem durch die frühzeitige Klärung kritischer Schnittstellen zwischen einzelnen Projektteilen. Sie baut auf der Projektstrukturierung (→ Kapitel C4) auf. Bei Bedarf zerlegt der Planer die Arbeitspakete in noch kleinere Einheiten (= Vorgänge). Damit kann er die Durchführungsdauern und die benötigten Einsatzmittel leichter schätzen und die Grundlage für die Kostenermittlung schaffen. Sind die Bearbeitungsreihenfolgen festgelegt und die Aufgaben terminiert, die erledigt werden müssen, wird der Ablaufplan zum Terminplan – und damit zum Fahrplan für das Projekt. Die Terminplanung liefert die Soll-Vorgaben und erfasst auf der Grundlage der zyklisch eingeholten Rückmeldedaten permanent den Ist-Zustand des Projekts. Damit werden die Voraussetzungen für die Überwachung und Steuerung von Terminen, Einsatzmitteln, Kosten und Leistungen geschaffen (→ Kapitel C9).

Planvarianten und Alternativlösungen

Terminplan

Bei der Terminplanung spielt die Netzplantechnik eine zentrale Rolle. Mithilfe des Netzplans lassen sich die Abhängigkeiten der Arbeitsschritte darstellen sowie Termine und zeitliche Spielräume für die Terminplanung und -steuerung berechnen. Bei Abweichungen vom geplanten Projektverlauf kann das Projektteam mithilfe des Netzplans mögliche Auswirkungen auf nachfolgende Arbeitspakete, Teilprojekte oder das Projektende prognostizieren und Gegenmaßnahmen testen. Damit verfügt es über ein Frühwarnsystem und kann rechtzeitig Korrekturen einleiten.

Netzplantechnik

Der Netzplan ist ein unverzichtbares Werkzeug für den Ablauf- und Terminplaner. Die Präsentation der Ergebnisse sollte jedoch kundengerecht erfolgen, zum Beispiel als vernetztes Balkendiagramm.

2 Grundlagen

Projektstrukturplan

Die Zerlegung eines komplexen Projekts in Teilaufgaben und Arbeitspakete im Rahmen der Projektstrukturierung ($\rightarrow$ Kapitel C4) ist Voraussetzung für die Ablauf- und Terminplanung. Der Projektstrukturplan liefert Transparenz beispielsweise hinsichtlich der funktionalen, organisatorischen oder technisch-sachlichen Gliederung des Projekts. Er zeigt alle Aufgaben (als Gesamtmenge aller Arbeitspakete) auf, gibt aber keine Auskunft über

- die Reihenfolge, in der das Projektteam die Arbeitspakete bearbeitet,
- Schnittstellen zwischen Teilprojekten/Teilaufgaben und Arbeitspaketen sowie
- die genaue zeitliche Abfolge und Durchführungszeitpunkte.

2.1 Schritte der Ablauf- und Terminplanung

Die Ablauf- und Terminplanung geht schrittweise an die Beantwortung dieser Fragen heran.

Schritt 1: Arbeitspakete detaillieren
Um den Projektablauf planen, überwachen und steuern zu können, ist es in der Regel notwendig, die einzelnen Arbeitspakete in weitere Arbeitsschritte (= Vorgänge) aufzugliedern.

Schritt 2: Abläufe festlegen und Ablaufplan erstellen
Im zweiten Schritt sind die Arbeitspakete und/oder Vorgänge sachlogisch miteinander zu verknüpfen. Dies geschieht in der Regel zunächst ohne Rücksicht auf die Ressourcen. Damit entsteht ein Ablaufplan (= Netzplan), in dem eindeutig festgelegt wird,

- welche Abhängigkeiten zwischen den Vorgängen bestehen,
- welche Vorgänge nacheinander, parallel oder unabhängig voneinander ablaufen können und
- welche Zeitabstände zwischen einzelnen Vorgängen notwendig sind.

Abläufe und Schnittstellen erkennen

Mit diesem Schritt erfüllt die Ablaufplanung eine ihrer Hauptaufgaben: Sie soll die Projektbeteiligten in einer frühen Projektphase zu einer klaren Aussage über die geplanten Abläufe zwingen und es dem Projektmanager ermöglichen, die Schnittstellen frühzeitig zu erkennen und zu klären.

Schritt 3: Ablaufplan in den Terminplan überführen
Im dritten Schritt schätzen die Projektbeteiligten die realistischen Durchführungsdauern für die Vorgänge. Der Projektmanager muss hier unbedingt darauf achten, dass die einzelnen Schätzer nicht zu

Versteckte Puffer

ihrer eigenen Sicherheit (versteckte) Puffer einbauen. Er allein darf ein Zeitkontingent als Gesamtpuffer für das Projekt festlegen. Haben die Projektbeteiligten realistische Durchführungsdauern für die Arbeitspakete und Vorgänge geschätzt und dabei die vorhandenen Ressourcen berücksichtigt, können die Frühest- und Spätesttermine für jeden Vorgang berechnet und terminkritische Abläufe sowie die zeitlichen Spielräume (= Puffer) aufgezeigt werden. Damit ist der Schritt vom Ablauf- zum Terminplan (vorläufig) vollzogen.

Schritt 4: Ablauf- und Terminplan optimieren
Selbst bei sorgfältiger Definition der Abläufe und gewissenhafter Schätzung der Durchführungsdauern zeigt eine erste Terminberechnung häufig, dass das Projektteam einen gewünschten oder geforderten Projektendtermin voraussichtlich nicht erreichen kann. In diesem Fall beginnt der

Iterativer Prozess

iterative Prozess der Ablauf- und Terminoptimierung in Zusammenarbeit mit allen verantwortlichen Projektbeteiligten. Die Planer können dabei versuchen, die Projektlaufzeit zu reduzieren, indem sie zum Beispiel die Ablaufstruktur ändern (z.B. durch Überlappung von Vorgängen) oder die Ausführungszeiten verkürzen (z.B. durch Kapazitätserhöhung).

In diesem Stadium der Ablauf- und Terminplanung kann der Projektmanager auch alternative Handlungsabläufe simulieren und deren Auswirkungen auf den Projektendtermin oder auf andere Zielfaktoren (z.B. Kosten oder Einsatzmittelbedarf) durchspielen.

Alternative Handlungsabläufe

Schritt 5: Ausführungsplan verabschieden
Die für das Projekt verantwortlichen Stellen (z.B. Auftraggeber, Unternehmensleitung, Projektleitung, Lieferanten) müssen den Ablauf- und Terminplan, der nach der Optimierung vorliegt, verabschieden. Die Termine in diesem Ausführungsplan werden damit zu Soll-Terminen, die die Basis für das Termincontrolling bilden und für alle Beteiligten verbindlich sind. Häufig wird er wichtiger Bestandteil des Vertrags mit dem Projektauftraggeber. So werden bei späterer Nichteinhaltung von Vertragsterminen beispielsweise Pönalen (Vertragsstrafen → Kapitel A4) fällig.

Schritt 6: Termincontrolling
Das Termincontrolling ist Teil der Terminplanung. Es beginnt mit der Erfassung der Ist-Termine und der Überwachung des termingerechten Ablaufs. Durch Soll-Ist-Vergleiche können Abweichungen vom geplanten Ablauf – vor allem Terminverzögerungen oder Änderungen in der Ablaufstruktur – aufgezeigt und analysiert werden.

Abweichungen vom Soll

Auf Basis der Analyseergebnisse lassen sich beim konsequenten Einsatz der Netzplantechnik die Auswirkungen von Abweichungen auf Teilbereiche des Projekts oder auf das Projektende vorhersagen. Der Projektmanager kann – wie in der Phase der Planoptimierung – Alternativen durchspielen, um geeignete Maßnahmen zur Gegensteuerung herauszufinden.

In jedem Fall liefert das Termincontrolling rechtzeitig ein Warnsignal für die Projektleitung, das deutlich macht, wann korrektive Maßnahmen (→ Kapitel C9) zu treffen sind.

2.2 Regelkreis der Terminplanaktualisierung

Der Regelkreis der Terminplanaktualisierung läuft im Projekt nicht nur einmal, sondern in regelmäßigen Intervallen ab. Er besteht aus:

- Erfassung der Ist-Termine
- Vergleich der Ist-Termine mit den Soll-Terminen
- Analyse der Abweichungen
- Planung korrektiver Maßnahmen
- Revision der Terminplanung

Stellung im Projektcontrolling
Der weitergehende Begriff des Projektcontrollings umfasst neben der Terminplanung unter anderem auch die Bereiche Kosten-, Leistungs- und Ressourcenplanung. Dementsprechend gelten die Erläuterungen zu Soll-Ist-Vergleichen, Abweichungsanalysen etc. analog für Einsatzmittel, Kosten und Leistung (→ Kapitel C9).

Projektcontrolling

2.3 Aufgaben und Ziele

Die wichtigsten Aufgaben und Ziele der Ablauf- und Terminplanung sind in Bild C5-1 dargestellt.

SCHRITT	ZIEL	AUFGABE	ERGEBNIS
1	Aufbrechen der Komplexität, Festlegung der Aufgaben	**Detaillierung der Arbeitspakete**	Vorgänge
2	Frühzeitige Koordination, Planung der Abläufe	**Festlegung der Abläufe** • Abhängigkeiten und Zeitabstände definieren • Schnittstellen klären	Ablaufplan (Netzplan)
3	Ermittlung der vorläufigen Projektdauer	**Überführung des Ablaufplans in den Terminplan** • Schätzung der Vorgangsdauer • Erste Terminberechnung	Vorläufiger Terminplan
4	Verkürzung der Projektlaufzeit	**Optimierung des Ablauf- und Terminplans** • Durchspielen alternativer Abläufe • Schrittweise Optimierung	Optimierter Terminplan
5	Verbindliche Vorgabe für alle Projektbeteiligten	**Verabschiedung des Ausführungsplans**	Terminplan „Soll"
6	Überwachung und Steuerung des Projektablaufs	**Termincontrolling** • Erfassung der Ist-Termine • Vergleich Soll-/Ist-Termine • Analyse der Abweichungen • Planung korrektiver Maßnahmen	Aktualisierter Terminplan nach jedem Aktualisierungsstichtag

Bild C5-1 Aufgaben und Ziele der Ablauf- und Terminplanung

2.4 Überführung des Projektstrukturplans in den Ablaufplan

Bild C5-2 zeigt schematisch den Weg vom Projektstrukturplan (→ Kapitel C4) zum Ablaufplan.
Im Projektstrukturplan stellt ein Arbeitspaket die kleinste Einheit dar, während im Ablaufplan der Übergang vom Arbeitspaket zum Vorgang in der Praxis häufig fließend ist:
- Einzelne, überschaubare Arbeitspakete müssen nicht weiter detailliert werden und gehen als Vorgang in den Ablaufplan ein (1:1-Beziehung).
- In der Regel beinhaltet ein Arbeitspaket aber eine Reihe voneinander abhängiger Arbeitsschritte (1:n-Beziehung), die als Vorgänge einzeln geplant und überwacht werden müssen. In diesem Fall entsteht aus einem Arbeitspaket ein Teilnetz im Ablaufplan.
- Für bestimmte Zwecke, etwa zur Verdichtung von Termininformationen (Grobnetzplan, Rahmenterminplan), können mehrere Arbeitspakete zu einem Vorgang zusammengefasst werden (m:1-Beziehung) – eine Operation, die allerdings der DIN-Definition für Arbeitspakete widerspricht.

Verknüpfung der Teilnetze

Die Verknüpfung der Teilnetze erfordert eine sorgfältige Klärung der Schnittstellen zwischen den Arbeitspaketen. Die Vorgänge zwischen den einzelnen Teilnetzen symbolisieren zum Beispiel Arbeitsschritte wie Koordinationsaufgaben, Teilsystemtests, Phasenabschluss-Reviews oder technisch bedingte Tätigkeiten (z.B. Aufbau von Testanlagen, Transport von Maschinen). Diese Vorgänge können auch aus anderen Arbeitspaketen stammen, die nicht als in sich geschlossene Teilnetze abgebildet werden können (z.B. Arbeitspakete wie Projektmanagement, Qualitätssicherung oder Abnahmen).

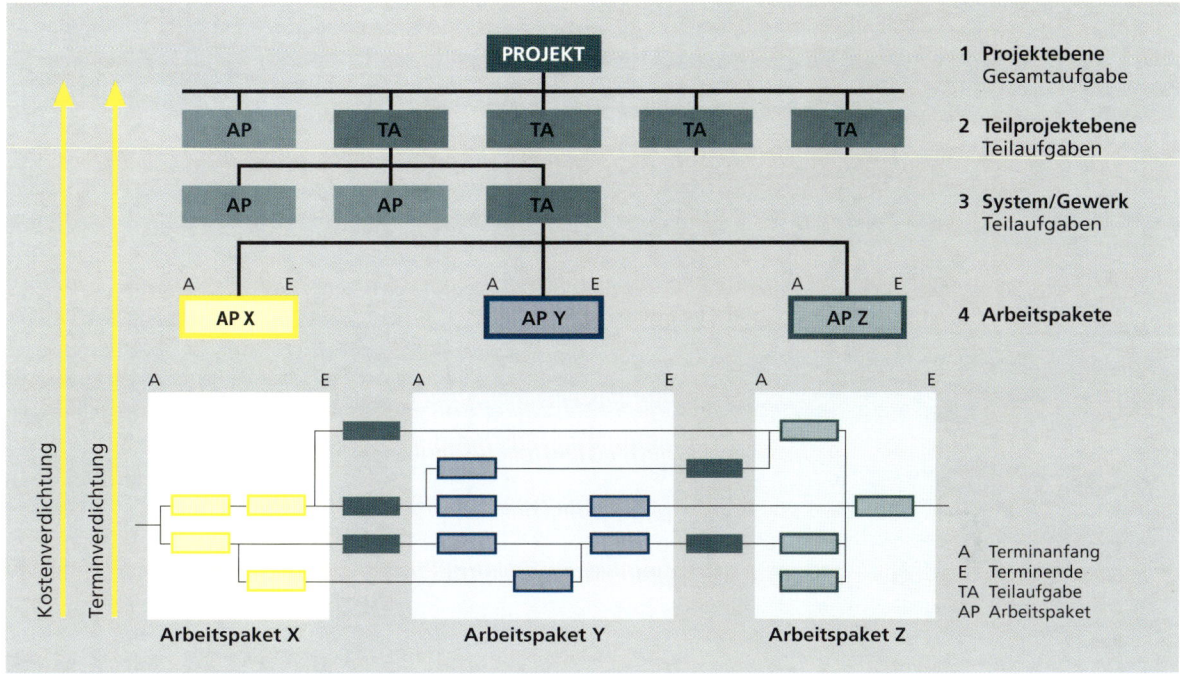

Bild C5-2 Vom Projektstrukturplan zum Ablaufplan

2.5 Techniken der Ablauf- und Terminplanung

Zur praktischen Umsetzung der Ablauf- und Terminplanung gibt es viele Softwarewerkzeuge, die *Software*
sowohl die Projektplanung unterstützen als auch die Terminierung übernehmen. Diese Werkzeuge
liefern die Arbeitsunterlagen und Ergebnisse in vielfältiger Form. Beispiele:
- Projektstrukturpläne
- Vorgangs- und Terminlisten
- Rückmeldelisten
- (Vernetzte) Balkendiagramme
- Netzpläne
- Meilensteinpläne
- Soll-Ist-Vergleiche
- Meilensteintrendanalysen (MTA → Kapitel C9)
- Zeit-Weg-Diagramme

3 Netzplantechnik

3.1 Grundbegriffe

Als wohl wichtigstes Instrument für die Ablauf- und Terminplanung hat sich die Netzplantechnik *Kriterien für*
bewährt und durchgesetzt. Ab einer Projektlaufzeit von mehr als sechs Monaten und bei mehr als *den Einsatz*

fünf Projektmitarbeitern sollte sie ein Muss sein, aber auch bei kleineren Projekten ist sie überaus sinnvoll. Um mit ihr arbeiten zu können, muss das Projektpersonal die wichtigsten Grundbegriffe kennen:

Netzplantechnik

Unter dem Begriff Netzplantechnik werden „alle Verfahren zur Analyse, Planung, Steuerung und Überwachung von Abläufen auf der Grundlage der Graphentheorie" zusammengefasst, wobei „Zeit, Kosten, Einsatzmittel und weitere Einflussgrößen berücksichtigt werden können" [1].

Netzplan

Der Netzplan ist die „grafische oder tabellarische Darstellung von Abläufen und der Abhängigkeiten" [1].

Um die Netzplanverfahren beschreiben zu können, sind zunächst die Ablaufelemente Vorgang, Ereignis und Anordnungsbeziehung sowie die Darstellungselemente Knoten und Pfeil zu erläutern.

Vorgang

Dauer

„Ein Vorgang ist ein Ablaufelement, das ein bestimmtes Geschehen beschreibt." [1] In der Praxis werden synonym häufig Begriffe wie Tätigkeit, Aktivität, Arbeitsschritt, Arbeitsgang oder Job verwendet. Ein Vorgang besitzt einen definierten Anfang und ein definiertes Ende und somit auch eine Vorgangsdauer.

Ereignis

Meilenstein

„Ein Ereignis ist ein Ablaufelement, das das Eintreten eines bestimmten Zustands beschreibt." [1] Ein Ereignis tritt zu einem bestimmten Zeitpunkt (= Eintrittszeitpunkt) ein oder wird zu einem bestimmten Zeitpunkt erreicht, hat aber selbst keine Dauer. Ereignisse von besonderer Bedeutung im Projektablauf nennt man Schlüsselereignisse oder Meilensteine.

Anordnungsbeziehung (= AOB)

„Eine Anordnungsbeziehung ist eine quantifizierbare Abhängigkeit zwischen Ereignissen oder Vorgängen." [1] Mithilfe von Anordnungsbeziehungen können die technisch-inhaltlichen Zusammenhänge zwischen Vorgängen beziehungsweise Ereignissen definiert werden, etwa:
- Welcher Vorgang ist Voraussetzung (Vorgänger) dafür, dass der nächste Vorgang (Nachfolger) beginnen kann?
- Welches Ereignis muss eintreten, bevor die nächste Projektphase beginnen kann?
- Welcher Zeitabstand muss zwischen zwei Vorgängen bestehen?
- Können zwei oder mehrere Vorgänge (teilweise) nebeneinander abgearbeitet werden?

3.2 Grafische Darstellung von Netzplänen

Graphentheorie

Die Graphentheorie liefert die Elemente und Begriffe zur grafischen Darstellung von Netzplänen.

Knoten

Je nach Netzplanverfahren symbolisiert der Knoten ein Ereignis oder einen Vorgang. Knoten werden in der Regel als Kästchen, bei bestimmten Netzplanverfahren auch als Kreise dargestellt.

Pfeil

Je nach Netzplanverfahren symbolisiert der Pfeil einen Vorgang und/oder eine Anordnungsbeziehung. Pfeile sind gerichtet, sie beschreiben also die Richtung des Ablaufs. In Netzplänen führen Wege von einem Startereignis/Startvorgang zu einem Zielereignis/Zielvorgang. Zyklen (= Schleifen) sind unzulässig.

3.3 Netzplanverfahren und -methoden

Man unterscheidet zwischen folgenden Netzplanverfahren [1]:
- Ereignisknoten-Netzplan (= EKN)
- Vorgangspfeil-Netzplan (= VPN)
- Vorgangsknoten-Netzplan (= VKN)
- Entscheidungs-Netzplan (= ENP)

3.3.1 Ereignisknoten-Netzplan

Der Ereignisknotennetzplan enthält nur Ereignisse und Anordnungsbeziehungen. Kästchen stellen Ereignisse dar, Pfeile Anordnungsbeziehungen. Da der EKN keine Vorgänge (= auszuführende Arbeitsschritte) enthält, ist er für die Planung, Steuerung und Überwachung im operativen Projektcontrolling kaum geeignet. Wie bei den anderen Netzplanverfahren können bei diesem Verfahren Meilensteine definiert werden. Die bekannteste EKN-Netzplanmethode ist die Program Evaluation and Review Technique (PERT), die die US-Navy 1958 zusammen mit Lockheed entwickelt hat.

PERT-Methode

3.3.2 Vorgangspfeil-Netzplan

Der Vorgangspfeil-Netzplan ist ein vorgangsorientierter Ablaufplan. Die Vorgänge werden durch Pfeile dargestellt. Diese drücken gleichzeitig die Anordnungsbeziehung aus. Wie beim Ereignisknoten-Netzplan repräsentieren die Knoten Ereignisse.

Als Netzplanmethode für VPN hat sich die Critical Path Method (CPM) durchgesetzt. Der Chemiekonzern Du Pont de Nemours hat sie in den Jahren 1956/57 in Zusammenarbeit mit der Sperry Rand Corporation entwickelt. Die Vorgangspfeil-Netzplantechnik ist vor allem in den USA und in angelsächsischen Ländern noch stark verbreitet. Bei multinationalen Projekten fordern daher zahlreiche ausländische Konsortialpartner, mit CPM-Netzplänen zu arbeiten. Nur wenige Projektsteuerungssysteme ermöglichen allerdings eine Umwandlung von VPN nach VKN oder umgekehrt.

Critical Path Method

3.3.3 Vorgangsknoten-Netzplan

Im Vorgangsknoten-Netzplan werden die Vorgänge als Kästchen (Knoten) und die Anordnungbeziehungen als Pfeile dargestellt. Er ist daher eigentlich ein vorgangsorientierter Ablaufplan. Da aber auch Ereignisse (Meilensteine) wie Vorgänge abgebildet werden können, kann man ebenso einen so genannten gemischtorientierten Ablaufplan erstellen.

Bild C5-4 zeigt einen Netzplan mit normgerechter Darstellung der Elemente eines VKN. Das Beispiel, das später in diesem Kapitel ausführlich behandelt wird, enthält sowohl Vorgänge als auch Ereignisse.

Metra-Potenzial-Methode

Als Netzplanmethode zur Bearbeitung von Vorgangsknoten-Netzplänen hat sich im deutschsprachigen Raum die Metra-Potenzial-Methode (MPM) durchgesetzt. Die Firma SEMA hat sie 1958 in Frankreich entwickelt und erstmalig für die Terminplanung von Reaktorbauten genutzt.
Bei MPM steht der Vorgang im Vordergrund – also die Tätigkeit, die zu planen, durchzuführen und zu kontrollieren ist. Darüber hinaus lassen sich mithilfe der Anordnungsbeziehungen alle in der Praxis auftretenden Abhängigkeiten zwischen den Vorgängen/Ereignissen abbilden.

Bild C5-3 führt in Kurzfassung die Unterschiede zwischen den Verfahren hinsichtlich ihrer Ablauf- und Darstellungselemente vor Augen.

3.3.4 Entscheidungs-Netzplan

Entscheidungs-ereignisse und -vorgänge

Entscheidungs-Netzpläne basieren auf der Vorgangspfeil-Netzplantechnik und enthalten als stochastisches Element zusätzlich Entscheidungsknoten mit wahlweise benutzbaren Aus- und Eingängen. Dementsprechend gibt es Entscheidungsereignisse, bei denen alternative Wege für den weiteren Projektablauf bestehen, und Entscheidungsvorgänge, nach deren Ende es alternative Wege für den weiteren Projektablauf gibt. An den Ausgängen können den weiterführenden Wegen Wahrscheinlichkeitswerte zugeordnet werden [1].

Schätzwerte für Vorgangsdauern

Eine weitere Möglichkeit, Unsicherheiten zu erfassen und bei der Terminberechnung zu berücksichtigen, liegt in der Annahme von Schätzwerten für die Vorgangsdauern. Der Planer gibt anstelle eines Werts für die Dauer drei Schätzwerte ab:
- Optimistische Dauer
- Häufigste Dauer
- Pessimistische Dauer

Mittlere Dauer

Daraus errechnet sich dann der wahrscheinlichste Wert, die mittlere Dauer [1].

Entscheidungs-Netzpläne werden beispielsweise zur Risikoermittlung in der Frühphase von Forschungs- und Entwicklungsprojekten (z.B. Pharmaindustrie) herangezogen. Sie eignen sich jedoch weniger für die Ablauf- und Terminplanung, nicht zuletzt wegen des hohen Arbeitsaufwands. Deshalb sei an dieser Stelle nur auf weiterführende Literatur [3] hingewiesen.

EREIGNISKNOTEN-NETZPLAN (EKN)

- Knoten sind Ereignisse.
- Pfeile sind Anordnungsbeziehungen.
- Zwischen den Ereignissen kann ein Zeitabstand angegeben werden.

Verfahren
PERT Program Evaluation and Review Technique

VORGANGSPFEIL-NETZPLAN (VPN)

- Knoten sind Ereignisse.
- Pfeil ist Vorgang und gleichzeitig Anordnungsbeziehung (AOB).
- Vorgangsdauer steht unter dem Pfeil.

Verfahren
CPM Critical Path Method

VORGANGSKNOTEN-NETZPLAN (VKN)

- Knoten sind Vorgänge.
- Pfeile sind Anordnungsbeziehungen (AOB).

Verfahren
MPM Metra Potential Method

V.NR Vorgangsnummer
V   Verantwortlicher
D   Dauer
FAZ   Frühester Anfangszeitpunkt
FEZ   Frühester Endzeitpunkt
SAZ   Spätester Anfangszeitpunkt
SEZ   Spätester Endzeitpunkt
GP   Gesamtpuffer
FP   Freier Puffer

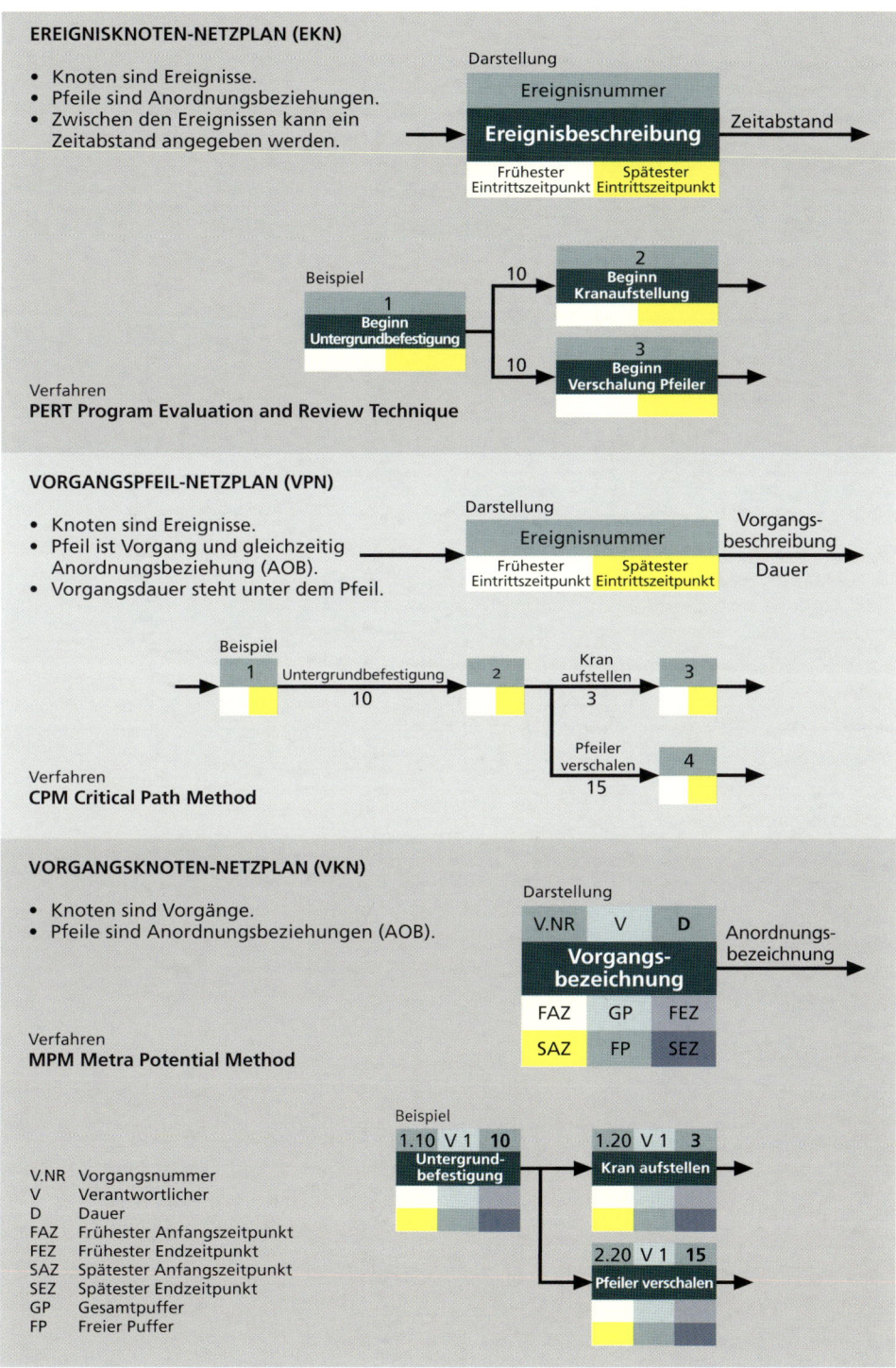

Bild C5-3 Übersicht über Netzplanverfahren

3.4 Ablauf- und Terminplanung mittels Netzplantechnik

In Bild C5-4 ist ein Beispielnetzplan abgebildet [2].

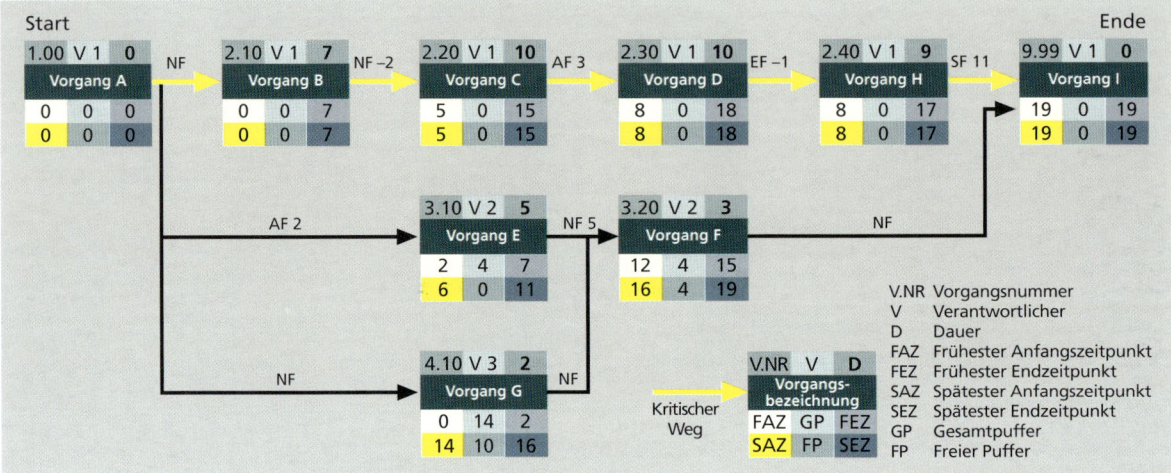

Bild C5-4 Beispiel für einen Vorgangsknoten-Netzplan (VKN)

3.4.1 Grafische Darstellung und Darstellungselemente

Informationen je Vorgang

Jedes Kästchen steht für einen Vorgang. Es beinhaltet folgende Informationen (siehe auch Legende in Bild C5-4):

Vorgangsnummer
Die Vorgangsnummer kann als „sprechender Schlüssel" aufgebaut und beispielsweise aus der Nummernsystematik (= Codierung) des Projektstrukturplans abgeleitet werden.

Verantwortlicher
Jeder Vorgang ist einer Person, Abteilung oder sonstigen Stelle zuzuordnen, die für die Ausführung verantwortlich ist.

Vorgangsdauer
Je nach Projekt kann die Vorgangsdauer in Zeiteinheiten wie Tagen, Wochen oder Monaten angegeben werden. Im Einzelfall sind auch Stunden oder Minuten denkbar. Im Beispielnetzplan gilt der Einfachheit halber die Einheit Arbeitstage.

Vorgangsbezeichnung
Die Vorgangsbezeichnung ist der Kurztext, der die auszuführende Tätigkeit bezeichnet. Ausführlich legen die Verantwortlichen die Inhalte dagegen in der Arbeitspaketbeschreibung beziehungsweise Vorgangsbeschreibung dar.

Startereignis, Startvorgang, Zielereignis, Zielvorgang
Das fiktive Beispielprojekt beginnt mit einem Startereignis (Vorgang A) und endet in einem Zielereignis (Vorgang I). Projektanfang und Projektende können als Meilensteine eines Projekts interpretiert werden.

Die Vorgangsbezeichnungen sind hier neutral (z.B. Vorgang A), um möglichst anwendungs- und branchenunabhängig in die Netzplantechnik einzuführen. Der Einfachheit halber werden in den Kurztexten im Beispielnetzplan sowohl Ereignisse als auch Vorgänge einheitlich Vorgang genannt.

Vorgänger, Nachfolger
Grundsätzlich gilt:
- Mit Ausnahme des Startereignisses beziehungsweise des Startvorgangs können alle Vorgänge einen oder mehrere Vorgänger haben.
- Mit Ausnahme des Zielereignisses beziehungsweise des Zielvorgangs können alle Vorgänge einen oder mehrere Nachfolger haben.

Früheste und späteste Zeitpunkte beziehungsweise Termine, Gesamter Puffer und Freier Puffer werden bei der Netzplanberechnung ermittelt und dort erläutert.

3.4.2 Anordnungsbeziehungen im Vorgangsknoten-Netzplan

Durch die Anordnungsbeziehungen (dargestellt durch Pfeile) wird die sachlogische Reihenfolge festgelegt, in der das Projektteam die einzelnen Vorgänge bearbeitet. Die Pfeilspitze gibt die Richtung des Bearbeitungsablaufs an. In Netzplänen dürfen keine Schleifen (Zyklen) enthalten sein. Bild C5-5 zeigt die vier Typen von Anordnungsbeziehungen im VKN.

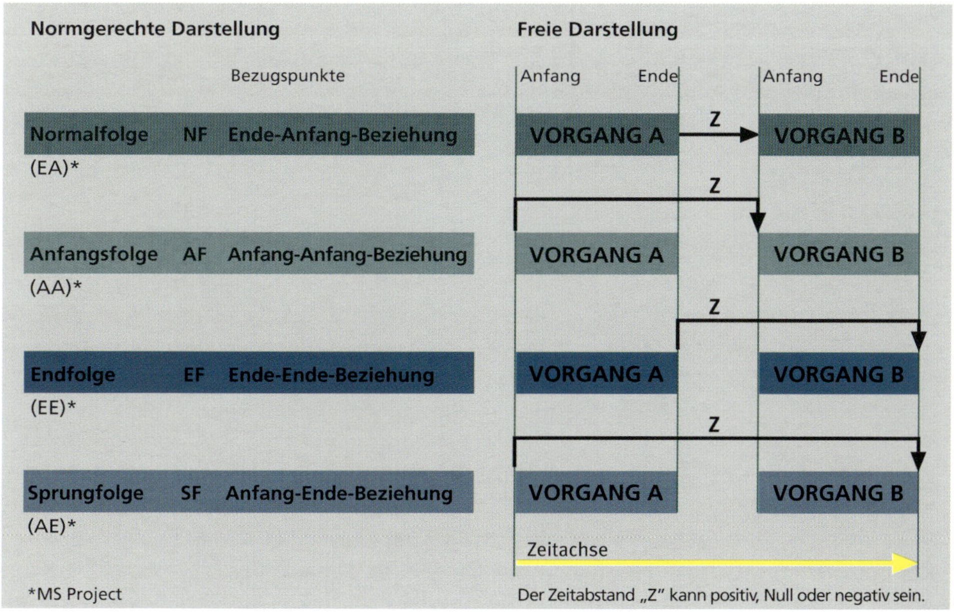

Sachlogische Bearbeitungsreihenfolge

Bild C5-5 Anordnungsbeziehungen im Vorgangsknoten-Netzplan

In der normgerechten Darstellung beginnt der Pfeil grundsätzlich am Ende des Vorgängers und mündet mit der Pfeilspitze in den Anfang des Nachfolgers. Den Typ der Anordnungsbeziehung beschreiben die Kurzzeichen NF, AF, EF oder SF. Bei der Normalfolge NF kann auch das Kurzzeichen wegfallen. In Bild C5-6 wurde neben der normgerechten eine freie Darstellung gewählt, um den Bezug zwischen den Anfangs- und Endzeitpunkten von Vorgänger und Nachfolger deutlich zu machen.

Normgerechte und freie Darstellung

Normalfolge (NF) oder Ende-Anfang-Beziehung

Diese Anordnungsbeziehung besteht zwischen dem Ende des Vorgängers und dem Anfang des Nachfolgers.

Beispiel

Die Montage (= Vorgänger) muss abgeschlossen sein, bevor mit der Inbetriebsetzung (= Nachfolger) begonnen werden kann.

Anfangsfolge (AF) oder Anfang-Anfang-Beziehung

Diese Anordnungsbeziehung besteht zwischen dem Anfang des Vorgängers und dem Anfang des Nachfolgers.

Beispiel

In einer Druckmaschine können das Einlegen des Papiers und das Einfüllen der Druckfarben gleichzeitig beginnen.

Endfolge (EF) oder Ende-Ende-Beziehung

Diese Anordnungsbeziehung besteht zwischen dem Ende des Vorgängers und dem Ende des Nachfolgers.

Beispiel

Zum Abnahmetermin eines Einfamilienhauses mit Garten müssen alle Reinigungsarbeiten am Haus und alle Gartenbauarbeiten abgeschlossen sein.

Sprungfolge (SF) oder Anfang-Ende-Beziehung

Diese Anordnungsbeziehung besteht zwischen dem Anfang des Vorgängers und dem Ende des Nachfolgers.

Beispiel

Bei einer öffentlichen Ausschreibung gibt es zwischen dem Ereignis „Submission" und dem Ereignis „Vergabe" eine Bindefrist von 30 Tagen. Innerhalb dieser Zeit muss die ausschreibende Behörde die Vorgänge „Bieterauswahl" und „Vorbereitung der Vergabe" erledigen. In diesem Beispiel kann man mit einer Sprungfolge SF30 vom Anfang der „Bieterauswahl" zum „Ende der Vorbereitung der Vergabe" einen fixen Zeitraum sozusagen mit einer Klammer versehen und erzwingen.

3.4.3 Minimale und maximale Zeitabstände

In der Praxis ist es – beispielsweise aus technischen Gründen – häufig notwendig, zwischen einzelnen Tätigkeiten zeitliche Minimal- beziehungsweise Mindestabstände oder Maximal- beziehungsweise Höchstabstände einzuhalten. Außerdem muss das Projektteam Vorgänge ganz oder teilweise überlappend abarbeiten. Um zeitliche Abstände zwischen den Vorgängen zu berücksichtigen, können die Planer deshalb einen minimalen Zeitabstand MINZ oder einen maximalen Zeitabstand MAXZ definieren. In den Abbildungen C5-6 und C5-7 sind alle theoretisch möglichen Kombinationen von Anordnungsbeziehungstypen mit MINZ und MAXZ aufgeführt. Beide Abbildungen enthalten neben der normgerechten Darstellung [2] eine freie Darstellung in Form eines vernetzten Balkendiagramms. Gemäß DIN sind minimale Zeitabstände oberhalb des Pfeils anzugeben, während maximale Zeitabstände unterhalb des Pfeils stehen.

Überlappungen

Vernetztes Balkendiagramm

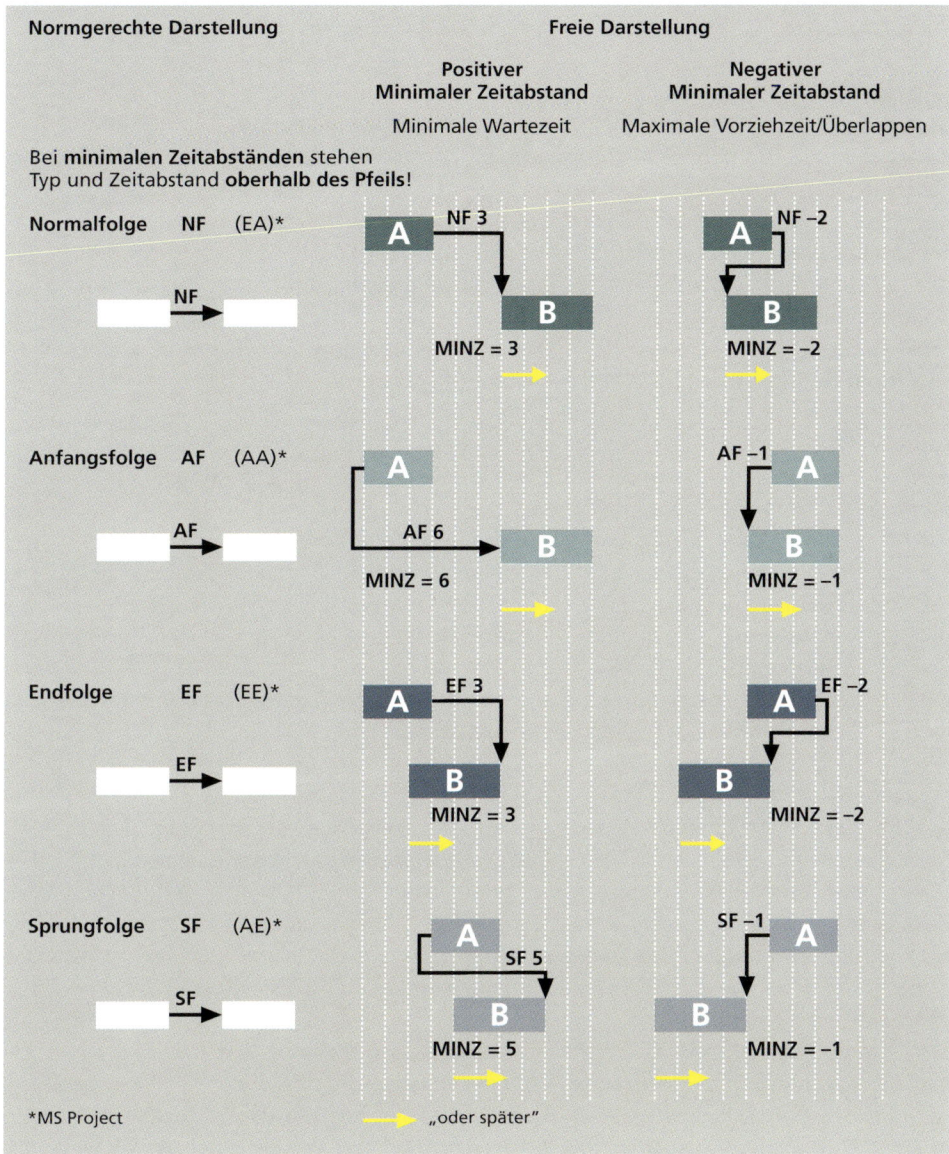

Bild C5-6 Positive und negative minimale Zeitabstände (= MINZ)

Normalfolge NF

Der positive minimale Zeitabstand MINZ zwischen dem Ende des Vorgängers A und dem Anfang des Nachfolgers B darf nicht unterschritten werden. Der Nachfolger B kann frühestens MINZ Zeiteinheiten nach dem Ende des Vorgängers A, aber auch später beginnen. Ein positiver MINZ gibt demnach die minimale Wartezeit zwischen den Vorgängen an.

Der negative minimale Zeitabstand MINZ zwischen dem Ende des Vorgängers A und dem Anfang des Nachfolgers B darf nicht unterschritten werden. Der Nachfolger B kann frühestens MINZ Zeiteinheiten vor dem Ende des Vorgängers A beginnen. Der Nachfolger könnte auch später beginnen. Ein negativer MINZ gibt demnach die maximale Vorziehzeit (= Überlappung) für den Nachfolger an.

MINZ=0: Der Nachfolger B kann unmittelbar nach dem Ende des Vorgängers A beginnen. Ein Vorziehen/Überlappen ist nicht möglich. Es ist kein Abstand erforderlich.

Anfangsfolge AF

Der positive minimale Zeitabstand MINZ zwischen dem Anfang des Vorgängers A und dem Anfang des Nachfolgers B darf nicht unterschritten werden. Der Nachfolger B kann frühestens MINZ Zeiteinheiten nach dem Anfang des Vorgängers A, aber auch später beginnen.

Der negative minimale Zeitabstand MINZ zwischen dem Anfang des Vorgängers A und dem Anfang des Nachfolgers B darf nicht unterschritten werden. Der Anfang des Nachfolgers B kann maximal um MINZ Zeiteinheiten vor den Anfang des Vorgängers A gezogen werden. Der Nachfolger B könnte jedoch früher beginnen.

MINZ=0: Vorgänger A und Nachfolger B können gleichzeitig beginnen. Ein Vorziehen/Überlappen ist nicht möglich. Zwischen beiden Vorgängen ist kein Abstand nötig.

Endfolge EF

Der positive minimale Zeitabstand MINZ zwischen dem Ende des Vorgängers A und dem Ende des Nachfolgers B darf nicht unterschritten werden. Der Nachfolger B kann frühestens MINZ Zeiteinheiten nach dem Ende des Vorgängers A, darf jedoch später enden.

Der negative minimale Zeitabstand MINZ zwischen dem Ende des Vorgängers A und dem Ende des Nachfolgers B darf nicht unterschritten werden. Die maximale Vorziehzeit (= Negativüberlappung) des Endes von Nachfolger B vor das Ende von Vorgänger A beträgt MINZ Zeiteinheiten. Der Nachfolger darf jedoch später enden.

MINZ=0: Vorgänger A und Nachfolger B können gleichzeitig enden. Ein Vorziehen/Überlappen ist nicht möglich. Zwischen beiden Vorgängen ist kein Abstand nötig.

Sprungfolge SF

Der positive minimale Zeitabstand MINZ zwischen dem Anfang des Vorgangs A und dem Ende des Nachfolgers B darf nicht unterschritten werden. Der Nachfolger B kann frühestens MINZ Zeiteinheiten nach dem Anfang des Vorgängers A, darf jedoch später enden.

Der negative minimale Zeitabstand MINZ zwischen dem Anfang des Vorgängers A und dem Ende des Nachfolgers B darf nicht unterschritten werden. Das Ende des Nachfolgers B kann maximal MINZ Zeiteinheiten vor den Anfang des Vorgängers gezogen werden. Der Nachfolger B kann jedoch später enden.

MINZ=0: Das Ende des Nachfolgers B stimmt mit dem Anfang des Vorgängers A überein. Ein Vorziehen/Überlappen ist nicht möglich. Zwischen beiden Vorgängen ist kein Abstand nötig.

Auch wenn ein Nachfolger später beginnen oder enden kann, bedeutet dies nicht, dass er bei der Terminierung willkürlich verschoben werden darf. Hat ein Nachfolger weitere Vorgänger, kann einer dieser Vorgänger einen späteren Anfang beziehungsweise ein späteres Ende erzwingen.

Defizite von Software

Bei vielen Netzplantechnik-Softwarepaketen fehlt die Möglichkeit, Anordnungsbeziehungen mit maximalen Zeitabständen zu definieren. Damit werden sie in der Praxis zwangsläufig selten verwendet. Dieses Kapitel beschränkt sich deshalb auf die Beschreibung für die Normalfolge.

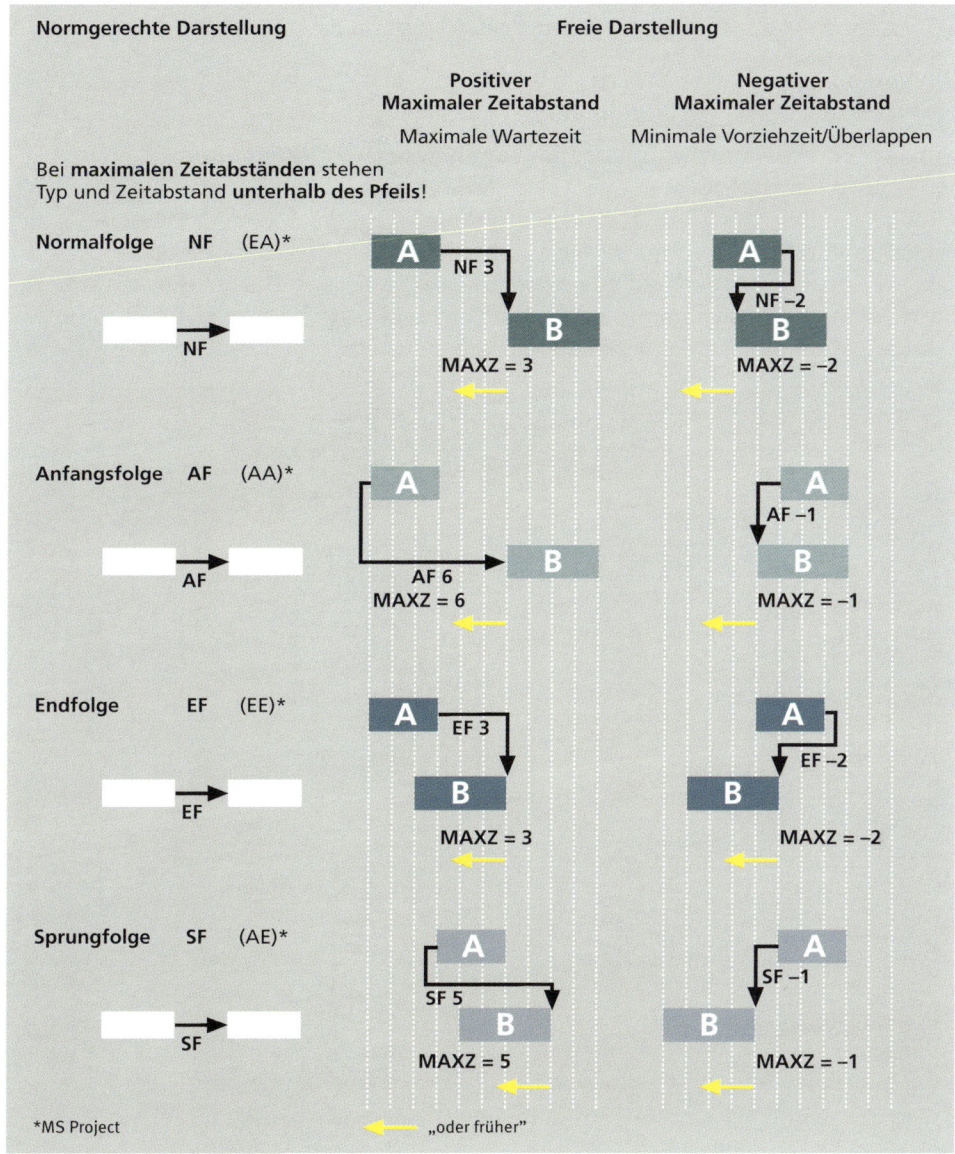

Bild C5-7 Positive und negative maximale Zeitabstände (= MAXZ)

Für die Normalfolge NF gilt:

Der positive maximale Zeitabstand MAXZ zwischen dem Ende des Vorgängers A und dem Anfang des Nachfolgers B darf nie überschritten werden (= maximale Wartezeit). Nachfolger B muss spätestens MAXZ Zeiteinheiten nach dem Ende des Vorgängers A, darf jedoch früher beginnen.

Normalfolge

Der negative maximale Zeitabstand MAXZ zwischen dem Ende des Vorgängers A und dem Anfang des Nachfolgers B darf nicht überschritten werden. Der Nachfolger B muss spätestens MAXZ Zeiteinheiten vor dem Ende des Vorgängers A beginnen (= minimale Vorziehzeit). Er kann jedoch auch früher anfangen.

Wird nur MAXZ ohne Zeitwert unterhalb des Pfeils angegeben, so ist MAXZ beliebig groß. Das heißt, ein Vorziehen/Überlappen ist nicht gefordert. Umgekehrt gibt es keine Beschränkung hinsichtlich des Abstands zwischen Vorgänger und Nachfolger.

3.4.4 Mehrere Anordnungsbeziehungen zwischen Vorgänger und Nachfolger

Starre und bewegliche Anbindungen

In bestimmten Fällen ist es wünschenswert, Vorgänge entweder unverrückbar aneinander zu binden oder den Abstand innerhalb bestimmter Grenzen beweglich zu halten. Dies kann durch die Kombination mehrerer Anordnungsbeziehungen zwischen zwei Vorgängen geschehen. Die in den folgenden Abschnitten beschriebenen Beispiele sind in Bild C5-8 dargestellt.

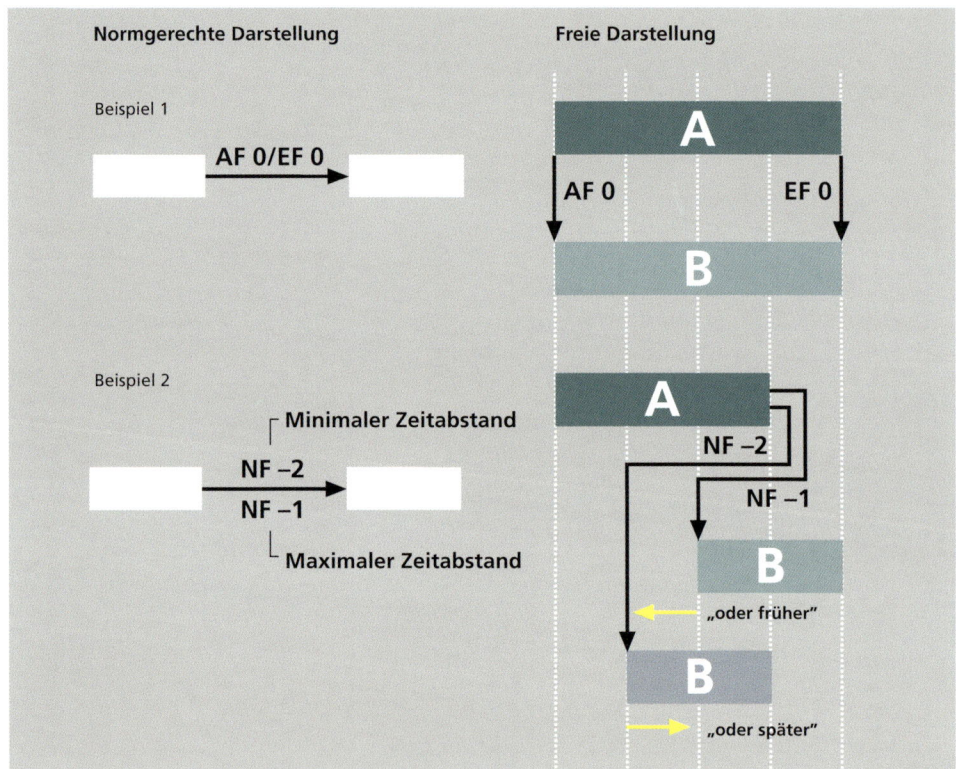

Bild C5-8 Mehrere Anordnungsbeziehungen zwischen Vorgänger und Nachfolger

In Beispiel 1 verlangt die Anordnungsbeziehung AF 0, dass die Vorgänge A und B gleichzeitig beginnen. Die Beziehung EF 0 fordert, dass beide Vorgänge gleichzeitig enden. Bei dieser Kombination

Stange

wirkt das minimale Warten wie eine starre Stange zwischen Vorgänger und Nachfolger. Verschiebt der Planer einen der beiden Vorgänge, wird der andere Vorgang unweigerlich mitgezogen.

Gibt der Projektplaner einen maximalen Zeitabstand MAXZ an, so ist es zweckmäßig, auch einen minimalen Zeitabstand zu nennen. Dabei gilt MINZ ≤ MAXZ. Der Planer braucht in dieser Situation sozu-

Seil

sagen ein in seiner Länge begrenztes Seil, das verhindert, dass der Nachfolger bis zum Startzeitpunkt des Projekts vorgezogen werden kann, wenn dem keine andere Anordnungsbeziehung entgegensteht.

In Beispiel 2 muss der Nachfolger B spätestens eine Zeiteinheit vor dem Ende des Vorgängers A beginnen (Normalfolge NF mit MAXZ = −1). Vorgang B könnte jedoch früher starten, ohne die Forderung nach dem (negativen) maximalen Zeitabstand zu verletzen. Andererseits bedingt die Normalfolge NF mit MINZ = −2, dass Vorgang B frühestens zwei Zeiteinheiten vor dem Ende von A beginnen kann. Aufgrund dieser beiden Bedingungen bleibt für den Beginn des Vorgangs B eine Zeiteinheit Spielraum.

3.4.5 Bestimmung der Termine und der zeitlichen Spielräume

Im nächsten Schritt wird der Beispielnetzplan (→ Bild C5-4) durch die Berechnung der Termine vom Ablaufplan in einen Terminplan überführt. Normalerweise erfolgt diese Berechnung mithilfe von EDV-Programmen. Der Beispielnetzplan in diesem Kapitel wird aber manuell berechnet, um die Arbeitsweise der Algorithmen zu verdeutlichen. Der Terminplaner sollte die Grundlagen der Terminberechnung kennen, um die Ergebnisse interpretieren und auf Plausibilität prüfen zu können. Die Überlegungen zur Ablauflogik nimmt ihm auch die beste Software nicht ab. Vorab ist es notwendig, einige Grundbegriffe der Terminplanung zu verstehen:

Grundbegriffe der Terminplanung

Dauer
Die Dauer eines Vorgangs ist die Zeitspanne zwischen Anfang und Ende dieses Vorgangs. Als Zeiteinheit eignen sich Monate, Wochen, Tage, aber auch Stunden oder im Extremfall Minuten.

Zeitpunkt
Ein Zeitpunkt ist ein festgelegter Punkt im Ablauf, dessen Lage durch Zeiteinheiten (z.B. Tage, Wochen) beschrieben und auf einen Referenzzeitpunkt (z.B. Startzeitpunkt oder Endzeitpunkt des Projekts) bezogen wird. Bei den exemplarischen Berechnungen in diesem Kapitel startet das Projekt zum Zeitpunkt Null.

Zeitlicher Bezug

Termin
Ein Termin ist ein Zeitpunkt, ausgedrückt durch ein Kalenderdatum und/oder durch die Uhrzeit.

Kalendrierung
Die Terminierung mit Kalenderterminen wird Kalendrierung genannt.

Lage
Sobald Ereignisse oder Vorgänge einem (berechneten) Zeitpunkt oder Termin zugeordnet wurden, stehen sie in einem zeitlichen Bezug zueinander und nehmen eine bestimmte zeitliche Lage in einem Terminraster ein. Die zeitliche Lage von Ereignissen und Vorgängen wird im Balkendiagramm dargestellt.

Balkendiagramm

Die Terminberechnung erfolgt in drei Schritten:
1. Vorwärtsrechnung (= Progressive Rechnung)
2. Rückwärtsrechnung (= Retrograde Rechnung)
3. Berechnung der zeitlichen Spielräume (= Puffer)

Terminberechnung

Für alle Vorgänge müssen die Vorgangsdauern (= D) vorliegen. Die Beispielberechnung basiert auf relativen Zeiteinheiten (= ZE). Die Anordnungsbeziehungen wurden ohne Bezug auf ein reales Projekt so gewählt, dass die Rechenregeln demonstriert werden können. Im realen Projekt empfiehlt es sich, die Anordnungsbeziehungen sachlogisch, aber so einfach wie möglich zu definieren.

Vorgangsdauer als Berechnungsbasis

Vorwärtsrechnung

Ziel ist die Berechnung der frühesten Zeitpunkte beziehungsweise Termine aller Ereignisse und Vorgänge im Netzplan. Die Vorwärtsrechnung für den Beispielnetzplan ($\rightarrow$ Bild C5-4) zeigt Bild C5-9.

Früheste Zeitpunkte FAZ und FEZ

Damit sind nun die frühesten Anfangszeitpunkte (= FAZ) und die frühesten Endzeitpunkte (= FEZ) aller Vorgänge errechnet. Als Projektendtermin ist dabei der Zeitpunkt 19 herausgekommen. Das Projekt hat also eine errechnete Projektdauer (= Projektlaufzeit) von 19 Zeiteinheiten (Tagen).

VORWÄRTSRECHNUNG			
Vorgang	Berechnung	Anordnungs-beziehung zum Vorgänger	Bezugspunkte für Berechnung Minimaler Zeitabstand MINZ
Vorgang A	FAZ(A) = 0 FEZ(A) = FAZ(A) + D(A) = 0 + 0 = 0		Start der Berechnung immer bei „Null" „Vorgang A" ist ein Ereignis ohne Zeitverbrauch (= Meilenstein)
Vorgang B	FAZ(B) = FEZ(A) = 0 FEZ(B) = FAZ(B) + D(B) = 0 + 7 = 7	NF 0 zu A	vom Ende A zum Anfang B, MINZ = 0
Vorgang C	FAZ(C) = FEZ(B) + MINZ = 7 + (–2) = 5 FEZ(C) = FAZ(C) + D(C) = 5 + 10 = 15	NF –2 zu B	vom Ende B zum Anfang C, abzüglich MINZ = –2
Vorgang D	FAZ(D) = FAZ(C) + MINZ = 5 + 3 = 8 FEZ(D) = FAZ(D) + D(D) = 8 +10 = 18	AF 3 zu C	vom Anfang C zum Anfang D, zuzüglich MINZ = 3
Vorgang H	FEZ(H) = FEZ(D) + MINZ = 18 + (–1) = 17 FAZ(H) = FEZ(H) – D(H) = 17 – 9 = 8	EF –1 zu D	vom Ende D zum Ende H, abzüglich MINZ = –1
Vorgang I			kann erst berechnet werden, wenn Vorgänge E, F und G berechnet sind
Vorgang E	FAZ(E) = FAZ(A) + MINZ = 0 + 2 = 2 FEZ(E) = FAZ(E) + D(E) = 2 + 5 = 7	AF 2 zu A	vom Anfang A zum Anfang E, zuzüglich MINZ = 2
Vorgang F			kann erst beginnen, wenn Vorgänge E und G abgeschlossen sind
Vorgang G	FAZ(G) = FEZ(A) = 0 FEZ(G) = FAZ(G) + D(G) = 0 + 2 = 2	NF 0 zu A	vom Ende A zum Anfang G, MINZ = 0
Vorgang F	FAZ(F) = FEZ(E) + MINZ = 7 + 5 = 12 oder FAZ(F) = FEZ(G) = 2	NF 5 zu E und NF 0 zu G	vom Ende E zum Anfang F, zuzüglich MINZ = 5 vom Ende G zum Anfang F, MINZ = 0
	Bei der **Vorwärtsrechnung** ist das **Maximum aus allen frühesten Endzeitpunkten aller unmittelbaren Vorgänger zu wählen** (unter Berücksichtigung von MINZ). FAZ(F) = Max (12, 2) = 12 FEZ(F) = FAZ(F) + D(F) = 12 + 3 = 15		
Vorgang I	FEZ(I) = FAZ(H) + MINZ = 8 + 11 = 19 FAZ(I) = FEZ(I) – D(I) = 19 – 0 = 19 oder FAZ(I) = FEZ(F) = 15 FAZ(I) = Max (19, 15) = 19 FEZ(I) = FAZ(I) + D(I) = 19 + 0 = 19	SF 11 zu H und NF 0 zu F	vom Anfang H zum Ende I, zuzüglich MINZ = 11 vom Ende F zum Anfang I, MINZ = 0
Ergebnis der Berechnung: Projektende Frühester Zeitpunkt FZ = 19			
	FZ Frühester Zeitpunkt eines Ereignisses FAZ Frühester Anfangszeitpunkt FEZ Frühester Endzeitpunkt D Dauer des Vorgangs MINZ Minimaler Zeitabstand		

Bild C5-9 Vorwärtsrechnung für den Beispielnetzplan

Rückwärtsrechnung

Ziel bei der Rückwärtsrechnung ist es, die spätesten Zeitpunkte beziehungsweise Termine aller Ereignisse und Vorgänge im Netzplan zu ermitteln.

Die Rückwärtsrechnung für den Beispielnetzplan ($\rightarrow$ Bild C5-4) wird in Bild C5-10 durchgeführt. Ausgangstermin dafür ist die in der Vorwärtsrechnung ermittelte Projektdauer von 19 Zeiteinheiten. *Späteste Zeitpunkte SAZ und SEZ*

RÜCKWÄRTSRECHNUNG			
Vorgang	Berechnung	Anordnungs-beziehung zum Nachfolger	Bezugspunkte für Berechnung Minimaler Zeitabstand MINZ
Vorgang I	$SEZ(I) = FEZ(I) = 19$ $SAZ(I) = SEZ(I) - D(I) = 19 - 0 = 19$		Start der Rückwärtsrechnung: Übernahme von FEZ(I) als SEZ(I), „Vorgang I" ist ein Ereignis ohne Zeitverbrauch
Vorgang H	$SAZ(H) = SEZ(I) - MINZ = 19 - 11 = 8$ $SEZ(H) = SAZ(H) + D(H) = 8 + 9 = 17$	SF 11 zu I	vom Ende I zum Anfang H, abzüglich MINZ = 11
Vorgang D	$SEZ(D) = SEZ(H) - MINZ = 17 - (-1) = 18$ $SAZ(D) = SEZ(D) - D(D) = 18 - 10 = 8$	EF -1 zu H	vom Ende H zum Ende D, abzüglich MINZ = -1
Vorgang C	$SAZ(C) = SAZ(D) - MINZ = 8 - 3 = 5$ $SET(C) = SAZ(C) + D(C) = 5 + 10 = 15$	AF 3 zu D	vom Anfang D zum Anfang C, abzüglich MINZ = 3
Vorgang B	$SEZ(B) = SAZ(C) - MINZ = 5 - (-2) = 7$ $SAZ(B) = SEZ(B) - D(B) = 7 - 7 = 0$	NF -2 zu C	vom Anfang C zum Ende B, abzüglich MINZ = -2
Vorgang A			kann erst berechnet werden, wenn Vorgänge E, F und G berechnet sind
Vorgang F	$SEZ(F) = SAZ(I) = 19$ $SAZ(F) = SEZ(F) - D(F) = 19 - 3 = 16$	NF 0 zu I	vom Ende I zum Anfang F, MINZ = 0
Vorgang E	$SEZ(E) = SAZ(F) - MINZ = 16 - 5 = 11$ $SAZ(E) = SEZ(E) - D(E) = 11 - 5 = 6$	NF 5 zu F	vom Anfang F zum Ende E, abzüglich MINZ = 5
Vorgang G	$SEZ(G) = SAZ(F) = 16$ $SAZ(G) = SEZ(G) - D(G) = 16 - 2 = 14$	NF 0 zu F	vom Anfang F zum Ende G, MINZ = 0
Vorgang A	$SAZ(A) = SAZ(B) = 0$ $SAZ(A) = SEZ(A) - D(A) = 0 - 0 = 0$ oder $SAZ(A) = SAZ(E) - MINZ = 6 - 2 = 4$ oder $SEZ(A) = SAZ(G) = 14$ $SAZ(A) = SEZ(A) - D(A) = 14 - 0 = 14$	NF 0 zu B und AF 2 zu E und NF 0 zu G	vom Anfang B zum Ende A, MINZ = 0 vom Anfang E zum Anfang A, abzüglich MINZ = 2 vom Anfang B zum Ende A, MINZ = 0
	Bei der **Rückwärtsrechnung** ist das **Minimum aus allen spätesten Anfangszeitpunkten aller unmittelbaren Nachfolger zu wählen** (unter Berücksichtigung von MINZ). $SAZ(A) = Min (0, 4, 14) = 0$ $SEZ(A) = SAZ(A) + D(A) = 0 + 0 = 0$		
	Ergebnis der Berechnung: Projektstart Spätester Zeitpunkt SZ = 0		
	SZ Spätester Zeitpunkt eines Ereignisses SAZ Spätester Anfangszeitpunkt SEZ Spätester Endzeitpunkt D Dauer des Vorgangs MINZ Minimaler Zeitabstand		

Bild C5-10 Rückwärtsrechnung für den Beispielnetzplan

Vorwärts- und Rückwärtsrechnung sind die Voraussetzung für die Ermittlung des Kritischen Wegs und der zeitlichen Spielräume (= Puffer). *Kritischer Weg*

Berechnung der Puffer

Ein Vergleich (→ Bild C5-4) der frühesten und spätesten Zeitpunkte jedes einzelnen Vorgangs ergibt:

- In der oberen Vorgangskette gibt es keine Differenz zwischen FAZ und SAZ beziehungsweise FEZ und SEZ innerhalb eines Vorgangs. Eine Verzögerung, etwa die Verlängerung eines Vorgangs, würde zu einer Verlängerung der gesamten Projektdauer führen.
- In der Vorgangskette E-F beträgt die Differenz zwischen den frühesten und spätesten Zeitpunkten innerhalb jedes Vorgangs vier Zeiteinheiten. Der Vorgang F ließe sich beispielsweise um zwei Zeiteinheiten verlängern, ohne dass sich der Beginn des Vorgangs I verändern würde.
- Bei Vorgang G beträgt die Differenz zwischen FAZ und SAZ beziehungsweise FEZ und SEZ sogar 14 Zeiteinheiten. Hier existiert ein zeitlicher Spielraum von 14 Zeiteinheiten in Bezug auf den Beginn von Vorgang I.

Die aufgezeigten Spielräume heißen Gesamte Pufferzeit (= Gesamter Puffer).

Gesamte Pufferzeit

Gesamte Pufferzeit

Die Gesamte Pufferzeit (GP) ist die „Zeitspanne zwischen frühester und spätester Lage eines Ereignisses beziehungsweise Vorgangs". Das heißt: Vorgänger befinden sich in frühester, Nachfolger in spätester Lage [1].

Berechnung des GP

Die einfache Berechnung des GP erhält man immer nach der Formel:

GP = SAZ – FAZ oder GP = SEZ – FEZ

In Bild C5-11 ist alternativ die sachlogische Berechnung dargestellt, die auf obiger Definition des GP aufbaut. Der Vorgänger befindet sich immer in frühester Lage, der Nachfolger in spätester Lage. Die einfache Berechnung für ausgewählte Vorgänge des Beispiels sieht so aus:

GP(C) = SAZ(C) – FAZ(C) = 5 – 5 = 0   bzw.   GP(C) = SEZ(C) – FEZ(C) = 15 – 15 = 0

Kritischer Weg

Analog errechnet sich für alle Vorgänge der oberen Kette ein GP = 0. Der Weg A-B-C-D-H-I ist der Kritische Weg in diesem Netzplan. Auf dem Kritischen Weg liegen alle Vorgänge, bei denen die früheste und späteste zeitliche Lage übereinstimmen. Wer sie verschiebt, verändert den Projektendtermin. Für die Vorgangskette E-F erhalten wir als GP:

GP(E) = SAZ(E) – FAZ(E) = 6 – 2 = 4   GP(F) = SAZ(F) – FAZ(F) = 16 – 12 = 4
GP(G) = SAZ(G) – FAZ(G) = 14 – 0 = 14

In der Vorgangskette E-F hat jeder Vorgang einen Gesamtpuffer von vier Zeiteinheiten. Diese stehen als Puffer nur einmal zur Verfügung. Braucht beispielsweise ein Vorgang in der Kette den Puffer vollständig auf, so ist er für einen anderen Vorgang nicht mehr verfügbar. Würde man zum Beispiel Vorgang F um sechs Zeiteinheiten verlängern, ergäbe sich ein neuer Kritischer Weg A-E-F-I, und das Projektende würde um zwei Zeiteinheiten hinausgeschoben.

Mit anderen Worten: Der Gesamtpuffer ist die Zeitspanne, um die ein Vorgänger verschoben werden kann, bis er an die kritische Grenze „Spätester Anfangszeitpunkt des Nachfolgers" stößt. Der Vor-

Gefahr für
Projektendtermin

gänger kommt also gefährlich nah an den Nachfolger heran. In der Projektpraxis besteht laufend die Möglichkeit, dass knappe Gesamtpuffer schnell verbraucht werden und damit der Projektendtermin in Gefahr gerät.

Eine weitere Pufferart, die Freie Pufferzeit (= Freier Puffer), hat aus der Sicht des Terminplaners angenehmere Eigenschaften.

Freie Pufferzeit

Die Freie Pufferzeit (FP) ist die „Zeitspanne, um die ein Ereignis beziehungsweise Vorgang gegenüber seiner frühesten Lage verschoben werden kann, ohne die früheste Lage anderer Ereignisse beziehungsweise Vorgänge zu beeinflussen" [1].

Freie Pufferzeit

Der Vorgänger hält also stets Abstand zum Nachfolger. Freie Puffer können ausgenutzt werden, ohne das Projektende in Gefahr zu bringen. Zum Leidwesen des Terminplaners kommen Freie Puffer relativ selten vor.

Für Netzpläne mit Normalfolgen ohne Zeitabstände gilt vereinfacht: $FP(V) = FAZ(N) - FEZ(V)$, wobei V den Vorgänger und N den Nachfolger bezeichnet.

Der Freie Puffer für die verschiedenen Anordnungsbeziehungstypen unter Berücksichtigung minimaler Zeitabstände lässt sich nicht mehr mit einer einfachen Formel berechnen. In Bild C5-12 ist die Lösung dargestellt.

Vorgang E hat einen Freien Puffer $FP = 0$. Würde der Planer den frühesten Endzeitpunkt $(FEZ = 7)$ nur um eine Zeiteinheit hinausschieben, müsste er auch den frühesten Anfangszeitpunkt des Nachfolgers F um eine Zeiteinheit verschieben.

GESAMTER PUFFER		
Einfache Berechnung	$GP = SAZ - FAZ = SEZ - FEZ$	
Typ der Anordnungsbeziehung	Alternativ: Sachlogische Berechnung Bezugspunkte	Beispielnetzplan
Normalfolge NF	$GP(V) = (SAZ[N] - MINZ) - FEZ(V)$	$GP(E) = (16 - 5) - 7 = 4$ $GP(F) = (19 - 0) - 15 = 4$, da $MINZ = 0$ $GP(G) = (16 - 0) - 2 = 14$, da $MINZ = 0$
Anfangsfolge AF	$GP(V) = (SAZ[N] - MINZ) - FAZ(V)$	$GP(C) = (10 - 5) - 5 = 0$
Endfolge EF	$GP(V) = (SEZ[N] - MINZ) - FEZ(V)$	$GP(D) = (17 - [-1]) - 18 = 18 - 18 = 0$
Sprungfolge SF	$GP(V) = (SEZ[N] - MINZ) - FAZ(V)$	$GP(H) = (19 - 11) - 8 = 0$
Grundsätzlich gilt:	**Bei allen Vorgängen auf dem Kritischen Weg ist der Gesamte Puffer $GP = 0$.** Verfügt ein Vorgang über mehrere Nachfolger, erhält er den kleinsten Puffer aus allen Beziehungen.	
	GP Gesamter Puffer V Vorgänger N Nachfolger FAZ Frühester Anfangszeitpunkt	FEZ Frühester Endzeitpunkt SAZ Spätester Anfangszeitpunkt SEZ Spätester Endzeitpunkt MINZ Minimaler Zeitabstand

Berechnung des GP

Bild C5-11 Berechnung der Gesamtpuffer

Berechnung des FP

FREIER PUFFER			
Typ der Anord-nungsbeziehung	**Berechnung/Bezugspunkte**		**Beispielnetzplan**
Normalfolge NF	FP(V) = (FAZ[N] – MINZ) – FEZ(V)		FP(B) = (5 – [–2]) – 7 = 0 FP(E) = (12 – 5) – 7 = 0 FP(F) = (19 – 0) – 15 = 4, da hier MINZ = 0 FP(G) = (12 – 0) – 2 = 10, da hier MINZ = 0
Anfangsfolge AF	FP(V) = (FAZ[N] – MINZ) – FAZ(V)		FP(C) = (10 – 5) – 5 = 0
Endfolge EF	FP(V) = (FEZ[N] – MINZ) – FEZ(V)		FP(D) = (17 – [–1]) – 18 = 18 – 18 = 0
Sprungfolge SF	FP(V) = (FEZ[N] – MINZ) – FAZ(V)		FP(H) = (19 – 11) – 8 = 0
Grundsätzlich gilt: **Bei allen Vorgängen auf dem Kritischen Weg ist der Freie Puffer FP = 0.** Verfügt ein Vorgang über mehrere Nachfolger, erhält der Vorgang den kleinsten Puffer aus allen Beziehungen. Bei allen Vorgängen, die in den Kritischen Pfad münden, gilt GP = FP.			
	FP Freier Puffer GP Gesamter Puffer V Vorgänger N Nachfolger		FAZ Frühester Anfangszeitpunkt FEZ Frühester Endzeitpunkt MINZ Minimaler Zeitabstand

Bild C5-12 Berechnung der Freien Puffer

Damit ist der Beispielnetzplan komplett berechnet. Die Darstellungsform Balkendiagramm (= Balkenplan) bietet sich zur Veranschaulichung des Ergebnisses an.

In Bild C5-13 sind alle Vorgänge in ihrer frühesten und spätesten Lage für den Beispielnetzplan (→ Bild C5-4) im Zeitablauf eingetragen und über die Anordnungsbeziehungen (Pfeile) verknüpft. Zusätzlich wurden die Gesamtpuffer und die Freien Puffer skizziert.

Weitere Pufferarten

Es gibt noch zwei weitere Pufferarten, die aber in der Praxis selten Anwendung finden. Dies sind [1]:

Unabhängige Pufferzeit

Die Unabhängige Pufferzeit (= UP) ist die Zeitspanne, um die ein Ereignis beziehungsweise Vorgang verschoben werden kann, wenn sich seine Vorereignisse beziehungsweise Vorgänger in spätester und seine Nachereignisse oder Nachfolger in frühester Lage befinden.

Freie Rückwärtspufferzeit

Die Freie Rückwärtspufferzeit (= FRP) ist die Zeitspanne, um die ein Ereignis beziehungsweise Vorgang gegenüber seiner spätesten Lage verschoben werden kann, ohne dass die späteste Lage anderer Ereignisse beziehungsweise Vorgänge beeinflusst wird.

3.4.6 Critical Chain-Projektmanagement

Auf dem Kritischen Weg gibt es gemäß Definition keinerlei Puffer. Verzögerungen auf diesem Weg führen zwangsläufig zu einer Verlängerung des Projekts, sofern sie nicht zum Beispiel durch erhöhten Ressourceneinsatz kompensiert werden können. Goldratt [4] schlägt eine andere Denk- und Vorgehensweise vor, die er als Kritische Kette (= Critical Chain) bezeichnet. Sie ist die längste mögliche Kette aller Arbeitspakete/Vorgänge unter Berücksichtigung der Abhängigkeiten, die sich aus den vorhandenen Ressourcen ergeben. Die Terminpläne werden also um die (kritischen) Ressourcen aufgebaut.

Kritische Kette

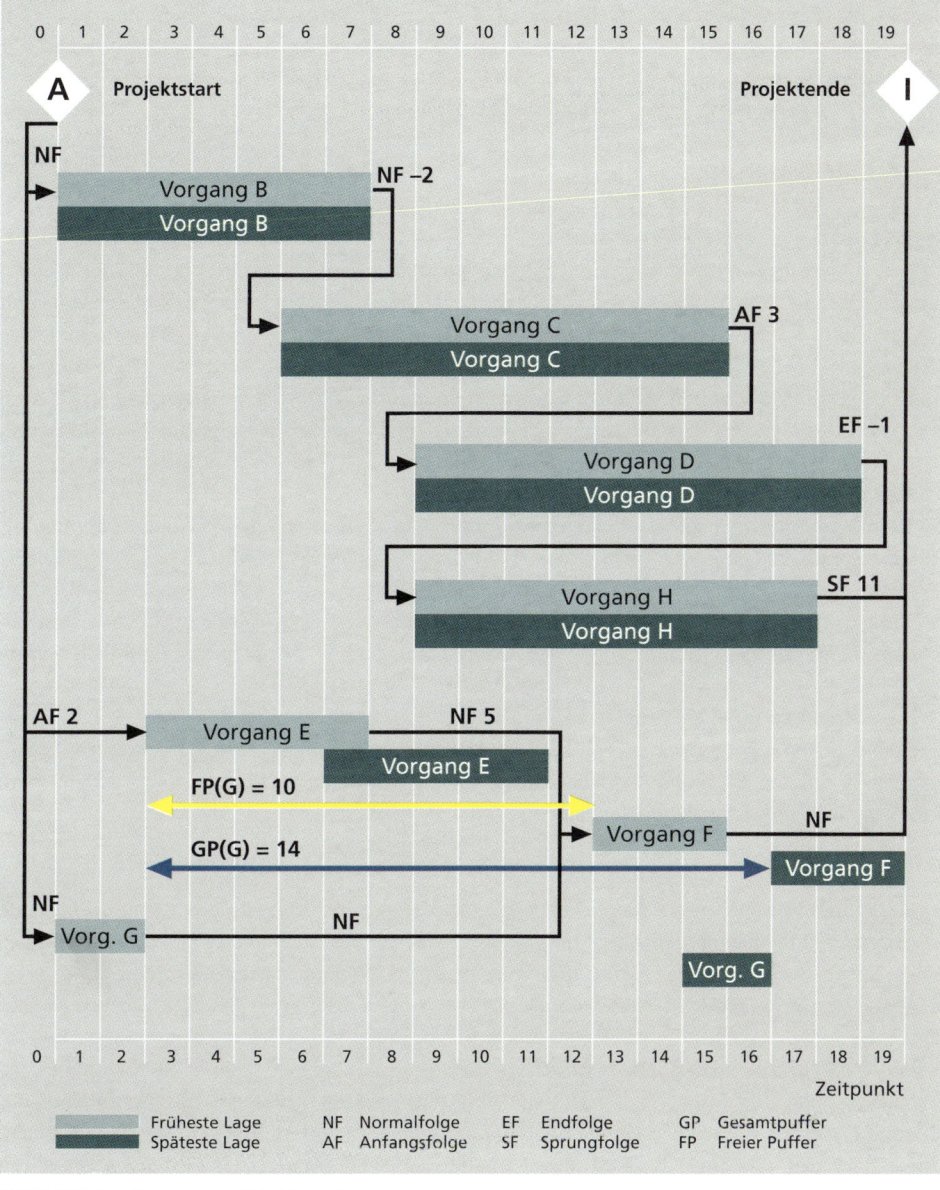

Darstellungsform Balkendiagramm

Bild C5-13 Balkendiagramm zum Beispielnetzplan

Beispiel

Gibt es im Projekt einen unersetzlichen Mitarbeiter, der nur zeitweise zur Verfügung steht, weil er auch in anderen Vorhaben gebraucht wird, so hat sich die Planung an dieser knappen Ressource auszurichten. In diesem Fall müssen zum Beispiel ursprünglich parallel geplante Arbeiten entzerrt – also nacheinander eingeplant – werden.

Zudem schlägt Goldratt vor, dass Mitarbeiter ihren Zeitaufwand realistisch schätzen und auf den Einbau von persönlichen Puffern verzichten. Damit erhält der Projektleiter die Möglichkeit, einen Projekt-

Persönlicher Puffer

puffer als Sicherheitspolster zum Projektende auszuweisen. Die Tendenz, so spät wie möglich mit der eigenen Arbeit zu beginnen beziehungsweise nie vor dem festgesetzten Termin fertig zu werden, wenn ein persönlicher Puffer vorhanden ist, soll umgekehrt werden. Jeder Mitarbeiter soll sofort mit seiner Aufgabe starten, auch wenn sein Vorgänger früher fertig ist als ursprünglich geplant.

3.4.7 Kalendrierung

Individuelle Projektkalender

Das Rechnen mit Zeiteinheiten erleichtert die Darstellung der Berechnungsschritte und ist Basis für die Terminierung eines Netzplans. Normalerweise interessiert den Terminplaner kein bestimmter relativer Zeitpunkt, sondern das genaue Kalenderdatum oder gar die Uhrzeit, zu der eine Aktivität beendet ist. EDV-gestützte Projektplanungssysteme erlauben es, individuelle Projektkalender zu definieren. Grundlage ist der Gregorianische Kalender, der alle Tage des Jahres enthält. Der Anwender kann ihn an seine Bedürfnisse anpassen, indem er arbeitsfreie Tage eliminiert. In den meisten Fällen ist die Definition des Kalenders eine grundlegende Tätigkeit, die allen anderen Planungsschritten vorausgeht.

Beispiele
Betriebskalender mit fortlaufender Nummerierung der Arbeitstage (Betriebstage), beginnend am ersten Arbeitstag des Kalenderjahrs
Projektkalender, der abweichend vom Betriebskalender nur wirkliche Projektarbeitstage enthält
Schichtkalender, in dem zwei oder drei Arbeitsschichten pro Arbeitstag berücksichtigt werden
Persönlicher Arbeitskalender, der die individuellen Arbeitszeiten eines Projektmitarbeiters enthält

Mehrere Kalender in einem Projekt
Sind die Arbeiten innerhalb eines Projekts auf mehrere Regionen oder Länder verteilt oder können Projektarbeiten nur zu bestimmten Jahreszeiten durchgeführt werden, kann es nötig sein, in einem Netzplan mehrere Kalender zu verwenden.

Beispiel
Die Projektierung und Fertigung einer Anlage erfolgt im Bundesland Bayern (exakte Angabe, da jedes Bundesland andere Feiertage und Ferientermine hat), die Montage jedoch in Saudi-Arabien. In diesem Fall ordnet der Planer den Vorgängen für die Projektierung und Fertigung einen „Bayerischen Kalender", für die Montagearbeiten einen „Arabischen Kalender" zu.

Terminierung mit dem Gregorianischen Kalender
Der Beispielnetzplan (→ Bild C5-4) wurde auf Basis des Gregorianischen Kalenders terminiert. Das Ergebnis findet sich in Bild C5-14. Die gewählte Planungseinheit ist der Arbeitstag. Als Datum für den Projektstart setzt der Planer den 01.01.JJ ein. Um das Beispiel leichter verständlich zu halten, unterstellt er, dass sein Team sieben Tage pro Woche arbeitet. Anhand dieses Beispiels lassen sich einige Besonderheiten erläutern.

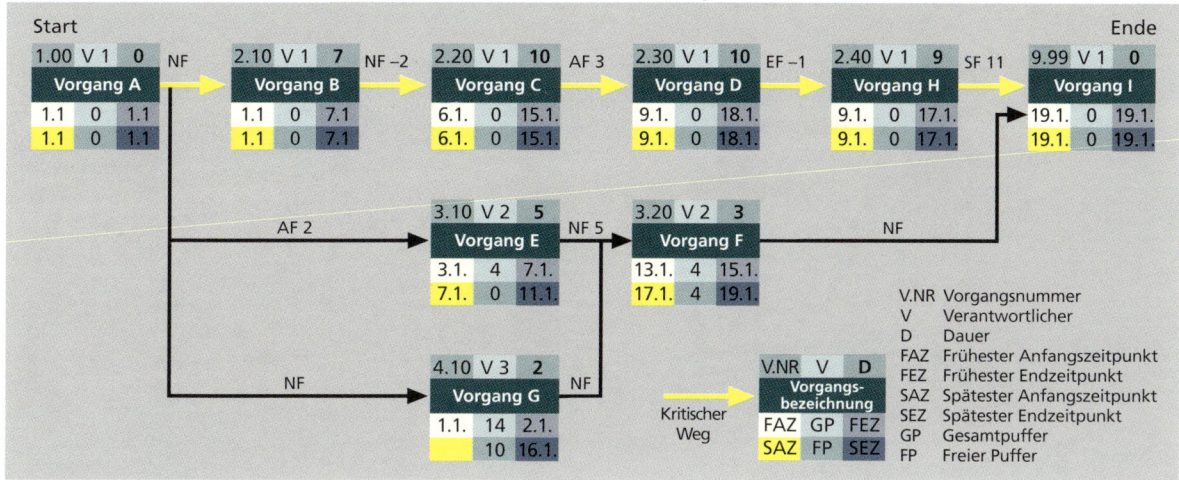

Bild C5-14 Beispielnetzplan (Terminierung mit Gregorianischem Kalender)

Behandlung von Ereignissen
Das Ereignis (Vorgang A) startet am 01.01.JJ. Ein Ereignis verbraucht keine Zeit (Dauer = 0). Vorgang A endet somit auch am 01.01.JJ.

Behandlung von Vorgängen
Da das Startereignis A keine Zeit verbraucht, beginnt die erste Tätigkeit im Projekt, Vorgang B, ebenfalls am 01.01.JJ. Ein Vorgang beginnt um 0.00 Uhr eines Tages und endet um 24.00 Uhr, unabhängig davon, ob der Planer beispielsweise implizit eine Arbeitszeit von acht Stunden pro Tag annimmt. Demzufolge endet Vorgang B am 07.01.JJ und Vorgang C würde am nächsten Tag, dem 08.01.JJ, beginnen. Durch die Anordnungsbeziehung NF –2 wird jedoch der Anfang von C zwei Tage vor das Ende von B gezogen. C beginnt demnach bereits am 06.01.JJ.

Gesetzte Termine
In diesem Beispiel (→ Bild C5-14) hat der Planer einen fixen Starttermin (01.01.JJ) gesetzt. Die einzelnen Projektplanungssysteme erlauben es in unterschiedlicher Weise, gesetzte Termine zu verwenden. Dabei wird zwischen festen Terminen und Wunschterminen differenziert.

Feste Termine und Wunschtermine

Feste Termine
Für jeden Vorgang im Netzplan, also nicht nur für den Startvorgang, können feste früheste Anfangstermine (= FAT) oder feste späteste Anfangstermine (= SAT) angegeben werden. Ein fester Anfangstermin wird bei der Vorwärtsrechnung in jedem Fall berücksichtigt. Er dominiert gegenüber einem Anfangstermin, der sich aufgrund der Termine seiner Vorgänger errechnet.
Analog lassen sich für jeden Vorgang auch ein fester frühester Endtermin (= FET) oder ein fester spätester Endtermin (= SET) definieren. Der Vorgang muss an diesem Tag enden, auch wenn eine normale Berechnung beispielsweise zu einem späteren Endtermin führen würde.
Ein gesetzter fester spätester Endtermin (z.B. ein Vertragstermin) für das Projektende D (= Dauer) (SET = 12.04.JJ) liegt früher als der früheste Endtermin (FET = 15.04.JJ), den die Vorwärtsrechnung ergab. Das Projekt muss also früher beendet sein als dies aufgrund der Zeitvorgaben und Anordnungsbeziehungen für die einzelnen Vorgänge möglich ist. Bei der Rückwärtsrechnung wird der feste

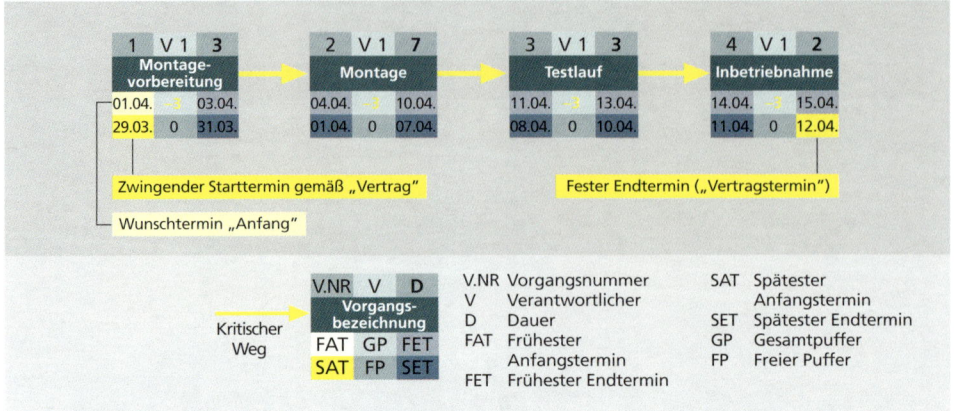

Bild C5-15 Feste Anfangs- und Endtermine, Wunschtermine (Beispiel)

Endtermin berücksichtigt. Dies führt zu einem früheren Projektbeginn als dem ursprünglich geplanten. Die Spätesttermine liegen vor den Frühestterminen. Gleichzeitig ergibt sich für alle Vorgänge ein negativer Gesamtpuffer. Das Projektteam kann sein Projekt also nur termingerecht abschließen, wenn es früher beginnt als ursprünglich geplant oder versucht, auf dem gesamten Weg A-B-C-D mindestens drei Tage einzusparen.

Negativpuffer In der Praxis sind Negativpuffer der deutlichste Hinweis auf notwendige Gegensteuerungsmaßnahmen, wenn die Vorgänge mit negativem Gesamtpuffer in der Vergangenheit liegen. Umgekehrt kann der Planer vor Projektbeginn die voraussichtlich besonders kritischen Abläufe untersuchen, indem er feste Termine setzt. Darüber hinaus kann er im laufenden Projekt alternative Terminsituationen simulieren.

Wunschtermine
Analog zu den Gesetzten Terminen kann der Planer für jeden Vorgang im Netzplan Wunschtermine (für FAT, FET, SAT, SET) angeben. Diese Termine werden bei der Vorwärtsrechnung berücksichtigt, wenn die Vorgänger sie – unter Beachtung ihrer Anordnungsbeziehungen – zulassen. Andernfalls werden sie überschrieben.

4 Techniken zu Aufbau und Bearbeitung von Netzplänen

Im Zentrum dieses Unterkapitels stehen praktische Hinweise zur Erstellung einfacher Netzpläne und Techniken für den Aufbau und die Bearbeitung komplexer Netzpläne.

4.1 Grundlegende Schritte bei der Netzplanerstellung

4.1.1 Schrittweise Detaillierung

Bei der Betrachtung des Wegs vom Projektstrukturplan zum Ablaufplan wurde bereits deutlich, dass der Übergang vom Arbeitspaket zum Vorgang in der Praxis fließend ist (1:1-Beziehung, 1:n-Beziehung) und von der Interpretation des Netzplanerstellers abhängt. Grundsätzlich gilt: So grob wie möglich – so fein wie notwendig. Als wesentliche Kriterien für den Detaillierungsgrad seien der Kenntnisstand über den Projektablauf, die phasenorientierte Detaillierung, Einfachheit und Handhabbarkeit sowie die Ziel- und die Zweckbestimmung des Netzplans genannt.

Kenntnisstand über den Projektablauf

Zu Beginn des Projekts liegen meist nur relativ grobe Informationen über den Projektablauf vor. Dementsprechend entsteht zunächst ein Grobterminplan, der mit zunehmendem Kenntnisstand schrittweise detailliert werden kann. Eine zu frühzeitige Detaillierung auf der Basis unsicherer Annahmen führt zu einem erhöhten Änderungsaufwand im späteren Projektverlauf.

Grobterminplan

Phasenorientierte Detaillierung

Bei einem Projekt mit langer Projektdauer (z.B. mehr als ein Jahr), das zudem phasenorientiert abläuft, werden zunächst nur die Abläufe der ersten Phase detailliert geplant. Kurz vor Beginn der zweiten Phase beginnt der Projektmanager mit der Detaillierung der zweiten Phase und so fort. Diese Vorgehensweise folgt dem Kenntnisstand im Lauf des Projekts und verhindert sowohl ein frühzeitiges Aufblähen des Netzplans als auch unnötigen Aufwand in einer frühen Projektphase.

Einfachheit und Handhabbarkeit

Nach dem Prinzip „So grob wie möglich – so fein wie notwendig" ist darauf zu achten, keine unnötige Komplexität in das Projekt hineinzubringen und Detaillierungswut zu vermeiden. Ohne Selbstdisziplin des Netzplanerstellers kann die Zahl der Vorgänge und Anordnungsbeziehungen schnell wachsen, was die Handhabbarkeit (z.B. Aktualisierungs- und Pflegeaufwand) des Netzplans erschwert.

Übertriebene Detaillierung

Zielbestimmung des Netzplans

Der Planer muss sich fragen, für wen der Netzplan bestimmt ist. Denn
- für die Überwachung und Steuerung von Terminen, Einsatzmitteln und Kosten im operativen Bereich ist eine hohe Detaillierung notwendig (= Feinnetzplan),
- für Projektleiter, Unternehmensleitung und Auftraggeber/Kunde genügen verdichtete Informationen (Masterplan, Grobnetzplan, Rahmennetzplan).

Feinnetzplan

Rahmennetzplan

Zweckbestimmung des Netzplans

Der sinnvollste Detaillierungsgrad kann auch wesentlich von der Zweckbestimmung abhängen.

Zweckbestimmung „Terminplanung, -überwachung und -steuerung"
Hier gilt der Grundsatz: Was man nicht mehr überwachen kann, braucht auch nicht weiter detailliert zu werden. Vorgänge müssen inhaltlich so definiert werden, dass die Vorgangsdauer überschaubar, also möglichst kurz ist. Vorgänge, die Monate oder gar Jahre dauern, sind in kontrollierbare Abschnitte aufzusplitten.

Zweckbestimmung „Ablaufplanung"
Verfolgt der Projektmanager – vor allem in der Planungsphase des Projekts – das Ziel, die exakten Abläufe zu analysieren und abzubilden, gelangt er zu einem hohen Detaillierungsgrad. Für die Terminplanung müssen die Abläufe dann in der Regel wieder verdichtet werden, um die Forderung nach Überwachbarkeit zu erfüllen.

Zweckbestimmung „Planung, Überwachung und Steuerung von Einsatzmitteln und/oder Kosten"
Wird der Netzplan nicht nur zur Terminplanung, sondern auch für die Einsatzmittel- und Kosten-

planung und -verfolgung eingesetzt ($\rightarrow$ Kapitel C6), sollte sich der Detaillierungsgrad an dem Prinzip orientieren: Nie Äpfel mit Birnen vermischen. Ein Vorgang sollte beispielsweise nicht Maler und Maurer als Einsatzmittel beinhalten, wenn man eine getrennte Einsatzmittelplanung für die unterschiedlichen Qualifikationen durchführen möchte.

Vorgangsdefinition

Ein Vorgang ist nach Möglichkeit so zu definieren, dass

1. ihm nur eine bestimmte Einsatzmittelart (z.B. Qualifikation von Mitarbeitern) zugeordnet wird. Eine Einsatzmittelart kann der Planer jedoch bei Bedarf auf (theoretisch) beliebig viele Vorgänge aufsplitten.
2. dem Vorgang nur Kosten einer bestimmten Kostenart, Kostengruppe etc. zugeordnet werden. Die Möglichkeit, Kosten auf mehrere Vorgänge aufzusplitten, besteht ebenso wie bei den Einsatzmitteln.
3. Vorgänge nach bestimmten Auswertungskriterien selektiert oder verdichtet werden können.

Zweck- und Zielbestimmung

Bei der Auflistung der Detaillierungskriterien wird deutlich, dass die Vorgehensweise im Wesentlichen von der Zweck- und Zielbestimmung ausgeht und entsprechende Prioritätsüberlegungen zu treffen sind, bevor das Projektteam die Vorgänge festlegt.

4.1.2 Einfache Arbeitstechniken zur Netzplanerstellung

Einen Ablaufplan zu Papier oder in den Rechner zu bringen, fällt unerfahrenen Projektmanagern schwer. Die folgenden Hinweise sollen die Arbeit erleichtern.

Arbeitspaketbeschreibung

Herunterbrechen der Projektstruktur

Nach einer konsequenten Projektstrukturierung ($\rightarrow$ Kapitel C4) liegen mit den Arbeitspaketbeschreibungen gleichzeitig die Vorgangsbeschreibungen (1:1-Beziehung) vor. Je weiter die Projektstruktur heruntergebrochen wurde, desto leichter fällt die Festlegung der Vorgangsinhalte und damit die Definition der Vorgänge.

Zusammenarbeit mit den Projektbeteiligten

Der Projektmanager sollte den Ablaufplan in enger Zusammenarbeit mit den Projektbeteiligten (z.B. Teilprojektleitern, Projektteammitgliedern, Planern, Fachabteilungen, Lieferanten/Subunternehmern) erstellen. Um die Anordnungsbeziehungen festlegen zu können, muss er die Fachkompetenz der Ausführenden einbeziehen. Kritische Schnittstellen zwischen Teilprojekten, Systemteilen, Gewerken oder Ähnlichem lassen sich am besten durch Diskussion mit den Ausführungsverantwortlichen klären. Die Einbindung der projektbeteiligten internen und externen Stellen ist nicht nur Grundvoraussetzung für eine realistische Ablauf- und Terminplanung, sondern auch für die Akzeptanz des Soll-Terminplans, der daraus resultiert.

Vorgangssammelliste/Vorgangsliste

Als Vorstufe bei der Erstellung eines Ablaufplans empfiehlt es sich, eine Vorgangssammelliste, meist kurz Vorgangsliste genannt, aufzustellen. Sie enthält die Vorgänge in sachlogischer Reihenfolge mit Bezug zu den Nachfolgern und/oder Vorgängern sowie die Anordnungsbeziehungen einschließlich der Zeitabstände. Die Planer können die Liste später erweitern, um die Ressourcen zu erfassen und die Kosten einzuarbeiten. Bild C5-16 zeigt ein Beispiel für eine Vorgangssammelliste.

VORG.-NUMMER	VORGANGSBESCHREIBUNG	DAUER	VORGÄNGER AOB/ ZEITABSTAND	NACHFOLGER AOB/ ZEITABSTAND	EVTL. WEITERE ANGABEN ÜBER KOSTEN UND EINSATZMITTEL
1	Grobplanung	10 T		2	
2	Detailplanung	15 T	1	3	
3	Vergabeverhandlungen	5 T	2	4	
4	Ausführungsplanung	15 T	3	5	
5	Beschaffung	10 T	4	6 NF –5	
6	Fertigung Teil 1 + Teil 2	20 T	5 NF –5	7 AF 10	
7	Montage Mechanik – Teil 1	20 T	6 AF 10	8	
8	Montage Elektrik – Teil 1	10 T	7	9	
9	Inbetriebsetzung – Teil 1	15 T	8	13	
10	Montage Mechanik – Teil 2	20 T	6	11 NF 5	
11	Montage Elektrik – Teil 2	10 T	10 NF –5	12	
12	Inbetriebsetzung – Teil 2	15 T	11	13	
13	Verbundtest Teil 1 + Teil 2	20 T	12, 9	14, 15	
14	Schulung	15 T	13	16	
15	Probebetrieb	20 T	13	16	
16	Abnahme	0 T	15, 14		

Vorgangsliste

Bild C5-16 Beispiel für eine Vorgangssammelliste

Kartentechnik

Das Projektteam kann alle Vorgänge auf (Metaplan-)Karten (→ Kapitel D2) schreiben und nach der Ablauflogik legen oder an einer Pinwand befestigen. Im Verlauf einer Diskussion mit den Projektbeteiligten lassen sich die Abläufe so lange variieren und neue Vorgänge einfügen, bis der endgültige Netzplan verabschiedet werden kann.

Test der Netzplanoptionen

Entwurf als Balkenplan

Wenn sie mit Bleistift und Papier einen Ablaufplan aufstellen, fällt es vielen Menschen leichter, die Vorgänge als Balken in ein Zeitraster zu zeichnen, in logischer Abfolge aufzureihen und zu verknüpfen, anstatt die eher abstrakte Netzplankästchen-Darstellung umzusetzen. Da das Balkendiagramm nur eine andere Form der Netzplandarstellung ist, empfiehlt sich diese eingängigere Vorgehensweise.

Einfachere Methode

Softwareunterstützung

Zahlreiche Softwarewerkzeuge (→ Kapitel C11) bieten Unterstützung bei der Projektgliederung und bilden den Planerstellungsprozess ab. So kann beispielsweise die Vorgangsliste zunächst als strukturierter Text eingetippt werden. Nach Eingabe der Vorgangsdauern erzeugt das Programm Balken mit entsprechender Länge im Zeitraster, die der Anwender anschließend durch Ziehen mit der Maus und per Mausklick miteinander verknüpfen kann.

4.2 Teilnetztechnik

Bei einem Projekt mit einer geringen Zahl von Mitarbeitern und einer Laufzeit von wenigen Monaten kann der Planer den Ablaufplan zu Projektbeginn mit den skizzierten einfachen Techniken erstellen. Bei komplexen Projekten dagegen ist es ratsam, den Netzplan in Teilnetze zu gliedern.

Komplexe Projekte

Ein Teilnetzplan (= TNP) umfasst nur einen Teil eines Projekts und steht mit anderen Teilnetzplänen desselben Projekts strukturell in Verbindung [1].

Die Teilnetztechnik basiert auf zwei Schritten.
- Schritt 1: Teilnetze separat erstellen
- Schritt 2: Teilnetze durch Verknüpfung zu einem Gesamtnetzplan zusammenfügen

Gliederungsprinzipien Die Gliederung in Teilnetze orientiert sich an den Gliederungsprinzipien der Projektstrukturierung. Möglich ist die Gliederung nach
- Teilaufgaben oder Arbeitspaketen,
- Projektphasen,
- Organisationseinheiten und
- funktionalen Gesichtspunkten.

Beispiel
Der Gesamtnetzplan für die Entwicklung eines Softwarepakets ist phasenorientiert und enthält unter anderem die Teilnetze Analyse, DV-Grobkonzept, DV-Feinkonzept, Realisierung, Installation, Integrationstest und Abnahme.

Vorteile der Teilnetztechnik
Die Teilnetztechnik bietet eine Reihe von Vorteilen:
- Teilnetze können (zunächst) separat und unabhängig voneinander erstellt, bearbeitet und berechnet werden. Allerdings muss der Planer hier die Verknüpfungen (= Schnittstellen) zu anderen Teilnetzen berücksichtigen. Diese Verknüpfungen sind so einfach wie möglich zu halten, um unnötige Komplexität zu vermeiden. Sofern die Schnittstellen zwischen den Teilnetzen klar definiert sind, kann die Optimierung der einzelnen Teilnetze auch später erfolgen, ohne die anderen Teilnetze zu beeinträchtigen.
- Die Gliederung in Teilnetze erhöht die Transparenz des komplexen Gesamtprojekts.
- Teilnetze erleichtern es, Informationen aus dem Plan herauszufiltern. Jede (teil-)projektverantwortliche Person oder Organisationseinheit erhält gezielt Informationen über ihren Bereich.
- Teilnetze erleichtern den Aufbau von Netzplanhierarchien (Feinnetzplan pro Teilaufgabe, Rahmennetzplan für das Gesamtprojekt) und unterstützen die Informationsverdichtung.
- Abläufe in einzelnen Teilnetzen, die in ähnlicher Weise häufig wiederkehren, können standardisiert werden.

4.3 Standardnetzplantechnik

Wiederholcharakter Projekte sind „im Wesentlichen durch Einmaligkeit der Bedingungen ... gekennzeichnet" [1]. In der Praxis werden jedoch in vielen Unternehmen Projekte oder bestimmte Abläufe innerhalb eines Projekts mit Wiederholcharakter durchgeführt. Analog zur Verwendung von Standardstrukturplänen (→ Kapitel C4) können Unternehmen Standardnetzpläne nach dem Projektstart neu entwickeln oder aus den Ablaufplänen abgeschlossener Projekte ableiten. So nutzen sie wertvolle Erfahrungen aus der Vergangenheit für zukünftige Projekte und reduzieren den Aufwand für die Ablaufplanung erheblich.

Beispiel

In großen Bauvorhaben ist pro Bauabschnitt/Gewerk ein Ausschreibungs- und Vergabeverfahren durchzuführen. Der Prozess der Ausschreibung und Vergabe läuft in der Regel stets gleich ab und kann deshalb standardisiert werden.

Bild C5-17 zeigt schematisch das Prinzip der Standardnetzplantechnik und der Teilnetztechnik.

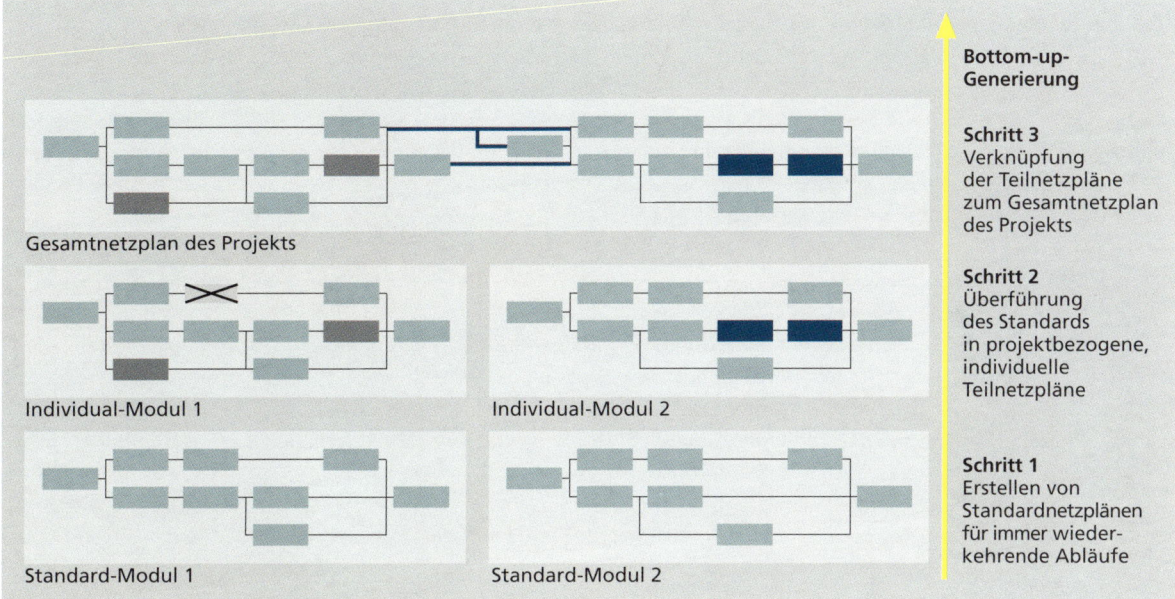

Bild C5-17 Teilnetz- und Standardnetzplantechnik

In Schritt 1 werden zunächst Standardteilnetzpläne entwickelt. Im zweiten Schritt passt der Projektmanager die Standardabläufe an die konkreten Erfordernisse des Projekts an. So sind beispielsweise einzelne Vorgänge weiter zu detaillieren (= aufzusplitten) oder projektspezifische Vorgänge, die nicht im Standard enthalten sind, hinzuzufügen. Im dritten Schritt werden die projektbezogenen, individuellen Teilnetze zum Gesamtnetzplan verknüpft.

Entwicklungsschritte

Die Vorgehensweise, durch Zusammenfügen projektspezifischer und/oder standardisierter Teilnetzpläne einen Gesamtnetzplan zu erzeugen, entspricht dem Prinzip der „Bottom-Up-Generierung". Umgekehrt kann man durch eine „Top-down-Generierung" aus einem Standardnetzplan, der – vergleichbar mit einer Variantenstückliste – eine Übermenge an standardisierten Abläufen enthält, einen projektspezifischen Ablaufplan erzeugen.

Bottom-up- und Top-down- Generierung

Beispiel

Für die Projektabwicklung „Airbus-Ausstattungsmontage" hat das zuständige Team der Arbeitsvorbereitung pro Flugzeugtyp einen Ablaufplan für die Montage entwickelt, der alle möglichen Ausstattungsvarianten enthält. Bestellt eine Fluggesellschaft eine Maschine, bleiben nur die Vorgangsketten für die vom Kunden gewünschten Ausstattungsvarianten im Ablaufplan. Auf diese Weise kann die Arbeitsvorbereitung in kürzester Zeit einen komplexen Ablaufplan zur Verfügung stellen.

4.4 Netzplanebenen und Netzplanverdichtung

Filtermöglichkeiten Je nach Bedarf lassen sich aus dem Netzplan verschiedene Ebenen und Informationen herausfiltern.

4.4.1 Grobterminplan und Feinterminplan

Beim Detaillierungsgrad gilt normalerweise der Grundsatz „Vom Groben ins Feine". Andererseits braucht das Projektteam für die Berichterstattung – vor allem für höhere Managementebenen – verdichtete Informationen (z.B. Termindaten, Kapazitätsbedarf, Kosten).

Netzplanebenen Wurde der Netzplan konsequent gemäß der Projektstrukturierung (= Projektgliederung) aufgebaut, spiegelt er automatisch mehrere Netzplanebenen wieder (z.B. Teilprojekte, Teilaufgaben, Arbeitspakete, Vorgänge). Moderne Netzplantechnik-Software ermöglicht es, sich einzelne Ebenen heraussuchen und ausgeben zu lassen.

> **Beispiel**
> *Ebene 1*
> *Der Detailterminplan für das Projektteam enthält alle Terminbalken für Vorgänge, Arbeitspakete und Teilprojekte.*
> *Ebene 2*
> *Der Rahmenterminplan für die Projektleitung enthält alle Terminbalken für Arbeitspakete, Teilaufgaben und Teilprojekte.*
> *Ebene 3*
> *Der Masterplan für Unternehmensführung und Auftraggeber enthält alle Terminbalken für Teilprojekte und Teilaufgaben.*

4.4.2 Meilenstein-Netzplantechnik

Schlüsselereignisse Meilensteine sind als „Schlüsselereignisse" [2] Ereignisse von besonderer Bedeutung und markieren Eckpunkte im Projekt, zum Beispiel den Beginn oder Abschluss eines Arbeitspakets oder einer Projektphase, oder einen Review-Punkt für Entscheidungsgremien.

Meilenstein-Netzpläne
Die im Vorgangsknoten-Netzplan integrierten Meilensteine können herausgelöst und zu einem Meilenstein-Netzplan verknüpft werden. Dabei entsteht das Problem, dass die Verknüpfungen beziehungsweise die Anordnungsbeziehungen die häufig komplexen sachlogischen Beziehungen im Feinnetzplan nur annähernd abbilden können. Sie sind Ersatzanordnungsbeziehungen „zwischen ... Ereignissen, welche die bei der Netzplanverdichtung nicht mehr ausgewiesenen Wege repräsentieren" [2].

Meilensteinliste
Meilenstein-trendanalyse Verzichtet man darauf, Abhängigkeiten darzustellen, können die Meilensteine einfach (EDV-unterstützt) ausgewählt und als Meilensteinliste ausgegeben werden. Die selektierten Meilensteine sind Basis für die Meilensteintrendanalyse (→ Kapitel C9).

5 Darstellungsformen der Ablauf- und Terminplanung

Moderne EDV-Werkzeuge bieten vielfältige Möglichkeiten zur grafischen und tabellarischen Darstellung. Die wichtigsten Formen sind Netz- und Balkenplan.

5.1 Netzplan

Die Darstellungsform Netzplan ($\rightarrow$ Bild C5-4) ist eine wichtige Arbeitsunterlage für den Ablauf- und Terminplaner. Viele Projektbeteiligte (Projektleiter, Auftraggeber, Kunde, Unternehmensleitung), die sich mit Netzplänen nicht auskennen, empfinden diese aber als abstrakt und unübersichtlich und lehnen sie daher ab. Deshalb sollte der Planer darauf verzichten, seinen Netzplan vorschnell weiterzugeben oder bei Besprechungen oder Berichten als Terminplandarstellung einzusetzen.

Ablehnung durch Projektbeteiligte

5.2 Balkendiagramm

Die Darstellungsform Balkendiagramm (= Balkenplan) kommt dem Wunsch nach Visualisierung der Abläufe und Termine entgegen. Einfache Balkenpläne, auch Gantt-Diagramme genannt, werden immer noch häufig händisch gezeichnet, also ohne Netzplantechnik im Hintergrund. Ziel ist, die zeitliche Abfolge von Vorgängen darzustellen. In diesem Fall berücksichtigt der Projektmanager die Abhängigkeiten zwischen den Vorgängen explizit nicht und verzichtet auf die Vorzüge der Netzplantechnik.

Gantt-Diagramm

Die Netzplantechnik
- zwingt zum systematischen Durchdenken der Projektzusammenhänge.
- erlaubt sicheres Terminieren der Vorgänge.
- zeigt, wo Zeitreserven vorhanden sind, wo Zeit fehlt und wo Beschleunigungsmaßnahmen erforderlich sind.
- ist ein flexibles Informationsmedium, mit dem der Datenaustausch zwischen Projekt- und Fachmanagement und vorgesetzten Stellen sichergestellt werden kann.
- ermöglicht die Steuerung des Projektablaufs und terminliche Überwachung des Projekts.

Vorzüge der Netzplantechnik

Netzplantechnik-Software verfügt über vielfältige Möglichkeiten, die Ergebnisse der Ablauf- und Terminplanung – also die Netzplaninhalte – als vernetztes Balkendiagramm darzustellen. Folgende Darstellungen stehen beispielsweise zur Wahl:
- Vorgänge in frühester und spätester Lage sowie Puffer
- Stichtagslinie zum Aktualisierungszeitpunkt
- Vorgänge „Abgearbeitet", „In Arbeit", „Noch nicht begonnen"
- Vorgänge mit Soll- und Ist-Terminen

Bei großen Terminplänen kann die Ausgabe sämtlicher Anordnungsbeziehungen in vernetzten Balkendiagrammen allerdings unübersichtlich werden. In diesem Fall muss der Projektleiter oder Projektcontroller abwägen, ob er nur die wichtigsten Beziehungen sichtbar macht oder die Ausgabe vollständig unterdrückt. Das Beispiel in Bild C5-18 zeigt eine Kombination von Terminliste (Vorgangsliste) und vernetztem Balkendiagramm. Die Bezeichnungen der Anordnungsbeziehungen weichen von der Norm ab (EA = Ende–Anfang, AA = Anfang–Anfang).

Selektive Wiedergabe

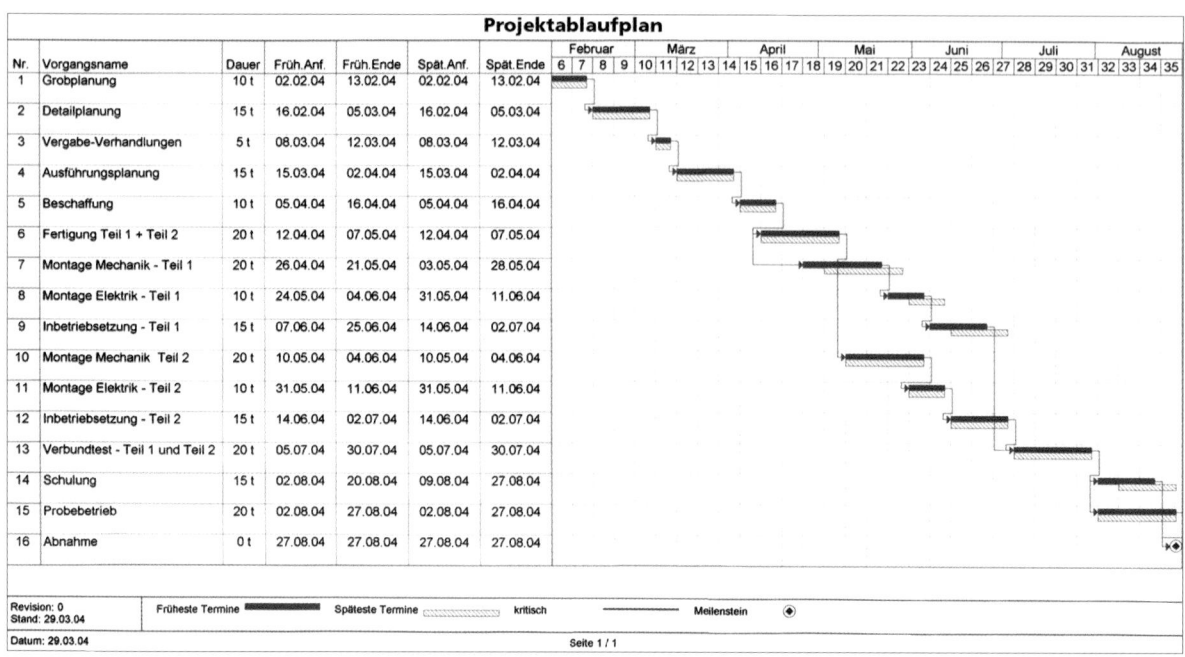

Bild C5-18 Darstellungsform „Vernetztes Balkendiagramm"

Fragen zur Selbsteinschätzung gemäß Zertifikatslevel

Nr.	Frage	Level				Selbsteinschätzung
		D	C	B	A	
C5.1	In welcher Reihenfolge sollte die Ablauf- und Terminplanung vorgenommen werden?	2	3	3	4	☐
C5.2	Was versteht man unter einem Netzplan?	2	2	2	1	☐
C5.3	Was sind die Ergebnisse einer Vorwärts- und Rückwärtsrechnung in einem Netzplan?	3	2	2	1	☐
C5.4	Welche Pufferarten sind bekannt?	2	2	2	2	☐
C5.5	In welchen Schritten und mit welchen Techniken kann man einen Netzplan erstellen?	3	2	2	1	☐
C5.6	Wie detailliert sollte der erstellte Netzplan sein?	2	2	2	2	☐
C5.7	Wo verwendet man die Teilnetztechnik?	2	2	2	2	☐
C5.8	Wie und warum werden Standardnetzpläne entwickelt?	1	2	2	2	☐

C6 KOSTEN- UND EINSATZMITTELPLANUNG

Welche Einsatzmittel sind für ein Projekt erforderlich? Welche Kosten (ICB-Element 16) werden anfallen? Eine mangelhafte Einsatzmittelplanung (ICB-Element 15) kann unnötige Ausgaben und Terminprobleme verursachen. Kostenüberschreitungen gefährden nicht nur das Projekt, sondern oft sogar die Existenz eines Unternehmens. Deshalb muss die Projektleitung auf diese Teilbereiche des Projektmanagements besonderes Augenmerk legen. In diesem Kapitel werden Kostenschätzmethoden vorgestellt, Schritte der Einsatzmittelplanung und häufige Fehler erläutert und Optionen zur projektbegleitenden Kostenverfolgung vermittelt. Thema ist zudem die Projektlogistik.

1 Einsatzmittelbedarf und Projektkosten schätzen

In Medienberichten über Skandalprojekte stehen häufig Kosten- und nicht Terminüberschreitungen im Mittelpunkt des Interesses. Traurige Berühmtheit haben vor allem Bauten der öffentlichen Hand erlangt, etwa das Allgemeine Krankenhaus Wien und das Klinikum Aachen (→ Kapitel A2). Auch in jüngster Zeit waren es oft steuerfinanzierte Bauvorhaben, bei denen die ursprünglich geplanten Kosten beträchtlich überschritten wurden. Die Kritik kommt in der Regel von den Rechnungshöfen des Bundes und der Länder. Die meisten Privatunternehmen dagegen verschweigen derartige Managementfehler. Sie fürchten den Imageverlust, der mit misslungenen Projekten verbunden ist.

Kostenüberschreitungen gefährden häufig auch andere Projekte und Ziele der betreffenden Organisation. Hält beispielsweise die öffentliche Hand bei einem Straßenbauvorhaben das Kostenziel nicht ein, fehlt das Geld bei anderen Bauprojekten. Diese müssen dann zeitlich gestreckt oder ganz gestrichen werden. Nicht anders ist es bei Unternehmen: Wenn Projektleiter ihr Budget überziehen, kommen parallel laufende oder geplante Vorhaben zu kurz. Ausufernde Projektkosten können die Existenz des Unternehmens bedrohen, wenn es sich um einen im Verhältnis zum Umsatz großen Auftrag handelt. Vor allem bei internen Projekten sind Kostenüberschreitungen oft die Ursache dafür, dass Organisationen die gesteckten Rentabilitätsziele (→ Kapitel C3) verfehlen.

Auswirkungen auf andere Projekte

Für die meisten Kostenarten gibt es ein Mengengerüst. Bei Personal- und Materialkosten sind das die aufgewendeten Stunden der Mitarbeiter oder verbrauchte Materialeinheiten. Deshalb liefern die meisten Kostenschätzverfahren nicht unmittelbar Kostenwerte, sondern Angaben über das voraussichtliche Mengengerüst. Mit entsprechenden Verrechnungssätzen können die Projektkaufleute diese Zahlen dann in Kosten umrechnen.

Mengengerüste

Die Projektkostenplanung hat Tradition. Beschreibungen der Angebotskalkulation und der differenzierenden Vorkalkulation in den Branchen, in denen die Leistungserstellung Projektcharakter besitzt, finden sich in nahezu allen Lehrbüchern zum Thema Kostenrechnung. Stellvertretend sei auf das vom VDMA veröffentlichte Schema der traditionellen Zuschlagskalkulation verwiesen [1].

1.1 Kostenschätzverfahren

In den vergangenen Jahrzehnten wurden dennoch im Projektmanagement einige neue Kostenschätzverfahren entwickelt, die sich in Anlehnung an Brockhoff [2] wie folgt klassifizieren lassen:

Klassifizierung von Kostenschätzverfahren

1. Kostenschätzverfahren ohne ausdrückliche Angabe der Kosteneinflussgrößen
2. Kostenschätzverfahren mit ausdrücklicher Angabe der Kosteneinflussgrößen

Zur ersten Gruppe gehören vor allem die verschiedenen Methoden der Expertenbefragung. Zur zweiten Kategorie zählen
- Kostenkennziffern und Kostenkennziffernsysteme auf Basis von Standardstrukturen (Kostendatenbanken) und
- parametrische Schätzverfahren.

Expertenschätzungen sind vor allem dann hilfreich, wenn ein Projekt für ein Unternehmen einen hohen Neuheitsgrad hat, Erfahrungen aus ähnlichen Projekten also noch nicht vorliegen. Kostendatenbanken findet man in der Baubranche und seit einiger Zeit auch im IT-Bereich. Sie können für die Schätzung herangezogen werden, wenn ein Projekt oder bestimmte Komponenten des Projekts keinen allzu hohen Neuheitsgrad aufweisen. Parametrische Verfahren sind im Rüstungsbereich weit verbreitet, werden aber auch für IT-Projekte benutzt. Parametrische Schätzverfahren und Kostenkennziffern basieren auf der systematischen Auswertung von Kostendaten aus abgeschlossenen Projekten.

1.2 Projektstrukturpläne bei der Kostenschätzung

Die Kostenschätzung mithilfe von individuellen, also für das jeweilige Projekt erstellten Projektstrukturplänen wird häufig als eigenständige Methode genannt. Man spricht im Zusammenhang mit der Ermittlung von Kostenschätzwerten für die einzelnen Arbeitspakete von einer Bottom-up-Schätzung oder von einer ingenieurmäßigen Schätzung der Kosten. Die Grundannahme für die Kostenschätzung mithilfe von Projektstrukturplänen ist, dass

Ingenieurmäßige Schätzung

- sich die einzelnen Elemente einer komplexen Gesamtaufgabe leichter schätzen lassen als die Aufgabe als Ganzes und
- die Schätzgenauigkeit mit dem Maß der Detaillierung der einzelnen Elemente wächst.

Ein Projektstrukturplan ist zwingende Voraussetzung für die Anwendung nahezu jeder Schätzmethode. Jeder Fachmann, der Projektkosten schätzt, macht sich zunächst Gedanken über die Komponenten des Systems, das im Projekt erstellt werden soll. Er gibt seine Schätzung zumindest auf der Basis eines subjektiven Projektstrukturplans ab – auch wenn dieser noch unsystematisch ist und kaum Gliederungstiefe besitzt. Oft ist er noch nicht einmal schriftlich fixiert.

Subjektiver Projektstrukturplan

Wichtig für die systematische Anwendung von Schätzmethoden ist mit Blick auf den formalen Projektstrukturplan, dass

Anwendungs- voraussetzungen

- Projektleitung und Fachabteilungen diesen verabschiedet haben,
- seine einzelnen Positionen und Arbeitspakete so genau wie möglich spezifiziert sind,
- er für alle an der Schätzung beteiligten Fachleute den gleichen Inhalt hat und
- er als verbindlich akzeptiert wird.

Ein Plädoyer für die Verwendung eines Projektstrukturplans bei der Kalkulation geben Hilpert, Rademacher und Sauter [3] ab: „Sehr viel besser geeignet erscheint eine am Projektstrukturplan orientierte Kalkulation, weil allein der Projektstrukturplan sowohl die direkt teilsystembezogenen als auch die gesamtsystembezogenen Lieferungen und Leistungen darstellt." Sie ist den traditionellen Kalkulationsschemata vorzuziehen, in denen nicht nach Teilaufgaben und Arbeitspaketen unterteilt wird.

Nicht zuordenbare Kosten

Zu den Kosten, die keiner Teilaufgabe und keinem Arbeitspaket oder Teilsystem zugeordnet werden können, sondern nur dem Gesamtsystem, gehören unter anderem

- Lizenzen,
- Versicherungen,
- Finanzierungskosten und
- die Kosten des Projektmanagements.

1.3 Kostenschätzung mit Expertenbefragung

Für jede Kostenschätzung werden Fachleute benötigt. Mit Methoden der Expertenbefragung zur Kostenschätzung sind strukturierte Verfahren zur Expertenbefragung gemeint. In der Vergangenheit wurde vor allem versucht, die Delphi-Methode für Projektkostenschätzungen zu nutzen (= Methode zur Expertenbefragung in mehreren Durchläufen). Sie hat bei der praktischen Anwendung ihre Tücken:

Delphi-Methode

- Die Anonymität der Befragung lässt sich in Unternehmen schwer durchsetzen.
- Die Befragung läuft über mehrere Runden und ist zeitaufwendig.
- Ein Erfahrungsaustausch in der Gruppe ist nicht vorgesehen.

Nach Berichten von Boehm sind die Erfahrungen mit einer Variante der Delphi-Methode, dem Breitband-Delphi, bei der Schätzung der Kosten von Softwareentwicklungen besser. Wesentliches Charakteristikum dieser Methode der Expertenbefragung ist die Kombination aus anonymer Schätzung und Gruppendiskussion [4]. Die Anonymität soll

- Mitläufereffekte bei der Schätzung möglichst ausschließen und
- dem Experten die Chance geben, seine Prognose ohne Gesichtsverlust zu revidieren, wenn neue Erkenntnisse vorliegen.

Mitläufereffekt heißt: Teilnehmer der Befragungsrunde übernehmen die Schätzwerte anderer Teilnehmer, zum Beispiel aus Bequemlichkeit oder mangelnder Erfahrung.

Mitläufereffekt

1.3.1 Schätzklausur

Bewährt hat sich die Methode der Schätzklausur [5], von der es verschiedene Varianten gibt. Wichtiges Element ist dabei die Gruppendiskussion. Anonymität ist bei keinem Verfahrensschritt notwendig. Die Methodik, die bisher vor allem in Entwicklungsprojekten eingesetzt wurde, enthält einige Bausteine, die auch in anderen Verfahren der Expertenbefragung enthalten sind. Dazu gehören zum Beispiel die Annahmenanalyse oder das iterative Schätzen (= in mehreren Durchläufen) besonders kritischer Systemkomponenten. Die Schätzklausur berücksichtigt aber auch konsequent bewährte Regeln der Kostenschätzung, etwa die Forderung nach Transparenz.

Annahmenanalyse
Iteratives Schätzen

1.3.1.1 Ziele

Hauptziel bei der Schätzklausur ist, die Gesamtkosten des Projekts so genau wie möglich zu ermitteln. Geschätzt wird das Mengengerüst, das zur Ausführung von Arbeitspaketen voraussichtlich notwendig ist. Die Schätzwerte für die Arbeitspakete werden mit Verrechnungssätzen multipliziert und an ein EDV-System zur projektbegleitenden Kostenkontrolle übergeben. Mit der systematischen Befragung von Fachleuten wird noch eine Reihe von Nebenzielen verfolgt:

- Eine auf die Arbeitspakete bezogene und strukturierte Kommunikation der Projektteammitglieder soll möglich werden.
- Möglichst viele Annahmen und Voraussetzungen, die für die Projektarbeit getroffen werden, aber meist unausgesprochen bleiben, sollen herausgearbeitet werden (z.B. Zulieferungen

anderer Abteilungen, verfügbare Bearbeiterkapazitäten).
- Management und Projektteam sollen die innere Sicherheit gewinnen, dass der Plan auch tatsächlich durchführbar ist.
- Eine gemeinsame Arbeits- und Kommunikationsbasis für sämtliche Arbeits- und Statusbesprechungen soll erarbeitet werden.

Eine Schätzklausur erfüllt somit in etwa die gleiche Funktion wie eine Projektstartsitzung. Sie konzentriert sich aber auf die Aufwands- beziehungsweise Kostenschätzung.

1.3.1.2 Teilnehmer

Rollen In einer Klausur gibt es vier Rollen:
1. Schätzer
2. Fachlicher Berater
3. Moderator
4. Protokollführer

Interne/externe Umstritten ist, ob Mitglieder des Projektteams oder projektexterne Angehörige der Organisation
Schätzer das Mengengerüst schätzen sollten. Mitarbeiter, die das Projekt selbst realisieren müssen, bauen in ihre Schätzungen eher größere Sicherheitspolster ein als Projektexterne. Andererseits besteht die Gefahr, dass Externe zu optimistisch schätzen, weil sie nicht für die Einhaltung der Kostenvorgaben zuständig sind. Für die Teammitglieder als Schätzer spricht auch, dass im Verlauf der Schätzklausur ein erheblicher Lerneffekt eintreten kann, der beim Einsatz von Projektexternen erst auf die internen Projektbeteiligten übertragen werden müsste. Dies ist jedoch in der Praxis kaum zu bewerkstelligen.

1.3.1.3 Voraussetzungen

Für die Sitzung sollte ein von den Projektbeteiligten akzeptierter Projektstrukturplan mit Arbeitspaketbeschreibungen vorliegen. Sind diese noch nicht vorhanden, müssen sie während der Vorbereitung der Klausur in der nötigen Detailtiefe erarbeitet werden.

Arbeitspakete Das Arbeitspaket ist die kleinste Planungs- und Kontrolleinheit im Projektstrukturplan ($\rightarrow$ Kapitel C4). Es definiert eine bestimmte Aufgabe, die erledigt werden muss. Dabei sind Übergabearbeiten, Einarbeitungszeiten und Nacharbeiten (z.B. Dokumentation) zu berücksichtigen. Darüber hinaus ist das Arbeitspaket aber auch die Kontierungseinheit in Systemen zur Projektkostenkontrolle. Dabei handelt es sich um die kleinste Einheit im Projektstrukturplan, für die nicht nur Kosten geplant, sondern projektbegleitend auch Ist-Kosten gesondert erfasst werden.

1.3.1.4 Ablauf der Schätzung

Mengenmaßstab Für die Schätzung wird fast immer ein Mengenmaßstab gewählt. Bei den Personalkosten können das Personenstunden, -tage, -monate oder -jahre sein. Vor Beginn der Schätzung ist die Projektumgebung im Detail zu definieren. So muss beispielsweise bei Softwareentwicklungsprojekten der Projektleiter unter anderem das Programmier- und Testsystem und die Tools beschreiben, die das Entwicklungsteam verwenden soll. Jedes Teammitglied erläutert die Arbeitspakete seines Zuständigkeitsbereichs in der Schätzklausur detailliert. Dabei werden zum Teil auch Mengengrößen genannt. Beim Arbeitspaket „Stellenbeschreibung für Projektleiter erarbeiten" wäre das beispielsweise die Zahl der Seiten, die voraussichtlich zu schreiben sind.

Für jedes Arbeitspaket geben die Schätzer einen Schätzwert ab, den sie auf Karten schreiben (→ Kapitel D2) und für alle sichtbar vorzeigen. Für die Verarbeitung der abgegebenen Schätzwerte je Arbeitspaket sind verschiedene Regeln denkbar. Beispielsweise könnte nach Ausscheiden der Extremwerte (= niedrigste und höchste Schätzung) ein arithmetischer Durchschnitt gebildet werden.

Starke Abweichungen der Schätzwerte

Manchmal liegen die Einzelschätzwerte, die zu einem Gesamtschätzwert zusammengefasst werden, sehr weit auseinander. Für solche Fälle können die Beteiligten zuvor einen bestimmten Prozentsatz festlegen, den diese Spanne nicht überschreiten sollte. Weicht ein Wert auffällig stark von den übrigen Werten ab, ist es möglich, ihn vor der Berechnung des Durchschnitts zu streichen. Sonst besteht die Gefahr, dass dieser „Ausreißer" das Gesamtergebnis erheblich verfälscht. Grund für die Abweichung könnte mangelnde Erfahrung des betreffenden Schätzers sein. Ist der Schätzer mit dem Ausreißerwert jedoch der einzige Fachmann, sollte nur sein Wert akzeptiert werden.

Abweichungsspanne in Prozent

Beispiel
Die Schätzwerte liegen bei neun Schätzern bei zwei bis vier Personentagen, nur einer vergibt den Wert 30. Der Durchschnittswert ist damit so hoch, dass das Ergebnis keine nachvollziehbare, verlässliche Aussage mehr liefert. Jetzt muss herausgearbeitet werden, ob es sich bei dem Schätzer der 30 Personentage um den einzigen Experten in der Runde handelt oder ob er nur wenig von dem Thema versteht, um das es bei dem betreffenden Arbeitspaket geht. Ist er ein Experte, darf nur sein Wert übernommen werden. Andernfalls wird dieser gestrichen.

Diskussion und Wiederholung

Im nächsten Schritt legen die Schätzer mit dem höchsten und dem niedrigsten Wert in der Diskussion die Gründe für ihre Schätzungen dar. Dabei stellt sich meist heraus, dass beide trotz der vorab durchgeführten Umfelddarstellung und -diskussion von unterschiedlichen Erfahrungswerten und Annahmen ausgehen. Diese Annahmen müssen herausgearbeitet und dokumentiert werden. Ist diese Diskussion abgeschlossen, können alle Experten ihre Schätzung wiederholen. Häufig ergeben sich bei der zweiten Schätzung Werte, die viel näher beieinander liegen. Der erwünschte Konvergenzeffekt (= Erreichen einer Annäherung) der wiederholten Schätzung tritt also ein. Ist nach der Diskussion keine Annäherung der Schätzwerte möglich, müssen einzelne Vorgänge des Arbeitspakets genauer betrachtet werden.

Abweichende Annahmen

Konvergenzeffekt

ÜBERBLICK: SCHRITTE EINER SCHÄTZKLAUSUR
1. Projektumgebung definieren
2. Arbeitspakete erläutern
3. Ersten Schätzwert abgeben
4. „Ausreißer" behandeln
5. Höchsten/niedrigsten Wert erläutern
6. (Fehl-)Annahmen klären und korrigieren
7. Schätzung wiederholen
8. Problemarbeitspakete genauer betrachten
9. Schlussprotokoll erstellen/bearbeiten

Schritte der Schätzklausur

Bild C6-1 Schritte einer Schätzklausur

213

1.3.1.5 Beispiel für eine Schätzklausur

Für ein Projekt mit dem Ziel, die Abwicklung von Kundenaufträgen zu reorganisieren, haben der Projektleiter und die beteiligten Fachabteilungen einen Projektstrukturplan erarbeitet. In einer Schätzklausur müssen die sechs Mitglieder des Projektteams nun für die einzelnen Arbeitspakete, die schon nach einem einheitlichen Schema beschrieben sind, die jeweils erforderlichen Personenstunden schätzen. Das zuständige Teammitglied (Schätzer 5) erläutert das Arbeitspaket „Interviews mit den Abteilungen des Unternehmens" im Detail, zeigt den Schätzern einen vorläufigen Interviewleitfaden und nennt alle Abteilungen und Interviewpartner, die zu befragen sind. Der Moderator fordert nun alle sechs Teammitglieder auf, ihre Schätzung in Personenstunden anzugeben.

SCHÄTZER		1	2	3	4	5	6
Runde 1	Schätzwert in Personenstunden	140	180	190	220	185	190
Runde 2	Revidierter Wert	175	180	195	187	185	190

Bild C6-2 Schätzung in Personenstunden

Arithmetischer Durchschnitt

Nach Runde 1 ergibt sich ein arithmetischer Durchschnitt von etwa 184 Personenstunden. Da die Werte von Schätzer 1 und Schätzer 4 weit auseinander liegen, bittet der Moderator beide, zu erklären, warum sie so hoch beziehungsweise niedrig geschätzt haben. Schätzer 1 sagt, seines Wissens nach habe schon vor zwei Jahren ein Unternehmensberater die meisten genannten Abteilungen befragt. Auf diese Ergebnisse könne man zurückgreifen. Das verantwortliche Teammitglied bestätigt, dass es solche Interviews gab, erklärt aber auch, dass damals die Fragestellung anders war. Man habe den existierenden Abwicklungsprozess durch ein EDV-Programm unterstützen, aber nicht verändern wollen. Die Resultate der Interviews seien demnach für das aktuelle Projekt nicht verwertbar.

Schätzer 4 begründet seine hohe Schätzung damit, dass die systematische Auswertung der Befragungsergebnisse nach seiner Erfahrung einen erheblichen Zusatzaufwand bereitet. Dies räumt Schätzer 5 ein. Er weist aber darauf hin, dass diese Auswertung zum Arbeitspaket „Zusammenfassende Ist-Analyse" gehöre, was aus den vorliegenden Arbeitspaketbeschreibungen nicht zu erkennen sei. Diese unklare Zuordnung werde er gleich nach der Sitzung korrigieren.

Neue Schätzung

Im Anschluss an diese Diskussion, in der einige unzutreffende Annahmen und Missverständnisse aufgeklärt werden konnten, wird neu geschätzt. Einige Schätzer revidieren ihre Werte nach oben oder unten. Der neue Mittelwert beträgt etwa 185 Personenstunden. Gegenüber dem ursprünglichen Durchschnitt hat sich kaum etwas verändert. Allerdings weichen die Einzelwerte jetzt viel weniger voneinander ab. Die Schätzer haben weitgehende Übereinstimmung erreicht.

1.3.1.6 Probleme bei Schätzklausuren

Schätzklausuren laufen nicht bei allen Arbeitspaketen so reibungslos ab. Oft wollen Teammitglieder nicht schätzen, weil sie sich in dem entsprechenden Fachgebiet nicht kompetent genug fühlen. Ist nur ein Teilnehmer zur Schätzung bereit, kann der Moderator dem Rat von Füting [6] folgen und ihn bitten,

- eine optimistische,
- eine wahrscheinliche und
- eine pessimistische Schätzung

abzugeben. Im einfachsten Fall berechnet man dann das arithmetische Mittel aus den drei Werten. Ist aufgrund mangelnder Erfahrung mit ähnlichen Arbeitspaketen kein Teilnehmer bereit zu schätzen, kann die Gruppe einen projektexternen Experten aus der Organisation hinzuziehen.

1.4 Kostenschätzung mit Kostenkennziffern und Kennziffernsystemen

In den vergangenen Jahren wurden – vor allem in den angelsächsischen Ländern, aber auch in Deutschland – Projektkostendatenbanken angelegt, die bei der Schätzung der Kosten neuer Projekte helfen. Auf diese Weise nutzen Unternehmen wertvolle Erfahrungen aus abgeschlossenen Projekten. Solche systematisch aufgebauten Kostensammlungen gibt es vor allem für den Hochbau und die IT-Branche [7]. Andere Branchen greifen noch immer nur ganz vereinzelt auf diese Methode zurück, obwohl die Schlagworte Projektlernen und Wissensmanagement schon länger in aller Munde sind. *Projektlernen*

Mit einfachen Kostenkennziffern in der Angebotskalkulation oder in frühen Projektphasen wird hingegen schon lange gearbeitet. Kostenkennziffern wie *Kostenkennziffern*
- Euro pro Kubikmeter umbauter Raum,
- Euro oder Personenmonate pro Code-Zeilen oder
- Euro pro Kilogramm Maschine

finden dabei Anwendung [8]. Der Anlagenbau arbeitet unter anderem in der Angebotskalkulation mit der Kilokostenmethode [9]. Sie funktioniert einfach und führt schnell zu einem Ergebnis, kann aber ungenau und risikoreich sein – vor allem dann, wenn neue, wenig bekannte Technologien zum Einsatz kommen. Die einfache Formel der Kilokostenmethode lautet: *Kilokostenmethode*

$$HK_n = \frac{HK_B \times G_n}{G_B}$$

Dabei sind
- HK_n die geschätzten Herstellkosten des neuen Erzeugnisses,
- HK_B die Herstellkosten des Basiserzeugnisses,
- G_n das Gewicht des neuen Erzeugnisses und
- G_B das Gewicht des Basiserzeugnisses.

Werden derart undifferenzierte Kennziffern, die systematisch aus den Zahlen abgeschlossener Projekte abgeleitet wurden, benutzt, berücksichtigt man jeweils nur eine einzige Kosteneinflussgröße: den umbauten Raum, die Zahl der Code-Zeilen oder das Gewicht des Erzeugnisses. Entsprechend vorsichtig ist mit daraus abgeleiteten Kostenschätzungen umzugehen. Sie werden in der Regel nur in frühen Phasen abgegeben, wenn über das geplante Produkt noch kaum Informationen vorliegen. *Undifferenzierte Kennziffern*

Kennziffernsysteme auf Grundlage von Standardstrukturen können dagegen zahlreiche Kosteneinflussgrößen berücksichtigen. Beispiele dafür sind Kostendatenbanken im Hochbau, die auf der Kostengliederung der DIN 276 aufsetzen [10]. Aus abgeschlossenen Projekten werden Kosten für einzelne Kostenelemente ermittelt. Mit ihrer Hilfe wird die große Zahl von Positionen des Leistungsverzeichnisses zu einer überschaubaren Menge von Elementen verdichtet. Ein Beispiel für ein solches Element ist die Position „Fundamente, Ortbeton-Schalung". *Kennziffernsysteme*
Für jedes Element werden geeignete Kennzahlen bestimmt (z.B. Euro pro Quadratmeter Fassade). Über Erfahrungen mit Kostendatenbanken dieser Art schreibt Mayer [11]: „Sind die Dateien auf diese Weise sorgfältig zusammengestellt, kann man daraus für kleine Objekte (...) und für sehr gleichartige Objekte (z.B. Verwaltungsbauten eines Konzerns) recht brauchbare Kostendaten gewinnen."
Wesentlich problematischer wird es, wenn
- sehr unterschiedliche Objekte beurteilt werden müssen oder
- erhebliche Unterschiede in Bezug auf Region und/oder Ausführungsjahr bestehen.

Allgemein zugängliche Datenbanken gibt es auch für IT-Projekte [12]. Firmeneigene Daten können die darin verfügbaren Informationen ergänzen. *IT-Projekte*

1.4.1 Voraussetzungen für Projektkostendatenbanken

Wer eine Projektkostendatenbank einführen will, muss sicherstellen, dass drei Voraussetzungen erfüllt sind [13]:

1. Kostendaten aus abgeschlossenen Projekten können so definiert, gesammelt, gespeichert und aktualisiert werden, dass sie verfügbar und für zukünftige Projekte relevant sind.
2. Neue Projekte sind so strukturierbar, dass sich die Elemente, für die Kostendaten gespeichert wurden, in der Planung zumindest teilweise wiederfinden.
3. Es gibt Werkzeuge, die es erlauben, die Kostendaten aus abgeschlossenen Projekten mit dem Projektstrukturplan neuer Projekte zu einer Kostenschätzung zu kombinieren.

1.5 Parametrische Kostenschätzungen

Kostengleichungen

Regressionsanalyse

Parametrische Kostenschätzungen werden mithilfe von Kostengleichungen durchgeführt, in denen die Projektkosten oder auch Teile davon beziehungsweise das Mengengerüst in Abhängigkeit von Kosteneinflussgrößen erscheinen. Die folgende Gleichung wurde mithilfe der Regressionsanalyse aus den Daten abgeschlossener Projekte in der Flugzeugentwicklung abgeleitet. Sie ist für frühe Phasen des Projekts geeignet, in denen noch wenig über das zu entwickelnde System bekannt ist.

$$E = 0,0609 \times W^{0,631} \times S^{0,820}$$

Dabei ist E die Zahl der zu schätzenden Ingenieurstunden, die für die Entwicklung einer Flugzeugzelle notwendig sind. W ist das Gewicht der Zelle in Pfund und S die Maximalgeschwindigkeit in Knoten. Sind die angestrebten Werte für die beiden Kosteneinflussgrößen bekannt, kann man sie in die Gleichung einsetzen und erhält dann einen Prognosewert für das Mengengerüst. Werden aber für das neu zu entwickelnde Flugzeug beispielsweise neue Werkstoffe verwendet, lassen sich die Erfahrungen der Vergangenheit, die sich in der Gleichung niedergeschlagen haben, nicht mehr ohne weiteres extrapolieren.

Einsatz im IT-Bereich

Parametrische Schätzmethoden werden im IT-Bereich verwendet. Zwei wesentliche Kosteneinflussgrößen werden dabei benutzt, nämlich

- die Zahl der Anweisungen im Quellcode und
- die Zahl der Funktionspunkte (= Function Points).

1.5.1 Modell COCOMO

Die Zahl der Anweisungen im Quellcode spielt unter anderem im Modell COCOMO II eine erhebliche Rolle. Eine der Grundgleichungen dieses Schätzmodells soll das verdeutlichen [14]:

Aufwand = PK x KLOC^{KE} x AM

PK   Produktivitätskoeffizient (= 2,94)
KLOC   1.000 logische Programmbefehle
KE   Komplexitätsexponent (= 1,1)
AM   Aufwandsmultiplikator (Produkt aus ca. 20 Einzeleinflüssen)

Der Aufwandsmultiplikator AM, mit dem eine ganze Reihe von Kosteneinflussgrößen (z.B. die Erfahrung der Analytiker und der Programmierer) berücksichtigt wird, beträgt bei mittleren Projekten 1. Mit den Größen PK und KE wird die Produktivität einer Softwareorganisation quantifiziert. COCOMO gibt dafür Werte an, die aus der statistischen Auswertung von rund 160 abgeschlossenen Projekten stammen. Analysen haben gezeigt, dass diese Werte für die Kostenprognosen in Unternehmen nicht einfach übernommen werden können. Stattdessen müssen die Schätzgleichungen durch eine erneute statistische Analyse *Kalibrierung* an die Verhältnisse des Unternehmens angepasst werden (= Kalibrierung).

1.5.2 Function Point-Methode

Funktionspunkte sind die wesentliche Einflussgröße in dem Kostenschätzverfahren Function Point, *Funktionspunkte* das die Firma IBM entwickelt hat. Es wird zunächst dazu genutzt, über die vom Benutzer geforderte Funktionalität den Umfang eines Anwenderprogramms zu messen. Bundschuh [15] bezeichnet als günstigsten Zeitpunkt für eine erste Zählung von Funktionspunkten den Abschluss der ersten Projektphase, wenn die Benutzeranforderungen und die Datenstrukturen bekannt sind. Die Funktionspunkte können dann auch zur Kostenschätzung herangezogen werden. Bei der Zählung werden fünf *Funktionstypen* Funktionstypen unterschieden:

1. Interne Datenbestände
2. Externe Schnittstellen-Datenbestände
3. Externe Eingabedaten
4. Externe Ausgabedaten
5. Externe Abfragen

Je nach Komplexität der einzelnen Funktion (z.B. Eingabe von Benutzerdaten für ein rechnergestütztes Bibliothekssystem über den Bildschirm) vergibt der Schätzer dann Funktionspunkte. Addiert man sie, erhält man die ungewichteten Function Points. In einem weiteren Verfahrensschritt, in dem zusätzliche *Gewichtung* Kosteneinflussgrößen berücksichtigt werden, ergeben sich letztendlich gewichtete Funktionspunkte [16].

Beispiel
Das folgende Beispiel stammt von Volkswagen [17]. Es zeigt den Entwicklungsaufwand für ein kommerzielles Programmsystem in Abhängigkeit von den Funktionspunkten:

EP = − 876 + 9,94 x FP	**für 300 > FP > 125**
EP = − 550 + 8,5 x FP + 0,001179 x FP2	**für 6.000 ≤ FP > 300**
EP Entwicklungsaufwand in Personenmonaten	
FP Funktionspunkte	

Die lineare Schätzgleichung gilt dabei für kleinere Programme, die nichtlineare für Programme mit *(Nicht-)lineare* über 300 und ≤ 6.000 Funktionspunkten. *Schätzgleichung*

Problem: Fehlende Detailinformation zur Produktspezifikation
Ungeduldige Auftraggeber verlangen vom Projektleiter oft zuverlässige Kostenschätzungen zu einem Zeitpunkt, an dem noch unbekannt ist, welche Eigenschaften der Projektgegenstand genau haben *Verfrühte* soll. In einem solchen Projektstadium verbindliche Kostenwerte anzugeben kann fahrlässig und *Festlegungen* riskant sein. Generell gilt: Kostenprognosen sind in der Regel umso zuverlässiger, je weiter der Zielfindungsprozess fortgeschritten ist. Vor verfrühten Festlegungen muss deshalb gewarnt werden.

2 Planung des Einsatzmittelbedarfs

Einsatzmittel sind nach DIN 69 903 Personal und Sachmittel wie zum Beispiel maschinelle Anlagen. Nach der Schätzung der Einsatzmittelmengen, die für ein Projekt notwendig sind, liegt zunächst nur das Mengengerüst für Teilaufgaben und Arbeitspakete des Projektstrukturplans vor. Projektleiter und Linienvorgesetzte müssen aber festlegen, wie sich dieser Bedarf voraussichtlich über die Projektdauer

Auslastungsprofil

verteilt (= Auslastungsprofil). In der ICB heißt es dazu: „Die Einsatzmittelplanung beinhaltet die Bedarfs-ermittlung und die optimale zeitliche Verlaufsplanung unter Berücksichtigung der verfügbaren oder

Nutzenargumente

beschaffbaren Einsatzmittel." Eine derartige Planung ist aus mehreren Gründen notwendig:

- Die Entscheidungsträger müssen wissen, wie die verfügbaren Einsatzmittel im Zeitverlauf durch bereits laufende oder dem Auftraggeber zugesagte Vorhaben ausgelastet sind. Außerdem muss ihnen bekannt sein, wo voraussichtlich Unterauslastungen sowie Belastungsspitzen und Engpässe entstehen, die eventuell durch Maßnahmen wie Überstunden und die Einstellung von zusätzlichem Personal abgefangen werden müssen. Nur so können realistische Zwischen- und Endtermine für die einzelnen Projekte ermittelt werden.
- Ist das Auslastungsprofil bekannt, lässt sich entscheiden, ob weitere Projekte gestartet werden können oder ob sie zurückgestellt werden müssen.
- Eine realistische Einsatzmittelplanung gestattet Aussagen über die Folgen von Prioritätenände-rungen. So kann zumindest grob ermittelt werden, wie sich zum Beispiel die Zuweisung von zusätzlichem Personal zu einem Vorhaben auf andere Projekte auswirkt, die mit ihm um gemeinsame Ressourcen in der Organisation konkurrieren. Auch die Konsequenzen eines Projektabbruchs lassen sich so feststellen.

2.1 Schritte der Einsatzmittelplanung

Netzplantechnik

Die Netzplantechnik ($\rightarrow$ Kapitel C5) bietet auf den ersten Blick verlockende Möglichkeiten für die projektbezogene Einsatzmittelplanung. Den verschiedenen Vorgängen eines Netzplans beziehungsweise den Arbeitspaketen können Einsatzmittel zugeordnet werden. Dabei kann der Verbrauch an Stunden oder Materialmengen gleichmäßig entlang der Zeitachse erfolgen oder an verschiedenen Arbeitstagen oder -wochen unterschiedlich ausfallen. Weil die Kalendertermine für die einzelnen Vorgänge und Arbeitspakete errechnet sind, erhält man aus der Zuordnung der nötigen Einsatzmittel zugleich die zeitliche Verteilung des geplanten Einsatzmittelbedarfs über die Kalenderzeitachse. Das folgende Beispiel dazu unterstellt, dass es nur ein Projekt gibt.

Beispiel

In einem Unternehmen stehen für ein Entwicklungsprojekt drei Konstrukteure etwa gleicher Qualifikation zur Verfügung. Andere Einsatzmittelarten, zum Beispiel Monteure oder Maschinen, werden nicht betrachtet. Die Konstrukteure arbeiten 40 Stunden pro Woche. Acht Stunden davon stehen nicht für Projektarbeit zur Verfügung, da die Mitarbeiter auch viele andere Aufgaben haben – etwa die Beratung von Kunden und die Beseitigung von Mängeln bereits ausgelieferter Produkte. In dem betrachteten Zeitraum ist für keinen der drei Mitarbeiter ein Urlaub geplant. Die Möglichkeit, dass einer der Konstrukteure krank werden könnte, wird nicht einkalkuliert. Damit stehen pro Woche 96 Konstrukteurstunden zur Verfügung. Dem Auslastungsdiagramm ($\rightarrow$ Bild C6-3) liegt die Annahme zugrunde, dass sich alle Vorgänge in frühester Lage befinden. Es zeigt sich, dass nur in Arbeitswoche 3 die für die Vorgänge 2 und 3 notwendigen Konstrukteurstunden nicht erbracht werden können.

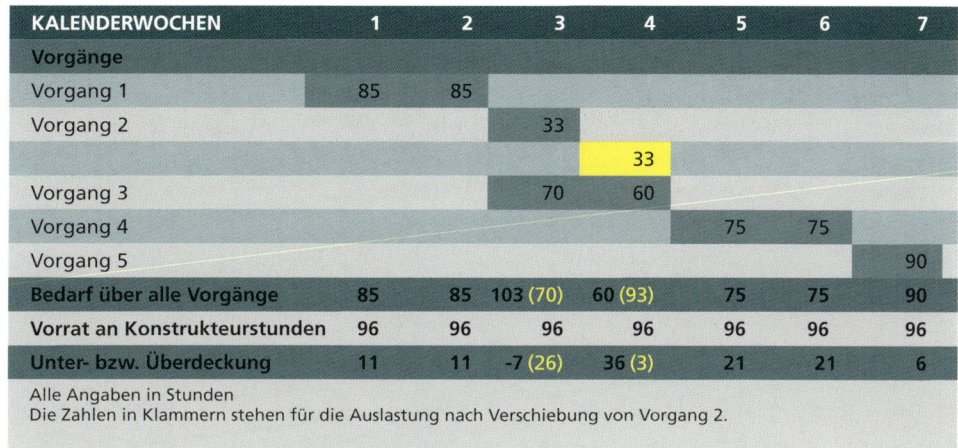

KALENDERWOCHEN	1	2	3	4	5	6	7
Vorgänge							
Vorgang 1	85	85					
Vorgang 2			33				
				33			
Vorgang 3			70	60			
Vorgang 4					75	75	
Vorgang 5							90
Bedarf über alle Vorgänge	85	85	103 (70)	60 (93)	75	75	90
Vorrat an Konstrukteurstunden	96	96	96	96	96	96	96
Unter- bzw. Überdeckung	11	11	-7 (26)	36 (3)	21	21	6

Alle Angaben in Stunden
Die Zahlen in Klammern stehen für die Auslastung nach Verschiebung von Vorgang 2.

Bild C6-3 Auslastungsdiagramm mit zeitlicher Verschiebung eines Vorgangs

Eine Lösung des Problems wäre, den Vorgang 2 um eine Kalenderwoche zu verschieben. Das geplante Projektende kann trotzdem eingehalten werden, der Vorrat an Konstrukteurstunden reicht in jeder Woche aus. Ist die Verschiebung eines oder mehrerer Vorgänge nur mit der Folge möglich, dass das pünktliche Projektende in Gefahr gerät, kann man den ursprünglich errechneten Endtermin probeweise freigeben. Zweck der Freigabe ist, Kapazitätsauslastungen zu ermitteln, bei denen die Kapazitätsgrenze nicht mehr überschritten wird. Der Projektplaner versucht also zunächst, Vorgänge im Rahmen des verfügbaren Puffers zu verschieben und – wenn das nicht mehr möglich ist – bei Freigabe des Projektendes die Verlängerung der Projektdauer möglichst gering zu halten.

Für diese Aufgabe stehen in manchen Softwarepaketen Algorithmen zur Verfügung. Die von einem Programm angebotenen Lösungen dürfen allerdings nur als Vorschläge betrachtet und nicht ungeprüft übernommen werden. Denn Algorithmen mit starren und oft nicht plausibel begründbaren Prioritätsregeln werden nicht jedem Einzelfall gerecht. Software verschiebt beispielsweise manchmal Vorgänge nach hinten, die der gesunde Menschenverstand eher vorziehen würde. Auf diese Weise erhält der Projektleiter einen nicht akzeptablen Belastungsplan. Es ist also in jedem Fall wichtig, sich ein eigenes Urteil zu bilden. *Lösungsvorschläge von Software*
So wird der Projektleiter zum Beispiel ein Arbeitspaket zeitlich vorziehen, obwohl es das Programm für einen späteren Zeitpunkt eingeplant hat, weil er vermutet, dass der Mitarbeiter in den nächsten Monaten mit anderen Arbeiten eingedeckt ist, jetzt aber Zeit hat.

Es gibt weitere Möglichkeiten, Kapazitätsspitzen abzubauen. Dazu gehört neben dem Schieben zum Beispiel das zeitliche Strecken, Splitten oder Streichen von Vorgängen. *Varianten zum Abbau von Kapazitätsspitzen*

Eine ähnliche Darstellung wie in Bild C6-3 kann man auch für den Fall konstruieren, dass gleichzeitig mehrere Projekte laufen, die dieselben Einsatzmittel erfordern. Bild C6-4 zeigt eine derartige Kapazitätsplanung über mehrere Vorhaben. Dabei wurden die kleineren Projekte nicht in Vorgänge unterteilt. *Parallele Projekte*

2.2 Häufige Fehler

Im ersten, stark vereinfachten Beispiel wurde nicht die gesamte verfügbare Arbeitszeit eines Konstrukteurs für das Projekt verplant, sondern nur 80 Prozent. Im zweiten Beispiel haben die Planer die Tatsache berücksichtigt, dass Mitarbeiter häufig zusätzlich projektunabhängige Arbeiten ausführen müssen: Sie zogen eine Grundlast und einen weiteren Zeitanteil für sonstige Arbeiten ab. Das bedeutet: Man kann nicht pauschal unterstellen, dass Mitarbeiter 100 Prozent ihrer Arbeitszeit für ein bestimmtes Projekt aufwenden können.

Falsch eingeschätzte Verfügbarkeit

Oft werden Teammitglieder auch vollständig für neue Projekte eingeplant, obwohl sie noch mit anderen Vorhaben befasst sind. Diese gelten zwar offiziell als abgeschlossen, binden aber dennoch Kapazität – zum Beispiel für die Erstellung der restlichen Dokumentation oder für Mängelbehebung.

Ein weiterer Fehler kommt vor allem im Forschungs- und Entwicklungsbereich häufig vor: Da die Entwicklungsleiter die Auslastung durch laufende und zugesagte Projekte zu wenig kennen, bürden sie der ohnehin schon überarbeiteten Mannschaft bei mehr oder weniger konstanter Mitarbeiterzahl weitere Vorhaben auf. Die Folge: Die durchschnittlichen Durchlaufzeiten der Projekte verlängern sich immer mehr.

KALENDERWOCHEN	1	2	3	4	5	6	7	8	9	10	11	12	13	14
Vorgang bzw. Projekt														
Projekt 1														
Vorgang 11	12	12	12	12	12	12								
Vorgang 12			3	3	3	5								
Vorgang 13							17	17	17	17	17	13	13	13
Vorgang 14										4	4	4	4	4
Vorgang 15														
Vorgang 16							5	5	5					
Vorgang 17				7	7	7								
Projekt 2														
Vorgang 21	8	8	8	8										
Vorgang 22		15	15	7	7									
Vorgang 23						6	6	6	6					
Vorgang 24						4	4	4	4					
Vorgang 25		16	16	16	16									
Projekt 3	250	250	250	250	250	250	250	250	250	250	250	250	250	250
Projekt 4	230	211	195	177	55	86	118	138	143	167	199	214	216	235
Stundenbedarf Projekte	500	512	499	480	350	370	400	420	425	438	470	481	483	502
Grundlast	60	60	60	60	60	60	60	60	60	60	60	60	60	60
Sonstige, nicht projektbezogene Arbeiten	45	45	45	45	45	45	45	45	45	45	45	45	45	45
Bedarf an Stunden	605	617	604	585	455	475	505	525	530	543	575	586	543	607
Vorrat	590	590	590	570	570	570	500	500	500	500	500	510	510	510
Über- bzw. Unterdeckung	-15	-27	-14	-34	115	95	-5	-25	-30	-43	-75	-76	-33	-97

Bild C6-4 Einsatzmittelplanung für mehrere Projekte (Beispiel)

2.3 Netzplantechnik

Die Netzplantechnik bietet zumindest in der Theorie eine elegante Möglichkeit, Ablauf- und Terminpläne zu ermitteln, die mit der verfügbaren Kapazität realisiert werden können. Die meisten am Markt
erhältlichen Programme für Projektplanung und -überwachung erlauben die Einsatzmittelplanung auf
Vorgangsebene. In der Praxis ist das aber meist nur mit hohem Aufwand machbar. Scheuring, einer der
besten Kenner der Probleme bei der Ressourcenplanung, meint dazu: „ (…) die Anbieter von Projekt-
management-Tools locken den Kunden mit Werbebotschaften, die integrale Ressourcenplanung vom
Groben bis ins Detail verheißen und damit in das Reich der Märchen gehören." [18] Er warnt mit Recht
vor einem zu hohen Detaillierungsgrad der Planung: „Eine Ressourcenplanung auf Vorgangsebene
ist für die meisten Einsatzsituationen zu verwerfen." [19]

Aufwand in der Praxis

2.3.1 Alternativen

Da eine Einsatzmittelplanung aber unumgänglich ist, sind weniger detaillierte Alternativen notwendig. Scheuring [20] empfiehlt eine gröbere Variante des Ressourcenplans, und zwar für einzelne Projektphasen. Bild C6-5 zeigt einen solchen Ansatz. Der Einsatzmittelplan kann auch noch gröber sein,
wie Bild C6-6 zeigt.

Gröbere Planung

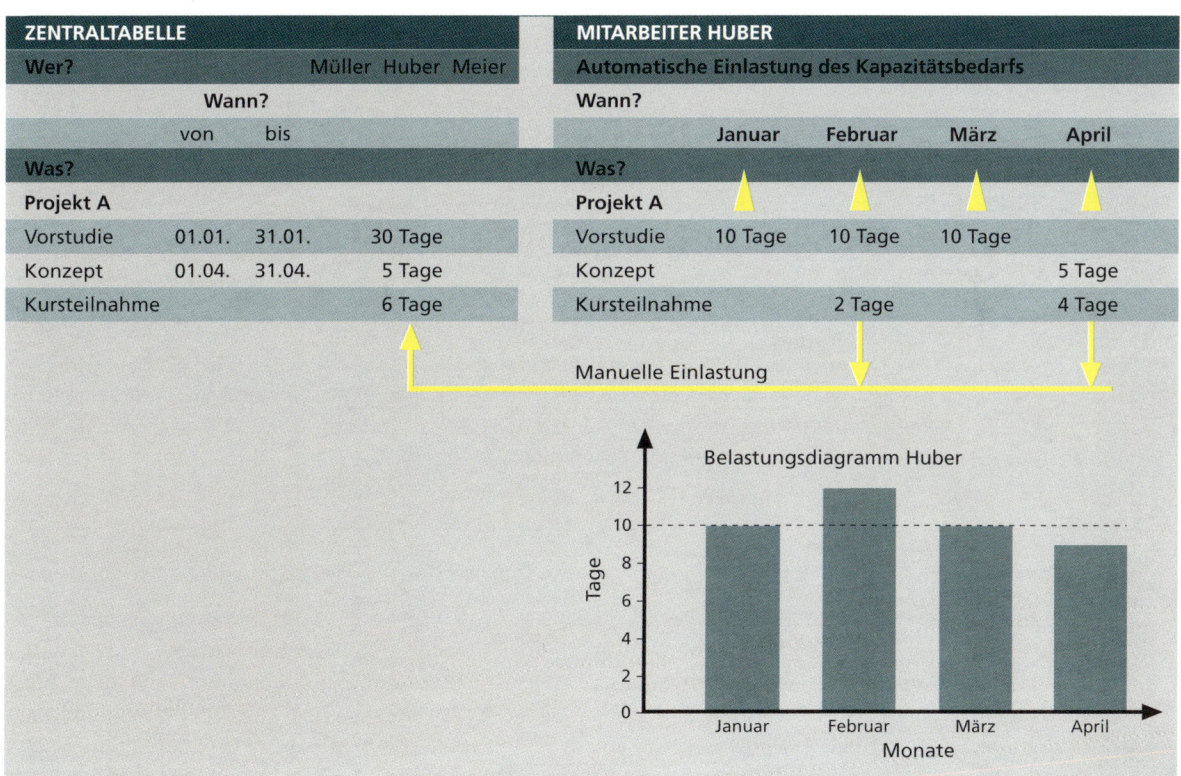

Bild C6-5 Einsatzmittelplan über Monate

221

Projekte	1. QUARTAL				2. QUARTAL			
	Labor 1	Labor 2	Labor 3	Konstruktionsbüro 1	Labor 1	Labor 2	Labor 3	Labor 4
	KP	KP	KP	KP	KP	KP	KP	KP
Projekt 1	1	2	1	1,5				
Projekt 2	1	0	0	0				
Projekt 3	0,5	1,5	3	2				
Projekt 4	3	3	2	0				
Projekt 5	0	4	1	1				
...	...	...	...	...	...	...	...	...
Projekt n	0	1	0	1				
Summe laufender Projekte	5,5							
Grundlast	1							
KP-Personalbedarf								
Verfügbar	6							
Überschuss bzw. Defizit	0,5	usw.	usw.					

Alle Angaben in KP = Mitarbeiter, die auf die Projekte kontieren

Bild C6-6 Einsatzmittelplanung mit Vierteljahresraster

Die Personaleinsatzplanung wird in diesem Fall in größeren Zeitabständen regelmäßig revidiert. Dadurch hält sich der Planungsaufwand in Grenzen. Allerdings sind durch das grobe Vierteljahresraster nur große Kapazitätslücken sichtbar. Außerdem werden Qualifikationsunterschiede bei den Mitarbeitern einer Organisationseinheit nicht berücksichtigt.

2.4 Qualifikationsorientierte Einsatzmittelplanung

Verfügbarkeit von Spezialisten

Die bisher beschriebene Einsatzmittelplanung ist rein quantitativ ausgelegt. Für die eingeplanten Mitarbeiter wird unterstellt, dass sie gegeneinander austauschbar sind und ungefähr die gleiche Produktivität aufweisen. Dies ist aber in vielen Projekten keineswegs der Fall. Besonders in Softwareprojekten wurden enorme Produktivitätsunterschiede zwischen den einzelnen Programmierern gemessen. Deshalb müssen die Planer in solchen Fällen die zeitliche Beanspruchung und die Verfügbarkeit von Spezialisten gesondert betrachten.

2.5 Rollen

Matrixorganisation

Reine/Einfluss-Projektorganisation

Der Projektleiter muss den Aufwand für sein Projekt vorab einschätzen und die entsprechenden Ressourcen von der Linie anfordern. In der Matrixorganisation (→ Kapitel A6) müssen Linienvorgesetzte und Projektleiter gemeinsam an der Ressourcenplanung mitwirken, die Führung liegt jedoch beim Linienvorgesetzten. In der reinen (= autonomen) Projektorganisation und der Stabs-/Einflussprojektorganisation ist dieses ausgeprägte Zusammenspiel der verschiedenen Rollenträger nicht notwendig. Die Verantwortung liegt in der reinen Projektorganisation beim Projektleiter, in der Stabs-/Einflussprojektorganisation dagegen ausschließlich beim Linienvorgesetzten. Nur der Linienvorgesetzte kann einschätzen, wie seine Mitarbeiter durch die einzelnen Projekte und andere Routineaufgaben ausgelastet sind.

2.6 Widerstände gegen projektbezogene Einsatzmittelplanung

Die Einsatzmittelplanung stößt häufig auf Widerstände: Linienvorgesetzte haben Angst, dass die Auslastung ihrer Abteilung transparent wird, und fürchten eine stärkere Kontrolle. Auch Betriebsräte sind mit der Einplanung von Mitarbeitern oft nicht einverstanden. Übertriebene Anforderungen an den Detaillierungsgrad der Planung verstärken die Ablehnung.

3 Projektlogistik

Bei der Planung des Einsatzmittelbedarfs wurde zunächst nur auf die wichtigste Ressource, die menschliche Arbeitskraft, eingegangen. In vielen Projekten, etwa in der Softwareentwicklung und bei Organisationsvorhaben, machen die Kosten der menschlichen Arbeit auch weitaus den größten Anteil an den gesamten Projektkosten aus.

Bei Investitionsprojekten in der Bauwirtschaft und im Industrieanlagenbau sind aber für die Erstellung der Leistung auch zahlreiche Sachgüter erforderlich. Beispiele dafür sind Betriebsmittel wie etwa alle Arten von Baumaschinen, vorgefertigte Komponenten, die auf der Baustelle zum Gesamtsystem montiert werden müssen, zahlreiche einzelne Bauteile und Baugruppen sowie Roh-, Hilfs- und Betriebsstoffe. Derartige Einsatzmittel muss die Projektleitung bei Großprojekten häufig von zahlreichen Subunternehmern und Lieferanten entsprechend dem Projektfortschritt abrufen – und zwar von den verschiedenen Produktions- und Lagerstandorten. An dieser Stelle spielen die spezifischen Aspekte der Projektlogistik eine entscheidende Rolle (ICB-Element 27). Vor allem vertragsrechtliche Gesichtspunkte der Beschaffung (→ Kapitel A4), die Ermittlung und Auswahl der Bezugsquellen und die Frage „Make or buy" (= Entscheidung zwischen Eigenerzeugung und Fremdbezug) sind für den Projektleiter von Bedeutung.

Sachgüter

Aufgabe der Projektlogistik ist es nach Schwarze [21], die für die Projektdurchführung notwendigen Sachgüter zum richtigen Zeitpunkt in der benötigten Menge und Qualität am richtigen Ort bereitzustellen und unter Umständen auch zu entsorgen.

Die DIN 69 904 versteht unter Projektlogistik etwas allgemeiner die „physische Gewährleistung der Versorgung der Realisierungsprozesse mit den zugeteilten Einsatzmitteln". Umfassende logistische Informationssysteme und die Telekommunikation helfen dabei, den Weg der transportierten Güter vom Entstehungs- bis zum Lager- und Einsatzort zu verfolgen.

Im Unterschied zur Beschaffung von Sachgütern bei Serien- und Massenfertigung ergeben sich bei Projekten mit Baustellenfertigung zusätzliche Probleme:

Probleme bei Baustellenfertigung

- Der Standort, an dem das jeweilige Projekt durchgeführt wird, wechselt ständig. Das bedeutet, dass Logistiknetzwerke immer wieder neu aufgebaut werden müssen und im Gegensatz zu permanenten Netzwerken nur für die Dauer des Vorhabens bestehen. Diese Aufgabe übernehmen heute häufig Spediteure, die darauf spezialisiert sind [22].
- Vor allem Länder der Dritten Welt haben häufig eine schlechte Verkehrsinfrastruktur und erschweren die Einfuhr von Sachgütern durch bürokratische Hemmnisse (z.B. restriktive Zollformalitäten).

3.1 Projektlogistik und Netzplantechnik [23]

Die Projektleitung steht in der Regel vor einem Problem: Einerseits dürfen die Güter nicht zu früh am Produktionsort sein, weil damit unnötige, teure Lagerzeiten entstehen. Andererseits dürfen aber keine Versorgungsengpässe und damit Projektverzögerungen durch zu späte Lieferungen riskiert werden. Deshalb müssen die Termine sorgfältig geplant werden, zu denen die Einsatzmittel abgerufen und zum Transport gegeben werden sowie am Standort verfügbar sein müssen. Die Projektablauf- und -zeitplanung mithilfe der Netzplantechnik (→ Kapitel C5) ist dafür das geeignete Mittel. Mit ihr lassen sich unter anderem

Nutzen der Netzplantechnik

- die Aktivitäten der verschiedenen Zulieferer koordinieren und mit den Erfordernissen des Projekts in Einklang bringen,
- Pufferzeiten für die oft zeitkritischen Transportvorgänge ermitteln,
- alternative Transportmöglichkeiten mit ihren Auswirkungen auf das Vorhaben simulieren und
- analysieren, wie bereits eingetretene oder erwartete Terminüberschreitungen wieder aufgeholt werden können.

4 Projektbegleitende Kostenverfolgung

Schon bald nach der Entwicklung der Terminplanungsmethoden der Netzplantechnik ergab sich fast zwangsläufig der Gedanke, Kostenplanung und -kontrolle von Projekten mit der Netzplantechnik zu verbinden. Auf die Vorgänge oder Gruppen von Vorgängen, deren Termine nach den Regeln der Netzplantechnik errechnet wurden, projizierte man – ähnlich wie bei der Einsatzmittelplanung – Kostenplanwerte. Diese wurden dann nach unterschiedlichen Verfahren über die Zeitdauer des Vorgangs verteilt.

Kostenplanwerte

Lineare Verteilung über Dauer

Die einfachste Möglichkeit der Kostenverfolgung ist, die Kosten linear über die Dauer eines Vorgangs oder einer Vorgangsgruppe (Arbeitspakete) zu verteilen. Die Kostensummenkurven über der Zeitachse werden über die verschiedenen Ebenen des Projektstrukturplans von unten nach oben summiert. Auf der Stufe der höchsten Verdichtung, der Projektebene, ergibt sich damit die Kurve des geplanten Projektkostenverlaufs über der Kalenderzeitachse. Genau genommen erhalten die Planer zwei Kostenkurven (= Kostensummenlinien): eine für den frühestmöglichen Startzeitpunkt jedes Vorgangs und eine zweite für den jeweils spätesten zulässigen Startzeitpunkt. Bild C6-7 [24] zeigt die Verdichtung von den unteren Ebenen des Projektstrukturplans bis hinauf zur Projektebene.

Kostensummenlinie

Soll-Ist-Vergleich

Im Verlauf des Projekts werden außerdem für die einzelnen Arbeitspakete die tatsächlichen Kosten erfasst und den geplanten Kosten in einem Soll-Ist-Vergleich gegenübergestellt. Dies kann zum Beispiel in einem Monatsraster geschehen.

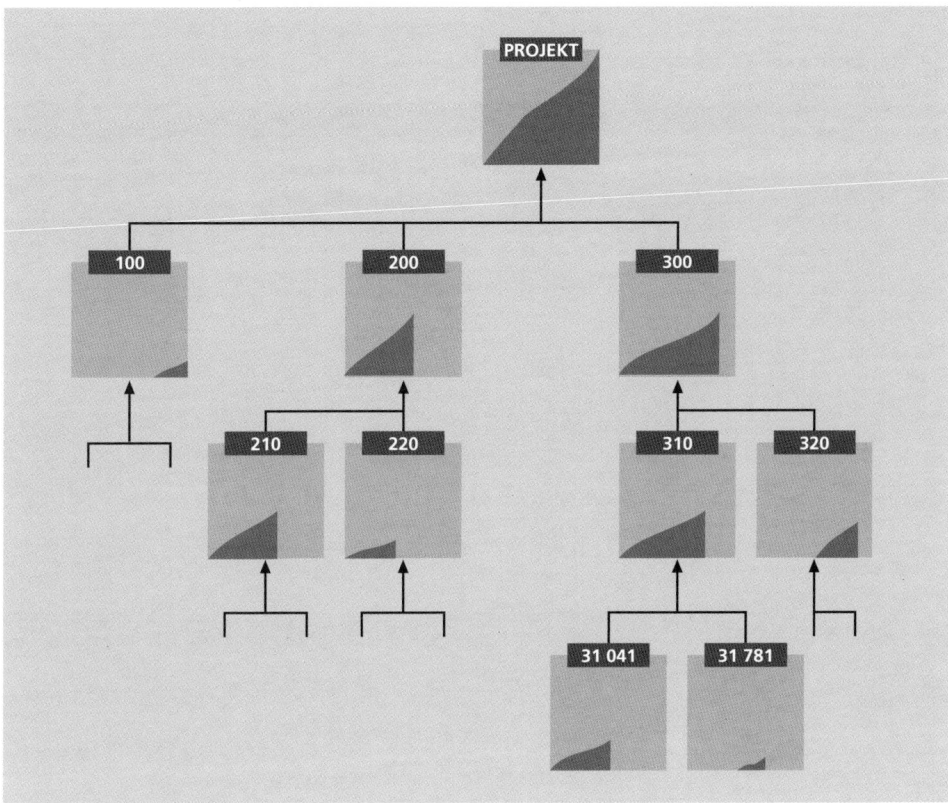

Bild C6-7 Verdichtung von Kostenverläufen über die Elemente des Projektstrukturplans

4.1 Varianten

Zu der geschilderten Methodik der Kostenplanung und der projektbegleitenden Kostenverfolgung entwickelten sich in der Praxis nach und nach Varianten [25]. Drei Grundformen lassen sich herausarbeiten. Sie sind unterschiedlich kompliziert. Außerdem verursachen Implementierung und Nutzung mehr oder weniger hohen Aufwand. Gemeinsam ist allen Varianten: Sie können sowohl auf Projektebene als auch auf der Ebene der Teilaufgaben, der Arbeitspakete oder der Netzplanvorgänge betrieben werden. Außerdem erfordern sie alle eine zeitnahe Kontierung – also die Erfassung der tatsächlichen Kosten für die Elemente des Projektstrukturplans, die die Kosten verursacht haben.

Gemeinsamkeiten

Variante 1: Basisvariante
Dies ist die einfachste Variante der Kostenverfolgung. Sie erfasst nur die tatsächlich angefallenen Ist-Kosten der Ist-Leistung (Kosten, die für die bis zum Stichtag erbrachte Leistung tatsächlich angefallen sind). Ein Vergleich mit den geplanten Kosten der Teilaufgabe, des Arbeitspakets oder des Projekts ist wenig aufschlussreich, da er nur Informationen über das verbleibende Restbudget gibt. Ergänzt wird der periodische Ausweis der Ist-Kosten allerdings durch regelmäßige Restkostenschätzungen (Cost to Complete), die eine Frühwarnfunktion erfüllen. Der aktuelle Kostenstatus ergibt zusammen mit der Restkostenschätzung die Cost at Completion. Das ist die Prognose der Kosten, die bis zum Projektende voraussichtlich anfallen werden.

Restkostenschätzung

Diese Variante findet sich zum Beispiel bei Softwareprojekten [26]. Bild C6-8 stellt eine solche Auswertung aus der Softwareentwicklung dar. Sie enthält Kostendaten für die Projektebene. In der Darstellung sind nur die Restkostenschätzungen, nicht aber die Cost at Completion ausgewiesen.

F&E-KOSTENBERICHT – GESAMTÜBERSICHT

Bereich: ORG Z Geschäftsjahr: XY Berichtszeitraum: Februar

Projekte	Bisherige Kosten	Cost to Complete	Laufendes Geschäftsjahr		
			Ist	Plan	Ist vom Plan
	Ende Februar XY	März XY bis Planende			
Projekt A	14.381,1	13.330,1	1.435,0	2.643,0	54,9 %
Projekt B	1.425,3	4.627,0	3.740,0	4.627,0	75,0 %
Projekt C	20.074,2	1.498,2	586,0	1.498,2	39,1 %
Projekt D	5.591,8	2.546,1	735,0	1.577,1	48,8 %
Projekt E	80,0	0,0	0,0	0,0	0,0 %
Projekt F	8.842,2	20.419,8	2.190,5	6.033,2	36,3 %
Projekt G	637,0	256,0	245,0	92,0	266,3 %
Projekt H	1.671,4	0,0	550,0	0,0	
Projekt I	42.468,9	44.266,1	4.498,5	12.341,9	36,4 %
Projekt K	3.063,0	153,0	0,0	40,0	0,0 %
Gesamt	98.234,9	87.096,3	13.710,0	28.825,4	47,5 %

Ermittelt werden nur die Ist-Kosten und die geschätzten Restkosten.
Alle Angaben in tausend Euro

Bild C6-8 Beispiel für Variante 1 aus der Softwareentwicklung (Auswertung auf Projektebene)

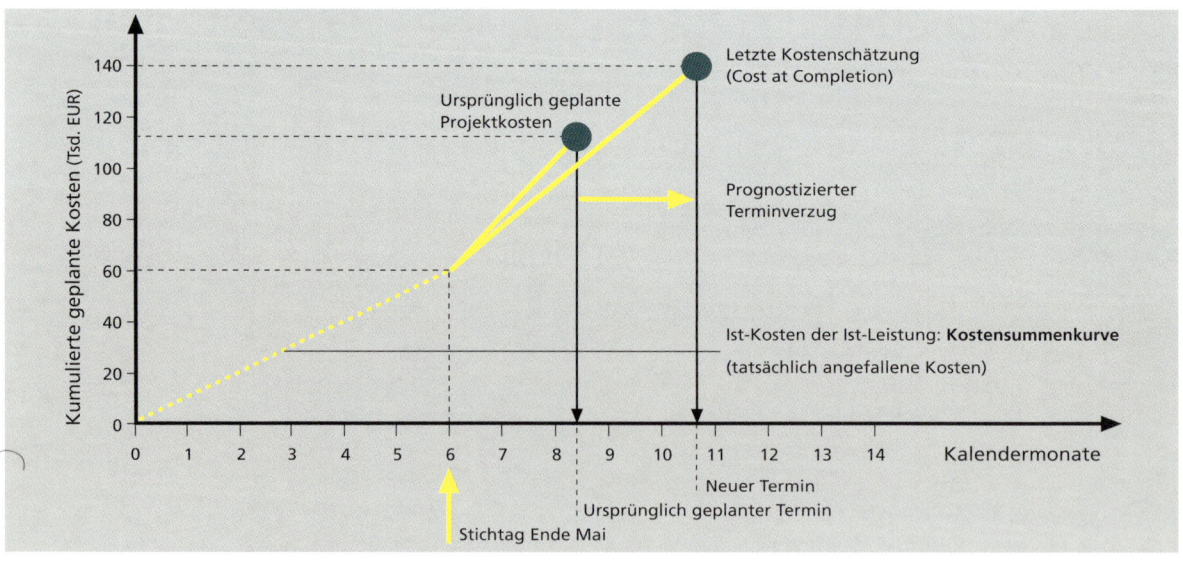

Bild C6-9 Prinzipdarstellung von Variante 1

In differenzierter Weise betreiben auch Unternehmen aus dem Anlagenbau Variante 1 [27]. Erfasst werden unter anderem auch die disponierten Kosten. Dabei handelt es sich um Verfügungen über das Projektbudget. Dies können zum Beispiel Bestellungen oder interne Aufträge an die Fertigung sein, die sich noch nicht in Rechnungen oder internen Kostenbelastungen niedergeschlagen haben.

Variante 2: Abgespeckte De-Luxe-Version

Bei dieser Variante werden – zusätzlich zu einer regelmäßigen Restkostenschätzung – die Ist-Kosten der Ist-Leistung den Soll-Kosten der Ist-Leistung („Was hätte die tatsächlich zum Stichtag erbrachte Leistung nach Plan kosten dürfen?") gegenübergestellt. Für die Soll-Kosten der Ist-Leistung finden sich in der Literatur unterschiedliche Begriffe, die synonym gebraucht werden: *Soll-Kosten der Ist-Leistung*

- Earned value
- Value of work performed
- Budgeted Cost of Work Performed (BCWP)
- Ist-Fertigstellungswert

Die Abweichung der Soll-Kosten der Ist-Leistung von den Ist-Kosten der Ist-Leistung wird auch Effizienzabweichung genannt. Sie kann nur errechnet werden, wenn sich für das Projekt als Ganzes, die Teilaufgabe oder das Arbeitspaket der Fertigstellungsgrad in Prozent angeben lässt (→ Kapitel C9). Der Wert für die Effizienzabweichung ist umso vertrauenswürdiger, je zuverlässiger der Wert für den Arbeitsfortschritt ist. *Effizienzabweichung*

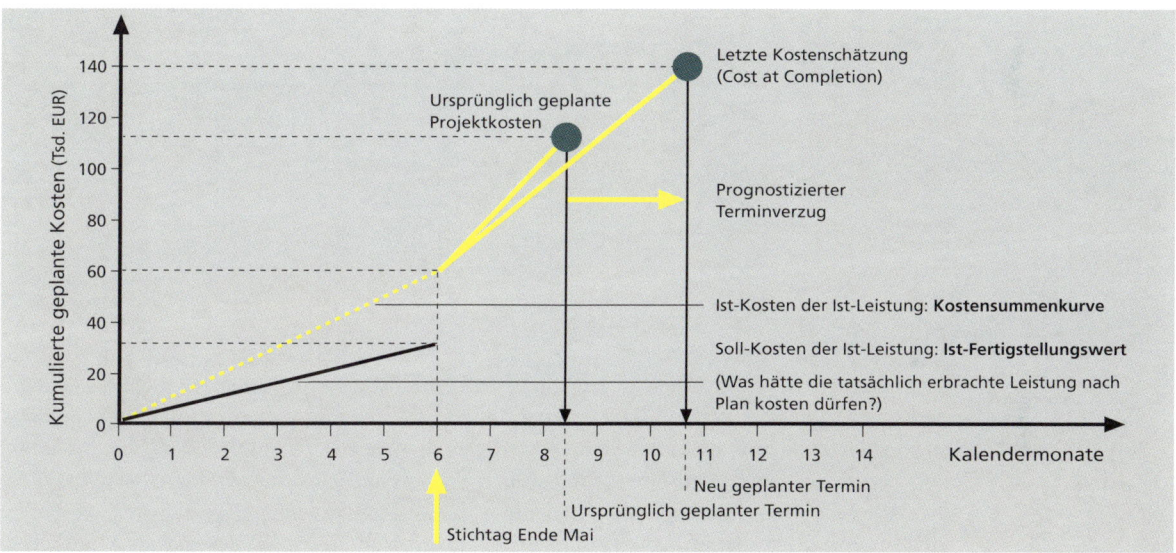

Bild C6-10 Prinzipdarstellung von Variante 2

Variante 3: De-Luxe-Version

Variante 3, die meist nur für sehr große und kostenintensive Projekte verwendet wird, ist die komplizierteste Form der Kostenverfolgung. Ermittelt werden neben den geschätzten Restkosten die Soll-Kosten der Soll-Leistung („Welche Kosten hätten für die geplante Leistung bis zum Stichtag anfallen dürfen?"), die Ist-Kosten der Ist-Leistung und der Ist-Fertigstellungswert. Die Differenz zwischen den Soll-Kosten der Soll-Leistung und den Soll-Kosten der Ist-Leistung ergibt die Leistungsabweichung. Sie zeigt, in Kosten ausgedrückt, wie weit das Projekt hinter der ursprünglichen Planung zurückliegt. Nimmt man diese zusätzliche Kostenkategorie hinzu, so müssen die Kosten entsprechend der Planung über die Zeitachse verteilt werden (→ Bild C6-11). *Kostenintensive Projekte*

227

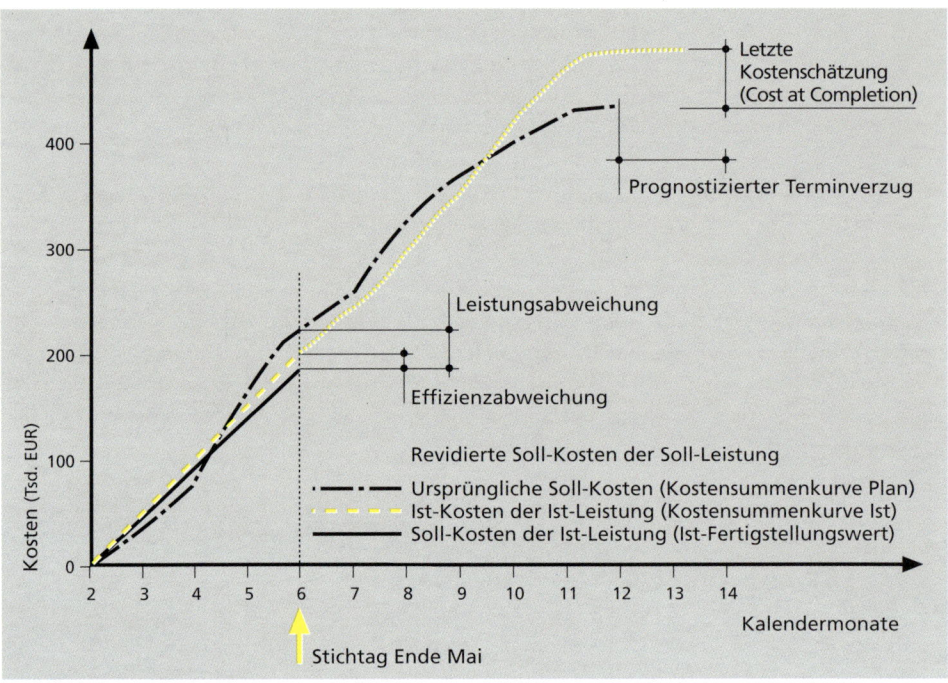

Bild C6-11 Prinzipdarstellung von Variante 3

4.1.1 Auswahl der geeigneten Variante

Bei Version 1 ist der Aufwand für Planung und Datenerfassung am geringsten, bei Version 3 am höchsten. Die Herstellung des Zeitbezugs der Kosten (= Kostensummenkurve Plan) bringt allerdings einen erheblichen Informationsgewinn. Dies ist besonders bedeutsam, wenn aus der Kostenplanung

Finanzmittelplanung die Finanzmittelplanung des Auftragnehmers und des Auftraggebers abgeleitet wird. Ist die zeitliche Verteilung der Kosten bekannt, lässt sich daraus ermitteln, welche zahlungswirksamen Kosten wann anfallen. Fraglich ist aber, ob die Ermittlung des Ist-Fertigstellungswerts wirklich immer einen Erkenntnisgewinn mit sich bringt.

Kleinere Vorhaben Für kleinere Vorhaben mit geringer Laufzeit dürfte Variante 1 genügen – vor allem dann, wenn die Kostenüberwachung auf die Ebene der Arbeitspakete hinunter reicht. Diese Variante sollte aber nicht noch weiter vereinfacht werden, indem man auf die regelmäßige Restkostenschätzung verzichtet.

4.2 Neuere Entwicklungen

In den vergangenen Jahren gab es in der Projektkostenplanung und -überwachung einige interessante Entwicklungen. Dazu zählen vor allem
- die Zielkostenrechnung (= Target Costing),
- die Prozesskostenrechnung und
- der integrative Ansatz.

4.2.1 Zielkostenrechnung

Bei der Zielkostenrechnung werden die Kosten eines Systems nicht auf Grundlage des Pflichtenhefts und des Projektstrukturplans kalkuliert. Stattdessen fragt man: „Was darf das Produkt kosten?" Hauptanliegen des Target Costing sind nach Seidenschwarz [28] das marktorientierte Kostenmanagement und die Steuerung der Produktkosten in den frühen Entwicklungsphasen. Diese Zielsetzung berücksichtigt, dass die Chancen, die Produktkosten zu beeinflussen, in den frühen konzeptionellen Phasen des Produktentstehungsprozesses am größten sind.

Einsatz in frühen Projektphasen

Nach Angaben des Bundesministeriums der Verteidigung [29] beispielsweise sind bei militärischen Systemen schon durch das Entwicklungskonzept rund 85 Prozent der Kosten (Entwicklungs-, Fertigungs- und spätere Wartungs- und Betriebskosten) festgelegt, sobald die Pläne für die Fertigung eines Prototypen vorliegen. Das ist ein Zeitpunkt im Projekt, zu dem noch kein materielles Produkt existiert.

4.2.2 Prozesskostenrechnung

Auf den ersten Blick erscheint die Prozesskostenrechnung für die Leistungserstellung mit Projektcharakter nicht geeignet zu sein, da sie vor allem für repetitive (sich wiederholende) Tätigkeiten entwickelt wurde. Sie ist aber auch bei Projekten von Nutzen. Diese Art der Kostenrechnung kann wertvolle Informationen liefern, wenn sich die grundsätzliche Frage stellt, ob eine Produktvariante für einen Kunden oder ein Marktsegment entwickelt werden soll. Denn sie berücksichtigt im Gegensatz zur traditionellen Zuschlagskalkulation, dass Produkte, die wegen ihrer höheren Komplexität betriebliche Funktionen (z.B. Materialdisposition, Fertigungssteuerung und Qualitätsmanagement) und das Projektmanagement besonders beanspruchen, mit höheren Kosten belastet werden als weniger komplexe Produkte.

Repetitive Tätigkeiten

Unternehmen führen auf Wunsch des Kunden oder des Vertriebs Projekte zur Entwicklung und Fertigung von Produktvarianten durch. Mithilfe der Prozesskostenrechnung stellen sie nach Projektabschluss fest, ob diese Sonderaufträge den erhofften Gewinn erbrachten und ob sie mit den richtigen Gemeinkostenzuschlägen belastet wurden. Gemeinkosten sind Kosten, die einem Produkt im Gegensatz zu den Einzelkosten nicht direkt, sondern nur per Schlüsselung zugeordnet werden können.

Entwicklung von Produktvarianten

Gemeinkosten

4.2.3 Integrativer Ansatz

Der integrative Ansatz von Lachnit, Ammann und Becker [30] verknüpft die auf die Projektlaufzeit bezogene Planung und Kontrolle von Projekten und die auf Kalenderjahre und -monate bezogene Erfolgs-, Bilanz- und Finanzplanung miteinander. Die Daten aus dem Projektcontrolling werden so aufbereitet, dass ihre Auswirkungen auf das Betriebsergebnis sichtbar und Aussagen über die Auswirkungen der Projekte auf Ein- und Auszahlungsströme möglich werden.

Fragen zur Selbsteinschätzung gemäß Zertifikatslevel

Nr.	Frage	Level				Selbsteinschätzung
		D	C	B	A	
C6.1	Welche Rolle spielt ein PSP bei der Kostenschätzung?	2	3	3	4	☐
C6.2	Wie kann eine Kostenschätzung vorgenommen werden?	2	3	3	4	☐
C6.3	Von wem und wie werden die Einsatzmittel für das Projekt eingeplant?	2	3	3	4	☐
C6.4	Wie können die Projektkosten verfolgt werden?	2	3	3	4	☐
C6.5	Wie können Kostenprognosen erstellt werden?	2	2	3	4	☐
C6.6	Wie kann eine Frühwarnfunktion in der projektbegleitenden Kostenverfolgung implementiert werden?	1	2	2	4	☐
C6.7	Welche Methoden der Planung und Überwachung von Projektkosten können im Unternehmen eingesetzt werden?	1	1	1	4	☐
C6.8	Welche Aufgabe hat ein Project Office bezüglich Projektkosten?	1	1	1	4	☐
C6.9	Was ist das Ergebnis einer Schätzklausur und wer nimmt daran teil?	1	2	3	4	☐
C6.10	Welche Vor- bzw. Nachteile hat eine Projektkostendatenbank?	1	2	2	4	☐
C6.11	Welche Fehler treten bei der Einsatzmittelplanung am häufigsten auf?	2	2	2	2	☐
C6.12	Warum spielen Qualifikationen und Rollen bei der Einsatzmittelplanung eine Rolle?	2	2	3	4	☐
C6.13	Warum ist der Einsatz der Methode Cost to Complete sinnvoll?	2	3	3	4	☐
C6.14	Welche neue Entwicklung in der Projektkostenplanung gibt es?	1	2	2	4	☐

Das reibungslose Zusammenspiel der drei Projektmanagement-Elemente Konfigurations-, Dokumenten- und Änderungsmanagement (ICB-Elemente 17, 21) ist Voraussetzung für ein effektives Projektcontrolling. In diesem Kapitel werden die einzelnen Prozessschritte des Konfigurationsmanagements von der Konfigurationsidentifizierung bis hin zur -auditierung beschrieben. Zentrale Themen sind überdies die Anforderungen an eine systematische Dokumentation sowie die Bedeutung und die richtige Vorgehensweise beim Änderungsmanagement, das für die Überwachung und Steuerung von Änderungen verantwortlich ist.

1 Änderungs- und Veränderungsmanagement

Zwei Begriffe sind klar voneinander abzugrenzen: Änderungsmanagement (= Change Control) und Veränderungsmanagement (= Management of Change). Änderungsmanagement bezieht sich auf das Projekt beziehungsweise Produkt, wie es im vorliegenden Kapitel thematisiert wird, Veränderungsmanagement dagegen auf Änderungen im Projektumfeld (→ Kapitel A3, F1). Im deutschen Sprachgebrauch wird Change Management häufig als Schlagwort für beide Themenbereiche benutzt. Dies kann zu einer falschen Interpretation führen.

Produkt

Projektumfeld

2 Bedeutung

Anfang der 1950er Jahre fanden im militärischen Umfeld der USA vermehrt kostspielige Versuche mit Flugkörpern statt. Die Systeme wurden in den verschiedensten Konfigurationen gebaut. Durch Tests sollten die besten identifiziert werden. Doch von rund 1.000 abgeschossenen Flugkörpern mit unterschiedlichen Einstellungen explodierten viele schon beim Start oder in der Luft, einige wenige im Ziel. Im Nachhinein konnte nicht mehr festgestellt werden, wie sich die tauglichen von den weniger tauglichen unterschieden. Die Aufzeichnungen waren mangelhaft und ließen keine Rückschlüsse auf die Zusammensetzung der Flugkörper zu. Gerade kleine Änderungen – die oft erhebliche Auswirkungen hatten – waren nicht dokumentiert. Daher gab es auch keine Möglichkeit, die Ursachen für erfolgreiche Tests nachzuvollziehen und die Ergebnisse zu reproduzieren. Aus diesen Erfahrungen zogen die Verantwortlichen Konsequenzen: Änderungen an militärischen Erzeugnissen durften ab diesem Zeitpunkt nur noch durchgeführt werden, wenn auch die zugehörigen Dokumente entsprechend geändert wurden [1].

Diese Panne wird gern als die Geburt des Konfigurationsmanagements angesehen (Konfiguration = Gestalt).

Bis ein Produkt in die Serienfertigung gehen kann, die verschiedenen Alternativen für ein neues IT-System entwickelt sind oder Verträglichkeitstests für ein Medikament dessen Wirksamkeit nachgewiesen haben, sind umfangreiche Abstimmungen notwendig. Dies umso mehr, je mehr unterschiedliche Teams orts- und zeitverschieden zusammenarbeiten. Um den Status nach funktionellen Veränderungen sowie ihre Ursachen in Beziehung zur Referenzkonfiguration (= Erstprodukt, das mit technischen Daten und Funktionsdaten beschrieben ist) setzen zu können, vollziehen Entwickler mit einer begleitenden Dokumentation die Daten und Fakten des zu entwickelnden Produkts nach. Bei dieser „Mit-Dokumentation" müssen die in den einzelnen, sich häufig überlagernden Entwicklungs-

Referenz-konfiguration

schritten erreichten Teilergebnisse mit den ursprünglich festgelegten Zielvorgaben verglichen werden. Weichen sie von der Referenzkonfiguration ab, bleiben zwei Optionen:

1. Das Ziel wird zu Gunsten einer anderen Lösung verändert.
2. Das Budget muss erhöht und/oder die Fertigstellungstermine verschoben werden, damit das vorgegebene Ziel weiterhin erreichbar bleibt.

3 Zusammenspiel der Elemente

Projektcontrolling

Ein effektives Projektcontrolling (Termine, Kosten, Leistung) ist nur auf Basis eines funktionierenden Konfigurations-, Dokumenten- und Änderungsmanagements möglich. Diese drei Projektmanagement-Elemente können erst im Verbund ihre volle Wirkung entfalten. Bild C7-1 stellt diesen Zusammenhang dar.

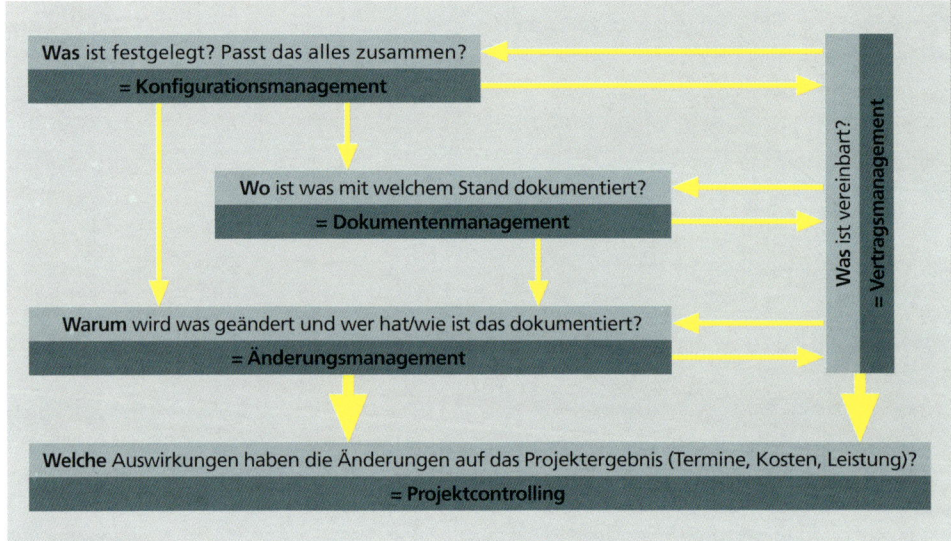

Bild C7-1 Zusammenspiel von Konfigurations-, Dokumenten- und Änderungsmanagement

Anhand der Entwicklung von Verbrennungsmotoren lässt sich dieses Zusammenspiel ebenfalls verdeutlichen. Weil sie sehr aufwändig ist, bauen verschiedene Fahrzeughersteller den gleichen von einem Hersteller entwickelten Motor in ihre unterschiedlichen Karosserien ein. Damit spart jeder von ihnen einen beachtlichen Anteil der Entwicklungskosten, die andernfalls angefallen wären, ein. Die Befestigungen und Versorgungsanschlüsse der einzelnen Fahrzeugtypen richten sich dabei aber aus-

Datenaustausch

schließlich nach deren jeweiligem Karosseriedesign. Folglich müssen zuerst Daten (z.B. Abmessungen des Motorraums) und Fakten (z.B. Formen der Anschlüsse) als bildliche Darstellungen unter den Fahrzeugherstellern ausgetauscht und abgestimmt werden. Dies zu koordinieren ist eine Aufgabe des Konfigurationsmanagements.

Informationsträger

Die Informationsträger, auf denen diesen Daten und Fakten verfügbar gemacht werden, sind in der Regel Dokumente – ob auf Papier oder als Datei. Ab einer bestimmten Anzahl von Projektdokumenten ist für diese eine eigene Verwaltung erforderlich, das Dokumentenmanagement.

Änderungsbedarf entsteht im Lauf des Projektfortschritts zwangsläufig, wenn erreichte Teilergebnisse als unbefriedigend angesehen und deshalb abgelehnt werden. Das ist bei der Motorenentwicklung beispielsweise der Fall, wenn der Anschluss der Kraftstoffversorgung am Motorblock nicht zum Leitungsanschluss des Kraftstofftanks passt. Diese Schnittstelle anzupassen bedeutet, Abmessungen und Formen ändern zu müssen. Dies wiederum erfordert Änderungen an Dokumenten. Die dazu notwendigen Regeln sind im Änderungsmanagement zusammengefasst.

Änderungsbedarf

Schnittstellen

In der Praxis sind folgende Begriffe gebräuchlich:
- Konfiguration   = as designed
- Änderung   = how changed
- Dokumentation = as built

Die Anwendung der Elemente Konfiguration, Dokumentation und Änderung im Projektmanagement ist zwingend notwendig, wenn an den Projekten ortsunabhängig und zeitversetzt gearbeitet werden soll.

Ortsunabhängige, zeitversetzte Projekte

4 Konfigurationsmanagement

Konfiguration ist definiert als die
- funktionellen und physischen Merkmale eines Produkts oder einer Leistung, wie sie in den zugehörigen Dokumenten beschrieben und im Produkt verwirklicht sind.
- detaillierte und vollständige Zusammenstellung und Dokumentation der Projektergebnisse sowie deren systematische Aktualisierung bei Projektänderungen [2].

Konfigurationsmanagement [3] ist eine Managementdisziplin, die über die gesamte Lebensdauer eines Erzeugnisses angewandt wird, um Transparenz und Überwachung seiner funktionellen und physischen Merkmale sicherzustellen.

Funktionelle/ physische Merkmale

Das Hauptziel des Konfigurationsmanagements besteht darin, die gegenwärtige Konfiguration eines Erzeugnisses sowie den Erfüllungsstand der physischen und funktionellen Anforderungen zu dokumentieren und diesbezüglich volle Transparenz herzustellen. Transparenz kann im Bereich der Dokumentation als die Fähigkeit bezeichnet werden, zu jeder Fragestellung in zumutbarer Zeit eine zufriedenstellende Antwort geben zu können. Allen Beteiligten sollen in jeder Lebensphase eines Projekts Informationen über das Objekt und seine Entstehung (= W-Frage Was) zur Verfügung stehen, damit einzeln erarbeitete Gestaltungen – in der allgemeinen Konstruktionslehre auch Ausprägungen genannt – vor dem physischen Zusammenfügen mit ihren Schnittstellen abprüfbar sind. Konfigurationsmanagement soll zudem sicherstellen, dass jeder Projektbeteiligte zu jeder Zeit des Erzeugnislebenslaufs die richtige Dokumentation verwendet.

Antwort auf jede Frage

Abprüfbarkeit

4.1 Aufgaben

Der Konfigurationsmanagement-Prozess umfasst folgende Tätigkeiten:
Konfigurations-
- identifizierung
- überwachung
- buchführung
- auditierung

Vorprojektphase

Die Mehrzahl aller Projekte kennt eine so genannte Papierphase (= Vorprojektphase), die der Realisierungsphase vorausgeht. In dieser frühen Phase müssen die Beteiligten Einigkeit über die Ziele und den erwarteten Nutzen des Projekts erzielen. In der Regel entstehen in diesem Zeitraum die Daten und Fakten der Referenzkonfiguration. Diese wird zum Beispiel in IT-Projekten als Baseline und im

Baseline
Scope

Anlagenbau als „Lieferungen und Leistungen" (= Scope) bezeichnet. Bis heute fehlen einheitliche und branchenübergreifende Begriffe und deren Definitionen. Doch die vorhandenen ähneln sich immerhin stark. Dieses Kapitel stützt sich schwerpunktmäßig auf die Ausführungen von Versteegen und Weischedel [1].

4.1.1 Konfigurationsidentifizierung

Aufgaben

Die Konfigurationsidentifizierung umfasst folgende Aufgaben:
- Definition der Erzeugnisstruktur und Auswahl von Konfigurationseinheiten, auch Bezugs- und Referenzkonfiguration genannt [4]
- Dokumentation der physischen und funktionellen Merkmale von Konfigurationseinheiten in eindeutig gekennzeichneten Konfigurationsdokumenten
- Aufstellen und Verwenden von Regeln zur Benummerung von Konfigurationseinheiten mit ihren Teilen sowie Zusammenstellung von Dokumenten, Schnittstellen, Änderungen und Freigaben vor, während und nach der Realisierung (z.B. Stücklistenstrukturen in der Produktionstechnik, Dokumentenkennzeichnungen)
- Einrichten von Bezugskonfigurationen durch formalisierte Vereinbarungen, die zusammen mit den genehmigten Änderungen die aktuell vereinbarte und somit gültige Konfiguration bilden

4.1.2 Konfigurationsüberwachung

Tätigkeiten

Die Konfigurationsüberwachung umfasst folgende Tätigkeiten:
- Dokumentation von Anlass und Begründung von Änderungen (z.B. Kundenwunsch, bisher nicht erkannter Konstruktionsfehler)
- Beurteilung von Änderungsauswirkungen (z.B. mit/ohne Folgeänderungen)
- Genehmigung oder Ablehnung von Änderungen (mit Begründung, z.B. Nutzenerhöhung oder Kosten der Folgeänderungen höher als der errechnete Nutzen)
- Bearbeitung von Sonderfreigaben vor oder nach der Realisierung (z.B. Zusatzleistungen, deren Notwendigkeit erst bei den ersten Tests erkannt wird)

An dieser Stelle überlappen sich Konfigurationsüberwachung und Änderungsmanagement. Die Konfigurationsüberwachung passt Schnittstellen aus der Sicht von Daten und Formen an, das Änderungsmanagement aus der Sicht des Änderns von Dokumenten [5].

4.1.3 Konfigurationsbuchführung

Rückverfolgbarkeit

Die Konfigurationsbuchführung erfüllt die Forderung nach Rückverfolgbarkeit von Einzeländerungen (z.B. Änderungen, die durch staatliche Aufsichtsbehörden genehmigt werden müssen). Hier überschneiden sich Konfigurationsbuchführung und Dokumentenmanagement.

4.1.4 Konfigurationsauditierung

Es gibt zwei Arten des Konfigurationsaudits [6]:   *Audit-Arten*
1. Funktionsbezogenes Konfigurationsaudit
   Formale Prüfung einer Konfigurationseinheit darauf hin, ob sie die in den Konfigurationsdokumenten festgelegten Leistungen und funktionellen Merkmale erreicht hat (z.B. Abnahmeprotokoll über nachgewiesene Leistungen)
2. Physisches Konfigurationsaudit
   Formale Prüfung der Ist-Konfiguration einer Konfigurationseinheit darauf hin, ob sie den Darstellungen in den Konfigurationsdokumenten entspricht (z.B. Ausführungszeichnungen mit dem Status „as built")

4.2 Konfigurationsmanagement-Plan

Ein Konfigurationsmanagement-Plan informiert die Projektbeteiligten über die konkreten Inhalte   *Inhalte*
und die Methoden der Konfigurationsidentifikation und -überwachung beziehungsweise von Änderungsmanagement, Konfigurationsbuchführung und -auditierung.

Bild C7-2 beschreibt die typischen Phasen eines Projekts mit den begleitenden Aufgaben des Konfigurationsmanagements [7].

	Reviews		Systemanforderungs-Review		Systemdesign-Review	Detaildesign-Review
	Projektphasen	**Durchführbarkeits-studienphase**	**Definitions-phase**	**Entwicklungs-phase**	**Produktions-/Betriebsphase**	
		Identifikation der Konfigurations-einheiten		Funktionsbezogenes Konfigurationsaudit		
		Auswahl der Konfigurations-einheiten		Physisches Konfigurationsaudit		
	Konfigurations-management-Plan	Konfigurations-management-Plan Definitionsphase	Konfigurations-management-Plan Entwicklungsphase	Konfigurations-management-Plan Produktionsphase		
	Bezugs-konfiguration	Funktionelle Bezugskonfiguration festgelegt	Entwicklungs-Bezugskonfiguration festgelegt	Produktions-Bezugskonfiguration festgelegt		

Bild C7-2 Projektphasen und Tätigkeiten des Konfigurationsmanagements

Bild C7-3 gibt in Form einer Checkliste eine Anleitung zur Erstellung eines Konfigurationsplans [8].

Organisation

- Ist die Organisationsstruktur (Aufbauorganisation) für Einführung und Anwendung von Konfigurationsmanagement (= KM) spezifiziert?
  - Sind Aufgaben und Kompetenzen der einzelnen Stellen beschrieben?
  - Sind alle Organisationseinheiten des KM (Konfigurationsverwaltung, Änderungskonferenz, Überprüfungsrat) berücksichtigt?
  - Sind die Nahtstellen zu Partnern (z.B. Unterauftragnehmer, Auftraggeber) spezifiziert?
- Ist ein Einführungsplan aufgestellt?

Bezugskonfiguration – Referenzkonfiguration

- Sind die Bezugskonfigurationen sorgfältig und situationsbezogen definiert?
  - Wenn nur eine Bezugskonfiguration vorhanden ist: Steht diese Vereinfachung in Übereinstimmung mit dem Innovationsgrad und den Risiken?
  - Geben die Bezugskonfigurationen den Reifungsprozess adäquat wieder?
  - Stehen die Bezugskonfigurationen in Übereinstimmung mit der Phasenorganisation?
  - Stehen die Bezugskonfigurationen in Übereinstimmung mit den technischen Überprüfungen?
- Sind die technischen Überprüfungen sorgfältig und situationsbezogen definiert?

Konfigurationsidentifizierung

- Ist die Spezifikation der Unterlagen umfassend genug? Sind alle erforderlichen Dokumentenarten definiert?
- Sind die Konfigurationseinheiten (KE) adäquat formuliert? Sind dabei die Wartungs- und Instandhaltungskonsequenzen berücksichtigt worden?
- Liegt eine Kennzeichnungssystematik vor?

Konfigurationsüberwachung/-steuerung – Änderungsmanagement

- Ist der Änderungsprozess in seinen Stufen präzise beschrieben?
- Ist ein Schema zur Klassifizierung und Bewertung erstellt?
- Sind Änderungsanträge und Änderungsmitteilungen vorhanden?

Konfigurationsbuchführung – Konfigurationsnachweis

- Ist die Statusberichterstattung spezifiziert? Sind einzelne Berichtsformen und ihr Verteiler festgelegt?
- Sind Registrierung und Archivierung gemäß den Erfordernissen organisiert?
- Ist ein DV-Tool vorgesehen oder vorhanden? Bestehen Einsatzerfahrungen? Wird die Anwendung beherrscht?

Konfigurationsaudit – Konfigurationsrevision

- Sind die Audits und Revisionen sowie ihre Zeitpunkte präzise? Stehen sie im Zusammenhang mit den Bezugskonfigurationen, technischen Überprüfungen und der Phasenorganisation?

Bild C7-3 Checkliste zum Erstellen eines Konfigurationsmanagement-Plans

5 Dokumentenmanagement

Dokumentation

Als Dokumentation bezeichnet man das Erstellen, Kennzeichnen, Registrieren, Verdichten, Aufbereiten, Aktualisieren, Verteilen, Archivieren und Vernichten von Daten (= formatierte Informationen) und Fakten (= unformatierte Informationen), unabhängig von der Art des Informationsträgers. Dokumentenmanagement hat die Aufgabe, jedes erforderliche Dokument zu jeder Fragestellung mit zumutbarem Aufwand bereitstellen zu können.

Aufbewahrungswürdige Unterlage

Für die Inhalte der Dokumente (Vollständigkeit und Richtigkeit) ist das Dokumentenmanagement jedoch nicht zuständig. Dokumente sind aufbewahrungswürdige Unterlagen auf Informationsträgern aller Art. Aufbewahrungswürdig ist eine Unterlage, wenn sie

- Verbindlichkeiten für die Zukunft beschreibt (z.B. Vertrag).
- Festlegungen für Arbeitsprozesse enthält (z.B. Beauftragung).
- Zwischenergebnisse beinhaltet (z.B. Statusbericht mit Freigaben).
- zum Nachweis erreichter Ergebnisse dient (z.B. Übergabeprotokoll).

Die Inhalte eines Dokuments werden mit der Unterschrift des Erstellers verbindlich, gegebenenfalls auch mit der Unterschrift des Empfängers, der damit sein Einverständnis bestätigt.

Verbindlichkeit

Informationsträger gibt es unter anderem in folgenden Ausprägungen:

Informationsträger

- Papier
- Digitale Träger (z.B. CDs, Disketten sowie die in Archiven immer noch vorhandenen Lochkarten, Datenbänder und 11-Zoll-Disketten)
- Mikrofilm (Ist für Langzeitspeicherungen nach wie vor im Einsatz. Zum Lesen ist eine optische Vergrößerung notwendig.)

5.1 Projekteigene Dokumentenstelle

Bei kleineren Projekten empfiehlt es sich, alle verbindlichen Projektdokumente vom Projektleiter verwalten zu lassen. Wie die Erfahrung zeigt, ist es dagegen in Großprojekten (z.B. mehr als zwei Jahre Laufzeit, mehr als 20 Teammitglieder) wichtig, zum Projektstart eine projekteigene Dokumentenstelle einzurichten. Manche Unternehmen sehen in ihr „die Heimat ihres Know-how und Know-why". Die wichtigste Aufgabe einer Dokumentenstelle besteht darin, für jede Fragestellung in zumutbarer Zeit das gewünschte Dokument bereitstellen zu können. Für die Vollständigkeit und Aktualität des Dokumentinhalts ist die Dokumentenstelle aber nicht zuständig. Weitere Aufgaben der Dokumentenstelle sind:

Projektleiter

- Eine einheitliche, durchgängige Kennzeichnung aller projektverbindlichen Dokumente erstellen, einführen und anwenden.

Kennzeichnung

- Alle Projektdokumente mit Daten der Dokumentenverwaltung (z.B. Ersteller, Erstelldatum, Verteiler, Version, Änderungsanlass und -datum) registrieren. Diese Aufgabe erfüllen zunehmend Dokumentenverwaltungsprogramme.

Software

- Das Änderungsmanagement überwachen und freigegebene Änderungsdokumente systematisch verteilen.
- Eine Ablageordnung einrichten und erhalten. Dokumente dürfen nur als projektverbindlich gelten, wenn sie in der Dokumentenstelle vorhanden sind.

Ablageordnung

- Übergabedokumentationen für Projektübernehmer (z.B. Abteilung beim Kunden) und eigene Wartungsstellen zusammenstellen.

Übergabe

5.2 Akzeptanzprobleme

Dokumente genießen häufig nicht die Beachtung, die ihnen zusteht – und das, obwohl viele Unternehmen und Organisationen ausschließlich das Produkt „Dokument" erzeugen. Dafür gibt es mehrere Gründe:

Gründe

- Dokumentation ist angeblich selbstverständlich und daher im Preis, der dem Kunden berechnet wird, enthalten. Vergessen wird dabei aber, dass am Projektende nur die wenigsten Dokumente mit den Inhalten gültig sind, die sie zu Projektbeginn aufwiesen. Im Projektverlauf haben sich meist Änderungen ergeben, die dokumentiert werden müssen. Das verursacht zusätzliche Kosten.
- Dokumentation als Ergebnis geistiger Leistung wird gegenüber „handfesten" Produkten gern als etwas Geringwertiges angesehen.
- Fehlende, unvollständige oder veraltete Dokumente können nach Meinung vieler Projektmitarbeiter jederzeit durch ein gutes Gedächtnis ersetzt werden.

5.3 Kennzeichnung und Registrierung von Projektdokumenten

Geregelte Arbeitsprozesse

Planung, Erstellung, Prüfung, Freigabe, Verteilung und Ablage von Dokumenten sollten in geregelten Arbeitsprozessen und einer sinnvollen Reihenfolge ablaufen. Zur Handhabung der erstellten Dokumente muss eine einheitliche, verständliche, durchgängig genutzte Kennzeichnung entwickelt und eingeführt werden. Diese Struktur orientiert sich an den genannten Schritten aus dem Lebenszyklus

Lebenszyklus

des Dokuments. Er beginnt mit der Identifizierung des Produkts „Dokument" und endet mit seiner Archivierung oder Vernichtung, sobald es nicht mehr gebraucht wird.

Bei physischen Produkten arbeiten Unternehmen zum Beispiel mit hierarchischen Stücklisten, in der IT-Branche mit der Kennzeichnung von Programmmodulen und in der Bautechnik mit der Kennzeichnung von Bauwerken und Leistungsbereichen.

5.3.1 Kennzeichnungsstandards

Mindest-/Zusatz-kennzeichnung

Viele der bekannt gewordenen Dokumentenkennzeichnungssysteme funktionieren nach demselben Muster: Sie trennen nach Mindest- und Zusatzkennzeichnung. Das heißt, dass die Mindestkennzeichnung Kennzeichen für das Projekt (z.B. Kostenträgernummer oder Projektname), den Dokumentinhalt (z.B. Objektkennzeichen aus dem Projektstrukturplan) und die Dokumentart (z.B. Zeichnungsart, Prüfprotokoll) enthält. Anhand der Mindestkennzeichnung ist ein gesuchtes Dokument leicht auffindbar. Die Zusatzkennzeichen betreffen zum Beispiel Dokumentersteller, Erstellungsdatum, Verteiler, Version, Status, Änderungsanlass und -freigabe sowie mitgeltende Dokumente.

Objektkennzeichnung

Der Dokumentinhalt sollte mit der Objektkennzeichnung aus dem Projektstrukturplan ($\rightarrow$ Kapitel C4) identisch sein. Eine PSP-Gliederung nach Projektphasen in Ebene 2 kommt der Projektleitung beim Controlling entgegen. Die ergebnisorientierte Gliederung nach Objekten ist aber vorzuziehen, wenn das Projektteam vermeiden will, dass es die Kennzeichnungen der projektbegleitend entstehenden Objektdokumente für den späteren Projektübernehmer neu festlegen muss (z.B. nach Verantwortungsbereichen des Betriebs oder der Wartung).

Verschlüsselungen

Die Kennzeichnung von Dokumentarten muss sowohl Verschlüsselungen für klassische (Papier-)Dokumente (z.B. Schaltpläne, Verträge, Protokolle) als auch für Dateinamen (z.B. CAD-, Grafik-, Text- und Tabellendateien) enthalten. Diese Schlüsselsysteme sind wie die meisten Objektschlüssel ebenfalls hierarchisch aufgebaut.

Standardkennzeichen-systeme

Zur Kennzeichnung von Dokumentinhalten und -arten existieren für einzelne Branchen bereits Standardkennzeichensysteme, etwa DIN EN 6779 (= Kennzeichen für technische Anlagen).

5.4 Dokumentenbedarfsmatrix

Dokumenten-inhalt/-art

Ein einfaches, wirkungsvolles Hilfsmittel zur Bestimmung des Bedarfs an Dokumenten während der Projektabwicklung und zur Vorbereitung einer Übergabedokumentation ist eine Dokumentenbedarfsmatrix [9]. Sie basiert auf den beiden Achsen Dokumentinhalt und Dokumentart. Diese Matrix ist aufgrund der Standardisierung der Arbeitsprozesse und der daraus entstehenden Dokumente bei Wiederholprojekten Teil des Anhangs eines Projektvertrags ($\rightarrow$ Kapitel A4). In Bild C7-4 ist das aus Inhalt (Parkplatz) und Art (Entwässerungsplan) gebildete Feld auch für die Definition von Zuständigkeiten, Fertigstellungsterminen und Übergabeaufbereitungen (z.B. Dateiformat) nutzbar.

PLÄNE DER BAUTECHNIK

Unterlagenarten Objekte	Lageplan	Entwässerungsplan	Fundamentplan	Beleuchtungsplan
Bürogebäude				
Fabrikhalle				
Parkplatz		Matrixfeld		

= Adresse für Projektsteuerung und Projektcontrolling

Bild C7-4 Dokumentenbedarfsmatrix

Die Mindestkennzeichnung ist besonders bei Projekten mit fremden Zulieferern als projekteigene und übergeordnete Kennzeichnung festzulegen. Dabei sollte der Kunde beziehungsweise Projektauftraggeber das letzte Wort haben, weil er mit der Kennzeichnung bis zum Ende der Projektlebenszeit arbeiten muss. Damit er bezüglich Wartung, Reparaturen und Nachbestellung von Ersatzteilen mit Zulieferern des Projektauftragnehmers korrespondieren kann, muss ihm dieser mit der Projektdokumentation nicht nur eine Inventurliste aller übergebenen Dokumente überreichen, sondern diese Liste auch mit den Originalkennzeichen der Dokumente der Unterauftragnehmer versehen.

Mindest-kennzeichnung

Inventurliste

6 Änderungsmanagement

Änderungsmanagement ist für die Überwachung und Steuerung von Änderungen verantwortlich, die identifiziert, beschrieben, klassifiziert, bewertet, genehmigt, durchgeführt und verifiziert werden.

Manche Vorhaben erfordern kein Konfigurationsmanagement. Änderungsmanagement dagegen ist für alle Projekte obligatorisch. Wenn Daten und Fakten nur in ein oder zwei Dokumenten festgehalten werden, reicht die Aktualisierung dieses einen beziehungsweise der beiden Dokumente bereits aus, um eine Änderung zu erkennen. Konfigurationsmanagement ist dann zwingend, wenn die Änderung einer Information eine Vielzahl von Dokumenten betrifft.

Beispiele
Während der Planung eines Hauses erfolgt der Austausch eines Fensters von Einfach- auf Doppelglas, um die Wärmedämmung zu verbessern. Geändert wird nur die Bestellunterlage.

In einem Hotel wird eine Flurtür aus Holz gegen eine Brandschutztür ausgetauscht. Nicht nur die Bestellung muss aktualisiert werden, sondern auch die Bauzeichnungen (nach den Genehmigungsauflagen der Feuerwehr). Zusätzlich entstehen Dokumente für die Brandmeldeanlagen und die automatische Schließung der neuen Schutztür, einschließlich Abnahmedokumentation der Behörde. Eine derartige Änderung ist sehr kostenintensiv, wenn erst kurz vor der Hoteleröffnung erkannt wird, dass sie notwendig ist.

6.1 Merkmale von Änderungen

Änderungen weisen folgende Merkmale auf: Sie
- sind Abweichungen von etwas vorher Festgelegtem (Bezugskonfiguration).
- werden durch einen Anlass ausgelöst (z.B. Fehler).
- müssen einen Zweck haben (z.B. größeren Nutzen erzeugen).
- betreffen die inhaltlichen Projektziele (z.B. Zusatzleistungen).
- beziehen sich auf Vorgehensziele (z.B. Kürzung des Budgets).

Ursachen
- werden notwendig durch
  - Eigenverschulden (z.B. falsche Berechnung),
  - Fremdverschulden (z.B. verspätete Fertigstellung durch einen Zulieferer),
  - Kundenwunsch (z.B. nach höherer Leistung einer Software),
  - Auflagen (z.B. neue Sicherheitsgesetze),
  - neue technische Entwicklungen (z.B. Wechsel des Betriebssystems durch den Software-lieferanten während eines IT-Projekts).
- erfordern eine geregelte Ablauforganisation, damit sie zurückverfolgt werden können.
- verursachen in der Regel zusätzliche Kosten, die nicht kalkuliert waren. Folglich leitet sich aus der Anerkennung einer Änderung meist auch eine Budgeterhöhung oder Zusatzzahlung ab.

6.2 Aufgaben

Das Änderungsmanagement muss Änderungen
- identifizieren (z.B. Was ist der Anlass der Änderung?),
- inhaltlich (Was?) und ablaufbezogen (Wie?) beschreiben,
- klassifizieren (z.B. Welche Folgeänderungen löst die Änderung aus?),
- bewerten (z.B. Welchen Nutzen bringt die Änderung? Wie wird dieser gemessen?),
- genehmigen (z.B. Welche Hierarchiestufe gibt welche Änderung frei?),
- durchführen (z.B. Welche neuen Termin-/Budget-Vorgaben löst die Änderung aus?) und
- verifizieren (z.B. Ist der prognostizierte Nutzen eingetreten?).

Standardablauf Das Schema in Bild C7-5 stellt einen Standardablauf für Änderungen dar [10].

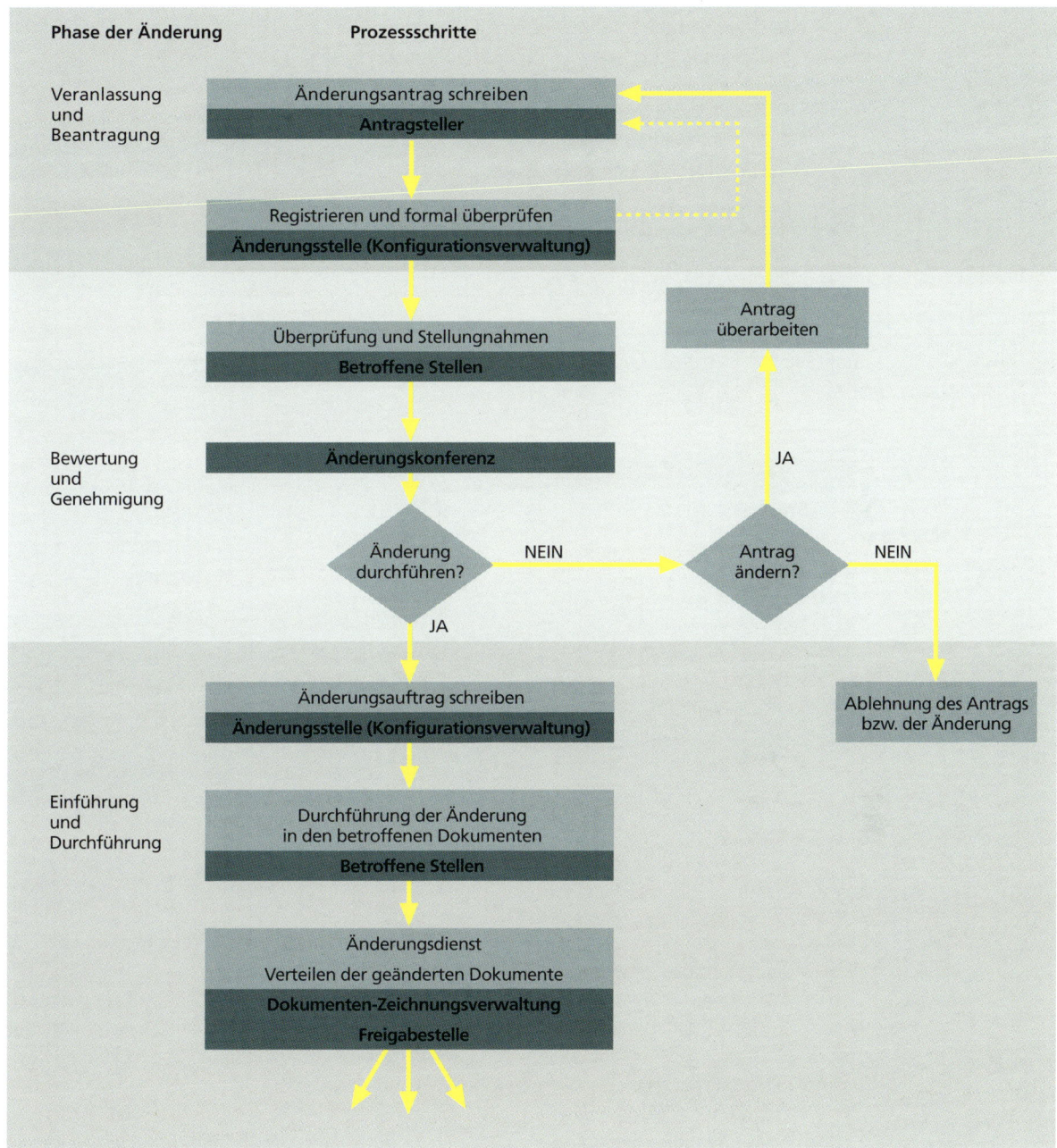

Bild C7-5 Ablaufschema eines Änderungsprozesses

Die genannten Prozessschritte verlangen ein systematisches, dokumentiertes Änderungsverfahren, bei dem folgende Informationen erfasst werden:

Notwendige Informationen

- Anlass/Inhalt der Änderung
- Folgeänderungen
- Risiken für den Fall, dass Änderungen unterbleiben

- Zusätzlichen Risiken durch die Änderung
- Auswirkungen auf Termine, Kosten und Leistung
- Genehmigung und Beauftragung der Änderung
- Aktualisierung der betroffenen Projektdokumente

Standardformblatt Bild C7-6 zeigt ein Standardformblatt für einen Änderungsantrag, der gleichzeitig als Fortschreibeprotokoll während des Änderungsprozesses genutzt werden kann [11].

ÄNDERUNGSANTRAG			
Antragsteller:		Antrags-Nr.:	
Betroffenes Bauteil			
		Konfigurationseinheit (KE):	
Zeichnungs-Nr.:	Spezifikations-Nr.:	Teile-Nr.:	Bezeichnung:
Begründung der Änderung		**Beschreibung der Änderung**	

Begründungscode		z.B. – Austauschbarkeit – Leistung
		       – Liefertermin – Gewicht
		       – Teil der Fertigung – Preis	

Zu ändernde Unterlagen		**Zu ändernde Geräte und Betriebsmittel**	

Auswirkungen auf		z.B. – technische Anforderungen
		       – andere Baugruppen
		       – Wirksamkeit
		       – Termine und Kosten	

Änderungsklasse:		Änderungspriorität:	
Stellungnahmen			
Geplanter Einführungstermin/Änderung wirksam ab:			
Nachrüstung erfolgt ab:		für:	
Änderung beantragt: (Name, Datum, Unterschrift)			
Durchführungsentscheid/Änderungskonferenz: (Unterschrift, Datum)			

Bild C7-6 Änderungsantrag (Beispiel)

6.3 Auswirkungen

Änderungen und ihr Management wirken sich oft auch drastisch auf die Projektdurchführung aus.
Zusätzliches Macht die beantragte Änderung eine Zusatzleistung erforderlich, muss eventuell ein zusätzliches
Arbeitspaket Arbeitspaket für die Änderungsdurchführung mit neuerlicher Definition der Teilziele, Kosten und Termine eröffnet werden. Das kann zu einer Änderung des vertraglichen Liefer- und Leistungsumfangs führen. Es ist auch möglich, dass eine Änderung Arbeitspakete beeinflusst, sodass ein Claim (→ Kapitel A4) mit Zusatzkosten für den Auftraggeber entsteht.

Neukalkulation Änderungen lösen fast immer eine grundlegende Neukalkulation der Kosten, Termine und Risiken aus. Sie beeinflussen damit die bestehenden vertraglichen Vereinbarungen. Ein systematisches Claim
Claim Management Management ist notwendig, um die finanziellen Auswirkungen im Griff zu behalten. Wegen des meist recht großen Aufwands sollten die Projektverantwortlichen es keinesfalls unterschätzen, sondern als eigenständig zu behandelnden Aufgabenanteil eines Arbeitspakets oder als eine eigenständige Funktion in einer Projektorganisation betrachten. Letzteres wird häufig in Investitionsprojekten mit großen Risiken aus dem Projektumfeld (z.B. Projekte im Ausland) praktiziert.

Auftraggeber erkennen Mehrkosten nur an, wenn sie vor der Durchführung von Änderungen genehmigt wurden und der Auftragnehmer eine vollständige Dokumentation inklusive Kosten-Nutzen-Kalkulation vorlegt.

Kosten-Nutzen-Kalkulation

Fragen zur Selbsteinschätzung gemäß Zertifikatslevel

Nr.	Frage	Level				Selbsteinschätzung
		D	C	B	A	
C7.1	Wie ist die Konfiguration eines Produkts definiert?	2	2	2	1	☐
C7.2	Wann wird Konfigurationsmanagement im Projekt angewandt?	2	3	3	1	☐
C7.3	Was ist die Hauptaufgabe der Konfigurationsidentifizierung?	2	3	3	1	☐
C7.4	Welche Hauptaufgaben hat eine Dokumentenstelle im Projekt?	2	3	3	1	☐
C7.5	Wozu dient eine Dokumentenbedarfsmatrix?	2	3	3	1	☐
C7.6	Woraus besteht Änderungsmanagement im Projekt?	2	3	3	4	☐
C7.7	Wann wird Änderungsmanagement im Projekt angewandt?	2	3	3	1	☐
C7.8	Wodurch werden Änderungen im Projekt notwendig?	2	2	2	1	☐
C7.9	Welche Aufgaben hat Änderungsmanagement im Projekt?	2	3	3	1	☐
C7.10	Wie hängen Konfigurations-, Dokumentations- und Änderungsmanagement zusammen?	2	3	3	1	☐
C7.11	Welche Auswirkungen hat das Änderungsmanagement auf das Projektcontrolling?	2	3	3	4	☐

C8 QUALITÄTSMANAGEMENT

Projektmanagement lässt sich als Qualitätsmanagement-System für die Projektarbeit definieren. Der Projektleiter muss Methoden zur Messung und Bewertung der Projektqualität (ICB-Element 28) kennen und den Aufbau eines Qualitätsmanagement-Systems im Projekt organisieren sowie seinen Betrieb überwachen können. Total Quality Management (TQM) als besondere Ausprägung des Qualitätsmanagements, die Funktionsweise eines Kontinuierlichen Verbesserungsprozesses (KVP), Controllingsysteme, Normen, der Ablauf von Audits und die Bedeutung der Zertifizierung sind weitere zentrale Themen in diesem Zusammenhang.

1 Begriffe

Definiert man Leistung, Termine und Kosten als die Qualitätsparameter in der Projektarbeit, dann lässt sich Projektmanagement als ein Qualitätsmanagement-System für die Projektarbeit bezeichnen.

Qualität im Projekt kann – vereinfacht – als die Übereinstimmung von Kundenanforderung und erbrachter Leistung verstanden werden.

Der Projektleiter sorgt für eine klare Organisation, eindeutige Aufgabendefinitionen und -zuordnungen, zielgerichtete Informationsflüsse und Transparenz im Projektgeschehen. Er muss die Methoden und Verfahren des Qualitätsmanagements kennen und die Werkzeuge auswählen, die er im Projektmanagement anwenden kann.

Voraussetzung für Qualität in der Projektarbeit ist eine genau beschriebene Ablaufsystematik von Projekten. Man kann Qualität nicht durch bloße Prüfungen an Bauteilen oder Reviews bei Projektabschluss erreichen, sondern nur mit einer durchgängigen Strategie. Sie muss gewollt sein und sorgfältig geplant werden. Damit tragen der Projektleiter und das Management des Unternehmens eine große Verantwortung. Der Projektleiter muss sich mit dem Qualitätsmanagement (= QM) befassen, um die enge Verknüpfung von Management, Projekt und Qualität verstehen und die strategische Bedeutung für das Unternehmen abschätzen zu können. Aufgabe des Topmanagements ist es, die praktizierten Verfahren, die eingesetzten Mitarbeiter und die Einbindung der Kunden zusammenzuführen. Die Projektmanagement-Qualität hängt davon ab, inwieweit dies gelingt.

Durchgängige Strategie

Aufgabe des Topmanagements

2 Nutzen eines Qualitätsmanagement-Systems

Qualitätsmanagement bewirkt effizientere innerbetriebliche Abläufe, eindeutige Schnittstellen und eine gleichbleibend hohe Produktqualität. Ein Unternehmen mit Qualitätsmanagement-System kann klare Aussagen zu seiner Qualitätsfähigkeit und Zuverlässigkeit machen. So wächst das Kundenvertrauen. Das Qualitätsmanagement-System macht aber auch den Bedarf an Änderungen deutlich und erlaubt es, Korrekturmaßnahmen festzulegen.

Fehlerauswertungen zeigen, dass nur selten die Mitarbeiter für Qualitätsmängel verantwortlich sind. Die meisten Fehlerursachen gehen auf ein mangelhaftes Managementsystem zurück und liegen damit in der Verantwortung des mittleren und oberen Managements des Unternehmens. Im Qualitätsmanagement geschulte Mitarbeiter wissen, dass auf der Leitungsebene die Grundlage für Qualität gelegt wird, und weisen auf Probleme und Verbesserungsmöglichkeiten hin. Das Management muss diese Anregungen aufgreifen und bei Eignung konsequent umsetzen.

Fehlerursachen

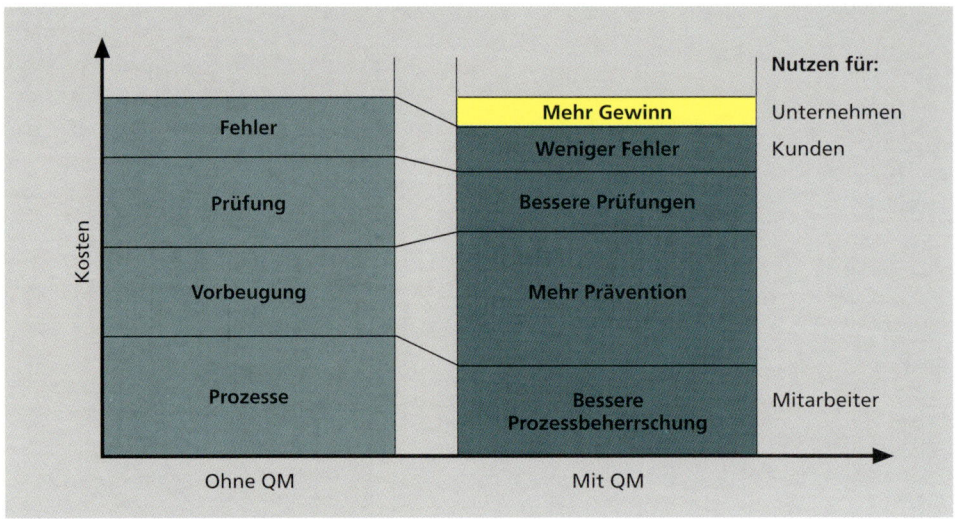

Bild C8-1 Kosten und Nutzen von Qualitätsmanagement

Erfolgsmerkmale Aus den unternehmerischen Fehlleistungen von Unternehmen lassen sich Erfolgsmerkmale formulieren. Jedes Unternehmen, das ein Qualitätsmanagement-System aufbauen möchte, sollte sich mit ihnen auseinandersetzen.

1. Genau definiertes Unternehmensziel
2. Harmonie im Managementteam
3. Förderung der Innovationsfähigkeit
4. Schnelligkeit, kundengerechte Qualität und Servicebereitschaft
5. Flexibilisierung der unternehmerischen Infrastruktur

Umgang mit Fehlern Ein wirkungsvolles Qualitätsmanagement-System erkennt man daran, wie seine Anwender mit Fehlern umgehen (z.B. Fehlerdokumentation, Ursachenermittlung). Steht der Qualitätsgedanke in der Unternehmensphilosophie ganz oben, bekommt das Unternehmen mit Qualitätsmanagement ein wichtiges Instrument in die Hand, mit dem sich die Fähigkeit, aus Fehlern zu lernen (→ Kapitel C10) und Schwachstellen zu beseitigen, steigern lässt. Die Betriebsgröße, gemessen an der Mitarbeiterzahl oder am Umsatz, sowie die Produkte, Dienstleistungen oder Projekte des Unternehmens spielen in Bezug auf das Qualitätsmanagement-System nur eine untergeordnete Rolle.

Deming-Kette Bild C8-2 zeigt den Zusammenhang zwischen Qualität und betriebswirtschaftlichem Nutzen (Deming-Kette der Qualität).

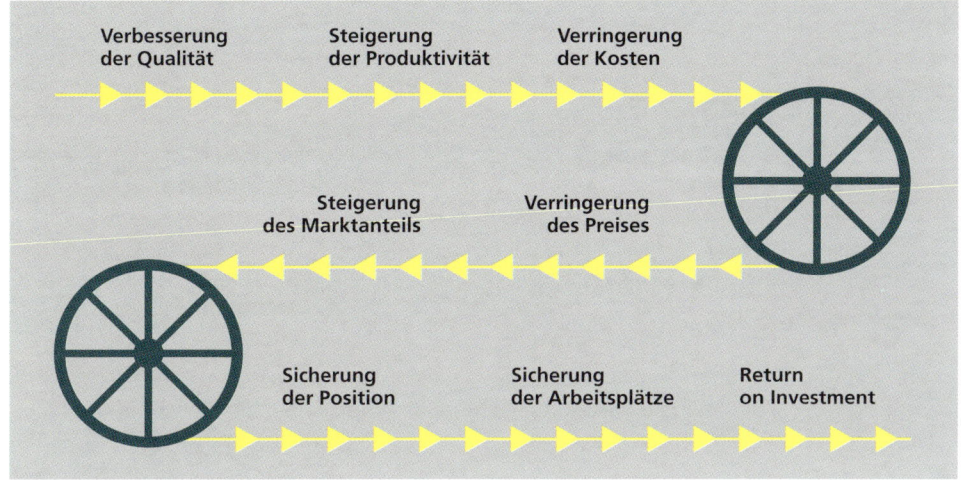

Bild C8-2 Deming-Kette der Qualität

3 Entwicklung

Unter der Federführung der Amerikaner Deming und Juran entwickelte sich aus der produktionsorientierten Qualitätskontrolle der 1950er und 1960er Jahre über die prozessorientierte Qualitätssicherung in den 1970er und 1980er Jahren ein umfassendes Qualitätsmanagement-System: Total Quality Management (TQM). Das TQM-Konzept war ursprünglich eine Antwort auf ähnliche fernöstliche Strategien, die Unternehmen dort erhebliche Wettbewerbsvorteile im Kampf um internationale Märkte brachten. Dabei müssen alle Prozesse beleuchtet und verbessert werden. Dies führt zu einer umfassenden Prozessorientierung, einschließlich der administrativen Abläufe. Der Kunde muss optimal bedient werden, von der Erhebung der Ausgangssituation bis hin zur Betreuung nach Abschluss der Leistungserbringung.

Total Quality Management

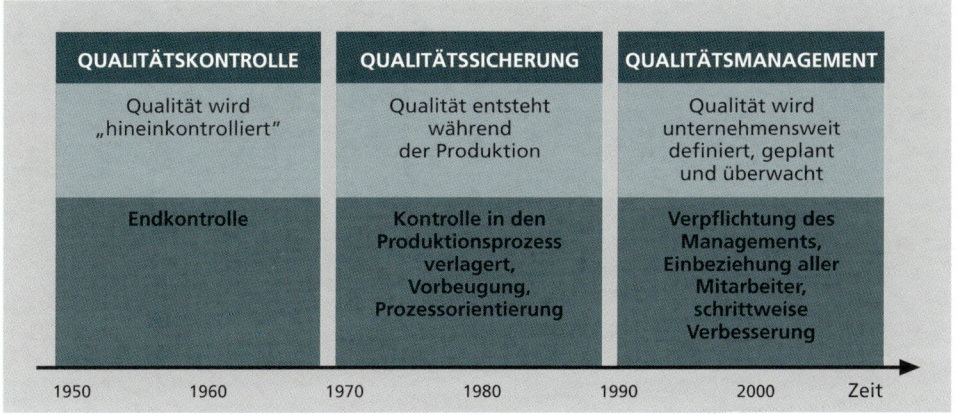

Bild C8-3 Wandel des Qualitätsbegriffs

Produktorientierung

Um 1950 erfolgte eine Qualitätskontrolle nur am fertigen Produkt. Qualitätsverbesserungen erreichten die Unternehmen dadurch, dass sie den Anteil der Prüfungen erhöhten und/oder die Toleranzen einengten. Fehler konnten nur durch aufwändige Nacharbeiten am fertigen Produkt behoben werden – oder das Produkt wurde ausgesondert.

Prozessorientierung im technischen Sinn

Weil dieses Verfahren kostspielig war, leiteten die Unternehmen einen Wandel hin zur Qualitätssicherung ein. Sie verbesserten die Qualität durch Vorbeugung, indem sie in den Entwicklungs- und Herstellungsprozess Kontrollmaßnahmen einbauten. An die Stelle der Produktorientierung rückte eine Prozessorientierung im technischen Sinn. Die Qualitätssicherung der eigens dafür ausgebildeten Mitarbeiter bezog sich auf die technischen Bereiche (Entwicklung, Konstruktion, Fertigung, Montage, Wartung).

Aus der Einsicht, dass neben den Qualitätssicherungsbeauftragten und -mitarbeitern das gesamte Management und alle Mitarbeiter der Stiftung von Kundennutzen und der Erreichung der Unternehmensziele verpflichtet werden müssen, entstand schließlich die Idee des TQM.

3.1 Externe Begutachtung

Nutzen der Zertifizierung

Heute begutachten externe Zertifizierungsstellen Qualitätsmanagement-Systeme, zum Beispiel auf Basis der internationalen Norm ISO 9000. Darüber hinaus können sich Unternehmen um Qualitätsmanagement-Preise (z.B. European Quality Award, EQA) bewerben. Der Nutzen der Zertifizierung liegt in der externen Begutachtung des Systems, der Nutzen von Auszeichnungen in der Unterstützung bei der Selbsteinschätzung. Beides führt zur Identifizierung vorhandener Schwachstellen und damit zur Erschließung von Verbesserungspotenzial.

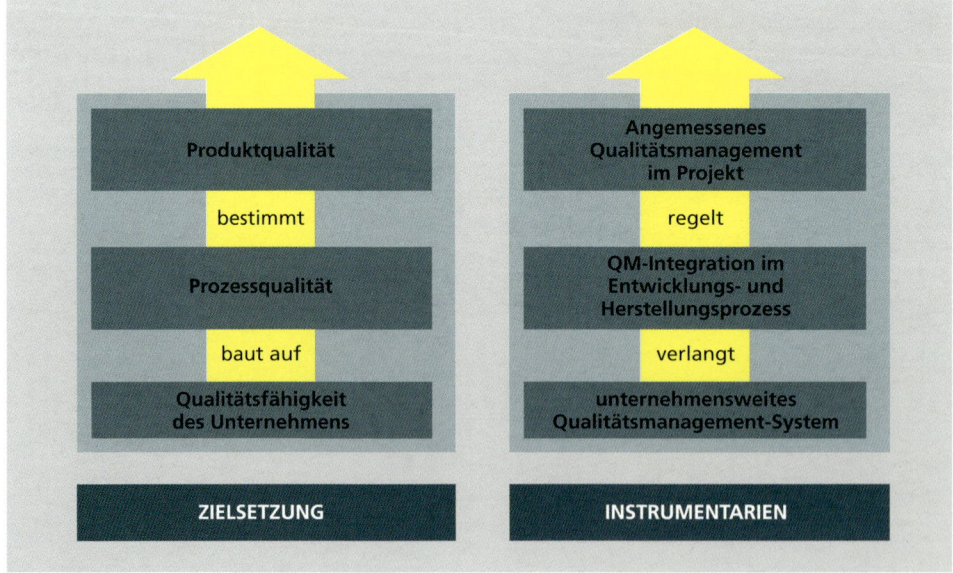

Bild C8-4 Weg zur Qualität

4 Normen

Rahmenempfehlungen zum Aufbau eines Qualitätsmanagement-Systems und Mindestanforderungen sind heute ebenso in Normen (allgemeine wie ISO 9000 oder Normen mit Branchenbezug) definiert wie die Begriffe der Qualitätssicherung und des Qualitätsmanagements. Anhand dieser Normen können Unternehmen ihre Ziele festlegen, Abläufe beschreiben und verbessern und das Managementsystem internen oder externen Überprüfungen (= Audits) unterziehen (lassen).

Eine wichtige Funktion bei Aufbau und Nachweis eines Qualitätsmanagement-Systems hat die Normenreihe ISO 9000, 9001:2000, 9004, 19 011. Sie gilt international (Norm der International Standardization Organization, ISO), in Europa (Euronorm, EN) und in Deutschland (Norm des Deutschen Instituts für Normung, DIN). In diesen Normen ist genau genommen nichts festgelegt, sondern sie stellen Richtlinien dar. Diese enthalten Hilfestellungen und Stichworte für ein testierbares Qualitätsmanagement-System. *Normenreihe*

Auf der Grundlage von Normen durchleuchtet das Unternehmen seine Abläufe und organisiert sie bei Bedarf neu. Ein neutrales Institut kann das Ergebnis in Form einer Zertifizierung abnehmen. Damit besitzt das Unternehmen ein erfolgreich eingeführtes Qualitätsmanagement-System, das alle betrieblichen Vorgänge transparent und nachvollziehbar macht. Es eröffnet die Möglichkeit, qualitätsrelevante Sachverhalte systematisch zu betrachten, zu verbessern und zu dokumentieren. *Grundlage für Zertifizierbarkeit*

5 Strategisches und operatives Management

Eine Organisation ist auf einem erfolgreichen Weg, wenn sie für sich geklärt hat, wohin sie will und wer ihr Kunde sein soll. Sie muss zunächst ein Leitbild (Vision) entwickeln. Dazu kann sie sich zum Beispiel die Frage stellen: „Wie soll unser Unternehmen in zehn Jahren aussehen?" Auf Basis dieses Leitbilds und der Kundenanforderungen formulieren die für das strategische Management verantwortlichen Führungskräfte die Qualitätspolitik. Aus dieser leiten sie messbare Ziele ab und legen Strategien zur Zielerreichung fest. *Leitbild*

Qualitätspolitik

Um die Anforderungen eines umfassenden Qualitätsmanagement-Systems abdecken zu können, sind neben dem strategischen Management wesentliche Aufgaben im operativen Management zu erfüllen. Die Verantwortlichen müssen die geschäftlichen Aktivitäten planen, steuern und überwachen (→ Kapitel C9). Das Hauptaugenmerk liegt dabei auf Umsatz, Kosten und Ergebnis der Organisation sowie ihrer Produkte, Projekte und Technologien, aber auch auf der Investitionsneigung und dem angestrebten Qualitätsmaß der Produkte und Dienstleistungen. Unerlässlich ist dabei eine durchgängige Dokumentation (z.B. im Wirtschafts-, Qualitäts-, Technik- und Marketingplan → Kapitel C9, D4). *Aufgaben im operativen Management*

6 Prozessorientierung

Qualitätsmanagement muss alle Prozesse einer Organisation einbeziehen. Betrachtet man ein Unternehmen im Prozessmodell, so lassen sich zwei Hauptprozessarten identifizieren: *Hauptprozessarten*
- Wiederkehrende Prozesse mit gleichem oder sehr ähnlichem Ablaufmuster, genannt Routinetätigkeiten (z.B. Rechnungslegung nach abgeschlossener Leistungserbringung)
- Prozesse, die einmalig sind und zeitlich befristet ablaufen (z.B. Produktentwicklungsprojekte)

Bei beiden Hauptprozessarten muss ein Managementsystem einen geordneten und zielgerichteten Arbeitsablauf gewährleisten. Eine prozessorientierte Organisation kann sowohl die Routinetätigkeiten als auch die Projekte zu einem optimalen Ergebnis für den Kunden und das Unternehmen führen.

Subprozesse

Den Hauptprozessarten sind Subprozesse vorgelagert (z.B. Beschaffung von Rohmaterial, Zukauf von Projektmanagement-Dienstleistungen) und nachgelagert (z.B. Versand des fertigen Produkts an den Kunden, Projektüberleitung in den kontinuierlichen Nutzungsprozess). Außerdem existieren unterstützende Subprozesse (z.B. Prüfungen im Erstellungsprozess, Reviews während der Projektumsetzung). Subprozessen ist im Sinn der Prozessorientierung eine hohe Bedeutung beizumessen.

7 Leistungsstandard „Null Fehler"

Preis der Abweichung

Weil Dinge falsch gemacht werden, entstehen enorme Kosten (= Preis der Abweichung). Dennoch verhält sich der Mensch meist getreu dem Motto: „In der Regel haben wir immer die Zeit, etwas mehrfach zu tun, jedoch niemals die Zeit, um etwas bereits beim ersten Mal richtig zu machen."

Doch idealerweise soll der Leistungsstandard bei „Null Fehler" liegen. Um dies zu erreichen, muss ein Unternehmen von Anfang an alles richtig machen.

Beispiel
Setzt ein Maurer aus Unachtsamkeit einen Mauerabschnitt falsch, muss er diesen neu aufbauen, wenn der Bauleiter den Fehler bemerkt. Kostet es 1.000 Euro, den Fehler zu beheben, fällt der Gewinn des Bauunternehmens um diesen Betrag geringer aus. Hat das Bauunternehmen eine Umsatzrentabilität von fünf Prozent, muss es 20.000 Euro mehr Umsatz machen, um den verringerten Gewinn auszugleichen (= Gesamtpreis der Abweichung oder Fehlleistungsaufwand).

Fehlleistungsaufwand

Die Wechselwirkungen innerhalb eines Prozesses verdienen also besonderes Augenmerk, um die Kosten der Abweichungen (z.B. von Nacharbeiten) offen zu legen.

8 Total Quality Management

Die Art und Weise, wie die Mitarbeiter eines Unternehmens Prozesse durchführen, beeinflusst die gesamte Kosten- und Wertschöpfungsstruktur. Verbessern sie die Prozesse, erhöht sich die Rendite überdurchschnittlich. Eine höhere Produktqualität kann Umsatz und Marktanteile erheblich steigern.

Hinter der TQM-Philosophie steckt ein Managementansatz, der die Organisation, das Kommunikationsverhalten und die Unternehmenskultur nachhaltig verändert. TQM ist eine Unternehmensstrategie, die die Kundenzufriedenheit in den Mittelpunkt des Denkens und Handelns stellt. Ihr Ziel ist die kontinuierliche Verbesserung der Organisation, damit dem Kunden, den Gesellschaftern und den Mit-

Mitarbeiter als Kunde

arbeitern Nutzen gestiftet werden kann. Ein Mitarbeiter ist nach der TQM-Definition der Kunde des Kollegen, der auf der Wertschöpfungskette eine Stufe zuvor angesiedelt ist. Mit der Aufstellung von Qualitätsgrundsätzen und der Gestaltung der Arbeitsabläufe nach dem Muster von Kunden-Liefe-

Kunden-Lieferanten-Beziehungen

ranten-Beziehungen sind die ersten Schritte in Richtung TQM getan. Die TQM-Strategie führt zu einer drastischen Senkung des Fehlleistungsaufwands und zu verbesserten Leistungen.

Total Quality Management

- führt über die Prozessverbesserung zu rationelleren Betriebsabläufen,
- macht das Unternehmen über die Verbesserung der Rendite flexibler,
- trägt über die Kundenintegration zur besseren Erfüllung der Kundenforderungen bei und
- vermindert über die Prozessbeschleunigung die Entstehungszeiten für neue Produkte nachhaltig.

Nutzen

Nach der TQM-Philosophie ist

- jeder Mitarbeiter für seine Arbeit und deren Qualität selbst verantwortlich,
- jeder Betroffene in den jeweiligen Entscheidungs- und Verbesserungsprozess einzubeziehen und
- das Streben nach Perfektion niemals beendet.

Philosophie

Dahinter verbirgt sich die Grundforderung nach ständiger Verbesserung sämtlicher geschäftlichen Aktivitäten.

Ziel der Anwendung von TQM ist die Einbeziehung der Kunden, der Lieferanten und aller Mitarbeiter sowie die Herstellung und Pflege der internen Kunden-Lieferanten-Beziehungen. Daraus ergibt sich ein ganzheitliches Denken (= Begriff „Total").

Ganzheitliches Denken

TQM bezieht die Qualität

- der Arbeitsausführung,
- der Prozesse und
- der Unternehmensperformance

mit ein. Daraus resultiert eine bessere Produkt- und Dienstleistungsqualität (= Begriff „Qualität").

TQM erfordert

- die bereichs- und funktionsübergreifende Wahrnehmung der Qualität als Führungsaufgabe,
- Führungsqualität (Vorbildfunktion des Managements),
- die Förderung von Team- und Lernfähigkeit,
- Beharrlichkeit und
- das Denken in Prozessen, nicht in Abteilungen oder Bereichen.

Daraus ergibt sich die breit angelegte Verantwortung des Managements (= Begriff „Management"). Das Risiko, dass ein vom Management lasch durchgeführter und halbherzig unterstützter TQM-Prozess scheitert, ist groß. Bevor sich eine Organisation der TQM-Philosophie zuwendet, muss sich das oberste Management über die Tragweite dieser Entscheidung im Klaren sein. Denn zukünftig liegt die Managementverantwortung darin, den TQM-Gedanken vorzuleben. Damit wird Qualität das Fundament der Unternehmenskultur, an deren Verbesserung immer gearbeitet werden muss.

Verantwortung des Managements

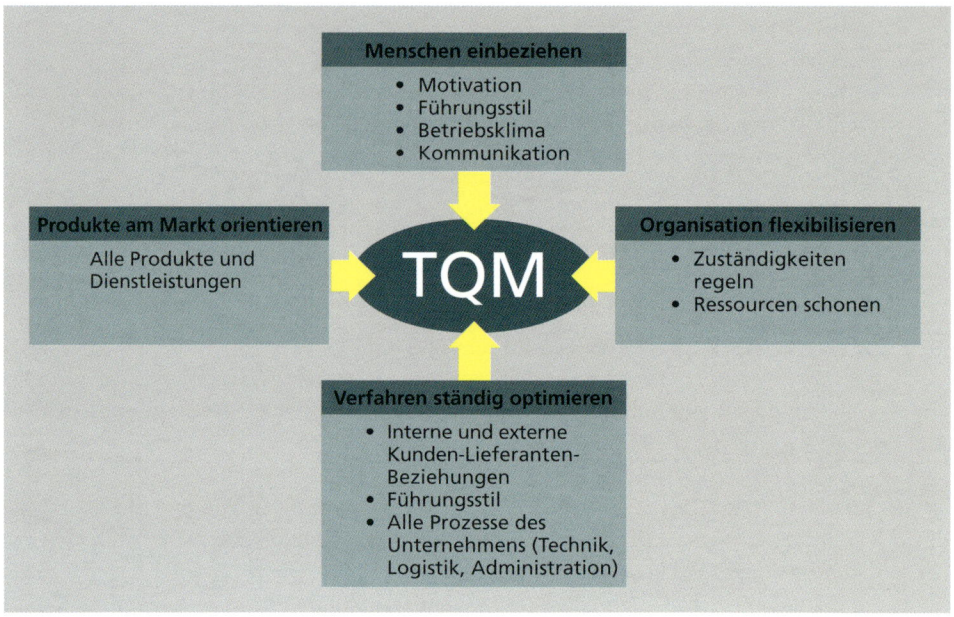

Bild C8-5 Weg zum TQM

8.1 TQM-Modell der EFQM

Die von europäischen Konzernen gegründete European Foundation for Quality Management (EFQM) hat einen anerkannten Maßstab für ganzheitliche Prozessoptimierung erarbeitet. Mit dem European Quality Award (EQA), den die EFQM gemeinsam mit der EU-Kommission und der Europäischen Organisation für Qualität (EOQ) 1990 einführte, entstand ein TQM-Modell, das zwei Arten von Auszeichnungen umfasst:

Auszeichnungen

- den EQA als jährlichen Wanderpreis für die beste und erfolgreichste Realisierung des TQM und
- Qualitätspreise für Unternehmen, die sich um Qualität und Qualitätsmanagement bemühen.

Die EFQM vergibt den EQA jährlich. Die Bewertung durch eine Jury erfolgt dabei in drei Stufen:
1. Vorauswahl auf Basis der eingereichten Bewerbungsunterlagen
2. Besichtigung und Auditierung des Unternehmens vor Ort
3. Entscheidung aufgrund der Ergebnisse

8.1.1 Bewertungsmodell Business Excellence

Das TQM-Modell der EFQM enthält verschiedene Kriterien zur Beurteilung der Fortschritte, die ein Unternehmen macht. Die acht Grundpfeiler dieses so genannten Modells für Business Excellence sind

Acht Grundpfeiler

1. Ergebnisorientierung,
2. Ausrichtung auf den Kunden,
3. Führung und Zielkonsequenz,
4. Management mittels Prozessen und Fakten,
5. Mitarbeiterentwicklung und -beteiligung,

6. kontinuierliches Lernen, Innovation und Verbesserung,
7. die Entwicklung von Partnerschaften und
8. soziale Verantwortung.

Unternehmen können sich mithilfe dieser Kriterien selbst bewerten, Stärken und Verbesserungspotenziale erkennen und ihre Weiterentwicklung organisieren. Das Bewertungsmodell Business Excellence ermöglicht eine weitgehend objektive Beurteilung. Es verdeutlicht, wo ein Unternehmen im Vergleich zu anderen steht. Speziell ausgebildete Assessoren nehmen diese Bewertungen vor und geben wertvolle Impulse.

Selbstbewertung

Assessoren

8.2 Kontinuierlicher Verbesserungsprozess

Mit der Einführung des Qualitätsmanagement-Systems soll ein Kontinuierlicher Verbesserungsprozess (KVP) in Gang gesetzt werden.

KVP

Das Prinzip der ständigen Verbesserung lautet: Suche ständig nach den Ursachen von Problemen, um alle Systeme (Produkte, Prozesse, Aktivitäten) im Unternehmen beständig und immer wieder zu verbessern.

Die ständige Verbesserung ist keine Methode, die man auf ein Problem anwendet, bis dieses als gelöst gilt. Vielmehr ist die Konzeption des KVP als prozessorientierte Denkweise zu begreifen, hinter der eine ganz bestimmte Geisteshaltung und eine grundlegende Verhaltensweise stehen. Diese Geisteshaltung stellt gleichzeitig das Ziel, aber auch den Weg dorthin dar. Wichtige Grundeinstellungen für einen erfolgreichen Prozess der ständigen Verbesserung sind unter anderem (nach Deming):

Wichtige Grundeinstellungen

- Jede Aktivität kann als Prozess aufgefasst und entsprechend verbessert werden.
- Problemlösungen alleine genügen nicht. Fundamentale Veränderungen sind notwendig.
- Die oberste Unternehmensleitung muss handeln. Verantwortung zu übernehmen reicht nicht.

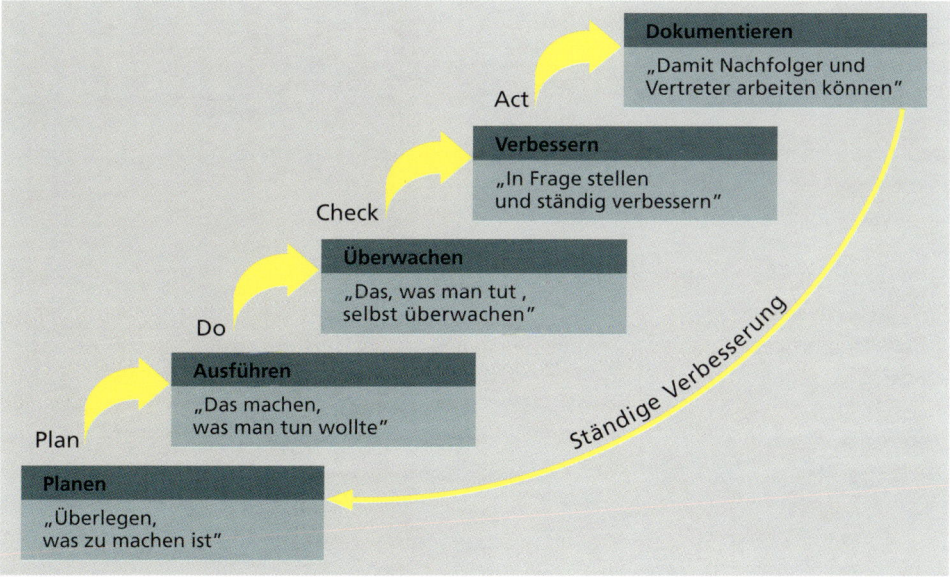

Bild C8-6 Deming-Zyklus, Grundprinzip der ständigen Verbesserung

Deming-Zyklus

Mit dem Deming-Zyklus (Plan-Do-Check-Act-Zyklus) der ständigen Verbesserung
- wird der bestehende Zustand in Zweifel gestellt.
- wird jeder Fehler, jede Abweichung, jedes Problem erkannt und bekämpft.
- werden erreichte Werte als Ausgangspunkt für weitere Verbesserungen angesehen.

Darüber hinaus lässt sich mit dem Plan-Do-Check-Act-Zyklus das Prinzip der ständigen Verbesserung veranschaulichen. Dessen Grundgedanke ist, dass jede Aktivität als Prozess dargestellt und als solcher schrittweise verbessert werden kann.

8.2.1 Ablauf des KVP

In einem Plan legen die verantwortlichen Mitarbeiter und Führungskräfte zunächst den Weg zur Verbesserung fest. Dabei ist zu klären,
- worin die wichtigsten Ergebnisse und die größten Hindernisse bestehen,
- welche Maßnahmen notwendig sind und
- wer welche Maßnahmen bis wann zu erledigen hat (**plan**).

Im nächsten Schritt wird der Plan ausgeführt. Dabei werden alle wichtigen Daten gesammelt, die eine Antwort auf die Fragen des Planungsprozesses geben könnten (**do**).
Anschließend sind die Auswirkungen der Änderungen zu beobachten und die Ergebnisse festzuhalten und zu überprüfen (**check**).
Nun werden der Prozess und die gesammelten Ergebnisse analysiert, um daraus Schlussfolgerungen für Verbesserungsmöglichkeiten ziehen zu können (**act**).

Eingrenzung des Problems

Den PDCA-Zyklus wiederholt zu durchlaufen ist notwendig, weil jeweils das Wissen aus den vorherigen Durchläufen herangezogen und das Problem mit jedem Mal enger eingegrenzt werden kann. Damit wird er zu einem fortwährenden Prozess. Jeder Mitarbeiter hat dabei die Möglichkeit, seinen Beitrag zur ständigen Verbesserung zu leisten.

9 Controllingsysteme

Um Fortschritte messbar zu machen, beispielsweise im Rahmen von TQM- oder EFQM-Bemühungen, reichen traditionelle Kennzahlen nicht aus.

9.1 Balanced Scorecard

Immaterielle Größen

Kennziffern

In diesem Kontext erweist sich das Controllingsystem Balanced Scorecard als nützlich, weil es die Leistungen einer Organisation mit Blick auf Finanzen, Kunden, interne Prozesse und Lernen/Entwicklung in den Fokus rückt. Im Zentrum stehen Vision und Strategie des Unternehmens. Aus ihnen lassen sich schrittweise die wichtigsten Ziele, Kennzahlen, Vorgaben und Maßnahmen ableiten. Anhand dieses Werkzeugs können mittels Zählkarte (= Scorecard) auch immaterielle Größen wie Kundenzufriedenheit oder Innovationsgrad gemessen werden. Welche Kennziffern sich im Einzelfall am besten eignen, legt die Organisation selbst fest. Das große Ziel ist es, alle Faktoren des Unternehmens (d.h. Mitarbeiter, Kunden, Lieferanten) in eine Balance zu bringen.

9.2 Six Sigma

Vielen Managern geht Balanced Scorecard nicht weit genug. Sie setzen auf Six Sigma. Das ist eine Methode, mit der perfekte Qualität erreicht sowie Fehler und Verschwendung in Fertigung, Dienstleistung, Management und allen anderen Geschäftsaktivitäten ausgeschlossen werden sollen. Six Sigma kombiniert Qualitätsmanagement, Datenanalyse und Trainings der Mitarbeiter aller Hierarchiestufen miteinander. Das besonders stark strukturierte Verfahren gliedert sich in die vier Schritte *Vier Schritte*

- messen,
- analysieren,
- verbessern und
- prüfen.

10 Aufbau eines Qualitätsmanagement-Systems im Projektmanagement

Um den Ansprüchen an die Qualität eines Projekts in Bezug auf Leistung, Termine und Kosten zu genügen, ist es notwendig, die Qualität systematisch zu planen und umzusetzen. Dazu müssen Unternehmen ein Projektmanagement-System als Qualitätsmanagement-System für die Projektarbeit aufbauen und pflegen. Daran sollten sämtliche Personen mitarbeiten, die im Projektmanagement und in der Projektarbeit tätig sind. Einzelkämpfertum innerhalb der Führungsebene bleibt auf lange Sicht wirkungslos.

Eine hohe Qualität eines Projekts kann nicht durch bloße Kontrolle während der Projektarbeit entstehen. Vielmehr muss die Grundlage schon mit der gemeinsamen Zielformulierung zu Projektbeginn *Maßnahmen* gelegt werden. Die Ergebnisse der Projektarbeit muss die Organisation außerdem regelmäßigen Überprüfungen unterziehen und in ein Programm zur Verbesserung der Projektqualität einbringen.

Beim Aufbau und der Verbesserung des Projektmanagement-Systems sollten die Verantwortlichen einige wesentliche Anforderungen bezüglich Schnittstellen, Verantwortung und Mitarbeitern berücksichtigen. Sind diese erfüllt, ruht das Projektmanagement-System auf einer breiten und dokumentierten Basis.

10.1 Schnittstellen

Alle Schnittstellen, die sich innerhalb des Projekts ergeben, müssen als Kunden-Lieferanten-Beziehungen verstanden werden. Das betrifft sowohl die internen als auch die externen Beziehungen. Missverständnisse und Probleme werden auf diese Weise vermieden, denn Kunde und Lieferant können gemeinsam präzise Anforderungen definieren (z.B. in Verträgen, Lastenheften, Anforderungsprofilen und Arbeitspaketen) und dann die entsprechenden Leistungen erbringen. Dies reduziert Reibungsverluste und Mehrarbeit. *Kunden-Lieferanten-Beziehungen*

10.2 Verantwortung

Die Verantwortung für das Arbeitsergebnis liegt dort, wo die Arbeit ausgeführt wird. Arbeitspaketverantwortliche zu benennen ist daher Grundvoraussetzung für gute Projektarbeit. Durch einen persönlichen Nutzen – etwa Lob, leistungsgerechte Bezahlung oder Prämien für besondere Erfolge

Persönlicher Nutzen in der Projektarbeit (z.B. Erreichen eines Meilensteins) – muss sich die erzielte Projektqualität für den einzelnen Projektmitarbeiter lohnen. Beteiligte einzubinden und Erfolge anzuerkennen bringt mehr als Anordnungen oder unreflektierte Kritik. An die Stelle allgemeiner Appelle rücken eindeutige Maßstäbe in Bezug auf Leistungen, Termine und Kosten. Leitlinie ist dabei ausschließlich die Zufriedenheit des Projektauftraggebers. Die Vorgaben und Ziele werden durch einen systematischen Vergleich des jeweiligen Arbeitsstands mit den Kundenerwartungen überprüft.

10.3 Mitarbeiter

Ein wichtiger Bestandteil des Qualitätsmanagement-Systems ist die Mitarbeiterorientierung. Sie reicht von der Einstellung qualifizierter Mitarbeiter über die kontinuierliche Weiterqualifikation bis hin zur Einbindung in den Arbeitsablauf. Qualifizierte Mitarbeiter sind notwendig, um das Ideal eines optimal durchgeführten, auf die Kundenbelange ausgerichteten Prozesses zu erreichen. Das Management

Befragungen sollte sie regelmäßig befragen, weil sich daraus Hinweise auf Qualitätsmängel ergeben können. Um die Qualifikation der Mitarbeiter passend zum Bedarf ausbauen zu können, müssen die Unternehmen Aufgabenbeschreibungen erstellen, Qualifikationsabweichungen lokalisieren und Schulungsmaßnahmen umsetzen ($\rightarrow$ Kapitel D3).

Die Mitarbeiter können allerdings nur dann optimale Prozessergebnisse erzielen, wenn
- die Befugnisse klar zugeordnet sind,
- sie mit den Arbeitsbedingungen zufrieden sind und
- Schwierigkeiten aus dem Bereich der weichen Faktoren (z.B. Konflikte) vermieden werden (z.B. durch Mitarbeitergespräche $\rightarrow$ Kapitel D3 oder Methoden zur Problemlösung $\rightarrow$ Kapitel D5).

Schnittstellenüber-greifend arbeiten Über eine projektbezogene Arbeitsorganisation werden die Mitarbeiter am gesamten Projektprozess beteiligt. Arbeitsgruppen übernehmen die einzelnen Teile des Projekts in Eigenregie und lösen die Projektaufgabe schnittstellenübergreifend. Sie haben einen besseren Überblick, ein stärker ausgeprägtes Verständnis für Zusammenhänge und ein stärkeres Qualitätsbewusstsein als Mitarbeiter, die nur einen eng umrissenen Arbeitsbereich abdecken.

Anforderungen an Personal Projektmitarbeiter ($\rightarrow$ Kapitel D3) müssen eine Ausbildung im Projektmanagement sowie unter anderem Kommunikationsfähigkeit mitbringen. Projektleiter dagegen brauchen ausgeprägte Managementqualitäten ($\rightarrow$ Kapitel D1).

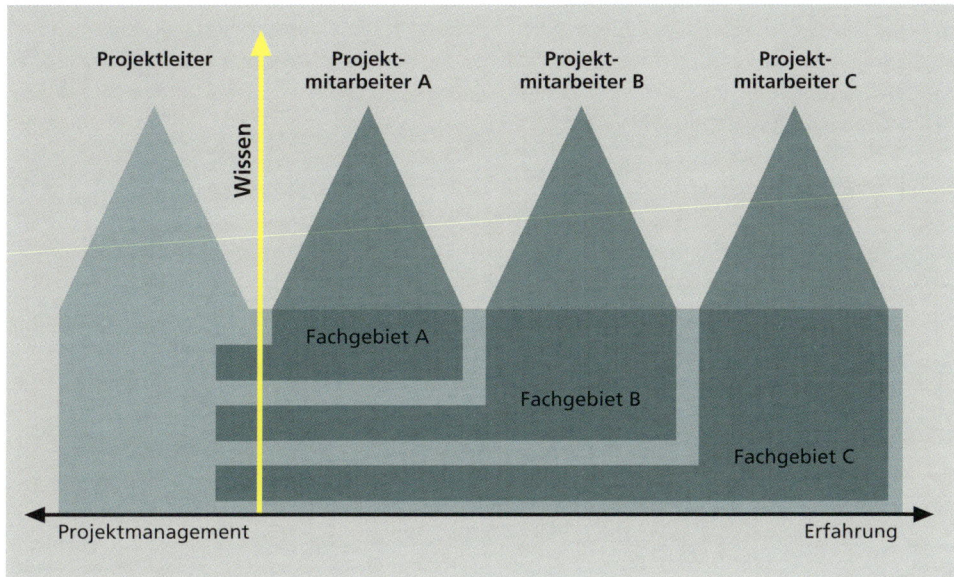

Bild C8-7 Anforderungsprofil für das Projektpersonal

10.4 Dokumentation im Projektmanagement-Handbuch

Um zu vermeiden, dass ein immer gleicher Ablauf in jedem Projekt neu definiert und beschrieben wird, ist es sinnvoll, entsprechende Anweisungen und Dokumente

- in einer bestimmten Form zu erstellen,
- als verbindlich für die Projektorganisation einzuführen,
- in einem Projektmanagement-Handbuch zusammenzufassen und
- damit zu arbeiten.

Anweisungen und Dokumente

Das Projektmanagement-Handbuch ($\rightarrow$ Kapitel C9, F1) ist die Dokumentation des Projektmanagement-Systems. Mit ihm sichert die Organisation die Qualität ihres Projektmanagements. In dem Handbuch sind die Verfahren, die in Projekten dieser Organisation angewandt werden müssen, beschrieben und Checklisten zur systematischen Projektarbeit definiert. Es findet unabhängig von der Art des Projekts und der durchführenden Organisationseinheit Anwendung. Ob es sich beispielsweise um ein Entwicklungs- oder Organisationsprojekt handelt, spielt also keine Rolle. Das Projektmanagement-Handbuch gibt die Einstellung des Managements zur Projektarbeit und zur Verbesserung der Projektqualität im Unternehmen wieder.

Projektmanagement-Handbuch

10.5 Projektdokumentation im Projekthandbuch

Das Projekthandbuch dagegen stellt die Zusammenfassung der Projektziele, -aufgaben, -organisation, -planung, -planungsfortschreibung und -dokumentation für das einzelne Projekt dar und ist somit dessen Qualitätshandbuch. Basis ist das Projektmanagement-Handbuch der Organisation. Mit dem Projekthandbuch wird die Qualität eines Projekts in Hinblick auf die Qualitätsparameter Leistung, Termine und Kosten gesichert. Nach dem Projektabschluss dient das Projekthandbuch

Projekthandbuch

zur Ergebnis- und Erfahrungssicherung, auf deren Grundlage später ein ähnliches Projekt geplant oder ein neues Projektteam gebildet werden kann. Bevor die eigentliche Projektarbeit beginnt, legen Projektteam oder Projektleiter fest, wie mit Protokollen, Berichten, Zeichnungen und allen sonstigen Dokumenten umzugehen ist, damit sie in der richtigen Form zur rechten Zeit am richtigen Ort zur Verfügung stehen.

Die situationsangepasste Dokumentation und Archivierung mittels Projektaufzeichnungen (= projektbezogene Dokumente) im Projekthandbuch dient als Nachweis dafür, dass ein wirkungsvolles Projektmanagement-System eingerichtet ist und das betreffende Projekt die darin festgelegten Anforderungen erfüllt. So lässt sich auch erworbenes Know-how sichern (→ Kapitel C10).

11 Qualitätsnachweis mittels Audit

Ein Audit ist eine systematische, unabhängige Untersuchung. Sie dient dazu festzustellen, ob eine Verfahrensweise und die damit verbundenen Ergebnisse den Vorgaben entsprechen. Außerdem soll es eine Aussage darüber erlauben, ob die geplanten Abläufe geeignet sind, die Qualitätsziele zu erreichen.

In Projektmanagement-Audits werden alle Bereiche des Projektmanagement-Systems in regelmäßigen Abständen daraufhin unter die Lupe genommen, ob die richtigen Managementmaßnahmen festgelegt und einwandfrei und nachweisbar durchgeführt wurden. Ziel ist dabei die Optimierung dieses Systems. Als unterstützendes Werkzeug für Audits eignet sich das Untersuchungsinstrument PM Delta der Deutschen Gesellschaft für Projektmanagement (GPM). Grundlage eines jeden Audits ist das unternehmensspezifische Projektmanagement-Handbuch. Das Projektmanagement-Audit mit einer Projektüberprüfung zu verknüpfen ist gerade bei großen Vorhaben sinnvoll.

PM Delta

Nutzen Das Projektmanagement-Audit macht deutlich,
- wie zweckmäßig und für die jeweilige Organisation angemessen ein Projektmanagement-System ist, ob es ausreichend wirkt und wo noch Verbesserungspotenziale bestehen,
- ob die Projektmanagement-Maßnahmen ausreichend dokumentiert werden,
- ob die Forderungen des Projektmanagement-Handbuchs erfüllt werden und
- welche organisatorischen Schwachstellen bestehen.

Auf dieser Basis legt die auditierte Organisation Maßnahmen zur Systemverbesserung fest.

11.1 Auditor

Auditoren dürfen nur Personen sein, die keine unmittelbare Verantwortung in dem zu auditierenden Bereich haben. Im Sinne des Vier-Augen-Prinzips sind zwei Auditoren zuständig für die
- Erstellung eines Auditplans,
- wirkungsvolle Durchführung des Audits,
- Protokollierung der Auditergebnisse,
- vertrauliche Behandlung der Auditergebnisse und
- Vorlage eines Auditberichts.

Vier-Augen-Prinzip

Es muss festgestellt werden, ob das Projektmanagement-Handbuch mit seinen Anweisungen und Checklisten sowie alle anderen erforderlichen Informationen den Mitarbeitern bekannt und verfügbar sind, ob sie verstanden und angewendet werden und ob die Anweisungen und Vorgaben ausreichen, um die Projektziele zu erreichen. In einem Auditprotokoll halten die Projektmanagement-Auditoren die Ergebnisse des Audits fest.

11.2 Ablauf

Der auditierte Bereich arbeitet während des gesamten Audits mit den Auditoren zusammen und liefert ihnen die geforderten Informationen. Ein Projektmanagement-Audit läuft in folgenden Schritten ab: *Acht Auditschritte*

1. Das Management, das dem Projektmanagement übergeordnet ist, bestimmt den Auditrahmen.
2. Zunächst findet ein Einführungsgespräch mit dem Projektleiter und seinem Team statt. Die Auditoren erläutern den Zweck, die Vorgehensweise und die Regeln für das Audit und die Berichterstattung. Dann listet die Gruppe auf, welche Managementverfahren und Dokumentationen für das Audit herangezogen werden. Sie legt außerdem einen Zeitplan und einen Ort für das Abschlussgespräch fest. Für das Audit benötigte Projektmitarbeiter werden informiert.
3. Die Auditoren prüfen die Projektunterlagen und vergleichen diese mit dem zugrunde liegenden Projektmanagement-Handbuch. Abweichungen und Unterlassungen können bereits zu diesem Zeitpunkt festgestellt werden. Diese Überprüfung ergibt auch Stoff für Befragungen vor Ort.
4. Durch Befragungen vor Ort sammeln die Auditoren Nachweise. Problembereiche arbeiten sie heraus, indem sie Unterlagen prüfen und Tätigkeiten beurteilen. Allgemein verständliche Formulierungen, Erklärungen und die Möglichkeit, Zwischenfragen zu stellen, sollen den Befragten dabei helfen, Verständnisprobleme auszuräumen. Geht aus der Antwort eines Befragten eine Abweichung vom Soll-Zustand hervor, wiederholen die Auditoren diese Antwort mit eigenen Worten. So lassen sich Missverständnisse und Konfrontationen vermeiden, die den Auditablauf behindern und den Erfolg schmälern können. Eine aggressive Fragestellung und Vorwürfe bei erkannten Abweichungen vergiften das Auditklima und haben deshalb generell zu unterbleiben.
5. Das Ergebnis der Befragung sollten die Auditoren durch praktische Prüfungen (= Vergewissern) kontrollieren. In der Regel gehen Befragung und praktische Prüfung ineinander über.
6. Stellen die Auditoren eine Abweichung vom Soll fest, halten sie diesen Mangel im Auditprotokoll fest.
7. Die Auditoren bewerten die festgestellten Mängel. Es gibt Mängel, die noch akzeptiert werden können, und nicht mehr hinnehmbare Mängel, die erwarten lassen, dass die Projektmanagement-Ziele verfehlt werden.
8. Im Abschlussgespräch fassen die Auditoren die Ergebnisse zusammen und vereinbaren mit dem Projektleiter Verbesserungsmaßnahmen.

11.3 Auditbericht

Der Auditbericht sollte folgende Angaben enthalten: *Inhalte*

- Umfang und Ziel des Audits
- Namen der Auditoren
- Audittermin und Bereich, der auditiert wurde
- Angaben zu den herangezogenen Referenzdokumenten (z.B. Projektmanagement-Handbuch, Projekthandbuch)
- Feststellung von Abweichungen und Mängeln

- Verbesserungsmaßnahmen, Verantwortliche und Termine
- Urteil der Auditoren über den Stand des Projektmanagements
- Ort, Datum und Unterschrift der Auditoren
- Verteiler

Den Auditbericht sollten die Auditoren mit dem Projektleiter abstimmen. Bestehen Meinungsverschiedenheiten, sind beide Meinungen in den Bericht aufzunehmen.

12 Zertifizierung

Konformität

Eine Zertifizierung baut auf einer Qualifizierung auf. Sie ist eine Bescheinigung der Übereinstimmung (= Konformität) eines Produkts, Managementsystems oder einer Personenqualifizierung durch eine unabhängige Stelle

- im gesetzlich geregelten Bereich: mit den Anforderungen einer nationalen Rechtsvorschrift oder einer EU-Richtlinie auf der Grundlage eines gesetzlich vorgegeben Verfahrens und
- im gesetzlich nicht geregelten Bereich: mit den Anforderungen einer Norm oder einer sonstigen Regel auf der Grundlage einer freien Abmachung.

Motive

Unter den vielfältigen Motiven für eine Zertifizierung treten folgende in den Vordergrund:

- Kunden beziehungsweise der Markt setzen die Zertifizierung voraus. Dies ist bei öffentlichen Ausschreibungen häufig der Fall.
- Das Unternehmen will die Zertifizierung aktiv für Marketingzwecke nutzen.
- Durch die Zertifizierung sollen die Produkt- und Prozessqualität und damit letztlich die Kundenzufriedenheit gesteigert werden.
- Die Zertifizierung dient als Grundlage für die Ausrichtung des Unternehmens auf TQM.

12.1 Personenzertifizierung im Projektmanagement

Gemeinsames Wissensniveau

Um die komplexen Projektaufgaben lösen und das Verhalten von Projektbeteiligten über nationale Grenzen hinweg aufeinander abstimmen zu können, ist ein gemeinsames Niveau von Projektmanagement-Wissen in Theorie und Praxis nötig. Die International Project Management Association (IPMA) und die Deutsche Gesellschaft für Projektmanagement (GPM) haben beispielsweise Kriterien für eine Zertifzierung definiert ($\rightarrow$ Kapitel D3).

12.2 Zertifizierung von Projektmanagement-Systemen

Voraudit

Eine Zertifizierung von Projektmanagement-Systemen ist im Rahmen der ISO 9001 durch unabhängige Zertifizierungsgesellschaften möglich. Die Zertifizierung und Überwachung des Managementsystems durch die Zertifizierungsstelle setzt sich im Wesentlichen aus folgenden Schritten zusammen:

1. Vor dem eigentlichen Zertifizierungsaudit bietet die Zertifizierungsstelle dem Unternehmen ein freiwilliges Voraudit an. Der daraus resultierende Bericht gibt ihm die Möglichkeit, Schwachstellen im Managementsystem zu korrigieren.
2. Parallel zum Voraudit oder im Anschluss daran prüft die Zertifizierungsstelle die Unterlagen der Organisation (z.B. Qualitätsmanagement-, Projektmanagement-Handbuch, Anweisungen).

3. Anschließend findet ein Zertifizierungsaudit statt. In der Regel werden dabei zwei Zertifizierungsauditoren eingesetzt, von denen mindestens einer ausgewiesene, mehrjährige Berufserfahrung in der entsprechenden Branche mitbringt.

Zertifizierungsaudit

Das ausgestellte Zertifikat gilt in der Regel drei Jahre. Während seiner Laufzeit findet im Unternehmen zusätzlich ein jährliches Überwachungsaudit statt. Nach Ablauf der dreijährigen Gültigkeit erfolgt ein Re-Audit.

Überwachungsaudit
Re-Audit

13 Qualität im Projekt

Um die Qualität in einem konkreten Projekt sicherzustellen, ist einerseits die Anwendung von Regelungen und Arbeitsmitteln (Projektmanagement-Handbuch, Projekthandbuch), andererseits die Anwendung von Verfahren (Reviews, Audits) unter Ausnutzung von Managementmethoden unerlässlich.

13.1 Projekt-Review

Das Projekt-Review ist ein Prüfverfahren, das den Status eines Projekts in Bezug auf die Leistung, Kosten und Termine zum Zeitpunkt der Prüfung kritisch beleuchtet. Im Review werden die erreichten Sachergebnisse analysiert, der Projektverlauf bewertet und Probleme diskutiert. Der Abgleich des Soll-Ist-Zustands erfolgt auf Grundlage der Projektvorgaben (Verträge, Spezifikationen), der Projektplanung und der Projektfortschreibung. Mit dem Projekt-Review sollen Abweichungen und mögliche Steuerungsmaßnahmen aufgezeigt werden.

Steuerungs-
maßnahmen

Die Projekt-Reviews werden regelmäßig zu festgelegten Terminen durchgeführt. Das kann – abhängig von der Art des Projekts – beispielsweise ein bestimmter Wochentag (Jour fixe) oder einmal pro Monat sein. Zu den Phasenübergängen sollte ebenfalls jeweils ein Review stattfinden. Das Projekt-Review am Ende des Projekts hat zum Ziel, Erfahrungswerte für zukünftige Vorhaben zu sichern.

Review-Zeitpunkte

13.2 Bewertung der Projektqualität mit Project Excellence

Jedes Projekt hat mehrere Ausrichtungsgrößen, unter anderem die Stakeholder (z.B. Kunden, Mitarbeiter, Investoren), die Unternehmensstrategie (z.B. Wachstum, Stabilität, Liquidität) und die Projektaspekte Zielstellung, Planung, Umsetzung und Zielerreichung. Die GPM hat 1996 das Modell Project Excellence geschaffen. Damit ist es möglich, die Qualität der Projektarbeit in Bezug auf bestimmte Ausrichtungsgrößen einem neutralen Bewertungsverfahren zu unterziehen.

Ausrichtungsgrößen

Bei der Bewertung (= Assessment) auf der Basis von Project Excellence wird dem Projekt der Spiegel vorgehalten. Ermittelt und bewertet werden beispielsweise Vorstellungen, Assoziationen, Wünsche und Erwartungen, die die Beteiligten zum Projekt äußern. Das Modell Project Excellence liefert Standardfragen und Bewertungsbedingungen in Bezug auf

Standardfragen

- eine exzellente (= ausgezeichnete, fortschrittliche) Vorgehensweise und den Anwendungsumfang des Projektmanagements sowie
- hervorragende Projektergebnisse.

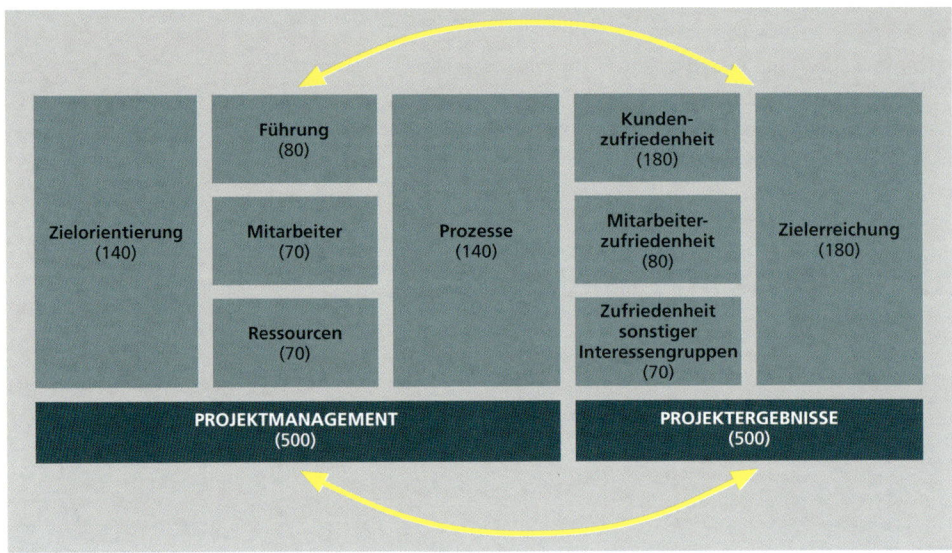

Bild C8-8 Bewertungsmodell Project Excellence und Punktewerte je Kriterium

Hauptbereiche Bei dem Modell Project Excellence vergibt ein Assessorenteam in den zwei Hauptbereichen

- Projektmanagement und
- Projektergebnisse

Kriterien- und Nachweisfelder in neun Kriterien- und 22 Nachweisfeldern auf der Grundlage von Maximalpunkten je eine Punktezahl. Zu jedem Nachweisfeld werden zudem Stichpunkte gesammelt, um Stärken erkennen, Nachweise führen und Verbesserungspotenziale lokalisieren zu können. Diese Kriterien bilden die Merkmale für die strategische Ausrichtung der Projektarbeit. Ihre jeweilige Ausprägung wird in Form von Beurteilungspunkten auf einer Ordinalskala eingetragen. Diese Werte ergeben nun ein Projekt-

Projektprofil profil, das in einem Netzdiagramm grafisch dargestellt werden kann.

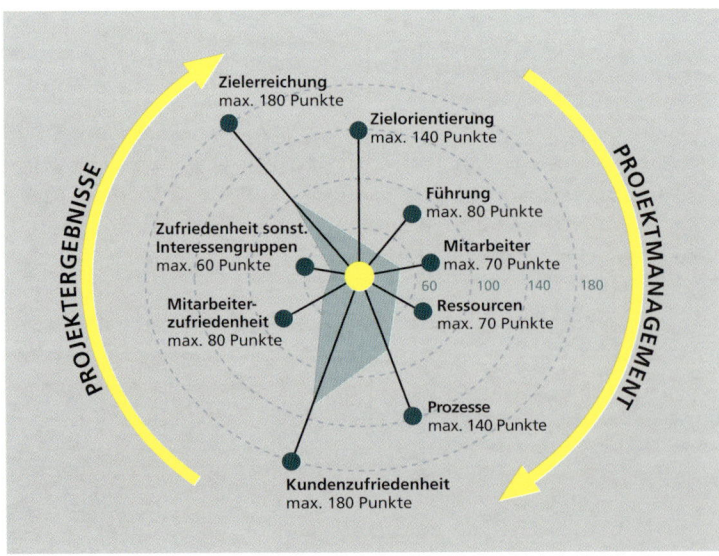

Bild C8-9 Netzdiagramm mit Beispielprojekt (hellgrüne Fläche)

Die Herangehensweise ist leicht nachvollziehbar. Man kann das Modell als projektbegleitendes Instrument nutzen und damit immer wieder den aktuellen Status ermitteln. Projektteams können – gegebenenfalls unter Einbeziehung speziell ausgebildeter Project Excellence-Assessoren – mit diesen neun Kriterien eine Selbstbewertung vornehmen, Stärken und Verbesserungspotenziale erkennen und ihre Weiterentwicklung organisieren. Das Bewertungssystem des Modells ermöglicht eine weitgehend objektive Beurteilung und verdeutlicht, wo das Projekt in Bezug auf die geforderte Projektqualität steht und wie es sich weiterentwickeln kann.

Selbstbewertung

Projektbewertung

Project Excellence-Assessoren sind in der Lage,

Assessoren

- den Stand eines Projekts auf dem Weg zur Project Excellence zu beurteilen,
- Stärken und Verbesserungspotenziale zu ermitteln,
- zu Stärken und Verbesserungsbereichen sowie zur Bewertung (gemäß Punktesystem) einen Konsens im Team herzustellen,
- die verfügbaren Informationen im Projekt auf Stimmigkeit und Richtigkeit zu überprüfen,
- Informationslücken zu schließen,
- für das bewertete Unternehmen ein ausführliches Feedback zu formulieren, das für die Führungskräfte und Mitarbeiter nachvollziehbar, verständlich und für die Weiterentwicklung nützlich ist und
- Maßnahmen zur Verbesserung zu bewerten und damit wesentliche Impulse zur Weiterentwicklung des Unternehmens zu geben.

13.3 Weitere Methoden zur Bewertung der Projektqualität

Weitere Methoden zur Bewertung der Projektqualität sind

- PM Delta,
- Capability Maturity Model (CMM),
- B00TSTRAP und
- SPICE.

13.3.1 PM Delta

Mit PM Delta (→ Kapitel F2), der Analysemethode der GPM, werden Projekte an einem neutralen, mit relevanten Normen (→ Kapitel F3) in Einklang stehenden Standard gemessen. Ein umfassender Fragen- und Antwortkatalog hilft, Stärken zu erkennen und Potenzial im Projektmanagement aufzuzeigen. PM Delta unterscheidet zwei Varianten der Diagnose:

Diagnosevarianten

1. Diagnose des Projektmanagements im Projekt: Mit dieser Diagnoseform wird Projektmanagement in seiner Anwendung im konkreten Projekt bewertet. Unternehmensinterne Abläufe in der Projektabwicklung können überprüft werden, um auf diese Weise für künftige Projekte zu lernen.
2. Diagnose des Projektmanagement-Systems: Mit dieser Diagnoseform ist feststellbar, ob die Prozesse im Projekt effizient sind. So lassen sich Prozesse zur Projektabwicklung reproduzierbar machen.

Eine Projektmanagement-Diagnose gliedert sich in die drei Phasen:

Diagnosephasen

1. Einstieg
2. Durchführung
3. Auswertung

In Phase 1 werden die Ziele und der Diagnoseablaufplan festgelegt. Nun werten die PM Delta-Assessoren die Unterlagen aus, die ihnen zur Verfügung gestellt werden. In Phase 2 finden Interviews mit den Mitarbeitern statt. Die Assessoren prüfen dabei, ob die vereinbarten Regeln zum Projektmanagement auch wirklich angewandt werden. In der Auswertungsphase dokumentieren sie Stärken und Handlungsbedarf in einem zusammenfassenden Diagnosebericht. Die Güte der einzelnen Projektmanagement-Prozesse, wie sie in der ISO 10 006 beschrieben sind, bewerten sie auf einer Zahlenskala von 1 bis 10 und tragen sie in ein so genanntes Radar-Diagramm ein.

13.3.2 Capability Maturity Model

Projekte aller Art

Das CMM (→ Kapitel F2) ist ein Rahmen, in dem die Schlüsselelemente eines effektiven Softwareentwicklungsprozesses zusammengefasst sind. Obwohl sich CMM auf die Prozessoptimierung in der Softwareentwicklung konzentriert, setzen Unternehmen das Modell in der Praxis dazu ein, interne Abläufe bei Projekten aller Art zu optimieren.

13.3.3 BOOTSTRAP

Softwareprojekte

BOOTSTRAP ist ein standardisiertes Verfahren zur Analyse und Verbesserung von Softwareentwicklungsprozessen. Die international anerkannte Methode ermöglicht es, die Softwareentwicklungspraxis in einem Unternehmen objektiv zu bewerten. In einem BOOTSTRAP-Assessment werden anhand von drei bis fünf Projekten sowohl die Vorgaben für die Organisation von Softwareprojekten als auch die Fähigkeit untersucht, diese in die Praxis umzusetzen. Das Ergebnis ist ein individueller, von Experten zusammengestellter Aktionsplan für die schrittweise Verbesserung und Implementierung ausgewählter Prozesse. Setzt die Organisation die aufgezeigten Verbesserungsmaßnahmen konsequent um, reduziert sie damit nachweislich die Entwicklungskosten und steigert die Produktivität deutlich.

13.3.4 SPICE

Sechs Stufen

Nach CMM und BOOTSTRAP wurde SPICE (= Software Process Improvement and Capability Determination) ins Leben gerufen. SPICE ist ein Konzept zur standardisierten Bewertung der Softwareentwicklung. Es sieht sechs Stufen (chaotisch, intuitiv, geführt, etabliert, vorhersagbar und optimiert) vor, um die Qualität der angewandten Prozesse zum Zeitpunkt der Prüfung darzustellen. Daraus lässt sich ablesen, inwieweit die Prozessqualität ausreicht, um die Ziele der Organisation insgesamt zu erreichen. Dies ist der Ausgangspunkt für eine kontinuierliche Verbesserung.

14 Qualitätsmanagement-Methoden

Im Management haben sich in den vergangenen Jahrzehnten viele standardisierte Methoden durchgesetzt. Gleichzeitig entwickelten sich in den verschiedenen Managementdisziplinen (z.B. Prozessmanagement, Projektmanagement) unabhängig voneinander Vorgehensmodelle, die sich gut für die Anwendung in anderen Disziplinen eignen:

Benchmarking

1. Benchmarking (→ Kapitel F2) kann dabei helfen, die Qualität des Projektmanagements beziehungsweise der Projektarbeit deutlich zu verbessern. Dabei wird die eigene Arbeitsweise mit der Arbeitsweise von Projektteams verglichen, die als besonders leistungsfähig bekannt sind.

2. Quality Function Deployment (QFD) hilft bei der Projektplanung, die Anforderungen des Kunden genau zu erfassen und in eine für das Projektteam verständliche Sprache zu übersetzen. QFD findet zu einem frühen Zeitpunkt innerhalb eines Projekts statt.

QFD

3 Das Ursachen-Wirkungs-Diagramm ($\rightarrow$ Kapitel D2) zeigt die Ursachen und Wirkungen gewisser Sachverhalte auf. Es eignet sich besonders zur Problembewältigung während der Projektumsetzung.

Ursachen-Wirkungs-Diagramm

14.1 Quality Function Deployment

QFD ist kein prozessorientierter Qualitätsansatz wie CMM, sondern eine Vorgehensmethodik, die unmittelbar beim Produkt ansetzt. Es geht – etwas vereinfacht ausgedrückt – darum, Wünsche des späteren Benutzers zu ermitteln und in technische Ziele umzusetzen.

Benutzerwünsche in technische Ziele umsetzen

Die Qualität eines Projekts wird weitgehend in der Planungsphase festgelegt. Deshalb ist darauf zu achten, dass die Kundenwünsche bereits zu diesem Zeitpunkt berücksichtigt werden, um sie in die Leistungsgestaltung einfließen lassen zu können. Speziell bei technischen Entwicklungsprojekten unterstützt Quality Function Deployment (frei übersetzt: Qualitätsfunktionen-Darstellung) diese Aufgabe. QFD erlaubt es, die Anforderungen des Kunden in die Sprache des Technikers zu übertragen. Durch die Anwendung in der Planungsphase werden die Anforderungen an alle Leistungen und Prozesse genau ermittelt, sodass die Endleistung den Kundenwünschen tatsächlich entspricht. Weil die Bedeutung der ermittelten Produktmerkmale zu einem frühen Zeitpunkt im Projekt bewertet wird, kristallisieren sich kritische Merkmale rechtzeitig heraus.

Anwendung in der Planungsphase

Produktmerkmale

Im ersten Schritt setzen die Mitarbeiter die Kundenanforderungen in messbare Produktmerkmale um. In drei weiteren Phasen erarbeiten sie aus den Ergebnissen Konstruktions- und Prozessmerkmale und schreiben Arbeits- und Prüfanweisungen fest. In jeder Phase wird ein House of Quality (HoQ, Haus der Qualität) erstellt. Es ermöglicht die grafische Veranschaulichung der Projektaspekte und sichert ein strukturiertes Vorgehen. Mit dieser Vorgehensmethodik werden die Qualitätsforderungen durchgängig berücksichtigt, die Gefahr von Fehlentwicklungen minimiert und die Kundenorientierung gesteigert.

Konstruktions- und Prozessmerkmale

House of Quality

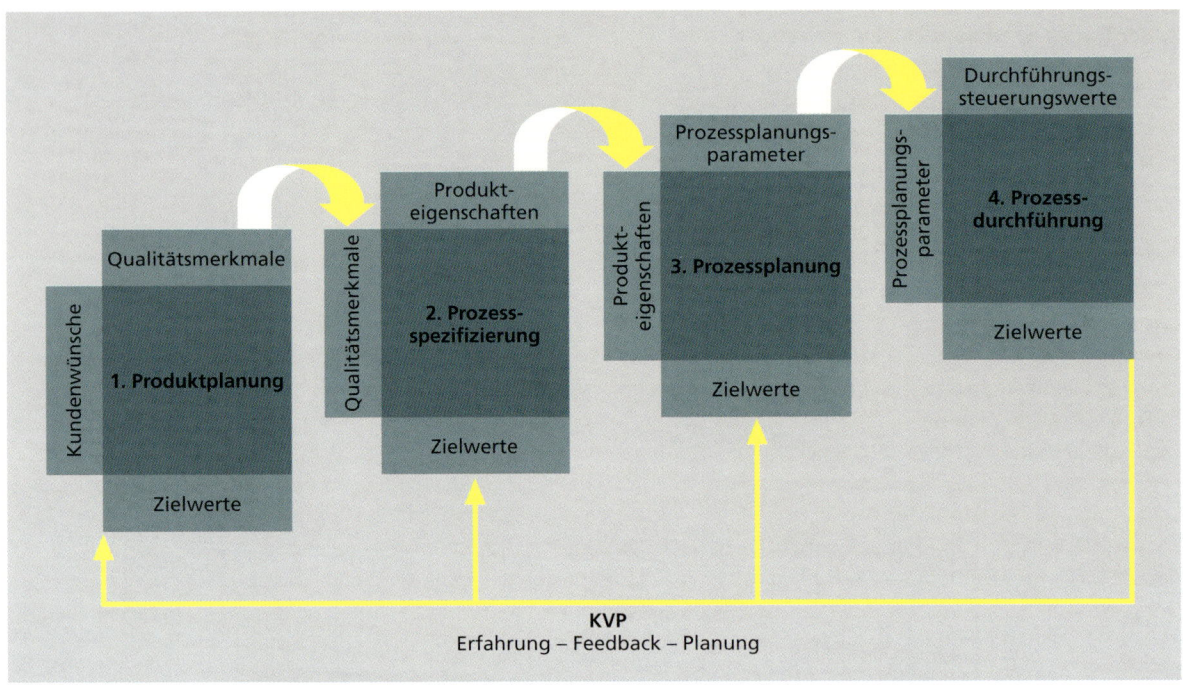

Bild C8-10 Planungsschritte im QFD

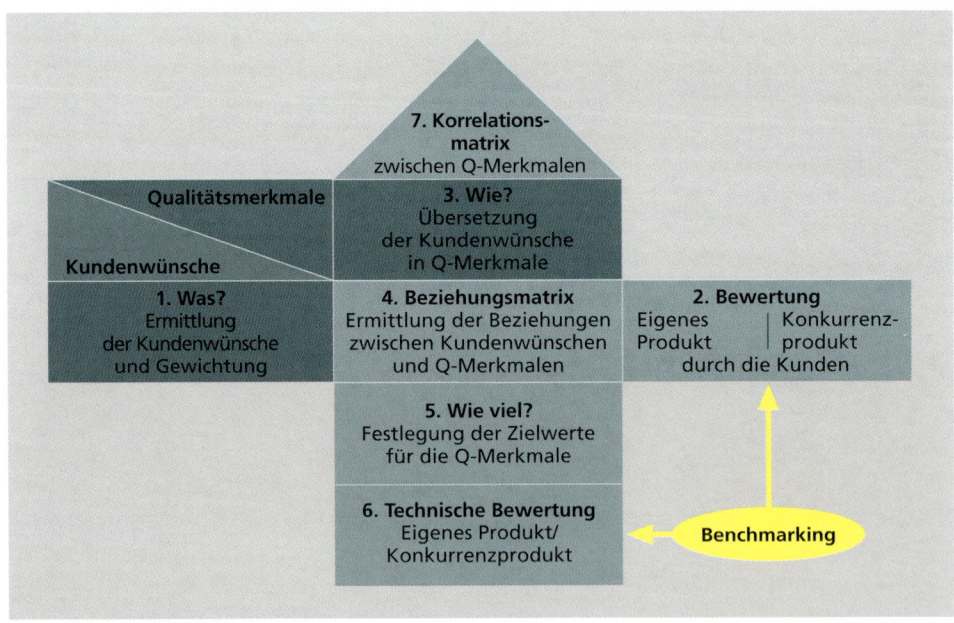

Bild C8-11 House of Quality

Um die Kommunikation zwischen den einzelnen Bereichen des Unternehmens (z.B. Marketing, F&E, Qualitätswesen, Arbeitsvorbereitung, Produktion, Kundendienst) zu verbessern, sind zunächst ein fachübergreifendes QFD-Team (fünf bis acht Mitglieder) und ein mit QFD gut vertrauter Moderator zu benennen. In diesem Team sind die einzelnen Bereiche des Unternehmens vertreten. Der Moderator leitet die QFD-Runde. Durch die Teamarbeit wird das prozessorientierte Denken der beteiligten Mitarbeiter gefördert. Die übersichtliche Darstellung im HoQ ist gleichzeitig eine gute Form der Dokumentation.

In jeder Phase wird der Frage „Was wird gefordert?" die Frage „Wie werden die Forderungen erfüllt?" gegenübergestellt. Das Wie (= Ergebnis) einer Phase dient der nächsten Phase als Was (= Eingangsdaten). *Vier Phasen*

- In der ersten Phase, der Produktplanung, werden Kundenanforderungen (= Was) Produktmerkmalen beziehungsweise Entwicklungsanforderungen (= Wie) gegenübergestellt.
- In der zweiten Phase, der Prozessspezifizierung, werden die kritischen Produktmerkmale (= Was) in Qualitätsmerkmale einzelner Baugruppen beziehungsweise Teile (= Wie) umgesetzt.
- In der dritten Phase, der Prozessplanung, werden aus den kritischen Baugruppenmerkmalen (= Was) Prozessmerkmale und -parameter für Prozess- und Prüfablaufpläne (= Wie) ermittelt.
- In der vierten Phase, der Prozessdurchführung, werden die kritischen Prozessmerkmale (= Was) in Arbeits- und Prüfanweisungen (= Wie) übertragen. Mit diesen Anweisungen kann der Prozess durchgeführt werden.

Die Darstellung aller vier Phasen im HoQ ist aufwändig. Es ist deshalb durchaus möglich, nur die Pläne für die Phasen zu erstellen, bei denen es bisher Umsetzungsprobleme gab. Häufig findet das HoQ nur in der ersten Phase statt, da die Übersetzung der Kundenanforderungen in Leistungsmerkmale erfahrungsgemäß die größten Schwierigkeiten bereitet.

Fragen zur Selbsteinschätzung gemäß Zertifikatslevel

Nr.	Frage	Level				Selbsteinschätzung
		D	C	B	A	
C8.1	Was sind die Hauptaufgaben eines TQM-Ansatzes im Unternehmen?	1	1	1	4	☐
C8.2	Was sind die Grundpfeiler des TQM-Modells von EFQM?	1	1	1	4	☐
C8.3	Wie und womit sichert man die Qualität im Projekt?	2	2	3	4	☐
C8.4	Wo und wie setzt man Quality Function Deployment ein?	1	1	1	1	☐

C9 FORTSCHRITTSKONTROLLE UND PROJEKTSTEUERUNG

Eine kontinuierliche Projektfortschrittsmessung ist Voraussetzung dafür, dass der Projektleiter Fehlentwicklungen rechtzeitig erkennen und Gegenmaßnahmen einleiten kann. Ansätze zur Fortschrittskontrolle (ICB-Element 19) bilden daher einen Schwerpunkt des Projektmanagements. Der Projektleiter muss wissen, wie er steuern kann (ICB-Element 20), wenn der tatsächliche Projektfortschritt hinter dem geplanten zurückbleibt. Vorgestellt werden in diesem Kapitel Maßnahmen, die den Leistungsumfang und den Aufwand reduzieren und die Produktivität erhöhen. Eng damit verknüpft sind die Anforderungen an Dokumentation und Berichtswesen (ICB-Element 21).

1 Fortschrittskontrolle

Bei der projektbegleitenden Kostenverfolgung ($\rightarrow$ Kapitel C6) wurde zunächst unterstellt, dass die Fortschrittskontrolle unproblematisch ist und die Soll-Kosten der Ist-Leistung (= Earned Value, Ist-Fertigstellungswert, Arbeitswert, Budgeted Cost of Work Performed) einfach ermittelt werden können. Die Projektkostenkontrolle hat nur mit Informationen über den Projektfortschritt die notwendige Aussagekraft.

Kostenkontrolle

Beispiel
Der Bau eines Hochhauses soll zwölf Monate dauern. Nach sechs Monaten und einem Fertigstellungsgrad von 30 Prozent ist die Hälfte des Budgets aufgebraucht. Der Projektleiter hat allen Grund zur Sorge: Gemessen am tatsächlichen Baufortschritt von nur 30 Prozent hätte zum Stichtag erst rund ein Drittel des Budgets verbraucht sein dürfen.

Die ICB drückt sich eher allgemein aus: „Die kontinuierliche Erfassung des Projektfortschritts und des Projektstatus ist für eine wirksame (integrierte) Überwachung und Steuerung der Leistungen, Termine und Kosten unabdingbar."
Der Fortschrittsgrad (= Fertigstellungsgrad) ist das Verhältnis der zu einem Stichtag erbrachten Leistung zur Gesamtleistung eines Vorgangs oder eines Projekts.

Man kann den Fortschrittsgrad – meist ausgedrückt in Prozent – auch für Teilaufgaben und Arbeitspakete sowie einzelne Vorgänge ermitteln. Neben dem Ist-Fortschrittsgrad FGR_{Ist} gibt es den Planfortschrittsgrad FGR_{Plan}.

Fortschrittsgrad

1.1 Probleme bei der Fortschrittsmessung

Die Fortschrittsmessung hat durchaus ihre Tücken. Verschiedene Faktoren können eine Aussage über den wirklichen Projektfortschritt erschweren.

1.1.1 Fehlende (Mengen-)Maßstäbe

Ursache für Probleme ist oft, dass ein geeigneter (Mengen-)Maßstab fehlt, mit dessen Hilfe der Projektcontroller die angefallenen Kosten in Beziehung zum erreichten Projektfortschritt setzen kann. Bei Investitionsprojekten wie zum Beispiel Bauvorhaben und Projekten im Anlagenbau wird es

Messen,
Zählen, Wiegen

zunächst meist für einfach gehalten, den Projektfortschritt festzustellen: Man kann durch Messen, Zählen und Wiegen von Leistungsgrößen wie Aushub, Schalungsfläche, Betonverbrauch oder verlegte Rohrleitungen die jeweils erbrachte Leistung für das Gesamtprojekt, Teilaufgaben, Arbeitspakete oder Vorgänge ermitteln. Eine Analyse zeigt allerdings, dass sich im Anlagenbau bei einer Reihe von

Technische Planung

Arbeitspaketen ein Mengenmaßstab nicht für die Fortschrittsmessung eignet, etwa bei der technischen Planung [1].

F&E-Projekte

Das gleiche Problem taucht bei F&E-Projekten auf. Bei dieser Projektart gestaltet sich die Fortschrittsmessung besonders schwierig. Mengenmaßstäbe sind nur schwer einsetzbar, um herauszufinden, welche Leistung mit dem verbrauchten Teil des Budgets erzielt wurde.

Beispiel
Ein Ingenieur und ein Biochemiker arbeiten an einem umfangreichen Pflichtenheft für die Entwicklung eines innovativen medizinischen Prüfgeräts. Zum Stichtag haben sie zwar einen erheblichen Teil des Dokuments erstellt, nach Einschätzung der beiden Mitarbeiter ist aber noch eine Menge zu tun. Wer möchte in diesem Fall eine Aussage über den Fertigstellungsgrad machen? Der Quotient

$$\frac{\text{bereits vorliegende Seiten}}{\text{geschätzte Gesamtzahl der Seiten}}$$

ist sicher kein geeigneter Maßstab, da die Spezifikation der im Pflichtenheft festzuhaltenden Aufgaben unterschiedlich schwierig sein kann.

Immaterielle
Ergebnisse

Auch bei Organisationsprojekten mit immateriellen Ergebnissen und Zwischenergebnissen bereitet die Fortschrittsmessung mangels geeigneter Mengenmaßstäbe oft Schwierigkeiten.

1.1.2 Zeitverzögerte Feststellung der Zielerfüllung

Leistungsziele

Betrachten wir zunächst nochmals die Unterteilung von Leistungszielen ($\rightarrow$ Kapitel C2) in
- Leistungs- und Wirkungsziele,
- Betriebsziele,
- Auslegungs- und Konstruktionsziele sowie
- Produktions- und Wirtschaftlichkeits- beziehungsweise Produktivitätsziele.

Aussage erst
im laufenden Betrieb

Ob diese Ziele, die meist in Form von Kennzahlen oder Kennlinien ausgedrückt werden, erreicht wurden, kann oft erst nach Abschluss der Entwicklung im laufenden Betrieb beurteilt werden. Das gilt besonders für bestimmte vom Auftraggeber geforderte Zuverlässigkeitswerte.

Beispiel
Eine neu entwickelte Telefonvermittlungsanlage darf nach den Anforderungen des Kunden in einem Jahr maximal 60 Minuten kumulierte Gesamtausfallzeit aufweisen. Ob dieses Ziel erreicht wird, steht frühestens nach Ablauf des ersten Betriebsjahrs fest.

In vielen Fällen werden die Mängel an einem Produkt erst entdeckt, wenn es das Labor verlassen hat und beim Kunden eingesetzt wird. Außerdem kann bei den meisten technischen Zielen vermutet werden, dass im Projektablauf keine – mehr oder weniger – stetige, messbare Annäherung an diese Ziele erfolgt, sondern eine Annäherung in Sprüngen. Diese Annahme liegt unausgesprochen allen Versuchen zur Projektfortschrittsmessung zugrunde.

Wie unsicher Aussagen über den Projektfortschritt sein können, zeigt sich beispielsweise dann, wenn verschiedene Komponenten zunächst einzeln getestet und dann zu einem Gesamtsystem zusammengefügt wurden. Zumindest für einen Teil der technischen Zielgrößen lässt sich frühestens beim Systemtest sagen, ob sie erreicht wurden. Das Gesamtsystem wird aber oft erst kurz vor dem geplanten Projektende geprüft. Ergibt der Test unbefriedigende Ergebnisse, müssen die Verantwortlichen plötzlich optimistische Fortschrittsberichte, die sich auf Resultate von Komponententests stützen, radikal revidieren. Arbeitspakete, die längst als abgeschlossen galten, müssen erneut aufgenommen werden. Bei Softwareprojekten verschärft sich das Problem dadurch, dass die Messung der Leistungsziele schwierig ist.

Komponenten-/ Systemtest

Revidierte Fortschrittsberichte

1.1.3 Fehlende Aussagekraft bei Soll-Ist-Vergleich

Die Probleme bei der Projektfortschrittsmessung übertragen sich in vollem Umfang auf die Soll-Ist-Analyse bei der Kostenkontrolle. Wie wenig aussagefähig die einzelnen monatlichen Gegenüberstellungen von Soll-Kosten der Ist-Leistung [K_{Soll} (Ist-Leistung)] (Ist-Fertigstellungswert) und Ist-Kosten [K_{Ist}] der Ist-Leistung [L_{Ist}] sein können, verdeutlicht das folgende Beispiel.

Beispiel
Folgende Annahmen liegen dem Beispiel zugrunde:
- *Geplante Kosten 3,6 Millionen Euro [K_{Plan}]*
- *Bislang angefallene Ist-Kosten 1,2 Millionen Euro [K_{Ist}]*
- *Vom Projektleiter angegebener Fertigstellungsgrad zum Stichtag 40 Prozent [$FGR_{Ist\,1}$]*
- *Vom Projektleiter später auf 20 Prozent revidierter Fertigstellungsgrad [$FGR_{Ist\,2}$]*

Souder [2] befragte monatlich die Leiter von neun Projekten zu ihrem Projektfortschritt. Dabei mussten diese Punkte vergeben. Die Punkteskala reichte von null bis 100 Punkte. 100 Punkte bedeuteten den erfolgreichen Abschluss des Projekts. Nahezu zwei Drittel der monatlich genannten Punktwerte wurden nachträglich nach unten revidiert. Die durchschnittliche Höhe der Korrektur betrug rund 20 Punkte.

Berechnet man mithilfe der folgenden Formel den Ist-Fertigstellungswert K_{Soll} (Ist-Leistung) für das Gesamtprojekt, wird deutlich, zu welch irreführenden Ergebnissen der Soll-Ist-Vergleich kommen kann.

Irreführende Rechenergebnisse

$$K_{Ist} = K_{Plan} \times FGR_{Ist} \qquad (0\ \% \leq FGR_{Ist} \leq 100\%)$$

Im ersten Fall (Fertigstellungsgrad 40 Prozent) ergibt sich eine Kostenunterschreitung von 240.000 Euro, im zweiten Fall (Fertigstellungsgrad 20 Prozent) jedoch eine Kostenüberschreitung von 480.000 Euro.

1.2 Ansätze zur Fortschrittskontrolle bei F&E-Projekten

Obwohl zumindest bei F&E-Projekten keine zuverlässige Aussage über den erreichten Projektstand möglich ist, versuchen Praktiker trotzdem, mithilfe relativ einfacher Verfahren den Projektfortschritt zu messen. Dazu werden meist Größen verwendet, die keine Leistungsinformationen darstellen. Die Projektverantwortlichen schließen einfach aus dem Wert von Hilfsgrößen (z.B. aus Kosteninforma-

Hilfsgrößen

tionen) auf den erzielten Projektfortschritt oder den Fortschritt einzelner Positionen des Projektstrukturplans. Diese Ansätze sind zwar hilfreich, der Projektcontroller sollte sich allerdings immer wieder darauf besinnen, welche Probleme mit ihnen verbunden sind und wie begrenzt ihre Aussagekraft ist.

Warnzeichen

Gute Werte bei der Projektfortschrittsmessung sind mit Vorsicht zu genießen, schlechte Werte dagegen immer ein ernst zu nehmendes Warnzeichen. Controller mit Buchhaltermentalität, die Fortschrittsgrade bis auf zwei Stellen hinter dem Komma berechnen möchten, sind hier fehl am Platz. Sie haben den Sinn der Fortschrittsmessung – das Erkennen kritischer Entwicklungen in dem Verhältnis Termine – Kosten – Leistung nicht begriffen.

1.2.1 Fortschrittskontrolle mit Zeitinformationen

Dieser Ansatz funktioniert sehr einfach. Unterstellt wird, dass der Ist-Fertigstellungsgrad FGR_{Ist} gleich dem Anteil der verstrichenen Projektzeit D_B an der gesamten geplanten Projektdauer D (letzte Schätzung) ist. Der Ist-Fertigstellungsgrad für das gesamte Projekt wird dann folgendermaßen definiert:

$$FGR_{Ist} = \frac{D_B}{D} \times 100$$

Dieser Ansatz lässt sich auch für die Teilaufgaben des Projekts, die Arbeitspakete oder einzelne Vorgänge eines Netzplans formulieren.

Einschränkung

Wie Wehking [3] mit Recht feststellt, kann man ihn aber nur bei Arbeitspaketen anwenden, deren Kosten – wie zum Beispiel die Aufgabe „Projektmanagement" selbst – von der Dauer des Projekts abhängen.

1.2.2 Fortschrittskontrolle mit Informationen über verbrauchte Ressourcen

Denkfehler

Auch der Ressourcenverbrauch, häufig gemessen in Mitarbeitertagen oder -stunden, wird als Hilfsgröße herangezogen. Sind beispielsweise für ein Arbeitspaket 150 Mitarbeiterstunden geplant und zum Stichtag 75 angefallen, könnte man daraus folgern, dass das Arbeitspaket zur Hälfte erledigt ist. Dies kann aber selbst im Anlagenbau ein gefährlicher Trugschluss sein, der bei der Inspektion vor Ort offenkundig wird [4]. Motzel spricht von der „Todsünde des Projektmanagements". Denn bei dieser Betrachtungsweise wird einfach unterstellt, dass Einsatzmittelverbrauch und Projektfortschritt proportional verlaufen. In Wirklichkeit ist der Einsatzmittelverbrauch aber – gemessen am Projektfortschritt – oft zu hoch.

1.2.3 Fortschrittskontrolle mit Kosteninformationen

Value-of-work-performed-Ansatz

Der Denkfehler aus der Fortschrittskontrolle mit Ressourceninformationen passiert oft auch bei der Verwendung von Kosteninformationen. Das bekannteste Verfahren dieser Kategorie ist der „Value-of-work-performed"-Ansatz, wie er im „DOD and NASA PERT/Cost Guide" (DOD = Department of Defense, US-Verteidigungsministerium) veröffentlicht wurde [5]. Im Vordergrund steht hier zunächst die Ermittlung des Ist-Fertigstellungswerts und nicht die Fortschrittskontrolle. Diese wird aber stillschweigend vorgenommen. Für Teilaufgaben oder Arbeitspakete eines Projekts, die zum Stichtag der Messung abgeschlossen sind, gelten als Ist-Fertigstellungswert die zuletzt gültigen Soll-Kosten der Soll-Leistung, also die geplanten Kosten für die vollständige Ausführung des Arbeitspakets. Diese Annahme ist allerdings nur dann gerechtfertigt, wenn die geplante Leistung tatsächlich erreicht wurde. Der Controller vergleicht den Ist-Fertigstellungswert mit den tatsächlich angefallenen Kosten.

Anders ist das bei Arbeitspaketen, die zwar zum Stichtag t_B bereits begonnen wurden, aber noch nicht abgeschlossen sind. Für diese Arbeitspakete wird jeweils die Verhältniszahl

$$Q = \frac{\text{ursprünglich geplante Kosten des Arbeitspakets } [K_{Plan}]}{\text{bis zum Stichtag } t_B \text{ angefallene Ist-Kosten } [K_{Ist}] + \text{geschätzte Kosten zur Vollendung des Arbeitspakets } [K_{Rest}]}$$

gebildet. Die Arbeitspaketverantwortlichen müssen zum jeweiligen Kontrollzeitpunkt eine Restkostenschätzung abgeben. In der Praxis können oft nur Mengengrößen genannt werden, zum Beispiel Personentage. Diese müssen anschließend in Kostenwerte umgewandelt werden. Die Soll-Kosten der Ist-Leistung ergeben sich dann, indem man die Ist-Kosten K_{Ist} der Ist-Leistung mit Q multipliziert: *Restkostenschätzung*

$$K_{\text{Soll (Ist-Leistung)}} = K_{Ist} \times Q$$

Ist die Verhältniszahl Q = 1, sind die Soll-Kosten der Ist-Leistung gleich den Ist-Kosten der Ist-Leistung. Es ergibt sich eine Effizienzabweichung von 0. Bei Q > 1 – es fallen also nach neuester Schätzung für das Arbeitspaket weniger Kosten an, als zu Projektbeginn angenommen – werden Soll-Kosten der Ist-Leistung ausgewiesen, die die Ist-Kosten der Ist-Leistung überschreiten. Bei Q < 1 sind die Ist-Kosten der Ist-Leistung größer als die Soll-Kosten der Ist-Leistung. Die Einhaltung des Kostenrahmens ist also gefährdet. *Effizienzabweichung*

An einem Beispiel lässt sich sehr einfach zeigen, dass bei dieser Art der Berechnung der Ist-Fertigstellungsgrad im Spiel ist. Betragen die ursprünglich geplanten Kosten $[K_{Plan}]$ eines Arbeitspakets 100.000 Euro, sind bisher 50.000 Euro Kosten $[K_{Ist}]$ angefallen und werden die Kosten zur Vollendung des Arbeitspakets (Cost to Complete) $[K_{Rest}]$ auf weitere 150.000 Euro geschätzt, dann bedeutet das: Das Arbeitspaket ist – gemessen am Kostenanfall – erst zu einem Viertel fertig. In einer Formel ausgedrückt: *Cost to Complete*

$$FGR_{Ist} = \frac{K_{Ist}}{K_{Ist} + K_{Rest}} \times 100 = \frac{EUR\ 50.000}{EUR\ 50.000 + EUR\ 150.000} \times 100 = 25\%$$

Auch wenn man den für den Ist-Fertigstellungswert ermittelten Werten aus dem genannten Grund kein großes Vertrauen schenkt, so ist doch die regelmäßige Restkostenschätzung, die man zu seiner Berechnung braucht, ein wertvoller Indikator. Er weist auf drohende Kostenüberschreitungen hin. Der Controller sollte auf ihn nicht verzichten.

1.2.4 Fortschrittskontrolle mit Leistungsmaßen

Leistungsmaße wie Aushub, Schalungsfläche oder die Länge der verlegten Rohre oder Kabel werden im Anlagenbau und im Bauwesen häufig verwendet. Auch im F&E-Bereich kommen gelegentlich Mengengrößen zum Einsatz. Beispiele sind in der Softwareentwicklung die Zahl der geschriebenen Code-Zeilen und die Zahl der definierten, entworfenen, codierten, geprüften oder getesteten Module [6]. In der Elektronikentwicklung wird gelegentlich die Menge der erstellten Schaltungspläne betrachtet (= Document count). Für die Phase der Laborentwicklung kann man beispielsweise einen Ist-Fertigstellungsgrad aus der Gliederungszahl *Mengengrößen*

$$FGR_{Ist} = \frac{\text{bis zum Stichtag tatsächlich erstellte Schaltungspläne}}{\text{insgesamt zu erstellende Schaltungspläne}} \times 100$$

errechnen. Es ist möglich, die meist unterschiedlich komplizierten Schaltungspläne verschieden stark zu gewichten. *Gewichtung*

Die Fälle, in denen der Controller bei F&E-Projekten guten Gewissens Leistungsmaße verwenden kann, sind zwar eher die Ausnahme. Bei manchen Arbeitspaketen mit geringem Neuheitsgrad (z.B. Erstellen von Stücklisten aus vorliegenden Schaltungsplänen) sind Mengenmaßstäbe aber vertretbar.

Funktionspunkte

Ein anspruchsvolleres Leistungsmaß ist die Zahl der in einem Softwareprojekt abgelieferten Funktionspunkte (= Function Points → Kapitel C6). Mittels Zählung der Funktionspunkte kann man gleichzeitig auch den Funktionszuwachs erkennen [7].

Anpassungsreaktionen beim Personal

Leistungsmaße bergen allerdings eine erhebliche Gefahr, die meist ignoriert wird. Sie können zu unerwünschten Anpassungsreaktionen beim Projektpersonal führen.

Beispiel
In einem Projekt wurden fertig gestellte Schaltungspläne als Leistungsmaß verwendet. Die Entwickler begannen mit der Ausarbeitung der einfacheren Pläne. Auf diese Weise wollten sie zumindest in den ersten Entwicklungsetappen dem Projektleiter einen raschen Fortschritt melden können. Als sie diese Bearbeitungsreihenfolge festlegten, übersahen sie jedoch, dass bestimmte Schaltungspläne zu einer übergeordneten technischen Komponente gehörten und deshalb eine ganz andere Reihenfolge der Bearbeitung notwendig gewesen wäre. Dieser Umstand führte bei späteren Teilaufgaben zu erheblichen Zeitverzögerungen.

Separate Kennzahl für Mitarbeiterbeurteilung

Zählt man beispielsweise in der Softwareentwicklung nur die Code-Zeilen, kann dies dazu führen, dass die Mitarbeiter dafür andere Tätigkeiten wie Testplanung und Benutzerdokumentation vernachlässigen. Seibert [8] fordert deshalb mit Recht, dass solche Kennzahlen niemals zur Mitarbeiterbeurteilung verwendet werden dürfen und dass eine zweite Kennzahl benutzt wird, die „das durch die erste Metrik geförderte Verhalten nivelliert".

1.2.5 Fortschrittskontrolle mit subjektiven Indikatoren

In der Praxis werden manchmal auch subjektive Indikatoren verwendet. Am häufigsten schätzen der Arbeitspaketverantwortliche oder der Projektleiter den Fortschritt des Arbeitspakets oder des Projekts direkt, ohne auf Messgrößen zurückzugreifen.

Gravierende Fehlurteile

Ergebnis dieses Verfahrens können krasse Fehlurteile sein. Für Softwareprojekte hat dies unter anderem Weinberg [9] gezeigt, für andere Entwicklungsprojekte hat Souder [10] darüber berichtet . Diese Fehlurteile werden zum Teil durchaus in gutem Glauben abgegeben. Das aus der Literatur bekannte

90-Prozent-Syndrom

„90-Prozent-Syndrom" bei Softwarevorhaben ist ein Beleg dafür. Es besagt, dass viele Arbeitspaketverantwortliche zwar immer wieder und über lange Zeit einen stetigen Fortschritt melden. Ab einem Ist-Fertigstellungsgrad von etwa 90 Prozent kommt dieser aber plötzlich zum Stillstand. Urteilt man nach den ab diesem Zeitpunkt gemeldeten Schätzwerten, tut sich im Projekt offenbar so gut wie nichts mehr. In Wirklichkeit arbeiten alle Beteiligten aber intensiv weiter. Dies deutet darauf hin, dass die Arbeitspakete doch noch nicht so weit gediehen waren, wie die Arbeitspaketverantwortlichen bei der Erstellung ihrer Fortschrittsberichte glaubten. Sie beurteilten die Situation also zu optimistisch.

1.2.6 Fortschrittskontrolle mit Meilensteintechnik

0-100-Methode

Dieses Verfahren beschreibt Wehking [11] ausführlich. Als Meilenstein gilt der Abschluss eines Arbeitspakets. Der Ist-Fertigstellungsgrad bei dem Arbeitspaket wird bis zur Vollendung auf Null gehalten. Erst wenn es als fertig gemeldet wird, setzt man FGR_{Ist} auf 100 Prozent (0-100-Methode). Der Nachteil ist:

Bis zum Abschluss der Arbeiten wird eine negative Effizienzabweichung ($\rightarrow$ Kapitel C6) ausgewiesen, weil zwar laufend Ist-Kosten anfallen, aber kein Ist-Fertigstellungswert gutgeschrieben wird. Dieser Ansatz ist vertretbar, wenn die Dauer des Arbeitspakets maximal eine Berichtsperiode beträgt – in der Regel also einen Monat. In diesem Fall kann man den Nachteil in Kauf nehmen, dass keine Zwischenwerte für den Arbeitsfortschritt erfasst werden.

Fehlende Zwischenwerte

Ein modifizierter Ansatz, ebenfalls von Wehking [12] dargestellt, ist die 50-50-Methode. Meilensteine sind in diesem Fall der Beginn und das Ende eines Arbeitspakets. Beginnt das Team mit dem Arbeitspaket, nimmt die Projektleitung einen Fortschrittsgrad von 50 Prozent an. Die restlichen 50 Prozent werden gutgeschrieben, sobald die erfolgreiche Abnahme gemeldet wird. Dieses Verfahren ist allerdings problembehaftet, weil zu Beginn des Arbeitspakets noch keine Leistung erbracht wurde und der 50-Prozent-Fortschritt somit fiktiv ist. Das lässt sich aber rechtfertigen, wenn das Arbeitspaket relativ klein und die Zeitdauer gering ist. Wehking empfiehlt die Methode bei einer Ausführungszeit zwischen einem und drei Monaten.

50-50-Methode

1.2.6.1 Mikromeilensteine

Hat ein Arbeitspaket – gemessen in Kosten – einen größeren Umfang und erstreckt es sich über längere Zeit, können innerhalb dieser Zeitspanne mehrere Meilensteine gesetzt werden. Diese Meilensteine, nicht zu verwechseln mit den Endpunkten von Projektphasen, heißen auch Mikromeilensteine. Wehking [13] empfiehlt diese Technik für Arbeitspakete, die drei oder mehr Berichtsperioden dauern.

1.2.7 Statusschritt-Methode

Die zuletzt genannte Variante der Fortschrittskontrolle ist identisch mit der von Motzel [14] für den Anlagenbau entwickelten Methode der Statusschritte. Zwischen Anfang und Ende eines Arbeitspakets werden Meilensteine gesetzt. Ist einer davon erreicht, legt der Projektcontroller einen bestimmten Ist-Fertigstellungswert für das Arbeitspaket fest.

Beispiel
Innerhalb des Arbeitspakets „Engineering" für eine bestimmte Anlagenkomponente existieren folgende Eckpunkte mit jeweils zugeordneten Fertigstellungswerten in Prozent:

	STATUSSCHRITT	FORTSCHRITTSGRAD
1.	Skizze erstellt	20 %
2.	Interferenzprüfung abgeschlossen	50 %
3.	CAD-Zeichnung fertig	80 %
4.	Qualitätssicherung durchgeführt	95 %
5.	Fertigung beauftragt	100 %

Bild C9-1 Fertigstellungswerte innerhalb eines Arbeitspakets

Liegt zum Beispiel die CAD-Zeichnung vor, wird FGR_{Ist} auf 80 Prozent gesetzt. Dabei wird stillschweigend unterstellt, dass die Zeichnung keine Fehler enthält, sodass nach der Qualitätsprüfung keine Nacharbeiten mehr notwendig sind.

100-Prozent-Ereignisse
Wendet man diese Methode auf Forschungs- und Entwicklungsprojekte an, muss der Controller darauf achten, dass nur 100-Prozent-Ereignisse definiert werden. Ein Beispiel dafür ist die Meilensteinformulierung „Prüfung der Notstromversorgung in der Klimakammer in den vom internen Qualitätsmanagement-Handbuch vorgeschriebenen Verfahrensschritten abgeschlossen". So kann man dem 90-Prozent-Syndrom entgegenwirken.

1.3 Frühwarnindikatoren

Indikatoren, die keine verlässliche Aussage über den erreichten Projektfortschritt zulassen, können dennoch als brauchbare Frühwarnzeichen dienen. Manche Autoren betonen daher den Aspekt der Frühwarnung viel stärker als die meist nur scheinbar präzise Fortschrittskontrolle.

Plateaubildung
Souder hat bei neun Projekten beobachtet: Verband man die von den Projektmanagern genannten Punktwerte für den Projektfortschritt, die nicht mehr revidiert wurden, ergaben sich häufig Plateaus. Das sind Zeitabschnitte, in denen der Fortschrittsgrad annähernd konstant bleibt. Die durchschnittliche Dauer solcher Plateauphasen betrug 5,5 Monate. Souders Fazit: Ändert sich bei einem Vorhaben der gemeldete Ist-Fertigstellungsgrad häufig und stark und bestehen lange Plateauphasen auf niedrigem Niveau des Messwerts, ist die Wahrscheinlichkeit hoch, dass das Projekt fehlschlägt. In einer zweiten Untersuchung kommt Souder [15] zu folgendem Ergebnis: Subjektive monatliche Angaben von erfahrenen Projektmanagern und ihren unmittelbaren Vorgesetzten zum Projektfortschritt sind sehr ernst zu nehmende Frühindikatoren für Projekterfolg und -fehlschlag – auch wenn sie wenig über den Projektfortschritt selbst aussagen.

Quantitative Frühwarnindikatoren
Für Softwareprojekte wurde eine Reihe quantitativer Frühwarnindikatoren definiert [16]. Dazu gehören unter anderem
- eine sich abzeichnende Termin- und/oder Kostenüberschreitung, die zehn Prozent und mehr über dem Zeitpuffer beziehungsweise der Kostenreserve liegt,
- eine Zunahme der Anforderungen um 50 Prozent und mehr pro Jahr sowie
- eine nicht angeordnete, sondern von den Mitarbeitern ausgehende jährliche Personalfluktuation von zehn Prozent und mehr.

Auch in der Raumfahrt wird eine Reihe von Frühwarnindikatoren [17] für die Projektfortschrittsmessung benutzt.

MESSGRÖSSEN	QUELLEN	HÄUFIGKEIT
Anzahl Anforderungen (spezifiziert, noch offen, Änderungen, Rückfragen)	Manager	14-tägig
Module (entworfen, codiert, geprüft, getestet)	Entwickler	14-tägig
Anzahl Befehlszeilen (kumuliert)	Automatisiert	Wöchentlich
Tests (durchgeführt, bestanden)	Entwickler	14-tägig

Bild C9-2 Frühwarnindikatoren in der Raumfahrt

1.3.1 Voraussetzungen für Frühwarnsysteme

Gesetzliche Regelung
Projektfrühwarnsysteme zu entwickeln, wie sie auch das deutsche Gesetz zur Kontrolle und Transparenz im Unternehmensbereich (KonTraG) (→ Kapitel C3) fordert, verlangt viel empirische Arbeit. Die

Indikatoren, die für die Konstruktion eines solchen Systems herangezogen werden, sollten

- zuverlässig schon in frühen Phasen drohende Misserfolge signalisieren,
- wenig manipulierbar sein und
- mit geringem zusätzlichem Aufwand und schnell ermittelt werden können.

Anforderungen an Indikatoren

So hat sich zum Beispiel bei der Entwicklung von Rechnern und nachrichtentechnischen Systemen gezeigt, dass der Anteil der beim Funktionstest zurückgewiesenen Labormuster ein guter Frühwarnindikator ist. Auch die Zahl der Änderungen technischer Spezifikationen während eines Projekts gilt als zuverlässiges Signal.

2 Projektsteuerung

Je zuverlässiger und früher der Projektleiter vor drohenden Termin- und Kostenüberschreitungen und gefährdeten Leistungszielen gewarnt wird, desto besser kann er sein Projekt durch steuernde Eingriffe auf Erfolgskurs halten. Dazu braucht er Informationen von allen relevanten Personen und eine systematische Dokumentation, in der er sich jederzeit zurechtfindet. In den meisten Stellenbeschreibungen für Projektleiter ist die Verpflichtung zur Projektsteuerung ausdrücklich festgehalten. Der Projektcontroller muss ihn dabei unterstützen ($\rightarrow$ Kapitel A6).

Informationen für den Projektleiter

Projektcontroller

Die Projektstakeholder – zum Beispiel die beteiligten Fachabteilungen, das Projektsteuerungsgremium und die Geschäftsleitung – muss der Projektleiter laufend über den Stand des Projekts unterrichten. Deshalb gehören die Entwicklung und Pflege eines einheitlichen, rechnergestützten Projektinformationssystems für alle gleichartigen Projekte (F&E-Projekte, Investitionsprojekte, Organisationsprojekte) einer Organisation zu den wichtigsten Aufgaben des Projektcontrollings oder des Projekt- beziehungsweise Projektmanagement-Büros. Viele Unternehmen benutzen dafür Standardanwendersoftware ($\rightarrow$ Kapitel C11). Manche entwickeln aber zumindest einige Komponenten selbst, etwa für die Projektkostenermittlung und -berichterstattung.

Projekt- informationssystem

2.1 Anforderungen an die Dokumentation

Schon beim Projektstart muss der Projektleiter zusammen mit dem Controller festlegen, wie Protokolle, Berichte, Vereinbarungen, Zeichnungen und alle anderen Projektdokumente gehandhabt werden müssen, damit sie zum gewünschten Zeitpunkt in der richtigen Form am richtigen Ort zur Verfügung stehen. Eine qualitativ hochwertige Projektarbeit ist nur möglich, wenn

- die entsprechenden Projektmitarbeiter für sie relevante Dokumente jederzeit einsehen können,
- die Dokumente den aktuell gültigen Stand wiedergeben,
- die Dokumente leicht auffindbar und
- durch die Dokumente die Projektschritte und -ergebnisse nachvollziehbar sind.

Die projektbezogenen Unterlagen können in Form einer Projektakte oder in einem Projektinformationssystem auf einem zentralen Laufwerk des Firmennetzwerks oder im Internet vorliegen. In der Praxis finden sich für die Projektakte auch andere Begriffe, etwa Projektordner oder Projekthandbuch (= ein Handbuch pro Projekt). Um der häufigen Verwechslung mit dem Projektmanagement-Handbuch ($\rightarrow$ Kapitel C8, F1) vorzubeugen, in dem alle Projektmanagement-Standards des Unternehmens projektübergreifend festgelegt sind, kann der Begriff Projektakte günstiger sein.

Projektakte

Genehmigung

Bevor sie die Projektdokumente herausgeben, müssen dazu befugte Mitarbeiter (z.B. Konfigurations- und Kontrollausschuss → Kapitel C7) sie auf Richtigkeit, Vollständigkeit und Angemessenheit (z.B. in Bezug auf den vorgeschriebenen Umfang) prüfen und genehmigen. Eine Änderungssammelliste oder ein Dokumentenüberwachungsverfahren, das den jeweiligen Revisionsstatus von Dokumenten identifiziert, schließt aus, dass Mitarbeiter ungültige oder überholte Dokumente benutzen.

Änderungssammelliste
Revisionsstatus

Aufbewahrungsfristen

Für alle Projektaufzeichnungen müssen die Verantwortlichen in der Organisation (z.B. der Justitiar – nicht der Projektleiter) Aufbewahrungsfristen festlegen. Dazu gibt es teilweise gesetzliche Vorschriften. Die Projektleitung muss außerdem Projektaufzeichnungen zur Auswertung durch den Kunden oder seinen Beauftragten für eine vereinbarte Zeitdauer zugänglich machen, wenn dies vertraglich vereinbart ist.

2.1.1 Projektakte

PROJEKTAKTE FÜR DAS PROJEKT XY

1 Projektvorgaben und Rahmenbedingungen

1.1 Verträge
1.2 Projektzieldefinition
1.3 Projektabgrenzung
1.4 Spezifikationen
1.5 Gesetzliche Anforderungen und Normen

2 Projektplanung

2.1 Grobplanung

2.1.1 Projektphasen
2.1.2 Meilensteine

2.2 Feinplanung

2.2.1 Ergebnisse
2.2.2 Kosten
2.2.3 Termine
2.2.4 Projektstrukturplan
2.2.5 Arbeitspaketbeschreibungen
2.2.6 Schnittstellenbeschreibungen

2.3 Risikoanalyse

3 Projektorganisation

3.1 Auftraggeber
3.2 Lenkungsausschuss
3.3 Projektmitarbeiter und Zuständigkeiten

4 Projektberichte

4.1 Informations- und Dokumentationsmanagement
4.2 Änderungsmanagement
4.3 Freigabeverfahren
4.4 Projektfreigabeprotokoll
4.5 Projektstatusberichte inklusive Test- und Prüfverfahren
4.6 Projektabschlussprotokoll

5 Berichte zum Projektgegenstand

5.1 Ergebnisprotokolle
5.2 Kostenfortschreibungen
5.3 Terminfortschreibungen
5.4 Zeichnungen
5.5 Präsentationsunterlagen
5.6 Berichte

6 Sonstiges

Die nebenstehende Systematik stellt ein Beispiel für die Gliederung einer Projektakte dar.

Bild C9-3

Beispiel für die Gliederung einer Projektakte

2.2 Anforderungen an das Berichtswesen

Der Projektleiter und die Stakeholder müssen über ein funktionierendes Berichtssystem mit Informationen versorgt werden. Eine zentrale Servicestelle sollte dieses System betreuen (z.B. Projekt- beziehungsweise Projektmanagement-Büro). Damit wird verhindert, dass jeder Projektleiter sein eigenes, selbst konstruiertes System betreibt. Diese Servicestelle berücksichtigt bei ihrer Arbeit die Informationsbedürfnisse der Projektbeteiligten, die sie aus der Konzeption der Stakeholderkommunikation (→ Kapitel D4) kennt. Insbesondere muss sie dafür sorgen, dass die Adressaten die richtige Menge an Informationen bekommen – genügend, um sich ein Bild zu machen, und wenig genug, um den Überblick zu behalten.

Informationsbedürfnisse der Projektbeteiligten

Die Projektdaten müssen umso mehr verdichtet werden, je höher die Hierarchiestufe ist, an die berichtet wird. Denn Geschäftsführung und Lenkungsausschuss sind in der Regel nicht an detaillierten Termin- und Kostenberichten interessiert. Die Servicestelle muss darauf achten, dass durch ausufernde Änderungswünsche bezüglich der Berichtsformate kein Wildwuchs entsteht.

Datenverdichtung

PROJEKTDATEN						
Berichtsart (Auswahl)	Häufigkeit	Geschäfts-leitung	Lenkungs-ausschuss	Am Projekt beteiligte Fachabteilungen	Projektleiter	Projekt-controller
Wirtschaftlicher und technischer Produktplan	Zu Projektbeginn erstellt und zu Meilensteinen fortgeschrieben	x	x	x	x	x
Detaillierter Terminbericht (aktualisierter Netzplan)	Wöchentlich			Relevanter Ausschnitt	x	x
Detaillierter Kostenbericht auf Arbeitspaketebene	Monatlich			Relevanter Ausschnitt	x	x
Zusammengefasster Kostenbericht auf Projektebene (Cost at Completion)	Monatlich		x			x
Projektstatusbericht (Cockpit-Bericht) einschließlich Meilensteintrendanalyse	Monatlich	x	x		x	x
Detaillierter Projektabschlussbericht	Einmalig		x	x	x	x
Projektabschlussbericht Kurzfassung	Einmalig	x				

Bild C9-4 Bedarfsmatrix Berichtswesen (Ausschnitt)

2.2.1 Aktualität

Projektinformationen müssen schnell verfügbar sein. Wenn sie erst einmal mehrere Wochen alt sind, nutzen sie niemandem mehr. Oft ist es allerdings auch schwierig, bei Planabweichungen zeitnah gegenzusteuern. Denn zunächst muss der Controller zusammen mit dem Projektleiter aktuelle Daten analysieren und ihn zu notwendigen Gegenmaßnahmen beraten. Danach muss der Projektleiter über Steuerungsmaßnahmen entscheiden und sie einleiten. Ist dafür noch die Zustimmung des Lenkungsausschusses oder der Unternehmensleitung einzuholen, verstreicht weitere Zeit. Und dann müssen die Maßnahmen auch noch greifen.

Zeitnahe Gegenmaßnahmen

Bringschuld

Um Informationen schnell verfügbar zu haben, sollte die Unternehmensleitung eine Grundsatzentscheidung treffen, die besagt: Die Mitarbeiter haben eine Bringschuld. Im Projektmanagement-Handbuch (→ Kapitel F1) sollte sich deshalb in etwa folgende Formulierung finden: „Die Mitglieder der Projektgruppe unterstützen den Projektleiter bei der Wahrnehmung seiner Projektmanagement-Aufgabe. Sie sorgen dafür, dass die für die Handhabung des projektbezogenen Planungs- und Berichtssystems notwendigen Daten termingerecht an den Projektleiter gehen."

2.2.2 Manipulationen

Frei formulierte Aussagen

Schriftliche Projektberichte sind manipulierbar. Deshalb schlagen sich voraussehbare Projektkatastrophen nur selten auf Papier nieder. Schnell verfügbare Informationen sind also noch kein Garant dafür, dass der Projektleiter oder übergeordnete Instanzen wie Lenkungsausschuss und Unternehmensleitung bei drohenden Planabweichungen rechtzeitig gewarnt werden. Vor allem frei formulierte Aussagen über den Projektfortschritt sind oft völlig wertlos. Hier einige Beispiele für Projektfortschrittsprosa [18]:

TYPISCHE AUSSAGEN	WAHRHEITSGEMÄSSE ÜBERSETZUNG
Es ist geplant, mit der Arbeit zu beginnen.	Es ist zu früh, um sagen zu können, wann die Arbeit begonnen werden kann.
Die Arbeit begann am ...	Einige Mitarbeiter kontierten auf das Projekt ab ...
Die Lieferung des letzten Teils ist geplant für ...	Es ist unmöglich, fertig zu werden vor dem ...
Die Lieferung steht kurz bevor.	Es ist immer noch nicht so weit.
Die Arbeit war fertig. Die Ergebnisse machen aber weitere Untersuchungen erforderlich.	Es hat nicht funktioniert.

Bild C9-5 Projektfortschrittsprosa

Verschweigen

In der Praxis zeigt sich häufig, dass Projektbeteiligte lange mit der Wahrheit hinter dem Berg halten, zum Beispiel im Fall einer bereits eingetretenen oder sich abzeichnenden Kostenüberschreitung. Dafür gibt es im Wesentlichen zwei Gründe:
- Die Mitarbeiter befürchten Sanktionen (z.B. Tadel von Vorgesetzten, Karrierenachteile).
- Sie hoffen, dass sie die Planüberschreitungen im Verlauf des Projekts noch kompensieren können.

Filtern und Verfälschen

Selbst ehrliche Berichte der unmittelbar Projektbeteiligten gewährleisten nicht, dass höhere Instanzen etwas über den wirklichen Stand des Projekts erfahren. Auf dem Weg über die verschiedenen Stufen einer Organisation werden Informationen häufig vielfach gefiltert und verfälscht.

2.2.3 Beispiele für Projektberichte

Überblicksberichte

Eine Reihe von Projektberichten wurde schon in Kapitel C6 gezeigt. Sie enthielten aber meist nur Informationen über eine einzige Planungsgröße, also insbesondere über Termine oder Kosten. Derartige Berichte, die oft sehr detailliert ausgearbeitet werden, sind selbstverständlich notwendig. Der Projektleiter sowie Lenkungsgremien und das Topmanagement wollen aber Termine, Kosten und Projektfortschritt auch im Überblick vorgelegt bekommen. Bild C9-6 [19], das eine Auswertung für mehrere Vorhaben zeigt, bietet einen solchen Überblick:

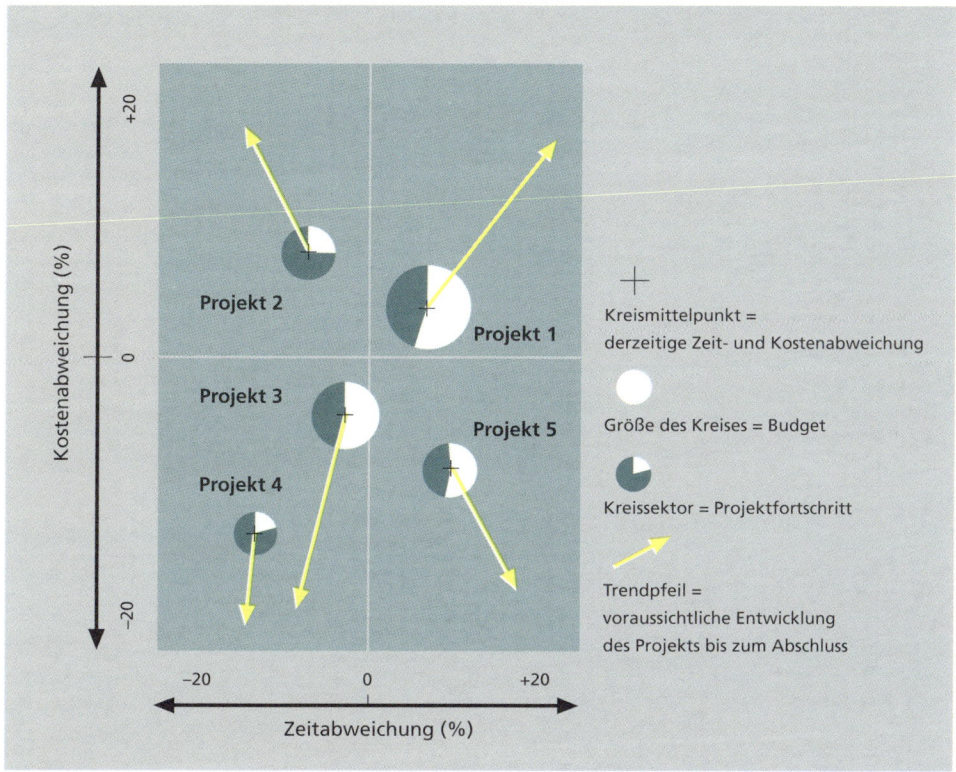

Bild C9-6 Darstellung von Termin- und Kostenabweichungen sowie Projektfortschritt und Trend für mehrere Projekte

Bild C9-7 zeigt einen so genannten Cockpit-Bericht [20]. Er enthält eine Meilensteintrendanalyse (MTA) und neben Termin- und Kosteninformationen auch Aussagen über die Qualität des Projektergebnisses.

Cockpit-Bericht

Bei der Meilensteintrendanalyse handelt es sich um eine Erweiterung der Meilensteintechnik ($\rightarrow$ Kapitel B). Auf der vertikalen Achse sind die Kalendertermine für die einzelnen Meilensteine, auf der Horizontalachse die Berichtszeitpunkte aufgetragen. Die Meilensteintrendanalyse zeigt auf einen Blick, ob die wichtigsten Termine in einem Vorhaben eingehalten werden können oder nicht. Vor allem beim oberen Management ist sie deshalb beliebt. Sie kann als abgeleitetes (Fall 1) oder originäres (Fall 2) Instrument benutzt werden. In Fall 1 werden im Netzplan Meilensteine gesetzt. Diese werden zu den regelmäßigen Berichtszeitpunkten mithilfe des aktualisierten Netzplans jeweils neu errechnet. In Fall 2 schätzen die verantwortlichen Projektmitarbeiter die Termine. Meilensteintermine, die nach den Regeln der Netzplantechnik ermittelt werden, sind geschätzten vorzuziehen.

Meilenstein-trendanalyse

Abgeleitete oder originäre MTA

Zur Darstellung der jeweiligen Meilensteine und ihrer Termine verwendet man meist ein rechtwinkliges Dreieck. Die beiden Katheten dienen dabei als Zeitachsen. Auf der horizontalen Achse werden die Berichtszeitpunkte, auf der vertikalen Achse die Meilensteintermine eingetragen. Der Zeitpunkt, zu dem ein Meilenstein tatsächlich erreicht wurde, liegt auf der Diagonalen. Im Beispiel ($\rightarrow$ Bild C9-8) verschieben sich die aktualisierten Plantermine der Meilensteine von Berichtszeitpunkt zu Berichtszeitpunkt. Nur der Meilenstein „Fundament fertig" ist bereits erreicht.

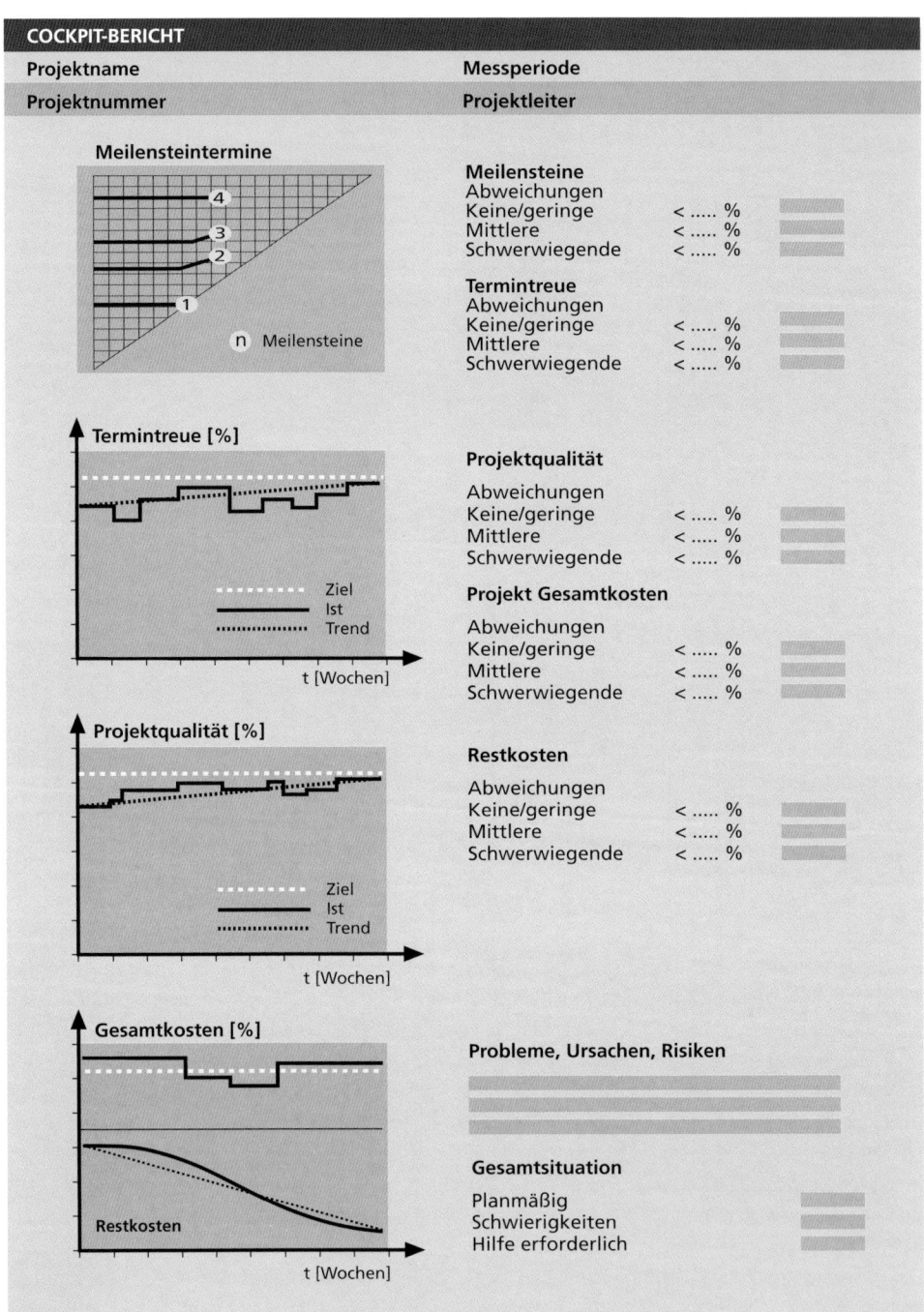

C9-7 Cockpit-Bericht

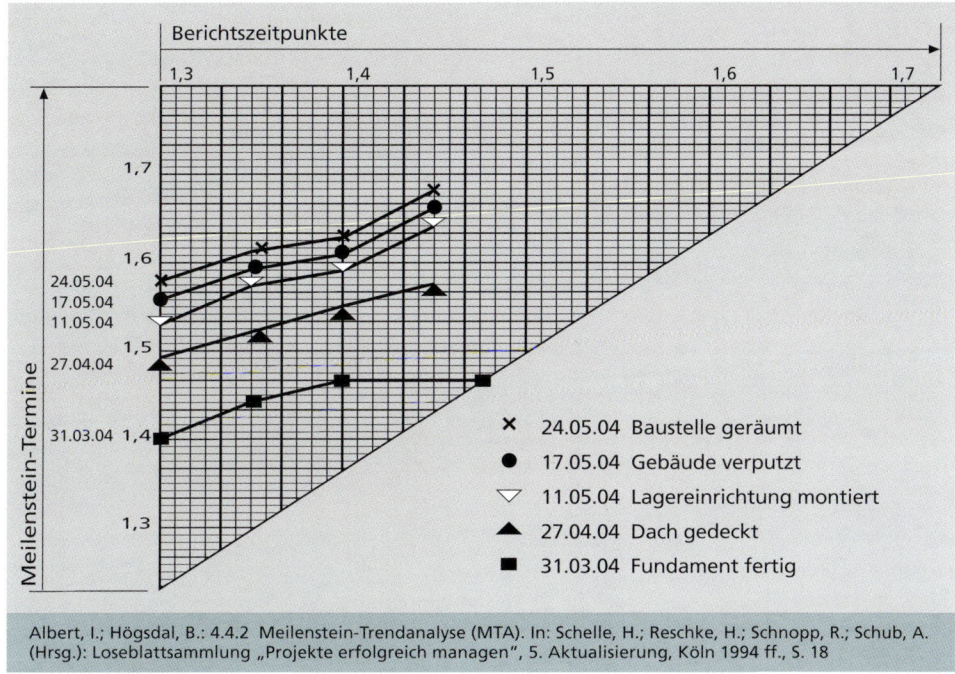

Albert, I.; Högsdal, B.: 4.4.2 Meilenstein-Trendanalyse (MTA). In: Schelle, H.; Reschke, H.; Schnopp, R.; Schub, A. (Hrsg.): Loseblattsammlung „Projekte erfolgreich managen", 5. Aktualisierung, Köln 1994 ff., S. 18

Bild C9-8 Meilensteintrendanalyse

Der Ampelbericht [21] in Bild C9-9 benutzt als Symbol die Farben von Verkehrsampeln und gibt die Gesamtsituation des Projekts in stark vereinfachter Form wieder.

Ampelbericht

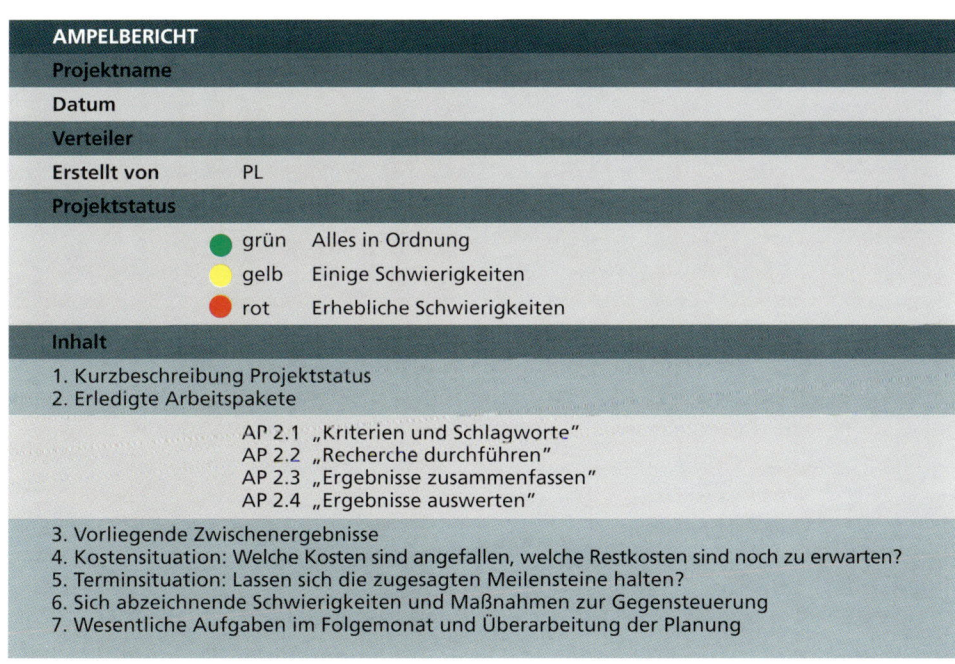

Bild C9-9 Ampelbericht

2.2.4 Probleme mit Projektberichten

Stark verdichtete Darstellungen des jeweiligen Projektstatus wie in Bild C9-7, C9-8 und C9-9 sind nütz-lich für einen schnellen Überblick und zur Beherrschung der Informationsflut. Sie sind vor allem beim Topmanagement beliebt. Und trotzdem ist Vorsicht geboten: Liegen ihnen keine detaillierten Aus-wertungen zugrunde, etwa

Fehlende Detailauswertungen

- Terminprognosen auf Basis der Netzplantechnik,
- eine Kostenberichterstattung mit Restkostenschätzungen auf der Ebene der Arbeitspakete und
- ein eingehendes Review der Leistung beziehungsweise Qualität,

Manipulationen

so ist die Gefahr der Manipulation besonders groß. Ein Projektcontroller hat das einmal so ausge-drückt: „Obwohl im Projekt eigentlich ständig Termine und Kosten überschritten wurden und auch der Leistungsfortschritt zu wünschen übrig ließ, zeigte die Ampel nahezu immer grün. Höchst selten sah ich die gelbe Farbe, niemals die rote."

2.2.5 Persönliche Gespräche

Wollen Projektleiter, Projektlenkungsgremium und Topmanagement sich gut informieren, dürfen sie nicht nur dem Berichtssystem vertrauen. Sie müssen so oft wie möglich das persönliche Gespräch mit den Projektbeteiligten suchen. „Weiche" Informationen, also beispielsweise Informationen über schlechte Stimmung und Unzufriedenheit im Team, schwelende Konflikte mit den Fachabteilungen und Verständigungsprobleme mit dem Auftraggeber sind anders nicht zu erhalten. Wissenschaftliche Studien zum Informationsverhalten zeigen, dass sich gute Manager keineswegs nur auf das „gedul-dige Papier" verlassen, sondern versuchen, durch zahlreiche Gespräche und Besuche vor Ort ein rea-listisches Bild von der Lage zu bekommen.

„Weiche" Informationen

2.2.6 Regelmäßige Statussitzungen

Der unmittelbare Kontakt zwischen Projektleiter, den Teammitgliedern und Vertretern der wich-tigsten Stakeholder ergibt sich auch in den Projektstatussitzungen. Bei so genannten Machen-Sie-mal-Projekten mit unklarer Zielsetzung und unsystematischem Projektmanagement werden solche Sitzungen allerdings häufig nur auf Zuruf und nicht in regelmäßigen Abständen anberaumt. Davor muss ausdrücklich gewarnt werden. Bereits in der Startsitzung (→ Kapitel C1) sollten die Projektbe-teiligten neben der Form und der Häufigkeit von formalen Projektberichten den Turnus der regulären Statussitzungen festlegen. Es gilt die Faustregel: Je kürzer die Projektdauer, desto häufiger sollten solche Treffen stattfinden. Zu empfehlen ist ein wöchentlicher Jour fixe. Das schließt nicht aus, dass sich bei besonderen Anlässen (z.B. in Krisenfällen → Kapitel D5) das Projektteam häufiger trifft. Bei den regelmäßigen Zusammenkünften vergleicht es Ist- und Soll-Daten miteinander. Informationen aus den verschiedenen Verantwortungsbereichen – etwa über die Abweichungsursachen – stehen dort sofort und aus erster Hand zur Verfügung. Unklarheiten können an Ort und Stelle beseitigt, Gegenmaßnahmen besprochen werden.

Turnusfestlegung in Startsitzung

Krisenfälle

Verglichen mit einer Statussitzung des Teams sind die Übersendung von Rückmeldedaten per Haus-post, Intra- oder Internet, aber auch eine Videokonferenz die schlechteren Alternativen. Nur in Pro-jekten, deren Teammitglieder räumlich weit verteilt sind, lässt sich dies nicht vollständig umgehen, schon aus Kostengründen.

2.3 Maßnahmen zur Projektsteuerung

Der Projektstrukturplan ist ein wichtiges Mittel, um die Projektstatussitzung zu strukturieren. Denn Abweichungsanalysen und auch die darauf folgende Projektsteuerung vollziehen sich auf der Ebene der Arbeitspakete.

Folgende Fragen [22] sind dabei zweckmäßig:

Fragen zu Arbeitspaketen

1. Welche Arbeitspakete sind seit der letzten Statusbesprechung fertig geworden?
2. Welche Arbeitspakete beginnen zwischen dieser und der nächsten Statusbesprechung?
3. Bei welchen Arbeitspaketen sind welche Schwierigkeiten aufgetreten?
4. Wie werden sich die Abweichungen bemerkbar machen?
5. Wie sollen die Abweichungen abgebaut werden?
6. Gab es bei Arbeitspaketen Änderungen? Wie wirken sich diese Änderungen aus?
7. Wurden die Maßnahmen aus der letzten Projektstatusbesprechung erledigt?
8. Liegen die aktuellen Kosten- und Termindaten vor?
9. Gibt es noch etwas Besonderes zu berichten?

Der Projektleiter kann bei Problemen nur wirksam gegensteuern, wenn er zuvor die Abweichungen der Ist-Werte von den Planwerten sorgfältig analysiert hat. Dabei muss ihn der Projektcontroller unterstützen. Dieser hat außerdem die Aufgabe, Steuerungsmaßnahmen vorzuschlagen und anzumahnen ($\rightarrow$ Kapitel A6). Bild C9-10 zeigt die verschiedenen Ursachen, die Terminabweichungen haben können.

Ursachen von Terminabweichungen

Je nach Abweichungsursache muss der Projektleiter unterschiedliche Steuerungsmaßnahmen einleiten. Bei einem Kapazitätsausfall überlegt er beispielsweise, wie er möglichst schnell zusätzliches Personal beschaffen kann. In Frage käme die Vergabe der Arbeiten an einen Unterauftragnehmer oder der Abzug von Arbeitskräften aus weniger dringlichen Projekten.

Steuerung je nach Abweichungsursache

Handelt es sich um eine Terminverschiebung, die durch zusätzliche Anforderungen des Auftraggebers zustande gekommen ist, sind Verhandlungen mit diesem notwendig. Besser wäre es allerdings, der Zusatzanforderung nur dann zuzustimmen, wenn der Auftraggeber dafür auch eine Terminverschiebung in Kauf nimmt.

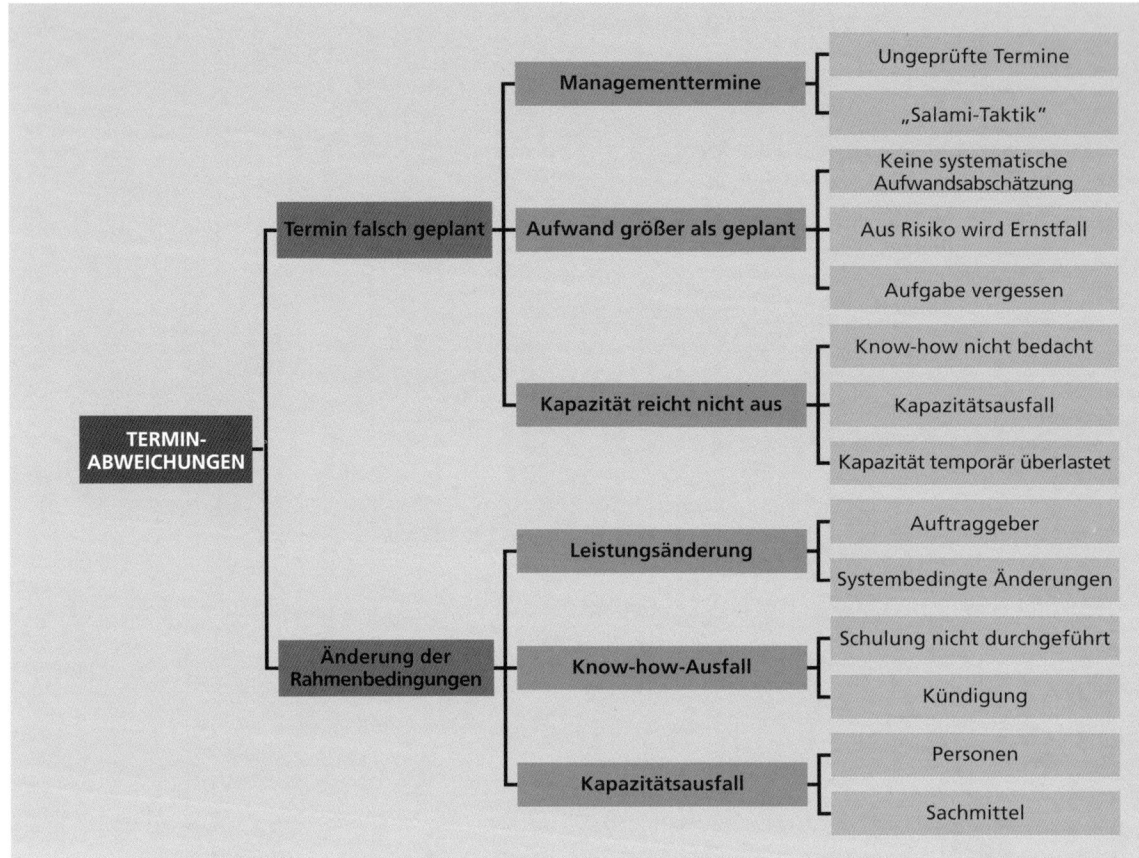

Bild C9-10 Ursachen für Terminabweichungen [23]

2.3.1 Hindernisse und Nebeneffekte

Zielkonflikte

Zwischen den Projektzielen bestehen Zielkonflikte (→ Kapitel C2). Eine integrierte Projektsteuerung muss deshalb ständig alle Projektziele im Auge haben. Zusätzliche Anforderungen des Auftraggebers an die Leistungsziele beispielsweise können in der Regel nur über erhöhte Kosten und/oder eine verlängerte Projektdauer erfüllt werden. Einen besonders drastischen Zielkonflikt hat Brooks in seinem

Gesetz von Brooks

„Gesetz" formuliert (→ Kapitel C2). Sinngemäß heißt es darin: Ist ein Projekt schon im Verzug, führt die Aufstockung der Mannschaft nur noch zu weiterer Terminverschiebung und zu Kostenerhöhungen. Die neuen Mitarbeiter müssen beispielsweise erst eingewiesen werden. In dieser Phase ist die Gefahr von Anfangsschwierigkeiten (z.B. Missverständnisse, redundante Arbeiten) groß. Diese Aussage gilt nicht nur für Softwareprojekte, sondern für alle Projekte, in denen die Mitarbeiter einen hohen Kommunikationsbedarf haben und großes projektspezifisches Wissen erforderlich ist.

Der Projektleiter muss also zusammen mit dem Controller jede geplante Steuerungsmaßnahme sorgfältig abwägen. Bild C9-11 und Bild C9-12 [24] zeigen die wichtigsten Maßnahmen zur Kosten- und Terminsteuerung mit ihren Hindernissen und Nebeneffekten und weisen auf zahlreiche Zielkonflikte hin.

MASSNAHMEN	MÖGLICHE HINDERNISSE UND NEBENEFFEKTE
Maßnahmen, die den Leistungsumfang reduzieren	
Leistungsreduzierung	Auftraggeber stimmt nicht zu Markterfordernisse verbieten diese Maßnahme
Versionsbildung mit vorläufiger Leistungsreduzierung	Versteckte Terminverschiebung Gesamtaufwand für das endgültige Produkt erhöht sich
Einschränkung der geforderten Qualität (Leistung, Performance)	Wartungs- und Betriebskosten erhöhen sich Versteckte Terminverschiebung
Prioritätenänderung der Leistungsmerkmale	Versteckte Terminverschiebung Produkt wird vom Markt/Kunden nicht akzeptiert
Ablehnung von Änderungswünschen	Akzeptanz des Projektergebnisses geht zurück Umsatz und Gewinn sinken
Maßnahmen, die den Aufwand reduzieren	
Suche nach technischen Alternativen	Kurzfristiger Mehraufwand mit unsicherem Ergebnis
Lizenzen und Know-how kaufen	Abhängigkeit Übertragbarkeit des Know-hows auf die eigene Produktentwicklung fraglich
Zukauf von Teilprodukten	Geeigneter Lieferant muss gesucht werden Aufwand für Definition und Abnahme
Alternative Lieferanten	Aufwand/Zeit für Auswahl und Auftrag Lieferrisiko
Änderung des Abwicklungsprozesses	Umstellungsaufwand mit unsicherem Ergebnis
Einsatz anderer Werkzeuge	Einarbeitungsaufwand Investitionskosten
Nicht zwingend notwendige Arbeitspakete streichen	Erhöhtes Risiko Qualitätsreduzierung
Parallelarbeit	Erhöhtes technisches Risiko

Übersicht zu Maßnahmen, Hindernissen, Nebeneffekten

Bild C9-11 Maßnahmen zur Reduzierung des Leistungsumfangs beziehungsweise des Aufwands

MASSNAHMEN	MÖGLICHE HINDERNISSE UND NEBENEFFEKTE
Maßnahmen, die die Kapazität erhöhen	
Einstellen zusätzlicher Mitarbeiter	Personalbudget ist festgelegt
Umverteilen des Personals innerhalb des Projekts	Engpass verschiebt sich
Einsatz zusätzlicher Abteilungen	Koordinationsaufwand steigt Einarbeitung ist notwendig
Zukauf von externer Kapazität	Know-how muss erst gefunden werden
Zusätzliche Betriebsmittel bereitstellen	Investitionen sind notwendig
Lieferantenwechsel	Lieferrisiko Qualitätsrisiko
Fremdvergabe von Arbeitspaketen	Koordinationsaufwand Aufwand für Suche nach geeigneten Bearbeitern Qualitätsrisiko
Anordnung von Überstunden	Betriebsrat muss zustimmen Nur kurzzeitig einsetzbar
Mehrschichtarbeit einführen	Organisationsprobleme
Abbau anderer Belastungen des Projektpersonals (z.B. Entlastung von administrativen Aufgaben)	Mängel an anderen Stellen
Maßnahmen, die die Produktivität erhöhen	
Ausbildung der Mitarbeiter	Kein kurzfristiger Effekt Aufwand
Austausch einzelner Mitarbeiter	Keine Alternativen Einarbeitungszeit
Einstellen besonders qualifizierter Mitarbeiter	Spezialisten oft nicht zu finden Kosten
Information und Kommunikation verstärken	Zeitaufwand Kein kurzfristiger Effekt
Motivation erhöhen durch - persönliche Anerkennung - Teamgeist - personifizierte Verantwortung - Prämien und Anreize - Abbau von Konflikten - etc.	Kein kurzfristiger Effekt
Neuorganisation des Projekts	Reibungsverluste Widerstände
Abschirmung der Mitarbeiter von administrativen Tätigkeiten	Mängel an anderen Stellen
Verbesserte Infrastruktur des Projekts	Einarbeitungszeit und Kosten

Bild C9-12 Maßnahmen zur Erhöhung der Kapazität beziehungsweise der Produktivität

Der Projektleiter muss die Ausführung der beschlossenen Steuerungsmaßnahmen – sofern sie nicht als Vorgänge im Ablaufplan enthalten sind – mit einer Liste offener Punkte überwachen und die Wirkung der Projektsteuerung auf die Projektziele in den folgenden Statussitzungen wieder und wieder überprüfen.

ÜBERWACHUNG VON PROJEKTSTEUERUNGSMASSNAHMEN

Liste offener Punkte

Laufende Nr. der Maßnahme	35

Beschreibung der Maßnahme

Implementierung von Funktionen in der zweiten Version des Programms, Verhandlung mit dem Kunden

Die letzte Durchrechnung des Netzplans hat ergeben, dass der vom Kunden vorgeschriebene Auslieferungstermin der Software nicht einzuhalten ist. Der Endtermin ist nicht verhandelbar, da der Auftraggeber die Software für einen Messeauftritt benötigt. Es muss deshalb mit dem Kunden geklärt werden, welche Programmfunktionen geringere Priorität haben und erst in der zweiten Ausbaustufe implementiert werden müssen. Falls der Kunde zustimmt, müssen das Pflichtenheft entsprechend korrigiert und der Ablauf- und Terminplan angepasst werden.

Verantwortlicher	Herr Schreibmann
Geplanter Termin für Vereinbarung	KW 23
Erledigt	☐ Ja ☐ Nein
Kommentare	

Bild C9-13 Liste offener Punkte zur Überwachung von Steuerungsmaßnahmen

Fragen zur Selbsteinschätzung gemäß Zertifikatslevel

Nr.	Frage	Level				Selbsteinschätzung
		D	C	B	A	
C9.1	Welche Probleme können bei der Fortschrittsmessung auftreten?	2	3	3	4	☐
C9.2	Wie wird der Ist-Fertigstellungswert berechnet?	2	2	2	2	☐
C9.3	Warum lässt sich der Projektfortschritt bei F&E-Projekten nur schwer ermitteln?	2	2	2	2	☐
C9.4	Wie erfolgt Fortschrittskontrolle über Cost to Complete?	2	3	3	2	☐
C9.5	Was versteht man unter dem 90%-Syndrom?	2	2	2	2	☐
C9.6	Wie ist Fortschrittskontrolle mit der Meilensteintechnik möglich?	2	3	3	4	☐
C9.7	Was ist ein Fortschrittsgrad?	2	2	2	2	☐
C9.8	Welche Frühwarnindikatoren für den Projektfortschritt können verwendet werden?	1	2	3	4	☐
C9.9	Welche Voraussetzungen für Frühwarnsysteme für Projekte gibt es?	2	2	2	4	☐
C9.10	Wofür wird eine Unterlagenbedarfsmatrix eingesetzt?	2	3	3	1	☐
C9.11	Welchen Inhalt in welcher Form sollte ein Projektbericht haben?	2	3	3	4	☐
C9.12	Wie kann eine Projektkrise (im Sinne einer Projektdiskontinuität) bewältigt werden?	2	3	3	4	☐
C9.13	Was ist der Unterschied zwischen PM-Handbuch und Projekthandbuch?	2	3	3	4	☐
C9.14	Welche Aufgaben im Projekt sollte ein zentrales Project Office unterstützen?	1	2	2	4	☐
C9.15	Mit welchen Fragen kann in einer Projektstatussitzung die Basis für die weitere Projektsteuerung ermittelt werden?	2	3	3	4	☐
C9.16	Welche Steuerungsmaßnahmen stehen dem Projektleiter zur Verfügung?	2	3	3	4	☐
C9.17	Welche Indizien deuten auf eine Projektkrise (im Sinne einer Projektdiskontinuität) hin?	2	2	3	4	☐

C10 PROJEKTABSCHLUSS UND PROJEKTLERNEN

Ein systematischer Projektabschluss (ICB-Element 11) ist aus den verschiedensten Gründen notwendig. Doch wann gilt ein Projekt als abgeschlossen? Welche Aufgaben fallen beim Projektabschluss an? Wie sieht eine Projektabschlusssitzung aus? Welche Inhalte sollte ein Projektabschlussbericht haben? Fragen wie diese stehen im Mittelpunkt dieses Kapitels. Außerdem geht es darum, Erfahrungen aus Projekten für zukünftige Vorhaben nutzbar zu machen (ICB-Element 36). Unter dem Stichwort Projektlernen werden Methoden zur Projektanalyse auf der Sach- und Beziehungsebene erläutert und Empfehlungen zum Lernen aus Projekten gegeben.

1 Definition

Wann ist ein Projekt abgeschlossen?

Die ICB definiert als Projektabschluss „die Beendigung der Projektarbeit bei Fertigstellung des Projektgegenstands". Weiter heißt es: „Damit werden zwei Prozesse zusammengefasst: die Übergabe des Projektergebnisses und dessen Abnahme durch den Kunden sowie der Abschluss des Projekts mit der einmaligen Gelegenheit, die Erfahrungen zu dokumentieren und damit weitergeben zu können."

Diese Definition für den Projektabschluss scheint zunächst plausibel. Bei näherer Betrachtung ist sie aber problematisch, wie das folgende Beispiel belegt:

> *Ein Unternehmensberater hat den Auftrag bekommen, für einen mittelständischen Bekleidungshersteller ein Projektmanagement-Konzept auszuarbeiten und einzuführen. Projektziel ist, die Termin- und Kostenüberschreitungen bei Kundenprojekten erheblich zu reduzieren (Anwendungserfolg → Kapitel A5). Nun stellt sich die Frage: Wann ist dieses Projekt beendet? Mit der Übergabe des Projekthandbuchs an den Auftraggeber? Mit der Schulung der wichtigsten Mitarbeiter und der Auswahl der Pilotprojekte (Abwicklungserfolg)? Oder erst dann, wenn überprüft werden kann, ob die Ziele „Verbesserung der Termintreue" und „Verbesserung der Kostentreue" wirklich erreicht wurden – also viel später?*

Das Problem, das Projektende zu bestimmen, besteht nicht nur bei Organisationsprojekten, sondern auch bei anderen Projektarten. Deswegen unterscheiden Patzak und Rattay [1] die beiden Projektendereignisse Projektübergabe (= bei internationalen Anlageprojekten Provisional Acceptance Certificate) und Projektevaluierung (= Final Acceptance Certificate). Im Grunde gibt es noch ein drittes Projektendereignis, das zwischen der Erbringung der Leistung und der Projektevaluierung liegt: den Abschluss des Projektcontrollings im Sinne der Auswertung der Kosten-, Ertrags- und Finanzsituation.

Projektübergabe
Projektevaluierung

Abschluss
des Controlling

Die ICB versteht unter Projektende offensichtlich nur das erst- und das drittgenannte Ereignis. Sie übersieht, dass die von ihr geforderte Auswertung der Erfahrungen (= Projektlernen) zu einem späteren Zeitpunkt meist viel wertvollere Erkenntnisse bringt.

Auswertung

Wenn man akzeptiert, dass es drei verschiedene Projektenden gibt (Leistung erbracht, Kosten evaluiert und Projekt ausgewertet), dann muss das auch für den formalen Projektabschluss Konsequenzen haben. Patzak und Rattay schlagen dazu vor: Wenn die Projektübergabe erfolgt ist, wird ein vorläufiger,

Formaler Abschluss aber dennoch formaler Projektabschluss durchgeführt. Dazu gehören unter anderem
- eine Projektabschlusssitzung,
- die Erstellung eines vorläufigen Projektabschlussberichts und
- die Auflösung des Projektteams.

Lenkungsgremium Zu empfehlen ist, dass sich das Lenkungsgremium bereits zu Projektbeginn auf ein möglichst präzises Kriterium verständigt, anhand dessen entschieden werden kann, wann ein Projekt als abgeschlossen gelten kann.

Beispiel
In einem Projekt mit dem Ziel, ein neues Mobiltelefon marktreif zu entwickeln, wird klar festgelegt, wann die Verantwortung vom Projektleiter auf den Produktverantwortlichen übergeht. Das Projekt wird als beendet angesehen, wenn eine vorher festgelegte Stückzahl produziert wurde, die an die Kunden ausgeliefert werden kann.

2 Argumente für einen systematischen Projektabschluss

Abnahme Für einen systematischen Projektabschluss spricht zunächst die Notwendigkeit, durch eine Abnahme klären zu lassen, ob der Kunde das Projektergebnis akzeptiert oder Nachbesserungen fordert. Bei externen Vorhaben hat der Auftraggeber mehr Sanktionsmöglichkeiten als bei internen Projekten, um noch ausstehende Leistungen einzufordern. So kann er zum Beispiel einen Teil der Vertragssumme zurückhalten, bis der Auftragnehmer allen Verpflichtungen nachgekommen ist. Dann drohen diesem möglicherweise Liquiditätsprobleme, die existenzgefährdende Ausmaße annehmen können. Viele Auftragnehmer gehen mit Verlusten aus Projekten, weil der Kunde einen Restbetrag endgültig einbehält. Noch ausstehende Leistungen des Auftragnehmers können auch beim Kunden zu Verlusten und verzögerten Zahlungseingängen führen, zum Beispiel wenn es beim Betrieb eines neu installierten IT-Systems Probleme gibt oder der Kunde wegen einer vom Auftragnehmer verschuldeten Verzögerung behördliche Auflagen verletzt.

Beispiele
Ein Unternehmen versäumt es, dem Kunden rechtzeitig vor dem Projektende alle Unterlagen bereitzustellen, die für die Betriebsgenehmigung durch eine Aufsichtsbehörde notwendig sind. Mit der Produktion kann erst später als geplant begonnen werden. Deshalb entgeht dem Kunden Umsatz.

Ein Softwarehersteller hat für ein Call Center Software entwickelt, die der Auftraggeber als sehr gut beurteilt. Doch in der Hektik des Projekts vergisst der Projektleiter zunächst, Schulungsunterlagen erstellen zu lassen. Als der Testlauf beendet ist und das Programm in den regulären Betrieb gehen soll, stellt sich heraus, dass die vorhandenen Unterweisungen für das Personal äußerst dürftig und unklar sind und die Mitarbeiter des Call Centers das System nur schlecht bedienen können. Bei Kundenanrufen sind diese oft ratlos.

Versäumt es der Projektleiter, dafür zu sorgen, dass Restarbeiten ordnungsgemäß erledigt werden, dann ist der Kunde möglicherweise mit dem im Kern erfolgreichen Projekt letztendlich doch unglücklich (z.B. ein Gerät, das zwar perfekt funktioniert, aber mit einem schlechten Benutzerhandbuch ausgestattet ist). Das Projektziel ist in diesem Fall zwar grundsätzlich, aber dennoch nur mit Einschränkungen erreicht.

2.1 Imageschäden

Die Unzufriedenheit des Kunden muss sich nicht unbedingt in Form zurückgehaltener Teilbeträge äußern. Gravierender kann es auf lange Sicht sein, wenn das Ansehen des Unternehmens leidet und Nachfolgeaufträge ausbleiben. Mit den Worten von Hansel und Lomnitz [2]: „Der letzte Eindruck ist (…) häufig maßgebend für die Erinnerung, für das Image des Projekts. So kann ein negativer Eindruck, den ein Projekt hinterlässt, noch Jahre anhalten und plötzlich (…) den Beginn eines neuen Projekts sehr beeinträchtigen."

2.2 Plötzliche Kostensteigerungen

Ein verbreitetes Problem am Ende von Projekten sind plötzliche Kostensteigerungen.
Um sie zu vermeiden, muss der Projektleiter rechtzeitig vor Projektabschluss *Gegenmaßnahmen*
- das Projektteam offiziell auflösen und
- alle Arbeitspakete für abgeschlossen erklären.

So kann niemand mehr weitere Kosten verursachen und diese einfach auf das Projekt oder ein Arbeitspaket buchen. In der Praxis arbeiten Teammitglieder oft sinn- und ziellos am „alten" Projekt weiter, weil sie noch nicht wissen, wo sie anschließend eingesetzt werden. Gerade bei internen Projekten ist die Versuchung groß, ein sachlich eigentlich abgeschlossenes Projekt stillschweigend in die Länge zu ziehen, wenn interessante Folgeaufträge fehlen.

2.3 Pannen in Folgeprojekten

Eine systematische Auswertung des Projekts erspart den Unternehmen Aufwand und Pannen in *Auswertung* Folgeprojekten. *für Folgeprojekte*

Beispiel
Ein Elektronikunternehmen entwickelt seit Jahren für verschiedene Kunden umfangreiche individuelle Systeme. Viele Komponenten, meist Leiterplatten, unterscheiden sich nach Funktion und Aufbau nur wenig voneinander. Teilweise müssten die Ingenieure die Pläne nur von einem Vorgängersystem übernehmen. Bei anderen wären lediglich geringfügige Anpassungsentwicklungen notwendig. Doch die Entwickler beginnen in jedem Projekt von vorn. Denn es gibt kein Klassifikationsschema und keine Datenbank für die bereits gebauten und getesteten Baugruppen, aus dem sich die Ingenieure Anregungen und Muster holen könnten. Neue Projekte ziehen keinerlei Nutzen aus Vorläuferprojekten.

3 Aufgaben am Projektende

Dem systematischen Projektabschluss kommt in der Praxis eine hohe Bedeutung zu. Hamburger und Spirer [3] ordnen die Aufgaben und Probleme am Ende des Projekts
- der Sachebene und *Sach-/*
- der Beziehungsebene zu. *Beziehungsebene*

Zur erstgenannten Kategorie gehört zum Beispiel, dass der Auftragnehmer rechtzeitig ein Team bereitstellt, das die ersten Monate des Systembetriebs beim Kunden betreut und gleichzeitig

Mitarbeiter des Kunden schult. Zur zweiten Kategorie zählen etwa Maßnahmen, die dem Motivationsverlust des Projektteams entgegenwirken. Dieser ist häufig gegen Projektende zu beobachten. Beide Arten von Problemen können eng zusammenhängen.

Beispiel
Ein Unternehmen aus der Medizintechnik soll gemeinsam mit einem Softwarehersteller für eine Fachklinik ein Spezialgerät entwickeln. Wegen zahlreicher technischer Probleme, die den Projekterfolg bis zuletzt bedrohen, ist die Motivation des Teams aber kurz vor Projektabschluss nahe Null gesunken. Die Mitarbeiter machen sich mehr Gedanken über zukünftige Aufgaben als darüber, wie sie die restlichen Arbeiten am besten bewältigen. Entsprechend schlampig werden diese ausgeführt. Die Folge: Das Gerät versagt im Klinikbetrieb, der Kunde bezahlt die Rechnung nicht.

3.1 Aufgaben auf der Sachebene

Liste offener Punkte

Abschließende Fragen

Die Aufgaben auf der Sachebene verursachen in der Regel keine Probleme, müssen aber erledigt werden. Es empfiehlt sich, eine Liste offener Punkte zur Überwachung der termingerechten und vollständigen Abwicklung der ausstehenden Arbeiten anzulegen. Sie muss laufend aktualisiert werden. Projektleiter und Team müssen sich folgende Fragen stellen:

Abnahmen, Prüfungen und Reviews
- Sind alle notwendigen Abnahmen, Prüfungen und Reviews vorgenommen worden?

Externe/interne Prüfung

Dabei kann es sich um Abnahmen durch externe Stellen (z.B. Technischer Überwachungsverein) handeln, aber auch um die Ergebnisse interner Tests und Prüfungen. Für den Auftraggeber kann von der positiven Beantwortung dieser Frage die Genehmigung des Systembetriebs abhängen.

Erbrachte und noch offene Leistungen
- Welche Leistungen muss der Auftragnehmer im Projekt noch erbringen (z.B. Zubehör liefern, Dokumentation, Training, Unterstützung des Kunden beim Systembetrieb)?
- Welche Änderungswünsche muss der Auftragnehmer noch erfüllen?
- Welche finanziellen Nachforderungen muss er für realisierte Änderungswünsche des Auftraggebers stellen?
- Welche Verpflichtungen haben Zulieferer und Unterauftragnehmer noch?

Checklisten

Bei jeder Leistung muss der Projektleiter zusammen mit dem Auftraggeber überprüfen, ob sie überhaupt noch notwendig ist, wie viel Zeit sie voraussichtlich in Anspruch nehmen und welche Kosten sie verursachen wird. Manchmal verzichtet der Kunde auf solche Leistungen, wenn er dafür einen Preisnachlass erhält. Bei der Analyse der noch ausstehenden Arbeiten können Checklisten hilfreich sein, die bei der Auswertung abgeschlossener Projekte zusammengestellt und im Rahmen des Projektlernens archiviert wurden.

Auflösung der wesentlichen Umfeldbeziehungen
- Welche Aufgaben muss das Projektteam noch für bestimmte Umfeldgruppen (= Stakeholder) erledigen (z.B. Bericht für das Topmanagement erstellen, Stadtrat und Presse informieren)?
- Welche Aufgaben müssen Umfeldgruppen noch für das Projekt bearbeiten (z.B. Erfahrungsbericht der Benutzer nach dem ersten Probebetrieb eines Softwaresystems)?

- Wie wird die jeweilige Umfeldgruppe über den Projektabschluss informiert (z.B. Einzelgespräch, Rundschreiben, Kundenzeitschrift, Mitarbeiterzeitung)?

Kosten-, Ertrags- und Finanzsituation
- Wie ist die endgültige Kosten-, Ertrags -und Finanzsituation?

Dies zu analysieren gehört in den Aufgabenbereich des Projektcontrollers. Dazu überprüft er die noch offenen Rechnungsteilbeträge des Kunden und die Zahlungen, die der Auftragnehmer selbst noch an Zulieferer zu leisten hat. Auf der Kostenseite muss er ermitteln, ob die Kostenbelastungen des Projekts korrekt sind. Er kontrolliert, ob die Projektbeteiligten auf die richtigen Arbeitspakete kontiert haben und ob es Doppelbelastungen gibt, also ein und dieselbe Buchung auf zwei verschiedene Arbeitspakete vorgenommen wurde.
Projektcontroller

Übergabe
- Wurden die nach dem Projekt notwendigen Arbeiten (z.B. Betreuung des laufenden Systembetriebs für eine Übergangszeit, Übergabe der Verantwortung vom Projektleiter an den Produktmanager) ordnungsgemäß an die dafür Verantwortlichen übertragen?
- Wurden die zuständigen Mitarbeiter darauf ausreichend vorbereitet? Haben sie alle notwendigen Informationen bekommen (z.B. Handbücher, Zeichnungen, Stücklisten)?
- Wurde der Kunde über den Übergang der Verantwortung informiert?
- Wurde über die Betriebsmittel sowie Roh-, Hilfs- und Betriebsstoffe, die für das Projekt nicht mehr benötigt werden, disponiert?
- Wurden alle notwendigen technischen Daten (z.B. Energieverbrauchswerte) für den Kunden zusammengestellt?

3.2 Aufgaben auf der Beziehungsebene

Mit der Auflösung von Gruppen hat sich die Sozialpsychologie ausführlich beschäftigt. Geißler [4] hat die Auswirkungen der Extremsituation Gruppenende besonders deutlich herausgearbeitet. Über Gruppen in der Erwachsenenbildung schreibt er: „Die Trennungsarbeit ist besonders belastend und anstrengend, wo langfristig gruppendynamisch intensiv und sehr subjektorientiert gearbeitet wurde." Projektgruppen aufzulösen ist oft noch viel schwieriger, da mit dem Projektende starke Ängste verbunden sein können. Für Mitarbeiter beispielsweise, die noch nicht wissen, ob es ein Nachfolgeprojekt für sie gibt oder ob ihr Arbeitsplatz im Unternehmen vielleicht sogar gefährdet ist, kann diese Ungewissheit eine große Belastung bedeuten. Deshalb gibt es in Projektgruppen eine spezielle Abwehrreaktion, auf die Lerngruppen nicht zurückgreifen können: die Projektarbeit wird stillschweigend in die Länge gezogen.
Extremsituation
Gruppenauflösung

Häufige Probleme auf der Beziehungsebene sind:
- Das Wir-Gefühl der Gruppe schwächt sich nach und nach ab, Einzelinteressen treten in den Vordergrund (z.B. Ergattern begehrter Plätze in Folgeprojekten). Das Team verliert zunehmend an Identität. Dazu trägt auch bei, dass Teammitglieder, die nicht mehr gebraucht werden, schon vor dem Ende des Vorhabens ausscheiden. Neue Mitarbeiter, die Abschlussarbeiten übernehmen oder für die Systembetreuung eingearbeitet werden müssen, kommen dazu. Oft werden Teammitglieder schon vor dem offiziellen Projektende in die Linienorganisation zurückberufen oder in andere Projekte beordert.
Identitätsverlust
- An Projekten wird absichtlich länger gearbeitet als nötig, weil die Teammitglieder im Unter-

Unnötige Verlängerung

nehmen keine andere Perspektive sehen. Sie wissen nicht genau, was sie nach dem Projekt erwartet. Weitere Motive, Projektaufgaben unnötig auszudehnen:
- Die neuen Aufgaben sind weniger attraktiv.
- Die Mitarbeiter haben Angst vor Neuem.

Freiwilliger Rückzug

- Teammitglieder verlassen kurz vor dem Abschluss freiwillig das Projekt. In der Praxis sind verschiedene Ursachen für dieses Phänomen zu beobachten:
  - Mitarbeiter wollen den rechtzeitigen Absprung in andere Projekte schaffen.
  - Sie wollen nicht mit einem erfolglosen Projekt identifiziert werden.
  - Sie fürchten, gegen Ende des Projekts mit anspruchslosen und langweiligen Aufgaben (z.B. Dokumentation) betraut zu werden.

  Dem Auftraggeber, aber auch dem Projektleiter gehen dadurch wichtige Ansprechpartner verloren.

Der Projektleiter sollte sich die Probleme auf der Beziehungsebene, die bei der Auflösung des Projektteams entstehen, bewusst machen und Verständnis für solche Verhaltensweisen entwickeln. Für

Neubeginn setzen

die betroffenen Mitarbeiter sollte ein klarer Neubeginn gesetzt werden. Wichtig ist es, das Projekt durch ein gemeinsames Erlebnis bewusst und gemeinsam mit dem ganzen Team zu beenden. Ver-

Trennungsrituale

schiedene Trennungsrituale und -zeremonien eignen sich dazu, Projekte auf der Beziehungsebene abzuschließen. Zu empfehlen ist zum Beispiel ein Abschlussfest. Organisationspsychologen [5] raten dazu, Auszeichnungen an Mitarbeiter zu verleihen.

Ein Abschlussfest muss zelebriert und angemessen gewürdigt werden – zum Beispiel, indem ein Vertreter des Topmanagements teilnimmt. Die Projektleitung sollte das Team rechtzeitig über die geplante Veranstaltung informieren.

Personalumsetzungen

Auch eine sorgfältige, frühzeitige Planung der notwendigen Personalumsetzungen [6], die die Personalabteilung gemeinsam mit den betroffenen Mitarbeitern erarbeitet, trägt zur Vermeidung vieler Probleme bei. So wird die Angst vor der Zukunft im Keim erstickt. Der Projektleiter kann in diese Gespräche einbezogen werden.

4 Projektabschlusssitzung

Die Projektabschlusssitzung, deren Resultate in einem Bericht festgehalten werden, ist das Gegenstück zur Projektstartsitzung. Die Teilnehmer analysieren und bewerten dabei die
- Projektergebnisse,
- Projektprozesse und
- Konsequenzen für die Nachprojektphase.

Außerdem dokumentieren sie die gewonnenen Erfahrungen und verteilen noch offene Aufgaben.

Problemprojekte

Leider sind diese Empfehlungen vor allem bei Problemprojekten nur schwer zu befolgen. Über Misserfolge zu sprechen ist immer unangenehm. Deshalb besteht die Gefahr, dass eine sachliche Analyse des Projekts unterbleibt und die Teammitglieder sich gegenseitig die Schuld für sein Scheitern zuweisen. Deshalb müssen Projektabschlusssitzungen sorgfältig vorbereitet werden [7].

Entlastung

In der Projektabschlusssitzung entlastet in der Regel das Lenkungsgremium den Projektleiter und das Team. Entlastung bedeutet in diesem Zusammenhang: Das Lenkungsgremium billigt nachträglich alle Aktivitäten des Projektleiters und seines Teams (= Billigungserklärung für die Geschäftsführung).

Folgende Themen sollten in einer Projektabschlusssitzung angesprochen werden: *Themen*
1. Fazit des Projektleiters
   Welche Ziele wurden erreicht/nicht erreicht?
2. Feedbackrunde: Jeder Teilnehmer kommt einmal zu Wort
   Was war gut (= Stärken)?
   Was war weniger gut (= Verbesserungsbereiche)?
3. Aussprache zur Feedbackrunde
4. Projektlernen: Erfahrungssicherung für künftige Projekte
   Was können das Team und die gesamte Organisation aus dem Projektverlauf lernen?
   Welche Maßnahmen werden getroffen, um Fehlerwiederholungen zu vermeiden?
5. Information über den Projektabschluss
   Wer bekommt den Abschlussbericht?
   Wer wird nur kurz über den Projektabschluss informiert?
6. Vergabe der restlichen Arbeiten (z.B. Erstellung Abschlussbericht)
7. Feierlicher Ausklang

5 Projektabschlussbericht

In der Literatur finden sich zahlreiche Anregungen für die Gestaltung von Projektabschlussberichten (z.B. [8]). Eine allgemein gültige Empfehlung lässt sich nicht geben. Der Inhalt eines Abschlussberichts hängt von Art und Größe des Projekts ab. Aus diesem Grund werden im Folgenden nur die Punkte *Mindestinhalte* genannt, die unbedingt hineingehören:

1. Aussagen über
   • zu Beginn geplante und tatsächlich erreichte Leistungsziele,
   • den ursprünglich geplanten und den tatsächlichen Endtermin sowie
   • die ursprünglich geplanten und die tatsächlich angefallenen Kosten.
   Bei allen drei Parametern sollten eventuelle Abweichungen begründet werden.

2. Die Frage,
   • was im Team und in den Beziehungen zum Projektumfeld besonders gut und
   • was schlecht gelaufen ist.

3. Informationen über
   • Konsequenzen für künftige Projekte, die aus den Abweichungen gezogen werden, und
   • eine Liste mit Aufgaben, die noch abzuarbeiten ist.

6 Projektlernen

Der Mensch ist die Informationsdrehscheibe innerhalb jedes Projekts und projektübergreifend, also *Nutzung* zwischen aktuellen und Nachfolgevorhaben. Um zu vermeiden, dass jedes Team das Rad neu erfindet, *von Erfahrungen* sollte jede Organisation die Nutzung von Erfahrungen aus Projekten und gemeinsamem Wissen insti- *institutionalisieren* tutionalisieren. Best Practice-Beispiele für Folgeprojekte verfügbar zu machen, ist unter betriebswirtschaftlichen Gesichtspunkten dringend anzuraten.

Wenn man sich vorstellt, wie viel Geld durch Parallelentwicklungen in Abteilungen oder Projekten, deren Mitarbeiter nichts von den Aktivitäten der Kollegen wissen, oder durch Wiederholungen schon einmal gemachter Fehler verschwendet wird, wird klar: Der Aufwand für ein – nach dem Bedarf der Organisation dimensioniertes – System „Projektlernen" (= Lernen aus Projekten, Projektwissensmanagement) lohnt sich. Wichtig dabei ist es, ein Klima zu schaffen, in dem die Mitarbeiter nicht nur aus erfolgreichen, sondern auch aus weniger erfolgreichen oder sogar fehlgeschlagenen Projekten lernen [9].

Aus Fehlern lernen

6.1 Empfehlungen für das Projektlernen

In der Projektabschlusssitzung wird das Projekt – wenn überhaupt – meist nur grob analysiert. Eine detaillierte Untersuchung zum Zweck des Lernens aus Projekten unterbleibt häufig. Dafür gibt es zahlreiche Gründe. Aus diesen lassen sich im Umkehrschluss Empfehlungen zur Organisation des Projektlernens ableiten:

1. Nach dem offiziellen Projektabschluss, ab dem die Projektbeteiligten neue Aufgaben übernehmen, sollte noch Personal für eine gründliche Auswertung zur Verfügung stehen.

Beauftragter

2. Im Unternehmen oder der Projektorganisation sollte es einen Beauftragten geben, der die Prozesse des Projektlernens projektübergreifend koordiniert. Dieser Person wird eine Arbeitsgruppe zur Seite gestellt, die als Schnittstelle zu den Mitarbeitern fungiert und aus der ein Vertreter oder Nachfolger rekrutiert werden kann. Ziel ist, das System Projektlernen auch über Personalwechsel hinweg am Leben zu erhalten.

Offenheit fördern

3. Offenes, konstruktives Feedback, Ideenreichtum und Experimentierfreude sollten gefördert werden (→ Kapitel D3). Fehler sind als Lernchance zu verstehen. Denn bei missglückten Projekten befürchten die Projektverantwortlichen, eine Analyse könnte Fakten an den Tag bringen, die ihrer Karriere schaden. Deshalb sollte das Management für eine Lernkultur sorgen, die verhindert, dass einmalige Fehler negative Konsequenzen nach sich ziehen.

Wissen als Machtfrage

4. Es ist Aufgabe des Managements, den Mitarbeitern deutlich zu machen, dass es ihnen persönlich nützt, ihr Wissen mit anderen zu teilen. Jeder profitiert vom Wissen der anderen. In einer lernenden Organisation gilt der Grundsatz „Wissen ist Macht – Wissen zu teilen bedeutet Machtgewinn".

5. Zu den Projektzielen, die erreicht werden müssen, gehört ganz offiziell immer auch das Ziel Projektlernen (z.B. Stichwort: „Erfahrungen sammeln und dokumentieren").

Formalisierte Prozesse

6. Formalisierte Prozesse erzeugen Verbindlichkeit. Das gilt für Beiträge zum Projektlernen genauso wie zum Beispiel für Statusberichte zu Meilensteinen.

7. Das Management lässt sich regelmäßig über Maßnahmen und Erfolge im Bereich Projektlernen berichten.

8. Feedbackmechanismen (z.B. regelmäßige, protokollierte Reviews, Nachfragen durch Verantwortlichen für Projektlernen) sind Voraussetzung für Projektlernen und neue, kreative Ideen.

Parameter „Mensch"

9. Projektteams sollten den Projektverlauf nicht nur nach den Parametern Kosten, Termine und Leistung reflektieren, sondern auch mit Blick auf die Erfahrungen aus dem Bereich „Faktor Mensch", die auf Folgeprojekte übertragen werden könnten (z.B. erfolgreiche Beilegung von Konflikten).

10. Erweist sich der Aufwand für systematisches Lernen aus Projekten als größer als zunächst gedacht, muss ein Ansprechpartner (z.B. Projektleiter, Projektbüro, Angehöriger des Managements) zur Verfügung stehen, der Frustration auffängt und den Lernbemühungen neuen Schwung verleiht.

Technik/Organisation

11. In technisch-organisatorischer Hinsicht muss es das Projektlernsystem ermöglichen, Erfahrungen so aufzubereiten, zu verbreiten oder abzulegen, dass Interessenten zielgerichtet nach ihnen

suchen und sie wiederfinden können (z.B. bestimmten Projektprozessen oder Erfahrungs-
bereichen zuordnen, Suchbegriffe). Wichtig dabei ist es, Ansprechpartner anzugeben. Jeder *Ansprechpartner*
Mitarbeiter muss vor seinem Ausscheiden aus der Organisation einen Nachfolger (= „Mitwisser") in das System eintragen. Schriftlich dokumentiertes Wissen bringt größeren Nutzen, *Mitwisser*
wenn die Autoren der Beiträge auch persönlich befragt werden können.

12. Die Mitarbeiter müssen geschult werden, damit sie beurteilen können, welche Erfahrungen
bewahrenswert sind und wie sie diese für das Projektlernsystem nutzbar machen können.

13. Zu Beginn jedes neuen Projekts müssen die Beteiligten im Projektlernsystem nachsehen, ob es
zu ihrem Thema bereits Erfahrungen im Unternehmen gibt.

14. Ein Coach kann wertvolle Impulse geben. Sinnvoll sind auch Mentorensysteme: Erfahrene Mit- *Coach/Mentor*
arbeiter betreuen Projekte als Mentoren. Sie beantworten Fragen und geben Tipps.

15. Erfolgreiche Teams sollten wenn möglich auch in neuen Projekten wieder in derselben oder *Team-Recycling*
einer ähnlichen Zusammenstellung eingesetzt werden. Dies ist in der Praxis allerdings oft
schwierig umzusetzen, da Mitarbeiter von ihren jeweiligen Linienfunktionen oder anderen Projekten nach Projektabschluss schnell vereinnahmt werden.

16. Mitarbeiter von Folgeprojekten akzeptieren die gespeicherten Erfahrungen oft nicht, weil sie
nicht am vorangegangenen Projekt beteiligt waren (Not-invented-here-Syndrom). Daher ist es *Not-invented-here-*
notwendig, ein organisationsweites Bewusstsein zu schaffen: „Das ist unser gemeinsamer Wis- *Syndrom*
senspool, von dem wir alle profitieren." Dabei helfen zum Beispiel projekt- oder linienüber-
greifende Veranstaltungen und Arbeitsgruppen. Isolierendes Abteilungsdenken muss mit
einem negativen Image belegt sein.

Die dokumentierten Informationen für Mitarbeiter von Nachfolgeprojekten müssen verständlich *Anforderungen an*
formuliert, möglichst auch visualisiert (z.B. mit einer Skizze versehen) sowie einem Kontext (z.B. *die Dokumentation*
Projektmarketing) zugeordnet sein und einen geeignete Detailtiefe aufweisen (nicht zu detailliert, aber ohne Lücken). Das dazu notwendige Wissen kann anhand von Beispielen in Schulungen
vermittelt werden, eventuell auch in Kaskadenschulungen (= Mitarbeiter schulen Mitarbeiter im
Schneeballsystem).

7 Methoden für Projektanalyse und -lernen

Im Folgenden werden einige Methoden zur Projektanalyse vorgestellt, die das Projektlernen fördern.

7.1 Projektanalyse auf der Sachebene

Auf der Sachebene können unter anderem die folgenden Methoden eingesetzt werden:

7.1.1 Nachkalkulation

Am häufigsten und seit vielen Jahren üblich ist in der Praxis eine Nachkalkulation des abgeschlossenen
Vorhabens. Sie kann gerade bei Projekten mit geringerem Neuheitsgrad als Grundlage für die Kalkulation neuer Vorhaben dienen. Wurden die ursprünglich geplanten Kosten erheblich überschritten, *Kostentreiber*
ist es notwendig, in einer Kostenabweichungsanalyse die größten Kostentreiber zu identifizieren. *identifizieren*
Genauso wichtig ist eine Abweichungsanalyse, wenn die Projektdauer überschritten wurde.

7.1.2 Projektkostendatenbanken

Weitaus seltener als die Nachkalkulation ist der Aufbau von Kostendatenbanken. Eine Ausnahme macht an dieser Stelle die Baubranche (vgl. z.B. [10]). In diesem Bereich werden relativ häufig die Kosten abgeschlossener Vorhaben systematisch ausgewertet. Solche Analysen können in die Planung neuer Vorhaben einfließen. In der Baubranche gibt es ausgearbeitete Strukturierungsschemata, die jedem Fachmann eine nachvollziehbare Ablage von Kostendaten ermöglichen. Historische Kostenwerte sind dadurch leicht wieder aufzufinden. Auch für Softwareprojekte gibt es inzwischen firmenübergreifende Kostendatenbanken.

7.1.3 Kennzahlen und Kennzahlensysteme

Relativ selten berechnen Projektcontroller nach Projektabschluss Kennzahlen. Noch weniger verbreitet sind umfassende Kennzahlensysteme. Eine Ausnahme bildet auch hier der Softwarebereich. Die Kennzahlen, die für IT-Projekte ermittelt werden, betreffen sowohl das entwickelte Produkt als auch den Prozess der Produktentwicklung [11]. Wichtige Kennzahlen sind beispielsweise:

Wichtige Kennzahlen

- Termintreue
- Kostentreue
- Häufigkeit der Änderung von Projektanforderungen
- Fehleranzahl und Fehlerquoten, unter Umständen unterteilt nach Kategorien

Ein einfaches Kennzahlensystem für Softwareprojekte haben Möller und Paulish [12] entwickelt.

Rahmen-
kennzahlensystem

Das Problem, dass es kein für alle Projektarten gültiges Kennzahlensystem geben kann, löste in neuerer Zeit George [13]: Er entwarf ein Rahmenkennzahlensystem, das für die jeweilige Projektart angepasst werden kann.

7.1.4 Kundenbefragung

In Folge der zunehmenden Kundenorientierung sollte vor allem diese Stakeholdergruppe befragt werden. Der folgende Fragebogen [14] wurde dafür entwickelt:

ERHEBUNG DER KUNDENZUFRIEDENHEIT MIT DEM PROJEKT

1. In welcher Form waren Sie am Projekt beteiligt?

   ...

2. Wie zufrieden waren Sie mit dem Projektstart, der Zielformulierung und den Projektplänen?

   ☺ 1 2 3 4 5 6 ☹

   Anmerkungen

3. Wie zufrieden waren Sie mit der Aufgaben- und Kompetenzverteilung sowie mit dem Informationsfluss?

   ☺ 1 2 3 4 5 6 ☹

   Anmerkungen

4. Wie zufrieden waren Sie mit dem Einsatz und der Arbeitsweise des Teams?

   ☺ 1 2 3 4 5 6 ☹

   Anmerkungen

5. Wie zufrieden waren Sie mit der Betreuung durch die Projektleitung?

   ☺ 1 2 3 4 5 6 ☹

   Anmerkungen

6. Wie gut wurden die Teil-/Projektziele erreicht?

   ☺ 1 2 3 4 5 6 ☹

   Anmerkungen

7. Wie schätzen Sie das Projekt bezüglich des erbrachten Zeit- und Kostenaufwands sowie des erreichten beziehungsweise zu erwartenden Ergebnisses ein?

   ☺ 1 2 3 4 5 6 ☹

   Anmerkungen

8. Welche Verbesserungen sollten bei der Realisierung weiterer Projekte umgesetzt werden?

   ...

Bild C10-1 Fragebogen zur Erhebung der Kundenzufriedenheit

In der Praxis ist es nicht immer ganz einfach zu bestimmen, wer eigentlich befragt werden soll. Bei einem Projekt zur Installation von Standardanwendersoftware im Unternehmen können die Endbenutzer, die EDV-Abteilung oder die Unternehmensführung, die den Auftrag erteilt hat, der Kunde sein. Im Zweifelsfall ist es deshalb ratsam, die Zufriedenheit mehrerer Zielgruppen zu erkunden.

Kunden identifizieren

7.2 Projektanalyse auf der Beziehungsebene

Auf der Beziehungsebene können unter anderem die folgenden Methoden eingesetzt werden:

7.2.1 Fragebogen

*Fragen für
Beziehungsebene*

Der Fragebogen von Streich und Marquardt [15] ist ausschließlich für die Beziehungsebene bestimmt. Er kann schon während des Projekts benutzt werden, um die Gruppe dazu anzuregen, über die Art der Zusammenarbeit im Team nachzudenken.

KLIMA IM PROJEKTTEAM

Bitte bewerten Sie die Eigenschaften Ihrer Gruppe auf der angegebenen Sechs-Punkte-Skala. Geben Sie dabei Ihre ehrliche Meinung wieder. Machen Sie einen Kreis um die Ziffer, die Ihre Ansicht am besten ausdrückt.

Offenheit

Verhielten sich die Mitglieder offen zueinander? Gab es geheime Absprachen? Gab es Themen, die in der Gruppe tabu sind? Konnten die Mitglieder ihre Meinung über andere offen ausdrücken, ohne zu verletzen?

Die Mitglieder waren offen zueinander   Die Mitglieder waren sehr zurückhaltend

☺   1   2   3   4   5   6   ☹

Konformität

Hatte die Gruppe Methoden, Rituale, Dogmen und Traditionen, die eine effektive Arbeit behindern? Wurden die Meinungen der älteren Mitglieder als Gesetz betrachtet? Konnten die Mitglieder abweichende oder unpopuläre Ansichten frei äußern?

Freie Gruppe, flexibles Verhaltensmuster   Starre Konformität, schablonenhaftes Verhalten

☺   1   2   3   4   5   6   ☹

Loyalität

Zogen die Mitglieder alle an einem Strang? Was geschah, wenn ein Mitglied einen Fehler machte? Kümmerten sich die stärkeren Mitglieder um die anderen, die weniger erfahren oder leistungsfähig sind?

Hohes Maß an Loyalität   Wenig gegenseitige Unterstützung in der Gruppe

☺   1   2   3   4   5   6   ☹

Konfrontation mit Schwierigkeiten

Wurden schwierige oder unbequeme Fragen erörtert? Wurden Konflikte offen ausgetragen oder unter den Teppich gekehrt? Konnten sich die Mitglieder Meinungsverschiedenheiten mit den Vorgesetzten leisten? Setzte sich die Gruppe dafür ein, ihre Schwierigkeiten vollständig auszuräumen?

Probleme werden offen und ohne Umschweife angepackt   Schwierige Fragen werden vermieden

☺   1   2   3   4   5   6   ☹

Risikobereitschaft

Haben die Mitglieder gemerkt, dass sie Neues ausprobieren und Fehlschläge riskieren konnten und trotzdem noch Loyalität genossen? Wurden die Einzelnen von der Gruppe ermuntert, ihre Fähigkeiten voll auszuschöpfen?

Experimentieren und eigenes Nachprüfen sind selbstverständlich   Risikobereitschaft bei der Arbeit nicht gefragt

☺   1   2   3   4   5   6   ☹

Gemeinsame Wertvorstellungen

Haben die Mitglieder ihre persönlichen Wertvorstellungen einander nahegebracht? Waren ihnen sowohl die Ursachen (Warum?) als auch die Wirkungen (Was?) bewusst? Besaß die Gruppe gemeinsame Grundwerte, denen sich alle Mitglieder verpflichtet fühlten?

Weitgehende Übereinstimmung in den Wertvorstellungen   Keine gemeinsamen Grundwerte

☺   1   2   3   4   5   6   ☹

Motivation

Kümmerten sich die Mitglieder genügend um die Vertiefung ihrer gegenseitigen Beziehungen? Wirkte die Zugehörigkeit zu dieser Gruppe stimulierend und motivierend auf die Einzelnen?

Die Mitglieder pflegen ihre Gruppe   Die Mitglieder vernachlässigen ihre Gruppe

☺   1   2   3   4   5   6   ☹

Bild C10-2 Fragebogen zum Klima im Projektteam

7.2.2 Feedbackgespräche

Feedbackgespräche, die Projektverantwortliche mit Mitarbeitern führen, geben Hinweise auf Erfahrungen, die nicht in offiziellen Berichten auftauchen (z.B. Konflikte im Team). Einzelgespräche haben gegenüber Gruppengesprächen meist den Vorteil, dass der Mitarbeiter Kritik und Ideen offener äußert als in der Gruppe. Der Nachteil ist der Zeit- und Organisationsaufwand. Mit den Projektverantwortlichen selbst wiederum sollten Angehörige übergeordneter Hierarchiestufen (z.B. Verantwortlicher für Projektlernen im Unternehmen, Mitglied des Managements) regelmäßig Feedbackgespräche führen. So können die Erfahrungen bei Projektleitung und Personalführung systematisch aufbereitet und genutzt werden (z.B. für die Ausbildung junger Projektleiter). Auf diese Weise erfährt das Management beispielsweise, welcher Projektleiter als Mentor für andere Projekte in Frage kommt.

Inoffizielle Hinweise

Einzel-/ Gruppengespräche

7.3 Projektanalyse auf der Sach- und Beziehungsebene

In jüngster Zeit gibt es einen regelrechten Boom bei der Entwicklung von Instrumenten zur nachträglichen Projektbewertung. Sie lassen sich meist nicht eindeutig der Sach- oder der Beziehungsebene zuordnen. In der Regel werden beide Ebenen analysiert.

7.3.1 Modell für Project Excellence

Zu den aussagekräftigsten Methoden, ein abgeschlossenes Projekt zu bewerten, gehört das Modell für Project Excellence (→ Kapitel C8) [16]. Die Deutsche Gesellschaft für Projektmanagement (GPM) hat es entwickelt. Sein Ursprung liegt im Total Quality Management (→ Kapitel C8). Die Projektbeteiligten können ihr Projekt mithilfe dieses Modells selbst bewerten, aber auch einem externen Assessment unterziehen. Größere Objektivität ist gewährleistet, wenn unabhängige Assessoren ihr Urteil abgeben. Da die Anwendung des Instruments einige Zeit beansprucht, sollte eine solche Analyse gut vorbereitet werden.

Selbstbewertung

Externes Assessment

7.3.2 Befragung von Beteiligten

Schnell und einfach durchzuführen sind Befragungen. Die Analyse kann sich hier sowohl auf die Sach- als auch auf die Beziehungsebene erstrecken. Häufig werden bei einer Befragung beide Ebenen einbezogen. Befragt werden können

Zielgruppen

- die Mitglieder des Projektteams,
- beteiligte Fachabteilungen,
- Zulieferer beziehungsweise Unterauftragnehmer,
- Vertreter des Auftraggebers,
- die potenziellen Nutzer oder
- andere Stakeholder.

Ein standardisierter Fragebogen oder ein Interviewleitfaden, anhand dessen der Interviewer den Stakeholder befragt, sind gängige Methoden. Ein Standardfragebogen hat den Vorteil, dass Projekte miteinander verglichen werden können. Im informellen persönlichen Gespräch erhält der Interviewer dagegen meist Informationen, die er bei einer Fragebogenaktion nicht bekäme. Außerdem kann er

Standardfragebogen
Persönliches Gespräch

nachhaken, wenn der Befragte sich unklar ausdrückt oder merklich Informationen zurückhält. Eine gute Gelegenheit für die Befragung ist der Abschluss-Workshop.

7.3.3 Projekterfahrungsdatenbanken

Noch ambitionierter als die Konstruktion von Projektkennzahlensystemen ist die Absicht, Projekterfahrungsdatenbanken aufzubauen. Mithilfe derartiger Systeme, die sich auch für die Projektanalyse auf der Beziehungsebene eignen, lassen sich die Erfahrungen aus früheren Projekten übersichtlich strukturiert darstellen.

7.4 Prozess- und dokumentationsbasierte Methoden

Schindler und Eppler [17] beschreiben einige weitere Methoden für das Projektlernen. Sie unterscheiden nach prozessbasierten und dokumentationsbasierten Ansätzen.

7.4.1 Prozessbasierte Methoden

Prozessbasierte Methoden erfassen und bewerten die einzelnen Bearbeitungsstufen und ihre Abfolge im Projektverlauf. Projekt-Reviews und Audits (→ Kapitel C8) gehören in diese Kategorie. Spezielle Ausformungen sind Projektnachbewertung und Manöverkritik, die an dieser Stelle beschrieben werden sollen. Zu beiden Methoden gibt es darüber hinaus verschiedene Varianten.

7.4.1.1 Projektnachbewertung

Spät erkennbare Projektergebnisse

Große Unternehmen, zum Beispiel die British Petroleum (BP), arbeiten mit der Projektnachbewertung (= Post Project Appraisal). Dabei bewertet eine eigens dafür eingerichtete Post Project Appraisal Unit Großprojekte zwei Jahre nach deren Abschluss – von der Projektidee bis zum Zeitpunkt der Bewertung. Der große zeitliche Abstand dient dazu, Projektergebnisse zu erfassen, die erst nach Projektabschluss sichtbar werden. Das Bewerterteam war nicht am Projekt beteiligt, damit größtmögliche Objektivität garantiert ist. Interviews ergänzen die Analysen. Ein Prüfungsgremium nimmt den Bericht ab. Alle Berichte werden als Fallbeispiele zentral gesammelt und in Form von Handbüchern im Unternehmen verbreitet. Diese werden regelmäßig aktualisiert.

7.4.1.2 Manöverkritik

Schnelle Beurteilung

Vier Fragen

Diesen Ansatz (= After Action Review) hat die US-Armee für militärische Aktionen geschaffen, weil diese noch während ihres Ablaufs oder sofort danach beurteilt werden müssen. Er erlaubt es, besonders schnell aus Fehlern und Erfolgen zu lernen. Es gibt verschiedene Varianten, vom 20-minütigen Brainstorming bis zur mehrstündigen Diskussion. Das Team muss vier Fragen beantworten:

1. Was war geplant?
2. Was ist tatsächlich geschehen?
3. Wo liegen die Abweichungen?
4. Was können wir aus dieser Erfahrung lernen?

Unternehmen übernahmen den Ansatz für Fälle, in denen schnell gehandelt werden muss.

7.4.2 Dokumentationsbasierte Methoden

Dokumentationsbasierte Methoden strukturieren die Lerninhalte und bereiten sie auf, damit sie archiviert und für Interessenten schnell verfügbar gemacht werden können. Beispiele sind das System RECALL, Lerngeschichten und Mikroartikel.

7.4.2.1 RECALL

Dieser Ansatz basiert auf einer Datenbank, in die Projektmitarbeiter über ein Formular via Internetbrowser ihre Erfahrungen einpflegen können. Er stammt aus einem Programm der NASA zum Projektlernen. Ziel ist, Erfahrungen leichter und automatisiert zu erfassen und zugänglich zu machen. Eine Checkliste mit Fragen hilft dem Anwender dabei, nur relevante Informationen einzugeben. Ist er damit fertig, muss er noch einige Fragen zu Kontextinformationen beantworten.

Eingabe via Browser

7.4.2.2 Projektlerngeschichte

Projektlerngeschichten (= Learning Histories) gehen auf die Sloan School of Management am Massachusetts Institute of Technology (MIT) zurück. Der jeweilige Verfasser stellt die wichtigsten Ereignisse eines Projekts aus dem Bereich „Faktor Mensch" (z.B. Probleme im Team) in chronologischer Reihenfolge zusammen. Dabei sollte ein „roter Faden" wie beim Erzählen einer Geschichte erkennbar sein. Direkte Zitate, anonymisiert und nur mit Angabe der Funktion (z.B. Mitglied F&E-Team) machen den Blickwinkel der Projektbeteiligten im jeweiligen Kontext deutlich – ein Vorteil gegenüber stichwortbasierten Systemen.

Faktor Mensch

Eine Lerngeschichte wird auf mehrere Tabellenspalten verteilt: Rechts trägt der Verfasser die Interviewauszüge, links Kommentare mit Zusatzinformationen ein. Diese erlauben es, die Zitate in einen Kontext einzuordnen (z.B. Mitarbeiter A und der Projektleiter liegen seit Jahren im Streit). Darüber hinaus gibt es eine Spalte mit Details zum Projekt, zum Beispiel für die Angabe der Projektphase. In Gesprächen mit den Beteiligten wird die Lerngeschichte verifiziert. Sie kann zum Beispiel in Workshops eingesetzt werden.

7.4.2.3 Mikroartikel

Ein Mikroartikel (nach Willke) ist ein Beitrag von maximal einer DIN-A4-Seite in unkomplizierter, gesprochener Sprache, den jeder Projektmitarbeiter nach Projektabschluss verfasst. Dabei sollen keine literarischen Meisterwerke geschaffen, sondern die Erfahrungen aus dem Projekt möglichst authentisch wiedergegeben werden. Der Vorteil gegenüber stichwortbasierten Erfassungstechniken: Leser, die nicht am Projekt beteiligt waren, erkennen die Zusammenhänge schneller. Ein Mikroartikel besteht aus Betreff, Zusammenfassung, Kurzgliederung und Fließtext. Illustrationen sind ebenso sinnvoll wie Verweise auf andere Mikroartikel. So wird der Beitrag einem größeren Kontext zuordenbar.

Authentische Wiedergabe

Fragen zur Selbsteinschätzung gemäß Zertifikatslevel

Nr.	Frage	Level				Selbsteinschätzung
		D	C	B	A	
C10.1	Wann gilt ein Projekt als abgeschlossen?	2	2	3	4	☐
C10.2	Welche Aufgaben sind am Ende des Projekts durchzuführen?	2	3	3	4	☐
C10.3	Welche Themen sollten in einer Projektabschlusssitzung besprochen werden?	2	3	3	4	☐
C10.4	Welchen Inhalt sollte ein Projektabschlussbericht haben?	2	3	3	4	☐
C10.5	Welche Empfehlungen für Projektlernen sollten implementiert werden?	2	3	3	4	☐
C10.6	Welche Methoden zur Projektanalyse unterstützen das Projektlernen?	2	3	3	4	☐
C10.7	Welche prozess- und dokumentationsbasierten Methoden unterstützen das Projektlernen?	2	3	3	4	☐

C11 IT-UNTERSTÜTZUNG

Wo nützt Software im Projektmanagement (ICB-Element 29)? Wo liegen ihre Grenzen? Welche Software sollen wir beschaffen? Projektverantwortliche müssen Antworten auf diese Fragen finden. Dieses Kapitel liefert Argumente für und gegen den Einsatz von Software – abhängig von der jeweiligen Aufgabe – und macht deutlich, warum dieser kein Patentrezept für die Einführung von Projektmanagement ist. Der Projektleiter sollte wissen, welche Softwarekategorien es gibt und wie er für seine Zwecke geeignete Programme aus der immer differenzierteren, unübersichtlichen Softwarelandschaft auswählen kann. Dafür wird ihm ein Vorgehensmodell an die Hand gegeben.

1 Entwicklungsgeschichte

Mit dem Entstehen [1] der verschiedenen Netzplantechniken gegen Ende der 1950er Jahre entwickelten sich rasch entsprechende EDV-Programme für die Stapelverarbeitung, die dem Benutzer die mühsame, fehleranfällige manuelle Terminberechnung abnahmen. Bald war auch Software verfügbar, die Einsatzmittelplanung sowie Kostenplanung und -kontrolle auf der Basis von Netzplänen gestattete. Da in den meisten Organisationen mehrere Projekte gleichzeitig laufen, die auf die gleichen Einsatzmittel (z.B. Personal bestimmter Qualifikation) zugreifen müssen, war es mithilfe der entsprechenden Software schon früh möglich, den Einsatzmittelbedarf aller Projekte für beliebige Planungsperioden zu ermitteln.

Stapelverarbeitung

Netzpläne

Später folgten Programmsysteme, die den schwerfälligen und zeitaufwendigen Stapelbetrieb überflüssig machten und im Dialogbetrieb bedient werden konnten. Schließlich wurden zunehmend Projektmanagement-Programme für den Personal Computer (= PC) entwickelt. Mit dessen Einzug in die Unternehmen verbreiteten auch sie sich mehr und mehr. Die Benutzeroberflächen wurden immer anwenderfreundlicher, die Netzplantechnik erlebte eine Renaissance. Für lange Zeit gab es auf dem Markt nahezu ausschließlich Systeme, deren Kern aus Routinen zur Berechnung von Netzplänen bestand. Nach der Klassifikation von Ahlemann [2] handelt es sich dabei um so genannte planungsorientierte Multiprojektmanagement-Systeme (= PMS) mit umfassenden Funktionen für Termin- und Einsatzmittelplanung. Microsoft Project, das wohl am weitesten verbreitete Programmsystem, zählt zu dieser Kategorie. Bild C11-1 zeigt den grundsätzlichen Aufbau dieser Klasse von Projektmanagement-Software [3].

Programme für PC

PMS

Daneben gibt es schon seit vielen Jahren spezifische funktionale Software zur Unterstützung des Projektmanagements, zum Beispiel für Konfigurationsmanagement und Risikoanalyse. Das Versprechen, Expertensysteme als Hilfe für die Planer bereitzustellen (z.B. zu Kostenschätzung oder Einsatzmittelplanung), hat die Informatik bislang allerdings nicht eingelöst.

Funktionale Software

Auch allgemeine Arbeitsplatzsoftware für Textverarbeitung, Tabellenkalkulation und Präsentation sowie Datenbanksoftware kann für Projektmanagement genutzt werden. Tabellenkalkulationsprogramme eignen sich sowohl für die Einsatzmittelplanung als auch für die differenzierte Vorkalkulation von Projekten. Datenbanksoftware ist für die Dokumentation und den Aufbau eines umfassenden Projektinformationssystems einsetzbar. Häufig entwickeln Anwender auch selbst Software, zum Beispiel für die projektbegleitende Kostenkontrolle. Denn Standardanwenderprogramme sind für die Anpassung an betriebliche Erfordernisse oft nicht flexibel genug. Schließlich gibt es noch Teachware für die rechnergestützte Unterweisung des Personals.

Standard-arbeitsplatzsoftware

PROJEKTPLANUNG UND -VERFOLGUNG

PROJEKTPLANUNG	Eingaben		Ist-Daten-Erfassung	PROJEKT-VERFOLGUNG
	Vorgangs- und Kosten-Einsatzmitteldaten Projektstrukturplan Projektorganisationsplan Termin-und Ablaufplan Kalendrierung Einsatzmittelplan Kostenplan	Plandaten	Termine Kosten Kapazitäten Ist-Fertigstellungsgrad	

PLANDATEN-AUSGABE	Plandaten	Ist-Daten	IST-DATEN-AUSGABE
	Termin- und Ablaufplan Balkenplan Netzplan Meilensteinplan Kumulierte Kostenkurve Kapazitätsganglinie Mittelabflussplan Listenausgaben	Zeit- und Termindaten Kostendaten Projektstatusberichte Einsatzmitteldaten Listenausgaben	

Soll-Ist-Vergleich

PROJEKTBERICHT	Termine Kosten	Kapazitäten Meilensteintrendanalysen	PROJEKTHISTORIE
	Projektstatusbericht Projektkostenbericht Kostenterminbericht Terminberichte Schnellberichte Zwischenberichte Projektorganisation Einsatzmittelbericht Liquiditätsplan	Auswertungen zu: Terminen, Kosten, Einsatzmitteln, Unterauftragnehmern, Lieferanten.	

Bild C11-1 Aufbauschema und Funktion von Projektmanagement-Software (planungsorientierte Multiprojektmanagement-Systeme)

2 Trend zu differenzierter Softwarelandschaft

Planungsorientierte Multiprojektmanagement-Systeme dominierten viele Jahre das Angebot. In den vergangenen Jahren ist die Softwarelandschaft für das Projektmanagement aber differenzierter geworden.

Softwarekategorien

Ahlemann unterscheidet folgende weitere Kategorien:

- Prozessorientierte Multiprojektmanagement-Systeme, die sich auf Qualitäts- und Prozessmanagement konzentrieren und im Rahmen eines weitgehend standardisierten Projektmanagements das Qualitätsmanagement und den Workflow unterstützen sollen
- Ressourcenorientierte Multiprojektmanagement-Systeme mit Schwerpunkt auf der Einsatzmittelplanung sowie der Aufgabe, einen Ressourcenpool zu verwalten, Einsatzmittel Projekten zuzuordnen und ihre Verwendung zu kontrollieren
- Umfassende Projektmanagement-Systeme, bei Ahlemann: Enterprise Project Management Systems
- Plattformen zur Unterstützung der Zusammenarbeit innerhalb eines Projekts (Project Collaboration Platforms)

Umfassende PM-Systeme

Interessant sind vor allem die beiden letztgenannten Klassen. Umfassende Projektmanagement-Systeme mit großer Funktionsvielfalt unterstützen das Projektmanagement über den ganzen Lebensweg eines

Projekts oder Programms hinweg – von der Ideengewinnung über die Projektauswahl und die Zusammenstellung des Projektportfolios bis hin zum Projektabschluss.

Plattformen leisten wenig Hilfe beim Multiprojektmanagement, bieten aber eine Grundlage für die Zusammenarbeit der meist räumlich verteilten Projektteams. Zahlreiche Autoren setzen zurzeit große Hoffnungen in Software dieser Art. Denn eine ganze Reihe von Prognosen weist darauf hin, dass in Zukunft die Mitglieder vieler Projektteams an verschiedenen Orten und möglicherweise sogar in verschiedenen Zeitzonen tätig sein werden (= virtuelle Teams) [4]. Von Angesicht zu Angesicht zu kommunizieren wäre in solchen Fällen zeitaufwendig und teuer.

Virtuelle Teams

Wie Schott, Campana und Kuhlmann [5] am Beispiel von Lotus Notes, MS Outlook, Microsoft Office und dem Internet zeigen, bieten diese Plattformen auch noch eine ganze Reihe anderer Funktionen, zum Beispiel die Möglichkeit, Projektkostendaten verschiedener Standorte schnell zu sammeln.

Bei allem Optimismus, der sich auf die bereits vorhandenen technischen Möglichkeiten zur Kommunikation und Zusammenarbeit stützt, sollte aber nicht vergessen werden, was Graf und Jordan [6] so formulieren: „Aufgrund der bisherigen Erfahrungen mit der Qualität und Leistungsfähigkeit virtueller Projektteams kann trotz aller Technik davon ausgegangen werden, dass ein persönlicher Kontakt zwischen den Mitgliedern eine unbedingte Voraussetzung für ein effizient arbeitendes Hochleistungsteam darstellt. Auch virtuelle Teams, die mehrheitlich auf Distanz zusammenarbeiten, benötigen ein gewisses Maß an räumlich gemeinsamer Teamarbeitszeit, um überhaupt zu einem Hochleistungsteam zusammenwachsen zu können."

Persönlicher Kontakt

3 Softwarekauf als Alibi

Zu Beginn von Firmenseminaren in Projektmanagement bekommen die Teilnehmer oft die Frage gestellt: „Haben Sie ein schriftlich niedergelegtes Konzept zur Planung und Abwicklung von Projekten, das auf die Bedürfnisse Ihrer Organisation abgestimmt ist?" Die Antwort lautet häufig: „Ja, wir haben die Projektmanagement-Software XYZ." Bohrt man etwas nach, stellt sich heraus: Die genannte Software ist zwar tatsächlich im Unternehmen vorhanden. Nach anfänglicher Euphorie benutzt sie aber längst niemand mehr. Deshalb hier die Warnung: Der Kauf von Software ohne ein umfassendes, auf das Unternehmen zugeschnittenes Projektmanagement-Konzept ist reine Geldverschwendung.

Viele Organisationen kaufen Projektmanagement-Software, ohne vorher zu analysieren, welche individuellen Anforderungen sie an ein Programmpaket stellen. Sie wiegen sich in der trügerischen Hoffnung, mit dem Erwerb der Programm-CD und des Handbuchs auch Projektmanagement eingeführt zu haben. Diese Hoffnung nähren Verkäufer eifrig, die es auf den schnellen Euro abgesehen haben. Das folgende Versprechen aus einer Anzeige für ein bekanntes – durchaus leistungsfähiges – Softwarepaket ist typisch für die Erwartungen, die die Entwickler von Projektmanagement-Software wecken: „Jetzt endlich haben Sie den Überblick über Ihre Projekte. Sie wissen, was wann wo geschieht. Sie kontrollieren jedes Detail."

Anforderungen analysieren

Falsche Versprechungen

Die Werbetexter verschweigen vorsichtshalber, dass diese Aussage nur zutrifft, wenn eine ganze Reihe von Voraussetzungen erfüllt ist. Es muss zum Beispiel eindeutige und allgemein akzeptierte Regeln dafür geben, wann welche Mitarbeiter die Daten für die Projektplanung und -verfolgung an die Projektleitung zu melden haben.

4 Software – ja oder nein?

Ob Software für erfolgreiches Projektmanagement notwendig ist, lässt sich nicht pauschal beantworten. Scheuring [7], selbst Entwickler von Projektmanagement-Software, meint: „In den Entwicklungsabteilungen eines Automobilkonzerns dürfte ohne Tool-Unterstützung nur noch wenig gehen. Und das mittlere Engineering-Unternehmen, dessen Unternehmenserfolg praktisch ausschließlich auf Kundenaufträgen für Kehrichtverbrennungs- und Kläranlagen gründet, befände sich ohne transparente und zeitnahe Controllingdaten über alle Projekte praktisch im Blindflug. Am anderen Ende der Skala befindet sich die Verkaufsabteilung eines Handelsbetriebs, die sich hin und wieder an kleine Organisationsprojekte heranwagt. Sie wird ihre Projekte auch weiterhin mit manuellen Mitteln unter Kontrolle haben."

Unternehmensgröße und Projektanzahl

Mit anderen Worten: Ob und in welchem Ausmaß Projektmanagement-Software nötig ist, hängt stark von der Größe und der Anzahl der Projekte im jeweiligen Unternehmen ab. Für eine Reihe von Aufgaben im Projektmanagement – zum Beispiel Risikomanagement – ist die Notwendigkeit der Rechnerunterstützung umstritten.

4.1 Nutzen realistisch einschätzen

Die Bedeutung, die Software für erfolgreiches Projektmanagement hat, kommt gut in dem Sprichwort aus den USA zum Ausdruck: „A fool with a tool is still a fool." Eine Befragung von 23 Fachleuten aus elf Ländern zur Zukunft des Projektmanagements [8] ergab, dass die meisten Projektmanagement-Experten der Weiterentwicklung von Softwarewerkzeugen für Projektmanagement keine allzu große Bedeutung beimessen und sie auch nicht für unbedingt notwendig halten.

Geringes Gewicht bei IPMA/PMI

Das geringe Gewicht, das der Software zugestanden wird, spiegelt sich auch in den beiden Standardwerken der International Project Management Association (IPMA) und des Project Management Institute of America (PMI) wider: Die ICB widmet dem Thema nur einen Satz, der „Guide to the Project Management Body of Knowledge 2000 Edition" erwähnt es überhaupt nicht. Dies soll beim Leser nicht zu dem Schluss führen, dass der Einsatz von Software überflüssig ist. Vielmehr soll es davon abhalten, den Nutzen der Werkzeuge zu hoch zu bewerten.

4.2 Vorteile des Rechnereinsatzes

Fehlervermeidung

In vielen Fällen bringt Projektmanagement-Software sogar erhebliche Vorteile. Es ist beispielsweise sehr mühsam, größere Netzpläne von Hand durch- und relative Termine in Kalendertermine umzurechnen. Dabei passieren auch geübten Praktikern häufig Fehler.

Ausgabemöglichkeiten

Ein weiteres Argument für die IT-Unterstützung: Die eingegebenen und die vom Programm errechneten Daten können ohne große Mühe in vielfältiger und grafisch ansprechender Form ausgegeben werden. Eine verdichtete Berichterstattung für die verschiedenen Ebenen des Managements und die empfängerorientierte Auswahl von Daten sind meist problemlos möglich. Zudem erzwingt die obligatorische Nutzung von Projektmanagement-Software eine gewisse Vereinheitlichung des Projektmanagements in der Organisation. Darüber hinaus können systematisch gespeicherte Daten aus abgeschlossenen Projekten bei der Planung neuer Vorhaben von Nutzen sein (→ Kapitel C10).

5 Auswahl

Welche Software „die Richtige" ist, lässt sich genauso wenig klären wie die Frage nach dem „besten Auto". Dies kann erst dann individuell beantwortet werden, wenn die jeweiligen Kundenanforderungen an das Produkt präzisiert wurden.

Kundenanforderungen präzisieren

Während vor rund zwei Jahrzehnten das Softwareangebot noch überschaubar war, ist es heute selbst für einen Fachmann schwer, den Überblick zu behalten. Ahlemann analysiert in seiner Studie 45 Produkte und liefert Kurzprofile für zusätzliche acht Tools. Darüber hinaus werden die Anbieter von rund 140 weiteren Programmpaketen aufgeführt. Eine Datenbank, die in Kooperation zwischen der GPM-Fachgruppe „Software für das Projektmanagement" und dem Institut für Projektmanagement und Innovation der Universität Bremen (IPMI) aufgebaut wurde, enthält detaillierte Informationen über rund 120 Softwarepakete. Da die meisten Programme immer wieder in einer neuen Version angeboten werden, wächst die Vielfalt weiter.

GPM / IPMI-Datenbank

Viele Produktvergleiche in Fachzeitschriften und anderen Publikationen sind bei der Auswahl keine Hilfe, sondern tragen eher zur Verwirrung bei. Der potenzielle Käufer sieht sich in Katalogen oft mit mehr als 600 Kriterien konfrontiert. Häufig werden darin Eigenschaften von Programmen hoch bewertet, die für den Benutzer wertlos sind. Für ihn ist es beispielsweise irrelevant, ob einem Vorgang im Netzplan zehn, 20 oder 30 verschiedene Einsatzmittelarten zugeordnet werden können, wenn man davon ausgeht, dass die vorgangsorientierte Einsatzmittelplanung – wie Scheuring sagt – als gescheitert gilt (→ Kapitel C6).

Unnötige Funktionen

Auch die Möglichkeit, für jeden Vorgang einen anderen Kalender zu wählen, ist für die Praxis in der Regel unwichtig. Deshalb geht Ahlemann in seiner Studie einen anderen Weg: Er verzichtet auf umfangreiche Eigenschaftslisten und wählt ein gröberes Raster. Bei den Funktionen für die Netzplantechnik fragt er beispielsweise – etwas vereinfacht ausgedrückt – nur, ob ausschließlich Normalfolgen möglich sind oder ob alle vier Arten von Anordnungsbeziehungen (→ Kapitel C5) mit Zeitbewertung unterstützt werden.

5.1 Vorgehensmodell für den Auswahlprozess

Ahlemann hat das folgende Vorgehensmodell für die Auswahl von Software entworfen [9]:

1. Entwicklung eines Projektmanagement-Konzepts
Zu Beginn muss der Kunde ein Projektmanagement-Konzept erstellen, das auf seine Organisation abgestimmt wurde und das die wichtigsten Stakeholder akzeptieren. Nur wenn die Projektmanagement-Prozesse sorgfältig beschrieben sind, können auch Anforderungen an die Software definiert werden.

Prozesse beschreiben

2. Entscheidung über Rechnerunterstützung
Wenn die Prozesse definiert sind, lässt sich festlegen, welche davon die Software unterstützen soll. Die Grundlagen für diese Entscheidung sollten die wichtigsten potenziellen Nutzer wie Projektleiter, Projektcontroller oder Mitglieder von Steuerungsgremien gemeinsam erarbeiten (z.B. in Workshops).

Nutzer-Workshops

3. Dokumentation der Anforderungen
Die erarbeiteten Anforderungen müssen dokumentiert werden. Die Dokumentation sollte unter

anderem folgende Informationen enthalten:
- Eine Liste der erforderlichen Eigenschaften, die mit Prioritäten versehen sind
- Beispiele für wichtige Auswertungen, die das Programm erstellen können muss
- Beispiele für konkrete Prozesse und Projektdaten
- Anforderungen an die Dienstleistungen des Anbieters (z.B. Unterstützung bei der Einführung und Schulung)

4. Grobauswahl
Eine erste Grobauswahl umfasst höchstens zehn bis 15 Anbieter.

5. Vorauswahl
Nach der Grobauswahl sollte die Zahl der Anbieter auf maximal fünf reduziert werden. Relativ grob gehaltene Kriterienkataloge, wie sie Ahlemann oder die GPM-IPMA-Arbeitsgruppe anbieten, helfen dabei, die angebotenen Eigenschaften mit der in Schritt 3 ausgearbeiteten Liste notwendiger Funktionen zu vergleichen.

6. Präsentation
Die ausgewählten Anbieter werden gebeten, ihre Produkte vorzuführen.

7. Auswahl der beiden besten Systeme
Nach der Vorstellung wählt der Kunde die beiden besten Systeme für einen Akzeptanztest aus. Dabei sollte er neben den Eigenschaften des Systems ein weiteres Kriterium berücksichtigen, das Ahlemann

Zukunftssicherheit nicht erwähnt: Ist voraussichtlich gewährleistet, dass der Anbieter die jetzt ausgelieferte Version auch in Zukunft wartet und weiterentwickelt? In der Vergangenheit gab es eine Reihe relativ kleiner Unternehmen, die gute Produkte anboten. Trotz der hohen Produktqualität verschwanden diese Softwarehersteller aber bald wieder vom Markt.

8. Akzeptanztest mit den wichtigsten Nutzern
Der Akzeptanztest soll das Beschaffungsrisiko weiter reduzieren und die Akzeptanz bei den späteren Nutzern fördern.

9. Vorläufige Entscheidung
Nachdem er die Erfahrungen aus dem Benutzertest ausgewertet hat, sucht sich der Kunde den besten Anbieter heraus.

10. Testinstallation
Die Software, für die sich der Kunde entschieden hat, wird nun für einen Testbetrieb installiert. Dabei sollte auch geprüft werden, ob das Programm die anfallende Datenmenge verarbeiten kann und wie stabil es sich im laufenden Betrieb verhält.

11. Endgültige Entscheidung
Nach dem Testbetrieb trifft der Kunde die endgültige Entscheidung.

Fragen zur Selbsteinschätzung gemäß Zertifikatslevel

Nr.	Frage	Level				Selbsteinschätzung
		D	C	B	A	
C11.1	Welche Softwarekategorien für IT-Unterstützung im Projektmanagement gibt es?	2	3	4	4	☐
C11.2	Was sollte vor dem Kauf von PM-Software für das Unternehmen berücksichtigt werden?	2	2	3	4	☐

Menschen im Projekt

D1 PROJEKTLEITER

Der Projektleiter ist die Schlüsselfigur im Projekt (ICB-Kapitel C), die für den Projekt(miss)erfolg geradezustehen hat. Er ist Schaltstelle, Sprachrohr des Projekts und Teamleiter. Dieses Kapitel informiert über die Aufgaben des Projektleiters und die Erwartungen, die er zu erfüllen hat. Es zeigt die Herausforderungen seiner Arbeit auf – beginnend beim unterschiedlichen Verständnis der Projektbeteiligten von seiner Rolle bis hin zum Fehlen von Entscheidungsbefugnissen. Auswahl- und Beurteilungsverfahren für Projektleiter werden vorgestellt. Darüber hinaus soll ein Bewusstsein für Lösungsmöglichkeiten bei der Stellenbesetzung geschaffen werden.

1 Bedeutung

Problematische Vorhaben wie zum Beispiel das Mautprojekt Toll Collect belegen: Selbst Organisationen, die schon lange mit dem Führungskonzept Projektmanagement arbeiten, sind vor Fehlern nicht gefeit. Diese können viele Ursachen haben. Eine davon sind Projektleiter, die unterqualifiziert, führungsschwach oder unfähig sind, den Bedürfnissen des Projekts Ausdruck zu verleihen und sie notfalls auch gegen Widerstände durchzusetzen. Die ICB [1] mahnt: „Die Fähigkeiten des Projektmanagers und anderer verantwortlicher Personen sind entscheidend dafür, dass alle Projektbeteiligten – wirksam zu einer Projektorganisation zusammengeführt – die Projektziele erreichen werden."

Der Projektleiter ist die „für die Projektleitung verantwortliche Person". Die Projektleitung stellt eine „für die Dauer eines Projekts geschaffene Organisationseinheit" dar, „welche für Planung, Steuerung und Überwachung dieses Projekts verantwortlich ist" [2].

Diese Organisationseinheit umfasst Mitarbeiter, die in einem Projekt eine Leitungsinstanz innehaben. Als Angehörige der Projektleitung sind demnach unter anderem auch Teil- oder Fachprojektleiter sowie Projektkoordinatoren zu sehen. Oft wird auf Kundenseite eine zum Auftragnehmer parallele Projektorganisation eingerichtet, sodass es für ein Projekt zwei Projektleiter gibt – einen beim Auftragnehmer, einen beim Kunden. Eine solche Parallelorganisation ermöglicht es, die Kommunikation auch unterhalb der Führungsebene horizontal verlaufen zu lassen (z.B. von Projektbüro zu Projektbüro oder von Teilprojektleiter zu Teilprojektleiter). Damit werden die Projektleiter entlastet.

Parallele Projektorganisation

Bei großen Vorhaben gibt es auch die Vorgehensweise, einen technischen und einen kaufmännischen Projektleiter zu berufen. Manche Unternehmen unterteilen ein Projekt künstlich in ein Vertriebs-, ein Entwicklungs- und ein Fertigungsprojekt. Damit kaschieren sie, dass sie sich immer noch nicht von der Linienorganisation trennen können und in Wirklichkeit gar kein ganzheitliches Projektmanagement haben möchten.

Unterteilung von Großprojekten

1.1 Problematische Rolle

Zu den Kernproblemen der Projektarbeit [3] zählt Hansel Missverständnisse und Konflikte, die aufgrund des unterschiedlichen Rollenverständnisses bezüglich des Projektleiters entstehen. „Deutlich wird dies in der Titulierung des Leiters eines Projekts. Zwar ist dies vielen Führungskräften nicht oder nur teilweise bewusst. Dennoch bestehen gravierende Unterschiede zwischen Projektleiter, Projektverantwortlichem, Projektkoordinator oder Projektmanager. Diese Begriffe werden in der Regel

Unterschiedliche Bezeichnungen

Unterschiedliche Rollenvorstellungen

unreflektiert benutzt. Sie drücken aber ein bestimmtes Verständnis von der Projektleiterrolle aus." Schwierigkeiten entstehen seiner Meinung nach, wenn die Betroffenen in einem Projekt unterschiedliche Vorstellungen von der Projektleiterrolle haben. So fühlt sich der Projektleiter als Leiter, der gewisse Befugnisse hat und Entscheidungen treffen darf. Der Auftraggeber sieht ihn aber nur als Verantwortlichen mit sehr beschränkten Entscheidungsbefugnissen. Die Teammitarbeiter wollen ihn in manchen Fällen nur als Projektkoordinator akzeptieren, als „Butler" des Projekts. „Wenn diese unterschiedlichen Vorstellungen aufeinanderprallen, sind Konflikte und Frustrationen unvermeidlich."

1.2 Ambivalente Haltung der Linienvorgesetzten

Fehlende Qualifizierung und Unterstützung

Gegenüber der Rolle des Projektleiters sind Linienvorgesetzte [4] häufig sehr ambivalent eingestellt. Einerseits will man Projektleitern viel Verantwortung zumuten und tut dies auch in Form von millionenschweren Projekten. Andererseits zeigt die geringe Aufmerksamkeit, die manche Unternehmen der Auswahl und Qualifizierung des Projektleiters schenken, dass man diese Funktion noch nicht ernst genug nimmt. „Fehlende Qualifizierung und Unterstützung des Projektleiters führen letztlich dazu, dass bestimmte persönliche Aspekte des Projektleiters besonders deutlich zum Tragen kommen", so Hansel (→ Kapitel A6). Aus mangelnder Kenntnis von Führungsstilen und -techniken versuche der Projektleiter unreflektiert, sein Projektteam zu leiten und zu beeinflussen. „Nicht selten sind er und das Projektteam (...) überfordert, weil die Stresssituation, die in den meisten Projekten besteht, eine professionelle – also bewusste und reflektierte – Führung verlangen würde."

2 Probleme und Lösungen bei der Stellenbesetzung

In manchen Unternehmen hat der Projektleiter einen geringeren Stellenwert als die Leitungsfunktion der Linie. In solchen Organisationen ist es besonders schwierig, gute Projektleiter zu finden.

Illusorische Vorstellungen vom Profil

In Stellenanzeigen dominiert in etwa diese Vorstellung vom Profil des idealen Projektmanagers: mittleres Alter (35 bis 45 Jahre), mehrjährige Berufserfahrung (z.B. Ingenieur, Betriebswirt), Spezialkenntnisse in dem Fachgebiet, in dem das Projekt angesiedelt ist, Englisch fließend, unternehmerisches Denken. Dazu soziale Kompetenz und Führungserfahrung. Auf der einen Seite dürfte der ideale Kandidat in diesem Alter schon Berufs- und Lebenserfahrung gesammelt haben, auf der anderen aber noch flexibel, lernfähig und mobil sein, so die Überlegung.

Mangel an Auswahlmöglichkeiten

Von diesem Ideal sind viele Unternehmen in der Projektrealität noch weit entfernt. Manager müssen häufig auf den begrenzten Pool interner Mitarbeiter zurückgreifen, wenn Projekte aufgesetzt werden. Oft besteht keinerlei Auswahlmöglichkeit: Wer sich mit einem Thema auskennt oder gerade nichts anderes zu tun hat, wird für das nächste Projekt eingeteilt. Erfahrung mit ähnlich gelagerten Vorhaben ist zwar wünschenswert, diese Anforderung wird aber angesichts des Personalmangels oft zurückgestellt. In kleinen und mittelgroßen Betrieben gibt es oft nur eine Hand voll Personen, die sich als Projektleiter eignen. Externe Projektleiter auf Zeit wären eine Alternative. Doch anstatt sich externen Sachverstand einzukaufen, heißt es aus Kostengründen oft: „Das können wir selbst." Angesichts des Mangels an qualifizierten Projektleitern erübrigen sich Instrumente wie Anforderungsprofile und Auswahlkriterien [5].

2.1 Externe contra interne Rekrutierung

Externe Projektleiter einzukaufen ist allerdings häufig deshalb nicht möglich, weil die Realisierung des Projekts viel Wissen über die Organisation und ihre Produkte erfordert. Bei der Weiterentwicklung medizinischer Diagnosegeräte beispielsweise kann oft nur ein interner Mitarbeiter weiterhelfen.

Anders als bei der Besetzung von Stellen mit externen Bewerbern haben bei der Rekrutierung von Projektleitern aus dem eigenen Personalbestand häufig nicht Personalverantwortliche das Sagen, die Erfahrung, Instrumente und einen geschulten Blick für geeignete Kandidaten mitbringen. Stattdessen erklären Linienmanager einfach Mitarbeiter zu Projektleitern. In größeren Unternehmen werden von diesen allerdings zunehmend Projektmanagement-Zertifikate (→ Kapitel D3) erwartet.

Ernennung statt Auswahlverfahren

2.2 Nachwuchs selbst entwickeln

Idealerweise entwickeln die Unternehmen guten Projektleiternachwuchs intensiv und systematisch selbst, um dem Mangel an guten Kräften entgegenzuwirken. Bewährt hat sich eine langfristige Karriereplanung. Stationen können beispielsweise sein:

Karrierestufen

1. Einstieg als Werkstudent im Engineering
2. Mitarbeit in einem Projekt im Rahmen der Engineering-Tätigkeit
3. Einsatz als technischer Leiter in einem Teilprojekt
4. Teilprojektleiter
5. Projektleiter

2.3 Überbewertung der fachlichen Qualifikation

Häufig wird die fachlich am besten qualifizierte Person zum Projektleiter ernannt. Ob in ausreichendem Umfang Führungsqualifikationen vorhanden sind, bleibt ungeprüft [6]. Dies ist aus mehreren Gründen problematisch, warnt Sackmann. Zum einen lasse sich wegen der Neuartigkeit und Komplexität der Aufgabenstellung von Projekten oft gar nicht unmittelbar sagen, welche Fachdisziplin „die Wichtigste" sei. Dem kann man allerdings entgegenhalten, dass Projekte, auf die diese Aussage zutrifft, überaus selten sind. Zum anderen verführe fachliche Qualifikation dazu, sich primär auf den fachlichen Beitrag zu konzentrieren, ohne auf die eigentlichen Führungsaufgaben zu achten. Die Folge sei eine Überlastung des Projektleiters, da er von den Projektmitarbeitern in seiner eigentlichen Arbeit „gestört" wird.

Sackmann nennt für diese Problematik folgende Faustregel [7]: Die Bedeutung der Führungserfahrung und Führungsqualität eines Projektleiters nimmt in etwa proportional mit der Größe eines Projekts und des Projektteams zu. Je länger und komplexer ein Projekt ist und je mehr Projektmitarbeiter sowie materielle Ressourcen es umfasst, desto wichtiger werden Führungsaufgaben im Verhältnis zu Fachaufgaben, die die Projektleitung wahrnehmen muss.

Faustregel Fach-/ Führungsaufgaben

3 Aufgaben

Der Projektleiter ist dafür verantwortlich, dass die Projektziele erreicht werden. Das heißt: Termine und Kostenrahmen müssen eingehalten, die vom Auftraggeber vorgegebene Leistung (z.B. Produktqualität) erbracht werden. Dieser zentralen Aufgabe sind zahlreiche Einzelaufgaben untergeordnet (→ Kapitel A6). Um sie zu bewältigen, muss der Projektleiter die Methoden, Verfahren und Instrumente des Projektmanagements in der Ausgestaltung beherrschen, die in seinem Unternehmen gelebt wird (z.B. Kostenplanung, Konfliktlösung). Darüber hinaus braucht er Kenntnisse über die dort relevanten Managementansätze (z.B. allgemeines Management, Prozessmanagement, Qualitätsmanagement).

Managementansätze beherrschen

Ein Projektleiter muss in der Lage sein,
- das Projekt zu managen,
- sein Team zu führen und
- als Schnittstelle zu den Stakeholdern (z.B. Auftraggeber, Management, Zulieferer) zu fungieren.

Aufgaben

Dazu gehören folgende Aufgaben, die sich allerdings von Unternehmen zu Unternehmen etwas unterscheiden können (→ Kapitel A6):
1. Projektorganisation einrichten
2. An der Projektdefinition mitarbeiten
3. Prozess der Zieldefinition leiten
4. Projektablauf koordinieren
5. Projektfortschritt (Termine, Kosten, Leistung) verfolgen (eventuell mithilfe des Projektcontrollers)
6. Drohende Planabweichungen frühzeitig erkennen und ihnen gegensteuern
7. Änderungen prüfen, abstimmen und in Projektpläne einarbeiten
8. Kommunikationsfluss regeln
9. Konfliktmanagement betreiben
10. Berichterstattung koordinieren
11. Projekt nach innen und außen vertreten
12. Teamentwicklung
13. Vertragsmanagement und Verhandlungen
14. Einkauf und Logistik inklusive Lieferantenmanagement
15. Finanzmanagement
16. Mitarbeiterführung (fachlich und gegebenenfalls – in Teilbereichen oder vollständig – disziplinarisch)
17. Risiko- und Chancenmanagement
18. Kunden- und Partnermanagement
19. Geschäftsentwicklung im laufenden Projekt
20. Beziehungen pflegen und Netzwerke knüpfen (Corporate Networking)

Einbindung in die Organisation

Auch die Einbindung des Projektleiters in die Organisation kann je nach Unternehmen unterschiedlich ausgestaltet sein (→ Kapitel A6). Davon hängen der Grad der Verantwortlichkeit und der Umfang der Entscheidungsbefugnisse, aber auch das Maß an Unterstützung ab, das er bei seiner Arbeit bekommt. Ein Projekt- beziehungsweise Projektmanagement-Büro (→ Kapitel E3) kann dem Projektleiter zahlreiche Aufgaben (z.B. Dokumentation, Organisation) abnehmen.

4 Anforderungen

Die Anforderungen an einen Projektleiter sind in vielerlei Hinsicht komplexer als die Anforderungen an einen Linienvorgesetzten. Ein Mindestmaß an technischem Sachverstand (objektbezogenes Wissen, also Wissen zum Projektgegenstand) ist zwar grundsätzlich notwendig, zu tiefe Spezialkenntnisse sind jedoch eher hinderlich. Bei kleineren Projekten, etwa im IT-Bereich, muss der Projektleiter allerdings noch erhebliche Facharbeit leisten. So weist ihm beispielsweise das Chief Programmer-Konzept, eine spezielle Form der Aufbauorganisation, erhebliche fachliche Arbeit zu.

Gewichtung der Fachkenntnisse

Unverzichtbar sind betriebswirtschaftliches – bei manchen Projektarten auch vertragsrechtliches – Grundwissen sowie die Kenntnis grundlegender Arbeitsmethoden. Dazu kommt die soziale Kompetenz. Es genügt heute nicht mehr, wichtige Planungswerkzeuge zu beherrschen, um erfolgreiche Projektarbeit zu leisten. Ein Projektleiter muss also Fach-, Methoden-, Organisations- und Sozialkompetenz vorweisen können. Zur sozialen Kompetenz stellen Skeptiker die Frage: Kann man sie erwerben? Oder gilt der Satz aus Goethes Faust: „Wenn ihr's nicht fühlt, ihr werdet's nicht erjagen"? Die International Project Management Association vertritt die Auffassung, dass man sich durch kritische Reflektion, Einholen von Feedback und konsequentes Lernen im Bereich der sozialen Kompetenz sehr gut weiterentwickeln kann. Dies findet seinen Niederschlag in der Projektmanager-Zertifizierung. Doch es gibt auch Meinungen, nach denen soziale Kompetenz einem Menschen in die Wiege gelegt wird – oder eben nicht.

Vier Kompetenzsäulen

In den vergangenen Jahren hat sich zwar die Einsicht verbreitet, dass ein guter Bauingenieur, Biologe oder Werbefachmann noch lange keinen fähigen Projektleiter abgibt. Doch in der Praxis kommt der sozialen Kompetenz bei der Projektleiterauswahl noch nicht die Bedeutung zu, die sie verdient. Zu Recht mahnt die ICB [8]: „Im Projektmanagement wird im Allgemeinen großer Wert auf Methoden und Verfahren sowie auf die Nutzung von informatikbasierten Planungs- und Steuerungssystemen gelegt. (...) Dennoch darf man nicht vergessen, dass der Mensch im Mittelpunkt von Projekten steht."

Bedeutung der Sozialkompetenz

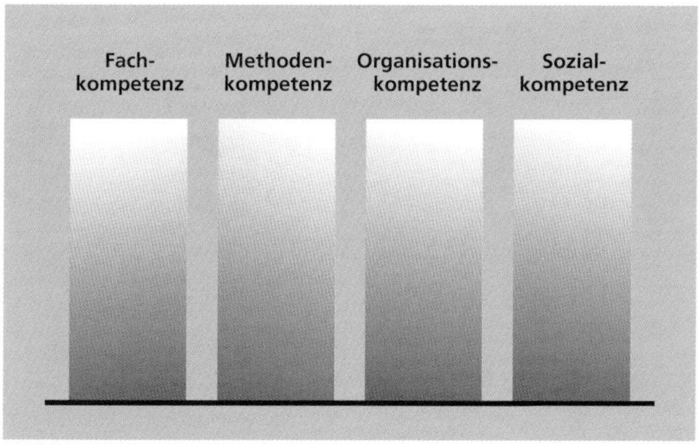

Fachkompetenz | Methodenkompetenz | Organisationskompetenz | Sozialkompetenz

Bild D1-1 Vom Projektleiter geforderte Kompetenzen

In der Literatur gibt es unterschiedliche Checklisten, die die Anforderungen je nach Branche und Projektart abdecken [9]. Allgemein sollte der Projektleiter jedoch Folgendes mitbringen:

Allgemeine Anforderungen

1. Fähigkeit, eine Vision zu entwickeln und zu verfolgen
2. Berufs-/Lebenserfahrung
3. Zielstrebigkeit
4. Einsatzbereitschaft
5. Selbständiges, unternehmerisches Denken
6. Mut zum kalkulierbaren Risiko
7. Strategisches, vorausschauendes Denken und Handeln
8. Lernfähigkeit (Lernen aus Fehlern und Erfolgen, Lernen von anderen)

9. Analysefähigkeit (z.B. komplexe Zusammenhänge im Kosten-/Finanzmittelbereich durchschauen)
10. (Selbst-)Kritikfähigkeit
11. Fähigkeit, Prioritäten zu setzen und zu verfolgen
12. Teamfähigkeit
13. Führungsqualitäten (z.B. Fähigkeit zu delegieren, Fähigkeit, Entscheidungen zu treffen)
14. Machtbewusstsein
15. Übergreifendes Denken (projekt-, unternehmensübergreifend)
16. Kundenorientierung

Erfahrene Fachleute aus dem Personalbereich betonen allerdings, dass solche Wunschkataloge eher unrealistisch sind und allenfalls als Richtschnur für betriebliche Personalentwicklungsmaßnahmen dienen können.

Verhalten in komplexen Situationen

Wesentliche Weichen in Richtung Projekterfolg werden zwar mit der Zielformulierung unter Berücksichtigung aller Stakeholder und einer durchgängigen Projektplanung gestellt. Dennoch ergeben sich immer wieder unvorhergesehene und komplexe Situationen, die der Projektleiter bewältigen muss. Dafür benötigt er ganzheitliches, vernetztes Denken und die Fähigkeit, für eine reibungslose, motivierte Zusammenarbeit von Mitarbeitern aus unterschiedlichen Disziplinen zu sorgen. Streng genommen sind diese Eigenschaften aber schon wesentlich früher im Projekt vonnöten, zum Beispiel bei der Zielformulierung.

4.1 Wesentliche Verhaltensmerkmale

Vorbildfunktion

Die ICB [10] stellt die wesentlichen Verhaltensmerkmale dar, die Projektmanagement-Personal aufweisen sollte. Sie gelten zwar grundsätzlich für alle Projektmitarbeiter, insbesondere aber für den Projektleiter, der eine Vorbildfunktion innehat und seinen Mitarbeitern durch sein persönliches Verhalten Orientierung geben soll.
- Kommunikationsfähigkeit
- Initiative, Engagement, Begeisterungsfähigkeit, Motivationsfähigkeit
- Kontaktfähigkeit, Offenheit, Sensibilität, Selbstkontrolle, Wertschätzungsfähigkeit
- Verantwortungsbewusstsein, persönliche Integrität
- Konfliktbewältigung, Streitkultur, Fairness
- Fähigkeit zur Lösungsfindung, ganzheitliches Denken
- Loyalität, Solidarität, Hilfsbereitschaft
- Führungseigenschaften ($\rightarrow$ Kapitel D3)

4.1.1 Probleme bei der Anwendung

Messbarkeit

Das Problem bei der Anwendung solcher Verhaltensmerkmale ist, dass diese sehr subjektiven Eigenschaften erst messbar gemacht werden müssen. Dazu ist jeweils eine genaue Beschreibung nötig.

Beispiel
Offenheit bedeutet: Die Person
- *hat eine positive Grundhaltung,*
- *betrachtet Neues als spannend und als Herausforderung,*

- *baut Vertrauen auf,*
- *unterstellt guten Willen,*
- *geht aktiv auf andere zu,*
- *usw.*

Damit ist der Begriff Offenheit möglicherweise noch immer nicht ausreichend beschrieben. In diesem Fall ist ein iterativer Prozess (= wiederholter Durchlauf) nötig, in dem man sich der idealen Definition annähert. Im genannten Beispiel muss der Begriff „positive Grundhaltung" in einer erneuten Detaillierungsrunde erklärt werden.

4.2 Auftreten und Erscheinungsbild

Mit Projekten ist in der Regel der Kontakt zu anderen Menschen verbunden. Der Projektleiter hat es mit Kunden, der Unternehmensführung, Partnerfirmen, Medienvertretern und vielen anderen Stakeholdern zu tun. Deshalb sollte er gute Umgangsformen und ein angenehmes, gepflegtes Äußeres vorweisen können. Ziel ist, nach außen ein positives Image vom Projekt zu vermitteln und von anderen als ernst zu nehmender Gesprächs- oder Verhandlungspartner „auf gleicher Augenhöhe" angesehen zu werden. *Umgangsformen*

4.3 Führungskräftepotenzial

Wildemann identifiziert drei Potenzialfaktoren, anhand derer sich vielversprechende Führungskräfte von weniger geeigneten unterscheiden lassen [11]: *Potenzialfaktoren*
- Persönlichkeitsdispositionen (= Persönlichkeitsstruktur der Potenzialträger)
- Führungskompetenz (möglichst breites und flexibles Handlungsrepertoire)
- Spin-out-Verhalten (Spin-out-Faktoren = Verhaltensweisen, die der Karriere schaden)

Besonders hervorzuheben ist an dieser Stelle der Begriff Spin-out-Verhalten, weil dieses für den Betroffenen eine erhebliche Gefahr bedeutet: Es kann, abhängig von der Verwurzelung in einer Organisation, zu Schwierigkeiten in der eigenen Laufbahnentwicklung führen. Je höher der Ausprägungsgrad der Spin-out-Faktoren, je größer deren Anzahl und je geringer die Verwurzelung einer Person in einem Arbeitsbereich oder Unternehmen ist, desto stärker ist die Karriere gefährdet. *Spin-out-Verhalten*

Beispiele für Spin-out-Verhalten
Die Führungskraft
- *legt bei der Auswahl ihrer Mitarbeiter oder bei der Zusammenstellung ihres Teams wenig Gewicht auf die personelle Qualität.*
- *ist eher misstrauisch oder arrogant gegenüber anderen Menschen und glaubt nicht an den Leistungswillen der Mitarbeiter.*
- *gibt zu schnell auf, hat keine Geduld oder kein Durchhaltevermögen.*

Managementpotenzial zu haben heißt, *Management-*
- in neuen, komplexen Situationen erfolgreich zu sein und *potenzial*
- das Talent und die Fähigkeit zu besitzen, die Komplexität sozialer Systeme zu erfassen und die entscheidenden Hebelkräfte zu finden.

Die Entwicklung des Potenzials wird demnach entscheidend von der Anzahl und Intensität der Herausforderungen beeinflusst, die eine Führungskraft in der ersten Phase ihrer beruflichen Laufbahn erlebt.

Potenzialverhalten Beschreibungsmerkmale des Potenzialverhaltens sind:
1. Mentale Agilität (beherrscht komplexe Sachverhalte und Situationen)
2. Persönliche Agilität (ist sich seiner bewusst und sucht Feedback zur eigenen Wirkung, unterstützt andere, damit sie erfolgreich sei können)
3. Lernagilität (lernt von anderen)
4. Agilität bei Veränderung (sucht nach Neuem, experimentiert, geht energisch voran)
5. Agilität in der Kommunikation (kann adressatengerecht kommunizieren)

Nicht-Potenzialträger Die Nicht-Potenzialträger werden auch Managementkompetenzen entwickelt haben, allerdings in einem viel schmaleren Spektrum. Sie sind in ihrem angestammten Fachgebiet leistungsfähig, können aber weiterreichenden, komplett neuen beruflichen Konstellationen nicht entsprechen.

5 Auswahl

Wie ein Projektleiter sein sollte, lässt sich also relativ gut beschreiben. Doch wie findet man eine geeignete Person für diese Position? Jeder Kandidat unterscheidet sich aufgrund seiner beruflichen Vorgeschichte und seiner aktuellen Lebens- und Arbeitssituation von den anderen bezüglich seiner Eignung, die Projektziele und darüber hinausgehende Erwartungen zu erfüllen [12].

Zertifizierte Projektmanager Im Vorteil sind Unternehmen, die auf zertifizierte Projektmanager zurückgreifen können. Im Zertifizierungsverfahren ($\rightarrow$ Kapitel D3) müssen Projektmanager neben ihrem Projektmanagement-Wissen auch ihre Projekt- und Projektmanagement-Erfahrungen nachweisen. Dies geschieht anhand abgeschlossener oder weit fortgeschrittener Projekte, die sie in verantwortlicher Funktion maßgeblich mitgestaltet oder geleitet haben. Einzelne Verfahren, Methoden oder Software angewendet zu haben, reicht dafür nicht aus.

5.1 Anforderungsprofil

Anforderungsart/ -höhe

Fähigkeitsprofil

Personalbeschaffung bedeutet, Mitarbeiter anzuwerben, zu beurteilen, auszuwählen und bei Gefallen einzustellen. Zentrale Informationsquellen sind Stellenbeschreibungen und darauf aufbauende Anforderungsprofile, in denen Anforderungsarten und Anforderungshöhe (= Ausprägungsgrad) festgelegt sind [13]. Dies lässt sich in Form einer Matrix darstellen ($\rightarrow$ Bild D1-2, vereinfachte, beispielhafte Darstellung). Der Personalverantwortliche vergleicht das Anforderungsprofil mit dem Fähigkeitsprofil des Kandidaten [14].

Über-/Unterdeckung

Individuelle Anforderungsmatrix

Liegt bei bestimmten Anforderungsarten eine Überdeckung vor, ist der Bewerber überqualifiziert und besser für eine anspruchsvollere Position geeignet. Bei einer Unterdeckung können Weiterbildungsmaßnahmen dazu beitragen, eine Deckung von Anforderungs- und Fähigkeitsprofil zu erreichen. Allerdings müssen Anforderungsarten und -höhe bestimmten Tätigkeiten zugeordnet werden (= Operationalisierung), um Aussagekraft zu erlangen. Die Matrix ist also eine sehr individuelle, subjektive Angelegenheit, die von den Charakteristika der freien Stelle, dem Bewerber, dem zuständigen Personalverantwortlichen, dem Unternehmen und anderen Faktoren abhängt. Sie sollte nicht zu viele Kriterien enthalten, um einen schnellen Überblick zu gewährleisten. Eine Option ist, dass alle Projektbeteiligten, die mit dem Projektleiter zu tun haben werden, das Anforderungsprofil gemeinsam erstellen. Dies erhöht die Akzeptanz für den neuen Kollegen. Der Nachteil: Zu viele Meinungen führen möglicherweise zu einem aufgeblähten, verwässerten Ergebnis getreu dem Dubliner Sprichwort: „A camel is a horse designed by a committee."

Gemäß Tabelle D1-2 kann derjenige, der einen Projektleiter auswählen muss, die Anforderungen zusammenstellen und gewichten, die ihm wichtig erscheinen. Diese Tabelle kann er anschließend auch als Hilfe für die Entscheidung (→ Kapitel D2) zwischen den Kandidaten verwenden. In dem Beispiel weist Kandidat B stärker ausgeprägte Kompetenzen im Bereich Projektmanagement, bei der Sozialkompetenz und bei den Führungsqualitäten auf als Kandidat A. Da dem für die Auswahl Verantwortlichen diese Eigenschaften besonders wichtig sind, entscheidet er sich für Kandidat B.

AUSPRÄGUNG BEIM KANDIDATEN – BEWERTUNG IN PUNKTEN						
	Kandidat A			Kandidat B		
Anforderung	1	2	3	1	2	3
Projektmanagement-Kompetenz	X					X
Fachkompetenz			X	X		
Soziale Kompetenz allgemein	X					X
Führungsqualitäten	X				X	
Strategisches Denken		X			X	
Leistungsbereitschaft			X		X	
1 Schwach 2 Mittel 3 Sehr gut						

Bild D1-2 Anforderungsprofil für die Auswahl eines Projektleiters

Motzel stellt am Beispiel der Kontaktfähigkeit eine Tabelle mit Beurteilungskriterien zur sozialen Kompetenz vor [15], wie sie im Zertifizierungsverfahren zum Einsatz kommen. Mit ihrer Hilfe können Bewerber bewertet werden:

Beurteilungskriterien zur sozialen Kompetenz

MERKMAL	+	0	–	GEGENSATZ
Baut Vertrauen auf, öffnet sich anderen gegenüber				Verschließt sich anderen gegenüber, wirkt schwer zugänglich
Vertraut anderen im Team, unterstellt guten Willen				Wirkt misstrauisch
Geht aktiv auf andere zu, ist kontaktfreudig				Wartet Initiative anderer ab, hält sich zurück
Trägt zu angenehmem Arbeitsklima im Team bei				Erzeugt Spannungen bei anderen/ im Team
Akzeptiert alle Teammitglieder und ist tolerant				Lässt andere seine Aversionen spüren
Akzeptiert Spielregeln für die Kooperation im Team				Hält sich nicht an abgemachte Spielregeln
Toleriert andere Meinungen im Team, steht dann auch dahinter				Kennt nur das eigene Konzept, weiß alles viel besser
Macht andere erfolgreich				Lässt andere nicht hochkommen
Akzeptiert und berücksichtigt Minderheiten				Richtet sich nach den Machtverhältnissen
Passt sich den anderen im Team an				Kann sich anderen schlecht anpassen

Bild D1-3 Beurteilungskriterien zur sozialen Kompetenz – Beispiel Kontaktfähigkeit

5.2 Checklisten

Checklisten für die Auswahl eines Projektleiters unter mehreren internen Kandidaten bietet Kessler [16] an. Sie sind als Entscheidungshilfe aus der Sicht der unterschiedlichen Funktionen beziehungs-

Anforderungen der anderen Projektbeteiligten

weise Perspektiven gedacht, aus denen die anderen Projektbeteiligten auf den Projektleiter blicken. Auftraggeber, Multiprojektmanager, Linienvorgesetzte, IT-Verantwortliche, Personalleiter etc. – sie alle hätten es gerne mit einem Projektleiter zu tun, der ganz besonders auf ihre individuellen Bedürfnisse eingeht.

Beispiele
- *Der Projektauftraggeber will einen Projektleiter, der die Projektziele garantiert erreicht.*
- *Der Wissensmanager bevorzugt einen Kandidaten, der die hauseigenen Projektmanagement-Standards kennt und einhält.*
- *Der wissenschaftliche Mitarbeiter wünscht sich, dass sein Fachwissen im Projekt berücksichtigt wird.*
- *Der IT-Verantwortliche will, dass die vorhandene Ausrüstung unverändert genutzt wird.*
- *Der Linienvorgesetzte möchte seine tüchtigsten Mitarbeiter für Linienaufgaben behalten.*

6 Beurteilung

Die Leistung eines Projektleiters ist von außerhalb des Projekts oft schwer zu beurteilen. Ein disziplinarischer Vorgesetzter (= Linienvorgesetzter) bekommt in der Regel zu wenig von den Aktivitäten eines ihm untergeordneten Mitarbeiters in dem Projekt mit, in das dieser abgestellt ist. Projektbeteiligte haben den größeren Einblick. Beurteilungen durch Projektbeteiligte haben allerdings den Nachteil, dass konkurrenzbedingte schlechte Noten die tatsächliche Leistung des Projektleiters ver-

Projektbezogene Entscheider

wässert darstellen. In Frage kommen daher für die Beurteilung eher projektbezogene Entscheider der Unternehmensorganisation (z.B. Lenkungsausschuss).

Nutzen

Personalbeurteilungen ermöglichen es,
- Auswahlentscheidungen zu treffen (z.B. künftige Einsatzbereiche, Beförderung, Kündigung),
- einen persönlichen Entwicklungsplan aufzustellen (→ Kapitel D3),
- Gehälter und Boni festzulegen,
- Mitarbeiter zu beraten und zu coachen,
- Vorgesetzte auf dem neuesten Informationsstand zu halten und
- die Kommunikation zu dem Mitarbeiter aufrecht zu erhalten.

Unter die Lupe genommen werden Persönlichkeitsmerkmale, Leistungsergebnis und -verhalten sowie Sozial- und Führungsverhalten. Da speziell die Beurteilung des Verhaltens beziehungsweise der sozialen Kompetenz schwierig ist, müssen standardisierte, messbare, nachvollziehbare Beurteilungskri-

Externe Überprüfung

terien geschaffen und eingehalten werden, die auch einer externen Überprüfung standhalten. Dies ist vor allem dann wichtig, wenn Führungskräfte Projektpersonal auswählen müssen, die die Kandidaten nicht aus eigener Erfahrung kennen. Sie greifen sonst instinktiv auf Mitarbeiter zurück, deren Leistung sie selbst einschätzen können oder die ihnen empfohlen werden. Auf diese Weise gehen dem Unternehmen fähige Projektleiter verloren.

Für die Zertifizierungsverfahren (→ Kapitel D3) von PM-ZERT [17], der Zertifizierungsstelle der Deutschen Gesellschaft für Projektmanagement (GPM), gibt es Selbstbewertungsbögen (PM-Themenkatalog), entwickelt von erfahrenen Projektmanagern. Darin bewertet der Projektleiter selbst seine Kenntnisse und Fähigkeiten für jedes aufgeführte Themengebiet. Diese Bögen eignen sich auch für die Personalbeurteilung. Sie lassen sich individuell anpassen, indem bestimmte, für das Projekt besonders wichtige Kriterien stärker gewichtet oder unwichtige Kriterien weggelassen werden.

Selbstbewertungsbögen

7 Notwendige Befugnisse

Die formalen, dem Projektleiter offiziell zugebilligten (Entscheidungs-)Befugnisse ($\rightarrow$ Kapitel A6) haben sich als wesentlicher Erfolgsfaktor erwiesen. Das Topmanagement fördert als Auftraggeber und als oberste verantwortliche Instanz den Projekterfolg und schafft mit der Übertragung der formalen Befugnisse auf den Projektleiter und mit seinem Einfluss auf die Zusammensetzung des Projektteams die organisatorischen Voraussetzungen für eine erfolgreiche Projektarbeit [18].

Verantwortung des Topmanagements

Projektleiter haben nicht immer die Möglichkeit, bei der Zusammensetzung des Projektteams ein gewichtiges Wort mitzureden. Häufig bekommen sie einfach Mitarbeiter zugewiesen. Dem Projekterfolg dienlicher wäre es, wenn das Topmanagement dem Projektleiter hier größere Befugnisse zubilligen würde.

Teambesetzung

Eine starke formale Stellung des Projektleiters ist wichtig für den Projekterfolg [19]. Dies sollten Unternehmen stärker berücksichtigen ($\rightarrow$ Kapitel A6) [20]. Der Projektleiter muss ausreichende Befugnisse haben, um den Informations- und Kommunikationsprozess, die Planungs- und Steuerungsaktivitäten, die Konflikte und die Zieländerungen beeinflussen zu können. An dieser Stelle kommen informelle Befugnisse ins Spiel, die er sich selbst aneignet, um das Projekt am Laufen zu halten. Lechler meint dazu: „Eine Ausweitung der Betrachtung von den formalen Entscheidungs- und Weisungsbefugnissen auf die technischen, administrativen, sozialen und führungsbezogenen Fähigkeiten des Projektleiters führt sicherlich zu mehr und insgesamt stärkeren Einflüssen."

Sonstige Befugnisse

Informelle Befugnisse

8 Projektleiterwechsel

Die Projektleitung kann laut ICB den Bedürfnissen der Projektphasen angepasst werden. Das heißt: Projektleiterwechsel während des Projektablaufs sind durchaus eine Option. Denn je nach Projektphase können unterschiedliche Kompetenzen gefragt sein. Bei längeren Projekten ist eine gewisse Fluktuation ohnehin zu erwarten, weil Projektleiter das Unternehmen verlassen, befördert werden oder aus anderen Gründen ausfallen. Solche Wechsel können allerdings durchaus problematisch sein, weil dabei Wissen, das nicht schriftlich dokumentiert ist, und wertvolle Kontakte – etwa zu Kunden oder Behörden – verloren gehen können. Ein Wechsel ist deshalb sorgfältig zu planen und frühzeitig mit allen relevanten Stakeholdern zu besprechen. Grundsätzlich gilt aber: Projektleiterwechsel sind möglichst zu vermeiden – getreu dem Grundsatz „Never change a winning team" (Ein Siegerteam lässt man am besten, wie es ist).

Probleme

Empfehlung

Fragen zur Selbsteinschätzung gemäß Zertifikatslevel

Nr.	Frage	Level				Selbsteinschätzung
		D	C	B	A	
D1.1	Welche Fähigkeiten muss ein Projektleiter haben (Anforderungsprofil bei der Auswahl)?	2	2	2	4	☐
D1.2	Welche Anforderungen werden an einen Projektleiter gestellt?	2	3	3	4	☐
D1.3	Welche wesentlichen Verhaltensmerkmale können bei Projektleitern vorausgesetzt werden?	2	3	3	4	☐
D1.4	Wie erkennt man Führungskräftepotenzial?	1	2	2	3	☐
D1.5	Welche Befugnisse sollte ein Projektleiter haben?	2	2	2	4	☐

D2 ARBEITSHILFEN FÜR DEN PROJEKTLEITER

Nicht nur mit seiner Persönlichkeit, sondern auch mit der Art und Weise, wie er seine Aufgaben anpackt, drückt der Projektleiter dem Projekt seinen Stempel auf. Seinen Arbeitsalltag (ICB-Elemente 31, 32) prägen insbesondere die Bereiche Selbstorganisation, Prioritätensetzung, Besprechungen, Verhandlungen, Problemlösung, Präsentationen und Kreativitätstechniken. Der Umgang mit Zeit, die Delegation von Aufgaben, Entscheidungsfindung und vieles mehr muss der Projektleiter zusätzlich zu seinen reinen Projektmanagement-Aufgaben beherrschen. Dieses Kapitel bietet ihm dafür konkrete Arbeitshilfen an.

1 Selbstorganisation

Der Projekterfolg hängt nicht nur von der Persönlichkeit des Projektleiters ($\rightarrow$ Kapitel D1), sondern in hohem Maß auch von seinem Arbeitsstil ab. Nur wer Aufgaben und Termine im Griff hat, professionell auftritt und darüber hinaus entscheidungsstark und mit der notwendigen inneren Ruhe an die Arbeit geht, kann ein Projekt leiten. „Kreatives Chaos" hat im Projektmanagement nichts zu suchen. Stattdessen ist die Fähigkeit zur professionellen (Selbst-)Organisation gefragt. Dazu gehört nicht nur das Management der eigenen Ressourcen, sondern unter anderem auch die Bereitschaft zu einer ehrlichen Stärken-Schwächen-Analyse, einer systematischen Zielbestimmung und -überprüfung und ständiger Weiterqualifizierung sowie die Fähigkeit, effizient zu entscheiden.

1.1 Management der eigenen Ressourcen

Die persönlichen Ressourcen des Projektleiters lassen sich in materielle und immaterielle Ressourcen [1] unterteilen. Materielle Ressourcen sind:

1. Körperliche Konstitution
2. Soziales Umfeld
3. Körperliche Kondition
4. Werkzeuge und Ausstattung (z.B. Geld, Wohnung, Kleidung)

Materielle Ressourcen

Die verschiedenen Ressourcen werden in dieser Aufzählung aufsteigend nach dem Grad der Veränderbarkeit genannt. Die körperliche Konstitution kann der Projektleiter am wenigsten selbst beeinflussen, das soziale Umfeld und die körperliche Kondition stärker, Werkzeuge und Ausstattung am meisten.

Immaterielle Ressourcen sind:

1. Zeit
2. Persönlichkeit
3. Habitus (= die Art, wie sich ein Mensch präsentiert, Erscheinung, Haltung)
4. Soziale Kompetenz
5. Methodenkompetenz
6. Fachkompetenz

Immaterielle Ressourcen

Auch diese Faktoren kann der Projektleiter in unterschiedlichem Maß beeinflussen: Zeit am wenigsten, weil sie nicht manipulierbar – „anzuhalten" oder „zurückzudrehen" – ist. Hier kann er nur bei sich selbst ansetzen, indem er ein vernünftiges Zeitmanagement betreibt. Die Persönlichkeit ist dem Menschen quasi in die Wiege gelegt. An seinem Habitus kann er jedoch durchaus arbeiten und auch Veränderungen erzielen. Die soziale Kompetenz dagegen lässt sich kontinuierlich verbessern – am besten unter Anleitung eines Experten. Mangelnde Fachkompetenz auszugleichen sollte – den entsprechenden persönlichen Einsatz vorausgesetzt – kein Problem sein.

1.2 Umgang mit Zeit

Eine zentrale Rolle beim Selbstmanagement spielt der Faktor Zeit. Effizientes Zeitmanagement schont nicht nur die Gesundheit des Projektleiters, sondern auch die Finanzen des Unternehmens. Denn ein schlecht organisierter Mitarbeiter arbeitet in der Regel ineffizient. Er verschwendet bezahlte Arbeitszeit und verursacht seinem Arbeitgeber auf diese Weise Kosten, für die dieser keine Gegenleistung bekommt. Die bei so manchem Mitarbeiter anzutreffende Meinung, angestelltes Personal koste das Unternehmen nichts, weil es ja „sowieso immer da" sei, ist dennoch weit verbreitet. Man nennt diese verdeckten Kosten umgangssprachlich „Eh da-Kosten".

Kosten
ineffizienter Arbeit

Erfolgsfaktoren

Mit den folgenden drei Erfolgsfaktoren sind die Grundlagen für effektives Zeitmanagement schon auf den Punkt gebracht:
1. Prioritäten setzen
2. Nein sagen können
3. Delegieren können

Diese Fähigkeiten kann man erlernen. Dazu gibt es eine Reihe von Hilfsmitteln.

1.2.1 Prioritäten

Prioritäten zu setzen bedeutet, Wesentliches vom Unwesentlichen zu trennen. In der Projektpraxis kann niemand alles schaffen, was wünschenswert wäre. Meist bleibt nur Zeit für das unbedingt Notwendige. Übertriebener Perfektionismus ist bei der Projektarbeit eher hinderlich. Allerdings muss der Projektleiter eine Menge Erfahrung mitbringen, um entscheiden zu können, wann eine Aufgabe gründlich genug bearbeitet ist.

Matrix zur
Prioritätensetzung

Wichtigkeit
vor Dringlichkeit

Wer sich noch schwer damit tut, Prioritäten zu setzen, kann sich eine Matrix anlegen ($\rightarrow$ Bild D2-1), in der er allen Aufgaben pro Zeiteinheit (z.B. des nächsten Tages, der nächsten Woche oder des nächsten Projekts) Prioritäten zuordnet. Dabei ist zu beachten: Wichtigkeit geht vor Dringlichkeit. Aufgaben, die für den Projekterfolg wichtig sind, erfordern also mehr und früher Aufmerksamkeit als Aufgaben, deren Endtermin bevorsteht und die nur deshalb als dringlich bezeichnet werden.

Beispiel
Der Projektleiter eines Reorganisationsprojekts arbeitet an einem Restrukturierungskonzept, von dem die Entlassung zahlreicher Mitarbeiter abhängt. Der Betriebsrat drängt darauf, Details zu erfahren, damit so bald wie möglich ein Sozialplan entwickelt werden kann. Eigentlich soll der Projektleiter aber dem Vorstand in wenigen Tagen ein Programm zur Rekrutierung junger Führungskräfte vorstellen. Seine Entscheidung ist klar: Er möchte den Kollegen, die von der Entlassungswelle betroffen sind, schnell Informationen liefern und außerdem verhindern, dass die Presse vor der Fertigstellung des Sozialplans von der Umstrukturierung erfährt. Diese Tätigkeiten

haben also Vorrang. Das Programm für junge Führungskräfte dagegen kann warten. Deshalb bittet der Projektleiter den Vorstand, den Präsentationstermin verschieben zu dürfen.

AUFGABE	PRIO 1	PRIO 2	PRIO 3
Programm für junge Führungskräfte erarbeiten		x	
Restrukturierungskonzept fertig stellen	x		
Betriebsrat informieren	x		
Sozialplan erarbeiten	x		
Neuen Kopierer bestellen			x
.....			

Bild D2-1 Matrix zur Prioritätensetzung

1.2.2 Nein sagen

Nein zu sagen kostet die meisten Menschen Überwindung, weil sie Angst haben, sich dadurch bei Kollegen und Vorgesetzten unbeliebt zu machen. Sie verkennen, dass es geradezu überlebensnotwendig ist, Nein sagen zu können. Wer das nicht schafft, wird es irgendwann mit dem Burnout-Syndrom zu tun bekommen: Körper und Geist versagen den Dienst, ernsthafte körperliche und seelische Schäden drohen.

Burnout-Syndrom

Nein zu sagen ist also nicht nur erlaubt, sondern auch ein Zeichen von Souveränität. Wichtig dabei ist es, freundlich und bestimmt aufzutreten. Eine kurze Begründung wie etwa „Ich habe dafür leider gerade keine Zeit, weil ich Aufgabe X bearbeiten muss" sollte genügen. Am besten schlägt der Projektleiter demjenigen, der ihm die Zusatzaufgabe übertragen wollte, einen Alternativtermin oder einen Kollegen vor, der einspringen kann.

1.2.3 Delegieren

Aufgaben zu delegieren ist kein Zeichen von Schwäche, sondern von (Selbst-)Managementfähigkeit und Führungsstärke. Wer alles selbst erledigt, ist vielleicht das eine oder andere Mal schneller, weil er sich umständliche Erklärungen und Korrekturläufe erspart. Doch irgendwann wird die selbst verordnete Arbeit jedem Projektleiter zu viel – und die Mitarbeiter sind frustriert, weil sie spüren, dass er ihnen nicht zutraut, diese Aufgaben zu übernehmen.

Aufgaben zu delegieren nutzt dem Projektleiter in vielerlei Hinsicht:

Nutzen

- Mehr Zeit für die Aufgaben, die kein anderer erledigen kann
- Motor für Motivation und Qualifikation der Mitarbeiter
- Erhöhung der Produktivität der Organisationseinheit (z.B. Team, Abteilung) insgesamt
- Weniger Ausfälle durch Überarbeitung der Leistungsträger
- Bei Ausfällen der Leistungs- und Wissensträger können Kollegen die Aufgaben problemlos übernehmen, weil sie schon eingearbeitet sind

Der Projektleiter sollte sich allerdings davor hüten, Aufgaben, die er selbst nicht bewältigt, ohne Absprache seinen Mitarbeitern aufzubürden. Denn die leiden möglicherweise ebenso unter einer starken Arbeitsbelastung. Die Aufgabenverteilung sollte daher am besten gemeinsam erfolgen. Dabei muss

Ungestraft Nein sagen der Projektleiter seinen Mitarbeitern klarmachen, dass jeder ungestraft Nein sagen kann, wenn er sich überlastet fühlt. Dem Gebot der Fairness widerspricht auch die gängige Praxis, Aufgaben, die man selbst nicht gerne bearbeitet, an Rangniedrigere abzuschieben.

Um herauszufinden, welche Aufgaben sich delegieren lassen, kann die Prioritätenmatrix ($\rightarrow$ Bild D2-2) einfach um zwei Spalten ergänzt werden.

AUFGABE	PRIO 1	PRIO 2	PRIO 3	DELEGIERBAR?	AN WEN?
Programm für junge Führungskräfte erarbeiten		x			
Restrukturierungskonzept fertig stellen	x				
Betriebsrat informieren	x				
Sozialplan erarbeiten	x				
Neuen Kopierer bestellen			x		

Bild D2-2 Matrix zur Delegation von Aufgaben

Voraussetzungen Delegiert der Projektleiter Aufgaben, muss er
für erfolgreiches
Delegieren
- dem Mitarbeiter die Aufgabe genau erklären,
- deren Sinn und Ziel deutlich machen,
- nachfragen, um herauszufinden, ob der Mitarbeiter alles verstanden hat,
- gemeinsam mit dem Mitarbeiter einen Abgabetermin festlegen,
- zu vereinbarten Stichtagen den Fortschritt kontrollieren und Feedback geben,
- dem Mitarbeiter deutlich machen, dass er bei außergewöhnlichen Ereignissen Status- beziehungsweise Sofortberichte ($\rightarrow$ Kapitel C9) abgeben muss,
- dem Mitarbeiter Spielraum für eigene Methoden und Ideen zur Bearbeitung lassen (Hauptsache, das Ergebnis passt) und
- die anderen Mitarbeiter darüber informieren, wem er welche Aufgabe übertragen hat.

1.2.4 Zeitinventur

Mittels einer Zeitinventur [2] findet der Projektleiter heraus, wie er seine Zeit tatsächlich nutzt. Die Ergebnisse weichen meist von dem Gefühl ab, das er bezüglich seines Zeitmanagements hat. Seiwert [3] schlägt dazu vor, mit einer Tabelle ($\rightarrow$ Bild D2-3) zu arbeiten:

ZEITINVENTUR							
Tätigkeit	Beginn	Ende	Dauer	A: Tätigkeit notwendig?	B: Zeitaufwand gerechtfertigt?	C: Ausführung zweckmäßig?	D: Zeitpunkt sinnvoll?
Präsentation ausarbeiten	9.30	19.30	10 Std.	Ja	Nein	Nein	Nein
Schreibtisch aufräumen	7.30	9.30	2 Std.	Nein	Ja	Nein	Nein
Gesamtdauer			12 Std.	Dauer der „Nein"-Tätigkeiten			
				A_{Nein} = 2 Std. $\quad B_{Nein}$ =10 Std. $\quad C_{Nein}$ = 12 Std. $\quad D_{Nein}$ = 12 Std.			

Bild D2-3 Matrix für Zeitinventur

Zunächst legt der Projektleiter für einen realistischen Zeitraum (z.B. eine Woche) eine Liste der erledigten Tätigkeiten an. Dann füllt er die Spalten A, B, C und D der in Bild D2-3 gezeigten Tabelle mit Ja oder Nein aus. Ist dies geschehen, stellt er die Gesamtdauer aller Tätigkeiten fest. Danach addiert er in jeder dieser Spalten die Dauern der Tätigkeiten, bei denen Nein steht. Für die Auswertung gilt:

1. Mehr als zehn Prozent aller Tätigkeiten (Spalte A) unnötig

   $\rightarrow$ Änderungen erforderlich beim Delegieren und Prioritäten setzen!

   Formel: A_{Nein}/Gesamtdauer x 100

2. Zeitaufwand bei mehr als zehn Prozent der Tätigkeiten (Spalte B) zu groß

   $\rightarrow$ Ursachen suchen!

   Formel: B_{Nein}/Gesamtdauer x 100

3. Ausführung bei mehr als zehn Prozent der Tätigkeiten (Spalte C) unzweckmäßig

   $\rightarrow$ Planung und (Selbst-)Organisation überprüfen!

   Formel: C_{Nein}/Gesamtdauer x 100

4. Zeitpunkt bei mehr als zehn Prozent der Tätigkeiten (Spalte D) ungeeignet

   $\rightarrow$ Planung der Arbeitszeit ändern!

   Formel: D_{Nein}/Gesamtdauer x 100

Auswertung

Hinter dem Pfeil ist jeweils die notwendige Maßnahme genannt. Zusätzlich können bei Bedarf in einfachen Tabellen Art, Ursachen und Dauer von Störungen erfasst werden.

1.2.5 Zeitplanung

Für die Zeitplanung empfiehlt Seiwert die ALPEN-Methode [4]:

ALPEN-Methode

- **A**ufgaben, Aktivitäten und Termine aufschreiben
- **L**änge (bzw. Dauer) der Aktivitäten schätzen
- **P**ufferzeiten reservieren
- **E**ntscheidungen über Prioritäten, Kürzungen und Delegationsmöglichkeiten treffen
- **N**achkontrolle (unerledigte Aufgaben in den Plan für den nächsten Tag übernehmen)

1.2.6 Tipps zum Zeitmanagement

Folgende Tipps sollen Projektleitern helfen, ihre Arbeitszeit in den Griff zu bekommen:

Arbeitszeit managen

1. Erst denken, dann handeln (Ziel: nicht „zurückrudern" müssen)
2. Prioritäten setzen
3. Auszeiten nehmen, um leistungsfähig zu bleiben
4. Pünktlich sein, um die Kontrolle über alle Termine zu behalten
5. Kalender mit Terminplan führen
6. Schreibtisch aufräumen und Ordnung halten, um sich die Suche nach Informationen zu ersparen
7. Privatangelegenheiten in der Freizeit regeln
8. Tag früh beginnen
9. Aufgaben in kleinen Schritten abarbeiten, anstatt ständig den riesigen Aufgabenberg vor sich zu sehen
10. Überrecherchen vor Entscheidungen vermeiden, um schnell entscheiden zu können
11. Zeitlimit für Aufgaben setzen
12. Nächsten Arbeitstag am Vorabend planen
13. 40 Prozent Zeitpuffer pro Tag für Unvorhergesehenes und spontane Aktivitäten einplanen
14. Störungen ausschließen (z.B. Tür schließen, Telefon umstellen)
15. Bei Routinearbeiten Checklisten einsetzen (z.B. Vorbereitung einer Präsentation)

Gedanken aufschreiben

Generell ist es hilfreich, Dinge aufzuschreiben, über die man sich Gedanken macht – zum Beispiel anstehende Aufgaben, die Lösung eines Problems, die Einstellung eines neuen Mitarbeiters oder etwas anderes aus der breiten Aufgabenpalette im Projektalltag.

1.3 Zielbestimmung

Klarheit über Ziele

Voraussetzung dafür, vernünftig mit den persönlichen Ressourcen haushalten zu können, ist Klarheit über die eigenen Ziele. Nur so kann der Projektleiter seine Arbeit eigenständig planen und bei unerwünschten Entwicklungen gegensteuern. Das Prinzip Planung – Durchführung – Kontrolle – Steuerung gilt also nicht nur beim Projekt-, sondern auch beim Selbstmanagement. Die Ziele sollten zeitlich gestuft sein, zum Beispiel in Tages-, Wochen- und Quartalsziele bis hin zum Lebensziel. Sich ein Lebensziel zu setzen ist durchaus erlaubt und sehr motivierend. Es könnte zum Beispiel lauten: „Mit 60 habe ich mich in Italien als Olivenbauer zur Ruhe gesetzt."

Um Ziele realistisch setzen zu können, ist es notwendig, jedes anstehende Projekt vollständig zu durchdenken und die Realisierungschancen unter den vorgegebenen Bedingungen abzuschätzen (z.B. ob Zeit und Geld reichen werden). Nicht jeder Projektleiter ist in der komfortablen Lage, von diesen Überlegungen abhängig machen zu können, ob er ein Projekt annehmen möchte. In jedem

Grobe Vorabanalyse

Fall aber vermittelt eine grobe Vorabanalyse ein Gefühl der Sicherheit, auf dem sich die eigene Zeitplanung aufbauen lässt. Es lohnt sich, die Zeit dafür aufzuwenden, wenn sich damit später unangenehme Überraschungen vermeiden lassen (z.B. Projekte mit von Anfang an zu knapp kalkuliertem Terminplan).

Für die persönlichen Ziele gelten dieselben Kriterien wie für Projektziele (z.B. Eindeutigkeit, Erreichbarkeit → Kapitel C2). Der Projektleiter muss auch seine persönlichen Ziele regelmäßig daraufhin

Steuerungsmaßnahmen bei Abweichungen

überprüfen, ob sie noch sinnvoll sind und wie weit er auf dem Weg zu ihrer Erfüllung schon vorangekommen ist. Bei Abweichungen des Ist-Zustands vom Soll-Zustand muss er die Ziele oder seine Herangehensweise korrigieren (= Steuerungsmaßnahmen).

1.4 Stärken-Schwächen-Analyse

Nur ein Projektleiter, der die eigenen Schwächen kennt, kann seine Fähigkeiten verbessern. Wenn er weiß, dass es auch Dinge gibt, die er gut kann, wird es ihm nichts ausmachen, gleichzeitig Schwächen an sich zu entdecken. Eine gute Methode, um Defizite und Pluspunkte herauszufinden, ist eine Stärken-Schwächen-Analyse. Dazu braucht der Projektleiter nur ein Blatt Papier, einen Stift und eine große

Ehrlichkeit

Portion Ehrlichkeit. Eine Matrix, wie sie Bild D2-4 zeigt, eignet sich dafür.

STÄRKE		
	Wie habe ich sie errungen?	Wie kann ich sie ausbauen?
Pünktlichkeit	Selbstdisziplin nach der Rüge des Chefs	Morgens noch früher losfahren
...		
SCHWÄCHE		
	Welche Nachteile beschert sie mir?	Was kann ich dagegen tun?
Unordnung auf dem Schreibtisch	Suche nach Dokumenten dauert zu lange	Kollegen Maier fragen, wie sein Ablagesystem funktioniert Sein Schreibtisch ist immer schön aufgeräumt
...		

Bild D2-4 Stärken-Schwächen-Analyse

1.5 Effizient entscheiden

Täglich müssen Projektleiter zahlreiche Entscheidungen treffen. Hier einige Beispiele für klassische Projektentscheidungen:

„Sagen wir dem Kunden schon jetzt, dass die Kosten explodieren, oder machen wir noch weiter bis zur nächsten Statusbesprechung?"

„Stellen wir diesen Projektmitarbeiter ein oder warten wir, bis wir einen besseren bekommen?"

„Kaufen wir das Werkzeug von Lieferant A oder B?"

Wer guten Gewissens von sich sagen kann, dass er eine Entscheidung systematisch vorbereitet hat, kann auch mit Fehlentscheidungen besser leben. Weniger wichtige Entscheidungen, die keine gravierenden Konsequenzen haben, wenn sie sich später als falsch herausstellen, eignen sich gut zum Üben.

Entscheiden üben

1.5.1 Ablauf

Der Weg zur Entscheidung umfasst acht Schritte:

Acht Schritte

1. Notwendigkeit einer Entscheidung begründen
2. Alternativen beschreiben
3. Alternativen auf je eine klare Aussage reduzieren (schriftlich!)
4. Alternativen und ihre Folgen nebeneinander stellen (Matrix)
5. Folgen gewichten (Punkte nach Schulnotensystem vergeben, je nach Schweregrad)
6. Entscheidung fällen
7. Entscheidung begründen (schriftlich!)
8. Entscheidung dokumentieren

Wichtig ist es, die Alternativen aufzuschreiben. Das erleichtert den Überblick und vermittelt das Gefühl, das Problem im Griff zu haben. Oft genügt schon eine zweispaltige Tabelle (→ Bild D2-5) mit einer Pro- und einer Contra-Spalte. Darunter ordnet man jeweils Vor- und Nachteile ein.

Alternativen aufschreiben

SEHR EILIGE ERSATZTEILBESTELLUNG				
Themenbereich	Alternative A1	Alternative A2	Sieger nach Themenbereich	Gewichtung des Themenbereichs
Kosten	10.000 EUR	20.000 EUR	A1	1 (Unwichtig)
Lieferzeit	14 Tage	Sofort	A2	5 (Sehr wichtig)
Qualität	Hoch	Mittel	A1	3 (Mittel)
...				
Resultat:	Sieger nach Zahl der gewonnenen Themenbereiche: A1			
	Sieger nach Gewichtung der Themenbereiche: A2			

Bild D2-5 Matrix zur Entscheidungsfindung

Indem er seine Entscheidungen begründet und dokumentiert, sichert sich der Projektleiter ab: Er braucht keine Angst zu haben, dass ihm später vorgeworfen wird, schlampig recherchiert oder voreilig geurteilt zu haben.

1.5.2 Betroffene befragen

Um eine solide Entscheidung treffen zu können, muss der Projektleiter oft viele Zahlen und Fakten recherchieren, viele Pros und Contras durchdenken. Er sollte interne und/oder externe Quellen einbeziehen, um brauchbare Informationen zusammenzutragen. Vorsicht: Überrecherchieren stiftet mehr Verwirrung als Nutzen! Bei einer systematischen Vorgehensweise ist die Gefahr, sich im Informationschaos zu verlieren, allerdings begrenzt.

Überrecherchieren vermeiden

Probleme mit Betroffenen (z.B. Projektmitarbeiter, Linienabteilungen, Betriebsrat) kann der Projektleiter vermeiden, indem er diese vor der Entscheidung befragt: „Wo sind Sie von der Sache berührt? Welche Konsequenzen hätte diese Entscheidung für Sie?" So kann der Projektleiter sein Urteil auf eine breite Basis stellen und Widerstände gegen bestimmte Optionen frühzeitig aufspüren. Er sollte aber klarstellen, dass *er* entscheidet, und Versuche, ihn zu beeinflussen, konsequent abwehren. Es muss deutlich werden, dass die Befragung von Betroffenen Entscheidungen absichert und kein Zeichen von Schwäche ist.

Widerstände aufspüren

1.5.3 Intuition

Bei manchen Entscheidungen reichen „harte" Fakten als Grundlage nicht aus. Intuition („Bauchgefühl") kann ein wichtiger Indikator dafür sein, ob eine Entscheidung richtig ist. Manchmal ist eine Lösung einfach sympathischer als eine andere. Eine systematische Pro- und Contra-Analyse sollte aber auf jeden Fall stattfinden. Damit tut der Entscheidungsträger seiner Sorgfaltspflicht Genüge. Denn er muss in der Regel eine Begründung liefern können, die auch einer Überprüfung standhält.

Beispiel
Der Projektleiter muss sich zwischen zwei Projektmitarbeitern entscheiden, die gleich gut qualifiziert sind. Doch sein „Bauchgefühl", gestützt auf eine Mischung aus Berufserfahrung und Menschenkenntnis, spricht sich klar für einen Kandidaten aus.

1.5.4 Nicht-Entscheidungen

Fehlentscheidungen können den Projekterfolg und die eigene Karriere gefährden. Deshalb sind Entscheidungen eine unbeliebte Angelegenheit, die gerne aufgeschoben wird. Wartet der Projektleiter jedoch zu lange, können die Folgen schlimmer sein als die einer Fehlentscheidung. Denn auch Nicht-Entscheidungen sind Entscheidungen. Ein klassischer Fall: der verspätete Projektabbruch. Zu lange weitergeführte Projekte, die ohnehin scheitern werden, sind pure Geldverschwendung. Um die verbreitete „Aufschieberitis" verstehen und im eigenen Projekt bekämpfen zu können, gilt es, zwei Fragen zu klären [5]:
1. Worin liegt der Nutzen für Personen und Gremien, Entscheidungen zu vermeiden?
2. Wie werden Entscheidungen hinausgezögert oder vermieden?

Argumente von Nicht-Entscheidern

Lomnitz nennt einige Vorteile der Nicht-Entscheidung aus Sicht desjenigen, der entscheiden muss:
- Unsichere Zukunft vermeiden
- Alle Wege offen halten
- Negative Konsequenzen vermeiden

- Angriffsposition offen halten: Entscheidung eines anderen kritisieren können, weil man sich selbst alle Optionen offen gehalten hat
- Anderen nicht wehtun

Nicht-Entscheider führen eine breite Palette an Entschuldigungen für ihr Verhalten ins Feld:
- Angeblicher zusätzlicher Informationsbedarf
- Informationsflut zunächst sichten
- Suche nach Sicherheit und Orientierung in angeblich unklaren Situationen (z.B. Entscheidung der Geschäftsleitung abwarten)
- Angeblicher Zeitmangel

Ist der Projektleiter mit Vertretern höherer Hierarchieebenen konfrontiert, die Entscheidungen aufschieben, muss er diese Problematik schnellstmöglich offen ansprechen und die Konsequenzen mündlich und schriftlich deutlich machen (z.B. für Kosten, Termine, Leistung, andere Projekte, Image). Er muss Entscheidungen ausdrücklich einfordern. Damit sollte er die Entscheidungsträger aber nicht in eine peinliche Situation bringen – etwa in einer Besprechung, in der ein Kunde anwesend ist.

Entscheidungen einfordern

Vier-Augen-Gespräche oder ein Telefonat eignen sich bestens, um sich schon vor der entscheidenden Sitzung die Unterstützung wichtiger Personen zu sichern. Machtpromotoren (→ Kapitel A3), zum Beispiel ein engagiertes Vorstandsmitglied, können dem Projektleiter dabei helfen, sein Anliegen beispielsweise im Topmanagement, beim Kunden oder gegenüber Zulieferern zu vertreten. Gleichzeitig sollte der Projektleiter selbst klar Stellung beziehen.

Machtpromotoren

1.6 Motivation

Eine motivierte Führungskraft leistet mehr als eine, die sich zur Arbeit zwingen muss. Voraussetzung für Motivation ist die Einsicht in den persönlichen Nutzen, den sie aus ihrer Arbeit zieht (→ Kapitel D3). Dies sollte dem Projektleiter bewusst sein, weil er eine Vorbildfunktion für seine Mitarbeiter hat.

Persönlicher Nutzen

Zur Steigerung der Motivation gibt es verschiedene Methoden. Ein gutes, erprobtes Instrument aus dem Bereich Selbstmanagement, Erfolge zu dokumentieren und daraus Motivation für die Zukunft zu ziehen, ist das Erfolgstagebuch. Diese Methode funktioniert sowohl bei Einzelpersonen, die das Tagebuch für sich selbst anlegen, als auch bei ganzen Teams (individuelle und Team-Erfolgstagebücher).

1.6.1 Erfolgstagebuch

Das Erfolgstagebuch dient dazu, Erfolge bewusst zu erfassen und ihnen dadurch in der eigenen Wahrnehmung größeres Gewicht zu verleihen. Dies soll natürlich nicht davon abhalten, begangene Fehler zu reflektieren und daraus zu lernen (→ Kapitel C10).
Fast alles lässt sich zugleich positiv und negativ auslegen – „Das Glas ist halb leer, aber eben auch halb voll". Wer gelernt hat, auch Negativem Gutes abzugewinnen und Probleme als Chance zu betrachten, kommt selbst in schwierigen (Projekt-)Lebenslagen besser zurecht. Mit etwas Training und Disziplin ist es einfach, die eigene Wahrnehmung zu verändern. Bild D2-6 zeigt den Aufbau eines Erfolgstagebuchs.

Erfolge stärker gewichten

Datum	Welcher Erfolg?	Wie habe ich den Erfolg erreicht?	Was wäre ohne diese Lösung passiert?	Welche positiven Konsequenzen traten ein?
20.12.	Konflikt über Ressourcen- verteilung beigelegt	Persönliches Gespräch mit Vorstand, extern moderiertes Gespräch mit den betreffenden Linienmanagern	Verzögerungen wegen mangelnder Qualifikation gefährden Projektendtermin	Besser qualifizierte Mitarbeiter zugeteilt bekommen, bei der Linie Verständnis für unser Projekt geweckt, Projekt wird nun beschleunigt
21.12.	...			

Bild D2-6 Persönliches Erfolgstagebuch

1.6.1.1 Persönliches Erfolgstagebuch

Das persönliche Erfolgstagebuch sollte ständiger Begleiter seines Besitzers sein, egal ob in elektronischer oder in Papierform geführt. An jedem Tag sollten mindestens drei Erfolge eingetragen werden – auch dann, wenn sie noch so klein oder selbstverständlich erscheinen (z.B. eine gelungene Präsentation, ein termingerecht erreichter Meilenstein).

Vorteile

Vorteile des persönlichen Erfolgstagebuchs:
- Der Tagebuchbesitzer entwickelt eine positive Grundhaltung.
- Er lernt, sich auch durch kleine Erfolge aufzubauen.
- Er betreibt sein persönliches Wissensmanagement, indem er Erfolgsstrategien festhält, auf die er später zurückgreifen kann.
- Sein Selbstbewusstsein wächst, weil er gegenüber sich selbst und anderen (z.B. bei Verhandlungen mit Vorgesetzten oder Geldgebern) nachweisen kann, wie erfolgreich er arbeitet.

1.6.1.2 Team-Erfolgstagebuch

Das Team-Erfolgstagebuch sollte für alle Teammitglieder leicht zugänglich sein (z.B. auf dem Besprechungstisch liegen oder auf der Projekthomepage bereitstehen). Idealerweise erinnert der Projektleiter das Team bei jeder Besprechung daran, Teamerfolge in das Tagebuch einzutragen. Jeder Mitarbeiter sollte wöchentlich mindestens einen Eintrag beisteuern. Zitiert der Projektleiter zu Beginn jeder Besprechung aus dem Erfolgstagebuch, schafft er damit ein Ritual, das die Mitarbeiter schnell zu schätzen lernen und das das Wir-Gefühl stärkt.

Wir-Gefühl stärken

Vorteile

Vorteile eines Team-Erfolgstagebuchs:
- Stimmung und Arbeitsmotivation im Team steigen kurzfristig (z.B. in schwierigen Projekten oder Krisensituationen).
- Eine nachhaltig positive Grundstimmung im Team entsteht. Sie macht die gemeinsame Arbeit angenehmer und steigert so die Leistung.
- Erfolge aufzulisten beugt „Durchhängern" des Teams vor. Diese entstehen zum Beispiel, wenn ein technisches Problem das Projekt aufhält oder Streit mit dem Kunden droht.
- Der Projektleiter kann das Team mit einem Erfolgstagebuch auf seine Seite ziehen. Denn mit seiner Hilfe beweist er, dass er auch kleine Erfolge registriert und zu schätzen weiß.
- Er kann das Tagebuch beim Projektabschluss-Workshop ($\rightarrow$ Kapitel C10) dem Auftraggeber oder dem Topmanagement vorlegen. Es fungiert als eine Art Protokoll, das Engagement und Leistungsfähigkeit des Teams auf ungewöhnliche Weise darlegt.

1.7 Selbstqualifizierung

Nicht weiter ausgeführt wird in diesem Kapitel die Selbstqualifizierung ($\rightarrow$ Kapitel D1, D3), die ebenfalls ein Bestandteil der Selbstorganisation ist. Dennoch in diesem Zusammenhang der Hinweis: Zeit für Weiterbildung ist eine Investition in die Zukunft. Wer sich hoch qualifiziert, hat größere Chancen, sich seine Aufgaben aussuchen zu können und dem Unternehmen Projekterfolge zu bescheren.

Investition in die Zukunft

2 Besprechungen

Besprechungen stellen ein unverzichtbares Instrument dar, um die Projektarbeit zu koordinieren. Sie sind nicht nur aus fachlicher Sicht, sondern auch für das Stakeholdermanagement von entscheidender Bedeutung. Um schnell ein gutes Ergebnis zu erzielen, müssen sich Sitzungsleitung und Teilnehmer an gewisse Regeln halten ($\rightarrow$ Kapitel D3) und verstehen, was eine gute Besprechung ausmacht.

2.1 Merkmale einer guten Besprechung

Verschiedene Indikatoren erlauben eine Aussage darüber, ob eine Besprechung tatsächlich etwas bringt:

Nutzen feststellen

- Die Besprechung ist gut vorbereitet und verfolgt eine oder mehrere klare Zielsetzungen. Die Teilnehmer wurden vorab über Ziele und Ablauf informiert.
- Sie folgt einer Tagesordnung.
- Es sind nur Teilnehmer anwesend, die auch wirklich gebraucht werden (z.B. für Entscheidungen).
- Jeder Teilnehmer kann seine Meinung kundtun, Schüchterne fordert der Sitzungsleiter dazu auf.
- Alle Teilnehmer sind in der Besprechung unabhängig von ihrer hierarchischen Einordnung in der Organisation gleichberechtigt.
- Der Moderator oder ein von ihm beauftragter Teilnehmer führt eine Rednerliste, an die sich alle halten.
- Alle Teilnehmer und ihre Beiträge werden respektvoll behandelt.
- Meinungsverschiedenheiten werden an Ort und Stelle gelöst. Alternativ zur sofortigen Lösung wird zumindest ein verbindlicher Termin dafür festgelegt.
- Jeder Teilnehmer kann die Ergebnisse mit eigenen Worten zusammenfassen.
- Jeder Teilnehmer kann die Aufgaben erklären, die er in der Besprechung erhalten hat.
- Jeder Teilnehmer geht mit einem guten Gefühl aus der Besprechung.
- Ein Ergebnisprotokoll existiert, das alle Teilnehmer abgezeichnet haben. Am besten ist es, auch Anmerkungen in das Protokoll einzubeziehen, die während der Sitzung auf einem Flipchart oder einer Metaplanwand festgehalten wurden.

2.2 Vorbereitung

Erweist sich eine Besprechung als wirklich notwendig, gilt es, zur Vorbereitung folgende Fragen abzuarbeiten:

Fragen abarbeiten

1. Was muss auf die Tagesordnung?
2. Welche Teilnehmer sind einzuladen?
3. Wie stehen die Teilnehmer zu den Inhalten: Gibt es umstrittene Themen? Widerstände? Persönlich motivierte oder „politisch" bedingte Verhaltensweisen (z.B. Ablehnung eines vernünftigen Projekts durch einen Linienmanager, der seine besten Mitarbeiter nicht abtreten will)?

4. Wie lange darf die Besprechung dauern?
5. Steht ein geeigneter Raum mit ausreichender technischer Ausstattung zur Verfügung?
6. Welche Informationen brauchen die Teilnehmer vorab?
7. Welche Informationen brauchen sie während der Besprechung (z.B. auszugebende Unterlagen, Folien für Präsentation)?
8. Wer muss davon in Kenntnis gesetzt werden, dass die Besprechung stattfindet, braucht aber nicht eingeladen zu werden (z.B. Topmanagement)?
9. Wer moderiert die Besprechung?
10. Wer führt Protokoll?
11. Wer achtet darauf, dass der Zeitplan eingehalten wird?

2.3 Durchführung

Aufgaben des Sitzungsleiters

Eine Besprechung steht und fällt mit den Fähigkeiten des Sitzungsleiters oder Moderators. Er muss

1. für einen pünktlichen Beginn sorgen.
2. klären, wer anwesend ist und wer fehlt.
3. den Protokollführer auswählen und die Protokollführung überwachen.
4. die Vorstellungsrunde leiten, bei der auch die Erwartungen an die Besprechung abgefragt werden, und den Teilnehmern die Tagesordnung erklären.
5. für eine zügige Abwicklung sorgen (z.B. Monologe und Diskussionen unterbrechen) und die Besprechung im vorgesehenen Zeitrahmen beenden.
6. Kommunikationsprobleme ansprechen (z.B. aggressiven Umgangston unterbinden, Schüchterne einbeziehen).
7. für eine gute Visualisierung sorgen, wenn jemand etwas nicht versteht (z.B. Teilnehmer bitten, ihre Beiträge an einer Metaplanwand grafisch darzustellen).
8. Konflikte abfangen oder lösen.
9. kurze Pausen einlegen, wenn die Konzentration nachlässt.
10. dafür sorgen, dass alle beim Thema bleiben.
11. regelmäßig den Diskussionsstand kurz zusammenfassen (mit eigenen Worten oder anhand des Protokolls).
12. Themen von der Tagesordnung nehmen, die aus Zeitgründen nicht mehr behandelt werden können, und die dadurch frei gewordene Zeit für die wichtigen Punkte verwenden.
13. gemeinsam mit den Teilnehmern den Termin für eine Folgebesprechung festlegen, falls Themen von der Tagesordnung genommen wurden.
14. dafür sorgen, dass im Protokoll Verantwortliche und Termine für alle Aufgaben stehen, die aus der Sitzung entstanden sind.
15. dafür sorgen, dass alle Teilnehmer möglichst noch an Ort und Stelle das Protokoll lesen und gegebenenfalls unterzeichnen.
16. eine Feedbackrunde durchführen.

Empfehlungen für schwierige Situationen

Hat sich ein Teilnehmer nicht ausreichend vorbereitet, kann der Moderator das Wesentliche kurz zusammenfassen – verbunden mit der freundlichen Bitte, doch das nächste Mal die zugesandten Unterlagen vorab wenigstens zu überfliegen. Stößt ein Teilnehmer zu spät zu der Besprechung, empfiehlt es sich, diesen sofort ins Geschehen einzubinden – zum Beispiel so: „Könnten Sie mir kurz hier mit dem Beamer helfen?" Oder: „Gut, dass Sie auch da sind. Wie ist denn Ihre Meinung zum Projekt XY?" So verhindert der Moderator, dass der Neuankömmling andere Teilnehmer ablenkt oder zu lange braucht, um sich auf die Sitzungsinhalte zu konzentrieren.

Mitarbeiter, die nicht anwesend waren, aber den Besprechungsinhalt kennen sollten oder sogar Aufgaben übertragen bekommen haben, müssen möglichst am gleichen Tag informiert werden und den Empfang der Informationen bestätigen.

2.3.1 Protokoll

Ein Protokoll sollte zumindest folgende Angaben enthalten:

Protokollinhalte

1. Projektkennung (Projektname, -kürzel, -nummer)
2. Anlass/Thema
3. Datum, Beginn, Ende
4. Ort
5. Teilnehmer
6. Abwesende, die über die Besprechungsergebnisse informiert werden müssen (Protokollverteiler)
7. Besprechungsverantwortlicher
8. Protokollführer
9. Tagesordnung
10. Alle Ergebnisse inklusive Aufgaben und Verantwortlichkeiten
11. Unterschriften
12. Liste der Anlagen und Verweise auf relevante Dokumente
13. Erledigungstermine in Bezug auf das Protokoll (z.B. wann es wem vorliegen muss)

Treten bei Besprechungen Streit oder Unklarheiten auf, empfiehlt es sich, die entsprechenden Passagen in einem Verlaufsprotokoll (= wortgenau) festzuhalten. Kommt es später zu einem Gerichtsverfahren, kann es wichtig sein, nachvollziehen zu können, wer was wann zu wem gesagt hat. Gegenstück ist das Ergebnisprotokoll, in dem nur wichtige (Zwischen-)Ergebnisse festgehalten werden.

Verlaufsprotokoll

Am Ende der Sitzung sollte noch so viel Zeit sein, dass der Protokollführer das Protokoll stichpunktartig verlesen kann. Dies gibt den Teilnehmern Gelegenheit zu überprüfen, ob sie alles richtig erfasst haben. Bei Bedarf können sie Fragen stellen oder Formulierungen präzisieren. So wird verhindert, dass später Unklarheiten, Missverständnisse und Auseinandersetzungen wegen unterschiedlicher Interpretationen des Protokollinhalts auftreten.

2.3.1.1 Vorlagen

Am einfachsten ist es, für das Protokoll eine Vorlage zu benutzen. Damit hält sich für den Protokollführer der Aufwand in Grenzen, weil er nur die entsprechenden Felder ausfüllen und nicht darüber nachdenken muss, ob er alle notwendigen Daten beisammen hat. Wenn das optische Erscheinungsbild einheitlich ist, findet sich das Projektpersonal außerdem leichter in der Dokumentation (→ Kapitel C9) zurecht.

Einheitliches Erscheinungsbild

PROTOKOLL		
Projekt	Datum	
Thema	Beginn	Ende
	Ort	
Besprechungsleiter		
Protokollführer		
Anwesend		
Das Protokoll haben gelesen und unterzeichnet (Unterschriften)		
Abwesend		
Verteiler		
Tagesordnung		
1.		
2.		
...		

Bild D2-7 Deckblatt der Vorlage für ein Besprechungsprotokoll

In das Protokoll kann man noch folgende Tabelle integrieren:

Nr.	Thema	Ergebnis	Typ	Wer?	Bis wann?
		(Text)	A, E, I		(Termin)
1.					
2.					
...					
			A Auftrag		
			E Entscheidung		
			I Information		

2.4 Nachbereitung

Alle Gesprächsbeteiligten sollten das Protokoll möglichst am Tag nach der Sitzung vorliegen haben. So wird sichergestellt, dass alle auf demselben Informationsstand sind und die Ergebnisse bei Unklarheiten nachlesen können (z.B. „Hausaufgaben" aus der Sitzung). In der Praxis hat sich eine Offene-Punkte-Liste als hilfreich erwiesen. Darin werden alle Aufträge, die in Besprechungen erteilt wurden, aufgeführt.

Offene-Punkte-Liste

2.5 Ablaufdiagramm

Das Ablaufdiagramm in Bild D2-8 [6] soll einen schnellen, groben Überblick über die Planung, Durchführung und Nachbereitung einer Besprechung ermöglichen. Es kann als Checkliste eingesetzt werden.

Checkliste

342

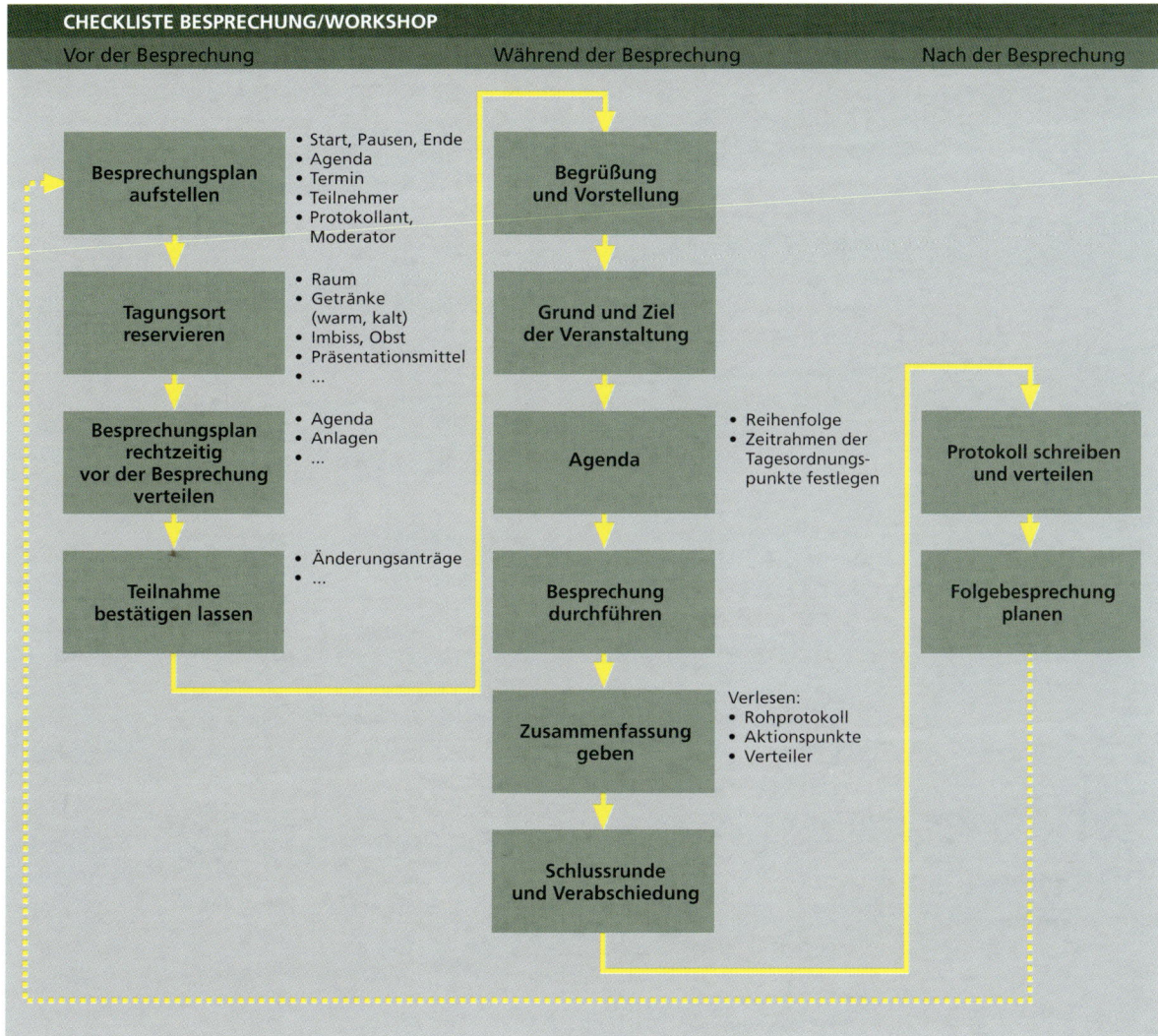

Bild D2-8 Ablaufdiagramm für eine Besprechung

2.6 Zweimal 10 Gebote für Besprechungen

Aus Sicht der Initiatoren gelten für Besprechungen folgende „10 Gebote":   *Sicht der Initiatoren*

1. Besprechungen nur abhalten, wenn es notwendig ist
2. Zeitpunkt mit den Beteiligten abstimmen (z.B. nicht während einer Betriebsversammlung)
3. Nur diejenigen einladen, die dabei sein müssen
4. Allen Geladenen die Ziele vorab deutlich machen
5. Sich und die anderen Teilnehmer gründlich vorbereiten (z.B. gemeinsam mit der Einladung Informationsmaterial zuschicken)
6. Konfliktpotenzial vorab ausloten (z.B. Vorstellungsrunde inklusive Abfrage der Erwartungshaltung durchführen)
7. Eine Besprechung sofort absagen, wenn sie doch nicht mehr nötig ist

8. Die Tagesordnung befolgen, Unvorhergesehenes unter „Verschiedenes" abhandeln
9. Feedback einholen (Feedbackrunde durchführen)
10. Dafür sorgen, dass die Ergebnisse nutzbringend eingesetzt werden (z.B. beim Projektmarketing)

Sicht der Teilnehmer

Aus Sicht der Teilnehmer gelten für Besprechungen folgende „10 Gebote":
1. Nur Besprechungen besuchen, bei denen die Anwesenheit sinnvoll und/oder notwendig ist
2. Vorbereitet antreten
3. Konstruktiv mitarbeiten
4. Volle Aufmerksamkeit aufbringen
5. Redebeiträge kurz fassen (Argument einbringen, kurz begründen)
6. Bei Unklarheiten nachfragen
7. Meinungen und Zweifel äußern ($\rightarrow$ Kapitel D4)
8. Mehrheitsmeinungen hinterfragen, weil diese in vielen Fällen auf Mitläufertum von Teilnehmern zurückgehen
9. Sitzungsleitung unterstützen (z.B. Nebengespräche unterlassen)
10. Hausaufgaben zuverlässig erledigen

3 Verhandlungen

Verhandlungen sind das täglich Brot der Projektleiter. Sie kämpfen um Budgets und Ressourcen, Terminverschiebungen, Anschlussaufträge – und natürlich um das eigene Gehalt. Wenn sie auf der anderen Seite des Verhandlungstischs sitzen, führen sie zum Beispiel Einstellungsgespräche mit potenziellen Mitarbeitern oder Preisverhandlungen mit Lieferanten. In Meetings mit Kunden ringen sie um vernünftige Projektziele.

Vorgehensweise

Verhandlungsgeschick ist dabei nicht alles. Vieles von dem, was der Projektleiter in einer Verhandlung braucht, ist reines Handwerkszeug und lässt sich erlernen. In den folgenden Abschnitten wird dargestellt, wie er vorgehen kann, wenn eine Verhandlung ansteht.

3.1 Vorbereitung

Nicht jeder wurde als Diplomat geboren. Ohne gründliche Vorbereitung ist ein Verhandlungserfolg daher bei den meisten Menschen reine Glückssache. Sie beansprucht häufig mehr Zeit als die Verhandlung selbst. Mehrere Schritte sind notwendig.

Schritt 1: Informationen einholen

Wer in eine Verhandlung geht, sollte sich so umfassend wie möglich über den Verhandlungspartner und sein Unternehmen informieren. Das Internet ist dabei eine große Hilfe. Über eine gute Suchmaschine und die jeweilige Firmenwebsite sind normalerweise Originalinformationen, aber auch Informationen aus anderen Quellen (z.B. Zeitungsartikel) zu finden. Informationen und Unterlagen aus

Wissensmanagement

früheren Geschäften mit demselben Kunden, die im Rahmen des Wissensmanagements ($\rightarrow$ Kapitel C10) aufbewahrt wurden, helfen ebenfalls weiter.

Interessant ist zum Beispiel, welche Position der Gesprächspartner in seinem Unternehmen bekleidet, welche Aufgaben er hat und welche Motive er verfolgt. Baut sein Arbeitgeber zum Beispiel gerade Stellen ab, sodass er unter großem Erfolgsdruck steht? Oder geht er bald in den Ruhestand und legt auf einen Euro mehr oder weniger im ausgehandelten Vertrag keinen Wert?

Auch private Informationen bringen unter Umständen großen Nutzen. Sie sind am besten in informellen Gesprächen mit Personen herauszufinden, die schon mit dem Betreffenden zu tun hatten. So stößt man auch auf Gemeinsamkeiten, die Nähe und Vertrauen schaffen (z.B. Hobbys, Bekannte, Studienfach).

Schritt 2: Ziele herausfinden und gewichten

Im nächsten Schritt überlegt der Projektleiter, was er eigentlich erreichen will. Was sind seine Ziele? Oft bringt ein gemeinsames Brainstorming mehr Output, als alleine zu grübeln. Anschließend gewichtet er – eventuell auch gemeinsam mit dem Team – die gesammelten Punkte. So findet er heraus, welches das wichtigste Ziel ist. Auf dieses kann er sich bei seiner weiteren Vorbereitung konzentrieren. Außerdem schafft er sich damit die Möglichkeit, bei weniger wichtigen Zielen Zugeständnisse zu machen, um das Hauptziel zu erreichen.

Nun geht es darum sicherzustellen, dass die Ziele realistisch, eindeutig definiert, messbar und miteinander vereinbar sind. Ziele mit diesen Eigenschaften erleichtern das Argumentieren und vermitteln dem Verhandlungspartner Fachkompetenz und Erfahrung. Schwammige Ziele dagegen ziehen Verhandlungen unnötig in die Länge, weil es gar nicht möglich ist, eine punktgenaue Vereinbarung zu treffen. *Zieleigenschaften*

Es empfiehlt sich, die Ziele schriftlich festzuhalten (Stichpunkte). Seinen „Spickzettel" kann der Projektleiter ohne weiteres mit in das Gespräch nehmen. Auch bei telefonischen Verhandlungen ist ein „schlauer Zettel" unverzichtbar. *„Spickzettel"*

Schritt 3: Spielraum abklären

Der Projektleiter sollte sich notieren oder muss zumindest im Kopf haben, welcher Verhandlungsspielraum besteht beziehungsweise wie weit das Verhandlungsergebnis von den gesetzten Zielen abweichen darf. Er legt fest, was das optimale Ergebnis wäre und was auf keinen Fall herauskommen soll. Schließlich durchdenkt er Kompromisslösungen und überlegt: „Was ist mein letztes Angebot?" Um dies beurteilen zu können, berechnet beziehungsweise verhandelt er beispielsweise vor Preisverhandlungen intern den erlaubten Kostenrahmen und erfragt bei möglichen Unterauftragnehmern Preise und Termine. *Ergebnisalternativen*

Schritt 4: Gesprächsstrategie zurechtlegen

Nun gilt es zu überlegen, wie der Projektleiter seine Argumentation aufbauen will. Er sorgt dafür, dass er die nötigen Argumente, Beispiele, Szenarien usw. zum richtigen Zeitpunkt präsent hat. Nichts ist ärgerlicher als ein gutes Argument, das einem zu spät einfällt. Dabei ist es wichtig, sich in die Lage des Gesprächspartners zu versetzen: Sieht er das Angebot (z.B. Preis, Produkt, Lieferkonditionen) als etwas Nützliches an? Wie dringend braucht er es? Hat er Alternativen? *Sicht des Gesprächspartners*

Schritt 5: Äußeres Umfeld vorbereiten

Kommt der Gesprächspartner ins Haus, dann sollte der Gastgeber dafür sorgen, dass er sich bei ihm wohl fühlt. Jetzt heißt es: Schreibtisch aufräumen, den Gästestuhl von Fusseln befreien, die Sauberkeit von Boden und Toiletten prüfen, Gläser ohne Fingerabdrücke besorgen, sicherstellen, dass jederzeit jemand eine kleine Stärkung beschaffen kann. Solche vermeintlichen Kleinigkeiten sind nicht zu unterschätzen. Ist der Verhandlungspartner kein Ordnungsfanatiker – Glück gehabt. Wappnen sollte man sich aber in jedem Fall. Für bestimmte Verhandlungen ist die Wahl eines neutralen Orts von entscheidender Bedeutung.

3.2 Durchführung

Pannen vermeiden   Während des Gesprächs kann einiges schief gehen. Die folgenden Punkte helfen, Pannen zu vermeiden.

3.2.1 Ziele im Auge behalten

Grundregel Nummer eins lautet: Ziele während des ganzen Gesprächs im Hinterkopf behalten. So kann der Projektleiter schneller reagieren, wenn sein Gegenüber versucht, das Gespräch in eine für ihn vorteilhafte Richtung zu lenken. Notizen über wichtige Aussagen helfen, sich im weiteren Gesprächsverlauf zu orientieren. Außerdem sichert der Projektleiter auf diese Weise gleich die Gesprächsergebnisse. Auch bei scheinbar weniger wichtigen Anlässen sollte ein Protokoll geführt werden, das die Beteiligten gleich am Ende des Gesprächs unterschreiben.

3.2.2 Gemeinsamkeiten betonen

Gemeinsamkeiten, die der Projektleiter während der Vorbereitung recherchiert hat, sollte er schon zu Anfang des Gesprächs einfließen lassen. Ziel ist, dass sein Gegenüber motivierter zuhört. Denn eine positive Entscheidung gründet auch auf Sympathie. Der Projektleiter sollte dem Gesprächspartner zu erkennen geben, dass er sich aus Respekt und Professionalität über ihn und sein Unternehmen informiert hat, und ihm das Gefühl vermitteln, dass er ihn und seine Motive versteht.

Nutzen herausstellen   Es lohnt sich, immer wieder den Nutzen herauszustellen, den beide von einem Vertragsabschluss haben. Am Ende soll es keinen Verlierer geben, sondern nur Gewinner (Win-Win-Situation), damit die Geschäftsbeziehung langfristig hält.

3.2.3 Aktiv zuhören

Zur Gesprächsführung gehören einige grundlegende Verhaltensweisen. So muss der Verhandlungspartner zum Beispiel ausreden dürfen. Der Projektleiter wiederum sollte aktiv zuhören. Aktiv zuhören [7] heißt:
- Die eine Person bestätigt, was die andere sagt – etwa durch „mhm" und „aha", aber auch durch Kopfnicken und Gestik.
- Sie hält Blickkontakt zu ihrem Gegenüber.
- Der Zuhörende wiederholt anschließend mit eigenen Worten, was sein Gesprächspartner gesagt hat, und ergänzt es durch eigene Erfahrungen.
- Er argumentiert erst, wenn er die Argumente des anderen angehört hat. Dann besitzt er einen Wissensvorsprung, den er im weiteren Gesprächsverlauf für sich nutzen kann.
- Er fragt nach, wenn ihm etwas unklar ist. So merkt der Gesprächspartner, dass er bei der Sache ist.

3.2.4 Gesprächspartner einbeziehen

Offene Fragen   Um den Gesprächspartner aktiv einzubinden, stellt man am besten Fragen, zum Beispiel: „Wo sollte das Produkt Ihrer Meinung nach verbessert werden?" Offene Fragen eignen sich besser als die einengende Ja-Nein-Option. Später im Gesprächsverlauf kann man die Formulierungen zuspitzen, etwa so: „Können Sie mir das verbindlich zusagen?"

3.2.5 Körpersprache

Körpersignale senden eine Botschaft aus, deren Bedeutung man nicht unterschätzen darf. Wer verhandelt, sollte sein Gegenüber freundlich, aber selbstsicher ansehen. So signalisiert er ihm, dass er sich in seiner Nähe wohl fühlt und trotzdem weiß, was er will. Weit geöffnete Augen bedeuten Interesse an der anderen Person und ihren Ausführungen. Eine optimistische Einstellung drückt man aus, indem man nach oben schaut. Der Oberkörper sollte dem Verhandlungspartner zugewandt sein, die Hände leicht geöffnet. Die Arme vor dem Körper zu verschränken bedeutet dagegen: „Ich bin verschlossen, abwehrend."

3.2.6 Ausdrucksweise

Erfolgreich verhandeln kann nur, wer verstanden wird. Deshalb gilt:

Verständlichkeit

- Kurz und knapp formulieren, Schachtelsätze vermeiden.
- Mit Beispielen und Bildern arbeiten, um komplizierte Sachverhalte anschaulich zu erklären.
- Auf Fachbegriffe verzichten, die der Gesprächspartner möglicherweise nicht kennt – selbst wenn dadurch vielleicht das eine oder andere aus fachlicher Sicht nötige Detail untergeht oder oberflächlicher erklärt wird, als man das bei einem Fachkollegen täte. Wichtig ist, dass die Kernbotschaft deutlich wird.
- In der „Sprache" des Gegenübers sprechen. Diese wird beispielsweise von Bildungsniveau, Kultur und Unternehmenskultur beeinflusst.
- Auf die Reaktionen des Gesprächspartners achten: Hat er möglicherweise etwas nicht verstanden? In diesem Fall: nochmals erklären oder nachfragen (z.B. „Erkläre ich das verständlich?").

3.3 Nachbereitung

Die Ergebnisse sollten schriftlich festgehalten werden. Es empfiehlt sich, die während des Gesprächs gemachten Notizen sofort zu ergänzen, da dann die Erinnerung noch frisch ist. Gibt es ein offizielles Protokoll, ist es am besten, den Verhandlungspartner die Gesprächsergebnisse an Ort und Stelle gegenlesen und abzeichnen zu lassen. Dies ist zum beiderseitigen Vorteil, um spätere Missverständnisse zu vermeiden.

4 Problemlösung

Projekte, in denen nie Probleme auftreten, sind kaum denkbar. Werden diese ignoriert, können sie sich zu Krisen entwickeln. Deshalb muss sich jeder Projektleiter mit Methoden zur Problemlösung auseinandersetzen.

Krisen

Die ICB [8] definiert: „Projekte können als eine große Gesamtheit von Problemlösungsprozessen betrachtet werden." Weiter heißt es: „Wenn jeder Problemlösungsprozess effizient (mit wenig Kosten und in kurzer Zeit) und wirksam (das richtige Problem wirklich und gut lösend) verläuft, ist dies ein großer Beitrag zum Projekterfolg. Deshalb ist der Projektmanager am Problemlösungszyklus interessiert."

Der Tenor praxisnaher Definitionen für den Begriff Problem lautet:

Ein Problem ist eine Aufgabe, die mit den standardmäßig vorhandenen Herangehensweisen nicht gelöst werden kann. Die Lösung ist zunächst nicht sichtbar, sodass Problemlösungsmethoden notwendig sind.

Anforderungen an das Team

Problemlösungsmethoden beinhalten keinen Automatismus. Wendet ein Projektteam solche Methoden an, heißt das also noch lange nicht, dass sich die Lösung quasi von selbst ergibt. Stattdessen sind Kreativität, Analyse- und Umsetzungsfähigkeiten und der Wille notwendig, das Problem zu lösen.

4.1 Problemarten

Probleme lassen sich in verschiedene Arten aufspalten [9].

4.1.1 Analyseprobleme
Die Aufgabe besteht darin, Strukturen, Zusammenhänge und Gesetzmäßigkeiten zu identifizieren.

Beispiel
Ein Projektteam muss einen komplizierten Projektstrukturplan aufstellen.

4.1.2 Suchprobleme
Die Aufgabe besteht darin, Personen, Gegenstände, Begriffe oder Strukturen, die bestimmte Eigenschaften erfüllen müssen, zu finden.

Beispiel
Ein Mitarbeiter soll einen Weg suchen, wie Erfahrungen aus ähnlichen Vorläuferprojekten zu recherchieren sind.

4.1.3 Konstellationsprobleme
Es gilt, neue konstruktive oder konzeptionelle Aufgabenlösungen zu finden.

Beispiel
Eine Agentur entwickelt für einen Kunden ein innovatives Werbekonzept. Nach diesem Muster sollen künftig alle Werbekampagnen dieses Kunden abgewickelt werden.

4.1.4 Auswahlprobleme
Es gilt, Alternativen zu bestimmen, die ein vorgegebenes Ziel am besten erfüllen.

Beispiel
Der Projektleiter sucht einen externen Maschinenbautechniker, der sich mit der Konstruktion bestimmter Spezialmaschinen auskennt. Nun überlegt er, wie er an solche Experten herankommen kann.

4.1.5 Folgeprobleme
Es gilt, Probleme durch Befolgen einer bestimmten Gesetzmäßigkeit zu lösen.

Beispiel
Ein neues Produktionskonzept erfordert einen neuen Einsatzplan für die betroffenen Mitarbeiter.

4.2 Problemtypen

Zwei grundlegende Problemtypen sind zu unterscheiden [10]: wohlstrukturierte und schlechtstrukturierte Probleme.

Wohl-/schlecht-strukturierte Probleme

4.2.1 Kennzeichen wohlstrukturierter Probleme
- Vollständige Kenntnis aller Problemelemente ist vorhanden.
- Die Problemelemente stehen in einem gesetzmäßigen Zusammenhang.
- Der Lösungsprozess ist sicher, zwingend, systematisch und logisch.

Beispiel
Das Projektteam soll die ideale Produktionsmenge für ein neues Produkt herausfinden.

4.2.2 Kennzeichen schlechtstrukturierter Probleme
- Nicht alle Problemelemente sind bekannt.
- Nur wenige oder keine Gesetzmäßigkeiten sind erkennbar.
- Die Suche nach Lösungen ist eher ungerichtet, intuitiv und vom Zufall bestimmt.

Beispiel
Es gilt, die Inhalte einer Festveranstaltung für ein Firmenjubiläum zu entwickeln.

4.3 Hindernisse bei der Problemlösung

Ein Problem zu lösen fällt schwerer, wenn die Projektmitarbeiter es
- nicht erkennen,
- nicht verstehen,
- fehlerhaft interpretieren,
- nicht oder nur oberflächlich analysieren oder
- es unterschiedlich wahrnehmen (z.B. Art, Schwere, Auswirkungen).

4.3.1 Problemverständnis

Probleme kann nur lösen, wer sie verstanden hat. Jedes mit dem Problem befasste Teammitglied sollte daher genau wissen, worum es geht. W-Fragen und grafische Darstellungen (z.B. Ablaufdiagramme) eignen sich dazu, Probleme (be-)greifbar zu machen.

W-Fragen
- Was ist der Inhalt des Problems?
- In wie viele Teilprobleme lässt es sich aufspalten?
- Wer ist betroffen?
- Wie wirkt es sich aus – jetzt und in Zukunft?
- Seit wann haben wir das Problem?
- Welche Lösungsversuche gab es schon?
- Warum brachten sie keinen Erfolg?
- Was ist zu tun, um das Problem zu lösen?
- Was sind die Folgen, wenn es ungelöst bleibt?

W-Fragen

Grafische Darstellung

Oft lassen sich in Projekten problembehaftete Prozesse mit ein paar Mausklicks oder auf einem Stück Papier schnell anschaulich darstellen. Bild D2-9 zeigt ein Beispiel für ein einfaches Ablaufdiagramm.

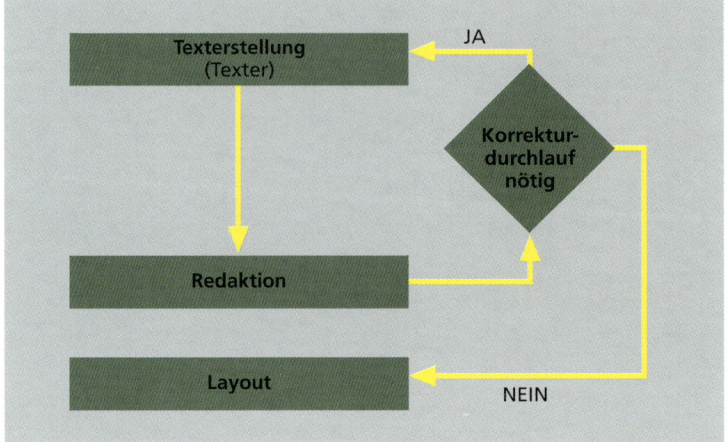

Bild D2-9 Ablaufdiagramm zur Problemerfassung bei der Produktion einer Infobroschüre

Beispiel

Bei der Darstellung in Bild D2-9 besteht das Problem darin, dass die Layouter von Broschüren in einer Agentur mit ihren Arbeitspaketen ständig zu spät beginnen. Eine grafische Darstellung macht dem Chefredakteur die Ursache für die Verzögerungen deutlich: Wegen schlechter Textqualität ist stets ein zusätzlicher Bearbeitungsdurchlauf durch die Texter nötig. Dieser soll künftig überflüssig werden, damit die Broschüren pünktlich ins Layout und schließlich in Druck gehen können. Eine Lösungsmöglichkeit könnte ein neues Texterteam sein. Alternativ könnte die Agentur das Redaktionsteam verstärken.

4.4 Anforderungen an Problemlösungsmethoden

Anforderungen

Problemlösungsmethoden sollten [11]
- sich für verschiedene Problemarten eignen.
- den gesamten Problemlösungsprozess unterstützen.
- individuelle und Gruppenarbeit an einem Problem unterstützen.
- definierte und dokumentierte Teillösungen liefern, damit der Problemlösungsprozess auch nach längeren Pausen wieder aufgenommen werden kann.
- unterschiedliche Techniken zur Erarbeitung von Teilergebnissen zulassen.
- leicht erlernbar sein.
- räumlich und zeitlich getrennte Zusammenarbeit unterstützen.

4.5 Rollen

Bei der Problemlösung unterscheidet man häufig drei Rollen:
1. Probleminhaber: Er formuliert das Problem und entscheidet über die Lösung.
2. Problemlösungsgruppe: Sie hilft bei der Erarbeitung von Lösungen.
3. Moderator: Er steuert den Problemlösungsprozess.

4.6 Problemlösungsmethoden

Bei einer Problemlösung kann es sich laut ICB um einen Konsens oder einen Entscheid handeln. Die Lösung wird normalerweise in Schritten erarbeitet. Das Vorgehen zu konzipieren und zu erarbeiten ist eine der wichtigsten Aufgaben in diesem Zusammenhang. Es empfiehlt sich, bei einer einmal gewählten Methode zu bleiben, bis der Prozess abgeschlossen ist. Methodenwechsel verursachen einen Lern- und Koordinationsaufwand, der gerade kleinere Projektteams überfordern kann. Ein wichtiger Bestandteil jedes Problemlösungsprozesses ist die Informationsbeschaffung. Dazu gibt es verschiedene Techniken:

Konsens oder Entscheid

Informations-beschaffung

- Sammlung (z.B. Studien, Statistiken, Erfahrungsberichte)
- Befragung (Interview, Fragebogen)
- Beobachtung
- Prognosen
  - intuitiv (z.B. Umfrage, Delphi-Technik)
  - analytisch (z.B. Simulation, Extrapolation)

Bei der Problemlösung lassen sich drei grundlegende Vorgehensweisen unterscheiden: sequenzielle Phasenmodelle, Problemlösungszyklus und formularbasierte Systeme.

Drei Vorgehensweisen

4.6.1 Sequenzielle Phasenmodelle

Sequenzielle Phasenmodelle bestehen aus mehreren zeitlich aufeinander folgenden Phasen. In jeder findet ein Teilprozess der Problemlösung statt. Ist eine Phase abgeschlossen, folgt die nächste. Wie das Projektteam innerhalb der einzelnen Phasen vorgeht, steht ihm frei. Dieser Ansatz eignet sich gut für Gruppenprozesse.

Gruppenprozesse

Die Phasen des Problemlösungsprozesses können wie folgt lauten:

Phasen im Problem-lösungsprozess

1. Problem benennen
2. Ist- und Soll-Zustand beschreiben
3. Abweichung des Ist-Zustands vom Soll-Zustand und ihre Folgen beschreiben
4. Mögliche Ursachen der Abweichung suchen
5. Hauptursachen identifizieren und herauslösen
6. Ziele einer Lösung erarbeiten
7. Lösungsalternativen erarbeiten
8. Lösungsalternativen bewerten und priorisieren
9. Maßnahmenplan zur Umsetzung der favorisierten Lösungsalternative entwickeln (mit Terminen, Verantwortlichkeiten, Hilfsmitteln)
10. Kriterien zur Erfolgskontrolle und Steuerung entwickeln

4.6.2 Problemlösungszyklus

Der Problemlösungszyklus ist nichts anderes als die bewährte Abfolge von Aktivitäten (Regelkreis „Deming-Zyklus" → Kapitel C8):

Deming-Zyklus

Planung – Durchführung – Kontrolle – Steuerung

Iterativer Prozess

Anders als bei Phasenmodellen, die linear und sequenziell einmal ablaufen, werden beim Problemlösungszyklus die genannten vier Schritte immer wieder durchlaufen. Es handelt sich um einen iterativen, also sich wiederholenden Prozess. Mit jedem Durchlauf rückt das Team näher an die Problemlösung heran. Ausgangsbasis bei jedem Durchlauf ist das Ergebnis des vorherigen.

4.6.3 Formularbasierte Systeme

Eignung für größere Projekte

Formularbasierte Systeme eignen sich gut für Probleme, an denen nur eine Person arbeitet. Sie setzt während des gesamten Problemlösungsprozesses von der Situationsanalyse über die Problemanalyse bis hin zur Entscheidung durchgängig verschiedene Formulare ein, anhand derer der Lösungsweg dokumentiert wird. Durch diese formalisierte Vorgehensweise erschließt sich der jeweils nächste Schritt praktisch von selbst. Als Nachteil formularbasierter Systeme könnte man sehen, dass diese zu bürokratisch und zu umständlich sind und deshalb für kleinere Projekte nicht in Frage kommen.

4.6.4 Ursachen-Wirkungs-Diagramm

Zerlegung des Problems

Das Ursachen-Wirkungs-Diagramm unterstützt das Projektteam bei der Zerlegung des Problems in seine möglichen Ursachen. Es wird wegen seiner Form auch Fischgräten-Diagramm oder nach seinem Erfinder, dem Japaner Ishikawa, Ishikawa-Diagramm genannt. Zu einem Problem (Wirkung) sammelt das Team mögliche Einflussfaktoren (Ursachen), zum Beispiel in einem Brainwriting. Dann unterteilt es die Ursachen in Haupt- und Nebenursachen und stellt sie grafisch dar. Durch eine anschließende Bewertung ergeben sich einige Schwerpunkte, die dann weiter untersucht werden können.

Teamarbeit

Durch die Teamarbeit bei der Erarbeitung des Ursachen-Wirkungs-Diagramms werden die unterschiedlichen Sichtweisen zu dem Problem miteinander verknüpft. Dabei konzentriert sich das Team nur auf das vorgegebene Problem und seine Lösung und stellt die Interessen der einzelnen Teammitglieder in den Hintergrund.

4.6.4.1 Vorgehensweise

Mittels Kreativitätstechniken (z.B. Brainstorming, Brainwriting nach der Methode 635, Morphologischer Kasten) ermittelt das Team mögliche Ursachen für das Problem. Gruppieren die Mitarbeiter diese in Hauptfelder, können sie mit dem Ursachen-Wirkungs-Diagramm eine übersichtliche Gliederung erarbeiten. Ferner werden die verschiedenen Abhängigkeiten zwischen den einzelnen Ursachen erkennbar. Diese Vorgehensweise überwindet die übliche Beschränkung auf eine oder zwei Ursachen und ermöglicht eine umfassende Problembetrachtung.

5-M-Methode

Zunächst wird das Problem nach Inhalt, Zeit, Ort und Ausmaß beschrieben. Die Problemdefinition schreibt der Moderator auf die rechte Seite einer Tafel. Im nächsten Schritt werden Felder für mögliche Ursachen festgelegt. Häufig findet die Einteilung gemäß der 5-M-Methode statt:
- **M**aschine (z.B. Werkzeuge, Geräte, Anlagen)
- **M**ethode (z.B. Arbeitsweise, Verfahren, Prozess)
- **M**aterial (z.B. Werkstoffe, Rohmaterialien)
- **M**ensch (z.B. beteiligte Personen, Einarbeitungsstand, Ausbildung)
- **M**itwelt (z.B. Arbeitsumfeld, Luftfeuchtigkeit, Temperatur)

Es gibt keine allgemein gültige Anzahl von Ursachenkategorien. Die Lösung kann problembezogen und individuell festgelegt werden. Alle Kategorien werden auf der Tafel entlang von Pfeilen notiert (= Fischgräten). Diesen Gräten ordnet das Team nun die möglichen Ursachen zu. Der Moderator kann durch Fragen die Aufmerksamkeit der Teammitglieder auf bisher vernachlässigte Kategorien lenken. Einzelursachen zu hinterfragen liefert Nebenursachen, die zu einer weiteren Verzweigung des Diagramms führen. Bei jeder Einzelursache sollte bis zu dreimal „Warum?" gefragt werden.

Fischgräten

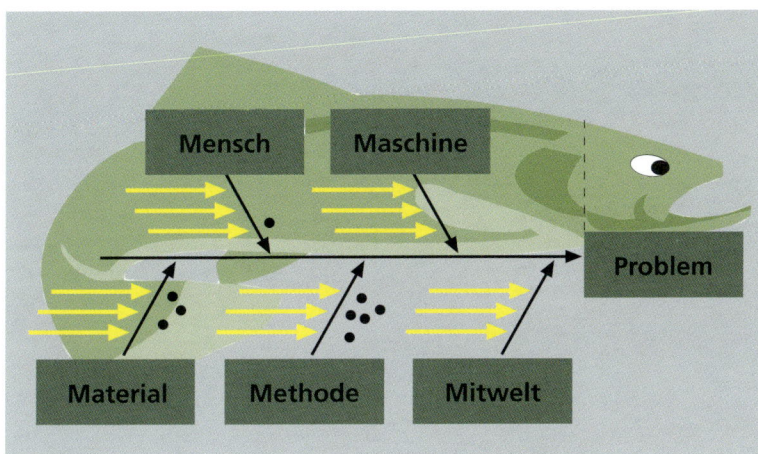

Bild D2-10 Ursachen-Wirkungs-Diagramm

Findet das Team keine weiteren Ursachen mehr, beurteilt es die Einzelursachen – zum Beispiel durch Setzen von Klebepunkten, die den Grad der Bedeutung anzeigen. Die Ursachen mit den meisten Punkten werden dann weiter untersucht und einer Problemlösung zugeführt.

4.6.5 Minimallösung

Wer sich nicht mit einer der vorgenannten umfassenderen Methoden befassen möchte, sollte sich zumindest auf eine Minimallösung einlassen. Eine besonders einfache, aber systematische Vorgehensweise lautet:

Vier Schritte

1. Problem eingrenzen
2. Lösungsanforderungen bestimmen
3. Mögliche Alternativen suchen
4. Lösungswege auf Vor- und Nachteile untersuchen

Wenn die favorisierte Lösung nicht funktioniert, existiert noch die Option, auf die nächstbeste auszuweichen. Dabei kann sich das Projektteam an folgender Hierarchie orientieren, die es bei Bedarf an seine individuellen Bedürfnisse anpassen kann:

1. Was wäre die Ideallösung?
2. Was ist der höchste Level, den wir unter den tatsächlichen Bedingungen herausholen können?
3. Was ist das Mindeste, das wir mit unseren Kräften durchsetzen können?

4.6.6 Lösung schlecht strukturierter Probleme

Als Herangehensweise zur Lösung schlecht strukturierter Probleme schlägt Bergfeld vor [10]:

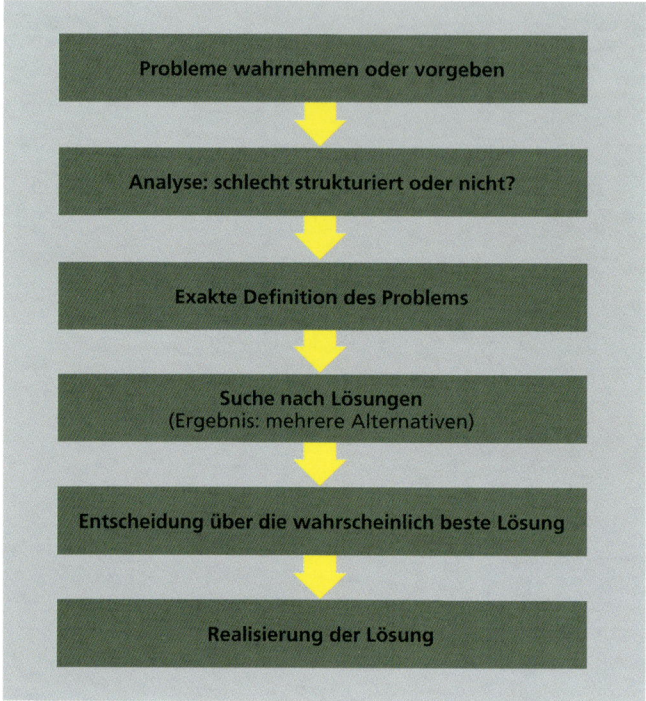

Bild D2-11 Lösung schlecht strukturierter Probleme

5 Präsentationen

Drei Kernbotschaften

Präsentationen gehören heute zum Arbeitsalltag von Projektleitern. Aber auch Routiniers müssen sich vor jedem Vortrag fragen: „Habe ich an alles gedacht?" Eine Projektpräsentation soll überdies ja kein langweiliger Monolog sein, sondern – möglichst interaktive – Überzeugungsarbeit. Denn der Referent will seine Zuhörer auf seine Seite bringen. Drei Kernbotschaften müssen laut Kellner [12] im Unterbewusstsein der Zuhörer ankommen:

1. Kompetenz: „Hier arbeiten Profis!"
2. Power/Dynamik: „Wir haben das Projekt im Griff!"
3. Sympathie/Kommunikation: „Wir sind nette Menschen, die gerne mit euch kommunizieren!"

5.1 Umfeld

Anlass und Zielgruppe

Eine dem Anlass und der Zielgruppe entsprechende Umgebung ist Voraussetzung für eine gelungene Präsentation. Dazu gehören

- ein Raum zum Wohlfühlen (geeignete Lage und Möblierung, Temperatur, angenehme Beleuchtung, Sauberkeit, Ordnung, Ruhe),

- eine funktionierende Technik (Beamer, Projektor etc.),
- Getränke und etwas Leichtes für den „kleinen Hunger" und
- ein angemessen gekleideter Referent, der mit geordneten, gepflegten Unterlagen antritt.

5.2 Tageszeit

Die besten Tageszeiten für eine Präsentation sind:
- Vormittags ab 9 Uhr bis zur Mittagspause
- Nachmittags von 14 Uhr bis etwa 17 Uhr

Früh morgens um 8 Uhr sind viele Zeitgenossen noch müde und wenig aufnahmefähig. Auch nach dem Mittagessen ist kaum jemand zu geistigen Höchstleistungen fähig. Und nachmittags nach 17 Uhr sitzen manche Mitarbeiter im Geiste schon zu Hause beim Abendbrot.

5.3 Aufbau

Als Gerüst für eine Projektpräsentation ($\rightarrow$ Kapitel D4) ist folgende Gliederung denkbar [13]: *Gliederung*
1. Projektaufgabe
2. Nutzen
3. Ziele
4. Wege zum Ziel
5. Diskussion und Fragen
6. Appell an die Zuhörer (z.B. Aufruf zur Mitarbeit)

Alternativ kann der Verfasser bei der Erstellung der Gliederung in drei Schritten vorgehen:
1. „Wie ist die Situation?" (Beschreibung)
2. „Warum sollten wir sie ändern?" (Argumente)
3. „Wie können wir sie so ändern, dass wir alle zufrieden sind?" (nötige Maßnahmen)

Aus diesen Fragen ergeben sich die einzelnen Kapitel, die der Verfasser entlang dieses Grundaufbaus in logischer Folge aufreiht. Dabei muss immer ein „roter Faden" erkennbar bleiben. Ein Spannungs- *Roter Faden*
bogen sollte entstehen, der sich nach und nach aufbaut und erst am Ende der Präsentation abfällt. Idealerweise ist der Zuhörer stets neugierig auf das, was der Referent als Nächstes berichten wird. Nach jedem Kapitel sollte der Aufbau in der Vorbereitungsphase wieder daraufhin überprüft werden, ob „roter Faden" und Spannungsbogen gegeben sind.

Als Einstieg eignet sich ein Praxisbeispiel oder ein Szenario, das der Referent ruhig ein bisschen aus- *Einstiegsszenario*
schmücken darf, um Spannung zu erzeugen. Es schadet nicht, die Zuhörer zum Lachen, Schmunzeln oder Kopfschütteln zu bringen.

Grafiken und Tabellen, die Zahlen und Fakten übersichtlich darstellen, bringen Abwechslung in einen *Grafische Elemente*
textlastigen Foliensatz. Sie sollten aber auf eine eindeutige, sofort erkennbare Kernaussage beschränkt werden und grafisch einfach, aber professionell dargestellt sein. Eine Grafik macht nur Sinn, wenn sie auf den ersten Blick zu verstehen ist. Ziel des Präsentators sollte sein, Bilder in den Köpfen seiner Zuhörer zu erzeugen, nicht nur an der Wand.

5.4 Auswahl der Informationen

Weniger ist mehr

Weniger ist oft mehr! Das gilt auch für die Inhalte einer Präsentation. Zwei oder drei Argumente pro Sachverhalt sollten genügen. Nimmt der Referent zu viele Punkte oder weniger wichtige dazu, verlieren die zentralen Aspekte an Gewicht. Außerdem verwirrt ein Übermaß an Informationen die Zuhörer. Zwischenfragen und neue Sachverhalte, auf die der Referent während der Präsentation eingehen muss, kosten Zeit und beanspruchen die Ausdauer des Publikums schon genügend.

Nutzen für Zielgruppe

Welche Informationen in die Präsentation integriert werden müssen, lässt sich leicht herausfinden, wenn man sich bei jedem Punkt die Nutzenfrage stellt: „Interessiert das meine Zielgruppe? Was bringt es dem Zuhörer, wenn er diese Information von mir bekommt? Fehlt ihm etwas, wenn er sie nicht erhält?" Findet der Verfasser – und das ist eher die Regel als die Ausnahme – mehrere Punkte wichtig, muss er priorisieren. Kann er sich dann immer noch nicht dazu durchringen, Inhalte zu streichen, sollte er die einzelnen Punkte wenigstens auf mehrere Folien verteilen. Dies erleichtert dem Publikum die Übersicht. Es gibt verschiedene Empfehlungen zur Anzahl von Folien pro Zeiteinheit, die sich auf den gemeinsamen Nenner bringen lassen: drei bis fünf Minuten pro Folie. Mehr als 20 Folien in Folge sollte eine Präsentation aber nicht umfassen, damit die Zuhörer die Inhalte noch aufnehmen können.

Folienzahl

5.4.1 Zielgruppengerechte Aufbereitung

Die Sachinhalte müssen zielgruppengerecht aufbereitet sein. Es gilt zu überlegen, ob die Zuhörer
- Laien,
- Fortgeschrittene oder
- Profis

Wissensprofil

auf dem Gebiet sind, das in der Präsentation behandelt wird. Hilfreich ist es, bei der Vorbereitung Kollegen zu befragen, die das Wissensprofil der Zuhörer einschätzen können (z.B. „Wie gut kennt sich der Kunde mit Projektsteuerung aus?"). Der Verfasser muss sich während der gesamten Vorbereitung in die Gedanken- beziehungsweise Arbeitswelt der Zuhörer versetzen.

Um die Aufmerksamkeit des Publikums wach zu halten ist es sinnvoll, etwas zum Anfassen herumzureichen (z.B. Modelle, Prototypen). Dadurch entsteht eine engere Beziehung des Publikums zum Gegenstand der Präsentation als durch reines Zuhören.

Die letzte Folie sollte die wichtigsten Stichpunkte der Präsentation nochmals ins Gedächtnis rufen (maximal drei). Im Anhang hält der Referent einige für das Publikum nicht sichtbare Folien bereit (= Backup). Sie enthalten Informationen, auf die er nur bei Bedarf zurückgreift (z.B. Inhalte von Projektphase 1, obwohl sich das Projekt schon in Phase 3 befindet). So beweist er den Zuhörern Kompetenz und Umsicht: Er ist offensichtlich für alle Fälle mit den richtigen Informationen gewappnet.

5.5 Gestaltung

Überladene Seiten

Eine gelungene Präsentation ist übersichtlich und „luftig" aufgebaut, damit sich das Publikum die Inhalte merken kann. Überladene Folien zu produzieren ist verschwendete Arbeitszeit, weil die Zuhörer sich schon beim ersten Hinsehen überfordert fühlen und sich deshalb erst gar nicht die Mühe machen, mit dem Lesen zu beginnen. Arbeitet der Referent mit Folien und Beamer, sollte er folgende Punkte beachten:

- Mindestens 18 Punkt Schriftgröße
- Mindestens einfacher Zeilenabstand
- Maximal drei inhaltliche Aussagen pro Folie
- Absätze bilden und mit Zwischenüberschriften versehen
- Auf jeder Folie eine kurze, knackige Überschrift
- Ganze, aber einfache Sätze mit Subjekt, Prädikat und Objekt (z.B. „Das Budget umfasst 10.000 Euro.")
- Keine Passivkonstruktionen (z.B. besser „Der Projektleiter sagt" als „Vom Projektleiter wird gesagt")
- Wichtige Punkte hervorheben (z.B. fett), am besten aber nur einen Punkt pro Absatz
- Nur eine Schriftart sowie maximal zwei Schriftschnitte (z.B. normal und fett) und drei Schriftgrößen pro Folie
- Elemente so anordnen, dass ausreichend freie Fläche übrig bleibt („luftige" Seiten)
- Optische Hilfen (z.B. Symbole) einführen und durchgängig verwenden
- Nicht nur Text, sondern auch Bilder, Grafiken, Diagramme, Tabellen benutzen
- Projektlogo (→ Kapitel D4) nicht vergessen (auf jeder Seite an der gleichen Stelle)

Foliengestaltung

Wer sich mit der Erstellung und Bearbeitung von Grafiken nicht auskennt, sollte am besten die Finger davon lassen. Übersichtlich angeordnete, ansprechend formatierte Textblöcke sind besser als verunglückte Grafiken.

5.6 Unterlagen

Die Zuhörer sollten neben Schreibblöcken und Stiften auch Unterlagen (= Handouts) vorfinden, anhand derer sie die Präsentation mitverfolgen können. Neben den Abbildungen sollten diese genug Platz für Notizen bieten. Maximal drei Folien passen auf eine DIN A4-Seite. Der Platz für die Notizen sollte sich rechts neben der jeweiligen Abbildung befinden. Das Publikum soll seine Aufmerksamkeit dem Referenten widmen können. Komplett ausformulierte Texte im Handout lenken jedoch vom Vortrag ab. Deshalb ist es besser, auf den Handouts wie auf den Präsentationsfolien selbst mit Stichpunkten zu arbeiten – gerade so umfassend, dass der Leser den Sinn verstehen kann.

Sollen die Zuhörer Ausdrucke bekommen, empfiehlt es sich, schon bei der Foliengestaltung einige Punkte zu beachten. Andernfalls wirken die Folien überladen, die Lesbarkeit leidet.
- Farben sparsam einsetzen
- Dunkle Schrift auf hellem Hintergrund
- Auf wenige Elemente (Textbausteine, Bilder, Grafiken) pro Folie beschränken

Ausdrucke

5.7 Referent

Der Erfolg der Präsentation steht und fällt mit der Person des Referenten. Er sollte
- Ruhe ausstrahlen, nervöse Bewegungen vermeiden (z.B. nicht ständig von einem Fuß auf den anderen treten),
- langsame, aber energiegeladene, souveräne Bewegungen machen,
- Blickkontakt zum Publikum halten,
- eine offene Körperhaltung haben, den Zuhörern zugewandt,
- Gestik und Mimik kontrolliert einsetzen (keine ausladenden Armbewegungen, die das Publikum bedrängen) und

Anforderungen

- Verteidigungsgesten unterlassen (z.B. niemals die Hände heben nach dem Motto „Tut mir nichts!").

5.7.1 Umgang mit Lampenfieber

Lampenfieber holt selbst erfahrene Präsentatoren immer wieder ein. Vor dem großen Auftritt nervös zu sein ist keine Schande, sondern etwas ganz Normales. Präsentatoren plagt die Angst [14]

- vor der unbekannten Situation,
- die Erwartungen der Zuhörer nicht zu erfüllen,
- der Kritik anderer ausgesetzt zu sein und
- völlig zu versagen.

Empfehlungen

Wittenzellner empfiehlt gegen Lampenfieber [15]:

- Die Situation als Chance begreifen anstatt als Bedrohung
- Positive Gedanken („Alles ist in Ordnung, so wie es ist") anstatt negative („Ich hätte mich besser vorbereiten sollen") erzeugen
- Die Anforderungen zurückschrauben: Niemand ist perfekt, das Publikum erwartet einfach nur eine gut strukturierte und lebendig gestaltete Präsentation
- Sich an eine schwierige, aber erfolgreich gemeisterte Situation erinnern
- Vor das geistige Auge rufen, wie die Präsentation erfolgreich endet und das Publikum zufrieden ist
- Unbeobachtet mehrmals tief ein- und ausatmen, am besten an einem offenen Fenster
- Im Raum auf und ab gehen und sich dabei auf die Aufgabe konzentrieren
- Lächeln
- Je mehr Übung, desto weniger Lampenfieber

Stichpunkte notieren

Der Referent notiert sich am besten während der Vorbereitung der Präsentation Stichpunkte als Gedankenstütze, damit er nichts vergisst. Dabei ist es wichtig, groß zu schreiben und ausreichend Abstand zwischen den Zeilen zu lassen, damit er die Wörter auch aus der Entfernung schnell entziffern kann.

5.8 Präsentationsmedien

Fragen zur Auswahl

Zahlreiche altbewährte, aber auch neue Präsentationsmedien stehen zur Wahl. Sie sollen an dieser Stelle nur kurz vorgestellt werden [16]. Bei der Auswahl des passenden Präsentationsmediums stellen sich einige Fragen:

- Welches Medium unterstützt die Präsentation inhaltlich am besten?
- Wie viele Teilnehmer sind zu erwarten?
- Welche Räumlichkeiten und welche technische Ausstattung sind am Präsentationsort vorhanden?
- Lässt sich der Raum verdunkeln?
- Welche Ausstattung kann der Präsentator mitbringen (z.B. reisetaugliches Gerät)?
- Mit welchen Medien kommt der Präsentator gut zurecht?

Für Präsentationen sind folgende Medien einsetzbar:

1. Pinnwand/Metaplantechnik

Ausrüstung: eine oder mehrere Pinnwände, Plakate, Karteikarten, Filzstifte
- Geeignet für kleine Gruppen
- Möglichkeit, während der Präsentation selbst zu entwickeln und zu gestalten
- Visualisierungshilfe für komplexe Themen durch die Möglichkeit, mehrere Sachverhalte parallel auf verschiedenen Pinnwänden darzustellen – anders als bei einer Folienpräsentation
- Abgelöste Blätter können an den Wänden befestigt werden und bleiben so für alle sichtbar
Nachteil: Schlecht lesbare Handschriften machen es der Gruppe schwer, die Präsentation zu verfolgen

2. Flipchart

Ausrüstung: Stativ mit Papierblock, Filzstifte
- Einfach handhabbares Instrumentarium für Präsentationen und Arbeitssitzungen in kleinen Gruppen
- Möglichkeit, während der Präsentation selbst zu entwickeln und zu gestalten
- Abgelöste Blätter können an den Wänden befestigt werden und bleiben so für alle sichtbar
- Eignet sich gut zur Kombination mit Overheadprojektor (= Tageslichtprojektor) oder Beamer
Nachteile: Während des Schreibens ist die Sicht auf das Plakat verdeckt, kein Blickkontakt zum Publikum

3. Overheadprojektor (= Tageslichtprojektor)

Ausrüstung: Projektor mit Zubehör (z.B. Kabel), (Lein-)Wand, Folien
- Einsetzbar für ein großes Publikum (bis zu 200 Personen)
- Folien am PC, aber auch per Hand während der Präsentation schnell und flexibel erstellbar
- Hände frei für Gestik zur Verdeutlichung des Gesagten, Blickkontakt zum Publikum
Nachteile: umständliches und fehlerträchtiges Auflegen der Folien, Kratzer und Fingerabdrücke sichtbar, Raum muss gegebenenfalls abgedunkelt werden – was den Blickkontakt zum Publikum sowie Mitschreiben unmöglich macht

4. Dia- und Videoprojektor

Ausrüstung: Dia- oder Videoprojektor mit Zubehör, Projektionsfläche
- Diapräsentationen spielen in der Praxis nur eine geringe Rolle, Videos lassen Unternehmen nur zu besonderen Anlässen produzieren
- Beide eignen sich für ein großes Publikum
- (Bewegte) Bilder sagen oft mehr als Worte, und das in kürzerer Zeit
- Ansprechende optische Effekte und Dynamik der Videopräsentation
Nachteile: Bedienung des Geräts kann schwierig sein, Raum muss abgedunkelt werden, Schwerpunktsetzung und Priorisieren von Informationen ist bei bewegten Bildern schwierig

5. Multimediaprojektor/Beamer (rechnergestützt)

Ausrüstung: PC und Beamer mit Zubehör
- Gut gemachte computergesteuerte Multimediashows sprechen viele Menschen an, geeignet auch für große Gruppen
- Informationen von den verschiedensten Speichermedien können integriert und miteinander kombiniert werden (Schrift, Bilder, Grafiken, Ton, Film)
- Professionelles Image

Nachteile: aufwändige Herstellung, unter Umständen müssen Profis beauftragt werden, Schwerpunktsetzung und Priorisieren von Informationen kann bei bewegten Bildern schwierig sein

5.9 Ablauf

Umgang mit Fragen

Zwischenrufe und Fragen bringen so manchen Referenten aus dem Konzept. Um derlei Unsicherheiten und Diskussionen während der Präsentation zu vermeiden, könnte er wie folgt vorgehen:

Pausen

- Wichtige Verständnisfragen dürfen nur in Ausnahmefällen während des Vortrags gestellt werden, müssen aber in 30 Sekunden abzuhandeln sein. Ansonsten sind Fragen erst nach dem Vortrag erlaubt.
- Fragen, die der Referent nicht beantworten kann, sollte er sich für das Publikum sichtbar notieren und zusagen, die Antwort spätestens am Folgetag nachzuliefern – am besten per Rundmail an alle, die sich mit ihrer E-Mail-Adresse in die Anwesenheitsliste eingetragen haben oder die – zum Beispiel bei Projektsitzungen – im Protokoll stehen.
- Trennt man die einzelnen Themenblöcke durch eine kleine Pause (z.B. eine Minute) voneinander, können die Zuhörer das zuletzt Gehörte gedanklich abschließen und sich auf ein neues Thema einstellen.

Ersatzausrüstung

Um einen reibungslosen Ablauf sicherzustellen, sollte der Referent vorab einige Vorsichtsmaßnahmen ergreifen. Eine Ersatzbirne für den Overheadprojektor oder ein Reservefoliensatz beim Einsatz eines Beamers haben schon so manche Präsentation gerettet.

5.10 Ablaufdiagramm

Checkliste

Das Ablaufdiagramm in Bild D2-12 [17] soll einen schnellen, groben Überblick über den Ablauf einer Präsentation ermöglichen. Es kann als Checkliste eingesetzt werden.

6 Kreativitätstechniken

Kreativitätstechniken [18] haben den Zweck, das Potenzial des Menschen zu kreativen Problemlösungen zu nutzen und zu stärken. In Gruppen geht es überdies darum, Synergien zu nutzen und aus den Vorschlägen der Einzelnen durch Kombination oder Ausbau der Ideen Lösungen zu generieren, die Einzelpersonen so nicht hervorbrächten. Allerdings muss es der Leiter oder Moderator erst einmal schaffen, Kreativitätsblockaden bei den Teilnehmern zu durchbrechen. Denn alte Denk- und Verhaltensmuster, die durch Erziehung sowie Erfahrungen in Schule, Ausbildung und Beruf aufgebaut wurden, hindern die Menschen daran, eigene Ideen ohne Angst und Vorbehalte zuzulassen und zu äußern. So genannte Killerphrasen wie „Das geht doch sowieso nicht" oder „Wir haben das aber immer anders gemacht" weisen auf solche inneren Blockaden hin.

Grundsätzlich lassen sich die Kreativitätstechniken nach intuitiven und analytischen (= diskursiven) Techniken unterscheiden. Intuitive Methoden sind zum Beispiel Brainstorming und seine Varianten (z.B. Diskussion 66), Brainwriting (z.B. Kartenabfrage, Methode 635) und Delphi-Methode. Zu den analytischen gehören zum Beispiel das Attribute Listing und der Morphologische Kasten [19]. In diesem Kapitel soll das Brainstorming als bekannteste und im Projektalltag verbreitet eingesetzte Kreativitätstechnik ausführlicher beschrieben werden. Mehrere andere Techniken werden nur kurz skizziert.

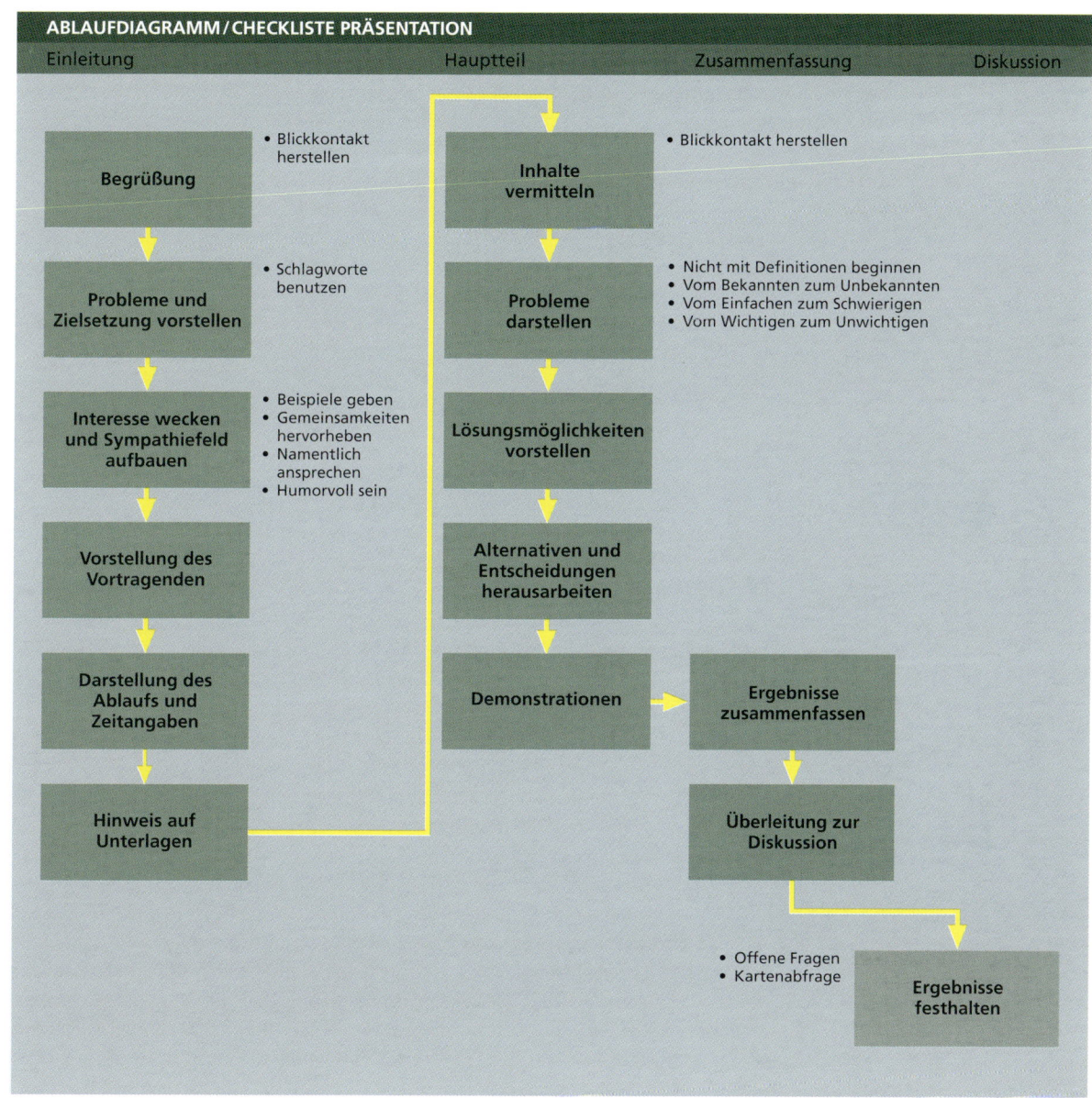

Bild D2-12 Ablaufdiagramm für eine Präsentation

6.1 Brainwriting

Brainwriting und Brainstorming sind Klassiker unter den Kreativitätsmethoden. Sie werden in der Praxis häufig angewandt, wenn auch oft intuitiv und ohne genaue Kenntnis des idealtypischen Ablaufs. Mit dieser Methode können Einzelpersonen oder auch Gruppen kreative Lösungen für die unterschiedlichsten Probleme entwickeln. Ziel ist, dass die Beteiligten ihrer Fantasie freien Lauf lassen und sich gegenseitig inspirieren.

Fantasie anregen

Brainwriting wird ebenso wie Brainstorming bevorzugt in frühen Stadien von Projekten oder Designprozessen verwendet. Weil die Gruppen im Anfangsstadium von Projekten oft mit Vertretern verschiedenster Fachbereiche besetzt sind, können zu diesem Zeitpunkt mehr Leute fachübergreifend Beiträge leisten als später, wenn der Grad der Spezialisierung zunimmt. Je heterogener die Zusammensetzung (z.B. Fachbereiche, Funktion, Alter), desto größer die Bandbreite der *Heterogenität* erzeugten Ideen. Heterogenität in Gruppen erhöht die Wahrscheinlichkeit, dass auch außergewöhnliche Gedanken zur Sprache kommen, die in einer reinen Expertenrunde nicht entstanden wären. Die ideale Gruppengröße beträgt zwei bis zwölf Personen.

Eine Sitzung sollte höchstens eine Stunde dauern, am besten jedoch nur eine halbe. Den Part des *Moderator* Sitzungsleiters übernimmt idealerweise ein Moderator. Er sollte während des gesamten Brainwritings darauf achten, dass die Gruppe sich an das vorgegebene Thema hält und die Ideensammlung geordnet abläuft.

6.1.1 Ablauf

Folgender Ablauf für eine Brainwriting-Sitzung ist denkbar:
1. Der Sitzungsleiter eröffnet das Treffen und erklärt das Problem oder die Aufgabe.
2. Die Teilnehmer schreiben ihre Ideen zum Thema auf Karten.
3. Der Moderator heftet die Karten nacheinander an eine Metaplanwand. Um den späteren Auswahlprozess zu verkürzen, fragt er die Gruppe schon jetzt bei jeder weiteren Karte, in welche Kategorie sie diese einordnen würde und welche (Spalten-)Überschrift dazu passt. Dieser Prozess wird fortgesetzt, bis alle Ideen zugeordnet sind.
4. Nun lassen sich die Vorschläge mithilfe eines Punktesystems, beispielsweise nach Schulnoten, gewichten und priorisieren.

Für das Setzen der Prioritäten eignet sich die Vorgehensweise aus dem Kapitel „Effizient entscheiden". Nach einer Vorauslese können die besten Ideen nochmals ein Brainwriting durchlaufen, um sie zeitnah weiterzuentwickeln.

6.1.1.1 Kombination von Einzel- und Gruppenarbeit
Einzel- und Gruppenarbeit können gut kombiniert werden. Es ist zum Beispiel möglich, dass der Projektleiter ein Problem erst definiert und dann die Mitarbeiter auffordert, sich getrennt voneinander an einem stillen Ort Lösungsansätze zu überlegen. An diese kann die Gruppe dann gemeinsam anknüpfen. Auch das umgekehrte Vorgehen ist denkbar: erst in der Gruppe Ideen sammeln, dann individuell eine bestimmte Anzahl favorisierter Vorschläge weiterentwickeln (z.B. Umsetzungsvorschläge für eine der genannten Ideen sammeln).

6.1.1.2 Methode 635
Bei der Methode 635 schreiben sechs Gruppenmitglieder drei Ideen zu einem Problem auf, die fünfmal weitergegeben werden. Jeder Teilnehmer trägt in ein Formular mit drei Spalten und sechs Zeilen pro Spalte und Zeile eine Idee ein. Dann wandern die Formulare im Uhrzeigersinn zum jeweils nächsten Teilnehmer weiter – so lange, bis alle Zeilen ausgefüllt sind.

6.2 Brainstorming

Die Vorgehensweise beim Brainstorming ähnelt der beim Brainwriting. Folgender Ablauf ist denkbar: *Ablauf*
1. Der Moderator gibt die genaue Dauer bekannt und erläutert die Grundregeln des Brainstormings.
2. Die Teilnehmer bekommen zehn Minuten, um über die Aufgabenstellung nachzudenken und Ideen zu sammeln.
3. Der Moderator notiert alle Ideen, die die Teilnehmer in die Runde werfen, in Stichworten auf einem Flipchart oder einer Tafel. Anschließend sortiert das Team die Ideen, identifiziert redundante und entfernt sie. Dabei werden verwandte Ideen gruppiert und so oft umsortiert, bis eine sinnvolle Struktur entstanden ist.
4. Im Anschluss an die Sitzung werden die Ergebnisse analysiert, bewertet und weiterentwickelt – entweder vom selben Team oder von anderen Mitarbeitern, die für die Weiterbearbeitung zuständig sind.

6.2.1 Grundregeln

Gruppensitzungen werden häufig als Forum für Diskussionen missverstanden. Die Teilnehmer fühlen sich als Repräsentanten, entsandt zum Beispiel von einer Abteilung oder Interessengruppe. Deshalb versuchen sie intuitiv, Meinungen im Auftrag „ihrer" Gruppe zu vertreten. Diese Sichtweise widerspricht dem Grundgedanken des Brainstormings. Im Brainstorming sollten die Teilnehmer sich gegenseitig inspirieren, anstatt Diskussionen auszutragen und Hackordnungen auszufechten. Die entsprechende Einstellung und das passende Verhalten aller Beteiligten sind Voraussetzung für den Erfolg des Brainstormings. Es gelten folgende Grundregeln:

Kreativität statt Diskussion

1. Kritik, Wertungen oder Diskussionen zu Ideen während der Sitzungen sind verboten. Der Grund: *Kritikverbot* Viele Menschen halten ihre Vorschläge zurück, wenn sie Angst vor Kritik haben müssen. Böse oder genervte Blicke fallen ebenfalls in die Kategorie verbotener Kritik.
2. Selbstkritik ist verboten.
3. So viele Ideen wie möglich generieren (Quantität zählt). Je größer die Zahl der Vorschläge, desto höher die Wahrscheinlichkeit, dass etwas Brauchbares dabei ist oder dass sich aus mehreren Ideen etwas kombinieren lässt.
4. Auch scheinbar Unmögliches wird notiert. Dies ist der Schlüssel zu Innovation und kreativen Lösungen.
5. Kurz und präzise formulieren. Für eine ausgefeilte Erklärung ist später Zeit.
6. Ruhig arbeiten. Nebengespräche stören die Konzentration.
7. Jeder vertritt sich selbst. Wer nur Meinungen äußert, die in seinem Fachbereich oder in seiner Interessengruppe schon existieren, bringt sich um eigene gute Einfälle.
8. Keine Störungen zulassen (z.B. Telefonate)

6.2.2 Aufgaben der Sitzungsleitung

Die Sitzungsleitung oder der Moderator kann einiges tun, um die Produktivität der Teilnehmer zu erhöhen:
- Anregen, die Ideen anderer als Stimulans für neue oder weiterführende Gedanken zu nutzen
- Das Arbeitstempo so gestalten, dass auch langsamere Kollegen (z.B. besonders gründliche Personen) mithalten können

- Auf Pausen von ein paar Sekunden nach jeder geäußerten Idee achten, damit sich alle Teilnehmer eigene Gedanken dazu notieren können
- Benimmregeln aussprechen, z.B. „Schwätzen ist verboten"

6.2.3 Varianten des Brainstormings

Weitere Möglichkeiten, ein Brainstorming auszugestalten, sind [20]:
- Diskussion 66: Brainstormings in Sechsergruppen, anschließend Diskussion im Plenum.
- Anonymes Brainstorming: Jeder Teilnehmer schreibt Lösungsvorschläge für ein Problem auf, das ihm vor der Sitzung mitgeteilt wurde. Der Moderator liest alles vor, die Gruppe entwickelt die Ideen weiter.
- Negativ-Brainstorming: Schwachstellenanalyse durch die Gruppe, anschließend Erarbeitung von Verbesserungsvorschlägen in der Gruppe.
- Imaginäres Brainstorming: Um die Phantasie der Gruppe anzuregen, verfremdet der Moderator das Problem oder erfindet ungewöhnliche Randbedingungen (z.B. „Stellt euch vor, ihr könntet Gedanken lesen").

6.3 Weitere Kreativitätsmethoden

Neben dem Brainstorming gibt es noch eine ganze Reihe weiterer Kreativitätsmethoden:

6.3.1 Pro- und Contra-Analyse

Diese Methode dient der Erarbeitung von Vor- und Nachteilen eines Vorschlags. In zwei Gruppen sammeln die Teilnehmer Argumente und tragen sie im Plenum vor. Dann diskutiert jede Gruppe über die der anderen Gruppe. In einem Streitgespräch versuchen beide, die Begründungen der Gegenpartei zu widerlegen. Zum Schluss werten Personen aus beiden Gruppen alle Argumente aus.

6.3.2 Delphi-Methode

Langfristige Prognosen von Experten

Die Delphi-Methode ist eine strukturierte Befragungsmethode zur Erstellung langfristiger Prognosen. Experten verschiedener Fachgebiete werden getrennt um ihre Einschätzung der Zukunft gebeten (z.B. Entwicklung eines bestimmten Markts). Dazu dienen offene Fragen, die im Gegensatz zur reinen Ja/Nein-Option die Möglichkeit zu einer Begründung bieten. Ein Auswerter leitet anschließend vielversprechende Ergebnisse, auf die man aufbauen kann, in die nächste Befragungsrunde weiter. Nun kann jeder Experte unter Einbeziehung des fremden Wissens eine genauere Prognose abgeben. Nach mehreren Runden haben sich die Prognosen so weit angenähert, dass sich daraus eine Empfehlung ableiten lässt.

Der Nachteil dieser Methode: Sie ist aufwändig und erfordert viel Zeit. Trittbrettfahrer, die sich einfach an die Meinung anderer Teilnehmer der Befragung anhängen, sind nur schwer zu identifizieren.

6.3.3 Attribute Listing

Bei der analytischen Methode Attribute Listing zerlegt das Team ein Problem in seine Merkmale. Für jedes Merkmal werden der Ist-Zustand und eine Alternative zum Ist-Zustand erarbeitet.

Alternativen zum Ist-Zustand

6.3.4 Morphologischer Kasten

Beim Morphologischen Kasten definiert, analysiert und verallgemeinert die Gruppe zunächst das Problem. Im nächsten Schritt definiert sie die Problemparameter (z.B. Farbe) und ordnet sie in einer Matrix an. Sie sucht für jeden Parameter Ausprägungen, die er annehmen kann (z.B. rot, grün). Jede Kombination der Ausprägungen stellt eine mögliche Lösung dar. In einem iterativen Prozess filtert die Gruppe realistische Lösungen heraus.

Matrix mit Problemparametern

6.3.5 Szenario-Writing

Diese Methode dient der Erstellung mittel- und langfristiger Prognosen. In Phase 1 analysiert die Gruppe den Ist-Zustand und den Sachverhalt, der prognostiziert werden soll, sowie seine Komponenten und deren Wechselwirkungen mit der Umwelt. In Phase 2 erarbeitet sie alternative Entwicklungen, in Phase 3 beschreibt sie die dadurch entstehenden Szenarien.

Mittel- und langfristige Prognosen

Fragen zur Selbsteinschätzung gemäß Zertifikatslevel

Nr.	Frage	D	C	B	A	Selbsteinschätzung
		\multicolumn{4}{c}{Level}	
D2.1	Wozu kann eine Stärken-/Schwächen-Analyse eingesetzt werden?	2	3	3	4	☐
D2.2	Welche Ressourcen des Projektleiters sollten bei der Selbstorganisation berücksichtigt werden?	2	3	3	4	☐
D2.3	Welche Schritte umfasst der Weg zu einer effizienten Entscheidung?	2	3	3	4	☐
D2.4	Wozu wird ein Team-Erfolgstagebuch geführt?	2	3	3	1	☐
D2.5	Welche „10 Gebote" gelten für Besprechungen aus der Sicht der Initiatoren?	2	3	3	4	☐
D2.6	Welche „10 Gebote" gelten für Besprechungen aus der Sicht der Teilnehmer?	2	3	3	4	☐
D2.7	Was ist der Unterschied zwischen einem Ergebnisprotokoll und einem Verlaufsprotokoll?	2	2	2	2	☐
D2.8	Welche Schritte gehören zur Vorbereitung einer Verhandlung?	1	2	3	4	☐
D2.9	Welche Punkte helfen, Pannen bei einer Verhandlung zu vermeiden?	1	2	3	4	☐
D2.10	Welche Problemarten können allgemein vorkommen?	2	2	2	2	☐
D2.11	Welche grundlegenden Problemtypen im Bezug auf deren Struktur kann man unterscheiden?	2	2	2	2	☐
D2.12	Was kann Projektmitarbeiter bei der Problemlösung behindern?	2	3	3	4	☐
D2.13	Welche Problemlösungstechniken können im Projekt angewandt werden?	2	3	3	4	☐
D2.14	Welche grundlegenden Vorgehensweisen für Problemlösungen können befolgt werden?	2	3	3	4	☐
D2.15	Wie kann man Probleme darstellen, so dass sie jedes Teammitglied besser verstehen kann?	2	3	3	4	☐
D2.16	Welche Kernbotschaften sollten durch den Referenten beim Teilnehmer einer Präsentation ankommen?	2	3	4	4	☐
D2.17	Wie sollte eine Vorlage für Projektpräsentationen gestaltet sein?	2	3	4	4	☐
D2.18	Welche Kreativitätstechniken kann man in Projekten einsetzen?	2	3	3	3	☐
D2.19	Wo und wie würden Sie die Delphi-Methode einsetzen?	1	2	3	3	☐

D3 QUALIFIZIERTE TEAMS BILDEN UND FÜHREN

Funktionierende Teams, eine professionelle Teamführung sowie eine auf Projekte ausgerichtete Personalwirtschaft, Qualifizierung und Zertifizierung stehen im Mittelpunkt dieses Kapitels (ICB-Elemente 23, 24, 35). Ein zentrales Stichwort in diesem Kontext lautet „soziale Kompetenz". Wie stellt man ein Team zusammen? Wie lassen sich Einzelkämpfer zu einer Mannschaft formen? Welche Phasen durchläuft eine Gruppe? Welche Rolle spielt soziale Wahrnehmung? Was sind die gängigsten Führungsfehler? Fragen wie diese sollte ein Projektmanager beantworten können. Kurz angerissen wird auch das Thema Arbeitsschutz (ICB-Element 40).

1 Teamarbeit

Funktionierende, hoch motivierte Teams sind die Voraussetzung für erfolgreiche Projekte. Nur Menschen, die gerne und engagiert miteinander arbeiten, können ihre Fachkompetenz in eine effiziente Projektabwicklung und hervorragende Ergebnisse umsetzen. Dazu werden Projektleiter gebraucht, die es verstehen, ihre Mitarbeiter zu führen und ihnen Spaß an der Arbeit zu vermitteln. Intuition reicht dafür nicht aus. Kenntnisse über die richtige Zusammensetzung von Teams, Maßnahmen zur Teambildung, Führungskonzepte, Qualifizierung und weitere Grundlagen müssen Projektmanager mitbringen, um ihr Führungskräftepotenzial (→ Kapitel D1) effektiv einsetzen zu können.

1.1 Auswahl des Projektteams

Die Weichen für den Projekterfolg werden schon bei der Personalauswahl gestellt. Diese findet meist unter schwierigen Vorzeichen statt. Projekte, bei denen der Projektleiter die Mitglieder seines Teams nach Belieben aussuchen kann, haben Seltenheitswert. Oft muss er Mitarbeiter akzeptieren, die Linienverantwortliche gerade entbehren können. Früher wurden Projektteams oft zum Abstellgleis für diejenigen, die sich in ihrer Linienposition unbeliebt gemacht hatten oder unterqualifiziert waren. In den vergangenen Jahren hat sich diesbezüglich aber viel verändert.   *Probleme*

Nicht die Verfügbarkeit und der Grad des Ansehens in der Linienorganisation, sondern die vier Kompetenzsäulen Fach-, Methoden-, Organisations- und Sozialkompetenz sollten bei der Personalauswahl für Projekte den Ausschlag geben. Fähige Mitarbeiter, denen lediglich eine Ausbildung in Projektmanagement fehlt, können binnen relativ kurzer Zeit so weit nachqualifiziert werden, dass sie in der Lage sind, Begriffe und Methoden zu verstehen und anzuwenden. Eine ausreichende Qualifikation im Projektmanagement ist unumgänglich, weil nur damit Aufgaben wie Terminplanung, Projektfortschrittsmessung, Dokumentation, Projektkommunikation und andere wichtige Tätigkeiten im Projekt, die einer systematischen Vorgehensweise bedürfen, zu bewältigen sind.   *Vier Kompetenzsäulen*

Qualifikation im Projektmanagement

1.1.1 Soziale Kompetenz

Ob ein Team „funktioniert", hängt nicht nur von der fachlichen Qualifikation und den Projektmanagement-Kenntnissen, sondern vor allem auch von der sozialen Kompetenz seiner Mitglieder ab.

Der Begriff „soziale Kompetenz" beschreibt ein in den Sozialwissenschaften weithin verwendetes Sammelkonzept für eine größere Gruppe von Merkmalen, unter denen sich menschliches Handeln in sozialen Situationen betrachten lässt [1].

Komponenten der Sozialkompetenz

Soziale Kompetenz kann in eine Reihe von Einzelkomponenten aufgegliedert werden:
- Einfühlungsvermögen (= Empathie)
- Bereitschaft zum Rollenwechsel (z.B. auch Aufgaben von geringem Status übernehmen)
- Fähigkeit zur Konsensfindung
- Konfliktfähigkeit
- Unterstützung nichtkonformer Mitglieder einer Gruppe
- Sorge um die kollektive Qualifikation (gemeinsamer Lernprozess und Bereitschaft, Wissen zu teilen)

Verfügungsgewalt über Lösungsstrategien

Nach Ullrich/Ullrich de Muynck [2] ist soziale Kompetenz die Verfügungsgewalt über Lösungsstrategien für die in einer konkreten sozialen Situation vorgefundenen Probleme.

1.1.2 Handlungsempfehlungen zur Teambesetzung

Zur Besetzung von Projektteams gibt es verschiedene Ansätze.

1.1.2.1 Modell von Belbin

Das Rollenmodell nach Belbin setzt darauf, dass sich Menschen in ihren unterschiedlichen Eigenschaften, Kenntnissen und Fähigkeiten gegenseitig ergänzen. Jedes Team beinhaltet idealerweise *Neun Rollen* neun Rollen, für die in der Praxis teils unterschiedliche Begriffe verwendet werden.

1. Erfinder/Innovator: der geniale Kopf der Truppe, aber manchmal etwas praxisfern.
2. Wegbereiter: begeisterungsfähig, kontaktstark, fädelt die Realisierung neuer Ideen ein, kann jedoch die Lust an der Sache auch schnell wieder verlieren.
3. Koordinator/Integrator: zielstrebig, ordnet Themen und Menschen und fügt sie zu einem funktionsfähigen Ganzen zusammen, ist aber nicht unbedingt sehr intelligent und kreativ.
4. Umsetzer: pflichtbewusster, harter Arbeiter, immer auf dem Boden der Tatsachen, setzt auf Fakten statt auf Visionen.
5. Beobachter: scharfer Analytiker, der sich aus vielem lieber heraushält und nicht gerade als Motor der Truppe auffällt.
6. Macher: ehrgeizig, dynamisch, treibt die anderen an, übersieht aber vor lauter Tatendrang manchmal wichtige Details.
7. Spezialist: auf seinem Gebiet fachlich spitze, arbeitet gerne ungestört vor sich hin, relativ desinteressiert am Projektgeschehen.
8. Netzwerker/Teamarbeiter: teamorientiert, ausgleichend, aber bei schwierigen Situationen im Team nicht als Entscheider tauglich, tut sich schwer, durchzugreifen.
9. Perfektionist: gewissenhaft und zuverlässig, macht sich aber zu viele Sorgen über alles Mögliche.

Mehrere Rollen einer Person

Die meisten Menschen können in zwei oder drei Teamrollen gute Leistungen bringen und etwa zwei weitere Rollen ausfüllen, wenn dafür keine anderen Teammitglieder zur Verfügung stehen.

1.1.2.2 Team Management System

Das Team Management System (TMS) nach Margerison/McCann, die die Merkmale erfolgreicher Teams erforscht haben, ist ein weiterer Ansatz der Personal-, Team- und Organisationsentwicklung.

Erfolgreiche Teams nehmen demnach neun zentrale Arbeitsfunktionen wahr, die sich im Modell der Arbeitsfunktionen (= Rad der Arbeitsfunktionen) widerspiegeln:

Rad der Arbeitsfunktionen

1. Beraten: Informationen beschaffen und anderen berichten
2. Innovieren: Ideen kreieren und damit experimentieren
3. Promoten: neue Ansätze suchen und anderen schmackhaft machen
4. Entwickeln: neue Ansätze bewerten und ihre Anwendbarkeit testen
5. Organisieren: Wege finden und umsetzen, um das neue System zum Laufen zu bringen
6. Produzieren: Output erzeugen
7. Überwachen: Systembetrieb kontrollieren und bewerten
8. Stabilisieren: Standards und Prozesse aufrechterhalten und absichern
9. Verbinden: die Arbeit der Einzelnen koordinieren und zusammenführen

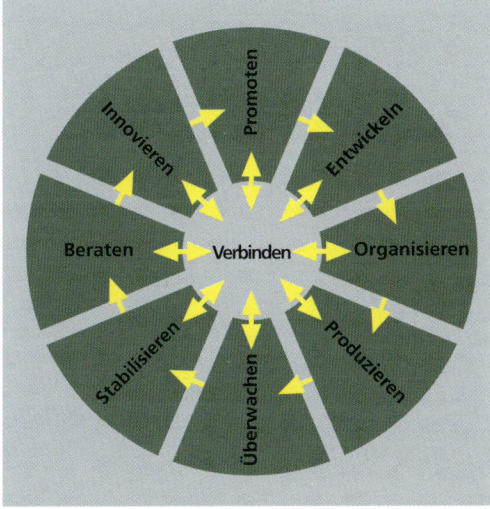

TMS setzt auf eher heterogene Teams. Je nachdem, welche Anforderungen das Team erfüllen soll, kann man bei der Teambesetzung bestimmte Funktionen – beziehungsweise Mitarbeiter, die diese Funktionen ausfüllen – stärker oder schwächer gewichten. Die Funktion „Verbinden" ist die Radnabe, die systemische Führungszentrale des Teams. Diese Position hat in der Regel der Projektleiter inne. In reiferen Teams übernehmen auch Mitarbeiter Mitverantwortung für das „Verbinden". Schon wenn im Team eine der genannten Funktionen nicht oder zu schwach vertreten ist, entsteht nach dem TMS-Prinzip eine Effizienzlücke. Das Rad läuft nicht rund, weil ein Stück fehlt oder beschädigt ist.

Gewichtung von Funktionen

Bild D3-1 Rad der Arbeitsfunktionen nach Margerison/McCann

1.1.2.3 Enneagramm

Das Enneagramm ist ein Persönlichkeitsmodell, mit dessen Hilfe sich Menschen neun verschiedenen Persönlichkeitstypen zuordnen lassen. Innerhalb des Enneagramms beeinflussen sich bestimmte Persönlichkeitstypen gegenseitig, wie die Linien in dem Symbol deutlich machen. Manche Typen wirken sich auf andere positiv und fördernd aus, manche negativ. Über seine Struktur liefert das Enneagramm

Gegenseitige Beeinflussung

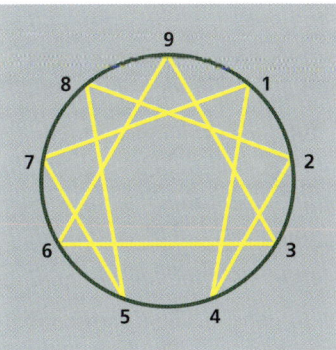

Erklärungen für die Teamentwicklung, zum Beispiel für immer wiederkehrende Konflikte zwischen bestimmten Persönlichkeitstypen.

Die Persönlichkeitstypen, für die in der Praxis verschiedene Begriffe benutzt werden, lassen sich folgendermaßen beschreiben:

Persönlichkeitstypen

1. Perfektionist/Erneuerer
2. Hilfsbereiter Typ/Märtyrer
3. Macher/Statustyp
4. Kreativer/emotionaler Typ
5. Beobachter/Denker
6. Ängstlicher/Netzwerker

Bild D3-2 Enneagramm

7. Tausendsassa/Abenteurer
8. Führertyp
9. Zurückhaltender/Harmonietyp

1.1.2.4 Handlungsempfehlungen nach Högl

Fünf Einflussfaktoren

In zwei Fallstudien hat Högl [3] einen dominanten Einfluss von fünf Faktoren auf die Teamarbeit festgestellt: soziale Kompetenz, methodische Kompetenz, Präferenz für Teamarbeit, relative Teamgröße und Heterogenität beim Wissens- und Fähigkeitsstand der Teammitglieder. Aus diesen Erkenntnissen hat er Handlungsempfehlungen für die Teamarbeit abgeleitet.

Sozialkompetenz

1. Auf soziale Kompetenz achten
   Soziale Kompetenz ist eine wesentliche Voraussetzung für offene und intensive Zusammenarbeit.

Methodenkompetenz

2. Auf methodische Kompetenz achten
   Methodische Kompetenz ermöglicht, dass mehrere Personen parallel an einer Aufgabe arbeiten, und stellt somit eine elementare Voraussetzung der Teamarbeit dar. Sie dient insbesondere der Strukturierung eines Projekts und der Koordination von Projektbeiträgen der Teammitglieder und teamexterner Partner.

Präferenz für Teamarbeit

3. Auf die Präferenz der Teammitglieder für Teamarbeit achten
   In Teamprojekten sollten vornehmlich Mitarbeiter eingesetzt werden, die in der kollektiven Bearbeitung von Aufgaben einen besonderen Ansporn finden. Ausgeprägte Individualisten können in Form von Einzelaufgaben Beiträge liefern, ohne Teammitglied zu sein.

Teamgröße

4. Teamgröße in Relation zur Aufgabe beurteilen
   In zu kleinen Teams ist es den Mitarbeitern nicht möglich, den inhaltlichen Anforderungen eines Projekts gerecht zu werden. Bei zu großen Teams häufen sich dagegen Kommunikations-, Koordinations- und Motivationsverluste. Es ist notwendig, die Anzahl der Teammitglieder im Hinblick auf die Aufgabe sorgfältig zu bestimmen und eventuell Leistungen einzelner Personen als teamexterne Beiträge zu definieren, um die Teamgröße einzuschränken.

Diskrepanzen bei Wissen/Fähigkeiten

5. Große Diskrepanzen im Wissens- und Fähigkeitsstand der Teammitglieder vermeiden
   Ausgeprägte Polarisierungen zwischen so genannten Low- und High-Performern sind schädlich für die Teamarbeit. Ein hinreichend homogenes Wissens- und Fähigkeitsniveau innerhalb eines Teams ist anzustreben.

Individuelle Einflussfaktoren

Die individuellen Merkmale und Eigenschaften von Teammitgliedern beziehungsweise deren Unterschiede (= Heterogenität) können die Zusammenarbeit wesentlich beeinflussen [4]. Fachjargon, Bereichskulturen (z.B. Unternehmensbereich), Berufsverständnis (z.B. Vertrieb gegen Entwicklung), Geschlecht, Alter, formaler Grad der Ausbildung, Wissens- und Fähigkeitsstand, persönliche Werte und Ansichten, sozio-ökonomischer Status und Persönlichkeit gehören dazu. Högl unterscheidet überdies nach demographischen Merkmalen (Alter, Geschlecht, Dauer der Organisationszugehörigkeit, Grad und Fachrichtung der Ausbildung) sowie leistungsbezogenen Merkmalen (Wissens- und Fähigkeitsstand).

Die Praxis zeigt: Wie heterogen eine Gruppe sein sollte, hängt stark von der gestellten Aufgabe ab. Bei einem Krisenprojekt, bei dem Zeiteinhaltung die oberste Priorität hat und die Aufgabenstellung weniger komplex ist, kann sich ein eher homogenes Team als besser erweisen. Anders ist es bei hoch komplexen Projekten, die kreative Lösungen erfordern. Eine gesunde Mischung aus Experten und Allroundern fördert innovative Lösungen.

1.1.2.5 Empfehlungen nach Sackmann

Sackmann betont neben der Bedeutung von Qualifikationen im Team weitere Gesichtspunkte: „Bei der Zusammenstellung des Projektteams sind nicht nur die Qualifikationen der Projektleitung sowie der Projektmitarbeiter wichtig, sondern auch strukturelle Aspekte und Managementaufgaben." [5] Sie empfiehlt, drei Aspekte zu berücksichtigen [6]:

Strukturelle Aspekte und Management-aufgaben

1. Rein fachliche Qualifikationen

   Alle wesentlichen fachlichen Qualifikationen müssen im Team vorhanden sein. Das bedeutet, dass diese über einen längeren Zeitraum benötigt werden, also nicht punktuell über die Einbindung von Experten abgedeckt werden können.

2. Teamfähigkeit

   Teamfähigkeit ist wichtig, damit die fachlich unterschiedlich orientierten Mitarbeiter ihr Knowhow für die Ziele des Projektteams einbringen und nicht nur eigene Interessen oder die ihrer Abteilung verfolgen. Teamfähig ist demnach, wer über soziale Kompetenzen im Umgang mit den anderen Projektmitarbeitern verfügt. Dies beinhaltet auch eine gewisse Sensibilität gegenüber diesen Mitarbeitern und ihren Interessen oder Bedürfnissen. Außerdem gehört eine Sensibilität gegenüber den Erfordernissen der Projektsituation dazu wie auch die Fähigkeit, sich situativ angemessen zurücknehmen und einbringen zu können. Ein übermäßiges Bedürfnis nach Macht, Kontrolle und der Verfolgung eigennütziger Interessen ist bei teamfähigen Mitarbeitern nicht vorhanden.

3. Organisatorische Einbindung und Interessenvertretung

   Der Projektleiter sollte spezifizieren, welche Entscheidungsbefugnisse Mitarbeiter innerhalb der organisatorischen Einheit, aus der sie kommen (z.B. der Abteilung) haben müssen, damit sie für ihn interessant sind. Die Effektivität eines Projektteams steigt, wenn seine Mitglieder die Kompetenz (im Sinne von Befugnis) haben, auch für ihre Heimatorganisation wichtige Entscheide zu fällen [7]. Entscheidungsprozesse im Projekt werden auf diese Weise vereinfacht und beschleunigt. Außerdem kann es von Vorteil sein, Repräsentanten bestimmter organisatorischer Einheiten oder Interessengruppen im Projektteam zu haben, um deren Standpunkte als Kunden oder Betroffene berücksichtigen zu können.

1.2 Teamentwicklungsprozess

Ist ein Team zusammengestellt, muss es erst zusammenwachsen, um effektiv arbeiten zu können. Diesen Prozess sollte die Führungskraft aktiv unterstützen. Doch meist sieht die Realität anders aus. Mayrshofer und Ahrens [8] haben beobachtet: „Oftmals wird dieser Prozess nicht bewusst gestaltet, sondern dem Zufall überlassen." Das könne schwerwiegende Folgen haben. „Da die Projektbeteiligten meistens aus unterschiedlichen Fachgebieten, immer häufiger auch aus unterschiedlichen Hierarchieebenen und sogar Kulturen stammen, sind Zugehörigkeit und Einsatzbereitschaft nicht eindeutig. Die Verständigung untereinander ist damit anfangs erschwert."

Aktive Unterstützung durch Führungskraft

1.2.1 Johari-Fenster

Um die Gruppenentwicklung steuern zu können, sollte sich der Projektleiter zu Projektbeginn ein Bild vom Ist-Zustand seines Teams machen. Dabei kann ihm das Johari-Fenster [9] Unterstützung bieten, da es die verschiedenen Entwicklungsstationen visualisiert. Es stellt Varianten der gegenseitigen Wahrnehmung unter den Gruppenmitgliedern dar. Im Lauf der Teamentwicklung prägen sich bestimmte Wahrnehmungsmöglichkeiten stärker aus, andere schwächen sich ab. Im Johari-Modell werden durch diese Entwicklung die entsprechenden Fensterbereiche größer oder kleiner.

Entwicklungsstadien visualisieren

Gegenseitige Wahrnehmung

	Dem Selbst bekannt	Dem Selbst nicht bekannt
Anderen bekannt	**A** **Bereich der freien Aktivität** (öffentliche Person)	**B** **Bereich des blinden Flecks**
Anderen nicht bekannt	**C** **Bereich Vermeiden und Verbergen** (Privatperson)	**D** **Bereich der unbekannten Aktivität**

Bild D3-3 Prinzip des Johari-Fensters

Bereich A stellt das Ausmaß dar, in dem Verhaltensweisen und Motive einem Gruppenmitglied selbst sowie den anderen Gruppenmitgliedern bekannt sind.

Beispiel
Ein Teammitglied hat Angst davor, Fehler zu machen. Das ist ihm und der Gruppe durchaus bewusst. Die Kollegen versuchen, ihm diese Angst durch einfühlsames Verhalten zu nehmen.

Bereich B stellt das Ausmaß dar, in dem Verhaltensweisen und Motive eines Gruppenmitglieds diesem selbst nicht bewusst sind, die anderen Gruppenmitglieder sie aber bei dieser Person sehr wohl wahrnehmen.

Beispiel
Ein Teammitglied unterbricht bei Diskussionen ständig andere Redner. Die anderen möchten ihn deshalb von Gesprächsrunden ausschließen. Der Betreffende spürt nur, dass etwas nicht in Ordnung ist. Er weiß aber nicht, was.

Bereich C stellt das Ausmaß von Verhaltensweisen und Motiven eines Gruppenmitglieds dar, von denen die anderen nach dem Willen dieser Person besser nichts erfahren sollten.

Beispiel
Ein Teammitglied hat Probleme mit der englischen Sprache. Der Mitarbeiter versucht, mittels verschiedenster Ausreden alle Aufgaben, bei denen er Englisch sprechen muss, auf andere abzuwälzen. Dafür nimmt er sogar in Kauf, dass die Kollegen ihn für faul halten.

Bereich D stellt die Verhaltensweisen und Motive dar, die das betreffende Gruppenmitglied und die anderen Gruppenmitglieder nicht wahrnehmen.

Beispiel
Ein Teammitglied reagiert auf Kritik mit Magenbeschwerden. Dieser Zusammenhang ist aber weder ihm noch den anderen Teammitgliedern klar.

Unbewusste Verhaltensweisen und Motive

Bei der Gruppenentwicklung verfolgt der Projektleiter das Ziel, Fenster A zu vergrößern und B und C zu verkleinern. D zu verkleinern ist sowohl für den Projektleiter wie auch für die Gruppe selbst schwierig. Hier kann möglicherweise ein externer Spezialist helfen, der unbewusste Verhaltensweisen und Motive aufdeckt.

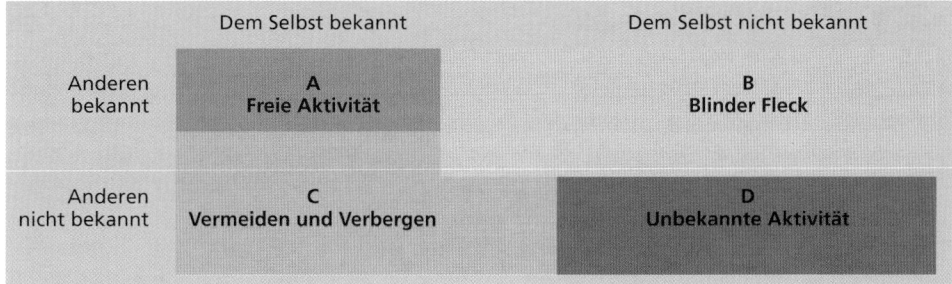

Bild D3-4 Johari-Fenster zu Beginn der Gruppenentwicklung

Das Größenverhältnis der Fenster zueinander hängt von den Kriterien und der Art der Entscheidungsfindung bei der Auswahl der Teammitglieder ab. Bei Gruppen, bei denen fachliche Auswahlkriterien dominieren, sind B, C und D zu Beginn der Gruppenentwicklung relativ groß. Das bedeutet: Bei der Projektarbeit ist zunächst wenig spontane, freie Interaktion zu beobachten. Die Teilnehmer behalten sich zwar gegenseitig im Blick, machen ihre Handlungen aber stark vom Projektleiter abhängig. Anders ist es in Gruppen, bei denen die Auswahl von weichen Faktoren wie Sympathie und Antipathie, Ähnlichkeiten und gemeinsame Vorlieben bestimmt war. In solchen Gruppen ist A größer als bei der erstgenannten Gruppenzusammensetzung. Dennoch kann der Projektleiter A in der Regel noch vergrößern.

Fachliche Auswahlkriterien

Weiche Faktoren

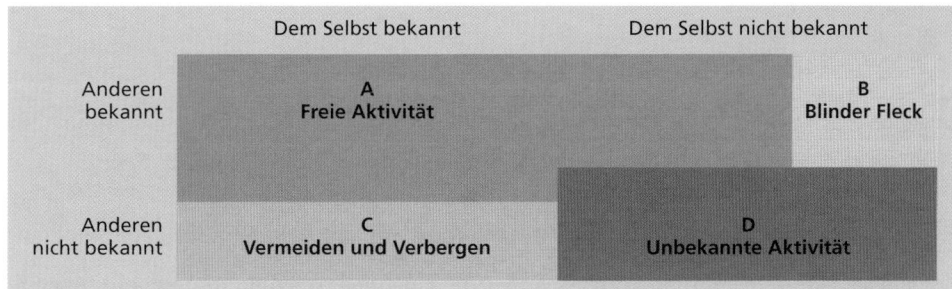

Bild D3-5 Johari-Fenster bei gelungener Gruppenentwicklung

1.2.2 Phasen der Gruppenentwicklung

Die Gruppenentwicklung wird in der Literatur häufig in vier idealtypische Phasen unterteilt. Hierfür gibt es verschiedene Begriffe. Eine mögliche Unterteilung ist [10]:

Phase 1: Orientierung
Phase 2: Gärung/Klärung
Phase 3: Arbeitslust/Produktivität
Phase 4: Ausstieg

In Phase 1 beschnuppern sich die Teammitglieder gegenseitig. Es bildet sich ein erster Eindruck. Die Beteiligten verraten wenig von sich selbst, um sich keine Blöße zu geben. Diese Verhaltensweise entspricht im Johari-Fenster dem Bereich C. Von der künftigen Entwicklung der Gruppe existiert noch keine konkrete Vorstellung (Bereich D des Johari-Fensters). Der Projektleiter kann das gegenseitige Kennenlernen unterstützen, indem er ausreichend Möglichkeiten zur formellen und vor allem zur informellen Kommunikation (→ Kapitel D4) schafft.

Orientierung

Gärung/Klärung In Phase 2 gehen die Teammitglieder nach und nach immer stärker aus sich heraus. Sie äußern Wünsche, Erwartungen und Kritik und fechten ihre jeweilige Rolle und ihren Status miteinander aus. So bildet sich eine soziale Struktur („Hackordnung"). Davon hängt ihr Ansehen innerhalb und außerhalb der Gruppe ab. Der Projektleiter sollte diese Entwicklungsphase zulassen – auch dann, wenn Teammitglieder seine scheinbare Untätigkeit für das vermeintliche Chaos verantwortlich machen. Dieser Prozess bewirkt gleichzeitig, dass das Team unabhängiger vom Projektleiter wird und anschlie-
Eigenverantwortung ßend eigenverantwortlich arbeiten kann. Einzelgespräche sind in dieser Phase das falsche Mittel, Probleme aus dem Weg zu räumen, weil sie als Heimlichtuerei, Führungsschwäche und Unterdrückung der Gruppe ausgelegt werden könnten. Besser ist es, die Mitarbeiter Meinungsverschiedenheiten offen austragen zu lassen. So bildet sich innerhalb des Teams ein Zusammengehörigkeitsgefühl. Es wird unempfindlicher gegen Störungen von außen.

Produktivität In Phase 3 sind die Rollen verteilt, eine soziale Struktur hat sich herausgebildet. Bereich A des Johari-Fensters ist gewachsen. Die Gruppe kann produktiv arbeiten.

Ausstieg In Phase 4 naht das Projektende ($\rightarrow$ Kapitel C10). Die Gruppe verliert die gemeinsame Aufgabe und damit den Zweck ihres Bestehens. Auflösungserscheinungen und Ungewissheit hinsichtlich der eigenen Zukunft führen oft zu Spannungen, die soziale Struktur bröckelt. Das Team in dieser Phase wieder zu festigen ist schwierig. Neue Teammitglieder oder eine veränderte Zusammensetzung sind keine
Erneuter Lösung. Denn beide Maßnahmen führen dazu, dass der Gruppenentwicklungsprozess von vorne
Prozessbeginn beginnen muss – was in der Projektendphase aus Mangel an Zeit und Motivation unrealistisch ist.

Die jeweilige Rolle des Projektleiters in diesen vier Phasen lässt sich so beschreiben:
Phase 1: Gastgeber
Phase 2: Katalysator
Phase 3: Gleicher unter Gleichen
Phase 4: Coach

1.2.2.1 Fünf-Phasen-Modell
Teamuhr Ein anderes Modell, die Teamentwicklungstheorie (Teamuhr) von Tuckman, unterscheidet fünf Phasen:
1. Orientierungsphase (= Forming)
   Die künftigen Mitarbeiter kommen mit unterschiedlichen Erwartungen ins Team. Sie beschnuppern sich gegenseitig, Routinearbeiten werden erledigt (z.B. Organisationsstruktur klären), Aufgaben verteilt. Noch fühlen sich alle relativ wohl, der Umgangston ist freundlich.
2. Machtkampfphase (= Storming)
   Es geht an die (Zusammen-)Arbeit. Erste Spannungen im Team (z.B. Ringen um Befugnisse, Ressourcenkonflikte) und Unzufriedenheit mit der Teamführung können auftreten. Konflikte entwickeln sich.
3. Organisationsphase (= Norming)
   Konflikte werden ausgetragen. Je mehr Hindernisse aus dem Weg geräumt und Konflikte gelöst sind, desto stärker wächst das Team zusammen. Rollen kristallieren sich heraus. Das Team einigt sich auf Regeln.
4. Leistungsphase (= Performing)
   Erreicht das Team diese Phase – was schwierig und keineswegs selbstverständlich ist –, übersteigt die Teamleistung die Summe der Einzelleistungen. Eine starke Teamidentität hat sich entwickelt. Die Mitglieder helfen sich gegenseitig. Das gemeinsame Ziel zu erreichen hat oberste Priorität.
5. Auflösungsphase (= Adjourning): Das Team löst sich auf. Seine Mitglieder verabschieden sich von Aufgaben, Rollen, Verantwortung und den anderen Teammitgliedern.

Bei beiden beschriebenen Modellen gilt es zu betonen: Immer dann, wenn sich Änderungen ergeben (z.B. neuer Mitarbeiter, geänderte Aufgabe), beginnt der Phasendurchlauf von vorn (= Orientierungsphase). Dies spricht dafür, die Fluktuationsrate möglichst niedrig zu halten. Gut funktionierende Teams gelangen rasch wieder auf das zuvor schon einmal erreichte Niveau.

Auswirkung von Änderungen

1.2.3 Besonderheiten der Startphase

In der Startphase muss der Projektleiter seine Führungsfähigkeiten in besonderem Maß beweisen. Es ist seine Aufgabe, mit dem Teambildungsprozess zu beginnen und dafür zu sorgen, dass

Aufgaben des Projektleiters

- sich die Teammitglieder mit der Projektaufgabe identifizieren,
- sie mit den Projektzielen vertraut sind und diese akzeptieren,
- schwelende Konflikte bereits jetzt offen gelegt und diskutiert werden,
- eine positive Projektkultur entsteht.

Die Startphase ist ein Projektabschnitt, in dem die Kreativität jedes einzelnen Projektgruppenmitglieds besonders gefragt ist (z.B. für den Zielbildungsprozess). In dieser Phase fährt der Projektleiter mit einem kooperativen Führungsstil am besten. Mit anderen Worten: Die Teammitglieder sollten ihr Wissen einbringen können und an Entscheidungen beteiligt werden.

Kooperativer Führungsstil

Dem Projektleiter obliegt es in der Startphase, die Kommunikation ($\rightarrow$ Kapitel D4) mit der Linie und mit dem Auftraggeber im Sinne eines proaktiven Stakeholdermanagements einzurichten. Wichtig sind insbesondere regelmäßige Informationen durch das formale Berichtswesen und in Statussitzungen. Er sollte aber auch gute Voraussetzungen für eine funktionierende informelle Kommunikation schaffen. Dies kann zum Beispiel durch räumliche Nähe der Beteiligten zueinander oder durch gemeinsame Unternehmungen geschehen.

1.3 Soziale Struktur

In jeder Gruppe bildet sich eine soziale Struktur heraus. Tragende Komponenten sind Rollen, Status und Regeln. „Auf Gruppenmitglieder werden Rollen übertragen, an die das Umfeld unterschiedliche Erwartungen stellt", so die ICB [11]. „Der Status ist das Ansehen des Einzelnen in der Gruppe. Er hängt davon ab, inwieweit dieser zur Entwicklung und Leistungsfähigkeit der Gruppe beiträgt. Die Funktionsfähigkeit der Gruppe wird in entscheidendem Maße von den Regeln geprägt, die sie sich entweder selbst gegeben hat oder ihr von außen vorgegeben wurden."

1.3.1 Rolle

Als Rollen bezeichnet man die Erwartungen von Gruppenmitgliedern an andere Gruppenmitglieder und an die Organisation. Sie werden unter anderem von der jeweiligen Persönlichkeit und ihrem Auftreten, ihren Werten, der Position, dem Status und der Aufgabe geprägt. Je Teammitglied bilden sich mehrere Rollen heraus. Bemüht sich der Projektleiter, die Unterschiede in den Erwartungen frühzeitig ans Tageslicht zu bringen, lassen sich Konflikte ($\rightarrow$ Kapitel D5) vermeiden. Es gibt zwei Arten von Rollen: formelle und informelle.

Erwartungen

Formelle Rollen beziehen sich auf die Aufgabe der einzelnen Personen. Sie sind im Unternehmen bereits definiert (z.B. Abteilungsleiter) oder werden von Fall zu Fall festgelegt (z.B. Projektleiter

Rollenbild

und seine Befugnisse). Die Beteiligten sollten spätestens in der Klärungsphase bestimmen, welche Erwartungen welcher Rolleninhaber erfüllen muss. Ziel ist, dass alle das gleiche Bild von jeder Rolle (= Rollenbild) haben. Entspricht ein Rolleninhaber diesen Erwartungen nicht, sind Konflikte vorprogrammiert. Probleme entstehen auch dann, wenn der Rolleninhaber mit der ihm zugedachten Rolle nicht einverstanden ist beziehungsweise sich nicht mit dieser identifiziert. In solchen Fällen können intraindividuelle und schließlich interindividuelle Konflikte (→ Kapitel D5) entstehen.

Rollenwechsel

Der Projektleiter kann es zwar auch der Gruppe überlassen, Rollen zuzuweisen. Er muss aber gleichzeitig deutlich machen, dass jede Rolle für die Gruppe wichtig ist. Im Konfliktfall stellt ein probeweiser Rollenwechsel (z.B. Protokollführer, Zeitwächter, Moderator) einen Lösungsansatz dar.

Psychosoziale Ebene

Informelle Rollen dagegen entstehen im Verlauf der Gruppenentwicklung auf psychosozialer Ebene. Häufig gibt es in Gruppen beispielsweise einen „Rädelsführer", eine „gute Seele" und einen Sündenbock, der die unangenehmen Arbeiten erledigen muss. Da die Bildung informeller Rollen nicht zu verhindern ist, sollte der Projektleiter versuchen, sie zumindest konstruktiv zu nutzen. So kann er zum Beispiel einen redegewandten Meinungsführer bitten, das Team bei externen Terminen zu vertreten. Er sollte schwächere Teammitglieder aber nicht unter Berufung auf die natürliche Rollenbildung sich selbst überlassen, sondern ihnen eine Chance zur Profilierung geben, zum Beispiel durch eine attraktive Aufgabe.

1.3.2 Status

Formell/informell

Der Status steht für das Ansehen des Teammitglieds bei den übrigen Gruppenmitgliedern. Er hängt vor allem davon ab, wie der Einzelne seine Rolle erfüllt und damit der Gruppe dient, aber auch von Persönlichkeit und Auftreten. Der formelle Status ist stark an die formelle Rolle gebunden. Demgegenüber ist der informelle Status an das Verhalten des Betreffenden in der Gruppe gebunden. Dabei kann sich die eigene Wahrnehmung von der Wahrnehmung der Gruppe unterscheiden. Der formelle Status weicht oft stark vom informellen ab, nach oben wie nach unten. Unterstützen kann der Projektleiter Gruppenmitglieder mit niedrigem Status, indem er ihnen Gelegenheit gibt, ihre Stärken zu präsentieren.

Mobbing

Mit geringem Ansehen in der Gruppe geht die Problematik des Mobbing einher: Mitglieder einer Gruppe greifen ein unbeliebtes, als unterlegen empfundenes Gruppenmitglied systematisch an. Ziel ist es, dieses aus der Gruppe zu entfernen. Stress im Projekt und das Wegsehen von Vorgesetzten fördern diese Aggressionen weiter. Für Führungskräfte ist Mobbing unter ihren Mitarbeitern oft schwer zu erkennen, handfeste Beweise gibt es zunächst oft nicht. Im Interesse des Projekterfolgs sollte sich der Projektleiter schon bei ersten Hinweisen bemühen, der Sache durch Gespräche mit Teammitgliedern auf den Grund zu gehen. Hat er sich eine ausreichende Informationsbasis aufgebaut, muss er das Problem gegenüber den beteiligten Mitarbeitern offen ansprechen und gemeinsam mit ihnen nach Ursachen forschen und Lösungen erarbeiten. So wird die zunächst meist unterschwellig vorhandene Negativentwicklung an die Oberfläche und aus der für Mobbing typischen Tabuzone geholt. Persönliche Antipathien hält eine funktionierende Gruppe aus, sofern sie offen angesprochen werden. Der Projektleiter ist aber gefordert, unterlegene Gruppenmitglieder zu unterstützen, um zu verhindern, dass sie in eine Opferrolle gedrängt werden.

1.3.3 Regeln

Eine funktionierende Teamarbeit setzt Regeln voraus, auf die sich die Gruppe einigen und die sie dann auch akzeptieren muss. Sie beziehen sich auf die folgenden Themen:

- Informations- und Datenflüsse
- Konfliktlösungsverfahren (z.B. Einsatz eines Moderators bei Streitfällen)
- Organisation der Zusammenarbeit (z.B. Arbeitszeiten, Pausen, Konditionen für Urlaubsanträge, Zuständigkeit für Materialbeschaffung)
- Leistungsziele und -maßstäbe
- Umgangsformen nach innen und außen
- Sprachregelungen nach außen (→ Kapitel D4)

Auszuhandelnde Punkte

Dies und vieles mehr muss in der Klärungsphase ausgehandelt werden. Für den Fall, dass dabei Konflikte entstehen, empfehlen Mayrshofer und Ahrens: „In der Konfliktphase des Teamprozesses ist es hilfreich, Transparenz über diese Phase des natürlichen Teamentwicklungsprozesses zu erzeugen und ungeschminkt mit Gemeinsamkeiten und Unterschieden oder Macht- und Entscheidungsstrukturen umzugehen. Das erfordert eine hohe soziale und emotionale Kompetenz zumindest des Projektleiters." [12]

Transparenz über Entwicklungsphase schaffen

Die Konfliktphase entspricht in den beiden genannten Modellen der Gruppenentwicklung der Phase Gärung/Klärung sowie der Machtkampfphase.

1.4 Maßnahmen zur Teambildung

Bei der Bildung von Projektteams kommen formelle (z.B. Startsitzungen, Workshops, Personenauswahl, Training von Teammitgliedern) und informelle Maßnahmen (z.B. Förderung und Pflege der Teamarbeit, individuelle Motivation, soziale Anlässe) zum Einsatz [13]. Aufgabe des Projektleiters ist es, aus den Teammitgliedern eine eingeschworene Gemeinschaft zu machen. Dazu muss er

Aufgaben des Projektleiters

- gemeinsam mit seinen Mitarbeitern Spielregeln für die Zeit der Zusammenarbeit erarbeiten,
- sicherstellen, dass alle den Projektauftrag und die Projektziele verstanden haben und ihr Verständnis von beidem übereinstimmt,
- die Zuständigkeiten klar regeln,
- durch Erklären, Überzeugen und Vermitteln zwischen verschiedenen Positionen dafür sorgen, dass alle Mitarbeiter die wichtigen Entscheidungen mittragen,
- dafür sorgen, dass alle den gleichen Informationsstand haben,
- die Voraussetzungen für eine offene Kommunikation (→ Kapitel D4) schaffen,
- dem Team regelmäßig Feedback zu dessen Leistung und Entwicklung geben, fachlich und bezüglich des Miteinanders,
- Konflikte schnellstmöglich aufdecken und konstruktiv lösen (→ Kapitel D5) und
- eine Streitkultur schaffen, innerhalb derer alle Beteiligten ihre Anliegen ohne Furcht vor Sanktionen durch die Gruppe vertreten können [14].

1.4.1 Regeln für die Zusammenarbeit

An die Teammitglieder selbst richten sich die folgenden Regeln für die Zusammenarbeit:

Teamregeln

- Alle beachten die Grundregeln für die Kommunikation (→ Kapitel D4) (z.B. Empfindungen statt Schuldzuweisungen äußern, in der Ich-Form sprechen).

- Die Teammitglieder äußern Feedback – insbesondere Kritik – so, dass der Betroffene die Chance und die Motivation hat, sein Verhalten zu ändern (z.B. konkrete Vorschläge mitliefern, auch die guten Seiten des Kritisierten erwähnen).
- Jeder teilt den anderen regelmäßig mit, woran er gerade arbeitet, was das Ziel dieser Tätigkeit ist und wo mögliche Probleme liegen.
- Alle halten sich an die Regeln für Besprechungen (z.B. pünktliches Erscheinen, Protokollführung, Rednerliste akzeptieren, niemandem ins Wort fallen, alle dürfen mitdiskutieren).
- Die Teammitglieder informieren sich gegenseitig (z.B. über organisatorische und personelle Neuigkeiten, fachlich Interessantes), damit alle optimal arbeiten können und sich niemand ausgegrenzt fühlt.
- Alle tragen Entscheidungen mit, die nach den Regeln des vom Team gemeinsam vereinbarten Entscheidungsfindungsprozesses gefällt wurden.
- Konflikte (→ Kapitel D5) und bestehendes Konfliktpotenzial werden offen angesprochen. Dann wird gemeinsam nach einer Lösung gesucht.
- Jedes Teammitglied bemüht sich nach Kräften, jeden einzelnen Teamkollegen zu respektieren und zu unterstützen.
- Jeder muss reihum weniger angenehme Tätigkeiten übernehmen (z.B. Protokoll tippen, Botengänge erledigen, Kaffeemaschine säubern).

1.5 Gruppendynamik

Einzel-/Gruppenarbeit

In Projektgruppen entstehen gruppendynamische Effekte, die einerseits leistungsfördernd sind, andererseits aber auch leistungsmindernd sein können [15]. Manche Aufgaben kann eine Einzelperson schneller und besser erledigen als eine Gruppe. Wenn der Projektleiter eine Aufgabe stellt, muss er deshalb entscheiden, ob sie besser in Einzelarbeit oder Teamwork gelöst werden kann.

Koaktionseffekt

Allein durch die Tatsache, dass mehrere Menschen gemeinsam arbeiten, kann sich die Gesamtleistung erhöhen. Dies ist auch der Fall, wenn sie sich mit unterschiedlichen Aufgaben befassen. Dieses Phänomen nennt man Koaktionseffekt [16].

Leistungsfördernde Effekte

Leistungsfördernde Effekte können aber nur unter bestimmten Bedingungen und bei bestimmten Aufgaben eintreten [17]:

1. Die Kräfte beziehungsweise Kenntnisse und Fähigkeiten müssen sich so addieren oder ergänzen, dass ein Vorteil gegenüber der Einzelarbeit entsteht. Der Nutzen der Zusammenarbeit muss größer sein als der Aufwand für die Koordinierung.
2. Präsentieren mehrere Teammitglieder Lösungsvorschläge, kann aus diesen Alternativen eine ideale Lösung konstruiert werden, die möglichst viele Aspekte berücksichtigt. Die Gefahr, dass Dinge einseitig betrachtet werden, sinkt in der Gruppe. Den Effekt, der dies ermöglicht, kann man als Kooperationseffekt bezeichnen [18]. Dabei ist ein objektiver Maßstab wichtig, anhand dessen die Lösungen beurteilt werden können. Allerdings lassen sich durch Konformitätsdruck Teammitglieder leichter vom Urteil anderer beeinflussen. So fallen wichtige Aspekte unter den Tisch, Bedenken werden nicht geäußert. Außerdem sind Gruppen risikofreudiger als Einzelpersonen. Diese Gefahr sollte der Projektleiter der Gruppe deutlich machen, um ihr Gelegenheit zu geben, ihr Urteil zu überdenken und bewusst zu bestätigen oder zu ändern.

Kooperationseffekt

Konformitätsdruck

3. Für Aufgaben, bei denen die Gruppe Leistungsmaßstäbe, Normen und Regeln entwickelt und über diese entscheidet, ist Gruppenarbeit die richtige Lösung. Der Projektleiter sollte Leis-

tungsmaßstäbe weder selbst vorgeben, noch ihre Einhaltung überprüfen. Ändert sich die Lage im Projekt, sodass sich neue Leistungsanforderungen ergeben, sollte die Gruppe dies selbst bewerten und über das weitere Vorgehen entscheiden.

Um diese Vorteile nutzen zu können, müssen die Gruppenmitglieder sich gegenseitig respektieren, miteinander kommunizieren und eigene Ideen und Verhaltensweisen ungehindert einbringen können [19].

Gegenseitiger Respekt

1.5.1 Gruppenkohäsion

Die gemeinsame Aufgabe (= Sachebene) und die Übereinstimmung von Werten, Interessen und Erwartungen sowie die Akzeptanz der Gruppenregeln und Rollen (= psychosoziale Ebene) fördern den Zusammenhalt der Gruppe (= Gruppenkohäsion) und die Abgrenzung von ihrer Umwelt. Die Mitglieder kohärenter Gruppen sehen sich als Teil eines Ganzen, einer Einheit. Die gemeinsame Geschichte und das oft hart erarbeite Zusammengehörigkeitsgefühl schweißen zusätzlich zusammen. Doch die Leistungsfähigkeit der Gruppe nimmt ab, wenn der starke Zusammenhalt sie dazu bringt, Ideen und Kritik von außen abzublocken. Dieser Effekt lässt sich abmildern, indem mehrere Gruppenmitglieder Kontakt zur Außenwelt halten. Bildet dagegen der Projektleiter den einzigen Kommunikationskanal (= „Gate Keeper"), leiden die (Ideen-)Vielfalt und die Möglichkeit, Impulse aufzunehmen.

Gate Keeper

Blenden Gruppen aufgrund des Zusammengehörigkeitsgefühls und der gemeinsamen Stärke die Notwendigkeit aus, andere Lösungsmöglichkeiten in Betracht zu ziehen, spricht man von Gruppendenken [20]. Besonders dann, wenn die Gruppe einem starken Führer folgt, ist die Gefahr der Scheuklappenmentalität groß: Die Teammitglieder blicken nicht mehr nach rechts oder links, sondern nur mehr auf die Gallionsfigur.

Gruppendenken

Deshalb ist es wichtig,
- immer wieder externe Mitarbeiter auf Zeit zu engagieren, um frischen Wind und einen objektiven, kritischen Blick in die Gruppe zu holen.
- die Gruppe hin und wieder in Untergruppen aufzuteilen, die eigene Meinungen und Lösungswege entwickeln und diese dann entschlossen gegenüber den anderen Untergruppen vertreten müssen.
- bewusst zur Kritik aufzufordern, auch wenn eine Lösung auf den ersten Blick ideal erscheint.

1.6 Soziale Wahrnehmung

Eine Wurzel zwischenmenschlicher Probleme liegt im Bereich der sozialen Wahrnehmung. Diese steuert zum Beispiel, ob ein Teammitglied dem anderen sympathisch ist, wer sich mit wem verträgt und welche Kollegen sich gegenseitig nicht ausstehen können.

Wahrnehmung lässt sich als Auswahlprozess von Sinneseindrücken definieren, der zwar aktiv, aber unbewusst stattfindet [21]. Dabei nutzt der Mensch seine Sinne, um aus dem Geschehen die für ihn bedeutsamen Eindrücke herauszufiltern, sie probeweise zu integrieren, wieder zu filtern, eventuell nochmals zu integrieren und so fort – so lange, bis er unbewusst entscheidet, dass es sich lohnt, dieses „Etwas" zu beachten. Er bevorzugt Deutungen von Sinneseindrücken, die in seinen jeweiligen Handlungszusammenhang passen. Deshalb fällt es ihm schwer, abweichende Informationen überhaupt

Auswahl von Sinneseindrücken

zuzulassen. Die Teammitglieder sollten sich den Unterschied zwischen der Wahrnehmung und der Bewertung einer Person oder Situation klarmachen. Gelingt dies nicht, kann dies bereits die Grundlage für spätere Konflikte im Team bilden.

Stärker als die einfachen Sinnesleistungen prägt nach Wittstock und Triebe die kontextabhängige Erwartungshaltung das, was der Mensch an einer Person zuerst wahrnimmt. Erkennt er eine andere Person als in ein bestimmtes Schema passend, prüft er darüber hinausgehende Merkmale nicht mehr. Wird der Mensch also mit einer neuen Situation (z.B. neues Arbeitsumfeld, neues Team) konfrontiert, sucht er instinktiv nach Eindrücken, die früheren Erfahrungen ähneln. Er registriert zunächst einmal die Dinge, Personen oder sozialen Konstellationen, deren Bedeutung er bereits kennt. Dabei helfen

Schema ihm Schemata, die er im Lauf seines Lebens erlernt hat. Ein Schema ist ein Netz miteinander verbundener Informationen [22].

Assimilation In diesem Zusammenhang sind die Begriffe Assimilation und Akkomodation zu nennen. Assimilation nennt man den Prozess, in dessen Rahmen der Mensch Reize verarbeitet, die in seine bereits vorhande-
Akkomodation nen Schemata passen. Bei der Akkomodation schafft er einfach neue Schemata, wenn sich Reize nicht in bereits vorhandene einfügen.

Erster Eindruck Der erste Eindruck ist der entscheidende. Wer einen Menschen zum ersten Mal sieht, drückt ihm – ohne dies bewusst steuern zu können – einen „Stempel" auf, zum Beispiel: „Der neue Kollege ist sicher ein Choleriker. Der sieht meinem unausstehlichen Nachbarn allzu ähnlich." Der Betroffene hat es schwer, sich durch davon abweichendes Verhalten von diesem „Stempel" wieder zu befreien. Diesen Mechanismus sollten sich Teammitglieder bewusst machen. Wer das tut, wird schnell feststellen, dass der erste Eindruck nicht unbedingt der Richtige sein muss. Ein Kollege, der bei der ersten Begegnung unsympathisch wirkte, kann sich bei genauerem Hinsehen als netter Mensch erweisen, der am ersten Tag im neuen Team einfach nur etwas unsicher war. Wer einem neuen Mitarbeiter eine zweite
Zweite Chance Chance gibt, hilft nicht nur dem Betroffenen, sich seinen Platz im Team zu erobern, und gewinnt dadurch in ihm einen treuen Unterstützer. Er lebt gleichzeitig einen positiven, offenen Umgangsstil vor, der dem Wir-Gefühl der Gruppe zugute kommt.

1.6.1 Soziale Aspekte der Wahrnehmung

Kausalattribution, Stereotype und Einstellungen sind zentrale soziale Aspekte der Wahrnehmung.

Kausalattribution

Vergleich Erwartung/ Mit Kausalattribution ist der Vorgang gemeint, bei dem wir dem Verhalten einer Person eine
tatsächliches Verhalten bestimmte Ursache zuschreiben. Der Beobachter vergleicht das beobachtete Verhalten mit seinen eigenen Erwartungen. Bei Abweichungen von diesen Erwartungen schließt er auf bestimmte Eigenschaften der Person – positiv wie negativ. Erwartungen werden von der persönlichen Erfahrung, der Sozialisation und dem kulturellen Hintergrund geprägt.

Stereotypen

Als Stereotyp bezeichnet man eine Annahme, die Gruppenmitglieder auf andere Gruppenmitglieder ungeprüft anwenden (z.B. typische Verhaltensweise in einem bestimmten Kulturkreis). Stereotype
Schablone sind in der sozialen Wahrnehmung das, was Schemata in der allgemeinen Wahrnehmung darstellen. Diese Schablonen sind zwar zur weiteren Einordnung von Informationen notwendig, beeinflussen die Gruppenentwicklung aber tendenziell negativ. Weist die Gruppe aufgrund eines Stereotyps jeman-

dem eine Rolle zu, sind Frustration, Konflikte und verschenktes Potenzial aufgrund falsch besetzter Positionen wahrscheinlich. Auf diese Weise landet zum Beispiel ein bestimmter Ingenieur in der Entwicklung anstatt im Controlling, für das er sich besser eignet.

Zu den Stereotypen gehören auch die Vorurteile. Das sind „ungerechtfertigte, abwertende oder negative Einstellungen gegenüber Personen oder Personengruppen, die sich allein auf die Zugehörigkeit zu einer bestimmten sozialen Gruppe stützen und unabhängig davon sind, ob wir jemanden überhaupt kennen" [23]. Sie gründen auf einen Mangel an gesammelten und bewerteten Informationen, die Stereotype widerlegen oder zur Bildung eines neuen Stereotyps beitragen können. Vorurteile äußern sich in Bemerkungen wie: „Eine Frau mit zwei Kindern als Projektleiterin – seid ihr sicher, dass wir voll auf sie zählen können?"

Vorurteil

Um zu verhindern, dass verfestigte Stereotypen in Form von Vorurteilen die Gruppenentwicklung belasten, sollte der Projektleiter den Mitarbeitern ausreichend Gelegenheit für formelle und informelle Kommunikation zum gegenseitigen Kennenlernen verschaffen.

Einstellungen

Einstellungen sind Bewertungen von Personen oder Sachverhalten. Sie bleiben über längere Zeiträume bestehen. Der Mensch benutzt sie, um das Verhalten anderer zu verstehen und für die Zukunft vorherzusagen.

2 Führung

Wegen der Vielzahl von Führungstheorien sollen an dieser Stelle nur Grundbegriffe zum Thema Führung erläutert werden. Koordinationsmechanismen (Hierarchie, Selbstabstimmung, Programme und Regeln sowie Planung) wurden bereits behandelt [24]. Sie stehen in engem Zusammenhang mit dem Thema Teamführung.

Koordinations-mechanismen

Führung ist grundsätzlich als Verhaltensbeeinflussung zu verstehen, die der Führende beabsichtigt, um ein bestimmtes Ziel zu erreichen. Sie lässt sich nach sachbezogenen (z.B. Projektplanung) und personenbezogenen Funktionen (= Menschenführung) unterscheiden.

Notwendig ist Führung, weil die verschiedenen Mitarbeiter bei der Erfüllung ihrer Aufgaben koordiniert werden müssen – sowohl auf der sach- wie auf der personenbezogenen Ebene. Unter Führungsverhalten versteht man die Ausprägung der Führungsfunktionen beim Führenden.

Führungsverhalten

Führungsfunktionen

Führungstechniken sind Methoden, Verfahren und Instrumente, die bei der Ausübung der Führungsfunktionen unterstützen (z.B. Personalbeurteilung oder Software).

Führungstechniken

2.1 Notwendige Führungseigenschaften

Eine Führungskraft soll laut ICB folgende Merkmale aufweisen [25]:
- Kann Aufgaben an andere delegieren und bringt ihnen Vertrauen entgegen
- Übernimmt Gesamtverantwortung, formuliert aber Teilverantwortungen
- Schafft ausreichend Freiräume, damit die Mitarbeiter eigenständig Lösungswege finden können
- Steuert das Verhalten ihrer Mitarbeiter in bewusster und konstruktiver Weise, ist selbst diszipliniert und nimmt sich Zeit für Kommunikation

Merkmale einer Führungskraft

- Beteiligt Mitarbeiter an der Entscheidungsfindung, kann getroffene Entscheidungen begründen
- Stimmt ihren Führungsstil auf die jeweilige Gruppe und Situation ab, ist offen für Feedback
- Übernimmt eine Vorbildfunktion und erhält Anerkennung als Führender
- Gibt direkt Rückkopplungen

2.2 Führungskonzepte

Management-by-Ansätze

Die so genannten Management-by-Ansätze sind Führungskonzepte, an denen sich Führungskräfte bei der Ausübung ihrer Führungsfunktionen orientieren können. Die bekanntesten sind:
- Management by Objectives
- Management by Delegation
- Management by Exception

Management by Objectives

Gemeinsam festgelegte Ziele

Dieser Ansatz steht für Führung durch gemeinsam vereinbarte Ziele (= Zielvereinbarung). Dafür ist ein kooperativer Führungsstil notwendig. Der Mitarbeiter, der gemeinsam mit dem Projektleiter seine individuellen Ziele festlegt, ist motivierter, weil er an deren Entwicklung und der Entscheidungsfindung beteiligt war.

Management by Delegation

Befugnisse und Verantwortung

Bei diesem Ansatz gibt der Projektleiter Aufgaben für eine bestimmte Zeit an Mitarbeiter ab. Diese übernehmen aber nicht nur die Befugnis, Dinge zu gestalten, sondern auch die Verantwortung dafür, dass sie im vorgegebenen Termin- und Kostenrahmen sowie auf dem geforderten Leistungsniveau erledigt werden. So verschafft sich der Projektleiter Zeit für andere Aufgaben, erzeugt Verantwortungsgefühl bei den Mitarbeitern und sorgt dafür, dass sie Neues lernen – sowohl fachlich wie auch bei den weichen Faktoren (z.B. Entscheidungen treffen, Meinungen und Ideen vertreten, über den Fortschritt ihres Arbeitspakets berichten).

Flaschenhals

So verhindert der Projektleiter gleichzeitig, dass er zum „Flaschenhals" wird, der den Arbeitsfluss aufhält: Fällt er wegen Urlaub oder Krankheit aus, sind Mitarbeiter da, die seine Aufgaben übernehmen und somit einen Stillstand der Projektarbeit verhindern können. Der Projektleiter ist nicht mehr alleiniger Wissensträger.

Management by Exception

Berichte

Dieser Ansatz beruht auf der Vorstellung, dass sich der Projektleiter nur noch in Ausnahmefällen in die Arbeit des Mitarbeiters einmischt, an den er eine Aufgabe delegiert hat. Voraussetzung dafür ist, dass der Mitarbeiter zu den vereinbarten Zeitpunkten berichtet, ob er bezüglich Kosten, Terminen und Leistung die gesetzten Soll-Ziele erfüllt. Gibt es Probleme, greift der Projektleiter ein.

2.3 Führungsstile

Verhaltensmuster

Von Führungsstil spricht man, wenn sich in Führungssituationen bei der Führungskraft ein Verhaltensmuster herauskristallisiert. Bekannte Grundformen sind
- der autoritäre Führungsstil,
- der kooperative (= partizipative) Führungsstil,
- Führung durch die Gruppe selbst und
- der Laissez-faire-Stil.

In der Praxis liegen meist Mischformen vor.

Autoritärer Führungsstil

Ein Projektleiter, der autoritär führt,

- gibt Ziele vor, ohne die Mitarbeiter zu beteiligen,
- erteilt Weisungen und
- kontrolliert deren Umsetzung.

Der dadurch erzeugte Druck spornt die Mitarbeiter aber nur vordergründig an. Wer Angst vor Versagen und Strafe hat, verliert seine Kreativität. Das Arbeitsklima in autoritär geführten Organisationen ist oft kühl und beklemmend.

Angst

Kooperativer Führungsstil

Der kooperative Führungsstil stellt einen Kompromiss zwischen Vorgaben durch die Führungskraft und Selbstbestimmung durch die Mitarbeiter dar. Der Projektleiter steuert das Team zwar, lässt ihm aber so viel Raum wie möglich für eigene Entscheidungen. Ziel ist, eine motivierte, selbstverantwortlich agierende Gruppe mit ausgeprägtem Zusammengehörigkeitsgefühl zu schaffen. Der kooperative Führungsstil ist realistischer und erfolgversprechender als der autoritäre Führungsstil.

Kompromiss zwischen Vorgaben und Selbstbestimmung

Führung durch die Gruppe selbst

Jedes Gruppenmitglied übernimmt in dem Bereich Verantwortung, in dem es kompetent ist. Voraussetzung sind hohe Fachkompetenz, Verantwortungsgefühl, Kommunikation, gegenseitige Akzeptanz, Zusammenhalt und die Fähigkeit zur Konfliktlösung.

Laissez-faire-Stil

Wer im Laissez-faire-Stil führt, führt nicht. Er überlässt das Team sich selbst in der Hoffnung, dass es durch diese Freiheit Motivation erhält und gute Leistungen bringt. Diese Vorgehensweise kann bei den Mitarbeitern Orientierungslosigkeit hervorrufen. Die Ziele geraten aus dem Blickfeld, Termine, Kosten und Leistung in Gefahr.

Orientierungslosigkeit

Flexibles Führungsverhalten: Führungsstile kombinieren

Ein kooperativer Führungsstil ist zwar wünschenswert, aber nicht in jeder Situation hilfreich. Er eignet sich für Projektphasen, in denen es wichtig ist, Zustimmung und Identifikation der Mitarbeiter zum Projekt zu erreichen und das Projekt gemeinsam kreativ zu gestalten (z.B. Zielfindung, Risikoanalyse). In schwieriger Lage ist zunächst nur wichtig, dass das Team funktioniert – etwa wenn sich eine technische Lösung als ungeeignet erweist und unter Zeitdruck eine Alternative entwickelt werden muss. In diesem Fall kann eine stringentere Führung angemessen sein. Für endlose Diskussionen ist keine Zeit, der Projektleiter muss durchgreifen und die Führung an sich ziehen.

Schwierige Situationen

2.4 Handlungsempfehlungen zur Teamführung

Aus seiner Arbeit hat Högl [26] Handlungsempfehlungen für die Teamführung entwickelt. Dem liegt das Ergebnis zugrunde, dass besonders die Führungsvariablen Ziele und Feedback sowie Gleichberechtigung innerhalb des Teams signifikant auf die Zusammenarbeit in Teams wirken. Diese Variablen seien in der Lage, knapp 70 Prozent der Varianz der Teamarbeit zu erklären und bildeten somit einen sehr guten Ansatzpunkt, um die Zusammenarbeit in Teams zu steuern, so Högl.

Kollektiv verpflichtendes Ziel

1. Das dem Team vorgegebene Ziel (→ Kapitel C2) sollte kollektiv verpflichtend sein (Teamzielverbindlichkeit, Commitment).

   Es ist nicht förderlich, von außen das kollektive Projektziel in Teilziele für einzelne Teammitglieder zu gliedern (hierarchische Vorgabe durch Manager). Wichtig ist vielmehr, dass die Teammitglieder sich gegenüber dem Auftraggeber gemeinschaftlich der Erreichung des Gesamtziels verpflichtet sehen. Von dieser Maßgabe unberührt bleibt die Projektplanung und Aufgabenorganisation innerhalb des Teams. Zur weiteren Förderung der Teamzielverbindlichkeit empfiehlt Högl neben dem Setzen von Zielen die Instrumente des Beurteilungswesens (z.B. Gewichtung der Teamleistung bei Individualbeurteilungen) und Anreizsysteme (z.B. Projektboni für das Team).

Zielqualität

2. Das Teamziel sollte klar, zeitlich überschaubar, inhaltlich realistisch und über die Zeit konstant sein. Qualitativ gute Ziele fördern das Engagement und damit die Zusammenarbeit der Teammitglieder. Wie bei Individualzielen sollen die Verantwortlichen auch bei Teamzielen auf die quali-

Zwischenziele

   tativen Merkmale achten. Insbesondere Meilensteine (= Zwischenziele) schaffen bei mittel- und längerfristigen Projekten einen höheren zeitlichen Bezug und eine gute Voraussetzung für konkretes und zielbezogenes Feedback. Es ist oft notwendig, die verschiedenen Perspektiven der Projektbeteiligten (Mitarbeiter, Projektleiter, Manager) hinsichtlich der Leistungsanforderungen (Ziele) und der Ergebnisbeurteilung (Leistung) zu einem Konsens zu bringen. Dies ist eine Voraussetzung für brauchbares Feedback und teamleistungsbezogene Beurteilungs- und Anreizsysteme.

Feedback

3. Das Team sollte während der Projektbearbeitung regelmäßig konkretes und konstruktives Feedback erhalten.

   Dies können teamexterne Manager, aber auch Teammitglieder übernehmen, besonders der Projektleiter. Feedback an das Team sollte sach- und nicht personenbezogen präsentiert werden und die Verbesserung von Sachinhalten umfassen, nicht die Klärung von Schuldfragen. Es sollte nicht nur bei Abweichungen vom geplanten Kurs erfolgen.

   Zu dieser Empfehlung Högls ist anzumerken, dass personenbezogene Feedbacks zwar der Teamentwicklung dienen können, aber eine gewisse Reife des Teams voraussetzen. Sonst besteht die Gefahr, dass über Sachthemen gesprochen wird, obwohl ein Problem auf der Beziehungsebene vorliegt.

Teaminterne Gleichberechtigung

4. Innovationsteams sollten grundsätzlich ein Führungsmodell der teaminternen Gleichberechtigung praktizieren.

   Die Entscheidungsmacht soll möglichst ausgewogen unter den Teammitgliedern verteilt sein. Dabei sind sowohl die formalen Projektleiter gefordert, die Entscheidungsmacht teilen müssen, als auch die Teammitglieder, die sich aktiv an Entscheidungsprozessen beteiligen sollen. Gleichberechtigung bedeutet nicht, dass alle zu treffenden Entscheidungen im Gesamtkonsens erfolgen müssen. Dies blockiert die eigentliche Arbeit. Vielmehr können Detailentscheidungen an einzelne Teammitglieder oder Subteams delegiert werden.

2.4.1 Zehn Leitlinien für Führungskräfte

Wer führt, sollte
1. mit sich selbst im Reinen sein,
2. gut organisiert sein,
3. Lust haben zu führen,
4. das Selbstbewusstsein besitzen, sich als Vorbild zu fühlen,
5. seine Aufgabe mögen,

6. sein Team mögen und respektieren,

7. keine Angst vor Fehlern haben,

8. offen und ehrlich sein, bei eigenen Schwächen und denen der Mitarbeiter,

9. Kritik vertragen können und

10. ausgiebige Kommunikation für selbstverständlich halten.

Es dürfte kaum jemanden geben, der alle diese Eigenschaften hat. Schelle schreibt daher: „Die geforderten Eigenschaften dienen in der Realität mehr als Zielvorgabe für entsprechende Trainings- und Entwicklungsmaßnahmen, d.h. als anzustrebende Fähigkeiten, als zur Auswahl des geeigneten Projektleiters." [27] Dies soll eine Führungskraft dazu ermuntern, zu lernen und sich weiterzuentwickeln.

2.5 Führungsprobleme von Projektleitern

Gregor-Rauschtenberger und Hansel haben Führungsprobleme identifiziert, mit denen sich viele Projektleiter auseinandersetzen müssen [28]: *Führungsprobleme*

1. Mitarbeiter werden aus ihrem Team heraus zum Projektleiter ernannt.

2. Sie sind auf den Umgang mit Macht nicht vorbereitet.

3. Sie verfügen über unzureichende formale Befugnisse.

4. Sie sehen ihre (administrativen) Managementaufgaben nicht oder sind dafür nicht ausreichend qualifiziert worden.

5. Sie haben für sich noch kein Führungsmodell entwickelt.

6. Sie sind auf Veränderungsprozesse nicht vorbereitet.

7. Sie agieren überwiegend auf der sachlichen Ebene und sparen das Emotionale und Politische aus.

8. Sie registrieren mangelnde oder sinkende Motivation ihrer Mitarbeiter.

Daraus lassen sich folgende Empfehlungen formulieren: *Empfehlungen*

- Projektleiter sollten an die Übernahme von Verantwortung herangeführt (z.B. Co-Projektleitung, Assistenz, Projektmanagement-Trainings, Coaching) und nicht ins kalte Wasser geworfen werden. Dazu ist eine systematische Personalentwicklung notwendig.

- Das Management der Organisation sollte seine Projektleiter mit ausreichenden formalen (Entscheidungs-)Befugnissen ausstatten (z.B. Mitspracherecht bei der Teambesetzung, Einbindung in die Personalentwicklung).

- Projektleiter müssen im Bereich Administration, aber vor allem auch in Personalführung sowie im Management von Veränderungsprozessen geschult und trainiert werden.

- Die Chance, Erfahrungen in der Projektarbeit zu sammeln, ist Voraussetzung dafür, dass Projektleiter eine „Antenne" für die Beziehungsebene entwickeln.

3 Motivation

Voraussetzung für eine zielstrebige, motivierte Teamarbeit sind Anreize. Die Teammitglieder müssen einen Sinn und persönlichen Nutzen darin sehen, sich für das Projekt zu engagieren. Dieser Nutzen kann zum Beispiel in der Sicherung des eigenen Arbeitsplatzes durch den Fortbestand des Unternehmens, dem Aufbau von Wissen, einem Karriereschub, einer finanziellen Zuwendung, einem ehrlichen Lob vor versammelter Mannschaft oder einem anerkennenden persönlichen Wort des *Persönlicher Nutzen*

Projektleiters liegen. Am besten ist es, wenn der Mitarbeiter im Erfolg seine persönliche Befriedigung beziehungsweise seinen Nutzen findet.

Nachteil von Anreizsystemen

Darüber, ob von der Führungskraft gesetzte Anreize Menschen wirklich motivieren, gibt es allerdings unterschiedliche Meinungen. Sprenger [29] glaubt beispielsweise, dass ein anhaltender positiver Effekt auf die langfristige Einstellung von Mitarbeitern zu ihrer Arbeit durch Anreizsysteme (z.B. Prämien) fraglich ist. Ausgeklügelte Motivationstechniken können demnach dazu führen, dass immer höhere Reizniveaus nötig sind, um bei den mehr und mehr abstumpfenden Mitarbeitern einen Motivationsschub zu bewirken. Als Nebenwirkungen individueller Anreize entstehen möglicherweise zwischenmenschliche Probleme wie Neid und Missgunst, die das Arbeitsklima beschädigen. Motivation müsse aus den Mitarbeitern selbst heraus kommen. Diesen Prozess müssten die jeweiligen Führungskräfte anstoßen.

Maslow'sche Bedürfnispyramide

Die Maslow'sche Bedürfnispyramide stellt die Grundbedürfnisse des Menschen dar. Sie zeigt: Eine Grundsicherung – zu der auch finanzielle Sicherheit zählt – gehört zwar zu den wichtigsten Bedürfnissen. Ist diese Grundsicherung gegeben, motivieren den Menschen aber eher Anreize wie Anerkennung und die Chance auf Selbstverwirklichung – also Motivationsfaktoren auf einer höheren Ebene der Pyramide.

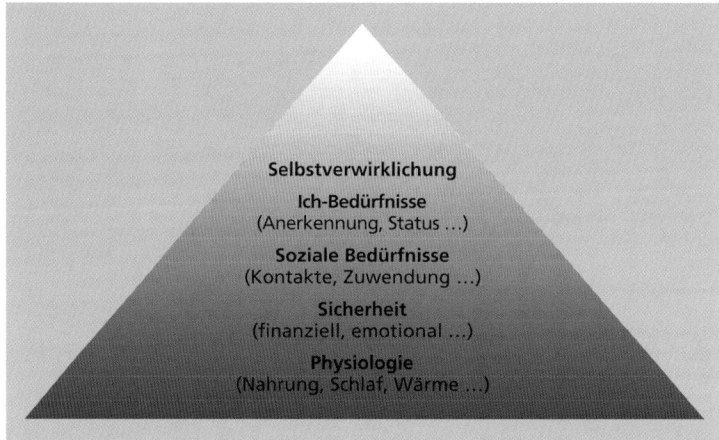

Bild D3-6 Darstellung der menschlichen Bedürfnisse in Anlehnung an die Maslow´sche Bedürfnispyramide [30]

3.1 Zielvereinbarungen

In seinem Buch „Mythos Motivation" schreibt Sprenger, der Kern menschlicher Motivation liege nicht in Anreizsystemen, sondern in der Suche nach dem Sinn. Diesen kann nur finden, wer sein Ziel selbst (mit-)bestimmen darf. Dazu dienen Zielvereinbarungen ($\rightarrow$ Kapitel D2). Von Seiten der Führungskraft müssen gewisse Rahmenbedingungen erfüllt sein. Nicht nur altgediente Manager haben aus ihrem

Probleme

traditionellen Selbstverständnis heraus Probleme, sich vom Befehlen zu lösen und scheinbar entmachtende demokratischere Umgangsformen einzuführen. Auch Teamleiter, die ohne Führungserfahrung ins kalte Wasser geworfen werden, haben vor der Methode der Zielvereinbarung Angst.

Regeln für Projektleiter

Bei Zielvereinbarungen sollte der Projektleiter die folgenden acht Regeln beachten:

1. Erst mit allen von der Vereinbarung Betroffenen diskutieren, dann gemeinsam Ziele festlegen

2. Die Ziele knapp und verständlich formulieren
3. Vereinbaren, nicht vorschreiben – dabei auf Formulierung, Ton und Reaktion des Mitarbeiters achten
4. Mitarbeiter psychisch so aufrüsten, dass sie mit der neuen Verantwortung fertig werden
5. Klarmachen, dass Ziele eingehalten werden müssen
6. Mitarbeiter dazu ermuntern, ihre Meinung zu äußern
7. Regelmäßig Mitarbeitergespräche führen
8. Ursachen erforschen, wenn Ziele verpasst werden

Es empfiehlt sich, einen Coach hinzuzuziehen, der eingreift, wenn das Gespräch aus der gewünschten Bahn läuft.

Coach

3.2 Motivationsprobleme

Selbst Unternehmen, die Anreizsysteme einsetzen, schaffen es häufig nicht, die Mitarbeiter auf Erfolgsfaktoren und Zielsetzungen der Firma einzuschwören. Das liegt daran, dass sie zwar die Bedeutung der Mitarbeitermotivation erkannt haben, dem aber keine Taten folgen lassen. Für eine Prämie, die sich nach Steuern auf dem Gehaltszettel kaum auswirkt, zerbrechen sich nur die wenigsten Mitarbeiter den Kopf darüber, wie sie Arbeitsabläufe optimieren können. Und wer nur auf dem Papier Vertrauensarbeitszeit genießt, de facto aber doch die Kernzeit im Büro verbringen muss, grübelt nicht über neue Produkte nach, sondern darüber, dass er abends schon wieder im Berufsverkehr stecken bleiben wird.

Mängel in der Umsetzung

Unternehmen scheuen vor wirklichen Veränderungen noch zurück. Machtgefüge und Hierarchien stehen auf dem Spiel. Gerade Führungskräfte vermeiden gerne, dass transparent wird, ob sie gesetzte Ziele erreicht haben. Und welcher Chef möchte schon, dass ein geschickter Mitarbeiter im Verkauf bei entsprechend hohen Umsätzen durch Provisionen plötzlich mehr verdient als er selbst.

Transparenz

3.3 Weitere Ansätze zur Motivationssteigerung

Weitere Ansätze zur Steigerung der Motivation sind

Job Rotation (= Wechsel zwischen gleichartigen Tätigkeiten)

Tätigkeitswechsel

Job Enlargement (= Erweiterung der bisherigen Tätigkeit um neue Tätigkeiten)

Tätigkeitserweiterung

Job Enrichment (= Arbeitsanreicherung)
Planende, vorbereitende und kontrollierende Teiltätigkeiten werden zusätzlich zu den ausführenden in die Gesamttätigkeit aufgenommen. Damit ist ein Zuwachs an Verantwortung verbunden.

Tätigkeits- anreicherung

(Teilautonome) Gruppenarbeit
Mehrere Personen arbeiten gemeinsam auf ein Ziel hin, wobei jede von ihnen eigenverantwortlich einen abgeschlossenen Aufgabenbereich betreut. Die Beteiligten sehen sich als Gruppe und bauen entsprechende Strukturen für Kommunikation und Zusammenarbeit auf.

4 Projektcoaching

Projektcoaching erfreut sich in den Unternehmen immer größerer Beliebtheit. In Projekten kann ein Coach wertvolle Dienste leisten, weil sie ihrem Wesen nach viele Konflikte und Herausforderungen bergen. Typische Fälle sind (Ressourcen-)Konflikte mit der Linie in der Matrixorganisation (→ Kapitel A6), Probleme bei der Teambildung, mangelnde Führungserfahrung oder auch fehlende Erfahrung mit der Projektsteuerung in komplexen Situationen.

Nach Hansel [31] stellt Projektcoaching einerseits ein Instrument zur Qualifizierung von erfahrenen Projektleitern und Projektleiternachwuchs dar. Andererseits ist es eine spezielle, ganzheitliche Form der Projektberatung. Coaching wird in den Definitions-, Start-, Konflikt- und Abschlussphasen eines Projekts angewandt. Projektbegleitend kann es auch eine Form der Qualitätssicherung für Projekte sein.

Dabei berücksichtigt es insbesondere die psychosozialen Aspekte von Arbeitssituationen. Coaching sei daher gerade für die stressige Projektarbeit eine weitreichende Hilfe, meint Hansel.

Tätigkeiten Coaching kann als Form der Qualifizierung gesehen werden. Dabei berät der Coach das Team oder eine Führungskraft im Projektalltag und stellt sich als Gesprächspartner zur Verfügung. Er unterstützt bei der Be- und Verarbeitung schwieriger Situationen und hilft dabei, die Hintergründe bestimmter Verhaltensweisen zu durchschauen, um Muster erkennen und aufbrechen zu können. Ziel ist, Hilfe zur Selbsthilfe zu geben.

4.1 Auswahl eines Projektcoachs

Kompetenzen Ein Coach muss auf vielen Gebieten Kompetenzen aufweisen:
- Langjährige Berufs- und Teamerfahrung
- Umfassende Coaching-Erfahrung
- Gute Projektmanagement-Kenntnisse
- Umfassende Erfahrung in Projektarbeit und Projektleitung
- Kenntnis der relevanten Methoden (z.B. Teambildung)
- Prozesskompetenz (z.B. Besonderheiten von Projektprozessen in Projekten mit hohem Neuheitsgrad)
- Soziale Kompetenz (z.B. Kommunikationsfähigkeit)

Der Projektcoach muss situativ auf sich verändernde Problemstellungen reagieren können, so Hansel. „Die Kunst liegt dabei nicht in der Entwicklung von Lösungen. Diese werden ohnehin letztlich vom Team zu entwickeln sein. Es geht in dem Coaching-Prozess darum, relativ schnell die Kernprobleme *Mittler- und* in der Projektführung, der Projektarbeit oder gar im Umfeld aufzudecken." Gerade bei Problemen, *Beraterrolle* die aus der Zusammenarbeit mit dem Umfeld resultieren, habe der Coach dann oft auch eine Mittler- oder Beraterrolle.

5 Qualifizierung und Zertifizierung

Qualifiziertes Personal ist das Kapital jedes erfolgreichen Unternehmens. Das Führen von Projekten erfordert spezielle Maßnahmen im Bereich Qualifizierung und Zertifizierung. Diese sind auch notwendig, um Projektmanagement in der Organisation fest verankern und optimal nutzen zu können.

Qualifizierung und Zertifizierung müssen auf einer gemeinsamen Grundlage basieren, damit die Lernelemente und die Zertifizierung zusammenpassen. Gleichzeitig schreibt die International Project Management Association (IPMA) eindeutig vor, dass die Schulung und das Assessment für denselben Teilnehmer nicht von ein und derselben Person durchgeführt werden dürfen. Der Zertifikant kann frei wählen, ob er sich mit oder ohne vorangegangene Qualifizierungsmaßnahme zertifizieren lässt.

5.1 Vierstufiges Qualifizierungs- und Zertifizierungssystem

Heute ist allgemein anerkannt, dass Projektmanagement eine zusätzliche Möglichkeit ist, um in einem traditionellen Beruf erfolgreicher zu werden.

Beispiele
Ein Ingenieur sollte seine eigenen Tätigkeiten und die seiner Teammitglieder organisieren können.

Ein Informatiker kann ein neues Programm für seinen Kunden nur anpassen und einführen, wenn er in der Lage ist, sich selbst, die Arbeiten seines Teams und die Zuarbeiten des Kundenteams zu organisieren und zu steuern.

Jede projektverantwortliche Person ist damit gleichzeitig Führer und Manager. Je komplexer das Projekt, desto mehr Managementkompetenzen sind nötig. Vor diesem Hintergrund entwickelte die IPMA das vierstufige Zertifizierungsprogramm 4-Level-Certification (4-L-C) für Projektmanagement-Personal. *4-L-C der IPMA* Es ist heute weltweit eingeführt. Die nationalen Organisationen (z.B. in Deutschland die Deutsche Gesellschaft für Projektmanagement, GPM) haben die Aufgabe, die mit diesem Programm verbundenen Aktivitäten zu organisieren und durchzuführen. Die stetig wachsende Zahl zertifizierter Projektverantwortlicher belegt die Akzeptanz dieses Zertifizierungssystems. Die IPMA veröffentlicht die Namen aller Zertifikanten im Jahr ihrer Zertifizierung in ihrem Jahrbuch und auf der Website www.ipma.ch.

5.2 4-Level-Qualification-Programm

Die Vorbereitung auf die Zertifizierung sollte den Vorgaben des 4-L-C folgen. Um dies zu gewährleisten, *4-L-Q der IPMA* wurde das vierstufige Qualifizierungssystem 4-Level-Qualification-Programm (4-L-Q) entwickelt. Der Begriff Qualification bedeutet in diesem Zusammenhang, dass eine Qualifizierung durchlaufen wird. Sie kann auf der Basis von Aus- und Weiterbildung, Training oder durch Coaching erfolgen – wobei Aus- und Weiterbildung das Wissen steigert, Training die Erfahrung bereichert und Coaching die Persönlichkeit.

5.2.1 Inhalte des 4-L-Q

Die unterschiedlichen Anforderungen an das Management von Projekten ergeben sich aus
- der Komplexität des jeweiligen Projekts,
- der Professionalität der jeweiligen Beteiligten und
- der jeweiligen Projektumgebung.

Eigenschaften eines Projektverantwortlichen

Ein erfolgreicher Projektverantwortlicher verfügt daher über
- Wissen zu angewandtem Projektmanagement,
- Erfahrung aus abgeschlossenen Projekten sowie
- persönliche Ausstrahlung als Verantwortungsträger und Führungsfähigkeiten (= Persönlichkeit).

Das Maß der Projektmanagement-Kompetenzen muss dabei mit dem Grad der Projektverantwortung ansteigen.

Beispiele:

Ein PM-Fachmann verfügt über ein solides Grundlagenwissen im Projektmanagement. Er kann dieses Wissen sachgerecht und unter Anleitung selbständig anwenden, zum Beispiel
- *einen Terminplan erstellen und aktualisieren,*
- *die Projektdokumentation überwachen und*
- *das Berichtswesen organisieren.*

Ein Projektleiter kann erste Erfahrungen aus kleineren Projekten nachweisen und anwenden sowie in größeren Projekten als Teilprojektleiter fungieren. Dabei beherrscht er die Kernelemente des Projektmanagements. Er kann zum Beispiel die
- *Basiskalkulation für einen Projektabschnitt aufstellen,*
- *Termine und Kosten verfolgen,*
- *Projektdokumentation mit selbständigem Änderungsmanagement überwachen und*
- *Abnahme und Übergabe seines Teilprojekts abwickeln.*

Ein Projektmanager ist für komplexe Projekte verantwortlich, die ihm folgende Fähigkeiten abverlangen:
- *Koordination von Leistungen aller beteiligten Gewerke, Zulieferer und Subsysteme*
- *Nutzung aller verfügbaren und notwendigen Methoden und Techniken des Projektmanagements*
- *Führen des eigenen und fremden Projektpersonals*
- *Verantwortung für Termine, Kosten und Leistung nach innen und außen mittels Vertrags- und Änderungsmanagement übernehmen*

Ein Projektdirektor trägt in einer Organisation die Gesamtverantwortung für alle Projekte mit den folgenden Projektmanagement-Funktionen:
- *Entscheidung über die Einzelziele der Projekte und Abstimmung mit der Gesamtstrategie der Organisation*
- *Fortschrittscontrolling, wobei er die begrenzte Verfügbarkeit von Ressourcen und Fachpersonal berücksichtigt*
- *Projekt-/Programmberichtswesen für die Geschäftsführung sowie die Geschäftsführungen von externen Projektauftraggebern*
- *Coachen der Projektleiter und -manager*
- *Implementierung und stetige Verbesserung von Methoden und Verfahren des Projektmanagements*

> Den Inhalt der Personenzertifizierung bildet die Summe der drei Teilkompetenzen:
> **Kompetenz = Wissen + Erfahrung + Persönlichkeit**

Diese Kompetenzen gelten für alle Elemente des Projektmanagements, die international von der IPMA als Competence Baseline (ICB) festgelegt sind.

ICB

5.3 Ablauf des Zertifizierungsprogramms 4-L-C

Die Personenzertifizierung folgt demnach den von der IPMA vorgegebenen Regeln, die international einheitlich sind. Sie besteht aus drei Abschnitten:

Drei Abschnitte

1. Abschnitt mit Anmeldung zur Zertifizierung (Lebenslauf und gegebenenfalls Selbstbeurteilung, Projektliste und Referenzen)
2. Abschnitt mit Prüfungen (Wissensprüfung, gegebenenfalls Workshop, Transferprojekt-Bericht, Projektkurzbericht, Projektstudienarbeit und Literaturkonspekt)
3. Abschnitt mit Fragen zu Transferprojekt-Bericht oder Projektkurzbericht, Projektstudienarbeit, Literaturkonspekt, Führungsverhalten im Team, persönlichen Stärken und Verbesserungspotenzialen

Von der GPM berufene Assessoren führen diesen Zertifizierungsprozess nach den IPMA Certification Rules and Guidelines (ICRG) sowie nach der DIN EN 15024 durch. Die Beurteilungskriterien werden über ein Punktesystem abgeprüft. So können die Einzelbeurteilungen evaluiert werden. Wenn sich die erreichte Punktezahl des Kandidaten innerhalb einer international abgestimmten Spanne bewegt, erhält der Kandidat die Zertifizierung für die gewünschte Qualifikationsstufe. Die beiden Assessoren, die alle Abschnitte der Zertifizierung durchführen, dürfen mit dem Zertifikanten in keiner beruflichen oder verwandtschaftlichen Beziehung stehen.

Assessoren

Die IPMA validiert die Zertifizierungsstellen ihrer nationalen Organisationen im regelmäßigen Rhythmus. Durch diese Maßnahme hat sich in den letzten Jahren ein weltweit anerkannter Qualitätsstandard entwickelt.

Validierung der Zertifizierungsstellen

5.4 Selbstbeurteilung

Als Brücke zwischen Qualifizierung und Zertifizierung fungiert die Selbstbeurteilung. Sie bildet je nach Level der Zertifizierung die Basis
- für den Trainer, um die Kompetenzdefizite des Zertifikanten zu ermitteln, und
- für den Assessor, um die Kompetenzen des Zertifikanten zu erkennen.

Der Trainer kann aus der Selbstbeurteilung zum Beispiel ableiten, welche Projektmanagement-Elemente nötig sind, um
- Wissenslücken zu schließen,
- Erfahrungsmangel auszugleichen und
- via Coaching an der Persönlichkeit zu arbeiten.

Trainer

Der Assessor hingegen
- erkennt, ob das Niveau der Projektmanagement-Kompetenz für den ausgewählten Zertifizierungslevel ausreicht. Nach Durchsicht der übrigen Anmeldeunterlagen kann er dem Zertifizierungswunsch bereits zu diesem Zeitpunkt entsprechen, ihn an die Gegebenheiten anpassen oder ablehnen.

- erkennt daraus den Übereinstimmungsgrad von Prüfungsergebnissen und Selbstbeurteilung als Hinweis auf die Notwendigkeit entsprechender Beobachtungen beim Workshop und deren Verifizierung.
- leitet aus der Selbstbeurteilung Rückfragen für das Interview ab, von denen die endgültige Zustimmung zur Zertifizierung abhängt.

6 Personalwirtschaft

Aufgaben

In der Projektarbeit sind zahlreiche Aufgaben der Personalwirtschaft von Bedeutung [32]:
- Berechnung und Optimierung des Personalbedarfs
- Sicherstellung der Personalbeschaffung
- Karriereplanung
- Planung und Durchführung der Weiterbildung
- Anwendung der Techniken zur Personalbeurteilung
- Verwaltung der Personalakten
- Verwaltung der Entlohnung
- Beurteilung der Leistungsentlohnung
- Nutzung der Erkenntnisse aus anderen Unternehmensbereichen oder Projekten

6.1 Personalbedarfsermittlung

Quantitativer/ qualitativer Bedarf

Bedarfsanalyse

Bedarfsplanung

Bei der Personalbedarfsermittlung bestimmt die für das Projektpersonal verantwortliche Stelle, wie viel (= quantitativer Bedarf) und welches (= qualitativer Bedarf) Personal notwendig ist, um die betrieblichen Funktionen im Projekt aufrechtzuerhalten. Im Rahmen der Personalbedarfsanalyse wird der Bestand an vorhandenem Personal mit dem benötigten abgeglichen. Bei Abweichungen werden Ausgleichsmaßnahmen definiert und eingeleitet. Neben dem Bedarf, der nur die benötigte Kapazität ohne Blick auf Ausfälle (z.B. Urlaub, Krankheit) berücksichtigt, muss die Personalbedarfsplanung auch notwendige Reserven (z.B. Vertretung beziehungsweise Ersatz bei Ausfall) abdecken.

Quantitativer Personalbedarf
Bei der Ermittlung des quantitativen Personalbedarfs ($\rightarrow$ Kapitel C6) müssen folgende Aspekte festgestellt werden:
- Notwendige Anzahl
- Zeitpunkt
- Einsatzdauer
- Einsatzort

Anhaltspunkte dafür liefern unter anderem
- Projektstrukturplan ($\rightarrow$ Kapitel C4),
- Terminplan und
- Einsatzmittelplan.

Qualitativer Personalbedarf
Zur Ermittlung des qualitativen Personalbedarfs müssen zwei Aspekte geklärt sein:
- Zu erledigende Tätigkeiten mit detaillierten Anforderungen (= Soll)
- Vorhandene Mitarbeiter und ihre Qualifikationen (= Ist)

Anhaltspunkte dafür liefern unter anderem
- Arbeitspaketbeschreibungen,
- Anforderungsprofile,
- Personalentwicklungspläne und
- Stellenbeschreibungen.

6.2 Personalbedarfsplanung

Bei der Personalbedarfsplanung ermöglicht eine einfache Matrix (→ Bild D3-7) einen ersten Überblick. In ihr werden die Funktionen, die im Projekt abzudecken sind, und die Anforderungen miteinander in Beziehung gesetzt. In die Tabellenzellen trägt der Personalverantwortliche die Zahl der notwendigen und/oder vorhandenen Kräfte aus dem jeweiligen Bereich ein.

Bedarfsmatrix
Beziehung Funktionen/ Anforderungen

	Muss verfügbar sein von		Gute Kenntnisse in		Gute Kenntnisse in		...
	Bedarf	Vorhanden	Bedarf	Vorhanden	Bedarf	Vorhanden	
Projektassistenz							
Projektcontroller							
Produktentwickler 1							
Produktentwickler 2							
Projektkommunikation							

Bild D3-7 Matrix zur Personalbedarfsplanung

Die Matrix, anhand derer das Anforderungsprofil für den Projektleiter (→ Kapitel D1) erstellt wurde, eignet sich auch für die einzelnen Projektmitarbeiter (→ Bild D3-8).

Anforderungsprofil

	Bewertung in Punkten		
Anforderung	1 – schwach	2 – mittel	3 – sehr gut
Projektmanagement-Kompetenz	x		
Fachkompetenz			x
Soziale Kompetenz allgemein	x		
Führungsqualitäten	x		
Strategisches Denken		x	
Leistungsbereitschaft			x

Bild D3-8 Anforderungsprofil für Projektpersonal

6.3 Personalbeschaffung

Die Projektverantwortlichen haben die Möglichkeit, Projektpersonal intern oder extern zu beschaffen. In Zeiten knapper Budgets werden sie allerdings eher auf Mitarbeiter zurückgreifen, die es in der Organisation schon gibt. Geeignete externe Mitarbeiter lassen sich am besten über Personalvermittler rekrutieren, die gezielt suchen, eine Vorauswahl treffen und damit ihren Auftraggeber entlasten. Der Nachteil: die Kosten. Alternativ kommen Stellenanzeigen in Frage, zum Beispiel über renommierte Stellenbörsen im Internet. Oft können Unternehmen auch auf Externe zurückgreifen, mit denen sie früher schon erfolgreich zusammengearbeitet haben. Daraus ergibt sich eine gewisse (Planungs-)

Externe Mitarbeiter

Sicherheit, weil diese im Unternehmen schon bekannt sind. Bei der Erstellung eines Anforderungsprofils empfiehlt sich die gleiche Vorgehensweise wie bei der Auswahl des Projektleiters (→ Kapitel D1).

6.4 Personalbeurteilung

Die Zahl der Verfahren zur Beurteilung von Projektpersonal geht in die Dutzende. Ihr Einsatzspektrum reicht vom klassischen Einstellungsgespräch bis hin zum umfassenden Assessment. Diese Vielfalt ist an dieser Stelle nicht im Detail beschreibbar. Allgemeine Aussagen, die dabei helfen, das Thema anzugehen, lassen sich jedoch treffen. Für die Personalbeurteilung im Projekt gelten dieselben Grundsätze wie für Beurteilungen in der Linie. Beurteilt werden neben dem Leistungsergebnis das Leistungs-, Führungs- und Sozialverhalten sowie die Persönlichkeit und deren Entwicklung. GPM und IPMA wenden in ihrem Zertifizierungssystem Beurteilungskriterien speziell für Projektpersonal an.

Selbstbewertungsbögen

Die Selbstbewertungsbögen (→ Kapitel D1) von PM-ZERT [33], der Zertifizierungsstelle der GPM, für die Zertifizierung von Projektleitern eignen sich auch für die übrigen Projektmitarbeiter. Darin bewertet der Betreffende selbst seine Kenntnisse und Fähigkeiten für jedes aufgeführte Themengebiet innerhalb der vier Kompetenzsäulen Grundlagen-, Sozial-, Methoden- und Organisationskompetenz.

Summarische/ analytische Methoden

Grundsätzlich ist zu unterscheiden zwischen summarischen und analytischen Methoden der Personalbeurteilung. Bei der summarischen Beurteilung wird der Mitarbeiter im Ganzen betrachtet, während bei der analytischen Beurteilung das Leistungs-, Führungs- und Sozialverhalten in Merkmale aufgegliedert wird [34]. So können einzelne Kriterien auf Vollständigkeit und Relevanz geprüft werden. Die Beurteilungsergebnisse werden damit leichter nachvollziehbar, objektiver und verlässlicher. Anschließend sollte ein Beurteilungsgespräch mit dem Mitarbeiter stattfinden. Dieser hat ohnehin den gesetzlich geregelten Anspruch, die Beurteilung seiner Leistungen mit seinem Vorgesetzten zu erörtern.

6.4.1 Zuständigkeiten

Akzeptanz durch Beteiligung

Die projektbezogene Personalbeurteilung können Mitglieder der Unternehmensorganisation oder der Projektorganisation übernehmen. Die disziplinarischen Vorgesetzten, Inhaber von Leitungsfunktionen im Projekt (z.B. Projektleiter oder Teilprojektleiter), Mitglieder des Lenkungsausschusses, aber auch Vertreter des Auftraggebers können daran mitwirken. Eine zeitgemäße Möglichkeit besteht darin, die Beurteilung gemeinsam mit dem Mitarbeiter durchzuführen. So ist die Wahrscheinlichkeit größer, dass dieser sie versteht und akzeptiert.

6.5 Personalentwicklung

Aufgabenträger

Projektpersonal muss systematisch aufgebaut werden. Einige Unternehmen nutzen den Einsatz von Mitarbeitern in Projekten für die allgemeine Personalentwicklung. In der Personalentwicklung sind unterschiedliche Aufgabenträger aktiv. Während die Unternehmensleitung grundsätzliche Vorgaben zu den im Unternehmen notwendigen Qualifikationen macht und die Personalabteilung für die Umsetzung sorgt, plant, realisiert und kontrolliert die für Aus- und Weiterbildung zuständige Stelle die konkreten Maßnahmen. Der jeweilige direkte Vorgesetzte muss das Potenzial und die Zukunftschancen des Mitarbeiters beurteilen. Auch der Mitarbeiter selbst ist Aufgabenträger. Er hat die Aufgabe, derartige Maßnahmen erfolgreich zu absolvieren.

Ein zentrales Element der Personalentwicklung ist die Laufbahnplanung. Dafür gibt es in größeren Unternehmen häufig Laufbahnmodelle, die mit den individuellen Bedürfnissen jedes einzelnen Mitarbeiters kombiniert werden.

Laufbahnplanung
Laufbahnmodell

6.5.1 People Capability Maturity Model

Mittels Benchmarking können Unternehmen die Leistungsfähigkeit ihres Projektpersonals mit der in anderen Organisationen vergleichen. Der bekannteste Ansatz, mit dem sich die Fähigkeiten von Projektpersonal beurteilen und steigern sowie das Personalmanagement allgemein verbessern lassen, ist das People Capability Maturity Model (P-CMM). Es geht auf das Reifegradmodell Capability Maturity Model (CMM → Kapitel F2) zurück, das es schon seit den 1980er Jahren gibt. Dieses Modell wurde zwar für die Softwareentwicklung konzipiert, ist aber auf einer viel breiteren Basis anwendbar.

Seit 2002 gibt es das Capability Maturity Model Integration (CMM-I) als Nachfolgemodell von CMM.

6.5.1.1 Reifegrade
In P-CMM sind, analog zu CMM, fünf Reifegrade (= Maturity Levels) von Personalentwicklungsprozessen definiert, die eine Organisation typischerweise durchläuft:

Fünf Reifegrade

Reifegrad 1: Ausgangszustand (chaotische/Ad-hoc-Herangehensweise)
Reifegrad 2: Prozesse sind wiederholbar
Reifegrad 3: Prozesse sind definiert
Reifegrad 4: Prozesse sind gesteuert
Reifegrad 5: Prozesse sind optimiert

Typisch für eine Organisation auf Stufe 1 ist:
- Es gibt keine Aktivitäten zur Personalplanung und -entwicklung.
- Für eine systematische Steigerung der Fachkompetenzen fehlt die Grundlage.
- Entwicklungsmöglichkeiten sind unbekannt, weil Maßnahmen zur Messung des Status quo fehlen.
- Mitarbeiter streben eher persönliche Vorteile an.
- Die Fachkompetenz stagniert, weil entwicklungsfähige Mitarbeiter gehen.

Die Stufen 2 bis 4 beinhalten die verschiedensten Ziele, Aufgaben, Methoden und Hilfsmittel für die Personalentwicklung sowie die Themen Kommunikation, Training, Mentoring und vieles mehr bis hin zum Kompetenzmanagement. Auf Stufe 5 ist die Organisation so weit entwickelt, dass sie die Kompetenz der Mitarbeiter und des Unternehmens ständig verbessert.

6.5.1.2 Schlüsselprozesse
Den verschiedenen Reifegradstufen sind Schlüsselprozesse zugeordnet (= Key Process Areas), die für eine systematische Personalentwicklung notwendig sind und je nach Reifegrad verfolgt werden sollen. Alle Ziele eines Schlüsselprozesses müssen über mehrere Projekte hinweg dauerhaft erreicht sein, damit die Fähigkeiten als institutionalisiert gelten, die in diesem Prozess definiert sind. Die Schlüsselprozesse werden unabhängig von der jeweiligen Reifegradstufe in vier Gruppen eingeteilt:

Institutionalisierte
Fähigkeiten

Vier Gruppen

1. Aufbau von Fähigkeiten
   Defizite identifizieren, kommunikative Fähigkeiten steigern, Fachkompetenz aufbauen
2. Zusammensetzung von Teams
   Kommunikation verbessern, Personal in Entscheidungen einbeziehen, eigenständige Teams bilden

3. Motivation
   Karriereplanung durchführen, angenehme Arbeitsumgebung schaffen, Anreizsysteme einsetzen
4. Personalplanung
   Strategische Personalplanung realisieren, geeignete Mitarbeiter auswählen

6.5.1.3 Gemeinsame Aufgabenbereiche

Analog zu CMM gibt es neben Reifegradstufen und Schlüsselprozessen weitere Komponenten, mit deren Hilfe das P-CMM den Personalentwicklungsprozess beschreibt. Eine zentrale sind die gemeinsamen Aufgabenbereiche (= Common Features). Die Schlüsselprozesse sind jeweils in fünf gemeinsame Aufgabenbereiche untergliedert:

Untergliederung

1. Unterstützung der Durchführung: Leitlinien definieren, Unterstützung durch das Management
2. Fähigkeit zur Durchführung: Ressourcen zuweisen, Organisationsstrukturen einrichten, Training
3. Durchzuführende Aktivitäten: Schlüsselaufgaben beschreiben
4. Bewertung und Analyse: Daten über die Umsetzung erheben
5. Durch Qualitätssicherung und Management die Umsetzung überprüfen

6.5.1.4 Schlüsselpraktiken

Die Aktivitäten, Vorgehensweisen und Anweisungen innerhalb der Schlüsselprozesse sind in den Schlüsselpraktiken (= Key Practices) abgebildet. Diese besagen, was zu tun ist, nicht aber, wie man dabei vorgeht. Schlüsselpraktiken werden in jedem Schlüsselprozess einem der gemeinsamen Aufgabenbereiche zugeordnet.

7 Arbeitsschutz

Beim Thema Arbeits- und Gesundheitsschutz denken Führungskräfte zunächst an Gängelung durch den Gesetzgeber. Außerdem verbinden sie es gedanklich häufig mit körperlich schwerer Arbeit (z.B. auf dem Bau). Doch diese Sichtweise greift zu kurz. Auch vermeintlich leichte Kopfarbeit birgt Gesundheitsrisiken, wenn sie unter großem Druck stattfindet.

Kopfarbeit

Viele Arbeitnehmer, aber auch Freiberufler klagen über Hektik und Leistungsdruck. Eine Folge kann das Burnout-Syndrom sein. Dieses Phänomen ist so gravierend, dass sich Versicherer beispielsweise weigern, betroffene Personen gegen Berufsunfähigkeit zu versichern. Die Liste der Risiken lässt sich fortsetzen. So können beispielsweise sitzende Tätigkeiten Muskel-Skelett-Krankheiten auslösen.

Burnout-Syndrom

7.1 Verantwortung des Projektleiters

Unter dem Aspekt des Risikomanagements in Projekten ist es Projektleitern durchaus anzuraten, sich mit dieser Problematik zu befassen. Dahinter steckt die einfache Erkenntnis: Gesunde, zufriedene Mitarbeiter leisten mehr. Kranke dagegen verursachen Kosten, ihre Arbeitskraft fehlt im Projekt. Der Projektleiter tut also gut daran, für eine angenehme Umgebung, ein entsprechendes Arbeitsklima, eine gute Arbeitsorganisation und eine Balance zwischen Arbeit und Freizeit zu sorgen. Das betrifft seine Mitarbeiter, aber auch ihn selbst.

Risikomanagement

Mitarbeiter, die gereizt und unkonzentriert sind und in ihrer Leistung nachlassen, sind möglicherweise schlicht überarbeitet. Hier ist der Projektleiter gefordert: In einem persönlichen Gespräch sollte er gemeinsam mit dem Mitarbeiter Ursachenforschung betreiben und nach Lösungsmöglichkeiten suchen. Wichtig ist, dass er in Sachen Selbstorganisation und Erhaltung seiner Leistungsfähigkeit ($\rightarrow$ Kapitel D2) mit gutem Beispiel vorangeht.

Relevante gesetzliche Grundlagen sind zum Beispiel das Arbeitsschutzgesetz, die Arbeitsstätten- verordnung, das Arbeitssicherheitsgesetz, die Betriebssicherheitsverordnung, das Arbeitszeitgesetz und das Mutterschutzgesetz.

Gesetzliche Grundlagen

Fragen zur Selbsteinschätzung gemäß Zertifikatslevel

D3.1	Warum ist Arbeitsschutz wichtig und wer ist dafür verantwortlich?	2	2	3	4	☐
D3.2	Auf was soll bei der Teambesetzung geachtet werden?	1	2	3	4	☐
D3.3	Auf welchem Prinzip ist das Johari-Fenster aufgebaut und wie kann es eingesetzt werden?	2	3	3	3	☐
D3.4	Welche besonderen Aufgaben sollte der Projektleiter in der Startphase wahrnehmen?	2	3	3	4	☐
D3.5	Welche Phasen der Entwicklung durchläuft in der Regel eine Gruppe?	2	3	4	4	☐
D3.6	Welche Maßnahmen zur Teambildung sollte der Projektleiter ergreifen?	2	3	4	4	☐
D3.7	Welche Regeln für die Zusammenarbeit sollte man im Projektteam vereinbaren?	2	3	4	2	☐
D3.8	Welche zentralen Aspekte der sozialen Wahrnehmung sind bekannt?	2	2	2	2	☐
D3.9	Welche Führungseigenschaften soll ein Projektleiter aufweisen?	2	3	3	4	☐
D3.10	Welche Führungskonzepte werden angewendet?	2	3	3	3	☐
D3.11	Welche Grundformen der Führungsstile werden angewendet?	2	3	3	4	☐
D3.12	Welche Regeln sollte der Projektleiter bei der Zielvereinbarung verfolgen?	2	3	3	4	☐
D3.13	Welche Ansätze zur Steigerung der Motivation werden angewendet?	2	3	3	4	☐
D3.14	Mit welchen Führungsproblemen müssen sich Projektleiter auseinandersetzen können?	2	3	3	4	☐
D3.15	Was sind die Inhalte von 4-L-Q?	2	2	2	2	☐
D3.16	Was ist der Inhalt einer Personenzertifizierung?	2	2	2	2	☐
D3.17	Wie ist der Ablauf der 4-L-C nach IPMA?	2	2	2	2	☐
D3.18	Wozu dient die Selbstbeurteilung?	2	2	2	2	☐
D3.19	Welche Aufgaben der Personalwirtschaft sind für Projekte von Bedeutung?	2	2	3	4	☐
D3.20	Wie kann man eine Personalbedarfsermittlung und eine Personalbedarfsplanung für Projekte durchführen?	1	2	3	4	☐
D3.21	Wie können die 4-L-Q- und 4-L-C-Konzeptionen in die Laufbahnplanung integriert werden?	2	2	2	4	☐
D3.22	Welche Verantwortung hat der Projektleiter bezüglich Arbeits- und Gesundheitsschutz?	2	3	3	4	☐
D4.23	Was sagt die Maslow'sche Bedürfnispyramide aus?	2	2	2	2	☐

D4 KOMMUNIKATION

Kommunikation (ICB-Element 25) innerhalb von Projekten und nach außen ist keine Fleißaufgabe, sondern eine Notwendigkeit. Stakeholder fordern Informationen, sie wollen ihre Meinung einbringen. Den Dialog mit ihnen muss die Projektleitung fördern, damit die Betroffenen das Projekt und seine Auswirkungen akzeptieren. Das gilt auch für kleine Vorhaben mit geringem Budget. Das notwendige Handwerkszeug kann problemlos an das jeweilige Projekt angepasst werden. Elemente und Konzeption einer guten Stakeholderkommunikation, von Projektmarketing und Medienarbeit sind zentrale Bereiche, die besondere Aufmerksamkeit verdienen.

1 Bedeutung

Projektfortschritt, Kosten, Personalwechsel und vieles mehr: Neuigkeiten aus dem Projekt sind für Stakeholder von großem Interesse – zum Beispiel für Kollegen aus der Linienorganisation, andere Projektleiter, (potenzielle) Kunden, Behörden, Medienvertreter und die Öffentlichkeit. Fühlen sie sich schlecht informiert, werden sie schnell zu Projektgegnern. So entstehen Verzögerungen und Kosten. Besonders bei öffentlichkeitswirksamen Vorhaben, in denen Kommunikation versagt, drohen darüber hinaus Imageschäden. Deshalb muss die Projektleitung die Stakeholder (→ Kapitel A3) von vornherein durch Kommunikation in die projektbedingten Gestaltungs- und Veränderungsprozesse einbeziehen ("Betroffene zu Beteiligten machen"). *Betroffene zu Beteiligten machen*

Allerdings wird gerade in kleineren Projekten die Notwendigkeit der internen und vor allem der externen Kommunikation häufig unterschätzt – bei Unternehmen, aber auch der öffentlichen Hand. Das erforderliche Problembewusstsein fehlt, weil die Folgen mangelnder Kommunikation zunächst nicht in Euro und Cent erfassbar sind. Deshalb werden entsprechende Maßnahmen gerne mit dem Argument "zu aufwändig, zu teuer" abgelehnt. Um für diese Problematik zu sensibilisieren, erhält die externe Kommunikation in diesem Kapitel relativ breiten Raum. *Problembewusstsein*

> **Beispiel**
> *Anlieger von Mobilfunk-Sendestationen schlossen sich zu Bürgerinitiativen zusammen, weil sie Gesundheitsschäden durch Elektrosmog befürchteten. Medienberichte sensibilisierten eine breite Öffentlichkeit für dieses Thema, heftige Widerstände gegen die Installation neuer Stationen setzten ein. Die betroffenen Netzbetreiber mussten mit Marketingaktivitäten reagieren, um die Akzeptanz bei der Bevölkerung wiederherzustellen.*

Die Bedeutung von Kommunikation wird weiter wachsen, weil das Umfeld von Projekten für deren Erfolg immer wichtiger wird. Denn im Zeitalter des Internets verbreiten sich Informationen schnell. Gleichzeitig steigt der Anspruch an die Transparenz von Unternehmen und der öffentlichen Hand. Beobachter (z.B. Nichtregierungsorganisationen, Analysten, Medien) reagieren auf tatsächliche oder auch nur vermutete Geheimniskrämerei empfindlich. Stakeholder müssen erfahren, was im Projekt vorgeht. Und sie müssen die Möglichkeit haben, Fragen zu stellen. *Anspruch an Transparenz*

Umgekehrt heißt das: Indem die Projektleitung regelmäßig aktiv informiert, steigert sie die Akzeptanz für das Projekt. Es gehört deshalb zur Pflichtaufgabe jedes Projektleiters, zu Projektbeginn Stakeholder mit Informations- und Mitwirkungsbedürfnissen zu identifizieren. Ein aktives Stakeholdermanagement gilt als unverzichtbare Maßnahme zur Risikobeherrschung. Dafür sollten *Information erhöht Akzeptanz* ein ausreichend großes Budget und genügend Arbeitszeit eingeplant werden. Stakeholderkommunikation funktioniert nicht „nebenbei". Es gibt heikle Projekte, in denen sie so wichtig für die Akzeptanz ist, dass sie gemessen am Arbeitsaufwand für den eigentlichen Projektgegenstand (z.B. Kraftwerksbau) ein immenses Engagement erfordert.

2 Grundlagen

Für den Begriff Kommunikation gibt es zahlreiche Definitionsversuche. Als Grundtenor lässt sich herausarbeiten: Kommunikation bezeichnet den Austausch von Informationen. Damit ist sie eine spezifische Form sozialer Interaktion.

2.1 Ziel

Nutzen herausstellen

Zentrales Ziel der Projektkommunikation muss sein, konsequent den Nutzen des Projekts für die Stakeholder sowie seine Besonderheiten im Vergleich zu anderen Vorhaben herauszustellen. Dazu ist eine Sprachregelung nötig, an die sich alle halten, die für das Projekt werben. Ein geschlossenes Auftreten der Projektrepräsentanten und ein einheitliches Erscheinungsbild (z.B. Projektlogo, Projektslogan) verleihen dem Projekt Identität und einen hohen Wiedererkennungswert. Dies sind grundlegende Voraussetzungen für eine breite Akzeptanz des Vorhabens bei seinen Stakeholdern.

Wiedererkennungswert

2.2 Aufwand

Der Aufwand für die Kommunikation in einem Projekt sollte allerdings in einem vernünftigen Verhältnis zu seinem Nutzen stehen. Für ein Projekt, an dem nur drei Personen mitarbeiten und das nur eine Hand voll Stakeholder hat, ist ein gedruckter Projektnewsletter zu aufwändig, ein regelmäßiges e-Mail-Rundschreiben dagegen gut machbar.

3 Stakeholderdialog

Stakeholderkommunikation darf keine Einbahnstraße sein. Sie erfordert Maßnahmen, die einen Dialog zwischen Stakeholdern und der Projektleitung ermöglichen (z.B. Veranstaltungen). So gelangt die Projektleitung an Meinungen und Stimmungsbilder, an denen sie ihre Strategie ausrichten kann. Die Feedback-(= Rückmeldungs-)Funktion der Stakeholderkommunikation ist damit von entscheidender Bedeutung für die Projektsteuerung. Anhand von Feedback können Projektteams die eigene Leistung kontinuierlich verbessern und aus Fehlern und Erfolgen lernen (→ Kapitel C8, C10).

Rückmeldungen für Projektsteuerung

4 Funktionsweise von Kommunikation

Grundlage der Kommunikation ist das klassische Sender-Empfänger-Modell: Ein Sender schickt ein Signal ab, der Empfänger fängt es auf. Damit fließt Information aber nur in eine Richtung. Kommunikation im Projekt dagegen steht für Interaktion: Beide Parteien senden und empfangen wechselweise. Ziel ist, dass der Empfänger auf eine Information antworten kann, anstatt diese ohne Reaktionsmöglichkeit zur Kenntnis nehmen zu müssen. Indem er den Sender zum Empfänger macht und

Interaktion

ihm eigene Vorstellungen im Zusammenhang mit der erhaltenen Information übermittelt, kann er die Zukunft noch beeinflussen.

4.1 Interpretationsmöglichkeiten

Informationen lassen sich in der Regel sehr unterschiedlich interpretieren. Sie sind mehrdeutig. Der eigentliche Wert einer Information liegt in ihrer Auslegung und Bewertung. Missverständnisse sind vorprogrammiert, wenn es dem Sender nicht gelingt, seine Botschaft so zu verdeutlichen, dass der Empfänger auch wirklich versteht, was gemeint ist. Das geschriebene Wort ist besonders anfällig für Missverständnisse, weil dem Sender Gestik, Mimik und Stimme als unterstützende Ausdrucksmittel fehlen. Emotionale Färbungen sind daher schwer erkennbar.

Interpretation
Bewertung

Missverständnisse

Unklare, fehlerhafte Kommunikation kann handfeste Konflikte verursachen. Sie entstehen beispielsweise durch Missverständnisse – weil Kollegen und Partner aneinander vorbeireden, man dem anderen nicht ausreichend zuhört, weil allzu schnell Schuldzuweisungen und unterschwellige Aggressionen den Ton angeben [1].

Die Sprachwissenschaft unterscheidet zwischen
- Denotation (= konkrete Bezeichnung, vordergründige Beschreibung/Inhaltsangabe eines Gegenstands oder Sachverhalts) und
- Konnotation (= Zusatzbedeutung, hintergründige und zwischen den Zeilen zu lesende Bedeutung).

Denotation

Konnotation

Jede Information besitzt einen Inhalts- und einen Beziehungsaspekt. Die Existenz dieser verschiedenen Mitteilungsebenen – auch als sachlich-inhaltliche und emotionale Ebene bezeichnet – erschwert es dem Empfänger, eine Information im Sinne des Senders zu interpretieren.

Mitteilungsebenen

Ein klassisches Beispiel dafür ist die Verständigung zwischen Mann und Frau. Frauen nehmen in der Regel nonverbale Signale besser wahr, sie haben die bessere Antenne für Stimmungen. Während sie eher eine Beziehungssprache (= Betonung der Beziehungsebene) pflegen, verwenden Männer eher eine Berichtssprache (= Betonung der Sachebene).

Beziehungs-/
Berichtssprache

Beispiele
Autoren diverser Ratgeber betonen, dass Männer klare, eindeutige Anweisungen brauchen, etwa: „Spüle bitte jetzt das Geschirr ab. Sei in zehn Minuten fertig." Frauen dagegen neigen dazu, ihre Wünsche eher vage auszudrücken: „Das Geschirr ist noch nicht abgespült." Damit meint Frau, Mann möge doch bitte das Geschirr abspülen. Doch der fühlt sich nicht angesprochen: Er hat die Botschaft „zwischen den Zeilen" nicht verstanden.

Die Aussage „Ich gehe heute ins Kino" lässt viele Fragen offen: Handelt es sich um einen vagen Plan oder um eine Tatsache – zum Beispiel, weil der Betreffende den Kinosaal gerade betritt? Was tut er im Kino? Sieht er sich einen Film an oder arbeitet er als Popcorn-Verkäufer? In welcher Stimmung befindet er sich? Steckt ein trotziges „Ich will heute allein etwas unternehmen" dahinter? Oder ist er traurig, weil sich keine Begleitung findet? Oder ...?

Ein Hundebesitzer erzählt von seinem Schützling namens „Struppi". Aufgrund des Namens denkt sein Gesprächspartner zunächst an einen Vierbeiner in Dackelgröße. Doch dann berichtet der

Mann stolz, dass Struppi im Winter immer seine Kinder auf einem Schlitten durch den Garten zieht. Jetzt erst entpuppt sich der Vierbeiner als Bernhardiner.

Unterschiedliche Annahmen

Sender und Empfänger können überdies völlig verschiedene Vermutungen haben über
- die jeweils andere Person,
- ihre Ziele, die sie mit der Übermittlung der Information verfolgt, und
- ihr Vorwissen bezüglich des Inhalts der Information.

Diese Annahmen hängen unter anderem ab von
- eigenem Vorwissen,
- Werten und Einstellungen sowie
- Erfahrungen in Situationen oder mit Menschen, die so sind, wie Sender und Empfänger die aktuelle Situation und den jeweils anderen Menschen einschätzen.

Beispiel
Der Projektleiter hatte es bisher mit einem eher nachlässigen Projektcontroller zu tun. Deshalb steht er auch dessen Nachfolger skeptisch gegenüber. Er weiß noch nicht, dass der neue Mitarbeiter ein sehr sorgfältiger Mensch ist, der immer korrekte Informationen liefert.

Kontextabhängigkeit

Wie Informationen interpretiert werden, hängt stark von dem Kontext ab, in dem Sender und Empfänger sie sehen.

Beispiel
In einem Projekt, in dem das Terminziel geringe Priorität hat (→ Kapitel C3), löst die Meldung, dass der voraussichtliche Endtermin nach neuester Durchrechnung des Netzplans um etwa drei Wochen überschritten wird, keine große Aufregung aus. In einem Vorhaben aber, das bei einer Terminüberschreitung mit einer harten Konventionalstrafe belegt wird, kann sie zu Katastrophenstimmung führen.

4.1.1 Problem e-Mail

E-Mails waren ursprünglich zur schnellen, formlosen Verständigung gedacht. Doch heute greifen viele Projektmitarbeiter in wichtigen Angelegenheiten lieber wieder zum Telefon. Denn die elektronische Post ist häufig Ursache von Missverständnissen. Die Verfasser machen sich unter Zeitdruck zu wenig

Begleitinformationen

Gedanken über die Begleitinformationen (z.B. Stimmungsbild), die sie „zwischen den Zeilen" mitschicken. Deshalb finden die Adressaten häufig, der Absender habe sich im Ton vergriffen. Das heißt: Sender und Empfänger interpretieren ein und dieselbe Information unterschiedlich.

Empfehlungen

Um Missverständnisse bei e-Mails zu vermeiden, empfiehlt es sich,
- besonders höflich zu sein (z.B. „Ich darf Sie herzlich bitten", „Seien Sie doch bitte so freundlich").
- auf Ironie zu verzichten.
- fehlinterpretierbare Verhaltensweisen vorbeugend zu erklären (z.B. „Entschuldigen Sie bitte, dass ich meine e-Mail so kurz halte, aber ich muss gleich zum Flughafen").
- nie in einem emotionalen Ausnahmezustand zu schreiben (z.B. Wut).
- eine e-Mail vor dem Abschicken nochmals durchzulesen oder – besser – einen Kollegen gegenlesen zu lassen.
- wichtige e-Mails noch eine Nacht zu überschlafen.

Diese Maßnahmen sind besonders dann von Bedeutung, wenn der Sender den Empfänger nicht persönlich kennt.

4.2 Ausdrucksweise

Verständlich zu sprechen und zu schreiben kann man trainieren. Folgende Tipps können dabei helfen:
- Kurze Sätze mit Subjekt, Prädikat und Objekt bilden (z.B. „Der Projektleiter lobt den Mitarbeiter")
- Aktiv statt Passiv benutzen (z.B. „Der Projektleiter informiert seine Mitarbeiter" anstatt „Die Mitarbeiter werden vom Projektleiter informiert")
- Fremdwörter und Anglizismen vermeiden
- Beispiele, Bilder, Vergleiche einsetzen (z.B. „Es regnete wie aus Eimern" oder „Die Organisation verteilte das Geld nach dem Gießkannenprinzip")
- Visualisieren (z.B. während des Sprechens an einer Metaplanwand mitzeichnen)
- Geordnet darstellen (z.B. Sprechpausen beziehungsweise Absätze und Zwischenüberschriften)
- Stimme, Mimik, Gestik variabel einsetzen

Sprechen und Schreiben trainieren

4.3 Nonverbale Kommunikation

Anders als bei der schriftlichen und der verbalen Kommunikation stehen bei der nonverbalen Kommunikation Körper- und Spracheinsatz im Vordergrund. Mimik, Gebärden (= Einsatz des Körpers in Verbindung mit Sprache), Gestik (= Einsatz des Körpers losgelöst von der Sprache), Körperhaltung, Distanz zum Gesprächspartner, Äußeres, Stimme, Sprechtempo, Dialekt, Akzent: Dies sind einige der Ausdrucksformen, aus denen Menschen sich eine Meinung über den Gesprächspartner bilden und in deren Kontext sie Informationen interpretieren.

Im Umgang mit anderen sollten Projektmitarbeiter sich daher bemühen, ihre nonverbalen Signale zu erkennen und zu steuern und die des Gesprächspartners zu beobachten. Ein „Schön, Sie zu sehen" kann – mit verärgertem Gesichtsausdruck vorgetragen – ebenso gut heißen „Ich habe eigentlich keine Lust auf dieses Meeting". Wer zwar lächelnd, aber mit verschränkten Armen am Konferenztisch sitzt, demonstriert Abwehr, Desinteresse oder Ironie.

Nonverbale Signale

4.4 Regeln für die Kommunikation

Mayrshofer und Kröger [2] haben Grundsätze für die Kommunikation in Konfliktgesprächen formuliert. Sie gelten jedoch auch allgemein:
1. Aktiv zuhören (Interesse signalisieren)
2. Unterschied zwischen Wahrnehmen, Vermuten und Reagieren beachten
3. Verdeckte Kommunikation („Spielchen") vermeiden

Weitere Regeln sind:
1. In der Ich-Form sprechen (z.B. „Ich wünsche mir …" statt „Es wäre gut, wenn …")
2. Empfindungen statt Schuldzuweisungen ausdrücken (z.B. „Ich empfinde Dich als gereizt" statt „Du bist sehr gereizt")
3. Auf den Einzelfall Bezug nehmen (z.B. „Ich habe Dich in diesem Fall als aggressiv erlebt" statt „Du bist immer so aggressiv")

Ich-Form

Regeln nach Wolf
Wolf hat seine Kommunikationsregeln nach Sender und Empfänger aufgesplittet [3]:

Regeln für den Sender

Senderregeln

1. Der Sender (= Sprecher) sollte von sich selbst sprechen, wenn er sich selbst meint. Dies verhindert Missverständnisse. Damit macht er sich allerdings angreifbarer und verletzbarer.
2. Er sollte beim Thema bleiben und Abschweifungen vermeiden.
3. Er sollte die konkrete Situation und das konkrete Verhalten der Person ansprechen. Angriffe und Vorwürfe führen zu Rechtfertigungen seitens des Empfängers. Das auf diese Weise entstehende Ping-Pong-Spiel führt in der Sache nicht weiter.
4. Mit Blickkontakt und Gestik kann der Sprecher seine Ausführungen unterstreichen und verstärken.
5. Lautstärke, klare Aussprache und das Tempo runden das Gesagte ab.

Regeln für den Empfänger

Empfängerregeln

1. Für den Empfänger ist es wichtig, dem Sprecher zu zeigen, dass er das Gehörte verstanden hat. Er kann mit eigenen Worten zusammenfassen und konkrete Rückfragen stellen.
2. Der Zuhörer kann durch Kopfnicken und Laute (z.B. „Ja?", „Oh!" und „Mhm") seine Empfangsbereitschaft unterstreichen.
3. Loben und Anerkennen (z. B. „Ich finde es positiv, dass Sie diesen Punkt konkret ansprechen") ermuntern den Sprecher, auf Sendung zu bleiben.

4.4.1 Feedback

Feedback ist laut Mayrshofer und Ahrens [4] „ein freiwilliger Austausch zwischen Personen zur kritischen Auseinandersetzung mit den eigenen Verhaltensweisen und Sensibilisierung für die Bedürfnisse, Wünsche und Erwartungen der anderen". Es dient dazu, Störungen im Projekt zu vermeiden,

Selbst-/Fremdbild

die dadurch entstehen, dass Selbst- und Fremdbild einer Person teilweise auseinander klaffen. „Wenn hier keine Rückmeldung eingeholt oder gegeben wird, handeln beide Personen aufgrund völlig unterschiedlicher Annahmen oder Sichtweisen."

Empfehlungen

Für Feedbacksituationen geben sie folgende Empfehlungen und Orientierungshilfen [5]:

Feedback nehmen:

- Fremdwahrnehmung darf vom Selbstbild abweichen
- Feedback ist eine Möglichkeit, zusätzliche Informationen über sich zu erhalten
- Feedback ist kein Aufruf zur Veränderung

Feedback geben:

- Klären, ob Feedback erwünscht ist
- Eigenes Erleben beschreiben
- Wirkung des Verhaltens beschreiben (Ich-Aussagen), jedoch nicht bewerten und interpretieren
- Kurz und konkret formulieren
- Nur zu Dingen äußern, die veränderbar sind

4.5 Kommunizieren durch Nicht-Kommunikation

Nachteile der Stillhaltetaktik

Der Mensch kann nicht nicht kommunizieren. Auch wenn er schweigt, sendet er damit eine Botschaft aus. Deshalb geht ein Unternehmen ein hohes Risiko ein, das glaubt, durch Stillhalten gar nicht erst in das Blickfeld kritischer Beobachter zu geraten. Tritt nämlich ein Problem (Schadensfall → Kapitel A3) ein, dann fehlen ihm stabile Stakeholderbeziehungen (z.B. zu den Medien), auf die es zurückgreifen kann, um den (Image-)Schaden gering zu halten. Außergewöhnliche Ereignisse können zum Beispiel die Entlassung vieler Mitarbeiter, Probleme bei einem Projekt der öffentlichen Hand oder eine Rückrufaktion eines Kfz-Herstellers sein. Dasselbe gilt für „Unternehmen im Kleinen" beziehungsweise „Unternehmen auf Zeit", also für Projekte: Kommunikation muss proaktiv sein, um die Beziehungen zu den Stakeholdern in guten und in schlechten Zeiten im Griff zu haben.

Proaktive Kommunikation

5 Umfeldsteuerung durch Kommunikation

Stakeholderkommunikation muss Systemcharakter haben, damit sie nachhaltig wirkt. Eine lose Ansammlung von Aktionen genügt nicht. Nur so kann überdies ein kontinuierlicher Verbesserungsprozess institutionalisiert und die Feedbackfunktion des Stakeholderdialogs genutzt werden. Unternehmen, die ein integriertes Managementsystem haben oder einrichten wollen, sind gut damit beraten, die Stakeholderkommunikation – genauso wie andere Querschnittsfunktionen (z.B. Projekt-, Qualitäts- oder Umweltmanagement) – mit diesem System zu verzahnen.

Verzahnung mit Managementsystem

Auch für das System „Kommunikation" gilt der Regelkreis Planung – Durchführung – Kontrolle – Steuerung (→ Kapitel C8).

Regelkreis

Zur Steuerung des Projektumfelds gibt es verschiedene Strategien:
- Partizipativ
- Diskursiv
- Repressiv

5.1 Partizipative Strategie

Eine partizipative Strategie anzuwenden bedeutet, die Umfeldakteure als Partner zu behandeln und aktiv in das Projekt einzubeziehen. Dazu hat der Projektleiter unterschiedliche Möglichkeiten. Außerdem sind verschiedene Stufen der Beteiligungsintensität denkbar. Abresch [6] unterscheidet drei, wobei Stufe 1 die niedrigste Beteiligungsintensität darstellt, Stufe 3 die höchste:
1. Information/Kommunikation
2. Beteiligung/Projektmitarbeit
3. Beteiligung/Mitentscheidung

Umfeldakteure als Partner

Der Extremfall, dass Stakeholder überhaupt nicht beteiligt werden, wäre oberhalb von Punkt 1 anzusiedeln, ist aber in der Realität nur schwer denkbar. Zwischen den genannten Stufen können weitere liegen. So wäre zum Beispiel zwischen Kommunikation und Beteiligung ein Projekt anzusiedeln, dessen Leiter die Meinung der Stakeholder zwar berücksichtigt, sie aber nicht mitarbeiten lässt.

5.2 Diskursive Strategie

Die diskursive Strategie zielt auf einen Ausgleich zwischen den verschiedenen Stakeholderinteressen ab. Dabei greift die Projektleitung unter anderem auf die Methoden der Verhandlung (→ Kapitel D2) und des Konfliktmanagements zurück (→ Kapitel D5).

Interessenausgleich

5.3 Repressive Strategie

Repressive Strategien sind in vielen Projekten anzutreffen. Sie basieren auf der Idee, das Umfeld über Druck, vollendete Tatsachen, selektive Informationen und ähnliche Formen von Machteinsatz steuern zu können. Stakeholder werden nur scheinbar beteiligt, weil die Entscheidungen längst gefallen sind.

Gefahr von Konflikten Lehnen sich die Projektinteressenten gegen diese Strategie auf, entwickelt sich schnell ein Konflikt, in dem die Projektleitung auf verlorenem Posten steht. Denn gute Argumente, die repressives Verhalten rechtfertigen, gibt es kaum. Als Steuerungsmöglichkeit bleibt ihr in dieser Situation nur noch der erneute Machteinsatz. Den Vorteil einer proaktiven, partizipativen Strategie hat sie damit aus der Hand gegeben. Führt der erneute Machteinsatz nicht zum gewünschten Ergebnis, hat die Projektleitung ein ernsthaftes Problem. In solchen Situationen ist Krisenmanagement notwendig ($\rightarrow$ Kapitel D5), am besten unter der Regie eines erfahrenen Moderators und/oder Mediators.

Ausnahmefälle, in denen eine repressive Strategie notwendig sein kann, gibt es dennoch. Ein Beispiel: die geplante Fusion von zwei Unternehmen (z.B. Großbanken). Lange Diskussionen können in solchen Fällen in der Regel nicht zugelassen werden.

5.4 Merkmale effektiver Stakeholderkommunikation

Effektive Stakeholderkommunikation wird
- frühzeitig,
- regelmäßig,
- ehrlich,
- proaktiv und
- interaktiv praktiziert.

Frühzeitig

Vorausschauend kommunizieren Erhält die Projektleitung relevante Informationen, empfiehlt es sich, diese so früh wie möglich an die entsprechenden Projektinteressenten weiterzugeben. Wenn sich zum Beispiel abzeichnet, dass das Projekt vier Wochen länger dauern wird als geplant, muss diese Neuigkeit die Stakeholder schnellstmöglich erreichen. Wichtig ist es, keine falschen Erwartungen zu wecken. Kommuniziert die Projektleitung zum Beispiel alle paar Wochen einen neuen, verschobenen Projektendtermin, werden alle künftigen Informationen, die sie weitergibt, unglaubwürdig.

Regelmäßig

Frühwarnung *Fehlalarm* Es genügt nicht, die Betroffenen zu Beginn eines Vorhabens oder im Fall von Problemen zu informieren. Sie müssen während des Projekts regelmäßig, aber auch bei besonderen Vorkommnissen unterrichtet und möglichst in das Projektgeschehen einbezogen werden. Es ist besser, eine Frühwarnung auszugeben, die sich später als Fehlalarm herausstellt, als nach Eintritt des Problems aus der Not heraus informieren zu müssen.

Ehrlich

Lösungsvorschläge Das Sprichwort „Der Ehrliche ist am Ende der Dumme" bewahrheitet sich zwar bisweilen. Dennoch ist es für Projektleiter meist klüger, Fehler und Versäumnisse ehrlich zuzugeben und in Verbindung mit Lösungsvorschlägen zu kommunizieren. Viel schlimmer sind die Auswirkungen, wenn Dritte (z.B. der Kunde oder die Medien) Fehler selbst herausfinden. Dann kann die Projektleitung nur noch reagieren, anstatt zu steuern.

Proaktiv

Die Projektleitung sollte Informationen von sich aus bereitstellen, anstatt sie erst zu liefern, wenn der Projektinteressent sie anmahnt.

Freiwillig informieren

Interaktiv

Informationsflüsse sollten in beide Richtungen laufen – von der Projektleitung zum Stakeholder und umgekehrt. Reaktionen auf Beiträge in der Kundenzeitung, ein Anruf des Bürgermeisters, ein persönliches Feedback aus dem Topmanagement – all dies sind Rückmeldungen, die in die weitere Projektkommunikation und -steuerung einfließen müssen.

Information in beide Richtungen

5.5 Konzeption

Zu Projektbeginn erarbeitet die Projektleitung gemeinsam mit dem Team eine Strategie zur Stakeholderkommunikation. Eine Kommunikationsmatrix (→ Bild D4-1) dient dazu, die Informationsbedürfnisse der Projektinteressenten zu erfassen. Sie basiert auf den Informationen aus der Stakeholderanalyse (→ Kapitel A3). In dieser Matrix, die ähnlich aufgebaut ist wie der Berichtsplan (Berichtswesen → Kapitel C9), wird festgelegt, bei wem wann welche Maßnahme angewendet werden soll und auf welche Weise dies geschieht.

Strategie

Aus der Stakeholderanalyse erkennt der Projektleiter, welche Stakeholder wichtig für das Projekt sind, welche dem Projekt schaden und welche ihm nutzen können. Für jede Stakeholdergruppe legt das Team nun maßgeschneiderte Kommunikationsmaßnahmen fest.

Stakeholderanalyse

In kleineren Projekten kann für die Umsetzung meist kein eigener Mitarbeiter abgestellt werden. In diesem Fall muss der Projektleiter die Verantwortung für diese Aufgabe übernehmen, die einzelnen Arbeiten (z.B. Verfassen von Texten) aber an das Team delegieren.

Bei besonders großen und wichtigen Stakeholdergruppen (z.B. Gewerkschaften, Umweltorganisationen, betroffene Anwohner, Verbraucher) ist es sinnvoll, ein kleines Team zu bilden, in dem die Projektleitung und einige wenige Vertreter dieser Stakeholder vertrauensvoll zusammenarbeiten. In diesem kleinen Kreis können die Beteiligten beispielsweise offen über Risiken und Befürchtungen im Zusammenhang mit dem Projekt sprechen und mögliche gemeinsame Wege ausarbeiten. Dabei ist zu klären: Wer kommuniziert welche Sachverhalte zuerst nach außen? Es ist nicht immer die beste Lösung, wenn die Projektleitung dies tut. Manchmal sollte sie einer Interessengruppe den Vortritt lassen, wenn der Inhalt der Veröffentlichung vorher abgestimmt ist.

5.5.1 Abfrage von Zielgruppeninteressen

Für jeden Stakeholder muss das Team klären, in welcher Form dieser Informationen erhalten und Feedback geben möchte. Dazu eignet sich eine Kommunikationsmatrix (siehe → Bild D4-1).

Kommunikationsmatrix

Beispiel

Der Vorstandsvorsitzende des Kunden möchte über jede Planabweichung im Projekt und zu jedem Meilenstein schriftlich informiert werden. Diese Informationen wünscht er sich in einem Format und einem optischen Erscheinungsbild, das es erlaubt, einen präsentablen Ausdruck mit Logo zu erstellen. Für ihn kommt deshalb keine reine Text-e-Mail in Frage, sondern nur eine e-Mail mit einer ansprechend gestalteten Kurzpräsentation als Anhang oder ein Fax.

STAKEHOLDER-GRUPPE	KLIMA/STIMMUNG + 0 -	MASSNAHMEN	INHALTE	RHYTHMUS	UMFANG
Geschäftsführung	+	Statusberichte	Aktueller Stand	1 x wöchentlich	3.500 Zeichen plus Grafiken
		Vier-Augen-Gespräch	Aktueller Stand, Aufgaben als Promotor	Formell: 1 x monatlich	Nach Bedarf
				Informell: So oft wie möglich	
Projektteam	+	Statusmeetings	Aktueller Stand	Jeden Montag	1 bis 1,5 Std.
			Aktueller Stand	Bei außergewöhnlichen Ereignissen	Nach Bedarf
		Einzelgespräche mit Projektleiter	Individuell	Bei Bedarf	Nach Bedarf
		Gemeinsame Unternehmungen	Kultur, Essen, Sport	1 x monatlich	
Betriebsrat	–	Vier-Augen-Gespräch	Status, Sorgen Betriebsrat, Anliegen Projektleiter	1 x monatlich	1 bis 1,5 Std. oder Abendessen
		Statusberichte laut Berichtsplan	Aktueller Stand		
Kunde (Vorstand)	+	Regelmäßiger persönlicher Kontakt	Zwangloses Essen oder Arbeitsessen	1 x monatlich	Nach Bedarf
		Statusberichte laut Berichtsplan	Aktueller Stand		
Kunde (Techniker)	+	Treffen mit unseren Technikern	Meetings mit Buffet	1 x monatlich und bei Bedarf	Maximal 3 Std.
Wahlkreisabgeordneter	–	Einzelgespräche	Zwangloses Essen	Jeder der drei Abgeordneten alle zwei Monate	Nach Bedarf
Medien	–	Presseinfo		1 x monatlich	Siehe Richtlinien Pressearbeit
				Bei außergewöhnlichen Ereignissen	Siehe Richtlinien Pressearbeit
		Hintergrundgespräch		1 x monatlich je Medium	Nach Bedarf

Bild D4-1 Kommunikationsmatrix

Einmalige Entwicklung

Um den Aufwand im Rahmen der Projektdimension zu halten, sollte das Projektteam versuchen, Maßnahmen zu entwickeln, die nur einmal komplett geplant werden müssen, aber über die gesamte Projektlaufzeit immer wieder angewandt werden können. Dies ist beispielsweise bei einem Projektnewsletter der Fall. Hier müssen Komponenten wie Format, Layout, Richtlinien zum Inhalt oder die Organisation des Versands nur bei der ersten Ausgabe neu erarbeitet werden. Empfehlenswert ist

Standardisierung

außerdem eine weitgehende Standardisierung. Textbausteine für Briefe und Pressemitteilungen, auf die alle zuständigen Mitarbeiter von ihrem Arbeitsplatz aus zugreifen können, sind ein Beispiel dafür.

Grundsätzlich ist zu empfehlen, sich pro Stakeholder auf wenige notwendige Instrumente zu konzentrieren und diese dafür optimal umzusetzen (Klasse statt Masse).

Klasse statt Masse

5.5.2 Kommunikationsrichtlinie

Neben der Kommunikationsmatrix erarbeitet der Projektleiter gemeinsam mit seinem Team eine Kommunikationsrichtlinie. Darin ist festgelegt, welches Kommunikationsmittel die Mitarbeiter bei ihren Stakeholderkontakten (z.B. Organisationsaufgaben) zu welchem Zweck benutzen sollen.

Mitteleinsatz festlegen

Beispiel
Der Leiter eines Filmprojekts legt in seiner Kommunikationsrichtlinie unter anderem fest: Presseanfragen dürfen per e-Mail beantwortet werden, Bestellungen von Büromaterial müssen unterschrieben und gefaxt werden, Einladungen zur Premiere sind auf dem offiziellen Briefpapier per Post zu versenden.

6 Elemente der Stakeholderkommunikation

Bei der Stakeholderkommunikation greift das Projektteam die im Plan vorgesehenen Elemente aus einem Maßnahmenpool heraus. Beispiele sind:

Maßnahmenpool

- Projektbesprechung (z.B. auch Telefon- und Videokonferenz → Kapitel D2)
- Projektberichte (→ Kapitel C9)
- Hintergrundgespräch
- Projektnewsletter (Projektzeitung)
- Projektpräsentation
- Internetseiten
- Schwarzes Brett
- Projekthotline
- Veranstaltungen
- Ideenwettbewerbe
- Medienarbeit (siehe Punkt 9)

6.1 Projektbesprechung

Die wirksamste Methode zur Informationsbeschaffung und -weitergabe ist das persönliche Gespräch – am besten von Angesicht zu Angesicht, alternativ am Telefon. Auf diese Weise können Informationen bei Unklarheiten sofort hinterfragt und entsprechend interpretiert werden. Je größer Projekte sind, desto aufwändiger ist die Projektbesprechung als Informationsdrehscheibe [7]. Sind mehrere Beteiligte einzubeziehen, gibt es neben der Möglichkeit einer Präsenzbesprechung auch die Option der Telefon- oder Videokonferenz. Der Projektleiter muss die Vorteile des persönlichen Zusammentreffens (z.B. leichtere Erfassung von Stimmungen, Möglichkeit zu informellen Gesprächen) und seine Nachteile (z.B. Reisekosten) im Einzelfall abwägen.

Persönliches Gespräch

Ein formalisiertes Berichtswesen kann zwar schnell die Fakten einsammeln, aber deren Bewertung bleibt auf der Strecke. Dazu bieten sich regelmäßige Treffen der wichtigsten Akteure des Projekts an. Die Ist-Daten können bei dieser Gelegenheit schnell mit den Plan-Daten verglichen werden. Die Aus-

Berichtswesen

wirkungen einer Abweichung können betrachtet und an Ort und Stelle geeignete Maßnahmen für deren Reduzierung verabschiedet werden. Das Protokoll kann als Basis für das formalisierte Berichtswesen dienen [8].

6.2 Projektberichte

Berichtsplan

Das Berichtswesen ist nicht nur mit der Projektsteuerung, sondern auch mit der Stakeholderkommunikation untrennbar verbunden. Der Berichtsplan ($\rightarrow$ Kapitel C9) und die Kommunikationsmatrix überschneiden sich.

Die ICB definiert [9]: „Das Berichtswesen ist eine geregelte Form der Kommunikation. Es ist an verschiedene Adressaten gerichtet und kann mehrere Berichtsarten umfassen. (...) Mit dem Berichtswesen wird in der Regel auch gleichzeitig die Projektentwicklung dokumentiert."

Vorlagen

Jede Organisation sollte eine Reihe von standardisierten Vorlagen für ihr Berichtswesen erstellen (z.B. Quartals-, Arbeitspaket-, Sofort-, Phasenabnahme- und Abschlussbericht).

6.3 Hintergrundgespräch

Hintergrundgespräche finden im Rahmen der informellen Kommunikation statt. Sie dienen dem inoffiziellen Meinungsaustausch mit einem oder mehreren Stakeholdern, ohne Protokoll und Tonbandmitschnitt. Dabei geht es offener zu als bei offiziellen Besprechungen. Voraussetzung dafür ist, dass alle Beteiligten das Gehörte absolut vertraulich behandeln.

Journalisten nutzen Hintergrundgespräche, um Informationen zu bekommen, die es ihnen ermöglichen, eine Thematik oder Verhaltensweise ihrer Quelle besser zu verstehen. Sie benutzen sie als Basis für fundierte Beiträge, veröffentlichen aber weder die vertraulichen Informationen noch die Quelle.

Stabiles Verhältnis aufbauen

So können sich im beiderseitigen Interesse ein stabiles, vertrauensvolles Verhältnis und ein reger Austausch von Informationen zu Sachinhalten und Stimmungen der jeweils anderen Seite entwickeln.

6.4 Projektnewsletter

Ein Projektnewsletter (auch: Projektzeitung) soll Stakeholdern ein komprimiertes Bild vom Projektgeschehen vermitteln und sie auf dem Laufenden halten. Ziel ist, sie für das Projekt zu interessieren und von seinem Nutzen zu überzeugen. Schon mit geringem Aufwand sind gute Ergebnisse zu erzielen. Dennoch wird diese Möglichkeit in Projekten noch zu wenig genutzt. Optionen sind Druck- (= Print) und Digitalausgaben (z.B. e-Mail oder im PDF-Format). Weder Hochglanzpapier noch teure Werbeagenturen sind nötig, um interessante Informationen kompakt darzubieten.

Geringer Aufwand

Mit einer Druckversion, wie sie eher für große Projekte in Frage kommt, erreicht man auch Zielgruppen, für die der Umgang mit e-Mail und Internet noch neu ist oder die keinen Internetzugang haben (z.B. Mitarbeiter in der Produktion). Aber auch versierte Internetnutzer lesen gerne einmal in Ruhe Zeitung. Einen Print-Newsletter kann man bei Besprechungen und Veranstaltungen auslegen oder verteilen, aber auch an Kunden und Medien verschicken. Die erste Ausgabe lässt sich gleich dazu nutzen, auf das Projekt aufmerksam zu machen – zum Beispiel auf einer Betriebsversammlung. Bei Planung

Vorteile einer Druckversion

und Gestaltung eines Print- oder PDF-Newsletters gibt es mehr zu beachten als bei der e-Mail-Variante. Der Aufwand lohnt sich daher nur, wenn eine hohe Zahl von Adressaten erreicht wird. Professionelle externe Unterstützung kann bei der Erstellung von Informationsmaterialien hilfreich sein.

Bei einem elektronischen Newsletter ist es wichtig, vor der ersten Zusendung das Einverständnis der Adressaten einzuholen. Andernfalls handelt es sich um unerwünschte Werbepost (= Spam), deren Versand strafbar ist.

Einverständnis einholen

6.4.1 Erscheinungsrhythmus

Ein Newsletter sollte in festen Abständen oder zu bestimmten nachvollziehbaren Zeitpunkten (z.B. Meilensteine) erscheinen. Leser sind „Gewohnheitstiere". Sie möchten wissen, wann die nächste Zeitung kommt. Mit einem gleichmäßigen Turnus signalisiert die Projektleitung, dass sie die Projektorganisation im Griff hat und das Projekt im Unternehmen einen hohen Stellenwert einnimmt.

6.4.2 Nutzenkriterium

Das entscheidende Kriterium für die Themenauswahl ist der Lesernutzen. Interessante Artikel
- unterstützen den Leser bei der Beurteilung von Fakten aus dem Projekt (z.B. Bericht über Baufortschritt, Interview mit Experten).
- schaffen Sympathie für Projektbeteiligte (z.B. Porträt über Projektleiter, Vorstellung von Nachwuchskräften).
- nützen ihm bei der eigenen Karriere (z.B. Stellenausschreibungen, Berichte über Fortbildungsmaßnahmen).
- vermitteln ihm nützliche Tipps (z.B. Vorstellung von Software).
- bieten ihm kurzweiligen Lesestoff (z.B. Reportage aus dem Projektalltag).

Anforderungen an Beiträge

Der Leser sollte eine Möglichkeit vorfinden, auf Beiträge zu reagieren (z.B. Leserbriefadresse, Faxformular).

Reaktionsmöglichkeit

6.4.3 Inhalte

Eine alte Journalistenweisheit lautet: „Die Themen liegen auf der Straße, man muss sie nur einsammeln." Denkbare Inhalte für einen Newsletter sind:
- Statusberichte (z.B. Kurzmeldungen über Meilensteine, Managemententscheidungen, Sitzungsergebnisse, Kostenentwicklung)
- Erfahrungsberichte (z.B. zur Einführung neuer Software)
- Interviews (z.B. mit dem Geschäftsführer über die Marktchancen des Projektgegenstands)
- Termine, Veranstaltungen
- Feedback aus der Presse
- Lob und Kritik von Kunden
- Stellenausschreibungen
- Tipps und Nachrichten aus dem Bereich Schulung/Fortbildung
- Personalnachrichten (z.B. Personalwechsel, Beförderungen, Jubiläen)
- Best Practice-Tipps von Lesern (z.B. zum Recyceln von Druckerpatronen)

Inhalte

Bilder und Grafiken (z.B. Diagramme und Kartenausschnitte) machen trockene Daten und Fakten (z.B. Umsatzzahlen) greifbarer.

6.4.4 Relevanz

Zielgruppen-orientierung

Die Themenauswahl sollte nachvollziehbar sein, zum Projekt passende Inhalte sich wie ein „roter Faden" durch den Newsletter ziehen. Bei jedem Beitrag gilt es zu überlegen: „Wer ist unsere Zielgruppe?" Es lohnt sich, Kollegen zu fragen: „Passt das in unsere Projektzeitung?" Bleiben dann noch Zweifel, sollte der Beitrag besser wegfallen.

6.4.5 Aktualität

Vorlaufzeit

In einen Projektnewsletter gehören nur aktuelle Beiträge. Man bedenke die Vorlaufzeit: Terminsachen könnten bei Erscheinen überholt sein. Will die Redaktion das Thema dennoch aufgreifen, wäre ein Hinweis dazu gut, wo die Leser den aktuellen Stand finden (z.B. Internet, schwarzes Brett, Tagespresse).

6.4.6 Einbeziehen der Leser

Spiegelbild des Projektgeschehens

Der Newsletter sollte ein Spiegelbild des Projektgeschehens sein. Das funktioniert nur, wenn die Leser in die Gestaltung einbezogen werden. Einen Beitrag zu veröffentlichen ist ein guter Weg für Projektmitarbeiter, ihre Kompetenz darzustellen.

6.4.7 Umgang mit Negativbotschaften

Unangenehme Botschaften lassen sich mit etwas Übung diplomatisch verpacken. Diplomatischer als „Kostenexplosion in ABC-Projekt" ist „ABC-Projekt trotz höherer Kosten ein Erfolg". Wichtig ist nur, bei der Wahrheit zu bleiben.

6.5 Projektpräsentation

Gliederung

Für eine Projektpräsentation – zum Beispiel vor Kunden oder Vertretern von Genehmigungsbehörden – empfiehlt Kellner [10] folgende Gliederung:

1. Aufgabe des Projekts
2. Nutzen
3. Ziele
4. Wege zum Ziel
5. Diskussion und Fragen
6. Appell an die Zuhörer (z.B. Aufruf zur Mitarbeit)

Eine Präsentation sollte auch bei Kleinprojekten professionell gestaltet sein. Interessante, übersichtliche Folien, Beamer, ein ordentlich gekleideter Referent, ein Raum zum Wohlfühlen sowie rechtzeitig verschickte, passend formulierte Einladungen gehören dazu (→ Kapitel D2).

6.6 Internetseiten

Eine Kombination aus Print- und Online-Medien eignet sich besonders gut für die Stakeholderkommunikation. Das Internet empfiehlt sich für schnelle, tagesaktuelle Informationen, gedruckte Newsletter für Hintergrundartikel, Reportagen, Bilder und Grafiken. Am besten reserviert die IT- Abteilung einige Seiten im Internetauftritt des Unternehmens für das Projekt. Intern lässt es sich im Intranet präsentieren. Der Vorteil von Internet- beziehungsweise Intranetlösungen gegenüber Druckwerken: Wenige Handgriffe reichen aus, um binnen kürzester Zeit neue Inhalte einzustellen.

Kombination Print/Internet

6.7 Schwarzes Brett

Für effektive Stakeholderkommunikation ist nicht unbedingt eine Hightech-Lösung nötig. Gerade bei kleineren Vorhaben und räumlicher Nähe der Mitarbeiter zueinander bildet das altbewährte Schwarze Brett eine gute Ergänzung zu Telefon, e-Mail oder Videokonferenz. Günstige Standorte sind Stellen, an denen die Projektbeteiligten regelmäßig vorbeikommen (z.B. Flur vor dem Projektbüro, Besprechungszimmer).

Als Inhalte denkbar sind beispielsweise Sitzungsergebnisse in Kurzform, Statusberichte, Umfrageergebnisse, Presseberichte und projektbezogene Stellenausschreibungen. Sie müssen zuvor über den Schreibtisch des Mitarbeiters gehen, der das Schwarze Brett betreut. Dadurch wird sichergestellt, dass keine kritischen Informationen ausgehängt und die Inhalte konsequent nach einheitlichen Kriterien ausgewählt werden. So bildet sich ein gleich bleibend hoher Qualitätslevel heraus. Zerfledderte, vergilbte Zettel mit Eselsohren haben an einem Schwarzen Brett nichts zu suchen. Neue Informationen sollten durch einen Blickfang hervorgehoben werden, etwa durch ein Symbol oder bestimmte Farben.

Inhalte

Qualitätssicherung

Trennt man die Nachrichten optisch nach Kategorien, etwa „Management-News", „Team-Infos" oder „Amtliches" (z.B. Informationen vom Betriebsrat), wissen die Nutzer nach einer gewissen Zeit genau, wo sie was finden – so, wie sie es von ihrer Tageszeitung gewohnt sind.

Optische Trennung

6.8 Projekthotline

Bei größeren Projekten und bei Vorhaben, die auf ein zentrales Projekt- beziehungsweise Projektmanagement-Büro zurückgreifen können, ist eine Projekthotline sinnvoll. Das ist eine Anlaufstelle, an der Stakeholder Informationen zum Projekt bekommen und ihre Anliegen loswerden können. Mögliche Kommunikationskanäle sind nicht nur eine gebührenfreie Telefonnummer, sondern beispielsweise auch Sprechstunden, ein e-Mail-Kummerkasten, ein Projektbriefkasten oder ein Feedbackformular im Internet.

6.9 Veranstaltungen

Veranstaltungen dienen nicht nur der Informationsvermittlung. Ziel ist vor allem, Präsenz zu zeigen und für die Stakeholder persönlich ansprechbar zu sein. Sie sind eine gute Gelegenheit, Feedback aufzunehmen. Mögliche Formen sind Podiumsdiskussionen oder Workshops, bei denen sich die Besucher ein Bild vom Stand der Dinge und den unterschiedlichen Ansichten, Befürchtungen und Hoffnungen im Zusammenhang mit dem Projekt machen können.

Präsenz zeigen

Beispiel

Eine Gemeinde veranstaltet eine Podiumsdiskussion zum geplanten Bau einer Ortsumgehungsstraße. Zu Wort kommen Bürger aus dem Ortszentrum, die auf weniger Verkehr hoffen, Anwohner der neuen Trasse am Ortsrand, die nun den Verkehrslärm fürchten müssen, sowie Vertreter des Straßenbauamts und eines Naturschutzverbands. Die Bürgerinitiativen für und gegen die neue Straße und die Naturschützer bekommen hier die Gelegenheit, ihre Arbeit an Infoständen zu präsentieren.

Besucherbefragung

Nützlich für die Planung von Nachfolgeveranstaltungen ist es, durch eine Befragung der Besucher Feedback zu der Veranstaltung einzuholen. Dieses wertet das Projektteam anschließend aus und priorisiert nach wichtigen und weniger wichtigen Verbesserungsvorschlägen. So wird ein Kontinuierlicher Verbesserungsprozess (KVP → Kapitel C8) möglich.

6.10 Ideenwettbewerbe

Ideenwettbewerbe sind eine gute Möglichkeit, herauszufinden, welches Image ein Projekt bei seinen Stakeholdern hat, was sie sich von ihm erwarten und wo sie Probleme sehen. Sie lassen sich mit Veranstaltungen kombinieren (z.B. Abstimmung über die Ergebnisse durch das Publikum, Preisverleihung, Podiumsdiskussion, Gelegenheit zum Kennenlernen und zum informellen Gespräch).

7 Risikokommunikation

Seit der Aufdeckung von Betrügereien und Bilanzmanipulationen in den vergangenen Jahren verlangen Öffentlichkeit, Politik und Finanzmärkte von den Unternehmen Transparenz. Wenn es um bestimmte Risiken geht, ist bedingungslose Ehrlichkeit aber nicht immer die beste Lösung. Anstatt jedoch bei der Risikoanalyse systematisch Risiken auszufiltern, die unter Kommunikationsgesichtspunkten kritisch oder unkritisch sind, kommunizieren viele Projektleiter instinktiv zurückhaltend.

Nicht/bedingt publizierbare Risiken

Oechtering [11] hat vier Risikokategorien zusammengetragen, die sich nicht oder nur bedingt zur Veröffentlichung eignen:

1. Risiken, die auf verdeckten, den offiziellen Projektzielen widersprechenden Interessen der Stakeholder beruhen
2. Risiken, die ein kulturell unübliches Maß an Selbstoffenbarung voraussetzen

Beispiel

Führungskräfte lassen sich nicht in jedem Unternehmen beziehungsweise Kulturkreis so ohne Weiteres in die Karten schauen.

3. Risiken, die den Charakter einer „sich selbst erfüllenden Prophezeiung" haben
Projektleiter sollten demnach die Wirkung von Risiken, bei denen sich die Eintrittswahrscheinlichkeit des Ernstfalls oder die Schadensfolge durch die Kommunikation selbst verändert, vorher auf ihre Tauglichkeit zur Veröffentlichung hin untersuchen.

Beispiel

Ein Mitarbeiter bekommt im Zuge der Risikoanalyse mit, dass der Projektleiter ihn für zu leistungsschwach und deshalb für ein Projektrisiko hält. Die Folge: Der Mitarbeiter ist verunsichert. Er wird plötzlich häufiger krank. Seine Leistung fällt ab, der Projektleiter fühlt sich bestätigt.

4. Risiken, die ihre Ursache in unterschiedlichen Interessenlagen der Stakeholder haben

Anbieter, die an einer Ausschreibung teilnehmen, können ihre Risiken beispielsweise nicht offen kommunizieren. Sonst bekommt den Auftrag ein Wettbewerber, der seine Risiken geheim hält. Auftraggeber dagegen kommunizieren bei Festpreisaufträgen zurückhaltend, die das Kostenrisiko auf den Auftragnehmer übertragen sollen, wenn diese Risiken Einfluss auf die Kalkulation haben.

Der Projektleiter behandelt diese Risiken aufgrund ihrer „politischen" Wirkung meist außerhalb des formalen Risikomanagement-Prozesses, so Oechtering. Denn eine Dokumentation sei immer mit der Gefahr verbunden, dass vertrauliche Informationen nach außen dringen. Wenn das formale Risikomanagement aber nur die einfach kommunizierbaren Risiken berücksichtigt, sinkt seine Aussagekraft insgesamt. Lediglich Schlüsselpersonen, die alle Informationen haben, können dann noch beurteilen, wie hoch das Risikopotenzial in diesem Projekt wirklich ist. Alle anderen Projektbeteiligten sind nicht in der Lage, die gesamte Tragweite der Projektrisiken zu erfassen. *Politische Wirkung*

Fällt die Entscheidung, die Wahrheit zu präsentieren, ist ein entschlossenes Vorgehen wichtig. Halbherzigkeit wird als Unsicherheit gedeutet und fordert interessierte Kreise zu unangenehmen Fragen heraus. *Entschlossenes Vorgehen*

8 Projektmarketing

„Das beste Projektmanagement nützt nichts, wenn das Projekt nicht auch gut vermarktet wird." Damit spricht Kellner [12] eine für viele Projektleiter schmerzhafte, weil unerwartete Erkenntnis an. Projekte brauchen auch die Aufmerksamkeit des Topmanagements, um Finanzmittel zu erhalten, Ansehen bei der Linienorganisation, von der sie die besten Mitarbeiter ausleihen möchten, Anerkennung von Kunden, die Folgeaufträge vergeben sollen, und so weiter. Dabei konkurrieren sie mit anderen Projekten. Hier gilt: Wer am lautesten schreit, bekommt die meiste Aufmerksamkeit. Dies ist auch dann der Fall, wenn ein anderes Projekt inhaltlich anspruchsvoller ist, mehr Geld einbringt oder aus anderen Gründen dem Unternehmen mehr nützt. Wer schweigt, riskiert es, leer auszugehen. *Aufmerksamkeit erzielen*

Projektmarketing soll den Stakeholdern das Ziel eines Projekts, den Weg zum Ziel sowie die Auswirkungen (Chancen und Risiken) und vor allem den jeweiligen Nutzen darstellen. So soll das Vorhaben bekannt gemacht und eine möglichst hohe Akzeptanz erzeugt werden, um Risiken durch Widerstände und Informationsdefizite auszuschließen. Projektmarketing ist Teil der Stakeholderkommunikation. Ein zentraler Bestandteil des Projektmarketings wiederum ist die Presse- beziehungsweise Medien- und Öffentlichkeitsarbeit.

Inhalt und Zweck des Projektmarketings sind zahlreichen Projektverantwortlichen fremd. Viele von ihnen kommen aus naturwissenschaftlich-technischen Berufen und haben wenig Bezug zu einer Disziplin, die sie mangels besseren Wissens schlicht unter dem Stichwort Werbung abhandeln – und die hat ein denkbar schlechtes Image. Nicht zuletzt deswegen wird sie häufig für kontraproduktiv und überflüssig gehalten.
Doch ein professionelles, auf das Projekt abgestimmtes Marketing ist genauso wichtig wie andere zentrale Methoden des Projektmanagements, etwa die Kosten- oder Finanzmittelplanung (→ Kapitel C6). Entsprechend umfangreich sind die Kenntnisse und Fähigkeiten, aber auch die Charaktereigenschaften, die ein für Projektmarketing zuständiger Mitarbeiter haben sollte. Unabdingbar ist zum Beispiel die Fähigkeit, auf Menschen zuzugehen. *Eigenschaften eines Marketingmitarbeiters*

8.1 Parallelen zum Unternehmensmarketing

Jedes gut geführte Unternehmen verfügt über eine Marketingabteilung. Ein Projekt ist nichts anderes als ein Unternehmen auf Zeit, die Stakeholder sind die Kunden. Deshalb kann man sich Projektmarketing und seine Bedeutung analog zum Marketing eines Unternehmens vorstellen. Während die Marketing-abteilung eines Unternehmens eine Corporate Identity für das Unternehmen aufbaut, arbeitet der *Projektidentität* Marketingverantwortliche eines Projekts an Aufbau und Pflege einer Projektidentität.

8.2 Systemintegration

Verzahnung Das Projektmarketing ist ein System, das selbständig funktionieren muss, aber – besser – auch Teil eines *mit anderen* integrierten Projektmanagement-Systems sein kann. Vom Projektstart bis zu seinem Abschluss ist das *Projektprozessen* Projektmarketing eng mit den anderen Projektprozessen verzahnt. Es erfordert die Kenntnis zentra-ler Instrumente wie Ist-Analyse, Zieldefinition und Steuerung sowie Know-how zur Umsetzung der verschiedenen Marketingmaßnahmen. Der Zyklus Planung – Durchführung – Kontrolle – Steuerung gilt auch für das Projektmarketing.

8.3 Marketingstrategie

Die Marketingstrategie orientiert sich an den Marketingzielen. Sie muss zur Projektkultur, den Men-schen und ihren Zielen im Projekt passen. Basis ist die Stakeholderanalyse – analog zur Marktfor-*Projektbotschafter* schung im Marketing auf Unternehmensebene. Authentizität und Identifikation der Projektbot-schafter (z.B. Schöpfer der Projektidee, Vertreter des Auftraggebers) mit dem Projekt sind die Vor-aussetzung für deren Glaubwürdigkeit und Überzeugungskraft.

Stakeholdergruppen Stakeholder mit übereinstimmenden Bedürfnissen werden wie bei der Stakeholderkommunikation in Gruppen zusammengefasst, für die dann maßgeschneiderte Maßnahmen festgelegt werden. Diese kön-nen teils zu festen Terminen stattfinden, aber teilweise auch bei besonderen Ereignissen eingesetzt wer-*Verzahnung mit* den (z.B. um Imageschäden in Folge von Projektpannen abzumildern). Idealerweise ist die Zusammen-*Unternehmens-* arbeit mit der Marketingabteilung so eng, dass das Projektmarketing mit dem Unternehmensmarketing *marketing* verzahnt werden kann (z.B. Präsentation des Projekts bei Kunden- oder Mitarbeiterveranstaltungen).

Konkurrenz Zur Marketingstrategie gehört auch die Beobachtung der Konkurrenz. Die Projektmitarbeiter sollten *beobachten* ihre Fühler in alle anderen Projekte innerhalb und außerhalb des Unternehmens ausstrecken, um Informationsquellen anzuzapfen und auf diese Weise Gefahren und Chancen für ihr Projekt durch den Wettbewerb schnell aufzuspüren. Mit Benchmarking-Methoden (→ Kapitel C8, F2) lässt sich her-ausfinden, welches Projekt Entscheider des Unternehmens oder des Kunden im Zweifelsfall weiter-führen und welches sie abbrechen würden.

8.4 Operatives Marketing

Maßnahmenebene Die operative Ebene ist die Maßnahmenebene des Projektmarketings, auf der die Strategie mithilfe konkreter Maßnahmen umgesetzt wird. Eine Vielzahl möglicher Maßnahmen (z.B. Informationsver-anstaltungen, Präsentationen von Teilergebnissen, Modellen und verwandten Produkten, Werbe-präsente und vieles mehr) findet sich in der Fachliteratur (z.B. Marketing-Lexika).

Im Rahmen des Zyklus Planung – Durchführung – Kontrolle – Steuerung müssen die Marketingverantwortlichen des Projekts Maßnahmen

Regelkreis

- planen,
- umsetzen,
- kontrollieren und
- steuern.

Die Maßnahmen beziehungsweise Marketinginstrumente werden in Abhängigkeit von den Bedürfnissen und Eigenschaften der Zielgruppen sowie dem Zeitpunkt beziehungsweise Fortschrittsgrad des Projekts ausgewählt. Ein Beispiel ist der feierliche Spatenstich für ein Einkaufszentrum.

Marketinginstrumente

8.5 Projektidentität

Eine Projektidentität muss in der Regel erst aufgebaut werden. Zentrale Bestandteile sind die Selbstsicht und die Vision der Projektbeteiligten sowie das Corporate Design. Dazu ist es wichtig, dass das Projekt einen – kurzen, einprägsamen – Namen bekommt. Ein einheitliches Erscheinungsbild mit Logo, Briefköpfen, e-Mail-Signaturen sowie bei größeren Projekten auch Visitenkarten gehört dazu. Das Corporate Design ist Voraussetzung dafür, dass die Stakeholder das Projekt von anderen unterscheiden können (= Wiedererkennungseffekt). Wenn sie sich an die Projektsymbole gewöhnt haben und sie sympathisch finden, sind sie eher bereit, das Projekt zu akzeptieren.

Komponenten

Wiedererkennungseffekt

Zu einem Namen kommt das Projekt zum Beispiel durch ein gemeinsames Brainstorming der Projektbeteiligten oder ein Preisausschreiben. Möglichst viele Stakeholder in die Namensfindung einzubinden ist eine der ersten Marketingmaßnahmen gleich zu Beginn des Projekts. Manchmal ergeben sich Projektnamen beinahe von selbst. So könnte aus dem komplizierten Arbeitstitel „Einsatz der X-Technologie zur Verringerung des Arbeitsaufwands" einfach das EVA-Projekt werden.

8.5.1 Einheitliches Auftreten

„Einheitliches Auftreten" bedeutet, dass die Mitarbeiter die Projektidentität verinnerlicht haben. Sie müssen zentrale Fragen zum Projekt ohne Zögern beantworten können (z.B. „Was ist das Ziel eures Projekts?"). Dazu ist mindestens eine Schulung notwendig, die zu Projektbeginn stattfindet. Eine einheitliche Sprachregelung, die für alle Projektbeteiligten gilt, verhindert eine widersprüchliche Außenwirkung. Dafür ist ein Briefing nötig, das die wichtigsten W-Fragen (z.B. wer, was, wann, wie, warum) abdeckt und regelmäßig auf den neuesten Stand gebracht wird.

Sprachregelung

Zentrale W-Fragen:
- Wer sind wir?
- Wie heißt unser Projekt?
- Was ist der Projektgegenstand?
- Wie wollen wir unser Ziel erreichen?
- Wie ist der aktuelle Stand?
- Wann müssen wir fertig sein?
- Wer wird vom Ergebnis betroffen sein?
- Worin liegt der Nutzen des Projekts?
- Warum ist dieser Nutzen nur über genau dieses Projekt erreichbar?

9 Medienarbeit

Multiplikatoreffekt

Nicht nur bei großen, öffentlichkeitswirksamen Projekten, sondern auch bei kleineren, internen Vorhaben können die Medien als Multiplikator gute Dienste leisten. Dieser Nutzen wird oft unterschätzt. Ein F&E-Projekt, in dessen Rahmen eine junge Biotech-Firma ein Krebsmedikament erforscht, berührt zwar nicht unmittelbar die Leser der örtlichen Tageszeitung. Bei genauerem Hinsehen kann die positive Darstellung eines Projekts mit einem allgemein als nützlich eingestuften Projektgegenstand aber durchaus der Imagepflege des Unternehmens dienen. Intern bewirkt das Medienecho Motivation bei Mitarbeitern und Geldgebern.

Gute Kontakte für schlechte Zeiten

Medienarbeit sollte proaktiv sein: Gute Medienkontakte müssen in guten Zeiten aufgebaut werden, damit sie sich in schlechten Zeiten bewähren können – etwa, wenn das Unternehmen Mitarbeiter entlassen muss.

9.1 Die 5 Gebote der Medienarbeit

Alles, was das Unternehmen veröffentlicht, muss vereinbar sein mit
1. den Interessen der Zielgruppe (Ergebnisse aus Abfragen),
2. der Unternehmensvision/dem Leitbild,
3. der Corporate Identity (Selbstsicht des Unternehmens, gewünschte Wirkung nach innen und außen),
4. dem Corporate Design (z.B. äußere Form der Darstellung – Logo, Hausschrift) und
5. dem (guten) Ruf des Unternehmens.

9.2 Abfrage Zielgruppeninteressen

Wie bei der Stakeholderkommunikation allgemein müssen auch in der Medienarbeit die Bedürfnisse jedes einzelnen Mediums bezüglich Inhalten, Rhythmus und Form der Informationen aus dem Projekt abgefragt werden (= Medienmatrix).

9.3 Zeitplanung

Ständige Aufmerksamkeit

Manchmal müssen Unternehmen schnell auf unvorhergesehene und kurz aufeinander folgende Ereignisse reagieren. Die Pressearbeit ist also nicht damit erledigt, alle paar Wochen eine Pressemitteilung zu verfassen. Planbar ist sie nur in begrenztem Umfang. Sie setzt ständige Aufmerksamkeit gegenüber dem aktuellen Geschehen intern und extern, Einsatzbereitschaft, ein gutes Reaktionsvermögen, Kontinuität und gute Kontakte zu Journalisten voraus.

9.4 Interne Abstimmung

Presseverantwortlicher

Das Projektteam sollte nie selbst an die Öffentlichkeit gehen, sondern sich mit dem Presseverantwortlichen oder – in kleineren Unternehmen – mit dem Management abstimmen zu
- wichtigen Anliegen und Terminen,
- Zweifeln, ob es sich zu einem bestimmten Thema in einem bestimmten Medium äußern sollte und
- Zweifeln, ob sein geplantes Statement allen fünf Geboten entspricht.

Bei Medienanfragen prüft die Presseabteilung, ob das jeweilige Medium | *Anfragen prüfen*
- seriös und dem Ansehen des Unternehmens förderlich,
- fachlich/journalistisch kompetent ist und
- sich an relevante Zielgruppen richtet.

Manche Medien lassen sich darauf ein, dass das Unternehmen den fertigen Beitrag noch einmal gegenliest, bevor er gedruckt wird. Ein Rechtsanspruch darauf besteht aber nicht. Nur wörtliche Zitate *Autorisierung* müssen zur Prüfung vorgelegt werden (= Autorisierung).

9.5 Pressemitteilungen

Zu unterscheiden sind die Begriffe Pressemitteilung und Pressemeldung. Eine Pressemitteilung ist das, was das Unternehmen an die Medien übermittelt, eine Pressemeldung dagegen der Text, den die Medien veröffentlichen. Pressemitteilungen sollten mehrmals im Jahr, aber nur zu wichtigen Themen *Erscheinungsfrequenz* herausgegeben werden. Sonst erlahmt das Medieninteresse. Der Medienverantwortliche im Projekt oder Unternehmen sollte immer wieder einmal einen Journalisten um Feedback zu den Presse-mitteilungen bitten (z.B. Informationsgehalt, Textlänge, Frequenz). Pressemitteilungen sollten
- nur eine Seite umfassen,
- eine kurze, eingängige Überschrift haben,
- die wichtigsten W-Fragen (wer, was, wann, wo, wie) im Vorspann klären,
- Ansprechpartner und den Verantwortlichen im Sinne des Presserechts (V.i.S.d.P.) enthalten und
- je nach Erscheinungstermin des Mediums rechtzeitig abgeschickt werden:
  - Bei Tageszeitungen frühestens zwei Wochen vor dem Event, sonst gerät man wieder in Vergessenheit
  - Bei Stellungnahmen zu aktuellen Ereignissen außerhalb des Unternehmens (z.B. politische Entscheidungen) am selben Tag oder tags davor
  - Bei Wochenzeitungen etwa drei Wochen vor Erscheinungsdatum
  - Bei Monatspublikationen mindestens sechs Wochen vor Erscheinungsdatum, da die Produktionszeit mehrere Wochen beträgt

Allgemein gilt: Wer sich kurz fasst, hat weniger Gelegenheit, Fehler zu machen. | *Kurz fassen*

9.6 Presseverteiler

Bei Erstellung und Pflege eines Presseverteilers ist zu beachten:
- Vor jeder Pressemitteilung prüfen, ob es den Ansprechpartner noch gibt und die Adresse auch wirklich stimmt
- Lieber weniger Adressaten ansprechen, aber dafür die Richtigen
- Spätestens alle sechs Monate prüfen, ob Mitteilungen per e-Mail, als e-Mail-Anhang, per Fax oder per Post gewünscht werden

Anhänge an e-Mails akzeptieren viele Journalisten nicht. Sie sind in manchen Firmennetzwerken nicht *Versand von e-Mails* zu öffnen, umständlich zu handhaben und überdies potenzielle Träger von Viren. Die e-Mails sollten immer einzeln oder über eine entsprechende Software verschickt werden, damit die Adressaten nicht den gesamten Presseverteiler zu sehen bekommen. Meist reichen ein, zwei Sätze persönliche Anspra-che, um dem Journalisten das Gefühl zu geben, dass er von dem Unternehmen gut betreut wird.

419

Fragen zur Selbsteinschätzung gemäß Zertifikatslevel

Nr.	Frage	Level				Selbsteinschätzung
		D	C	B	A	
D4.1	Welche Medien für Kommunikation können eingesetzt werden?	2	3	3	4	☐
D4.2	Welche Regeln für Kommunikation sollten eingesetzt werden?	2	3	4	4	☐
D4.3	Was versteht man unter einer Kommunikationsmatrix und wofür wird sie gebraucht?	2	2	2	2	☐
D4.4	Welche Empfehlungen gibt es für Feedback (nehmen/geben)?	2	3	4	4	☐
D4.5	Welche Strategien zur Steuerung des Projektumfelds über Kommunikation können angewendet werden?	2	3	4	4	☐
D4.6	Wie wird effektive Stakeholderkommunikation praktiziert?	2	3	4	4	☐
D4.7	Welche Ergebnisse sollte eine Stakeholderanalyse unter dem Aspekt der Kommunikation liefern?	2	3	3	4	☐
D4.8	Wie und mit welchem Inhalt wird eine Kommunikationsrichtlinie im Projekt eingesetzt?	2	3	4	4	☐
D4.9	Auf welche Elemente der Stakeholderkommunikation sollte man zurückgreifen können?	2	3	4	4	☐
D4.10	Was muss man bei der Kommunikation der Risiken bedenken?	2	3	4	4	☐
D4.11	Was sind die Inhalte und Zweck von Projektmarketing?	2	2	3	4	☐
D4.12	Was sind die Schwerpunkte und Regeln der Medienarbeit für Projekte?	2	2	2	4	☐

D5 KONFLIKTE UND KRISEN

Konflikte zwischen Projektbeteiligten belasten die Projektarbeit und gefährden häufig sogar den Projekterfolg, wenn sie nicht rechtzeitig gelöst werden (ICB-Elemente 26, 31). Der Projektleiter braucht nicht nur eine „Antenne" für drohende Auseinandersetzungen. Er muss die Anzeichen und Merkmale benennen können, die typisch für latente wie auch bereits offen zu Tage getretene Konflikte sind. Häufige Konfliktursachen, Arten von Konflikten sowie die Bedeutung der Beziehungs- und Sachebene müssen ihm geläufig sein, ebenso Methoden zur Konfliktvermeidung und -lösung. Außerdem muss er mit Krisen umgehen können.

1 Bedeutung

Ein Projekt ohne Konflikte ist kaum denkbar. Sie können selbst dann entstehen, wenn Regeln vereinbart und Verträge geschlossen wurden. Denn fast immer verbinden die verschiedenen Projektbeteiligten mit einem Vorhaben voneinander abweichende Erwartungen. Meinungsverschiedenheiten über Ziele und Vorgehensweisen, (nicht) erbrachte Leistungen, überzogene Termine und Budgets, aber auch zwischenmenschliche Probleme können in einem handfesten Konflikt enden. Die Auswirkungen auf den Projektverlauf sind meist gravierend. Je später Konflikte aufgegriffen und gelöst werden, desto höher der Zeitaufwand und die Kosten, die sie verursachen. Denn Konfliktsituationen beeinträchtigen die Arbeit am Projektgegenstand. Deshalb muss der Projektleiter wissen, wie sie entstehen, woran er drohende Konflikte erkennt und wie diese gelöst werden können.

Unterschiedliche Erwartungen

Untersucht man verschiedene Definitionen von Konflikt auf Gemeinsamkeiten hin, stellt man fest: Konflikte sind gekennzeichnet durch das grundlegende Merkmal der Unvereinbarkeit von Handlungstendenzen, Motiven oder Verhaltensweisen.

Unvereinbare Handlungstendenzen

Die ICB definiert Konfliktmanagement [1] wie folgt: „Konfliktmanagement ist die Kunst, Meinungsverschiedenheiten kreativ zu lösen. (…) Im Konfliktmanagement werden Konflikte in einer Weise kanalisiert, dass statt destruktiver konstruktive Ergebnisse und Synergieeffekte entstehen."

Sackmann [2] zählt den Umgang mit Konflikten zu den Merkmalen eines erfolgreichen Projektteams: „Konfliktpotenzial und Konflikte werden in solchen Teams frühzeitig erkannt, angesprochen und konstruktiv gelöst. Sie werden als vitaler Bestandteil der Teamentwicklung akzeptiert. Durch ihre frühzeitige Bearbeitung kommt es kaum zu einer Konflikteskalation."

Indiz für erfolgreiche Teams

Verwiesen sei schon an dieser Stelle auf die Arbeit des Konfliktforschers Friedrich Glasl, dessen Modelle dabei helfen, die dynamische Entwicklung von Konflikten darzustellen, zu verstehen und zu lösen. Er zeigt, welche Lösungsansätze wann Erfolg versprechen und ab wann der Projektleiter externe Hilfe hinzuziehen sollte [3].

2 Funktionen

Chance auf innovative Lösungen

Konflikte werden häufig als ausschließlich destruktiv dargestellt. Diese Sichtweise ist aber zu einseitig. Denn sie bieten auch Chancen: Die Beteiligten lernen aus ihnen und entwickeln sich dadurch weiter. Auf diese Weise entstehen oft innovative Lösungen. In der ICB [4] heißt es dazu: „Konflikte machen auf notwendige Veränderungen aufmerksam und können das Erreichen des Projektziels massiv in Frage stellen, aber auch die Ergebnisse und die Zusammenarbeit im Projekt verbessern." Bild D5-1 zeigt unterschiedliche Funktionen von Konflikten auf.

FUNKTION	BEISPIELE
Konflikte	
dienen als Indikator für notwendige Veränderungen	z.B. Umgangsformen, Prozesse, Organisationsstruktur
decken Chancen auf	z.B. Marktchancen, effizientere Organisationsformen, besseres Arbeitsklima
bereinigen unangenehme, blockierende Situationen	z.B. Stimmung im Team, Motivation
führen zu einer reiferen Projektkultur	z.B. Identifikation mit der projektorientierten Arbeitsweise
fördern das Teamgefühl	z.B. bei Projektmitarbeitern aus konkurrierenden Linienabteilungen
ermöglichen gemeinsame Lösungen	z.B. einheitliche Vorgehensweise bei der Erarbeitung einer technischen Lösung
beseitigen Unklarheiten	z.B. Aufgabenstellung, Machtverhältnisse

Bild D5-1 Funktionen von Konflikten

3 Anzeichen

Latenzphase

Konflikte entstehen in der Regel nicht spontan. Sie existieren meist schon eine Zeit lang im Verborgenen (= Latenzphase). Um heraufziehende Probleme bereits in dieser Phase zu erkennen, sollten Projektleiter eine gewisse Sensibilität für die Anzeichen (z.B. Stimmungen in ihrem Umfeld) mitbringen. Diese „Antenne" kann man sich zumindest teilweise antrainieren: Man lernt, bestimmte Indikatoren frühzeitig wahrzunehmen und ihnen auf den Grund zu gehen. Auf drohende Konflikte können unter anderem die in Bild D5-2 aufgeführten Anzeichen hindeuten.

3.1 Projektphasenabhängige Konfliktverteilung

Je nach Projektphase treten bestimmte Konfliktursachen verstärkt auf. Während es in der Startphase meist eher um Kompetenzstreitigkeiten zwischen Teammitgliedern oder Meinungsverschiedenheiten über die Projektziele geht, sind in der Durchführungsphase beispielsweise Streitereien über das Produktdesign oder das richtige Produktionsverfahren denkbar. Gegen Projektende wird dann häufig zum Thema, wie die Kosten eingedämmt, der Endtermin gehalten und die Produktqualität doch noch auf das vom Kunden verlangte Niveau gebracht werden können.

ANZEICHEN	TYPISCHE ÄUSSERUNG
Die Beteiligten schaffen es über längere Zeit nicht, sich über eine bestimmte fachliche Problemstellung zu einigen.	„Warum wollt ihr noch immer nicht einsehen, dass eure technische Lösung so nicht funktioniert?"
Mitarbeiter sind nicht bereit, einander zuzuhören.	„Das ist ja sowieso immer Quatsch, was der Meier sagt."
Führungskräfte verkaufen Kunden oder dem Management die Ideen ihrer Mitarbeiter als ihr eigenes Werk.	„Heute habe ich Ihnen meinen Vorschlag zur Lösung unseres Problems mitgebracht."
Mitarbeiter bügeln die Vorschläge von Kollegen nieder, bevor sie besprochen werden können.	„Lassen Sie mal, das geht ja doch nicht."
Führungskräfte lassen Vorschläge der Mitarbeiter nicht gelten. Bei diesen breitet sich Demotivation aus.	„Danke für Ihren gut gemeinten Vorschlag. Dem Kunden sagt eine konventionelle Lösung aber sicher besser zu."
Alte Rivalitäten zwischen Personen oder Gruppen brechen aus.	„Ihr habt uns damals schon ein Projekt weggeschnappt."
Sympathien bzw. Antipathien von Meinungs-führern verursachen Lagerbildung.	„Diesem Emporkömmling und seiner Gefolgschaft muss mal gesagt werden, wie die Dinge wirklich liegen."
Projektbeteiligte rangeln um Entscheidungs-befugnisse, die vor dem Projekt nicht ausrei-chend geklärt wurden.	„Wenn ihr das so entscheidet, akzeptieren wir das nicht."
Mitarbeiter werfen einander mangelnde Kompetenz vor.	„Sie sind ja noch recht neu in der Abteilung. Lassen Sie mich das mal machen."
Mitarbeiter demontieren in Anwesenheit von Führungskräften einen Kollegen oder Vorgesetzten.	„Seine Entscheidungen erweisen sich sowieso immer als falsch."
Mitarbeiter bringen die nötige Geduld mit anderen nicht auf.	„Jetzt kommen Sie doch mal auf den Punkt!"
Projektsitzungen dauern lange und bringen nicht die gewünschten Ergebnisse.	„Diese Grundsatzentscheidung hatten wir längst gefällt. Wieso steht sie nun wieder zur Debatte?"
Mitarbeiter liefern zum wiederholten Mal mangelhafte Ergebnisse ab.	„Wie oft habe ich Ihnen schon gesagt, dass Sie Kundenpräsentationen anders aufbauen sollen!"
Linienmitarbeiter weigern sich, die vom abteilungsübergreifenden Projektteam erarbeitete Strategie umzusetzen.	„Ihr könnt doch die Probleme von Abteilung A nicht einfach mit denen in Abteilung B über einen Kamm scheren."
Verantwortliche (z.B. Topmanagement) treffen Entscheidungen nicht oder zu spät.	„Wir können erst weitermachen, wenn der Vorstandschef sich unsere Vorlage angesehen hat – und der ist schon wieder auf Dienstreise."

Bild D5-2 Anzeichen für Konflikte

4 Ursachen

Konfliktursachen [5] liegen entweder auf der
- Sachebene (= fachliche/inhaltliche Ebene) oder der
- psychosozialen Ebene (= emotionale-/Gefühlsebene).

Dabei ist zu beachten, dass bei vielen scheinbaren Sachkonflikten die wahre Ursache auf der psycho-sozialen Ebene zu finden ist.

Scheinbare Sachkonflikte

4.1 Konflikte auf der Sachebene

Auf der Sachebene kann weiter unterteilt werden in
1. Zielkonflikte,
2. Beurteilungskonflikte und
3. Verteilungskonflikte.

4.1.1 Zielkonflikte

Ein Zielkonflikt liegt vor, wenn verschiedene Projektbeteiligte in ein und demselben Projekt unterschiedliche Ziele verfolgen.

Beispiel

Eine Umweltschutzgruppe setzt ein Projekt auf, in dem sie die Öffentlichkeit für die Gefahren der Gentechnik sensibilisieren möchte. Ein Teil der Projektgruppe besteht auf dem vollständigen Verbot genmanipulierter Pflanzen, der andere Teil möchte solche Pflanzen zur Bekämpfung des Hungers in der Dritten Welt zulassen. Der Projektleiter wendet sich mit der Bitte um Vermittlung an den Vorstand der Organisation. Dieser entscheidet: Das Projekt wird abgebrochen, da sich die Gruppe nicht auf ein einheitliches Auftreten in der Öffentlichkeit einigen kann und daher dem Image der Organisation mehr schadet als nützt.

4.1.2 Beurteilungskonflikte

Umstrittene Schätzungen

Beurteilungskonflikte entstehen, wenn Projektbeteiligte einen Sachverhalt wegen unterschiedlicher oder unterschiedlich wahrgenommener und verarbeiteter Informationen unterschiedlich beurteilen. Besonders umstritten sind häufig die Ergebnisse von Schätzungen (z.B. Zeitaufwand, Kosten, Projektrisiken).

Beispiel

Ein Unternehmen bringt einen neuen Kühlschrank auf den Markt. Der Leiter der Marketingabteilung möchte in Werbeanzeigen das innovative Design hervorheben, während der Leiter der F&E-Abteilung die Energieeffizienz wichtiger findet. Beide setzen unterschiedliche Prioritäten und plädieren infolgedessen für unterschiedliche Wege, die Kühlschränke an den Kunden zu bringen. In einer Strategiesitzung kommt es zum offenen Schlagabtausch.

4.1.3 Verteilungskonflikte

Begrenzte Ressourcen

Zu einem Verteilungskonflikt kommt es, wenn verschiedene Projektbeteiligte um dieselben Ressourcen konkurrieren.

Beispiel

Zwei Teilprojektleiter schließen ihre Teilprojekte zeitgleich ab. Dabei fällt eine große Menge an Dokumentationsaufgaben an. Dafür wollen beide die Unterstützung des Projektbüros in Anspruch nehmen. Doch das Personal dort ist überlastet, weil ein Mitarbeiter krank geworden ist. Wessen Auftrag soll es zuerst bearbeiten? Die beiden Teilprojektleiter geraten in heftigen Streit.

4.2 Psychosoziale Konflikte

Psychosoziale Konflikte entstehen meist, wenn unterschiedliche Charaktere mit voneinander abweichenden Werten und Zielen aufeinander prallen. In Projekten müssen Menschen zusammenarbeiten, die sich zunächst fremd sind und sich erst im Projektverlauf kennen lernen. Dies geht selten reibungslos vonstatten. Besteht parallel zu zwischenmenschlichen Problemen ein hoher Leistungs- und Erfolgsdruck, heizt sich die Atmosphäre schnell auf. Eine wichtige Rolle spielt bei psychosozialen Konflikten die soziale Wahrnehmung (→ Kapitel D3).

Unterschiedliche Werte und Ziele

Soziale Wahrnehmung

Beispiel
Ein Kollege wirft einem Projektleiter einen zu lockeren Führungsstil vor. Flexible Arbeitszeiten, Telearbeit, gemeinsame Ausflüge – all das habe es in anderen Projekten nicht gegeben. Dort herrsche Disziplin. Der Kritisierte kann die Einwände nicht nachvollziehen. Er führt sein Team so, wie sein Projekt es aus seiner Sicht erfordert. Aufgrund seiner Projekterfahrung ist ihm der autoritäre Führungsstil (→ Kapitel D3), den der Kollege fordert, fremd.

4.2.1 Verkannte psychosoziale Konflikte

Konflikte auf der psychosozialen Ebene werden oft nicht als solche erkannt, sondern auf der Sachebene angesiedelt.

Beispiel
Der neue Projektcontroller und ein Softwarespezialist, der bisher das Projektcontrolling „nebenbei" erledigt hat, streiten sich ständig. Die Kollegen geben sich zunächst mit der scheinbar am nächsten liegenden Erklärung zufrieden: Der Softwarespezialist wolle wohl seine Kompetenzen nicht an den „Neuen" abtreten. Doch der Projektleiter hakt nach und erfährt: Die beiden Streithähne arbeiteten einst in derselben Abteilung. Der Controller wurde befördert, der Softwarespezialist nicht. Konfliktursache sind nicht die fachlichen Meinungsverschiedenheiten, sondern Probleme auf der persönlichen Ebene.

Bei psychosozialen Konflikten kann die Unterstützung eines Experten vonnöten sein (z.B. Coach, Psychologe, Mediator). Unterschwellige Wünsche und Erwartungen von Projektbeteiligten sind für den Projektleiter schwer identifizierbar. Entsprechend anspruchsvoll ist es, einen solchen Konflikt zu lösen.

Externe Unterstützung

4.3 Konfliktursachen aus Prozesssicht

Mayrshofer und Kröger [6] haben verschiedene Prozessebenen der Projektarbeit definiert, denen sich Konfliktursachen zuordnen lassen [7]:
1. Produktentstehungsprozess
2. Projektmanagement-Prozess
3. Teamentwicklungsprozess
4. Entscheidungsprozess

Prozessebenen der Projektarbeit

4.3.1 Produktentstehungsprozess

Im Produktentstehungsprozess erarbeitet das Team das Projektergebnis inhaltlich (z.B. Produkt, Dienstleistung, Reorganisationsvorschlag). „Dass auf dieser Ebene viele Unstimmigkeiten entstehen, ist völlig normal, da Projekte zumeist fachübergreifend zusammengesetzt sind und jeder der Beteiligten unterschiedliches Wissen, Interessen und Ziele mitbringt", argumentieren Mayrshofer und Ahrens. Wichtig sei somit, eine Projektkultur zu entwickeln, in der es für die Mitarbeiter möglich ist, ihre unterschiedlichen Sichtweisen offen einzubringen.

Verschieben auf die Beziehungsebene

Fehlendes oder einseitiges Fach-Know-how sehen sie als weitere Ursache für mögliche Konflikte auf dieser Prozessebene. Als Gegenmaßnahme nennen sie die richtige Besetzung des Projekts (→ Kapitel D3). Fachliche Differenzen im Projektverlauf seien natürlich, würden aber oft verschleppt und auf die Beziehungsebene verschoben. „Solche scheinbaren Beziehungskonflikte können vermieden werden, indem von Beginn an alle fachlichen Diskrepanzen transparent gemacht (…) werden."

4.3.2 Projektmanagement-Prozess

Ein Grundproblem liegt nach Mayrshofer und Ahrens in der besonderen Konstruktion der Projektarbeit und der organisatorischen Einbindung des Projekts in die Organisation. Zu Konflikten führen könne die Matrixorganisation (→ Kapitel A6) zwischen Projekt- und Linienfunktionen: „Zuständigkeiten und Befugnisse sind hier nicht immer klar, und die Informationsweitergabe ist schwieriger als in eindeutig geregelter Linienarbeit. Das führt bei knappen Zeitbudgets und engen finanziellen Rahmenbedingungen zu Machtkämpfen inner- und außerhalb des Projekts." Wichtig sei daher, sich der Vor- und Nachteile und der damit möglichen Konfliktpotenziale der jeweiligen Projektorganisation bewusst zu werden.

Abweichungen von der Planung

Bei der Projektplanung berge die Tatsache Konfliktpotenzial, dass Planung immer nur einen Zukunftsentwurf darstelle, der niemals die Realität exakt vorwegnehmen könne. Deshalb müssten bei der Projektdurchführung zwangsläufig ständig Abweichungen von der Planung auftreten. Dies empfänden viele Projektbeteiligte als Planungsfehler, für den sie einen Schuldigen suchten. Alle Beteiligten müssten die Projektplanung daher als handlungsleitende Funktion anerkennen, die sie ständig den Veränderungen der Realität anpassen, und sie nicht zum Gesetz erheben. Auch Verteilungs- und Interessenkonflikte bei der Ressourcenplanung sind typisch für den Projektmanagement-Prozess.

Verteilungs-/ Interessenkonflikte

4.3.3 Teamentwicklungsprozess

Gärungsphase

Jeder Teamentwicklungsprozess durchläuft mehrere Entwicklungsphasen (→ Kapitel D3). Während der Konfliktphase (auch Gärungsphase genannt) „raufen" sich die Teammitglieder zusammen. Cliquenbildung, Diskussionen über Methoden oder Sinn der Zusammenarbeit sowie das Aushandeln ungeklärter Macht- und Entscheidungsstrukturen sind typische Phänomene.

Mayrshofer und Ahrens empfehlen, Transparenz bezüglich dieser Phase des natürlichen Teamentwicklungsprozesses zu erzeugen und offen mit Gemeinsamkeiten und Unterschieden oder Macht- und Entscheidungsstrukturen umzugehen. Dies erfordere eine hohe soziale und emotionale Kompetenz zumindest des Projektleiters.

4.3.4 Entscheidungsprozess

Unterschiedliche Vorstellungen der Stakeholder (z.B. Auftraggeber, Gremien, übergeordnete Hierarchieebenen) von der Projektlösung können der Ausgangspunkt für Konflikte sein. „Im Lauf des Projektprozesses können (…) Lösungen entstehen, mit denen sie sich nicht identifizieren können, wenn sie nicht oder nur kaum in den Prozess eingebunden waren", warnen Mayrshofer und Ahrens. Solchen Konflikten könne durch permanente Auftragsklärung und -verfeinerung mit den jeweiligen Entscheidern vorgebeugt werden.

Konflikte aus unklar formulierten Entscheidungsbefugnissen kommen ebenfalls häufig vor. Daraus könne resultieren, dass Handlungsspielräume überschritten oder nicht ausgefüllt werden und dies zu Erwartungsdiskrepanzen auf beiden Seiten führt. Es sei daher unerlässlich, die wechselseitigen Erwartungen und Anforderungen sowie den gewährten Entscheidungsspielraum transparent zu machen.

Unklare Entscheidungsbefugnisse

4.4 Konfliktpotenzial des persönlichen Verhaltens

Viele Konflikte entstehen durch die Persönlichkeit oder das persönliche Verhalten von Projektbeteiligten. Entsprechende Verhaltensmuster erlernt der Mensch schon im Kindesalter. Verhaltensweisen, die bei anderen schlecht ankommen, lassen sich nicht so einfach beheben wie Meinungsverschiedenheiten über fachliche Fragen. Vorerfahrungen mit den beteiligten Personen oder mit ähnlichen Situationen beeinflussen die Wahrnehmung von konfliktträchtigen Situation ganz erheblich [8] ($\rightarrow$ Kapitel D3). Die eigene Sicht der Dinge prägt die Wahrnehmung auch dann, wenn sie in einem ganz anderen Kontext entstanden ist. Mayrshofer und Ahrens empfehlen, die konkrete Wahrnehmung von der eigenen Interpretation zu trennen, um dem Gegenüber eine andere Sicht der Dinge zugestehen zu können.

Wahrnehmung und Interpretation trennen

> **Beispiel**
> *Ein junger Ingenieur hat Probleme im Umgang mit anderen Menschen. Er ist unsicher, gehemmt und hat Angst vor Kritik. Schon seit längerer Zeit glaubt er, dass der Projektleiter ihn nicht mag. Eines Tages fragt dieser ahnungslos: „Wann sind Sie denn mit dem Entwurf fertig?" Der Mitarbeiter fühlt sich angegriffen und antwortet: „Was haben Sie denn eigentlich gegen mich?"*

5 Konfliktarten

Konflikte können in zwei grundlegende Arten eingeteilt werden: intraindividuelle und interindividuelle Konflikte.

5.1 Intraindividuelle Konflikte

Ein intraindividueller Konflikt tritt nicht zwischen Personen, sondern im Inneren einer Person auf. Dies ist der Fall, wenn der Mitarbeiter sich mit einer Entscheidung zwischen verschiedenen Handlungsalternativen schwer tut. Nach außen hin wird dieser Konflikt meist in Form einer Verhaltensänderung sichtbar: Der Betroffene wirkt beispielsweise gereizt, arbeitet ineffizient, macht fachliche Fehler und zieht sich zurück.

Entscheidung zwischen Handlungsalternativen

Hier sind sowohl der Projektleiter als auch die Kollegen gefragt: Es gilt, den Mitarbeiter unter vier Augen anzusprechen und auszuloten, was sein Problem ist und ob er (Entscheidungs-)Hilfe gebrauchen könnte. Der Projektleiter sollte seinen Mitarbeitern schon zu Beginn der Zusammenarbeit deutlich machen, dass sie sich mit Anliegen aller Art an ihn wenden können – auch wenn das Problem mit ihm selbst zu tun hat. Es versteht sich von selbst, dass ihnen keinerlei negative (berufliche) Konsequenzen drohen dürfen, wenn sie Kritik höflich äußern.

5.2 Interindividuelle Konflikte

Begriff System

Ein interindividueller Konflikt liegt vor, wenn zwei oder mehrere Parteien (Personen, Gruppen, Organisationen – sprich: soziale Systeme) zunächst oder scheinbar unvereinbare Ziele oder Handlungsstrategien verfolgen, Dinge unterschiedlich beurteilen oder um ein knappes Gut (z.B. Produktionsmaschinen, Chefposten) konkurrieren. Der Begriff System bedeutet: Elemente stehen miteinander in Beziehung.

Arten

Drei Arten von interindividuellen Konflikten lassen sich unterscheiden: zwischen zwei Menschen (= mikrosozial), zwei Gruppen (= mesosozial) und zwei größeren Einheiten wie zum Beispiel Unternehmen oder Ländern (= makrosozial).

6 Möglichkeiten zum Umgang mit Konflikten

Es gibt verschiedene Arten, mit Konflikten umzugehen. Sie alle nutzen oder schaden dem Projekt in unterschiedlichem Maß. Generell gilt: Je schneller und gründlicher ein Konflikt gelöst wird, desto besser für das Projekt.

Anpassung

Aufgeben der eigenen Position

Bei der Anpassung gibt eine Konfliktpartei der anderen nach – zum Beispiel, weil eine Partei mächtiger ist und die unterlegene bei einer Eskalation negative Konsequenzen fürchtet oder weil eine Person nach dem Motto handelt: „Der Klügere gibt nach, das Projekt muss weiterlaufen."

Einigung

Idealer Konfliktausgang

Eine Einigung ist der ideale Ausgang eines Konflikts, der dem Projekt am meisten bringt: Die Beteiligten einigen sich auf eine tragfähige, dauerhafte Lösung, an der nicht mehr gerüttelt wird. Alle Konfliktparteien kommen dabei auf ihre Kosten. Eine solche Lösung zu erreichen erfordert allerdings Zeit, Ausdauer, Erfahrung und Fingerspitzengefühl auf allen Seiten, sofern kein Vermittler engagiert wird. In solchen Fällen steht in der Regel über allem die Einsicht, dass die Konfliktparteien das Projekt gemeinsam erfolgreich zu Ende bringen müssen. Eine Einigung hat den Vorteil, dass sie auf die Beteiligten und auch auf andere Projektstakeholder motivierend wirkt.

Kompromiss

Abstriche und Vorteile

Kompromiss bedeutet: Die Beteiligten machen nach Verhandlungen Abstriche bei ihren ursprünglichen Forderungen. Gleichzeitig kommt jeder in den Genuss eines Vorteils. Kompromisse, die einzelne Beteiligte nur zähneknirschend akzeptieren (z.B. auf Druck von Vorgesetzten oder wegen Zeitknappheit), sind jedoch meist instabil. Beim kleinsten Anlass besteht die Gefahr, dass jemand an der notdürftigen Vereinbarung rüttelt, zum Beispiel indem er nach missverständlichen oder fehlenden Punkten sucht.

Delegation (= Verweis an Dritte)

Viele Konflikte können schneller gelöst werden, wenn die Konfliktparteien oder ein Projektbeteiligter, dem an einer Einigung liegt (z.B. das Management des Unternehmens), einen Moderator einschalten. Sind weder Einigung noch Kompromiss möglich, führt dieser einen Schiedsspruch herbei, an *Schiedsspruch* den sich alle Beteiligten halten müssen. Die Gefahr dabei ist, dass sich einzelne Konfliktparteien nicht daran gebunden fühlen und die nächste Auseinandersetzung zum Anlass nehmen, die Vereinbarung aufzukündigen.

Streit/Kampf

Für seine Ziele zu kämpfen ist zunächst oft die am nächsten liegende, aber auch die ineffektivste *Ineffektivste Lösung* Lösung. Sie führt zwar vordergründig schnell zu einem Ergebnis. Bei der gegnerischen Partei erzeugt Kampfeslust aber Frust- oder Rachegefühle. Der Verlierer sinnt auf Genugtuung oder Wiedergutmachung. Deshalb trägt eine Lösung, bei der sich der Stärkere durchsetzt, meist nur kurz. Wer voreilig auf Konfrontation schaltet, erschwert spätere Verhandlungen. Er läuft überdies Gefahr, sich ins Abseits zu manövrieren, weil Dritte zwar vielleicht seine Ziele verstehen, aber seine aggressive Vorgehensweise missbilligen.

Machteinsatz

Wer die größere Macht besitzt, kann viele Konflikte leichter zu seinen Gunsten entscheiden (z.B. Vorgesetzte, die kritische Mitarbeiter entlassen können, oder Kunden, die Aufträge stornieren). Macht zu haben kann auch bedeuten,

- auf die besseren Beziehungen zurückgreifen zu können,
- ein Informationsmonopol zu besitzen und
- mit geeigneten Mitteln vollendete Tatsachen schaffen zu können.

Verdrängung

Einen Konflikt zu verdrängen verschafft meist nur kurzfristig Luft. Wird das Problem zu lange aufgeschoben, bricht es sich später umso heftiger Bahn.

Konfliktvermeidung

Konflikten vorbeugen, um sie zu vermeiden: Dies stellt die beste Methode dar, Projekte zum Erfolg *Risikomanagement* zu führen. Ein systematisches Stakeholder- und Risikomanagement ab Projektbeginn ($\rightarrow$ Kapitel A3, *ab Projektbeginn* C3) ist die Voraussetzung dafür.

6.1 Maßnahmen zur Konfliktvermeidung

Wer Konflikte vermeiden möchte, sollte hinter die Kulissen blicken, anstatt nur die offensichtlichen Fakten zu berücksichtigen.

Beispiel

Die Projektleitung hat vergessen, zwei wichtige Mitarbeiter aus verschiedenen Abteilungen darüber zu informieren, dass der jeweils andere am Projekt teilnimmt. Erst während der Projektdurchführung stellt sich heraus: Die beiden konnten sich gegenseitig noch nie leiden. Beim geringsten Anlass geraten sie in Streit.

Änderungen im Projektverlauf (z.B. Zusammensetzung des Teams, Ansprechpartner beim Kunden) bewirken veränderte Arbeits- und Umfeldbedingungen. Auch dies birgt Konfliktpotenzial.

Möglicherweise muss ein Mitarbeiter plötzlich mehr arbeiten, weil die Urlaubsvertretung seines Teamkollegen unterqualifiziert ist oder keine Lust hat, sich für so kurze Zeit in das Thema einzuarbeiten.

Maßnahmen

Folgende Maßnahmen eignen sich dazu, solchen und anderen Konflikten vorzubeugen:
- Offene Informationspolitik gegenüber den Stakeholdern ($\rightarrow$ Kapitel D4)
- Einbeziehen der Betroffenen bei wichtigen Entscheidungen
- Befürchtungen und Bedenken ernst nehmen [9]
- Klima des Vertrauens erzeugen
- Offensichtliche und versteckte Ziele aller Beteiligten recherchieren und gemeinsam mit diesen offen besprechen
- Aufgaben und Kompetenzen bei jeder Strukturveränderung im Team klären
- Unterschiede im Verständnis von Vorgehen und Arbeitsmethoden besprechen
- Regelmäßiges Feedback ermöglichen und einfordern, eventuell unter der Leitung eines externen Moderators
- Auf Mitarbeiter, die dem Team dauerhaft schaden, verzichten

6.1.1 Professioneller Projektstart

Konfliktprävention

Mayrshofer und Kröger [10] empfehlen Konfliktprävention durch einen guten Projektstart. Folgende Maßnahmen sind dazu notwendig:
- Zeit nehmen für die Teambildung ($\rightarrow$ Kapitel D3)
- Persönliches Kennenlernen ermöglichen
- Rollen im Projekt klären
- Persönliche und fachliche Interessen besprechen
- Spielregeln für die Konfliktbehandlung verabreden

Hierzu lässt sich ergänzen:
- Das Team sollte sich für die Definition des gemeinsamen Ziels im Projekt Zeit nehmen. Es ist wichtig, dass sich alle Teammitglieder mit diesem Ziel identifizieren und ihren potenziellen Beitrag zu seiner Erfüllung erkennen können.
- Es empfiehlt sich, schon zu Projektbeginn im Team gemeinsam einen standardisierten Entscheidungsfindungsprozess zu erarbeiten oder sich auf eine bereits bewährte Vorgehensweise zu einigen.

6.1.2 Dramadreieck

Rückschlüsse aus Abhängigkeiten

Eine Methode zur Konfliktvermeidung ist das Dramadreieck (nach Karpman), ein psychologisches und soziales Modell der Transaktionsanalyse (TA), die aus der Psychoanalyse stammt. Mittels Dramadreieck (Rollenspiel mit den drei Rollen Opfer, Verfolger und Retter) lernen die Teilnehmer ihre gegenseitigen Abhängigkeiten kennen. Daraus können sie Rückschlüsse auf ihr Verhalten in bereits durchlebten Konfliktsituationen ziehen und sich neue Handlungsmöglichkeiten erarbeiten. Eingesetzt in Projektteams ermöglicht das Dramadreieck beispielsweise, dass Teammitglieder, die sich in eine unerwünschte Rolle gedrängt sehen, erkennen, was dazu geführt hat und wie sie ihr Verhalten künftig ändern können (z.B. Täter oder Opfer im Zusammenhang mit Mobbing). Auf diese Weise lassen sich Konfliktursachen dauerhaft beseitigen.

6.1.3 Eisbergtheorie

Projektleiter sollten auch die Eisbergtheorie kennen, um Konflikten vorbeugen zu können. Sie geht auf Freud (Mediziner und Begründer der Psychoanalyse) zurück. Nach Freud gleicht die menschliche Bewusstseinsbildung einem Eisberg, von dem der Mensch nur zehn bis 20 Prozent unmittelbar wahrnehmen kann. 80 bis 90 Prozent liegen unter Wasser – womit die verborgenen Bewusstseinsbereiche gemeint sind (z.B. Gefühle). Die Wasseroberfläche gilt als Schwelle zwischen Bewusstem und Unbewusstem. Sie verhindert den direkten Blick auf das Unbewusste.

Übertragen auf Projektteams kann dies so interpretiert werden: Die weichen Faktoren beziehungsweise die Beziehungsebene beeinflussen die Projektarbeit wesentlich stärker als die Sachebene. Im Zusammenhang mit Konflikten muss der Projektleiter demnach auch immer „unter der Oberfläche" suchen: Ist ein Sachkonflikt wirklich ein Sachkonflikt? Oder liegt die wahre Konfliktursache auf der Beziehungsebene? Die Eisbergtheorie lässt sich auch auf andere Bereiche des Projektmanagements anwenden. So wird beispielsweise auch die Kommunikation im Projekt ($\rightarrow$ Kapitel D4), die eng mit dem Thema Konflikte verknüpft ist, von dem Verhältnis „ein Siebtel Inhaltsebene/sechs Siebtel Beziehungsebene" bestimmt.

Einfluss der Beziehungsebene

7 Dynamik von Konflikten

Konflikte haben in der Regel eine längere Vorgeschichte, auch Latenzphase genannt. Wird der Konflikt dann offen ausgetragen (= manifester Konflikt), ist es höchste Zeit zu handeln. Können die Beteiligten das Problem nicht endgültig lösen, entsteht ein Kreislauf: Der Konflikt flaut zwar zunächst ab, geht aber nach Durchlauf einer Nachwirkungsphase in eine neue Konfliktepisode über. Dieser Ablauf wiederholt sich so lange, bis eine endgültige Lösung gefunden ist. Währenddessen kann sich der Konflikt verändern: Er kann an Schärfe gewinnen oder sich ausweiten (z.B. auf andere Personen oder Themen). Die Analyse eines Konflikts sollte daher immer auch bereits durchlaufene Konfliktepisoden erfassen, um den Ist-Zustand besser verstehen zu können.

Manifester Konflikt

Kreislauf

Die meisten der genannten Möglichkeiten zum Umgang mit Konflikten führen nicht zu einer endgültigen Beilegung. Anpassung, Kompromiss, Streit/Kampf, Machteinsatz und Verdrängung sorgen allenfalls auf Zeit für Ruhe. Irgendwann wird der Konflikt dann wieder manifest. Die Konfliktparteien tragen ihn erneut offen aus.

Endgültige Lösung offen

Bild D5-3 Aufbau einer Konfliktepisode [11]

8 Konflikteskalation

Neun-Stufen-Modell Glasl hat ein Neun-Stufen-Modell der Konflikteskalation entwickelt, anhand dessen Konflikte analysiert und bearbeitet werden können. In Anlehnung daran lassen sich folgende Stufen identifizieren [12]:

1. Spannung/Verhärtung
   Gelegentliche Meinungsverschiedenheiten treten auf, wobei aber Bereitschaft zur Kooperation vorhanden ist. Es wird noch kein beginnender Konflikt wahrgenommen.

2. Debatten
   Eine konstruktive Lösung ist noch nicht gefunden. Jetzt überlegen sich die Konfliktparteien Strategien, um die jeweils andere Seite von ihren Argumenten zu überzeugen. In diesen Debatten berücksichtigen die Parteien die Interessen der Gegenseite immer weniger, sie wollen diese unter Druck setzen. Meinungsverschiedenheiten wachsen sich zum offenen Streit aus.

3. Provokation/Druck
   Die Parteien versuchen, ihre Ziele durch Provokationen und Druck zu erreichen. Kommunikation findet kaum oder nicht mehr statt (z.B. Abbruch von Verhandlungen), der Konflikt verschärft sich schneller.

4. Koalitionen
   Jede Partei sucht nach Verbündeten, es bilden sich Koalitionen. Dadurch verschärft sich der Konflikt weiter. Die Sachebene tritt in den Hintergrund. Im Vordergrund steht, die Auseinandersetzung zu gewinnen, damit der Gegner verliert.

5. Gesichtsverlust
   Niederlagen und Demütigungen (z.B. durch Unterstellungen) kennzeichnen den Konflikt. Der gute Ruf des Gegners soll beschädigt werden. Jegliches Vertrauen ist zerstört.

6. Drohstrategien
   Mithilfe von Drohungen versuchen die Parteien, die Situation zu kontrollieren und Macht zu demonstrieren (z.B. Setzen eines Ultimatums).

7. Begrenzte Vernichtung
   Um den Drohungen Nachdruck zu verleihen, führen die Parteien begrenzte Vernichtungsschläge aus (z.B. teilweise Demontage eines Konkurrenten). Tricks kommen zum Einsatz. Die Beteiligten nehmen sich gegenseitig nicht mehr als Menschen wahr.

8. Zersplitterung
   Der Gegner soll zerstört werden.

9. Totale (Selbst-)Vernichtung
   Die eigene Vernichtung wird in Kauf genommen, um den Gegner zu zerstören.

Drei Abschnitte Das Modell ist in drei Abschnitte mit jeweils drei Stufen unterteilt. Im ersten Abschnitt können beide Konfliktparteien noch gewinnen (= Win-Win-Situation), im zweiten verliert eine Partei, die andere gewinnt (= Win-Lose). In Abschnitt drei verlieren beide Parteien (= Lose-Lose). Das Modell ist auf Fälle unterschiedlichster Größenordnung anwendbar – vom Konflikt zwischen Mitarbeitern eines Projektteams bis hin zum Konflikt zwischen Staaten.

9 Konfliktlösung

Es gibt verschiedene Instrumente und Vorgehensmodelle, um Konflikte zu bearbeiten.

9.1 Vorgehensmodell zur kooperativen Konfliktregelung

Bild D5-4 zeigt ein Vorgehensmodell zur kooperativen Konfliktregelung [13]. In der ICB heißt es dazu: „Kooperative Konfliktregelungen setzen die notwendige Bereitwilligkeit der Beteiligten voraus und können durch einen neutralen Schlichter moderiert werden." [14]

Bereitwilligkeit der Beteiligten

VORGEHENSMODELL ZUR KOOPERATIVEN KONFLIKTREGELUNG	
Einleitung	
	• Der Moderator informiert die Beteiligten über die Hintergründe des Konflikts. • Er motiviert die Beteiligten, eine Lösung anzustreben. • Er erläutert Vorgehensweise und Regeln der Moderation.
Diagnose	
Ist-Zustand beschreiben	• Der Moderator sammelt die unterschiedlichen Sichtweisen. • Er zerlegt bei Bedarf den Konflikt in Komponenten, damit diese (eventuell teilweise) einzeln bearbeitet werden können. • Die Gruppe erarbeitet eine gemeinsame Beschreibung des Ist-Zustands.
Lösungsentwicklung	
Soll-Zustand beschreiben	• Die Gruppe beschreibt alternative Zielzustände.
Maßnahmen erarbeiten	• Sie erarbeitet einen für alle akzeptablen Zielzustand und einen Weg, diesen zu erreichen. Erweist sich dieser Vorschlag als nicht realisierbar, wird der Erarbeitungsprozess nochmals durchlaufen – so lange, bis ein realisierbarer gemeinsamer Weg gefunden ist.
Erfolgssicherung	
	• Der Moderator hilft den Einzelnen, die Konsequenzen der Entscheidung für sich und ihr Verhalten zu erfassen. • Die Gruppe legt das Wer, Wann, Wo und Wie der Erfolgskontrolle fest.

Bild D5-4 Vorgehensmodell zur kooperativen Konfliktregelung

9.2 Standardfragen zur Konfliktlösung

Mit einer Reihe von Fragen gehen Mayrshofer und Kröger an die Konfliktbearbeitung und -lösung heran:

Fragen

Vorbereitung [15]
1. Wer sind die Beteiligten?
2. Worum geht es genau?
3. Welchen Nutzen kann der Konflikt für das Projekt oder die Organisation haben?
4. Was liefe im Projekt besser oder effizienter, wenn der Konflikt geklärt wäre?
5. Welcher Teil des Konflikts entstammt dem Umfeld des Projekts und sollte dort geklärt werden?

Erarbeitung einer Konfliktlösung [16]
1. Welche Vorschläge zur Konfliktlösung gibt es schon?
2. Welche Erfahrungen wurden damit gemacht?

3. Welche Auswirkungen hätten die vorgeschlagenen Lösungen voraussichtlich?
4. Welcher Zustand soll nach einer Konfliktlösung erreicht sein?
5. Wer gewinnt/verliert dabei?
6. Welche Kompensation erhält der Verlierer? Ist er damit einverstanden?
7. Wer muss diesen Zustand herstellen? Wer muss außerdem mitwirken?
8. Wer muss über die Konfliktlösung informiert sein?
9. Was soll geschehen, wenn der Konflikt wieder ausbricht?
10. Wie soll bei zukünftigen Konflikten verfahren werden?

9.3 Vorgehensmodell zur Konfliktmoderation

Moderationsschritte   Eine Konfliktmoderation kann nach Redlich folgende Schritte umfassen [17]:
1. Auftragsvereinbarung zwischen Projektleiter und Moderator
2. Vorgespräch mit dem Projektleiter (Ziel: Erfassung der Problemsituation)
3. Vorgespräch mit dem Team (Ziel: Vertrauensbildung)
4. Themeneingrenzung und Korrektur falscher Erwartungen
5. Klärung der Sichtweisen
6. Aushandeln von Kompromissen
7. Nachbereitung und weitere Begleitung

9.3.1 Vorteile einer Moderation

Der Einsatz eines Moderators bei der Konfliktlösung hat mehrere Vorteile, denn dieser
- blickt von außen auf den Konflikt (= Objektivität).
- nimmt dem Projektleiter während der Konfliktbearbeitung die Verantwortung für den Konflikt ab und ermöglicht es ihm, sich ganz auf die Konfliktlösung zu konzentrieren.
- gibt dem Projektleiter die Möglichkeit, seine Position als Partei im Konfliktlösungsprozess offen vertreten zu dürfen.
- besitzt Erfahrung in Konfliktmoderation und kennt erfolgversprechende Vorgehensweisen.

9.4 Mediation

Genannt sei an dieser Stelle auch die Möglichkeit der Mediation ($\rightarrow$ Kapitel A4). Dieses kooperative Konfliktlösungsverfahren wird häufig eingesetzt, um Konflikte außergerichtlich beizulegen. Die Konfliktparteien arbeiten mit Unterstützung eines neutralen Dritten (= Mediator) eigenverantwortlich an einer Lösung. Dabei bleiben sie stets Herren des Verfahrens, müssen aber bestimmte Regeln einhalten. Eine Mediation dauert oft nur wenige Tage, während der Einsatz eines Schiedsgerichts sowie Gerichtsverfahren meist mehrere Monate in Anspruch nehmen und entsprechend höhere Kosten verursachen. Ein Schwerpunkt der Mediation liegt auf der Erhaltung einer tragfähigen Beziehung zwischen den Parteien.

Vorteile

9.5 Kommunikationsregeln

Kommt ein offenes Gespräch zwischen den Konfliktbeteiligten zustande, sind die grundlegenden Kommunikationsregeln (→ Kapitel D4) zu beachten. Drei zentrale Regeln für Konfliktgespräche lauten:

1. In der Ich-Form sprechen: „Ich wünsche mir …" statt „Man hätte es leichter, wenn (…)"
2. Empfindungen statt Schuldzuweisungen: „Ich empfinde Dich als sehr gereizt" statt „Du bist sehr gereizt"
3. Auf den Punkt bringen statt verallgemeinern: „Ich habe Dich in diesem Fall als aggressiv erlebt" statt „Du bist immer so aggressiv"

Wer diese Regeln beachtet, erzeugt bei seinem Gegenüber den Willen, konstruktiv an sich und der Konfliktlösung zu arbeiten, anstatt Frust, Kummer, Aggression oder ähnliche negative Gefühle. Alle drei Regeln gleichzeitig zu beachten ist schwierig. Dabei ist ein Moderator, der auf Fehltritte aufmerksam macht und steuernd eingreift, von großem Nutzen.

Wichtig bei Konflikten ist, zwischen Wahrnehmen, Interpretieren und Bewerten zu unterscheiden. Bevor die Konfliktbeteiligten sich eine Meinung bilden und diese äußern, sollten sie sich bemühen, die Situation in ihrer Komplexität zu erfassen. So lassen sich vorschnelle Urteile und die damit verbundenen negativen Folgen für die Konfliktlösung vermeiden.

Wahrnehmen-
Interpretieren-
Bewerten

9.6 Empfehlungen zur konstruktiven Konfliktbehandlung

Folgende Empfehlungen sollen dabei helfen, Konflikte schnell und effektiv zu beenden:
- Konflikt sofort aufgreifen
- Warnsignale ernst nehmen (z.B. Mitarbeiterfluktuation, barscher Umgangston)
- Wahre Ursachen erforschen
- Ziele der Beteiligten klären
- Argumente präzise formulieren, Gegenpartei direkt ansprechen (z.B. „Bitte gib mir die Unterlagen in Zukunft immer einen Tag vor einem Kundentermin.")
- Gegenpartei soll Gesicht wahren können
- Emotionalität hinnehmen, gelassen reagieren
- Beilegung gemeinsam feiern

9.7 Checkliste

Die folgende Checkliste gibt einen groben Überblick über wichtige Punkte der Konfliktlösung:

1. Konflikt erkennen
2. Konfliktpartner identifizieren
3. Konflikt thematisieren
4. Konflikt analysieren
5. Konfliktargumente visualisieren
6. Konflikt einordnen (Beziehungs- oder Sachebene)
7. Konflikt von der Beziehungs- auf die Sachebene bringen
8. Konflikt strukturieren
9. Lösungsalternativen sammeln, bewerten, auswählen, umsetzen
10. Konflikt für neue Wege nutzen

Wichtige Punkte
der Konfliktlösung

10 Krisen

Eine Projektkrise stellt einen Sonderfall des Konflikts dar, der durch „Ausweglosigkeit, Rückzug, Blockade oder weitreichende Lähmung" gekennzeichnet ist [18]. Das Projekt kommt möglicherweise sogar zum Stillstand. Neubauer [19] definiert: „Wenn Probleme so eskalieren, dass deren Lösung unter den gegebenen Rahmenbedingungen unmöglich erscheint, sprechen wir von einer Krise."

Ab wann eine krisenhafte Entwicklung vorliegt, lässt sich nicht eindeutig sagen. Gareis [20] betont: „Das Vorhandensein einer Projektdiskontinuität ist nicht anhand objektiver Kriterien messbar, sondern ist durch einen Kommunikationsprozess im Projekt zu definieren." Mit Projektdiskontinuität ist eine Projektkrise gemeint.

10.1 Krisenindizien

Faktor Mensch

Immerhin existieren aber eine Reihe von Indizien, die auf eine Krise hindeuten können. Was den „Faktor Mensch" betrifft, können dies beispielsweise folgende sein:
- Die Mitarbeiterfluktuation steigt.
- Konflikte können nicht behoben werden und spitzen sich zu.
- Mitarbeiter können ihre Vorstellungen nicht durchsetzen und verlegen sich deshalb auf Blockade, Boykott oder ähnlich destruktive Verhaltensweisen (z.B. Zurückhalten von Unterlagen).

Harte Faktoren

Andere Indizien [21] sind im Bereich der „harten" Faktoren anzusiedeln und erfordern eine professionelle Projektsteuerung (→ Kapitel C9). Beispiele sind:
- Eine wesentliche prognostizierte oder tatsächliche Überschreitung der Projektkosten oder eine beträchtliche prognostizierte oder schon eingetretene Überschreitung des Endtermins ist zu verzeichnen. Gareis nennt für beide Fälle einen Grenzwert von 50 Prozent.
- Der Auftraggeber äußert immer wieder neue Wünsche.

10.2 Krisenverlauf

Fließende Phasenübergänge

Der Verlauf von Krisen lässt sich modellhaft darstellen [22]. In der Realität können die Phasen allerdings nicht so scharf voneinander abgegrenzt werden, die Übergänge sind fließend.

Krisenentstehung

Handlungsdefizit

Krisen haben oft schon eine lange Entstehungsgeschichte hinter sich, bevor sie offen zu Tage treten. Greifen die Projektverantwortlichen nicht rechtzeitig ein, entsteht ein Handlungsdefizit, das geradewegs in die Krise führen kann.

Krisenerkenntnis

In dieser Phase wird die Krise als solche identifiziert. Die Projektbeteiligten erkennen, dass sie das Problem nicht so einfach lösen können.

Krisendarstellung

Schriftform

Die – möglichst schriftliche – Krisendarstellung beschreibt die Krisensituation und den Gegenstand und nennt die Beteiligten. Auf dieser Basis prüfen die Projektverantwortlichen, ob es sich tatsächlich um eine Krise handelt. Das Dokument dient auch dazu, Stakeholder (z.B. die Unternehmensführung oder den Kunden) über die Krise zu informieren, ein Problembewusstsein zu schaffen und sie in die Lösungsbemühungen einzubinden.

Krisenlösung

Zur Lösung der Krise gehören nicht nur die Erarbeitung von Lösungsmöglichkeiten und deren Umsetzung. Projektleitung oder Unternehmensführung müssen in jedem Fall Sofortmaßnahmen einleiten, um Schlimmeres zu verhindern.

Sofortmaßnahmen

Aus Krisen lernen

Die Projektleitung sollte die Erfahrungen aus der Krise und ihrer Bewältigung dokumentieren, um Projektlernen zu ermöglichen (→ Kapitel C10). Außerdem sind Maßnahmen zu ergreifen, die das Krisenmanagement verbessern (z.B. Schulung der Mitarbeiter).

Erfahrungen dokumentieren

Bild D5-5 Krisenverlauf

10.3 Krisenformen bei Gruppen

Wenn Gruppen nicht mehr in der Lage sind, sich selbst und ihre Situation zu beeinflussen, ist dies ein sicheres Zeichen für eine Krise. Zwei verbreitete Formen sind die sich selbst blockierende und die von außen blockierte Gruppe

10.3.1 Sich selbst blockierende Gruppe

Das Fehlen einer Gegenpartei kennzeichnet die sich selbst blockierende Gruppe [23]. Ursache einer solchen Krise kann sein, dass die altvertraute Art und Weise der Zusammenarbeit plötzlich nicht mehr funktioniert. Die Gruppe und deren einzelne Mitglieder haben sich verändert, ohne dies bewusst wahrzunehmen.

Veränderung innerhalb der Gruppe

Ein Konfliktpotenzial ist zwar vorhanden, gelangt aber nicht an die Oberfläche. Das Gefühl, dass „irgendetwas nicht stimmt", greift um sich. Besonders Teams mit einem starken Zusammenhalt sind anfällig für diese Krisenform. Aus Angst, die Gruppe könnte zerfallen, traut sich niemand, die Konfliktbewältigung einzuleiten. Versuche von außen, etwas zu verändern, empfindet das Team als Angriff, der abgewehrt werden muss. In ihnen liegt aber die einzige Möglichkeit, etwas zu verändern (z.B. durch eine Umstrukturierung). Je länger das Team in seiner Erstarrung verharrt, desto schwieriger wird es, doch noch umzusteuern.

10.3.2 Von außen blockierte Gruppe

Schädliche Eingriffe

Verursacher dieser Krisenform sind Eingriffe von außen in die Gruppe mit dem Ziel, einen (vermuteten) Konflikt im Keim zu ersticken. Die von außen blockierte Gruppe verliert Identität, Selbstbewusstsein und schließlich die Hoffnung, noch etwas bewegen zu können. Formalisierte Prozeduren zur Verhaltensregulierung (Ausweichprozeduren) nehmen überhand. Die direkte Kommunikation zwischen den Beteiligten kommt zum Erliegen [24].

10.4 Krisenbewältigung

Für die Bewältigung von Krisen, in denen die Probleme eskaliert sind [25], hat Neubauer ein Vorgehensmodell entworfen. Es geht ihm dabei vor allem um die Neuformulierung von Problemstellungen und die Verlagerung des Blickwinkels, aus dem das Projekt betrachtet wird. Dabei ist in der Regel Hilfe

Externe Hilfe

von außen erforderlich, weil die Projektbeteiligten oft in Panik handeln und neue, unkonventionelle Möglichkeiten der Problemlösung nicht erkennen.

10.4.1 Vorgehensmodell nach Neubauer

1. Analyse des Problems mit genauer Dokumentation
2. Ermittlung des zu erwartenden Schadens
   Alle Partner, die an der Krise beteiligt sind (vor allem Auftraggeber und Auftragnehmer), werden bestrebt sein, eine Lösung zu finden, die geringere Kosten verursacht als der aus der Krise zu erwartende Schaden.
3. Suche nach brauchbaren Lösungsalternativen
   In dieser Phase können Kreativitätstechniken eingesetzt werden.
4. Schadensprognose
   Stellt sich eine Lösung als akzeptabel heraus, muss der vermutlich eintretende Schaden so gut wie möglich vorhergesagt werden. Nur wenn er geringer ist als der ursprünglich erwartete, ist die Alternative sinnvoll.
5. Nutzendarstellung
   Der Nutzen der Lösung muss für die Projektbeteiligten überzeugend dargestellt und zur neuen Projektgrundlage werden.
6. Schriftliche Vereinbarung des erzielten Konsenses

Projektabbruch

Finden die Beteiligten keinen Ausweg aus der Krise, muss das Projekt abgebrochen werden. In der Praxis entscheiden sich zu wenige Projektverantwortliche für diese Lösung.

10.5 Krisenvorsorge

Zur Krisenvorsorge sowohl auf der Beziehungs- wie auch auf der Sachebene sei ein zentrales Stichwort genannt: Kommunikation (→ Kapitel D4).

Kommunikation

- Umfassende Stakeholderinformationen,
- ein aktiver Stakeholderdialog,
- ein funktionierendes Berichtswesen (→ Kapitel D4, C9),
- ein offenes, vertrauensvolles Klima im Projekt und im Unternehmen sowie
- ein kooperativer Führungsstil des Projektleiters (→ Kapitel D3)

sind zentrale Elemente der Krisenvorsorge.

Fragen zur Selbsteinschätzung gemäß Zertifikatslevel

Nr.	Frage	D	C	B	A	Selbsteinschätzung
D5.1	Wie können Konflikte entstehen?	2	2	2	2	☐
D5.2	Wie kann man Konflikte erkennen?	2	3	4	4	☐
D5.3	Wie können Konflikte gelöst werden?	2	3	4	4	☐
D5.4	Welche Maßnahmen eignen sich, um Konflikten vorzubeugen?	2	3	4	4	☐
D5.5	Welche Funktionen können Konflikte haben?	2	2	2	2	☐
D5.6	Welche Konfliktursachen auf welchen Ebenen sind bekannt?	2	2	2	2	☐
D5.7	Welche Konfliktursachen können einzelnen Prozessebenen der Projektarbeit zugeordnet werden?	2	3	3	4	☐
D5.8	Welches Konfliktpotenzial birgt das persönliche Verhalten?	2	2	2	2	☐
D5.9	Welche Möglichkeiten zum Umgang mit Konflikten bestehen?	2	3	4	4	☐
D5.10	Wie kann man eine kooperative Konfliktregelung erreichen?	2	3	4	4	☐
D5.11	Warum wird bei der Konfliktlösung häufig ein Moderator eingesetzt?	2	2	2	2	☐
D5.12	Wie können Konflikte schnell und effektiv beendet werden?	2	3	4	4	☐
D5.13	Was ist der Unterschied zwischen Krise und Konflikt?	2	2	2	2	☐
D5.14	Welche Krisenformen können bei Gruppen auftreten?	2	2	2	2	☐
D5.15	Wie kann man bei der Krisenbewältigung vorgehen?	2	3	4	4	☐
D5.16	Welche Aktivitäten sind die zentralen Elemente der Krisenvorsorge?	2	3	4	4	☐

BLOCK E

Einzelprojekt und Projektlandschaft

E1 PROGRAMM- UND MULTIPROJEKTMANAGEMENT

In Unternehmen, die die Vorteile von Projektmanagement für sich entdeckt und sich entsprechend organisiert haben, laufen meist mehrere Projekte parallel (ICB-Elemente 3, 4, 39). Die Verantwortlichen haben die Aufgabe, diese Vorhaben zu koordinieren und knappe Ressourcen zu verteilen. Prioritäten müssen gesetzt und begründet werden. Hier kommen die Begriffe Programm und Portfolio ins Spiel, denen sich dieses Kapitel widmet. Dargestellt werden die Unterschiede zwischen Programm- und Multi- beziehungsweise Mehrprojektmanagement. Die Rollendefinitionen von Programm- und Multiprojektmanager werden erläutert.

1 Parallele Projekte

In den meisten Organisationen laufen gleichzeitig mehrere Projekte, zwischen denen zahlreiche Abhängigkeiten bestehen. Nur aus didaktischen Gründen wurde in den Kapitelblöcken A bis D dieses Buchs unterstellt, dass Unternehmen nur ein einziges Projekt planen und realisieren. Mit Recht klagen Mitarbeiter häufig, die zu große Zahl von Projekten („Projektitis") kaum noch bewältigen zu können. Außerdem sei oft unklar, welche Vorhaben denn nun Priorität haben. Das Auslastungs- und Prioritätenproblem müssen die Verantwortlichen zwar auch im Ein-Projekt-Fall lösen. Es bekommt aber besonderes Gewicht, wenn mehrere Projektvorschläge oder Kundenanfragen vorliegen.

„Projektitis"

Bei internen Projekten sind folgende Kernfragen zu klären:
- Welche Projekte starten wir angesichts knapper Ressourcen? Relevant sind dabei vor allem Personalressourcen und Budgetmittel.
- Welche Priorität geben wir den Projekten?

Interne Auftraggeber

Dabei bedingt die Vergabe von Prioritäten immer und zwingend, dass Einsatzmittel zugewiesen werden. Bei Projekten für einen externen Auftraggeber lautet das Entscheidungsproblem:
- Lohnt es sich, für diesen Interessenten ein Angebot zu erstellen?

Externe Auftraggeber

Denn die Kosten der oft aufwändigen Angebotserstellung hat in der Regel der potenzielle Auftragnehmer zu tragen. Die Wahrscheinlichkeit, dass er den Auftrag bekommt, ist aber oftmals eher gering – vor allem bei schlechter Konjunktur und/oder großer Konkurrenz. Die VDI-Gesellschaft Entwicklung Konstruktion Vertrieb hat beobachtet [1]: „Durch die weltweite Öffnung der Märkte und die Liberalisierung des internationalen Handelsverkehrs hat sich die Konkurrenzsituation der Industrie in den letzten Jahren deutlich verschärft (…). Für die anbietenden Unternehmen bedeutet dies, dass für eine gleich bleibende Anzahl von Aufträgen mehr Angebote erstellt werden müssen. Dadurch entstehen bereits im Vorfeld erhebliche Kosten, die auf die Zahl der gewonnenen Aufträge umgelegt werden müssen." Bei guter Auftragslage dagegen kann wegen zu geringer Kapazitäten oft ebenfalls nur ein Teil der Projekte realisiert werden.

2 Begriffe

Eine begriffliche Klärung bietet Lomnitz in der notwendigen Präzision [2]. Er arbeitet den Unterschied zwischen Programm und Projektportfolio heraus und definiert:

Unterschied
Programm / Portfolio

Programme sind „Großprojekte mit einer Anzahl von Subprojekten". Verantwortlich für ein Programm ist der Programmmanager.

Unter Projektportfolio ist die gleichzeitige Existenz mehrerer eigenständiger Projekte in einem Unternehmen zu verstehen. Die Aufgabe, die Projekte aus dem Portfolio zu planen und zu steuern, nennt Lomnitz Multiprojektmanagement. Eine besondere Rolle, die nicht mit der Funktion des Programmmanagers verwechselt werden darf, spielt dabei der Multiprojektmanager.

Es kann vorkommen, dass zu einem Projektportfolio auch ein Programm gehört.

Bild E1-1 [3] zeigt den Unterschied zwischen Multiprojektmanagement und Programmmanagement.

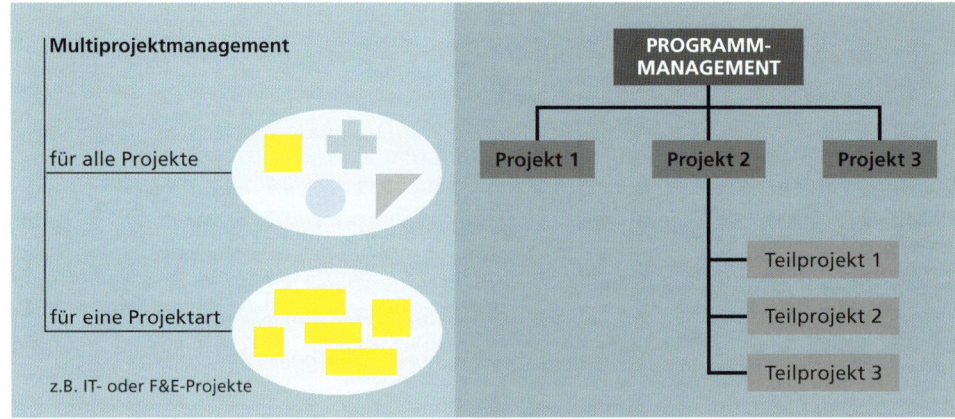

Bild E1-1 Unterschied zwischen Multiprojektmanagement und Programmmanagement

Unterschiedliche
Rollen und Aufgaben

Aus der Unterscheidung zwischen Programm- und Multi- oder Mehrprojektmanagement ergeben sich auch unterschiedliche Rollen und Aufgaben (→ Kapitel E3) für die Beteiligten.

Die ICB definiert die Begriffe Programm- und Multiprojektmanagement ähnlich wie Lomnitz:

„Ein Programm besteht aus einer Reihe von verknüpften Vorhaben und weiteren Maßnahmen zur Erreichung einer übergeordneten Zielsetzung (= Strategie). Beim Mehrprojektmanagement werden alle Projekte in einer Organisation oder in einem Bereich bei der Evaluation und Auswahl, Planung und Steuerung aufeinander abgestimmt."

Kritisch ist zu dieser Definition zu sagen:
- Die ICB benutzt das Merkmal der zeitlichen Begrenzung nicht zur Unterscheidung.
- Ein Programm verfolgt genauso wie ein Projektportfolio eine übergeordnete Zielsetzung.

2.1 Programm und Projektportfolio

Zwei Beispiele sollen die Begriffe Programm und Projektportfolio verdeutlichen.

2.1.1 Programm

Ein Programm besitzt das gleiche Merkmal wie ein Projekt: die zeitliche Begrenzung. Der Programmmanager wird von seiner Aufgabe entbunden, wenn das Programm beendet ist.

Programmmanager

Beispiel
Bei der Entwicklung eines neuen Automodells gibt es neben dem Hauptprojekt, in dem unter anderem Fahrgestell, Karosserie und Motor neu zu entwickeln sind, eine ganze Reihe von weiteren Vorhaben, die diesem Hauptprojekt zugeordnet sind. In solchen Nebenprojekten entwickelt der Automobilkonzern zum Beispiel ein verbessertes Antiblockier- und Airbagsystem, während ein Zulieferer an einem ausgefeilteren Navigationssystem arbeitet. Zusätzlich möchte das Unternehmen zur Einführung des Modells die Vertriebsorganisation ändern und eine Werbekampagne starten. Um alle diese Aufgaben bewältigen zu können, setzt die Unternehmensleitung ein Programm auf. Es ist beendet, wenn die Kunden das neue Modell kaufen können.

Der Programmmanager muss die verschiedenen, dem Hauptprojekt zugeordneten Nebenprojekte so steuern, dass

Nebenprojekte

- rechtzeitig zu den einzelnen Meilensteinen des Hauptprojekts die notwendigen Informationen und materiellen Ergebnisse aus den Nebenprojekten vorliegen,
- die zahlreichen technischen Schnittstellen der verschiedenen Projekte aufeinander abgestimmt sind und
- das gesamte Programm im vorgegebenen Termin- und Kostenrahmen mit der geforderten Qualität und zur Zufriedenheit der Kunden abgewickelt wird.

Außerdem muss er sicherstellen, dass die erzielten Ergebnisse der Nebenprojekte bei Bedarf auch in anderen Projekten genutzt werden können. So vermeidet das Unternehmen unnötige Doppelarbeit.

2.1.2 Projektportfolio

Im Gegensatz zum Programmmanagement ist Multiprojektmanagement eine permanente Aufgabe. Das Projektportfolio erneuert sich zumindest in größeren Organisationen ständig, weil sie immer wieder Projekte beenden oder abbrechen und neue aufnehmen. Das Portfolio selbst bleibt bestehen, aber seine Zusammensetzung ändert sich. Die Aufgabe des Programmmanagers ist zeitlich begrenzt, die des Multiprojektmanagers permanent.

Aufgabe mit/ohne zeitliche Begrenzung

Beispiel
In einem Versicherungskonzern laufen ständig zahlreiche IT-Projekte gleichzeitig ab. Ist eines beendet, kommt gleich wieder ein neues Projekt hinzu.

2.2 Gegenüberstellung Programmmanager – Multiprojektmanager

Rollendefinition Eine anschauliche, etwas vereinfachte Gegenüberstellung der Rollendefinitionen für Multiprojekt-manager und Programmmanager bietet Lomnitz [4]:

MULTIPROJEKTMANAGER	PROGRAMMMANAGER
Navigator der Projektlandschaft Fokus: Gesamtsicht über die Projekte	Kapitän des Programms Fokus: Programm
Koordinationsaufgabe Analysiert und stellt die Probleme dem Projektleiter, dem Auftraggeber und dem Portfolio-Board dar	Führungsaufgabe Muss unmittelbar in die Projekte eingreifen, wenn die Situation es erfordert
Hat keine Budgetverantwortung, muss aber über das Gesamtbudget wachen	Hat die Budgetverantwortung
Analysiert die Personalsituation in der Projektlandschaft	Hat Personalverantwortung
Daueraufgabe, so lange die Projektlandschaft zu koordinieren ist	Aufgabe endet mit Abschluss des Programms
Muss sich oft mit der internen Politik, Macht und seiner eigenen Ohnmacht auseinander setzen	Ist oft dem rauen Wind des Kunden ausgesetzt, wenn es sich um ein externes Projekt handelt

Bild E1-2 Gegenüberstellung der Rollendefinitionen Multiprojektmanager – Programmmanager

Fragen zur Selbsteinschätzung gemäß Zertifikatslevel

Nr.	Frage	Level				Selbsteinschätzung
		D	C	B	A	
E1.1	Was ist der hauptsächliche Unterschied zwischen Programm- und Portfolio-Management?	1	2	2	3	☐
E1.2	Wie können die Begriffe Projekt-, Programm-, Multiprojekt- und Portfolio-Management definiert werden?	1	2	2	3	☐
E1.3	Wie können die Rollen eines Programmmanagers und eines Multiprojektmanagers miteinander verglichen bzw. gegeneinander abgegrenzt werden?	1	2	2	3	☐
E1.4	Welche Manager-Rolle in der Projektlandschaft hat eher einen temporären und welche eher einen fortlaufenden Charakter?	1	1	1	3	☐

E2 PROJEKTAUSWAHL UND UNTERNEHMENSSTRATEGIE

Am Markt überleben können Unternehmen nur, wenn sie die richtigen Projekte realisieren. Doch wie finden die für die Projektauswahl verantwortlichen Gremien heraus, welche Vorhaben umgesetzt werden sollen? Unabhängig davon, ob es sich um interne Projekte oder um Projekte für einen externen Autraggeber handelt: Das Problem, geeignete Vorhaben identifizieren zu müssen, stellt sich immer. Fragen rund um die Projektauswahl sind daher Thema dieses Kapitels. Erklärt werden unter anderem die Rollen der verschiedenen Entscheidungsgremien und die Funktionsweise von Auswahlmethoden (ICB-Element 7).

1 Bedeutung

Die Beziehungen zwischen Projektmanagement und Strategie [1] einer Organisation können zweierlei Art sein. Zum einen ist die Erarbeitung einer Strategie ein anspruchsvolles Projekt mit zunächst meist vagen Zielen oder sogar ein ganzes Bündel von Projekten, die einem gemeinsamen obersten Ziel folgen (= Programm). In diesem Kapitel interessiert aber nur der zweite Aspekt: Strategien werden mithilfe von Projekten realisiert.

Strategien mithilfe von Projekten realisieren

Bild E2-1 zeigt den Zusammenhang zwischen Unternehmensstrategie, strategischem Projektmanagement („Die richtigen Projekte machen") und operativem Projektmanagement („Die Projekte richtig machen").

- Grobe Zielformulierung
- Strategische Ausgangssituation bestimmen
- Alternative Umweltbedingungen definieren
- Gesamte Institution analysieren z.B. mithilfe der Gap(=Lücken)analyse
- Strategien entwickeln, bewerten, auswählen
- Entscheidungsphase
- Detail- und Maßnahmenplanung

STRATEGISCHES PROJEKTMANAGEMENT

Sonstige Maßnahmen zur Realisierung von Strategien

- Strategiekonforme Projekte initiieren
- Nicht strategiekonforme Projekte abbrechen
- Laufende Projekte strategiekonform modifizieren
- Übergeordnete Überwachung und Steuerung, insbesondere Projektprioritäten setzen

Realisierung von Projekten im Rahmen der gesetzten Ziele

OPERATIVES PROJEKTMANAGEMENT

Bild E2-1 Unternehmensstrategie, strategisches und operatives Projektmanagement

2 Operatives und strategisches Projektmanagement

Die Aufgabe des Projektleiters ist das operative Projektmanagement. Das bedeutet: Er muss Temin- und Kostenvorgaben einhalten, die gewünschte Leistung (Qualität) liefern und das Vorhaben zur Zufriedenheit der wichtigsten Stakeholder abwickeln.

Gremien für strategisches Projektmanagement

Für das strategische Projektmanagement dagegen sind Gremien zuständig, die speziell dafür gegründet wurden. Sie können beispielsweise Projektsteuerungsgremium, Lenkungsausschuss oder Portfolio-Board heißen. Zu beachten ist der Unterschied zu Steuerungsgremien, die für ein einzelnes Projekt installiert wurden (z.B. für ein Reorganisationsvorhaben). Deren Aufgabe besteht vorrangig darin, die vom Team im Projekt erarbeiteten Ergebnisse zu bewerten und zu verabschieden.

Entscheidungs- befugnis

Die Mitglieder von Projektsteuerungsgremium, Lenkungsausschuss oder Portfolio-Board sind meist hoch in der Unternehmenshierarchie angesiedelt – zum Teil auf der Ebene des Vorstands oder der Geschäftsführung, zum Teil eine Ebene darunter. Sie treffen die Projektauswahl und verfügen – wenn nötig – den rechtzeitigen Projektabbruch. Außerdem fällen sie alle Entscheidungen, zu denen nicht der einzelne Projektleiter fähig oder befugt ist, sondern nur Personen, die das gesamte Projekt- und Produktportfolio überblicken und mit der Unternehmensstrategie vertraut sind. Zu diesen Entscheidungen zählen

- die Verabschiedung der endgültigen Projektdefinition (Pflichtenheft),
- die Vergabe von Prioritäten für die einzelnen Vorhaben,
- wesentliche Änderungen der Prioritäten und
- die Zustimmung zu oder Ablehnung von erheblichen Zieländerungen während des Projekts.

Außerdem

- ernennen sie Projektleiter,
- schlichten Konflikte zwischen Projektleiter und Linie und
- unterstützen als Machtpromotoren die Einführung und Weiterentwicklung eines Projektmanagement-Konzepts.

2.1 Verknüpfung Unternehmensstrategie – Projektauswahl

Fehler in der Praxis

Die strategische Unternehmens- und Geschäftsfeldplanung einer Organisation und deren Projektauswahl müssen eng miteinander verknüpft sein. Die strategische Planung ist jedoch häufig ein Geheimnis der Geschäftsleitung. Scheuring [2] zitiert dazu die Aussage eines Projektleiters aus der Informatikabteilung eines Konzerns: „Unsere Firmenstrategie kenne ich nicht. Ich weiß nicht einmal, ob wir eine haben." Vor allem in großen Organisationen ist es durchaus gängig, dass die Stellen, die für die Formulierung der langfristigen Strategie zuständig sind, keinen Kontakt zu den Instanzen haben, die die Projektauswahl verantworten.

King [3] trifft eine ähnliche Feststellung aus seiner eigenen Beratungstätigkeit: Er analysierte die bestehenden und geplanten Programme eines größeren Unternehmens, das in ganz verschiedenen Bereichen tätig war. Dabei zeigte sich, dass die laufenden und geplanten Projekte keinen erkennbaren Bezug zu den Unternehmenszielen oder zur Unternehmensstrategie hatten. Dies beobachtete er immer wieder. Neuere Untersuchungen kommen zu ähnlichen Ergebnissen [4].

Den Verantwortlichen in den Unternehmen ist allerdings zugute zu halten, dass die Zusammenhänge zwischen Projekten und der Strategie einer Organisation oft kompliziert sind.

Beispiel

Ein Entwicklungsprojekt liefert Grundlagen für mehrere Produktentwicklungen eines Geschäfts-felds. Nun stellt sich den Projektverantwortlichen die Frage: Wie kann man die verschiedenen Beiträge aus dem Entwicklungsprojekt getrennt bewerten? Wie lässt sich der Wert des Grund-lagenprojekts für die Organisation bestimmen?

3 Management by Projects

Die mangelnde Abstimmung von Strategie und Projektauswahl steht in auffälligem Gegensatz zum immer häufiger propagierten Konzept des Management by Projects, mit dem langfristige Ziele der Organisation besser erfüllt werden sollen.

Management by Projects ist nach der ICB ein „zentrales Managementkonzept von Stammorgani-sationen, insbesondere von projektorientierten Unternehmen". Projektorientierte Unternehmen erfüllen ihre Aufgaben vor allem in Form von Projekten. Viele verschiedene Vorhaben werden parallel begonnen, geführt und abgeschlossen. „Durch das Management by Projects werden die organisato-rische Flexibilität und Dynamik gesteigert, die Managementverantwortung dezentralisiert, das Ler-nen im Unternehmen verbessert und die organisatorischen Veränderungen erleichtert", so die ICB.

Projektorientierte Unternehmen

Nicht nur die klassischen Projekte – zum Beispiel Vorhaben im Auftrag eines Kunden, interne Inves-titionsprojekte sowie Forschungs- und Entwicklungsprojekte – sollen mit dem Führungskonzept Projektmanagement geplant und abgewickelt werden, sondern beispielsweise auch eigene Reorga-nisations- und Marktforschungsprojekte. Dabei berühren vor allem Umorganisationsprojekte meist vitale Interessen der Mitarbeiter, da sie häufig mit dem Ziel der Rationalisierung und der Einsparung von Arbeitsplätzen verbunden sind.

Einsatzmöglichkeiten

Gareis [5] fasst die Entwicklung zu einem mittels Management by Projects geführten Unternehmen wie folgt zusammen:

VON	ZU
Auftragsabwicklung, Forschung und Entwicklung	Auftragsabwicklung, Forschung und Entwicklung, Angebotserstellung, PR-Projekte, Personal- und Organisationsentwicklungsvorhaben, Investitionsprojekte
Wenige große Projekte	Viele kleine, mittlere und große Projekte
Vor allem Projekte mit externem Auftraggeber	Projekte mit externem und internem Auftraggeber

Bild E2-2 Entwicklung zu Management by Projects

Management by Projects setzt voraus:
- Verständnis für die organisationseinheitenübergreifende Arbeitsweise in Projekten
- Bereitschaft, konsequent Verantwortung auf Zeit nach unten an die Projektleiter zu delegieren

Voraussetzungen

Es bietet der Organisation in Zeiten, in denen sich Märkte rasch verändern und hoher Konkurrenz-druck herrscht, viele Vorteile:
- Durch die temporäre Projektorganisation kann das Unternehmen schnell und flexibel auf Chancen und Gefahren reagieren.

Vorteile

- Abteilungsübergreifende Aufgaben können effizient gelöst, Teamarbeit und Kommunikation verbessert werden.
- Projekte geben dem Projektpersonal die Möglichkeit, Abstand von der Linienorganisation zu gewinnen und Probleme aus einer gewissen Distanz zu betrachten.
- Projekte sind ein Mittel, um technologischen und organisatorischen Wandel in der Organisation rasch zu realisieren.
- Projekte können auch für die Personalentwicklung genutzt werden. Projektarbeit bietet neue Karrierechancen und Motivation für die Mitarbeiter („Unternehmer auf Zeit im Unternehmen").

Befugnisse   Allerdings sind viele Organisationen von konsequenter Projektorientierung und Management by Projects noch weit entfernt. Ihre Bereitschaft, dem Projektleiter neben Verantwortung und Aufgaben auch Befugnisse zu geben, müssen sie noch erheblich steigern ($\rightarrow$ Kapitel A6).

4 Auswahl von Produktentwicklungsprojekten

Die Handlungsvorschrift für die richtige Auswahl von Produktentwicklungsprojekten lautet: Wähle die Vorhaben aus, mit denen sich die Ziele des Unternehmens am besten erfüllen lassen. Diese Forderung umzusetzen ist nicht nur aus methodischen Gründen schwierig. Dem Versuch der systematischen Projektauswahl stellen sich oft handfeste Hindernisse entgegen. Mitglieder der Organisation verteidigen beispielsweise vehement ihre „Erbhöfe".

Probleme

Beispiel
Ein leitender Angestellter eines entwicklungsintensiven Unternehmens hat durch die erfolgreiche Abwicklung einer Reihe von Produktentwicklungsprojekten Karriere gemacht und einige Patente erworben. Die zugrunde liegende Technologie wird aber nach allen verfügbaren Prognosen in nächster Zeit von einer leistungsfähigeren verdrängt werden. Eigentlich wäre es für das Unternehmen höchste Zeit, sich mit geeigneten Entwicklungsvorhaben auf diesen Trend einzustellen. Da der leitende Angestellte und seine Mitarbeiter mit der neuen Technologie aber nicht vertraut sind, wehren sie sich dagegen und lehnen entsprechende Projektvorschläge ab.

4.1 Erfolgsfaktoren-Ansatz

Produkt-/   Eine relativ einfache Methode zur Projektauswahl besteht darin, Erfolgsfaktoren zu bestimmen und
Projektprofile   – daraus abgeleitet – Produkt- und Projektprofile zu konstruieren. Erfolgsfaktoren sind Eigenschaften von Produkten und Merkmale der anbietenden Organisation, die deren Wettbewerbsstellung auf dem jeweiligen Markt wesentlich bestimmen. Die Orientierung an diesen Erfolgsfaktoren hat den großen zusätzlichen Vorteil, dass sie den Produktentwicklern zugleich Vorgaben für die Formulierung der Produktziele liefert.

Beispiel
Bild E2-3 [6] zeigt, dass bei Elektromotoren der Geschäftsart A (Standardmotoren, die in großen Stückzahlen hergestellt werden) der Preis wichtigster Erfolgsfaktor ist. Die Anstrengungen in diesem Geschäftsfeld müssen sich also darauf richten, dieses Produkt zu niedrigen Preisen anzubieten. Die Forschungs- und Entwicklungstätigkeit sollte sich nun vor allem darauf konzentrieren, durch Verfahrensverbesserungen die Fertigungskosten zu reduzieren und ein Produktdesign zu erarbeiten, das die Herstellung zu niedrigen Kosten erlaubt.

Bei Geschäftsart D (nichtstandardisierte Motoren) spielt der Preis für den Kunden eine untergeordnete Rolle. Ein wesentlicher Faktor ist hier die Qualität. Die Entwicklung muss in diesem Fall also vor allem auf Produktverbesserungen ausgerichtet sein.

Erfahrene Vertriebs- und Marketingmitarbeiter können die Erfolgsfaktoren schätzen.

Schätzung

GESCHÄFTSARTEN UND IHRE ERFOLGSFAKTOREN AM BEISPIEL VON ELEKTROMOTOREN

Geschäftsart	A	B	C	D
	Standardmotoren, große Stückzahlen, Großkunden, Nachfrage hoch, preiselastisch	Modifizierte Standardmotoren, große Stückzahlen, Großkunden, Nachfrage sehr preiselastisch	Modifizierte Standardmotoren, mittlere Losgrößen, Kunden mittlerer Größe, Nachfrage ziemlich preiselastisch	Nichtstandardisierte Motoren, kleine Losgrößen, Kunden geringer Größe, Preis sekundär
Erfolgsfaktor				
Preis	3	2	2	1
Qualität/Funktion	1	2	2	3
Lieferfähigkeit	2	2	2	2
Produktservice	1	1	2	2
Unterstützung der Kunden bei Engineering/Fertigung	1	2	3	3
Vertreternetz	2	2	2	3

1 = Unwichtig 2 = Wichtig 3 = Sehr wichtig

Bild E2-3 Erfolgsfaktoren am Beispiel von Elektromotoren

Das Beispiel in Bild E2-4 zeigt Erfolgsfaktoren für Autoreifen [7], die durch das mathematische Verfahren Conjoint-Analyse gewonnen wurden. Man kann erkennen, dass vor allem das Fahrverhalten für die Kaufentscheidung des Kunden wichtig ist.

Conjoint-Analyse

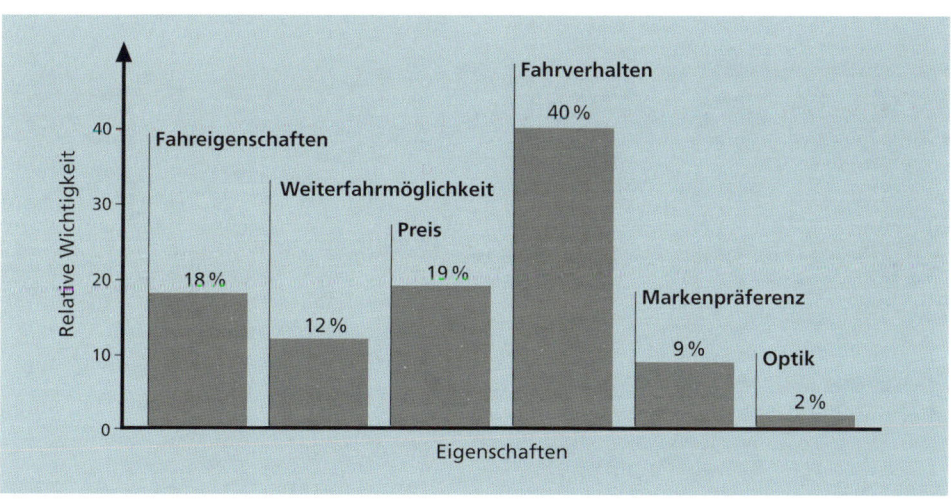

Bild E2-4 Erfolgsfaktoren am Beispiel von Autoreifen

Die verhältnismäßig grobe Rasterung der Erfolgsfaktoren in Bild E2-4 lässt sich mithilfe der Conjoint-Analyse weiter differenzieren. Bild E2-5 zeigt die Bedeutung, die die Käufer den einzelnen Unterkriterien der Fahreigenschaften zumessen. Sie legen besonderen Wert auf die Nässe- und die Ganzjahrestauglichkeit.

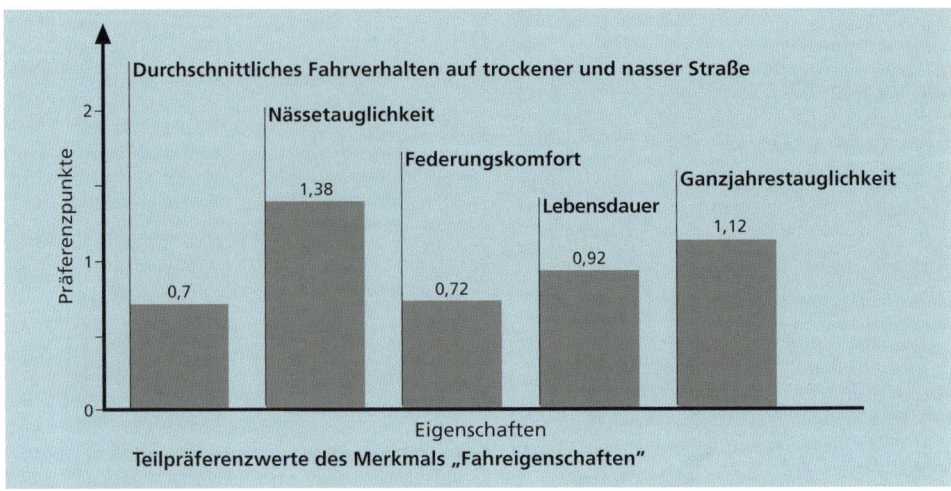

Bild E2-5 Gewichtung der einzelnen Kriterien des Merkmals „Fahreigenschaften" durch die Käufer

Vergleich von Projektalternativen

Die Erfolgsfaktoren sind nun für die Konstruktion von Produkt- beziehungsweise Projektprofilen verwendbar, anhand derer sich Projektalternativen vergleichen lassen. Bild E2-6 zeigt ein entsprechend stark vereinfachtes Profil, in dem bereits ein grober Vergleich mit der Konkurrenz enthalten ist. Vergibt man für die einzelnen Kriterien Punktwerte, zeigt sich: Das Projekt 1 ist dem Projekt 2 vorzuziehen.

VEREINFACHTES PRODUKT- UND PROJEKTPROFIL				
Erfolgsfaktoren		Schlechter als Konkurrenz	Gleichwertig mit Konkurrenz	Besser als Konkurrenz
Gewicht		– 1	0	+ 1
Fahreigenschaften	0,18			
Weiterfahrmöglichkeit	0,12			
Preis	0,19			
Fahrverhalten	0,40			
Markenpräferenz *	0,09			
Optik	0,02			
Projektvergleich				
Punktwert Projekt 1		0 x 0,18 – 1 x 0,12 + 0 x 0,19 + 1 x 0,40 + 0 x 0,09 + 0 x 0,02 = 0,46		
Punktwert Projekt 2		– 1 x 0,18 + 1 x 0,12 + 1 x 0,19 + 0 x 0,40 + 0 x 0,09 – 1 x 0,02 = 0,11		
* vor allem durch Werbung zu beeinflussen		Projekt 1 Projekt 2		

Bild E2-6 Verwendung von Erfolgsfaktoren für Projekt- und Produktprofil

Entscheidungsregeln

Wenn die Erfolgsfaktoren für die Produkte eines Unternehmens bekannt sind, lassen sich einfache Entscheidungsregeln für die Auswahl von Projekten formulieren:

1. Ist der wesentliche Erfolgsfaktor auf einem Markt der Preis, dann sind Projekte mit dem Schwer-

punktziel zu realisieren, die Fertigungs- und die späteren Wartungs- und Betriebskosten zu reduzieren.

2. Honoriert der Kunde vor allem Produkteigenschaften, dann sind Projekte zu realisieren, bei denen die wichtigsten Leistungsziele mit den wesentlichen Erfolgsfaktoren übereinstimmen. Bei diesen Leistungszielen muss versucht werden, Rückstände aufzuholen und/oder die stärksten Konkurrenten zu übertreffen.

4.1.1 Weitere Größen

Neben den Erfolgsfaktoren werden in der Praxis für die geplanten Projekte weitere Prognosewerte berücksichtigt. Dazu zählen zum Beispiel

- der erwartete Return on Investment (= ROI, Gewinn bezogen auf die geplante Investition), *ROI, Umsatzrendite*
- die geschätzte Umsatzrendite (= Gewinn bezogen auf den mit dem Produkt geplanten Umsatz),
- prognostizierte Deckungsbeiträge (grobe Definition: Umsatz abzüglich der variablen Kosten) und
- die Payoff-Zeit (= geschätzter Zeitraum, in dem die für das Projekt geleisteten Auszahlungen *Payoff-Zeit* wieder zurückgeflossen sind).

Diese Kennzahlen können auch kombiniert angewandt werden. Es gibt Unternehmen, die beispielsweise als Voraussetzung für die Genehmigung eines Produktentwicklungsprojekts fordern, dass der erwartete Return on Investment und die Payoff-Zeit einen Mindestwert nicht unter- beziehungsweise einen Höchstwert nicht überschreiten dürfen.

4.2 Portfolio-Ansatz

Ein weiteres bewährtes Instrument sind Portfolio-Darstellungen. Die Projekte, die zur Auswahl stehen, werden dabei nach zwei Merkmalen (= Dimensionen, z.B. Kundennutzen, Technologievorteil) bewertet. Eine dritte Dimension (z.B. erwarteter Ertrag) kann über die Flächengröße der Ellipse, die das jeweilige Projekt repräsentiert, dargestellt werden. *Dimensionen*

Portfolio-Darstellungen sind anschaulich und werden deshalb gerne genutzt. Die Beschränkung auf zwei Dimensionen erweist sich allerdings oft als gefährlich, weil Projekte mehr als nur zwei Charakteristika aufweisen. Deshalb gibt es auch eine ganze Reihe von Portfolios mit unterschiedlichen Dimensionen.

Ein weit verbreiteter Portfolio-Ansatz ist das Technologievorteil-Kundennutzen-Portfolio (→ Bild E2-7). *Technologievorteil-* Bewertet werden Projekte beziehungsweise Produkte, die in den Projekten entstehen sollen, nach *Kundennutzen-*

- dem Technologievorsprung, den ein Unternehmen hat, und *Portfolio*
- dem erwarteten Kundennutzen.

Vereinfachend wird unterstellt, dass ein Projekt zu genau einem Produkt führt.

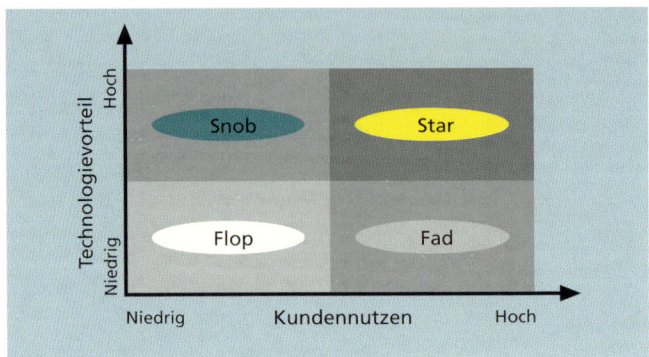

Bild E2-7 Technologievorteil-Kundennutzen-Portfolio

Stars

Ziel muss sein, Vorhaben auszuwählen,
- bei deren Realisierung das Unternehmen einen großen Technologievorsprung hat und
- mit denen Produkte entwickelt werden, die dem Kunden einen hohen Nutzen bieten (= Stars).

Flops, Fads, Snobs

Das Gegenteil der Stars sind die Flops. Es ist unwahrscheinlich, dass solche Produkte dem Unternehmen einen Gewinn bringen. Fads (hoher Kundennutzen, niedriger Technologievorteil) können dagegen durchaus erfolgreich sein. Ein Beispiel ist die Walkman-Version von AIWA, die gegenüber den Originalgeräten von Sony und Sharp mit erheblichem Preisnachlass angeboten wurde. Snobs (hoher Technologievorteil, aber zunächst niedriger Kundennutzen) können sich durch geeignete Marketingmaßnahmen oder die gezielte Weiterentwicklung des Produkts unter Umständen zu Stars entwickeln.

5 Auswahl von Investitionsprojekten

Größen des Rechnungswesens

Für die Auswahl von Investitionsprojekten gibt es eine ganze Reihe von Methoden [8]. Sie basieren vor allem auf Größen des betrieblichen Rechnungswesens (Kosten, Leistungen bzw. Erlöse, Auszahlungen und Einzahlungen).

Die Fragestellung bei Investitionsprojekten lautet wie bei allen anderen Vorhaben:
- Sollen wir ein bestimmtes Investitionsprojekt in Angriff nehmen?
- Welche Investitionsvorhaben sollen wir aus einer Reihe von Alternativen auswählen?

Monetäre Ziele

Es geht also darum, die Investitionsentscheidung zu optimieren. Zu den bisher dargestellten Methoden (Erfolgsfaktoren- und Portfolio-Ansatz) gibt es allerdings einen wichtigen Unterschied: Nur monetäre Ziele werden betrachtet. Die Frage, die geklärt werden muss, lautet: Welche Auswirkungen haben mögliche Investitionsentscheidungen auf den Gewinn?

Wirtschaftlichkeitsrechnung

Nichtmonetäre Ziele wie zum Beispiel eine Imageverbesserung für die Organisation bleiben unberücksichtigt. Der Ausdruck Wirtschaftlichkeitsrechnung, der für die Investitionsrechnung auch benutzt wird, deutet das bereits an. Diese wird vor allem bei Sachinvestitionen (→ Kapitel A2) angewandt,

Sachinvestitionen

aber auch bei Entwicklungsprojekten. Bei Sachinvestitionen unterscheidet man zwischen
- Ersatzinvestitionen,
- Rationalisierungsinvestitionen und
- Erweiterungsinvestitionen.

Rationalisierungsinvestitionen und Erweiterungsinvestitionen erhöhen die Kapazität, im Gegensatz zu Ersatzinvestitionen. Bei diesen unterstellt man, dass sich durch sie die Erlöse der investierenden Organisation nicht erhöhen. In der Realität sind Ersatz- und Erweiterungsinvestitionen aber kaum klar voneinander zu trennen.

Die verschiedenen Verfahren der Investitionsrechnung ermöglichen den Versuch, potenzielle Investitionsprojekte vorab zu bewerten. Diese Prognosen sind allerdings mit erheblicher Unsicherheit behaftet, derer sich die Verantwortlichen bei Investitionsentscheidungen – genauso wie bei anderen Projektauswahlentscheidungen – bewusst sein sollten. Oft misst das Management den errechneten Kennzahlen eine Objektivität bei, die ihnen nicht zukommt. *Unsichere Prognosen*

5.1 Statische und dynamische Wirtschaftlichkeitsrechnungen

Bei den Verfahren der Investitionsrechnung unterscheidet man üblicherweise
- statische und
- dynamische Verfahren.

Um dem betriebswirtschaftlich weniger vorgebildeten Leser das Verständnis zu erleichtern, sei zunächst ein Beispiel von Wöhe und Döring [9] vorgestellt. Aus didaktischen Gründen wird unterstellt, dass die Größen, die in die Rechnung eingehen, sicher sind. Das heißt: Man geht davon aus, dass sie genau so eintreten wie vorhergesagt. *Sichere Größen*

Beispiel
Aus einem Investitionsprojekt resultieren Ein- und Auszahlungen. Zu den Auszahlungen gehören vor allem die Anschaffungsauszahlung A_o und die Auszahlungen A_t (z.B. für Lohn, Material, Reparaturen, Energie). Die Einzahlungen E_t stammen in der Hauptsache aus den Umsatzerlösen, die mit der Investition erzielt wurden, aber eventuell auch aus dem Liquidationserlös L_n durch den Verkauf des Investitionsobjekts am Ende der Nutzungsperiode.

In der Investitionsrechnung wird in der Regel unterstellt, dass Ein- und Auszahlungen jeweils zum Periodenende anfallen. Außerdem nimmt man an, dass nicht nur die Auszahlungen, sondern auch die Einzahlungen der Investition zugerechnet werden können. Diese Annahme birgt jedoch Probleme, wie Horvath [10] anmerkt: „Man kann davon ausgehen, dass die meisten Investitionen als Teile des Unternehmensprozesses nur in Kombination mit anderen Einsatzgütern die Betriebsleistung erbringen." Das bedeutet, dass eine isolierte Investition oft keinen Effekt hat. *Isolierte Investition*

Die Zahlen in Bild E2-8 charakterisieren ein Beispiel für ein geplantes Investitionsprojekt, das ausschließlich durch Kreditaufnahme finanziert werden soll.

ZEITPUNKT	t_0	t_1	t_2
Anschaffungsauszahlung (A_0)	− 1.000		
Einzahlungen (E_t)		+ 500	+ 900
Auszahlungen (A_t)		− 400	− 200
Liquidationserlös (L_n)			+ 600
Kreditaufnahme	+ 1 000		
Kredittilgung			− 1.000
Fremdkapitalzins (i)			10%
Investitionsdauer (n)			2 Jahre

Beträge in EUR

Aus der Wertetabelle lässt sich für dieses Investitionsprojekt das Zahlungstableau aufstellen:

ZEITPUNKT	ZAHLUNGSVORGANG	BETRAG
t_0	Geldzufluss Kreditaufnahme	+ 1.000
t_0	Anschaffungsauszahlung Investitionsobjekt	− 1.000
t_0	**Bestand: Schulden (−), Guthaben (+)**	**0**
t_1	E_1	+ 500
t_1	A_1	− 400
t_1	Fremdkapitalzins (1)	− 100
t_1	**Bestand: Schulden (−), Guthaben (+)**	**0**
t_2	E_2	+ 900
t_2	A_2	− 200
t_2	Fremdkapitalzins (2)	− 100
t_2	Liquidationserlös	+ 600
t_2	Kredittilgung	− 1.000
t_2	**Bestand: Schulden (−), Guthaben (+)**	**+ 200**

Beträge in EUR

Bild E2-8 Zahlungstableau für ein fiktives Investitionsprojekt

Stimmen die späteren, tatsächlichen Zahlen mit den prognostizierten überein, decken die Einzahlungen die Auszahlungen. Außerdem hat das investierende Unternehmen dann ein Guthaben von 200 Euro. Sein Eigenkapital hat sich um diesen Gewinn aus der Investition erhöht.

5.1.1 Statische Verfahren

Die Investitionsrechnung mittels eines vollständigen Zahlungstableaus ist oft aufwändig, weil für jedes Jahr des Planungshorizonts Einzahlungen und Auszahlungen prognostiziert werden müssen.

Vereinfachte Verfahren Aus diesem Grund wurden für die Praxis vereinfachte Verfahren entwickelt, auch statische Verfahren der Investitionsrechnung genannt. Zu diesen Verfahren gehören

- Kostenvergleichsrechnung
  (Rechengröße Kosten = Werteverzehr, der bei der Erstellung der betrieblichen Leistung eingetreten ist),
- Gewinnvergleichsrechnung
  (Rechengröße Kosten und Leistungen = Umsatzerlös + Erhöhung der Bestände an Halb- und Fertigfabrikaten + Erträge aus selbst erstellten Anlagen wie z.B. der Bau einer selbst genutzten

Maschine durch die Versuchswerkstatt),
- Rentabilitätsvergleichsrechnung
  (Rechengrößen Kosten und Leistungen) und
- Amortisationsrechnung
  (Rechengrößen Ein- und Auszahlungen wie in Bild E2-8).

5.1.1.1 Kostenvergleichsrechnung

Mit dieser Variante der Investitionsrechnung prüft der Controller vor allem, ob sich eine Ersatzinvestition lohnt und welches von mehreren Projekten, die eine funktionsgleiche Ersatzinvestition zum Ziel haben, durchzuführen ist. Er nimmt an, dass alle Alternativen mit gleichen Erlösen verbunden sind. Die Kosten lassen sich je Periode berechnen. In der Regel ist das ein Jahr. Gegenübergestellt werden *Kosten je Periode*
- aufwandsgleiche Betriebskosten (= Kosten, die als Aufwand auch in der Gewinn- und Verlustrechnung erscheinen),
- kalkulatorische Abschreibungen auf das Objekt und
- kalkulatorische Zinsen auf das durchschnittlich gebundene Kapital. Zur Vereinfachung wird für diese Größe ein Wert von $A_0/2$ angenommen.

Bild E2-9 zeigt ein Beispiel für die Auswahl zwischen den zwei Investitionsprojekten A und B:

INVESTITIONSPROJEKT	A	B
Σ fixe Kosten pro Jahr (z.B. Abschreibung, Zinsen)	35.000 EUR	42.000 EUR
Σ variable Kosten pro Jahr (z.B. Material, Fertigungslöhne)	56.000 EUR	62.000 EUR
Periodenkosten pro Jahr	**91.000 EUR**	**104.000 EUR**

Bild E2-9 Auswahl zwischen Investitionsprojekten

Der Vergleich der Periodenkosten pro Jahr ergibt: Das Projekt A ist dem Projekt B vorzuziehen. Die Kostenvergleichsrechnung ist einfach und leicht verständlich, die Kosten der Investitionsalternativen lassen sich relativ schnell ermitteln. Ihr Nachteil: Lediglich eine repräsentative, unter Umständen nur kurzzeitig gültige Durchschnittsperiode wird betrachtet. Das bedeutet: Es wird unterstellt, dass die angenommenen Werte über den Betrachtungszeitraum hinweg gleich bleiben. Außerdem ist nicht erkennbar, ob die erzielbaren Erlöse wirklich zur Kostendeckung ausreichen.

5.1.1.2 Gewinnvergleichsrechnung

Diesen Nachteil gibt es bei der Gewinnvergleichsrechnung nicht. Sie bezieht auch die möglichen Erlöse *Mögliche Erlöse* der funktionsgleichen Investitionsalternativen ein, die zur Auswahl stehen. Darüber hinaus berücksichtigt sie, dass die mit Geld bewertete Ausbringung (= Gütererzeugung) beider Investitionsobjekte unterschiedlich sein darf. Auch bei dieser Methode werden Gewinne (= Differenz zwischen Erlös und Kosten) für jeweils eine repräsentative Periode (= mittlere Periode) ermittelt. Die entsprechende Entscheidungsregel lautet:
- Ein Projekt ist zu realisieren, wenn der prognostizierte Gewinn einen vom Entscheider gesetzten Mindestgewinn überschreitet.
- Stehen mehrere Projekte zur Auswahl, kommt das Vorhaben zum Zug, für das der vorhergesagte Gewinn am größten ist – vorausgesetzt, er liegt über dem geforderten Mindestgewinn. *Mindestgewinn*

5.1.1.3 Rentabilitätsvergleichsrechnung

Die in der Gewinnvergleichsrechnung ermittelten Werte lassen sich nur miteinander vergleichen, wenn die beiden Vorhaben den gleichen Kapitaleinsatz erfordern. Man setzt deshalb den Gewinn ins

Verhältnis zum durchschnittlich gebundenen Kapital. Das ergibt die folgende Rentabilitätsziffer:

$$\text{Rentabilität} \quad r = \frac{\text{korrigierter Gewinn } G_K \times 100}{\text{durchschnittlich gebundenes Kapital}}$$

Der korrigierte Gewinn G_K ist der Gewinn vor Abzug von Fremdkapitalzinsen beziehungsweise kalkulatorischem Eigenkapitalzins. Das bedeutet:

Verzinsung In das Kalkül geht ein, dass durch die Investition auch die Verzinsung des aufgenommenen Fremdkapitals und die Verzinsung des eingesetzten Eigenkapitals erwirtschaftet wird. Für die durchschnittliche Kapitalbindung nimmt der Controller in der Regel an, dass sie der halben Auszahlung für die einzelnen Investitionsobjekte entspricht. Geht es nur um die Frage, ob ein Investitionsprojekt durchgeführt werden soll oder nicht, muss r größer sein als die vom Investor angestrebte Mindestrentabilität. Stehen mehrere Investitionsprojekte zur Auswahl, so wird das Vorhaben realisiert, das die höchste Rentabilitätsziffer erreicht und die geforderte Mindestrendite überschreitet.

Repräsentative Periode Bei allen drei Methoden – Kosten-, Gewinn- und Rentabilitätsvergleichsrechnung – rechnet der Controller mit einer repräsentativen Periode.

5.1.1.4 Amortisationsrechnung

Wer die Amortisationsrechnung, auch Pay-off-Rechnung genannt, verwendet, vermeidet den Nachteil der repräsentativen Periode. Er rechnet außerdem mit Ein- und Auszahlungen. Mit deren Hilfe *Amortisationsdauer* soll ermittelt werden, wie viele Perioden es dauert, bis Kapitalrückflüsse $EÜ_t$ die Anschaffungsauszahlung A_o amortisieren. Bei diesen Perioden handelt es sich oft um Jahre. $EÜ_t$ sind die Überschüsse der Einzahlungen über die Auszahlungen pro Periode.

> **Beispiel**
> *Die Anschaffungsauszahlung für eine Werkzeugmaschine beträgt 500.000 Euro. Die jährlichen Einzahlungsüberschüsse werden auf 100.000 Euro geschätzt. Somit beträgt die erwartete Amortisationsdauer fünf Jahre.*

Es gilt die Prämisse: Je kürzer die Amortisationsdauer, je schneller also der Betrag der Anschaffungsauszahlung zurückfließt, desto geringer ist das Risiko des Vorhabens. Eine Investition wird durchgeführt, wenn die errechnete Amortisationsdauer kürzer ist als eine vorgegebene Soll-Amortisationsdauer.

> **Beispiel**
> *Für die Entwicklung neuer PCs haben einige Rechnerhersteller eine Soll-Amortisationsdauer von zwei bis drei Jahren angesetzt.*

Stehen mehrere Projekte zur Auswahl, wird das Vorhaben mit der kürzesten Amortisationsdauer ausgewählt – sofern sie die Soll-Amortisationsdauer unterschreitet.

Nachteil Ein gewichtiger Nachteil der Amortisationsrechnung ist: Sie macht keine Aussage über die Rentabilität des Vorhabens, weil Einzahlungsüberschüsse nur bis zum Ende der Amortisationsdauer in die Berechnung eingehen.

5.1.1.5 Kritik an den statischen Verfahren

Wer eine repräsentative Einzelperiode verwendet, nimmt dafür einen schwerwiegenden Verzicht auf Planungsgenauigkeit [11] in Kauf. Dies kann zu Fehlentscheidungen führen. Der Controller ignoriert *Verteilung von Ein- und Auszahlungen* dabei, dass die alternativen Investitionsvorhaben eine ganz unterschiedliche Verteilung von Ein- und Auszahlungen über die Zeitachse haben können. Ein Beispiel verdeutlicht diesen Zusammenhang [12]:

	PERIODE 1	PERIODE 2	PERIODE 3	PERIODE 4	DURCHSCHNITTLICHER GEWINN
Projekt 1	100 EUR	500 EUR	900 EUR	1.300 EUR	+ 700 EUR
Projekt 2	1.300 EUR	900 EUR	50 EUR	80 EUR	+ 695 EUR

Bild E2-10 Durchschnittlicher Gewinn aus vier Perioden

Der Gewinn der repräsentativen Einzelperiode wurde hier als Durchschnitt der Gewinne aus Periode 1 bis 4 errechnet. Das Projekt 1 wäre demnach dem Projekt 2 vorzuziehen. Unterstellt man der Einfachheit halber, dass in jeder Periode „Gewinn = Einzahlungsüberschuss" gilt, wird sich ein Investor aber für Projekt 2 entscheiden. Denn so erhält er die höchsten Rückflüsse in den ersten beiden Perioden. Außerdem ist die Verwendung der Größen Kosten und Erlöse angreifbar, da es

Kosten und Erlöse

- Kosten gibt, die nicht auszahlungsgleich sind (z.B. Abschreibungen) und
- Erlöse, die nicht einzahlungsgleich sind (z.B. Verkauf auf Ziel, dem Käufer wird also eine Zahlungsfrist eingeräumt).

5.1.2 Dynamische Verfahren

Bei den dynamischen Verfahren rechnet der Controller nicht mit einer repräsentativen Periode, sondern mit „periodenindividuellen Daten" [13]. Die Wirtschaftlichkeitsrechnung basiert auf prognostizierten Ein- und Auszahlungsströmen. Sie werden den Jahren zugeordnet, in denen die Investition genutzt wird ($\rightarrow$ Bild E2-8). Das Problem dabei ist: Ein- oder Auszahlungen, die zu unterschiedlichen Zeitpunkten anfallen, sind nicht miteinander vergleichbar. Sie können also beispielsweise nicht addiert werden, obwohl sie alle in einer Währungseinheit (z.B. Euro, US-Dollar) bewertet wurden. Denn sie beziehen sich auf verschiedene Zeitpunkte auf der Zeitachse.

Prognostizierte Ein- und Auszahlungsströme

In der Literatur werden vor allem folgende dynamische Verfahren betrachtet:
- Kapitalwertmethode
- Methode des internen Zinsfußes
- Annuitätenmethode

An dieser Stelle sollen nur Kapitalwertmethode und Methode des internen Zinsfußes vorgestellt werden, weil sie häufig eingesetzt werden.

5.1.2.1 Kapitalwertmethode

Um Ein- und Auszahlungen vergleichbar zu machen, die voraussichtlich zu verschiedenen Zeitpunkten der Lebensdauer eines Investitionsobjekts anfallen, werden alle Ein- und Auszahlungen auf einen Zeitpunkt vor Beginn der Investition abgezinst (= diskontiert). Zugrunde liegt die Annahme, dass Geldbeträge umso weniger wert sind, je später sie anfallen, und umso mehr, je früher sie dem Investor zur Verfügung stehen.

Abzinsung

Eine Einzahlung in Höhe von 10.000 Euro, die nach derzeitigem Planungsstand in genau einem Jahr eintreffen wird, hat zum jetzigen Zeitpunkt t_0 einen Wert (Barwert) von

10.000 EUR / 1,10 = 9.090,91 EUR bei einem Kalkulationszinsfuß i von zehn Prozent und von
10.000 EUR / 1,05 = 9.523,81 EUR bei einem Kalkulationszinsfuß i von fünf Prozent.

Je höher der Kalkulationszinsfuß ist, desto niedriger fällt der Gegenwartswert der Zahlung aus.

Die Formel für den Kapitalwert lautet:

Kapitalwert

$$K = -A_0 + \sum_{t=1}^{n} (E_t - A_t) \times (1 + i)^{-t} + L_n(1 + i)^{-n}$$

Die Symbole haben hier die gleiche Bedeutung wie in Bild E2-8. Setzt man die Zahlen aus Bild E2-8 in die obige Formel ein und legt einen Kalkulationszinsfuß in Höhe von zehn Prozent zugrunde, ergibt sich folgender Kapitalwert:

$$K = -1.000 + \frac{(500 - 400)}{1,10} + \frac{(900 - 200)}{1,10^2} + \frac{600}{1,10^2} = 165,29$$

Eine Investition ist bei diesem Verfahren dann vorteilhaft, wenn der Kapitalwert > 0 ist. Das trifft in unserem Beispiel zu. Ist der Kapitalwert 0, wird die Investition genau zum Kalkulationszinsfuß verzinst. In dem Beispiel wird die geforderte Mindestverzinsung von zehn Prozent überschritten. Nun könnte die Frage gestellt werden, warum in Bild E2-8 ein Vermögenszuwachs von +200 und nicht +165,29 errechnet wurde. Die Antwort ist einfach: Der Wert 165,29 bezieht sich auf den Zeitpunkt t_0, der Wert 200 aber auf zwei Perioden später. Aus 165,29 multipliziert mit 1,102 Euro ergeben sich 200 Euro.

Entscheidungsregel

Stehen mehrere Investitionsprojekte zur Auswahl, lautet die Entscheidungsregel: Wähle die Alternative mit dem höchsten positiven Kapitalwert.

5.1.2.2 Methode des internen Zinsfußes

Bei dieser Methode errechnet der Controller, wie sich das investierte Kapital verzinst. Er benutzt dieselbe Gleichung wie für die Kapitalwertermittlung, setzt den Kapitalwert gleich 0 und löst dann die Gleichung nach dem jetzt gesuchten internen Zinsfuß (r) auf.

Numerisches Verfahren

$$-A_0 + \sum_{t=1}^{n} (E_t - A_t) \times (1 + r)^{-t} + L_n(1 + r)^{-n} = 0$$

Um r zu ermitteln, wendet man ein numerisches Verfahren an. In dem Beispiel errechnet sich für r ein Wert von 19,13 Prozent. Wer diesen Wert in die Gleichung einsetzt, kann nachprüfen, dass bei diesem Zinssatz der Kapitalwert gleich 0 ist. Um zu einer Investitionsentscheidung zu kommen, muss r mit dem Kalkulationszinsfuß i verglichen werden. Ist r > i, lohnt sich die Investition. Stehen mehrere Alternativen zur Auswahl, wird das Projekt ausgewählt, das den höchsten internen Zinsfuß hat – vorausgesetzt, es gilt auch hier r > i.

Die Methode des internen Zinsfußes wird in der betriebswirtschaftlichen Literatur wegen einiger problematischer Annahmen erheblich kritisiert [14]. Deshalb stößt man häufig auf die Empfehlung, die Kapitalwertmethode zu benutzen und den internen Zinsfuß nur als ergänzendes Entscheidungskriterium einzusetzen.

5.2 Entscheidung zwischen dynamischen und statischen Verfahren

Die einfachen statischen Verfahren, auch Praktikerverfahren genannt, sind durchaus angreifbar. Andererseits kann die Anwendung der dynamischen Ansätze sehr aufwändig werden. Es stellt sich also die Frage: Wann sind Vereinfachungen annehmbar, wann nicht? Dazu gibt es die Faustregel: „Bei kleinen Projekten erfolgt eine statische Rechnung, bei großen Projekten wird dynamisch gerechnet." [15]

Faustregel

Eine differenziertere Antwort lässt sich aus dem Beispiel eines Automobilherstellers ableiten, bei dem die Kapitalwertmethode verwendet wurde [16]. Demnach führt das Unternehmen eine dynamische Erfolgsrechnung durch, wenn einer der folgenden Sachverhalte vorliegt:

- Im Zeitablauf stark schwankender Kapitalrückfluss beziehungsweise zwischenzeitlich negativer Rückfluss
- Finanzmittelbedarf längere Zeit vor Kapitalrückfluss (Investitionen über mehrere Jahre)
- Sehr unterschiedlich verlaufende Zahlungsreihen (Ein- und Auszahlungsströme) zwischen zwei Verfahren und bei Alternativvergleichen (z.B. Bezugsartenanalyse/Kauf oder Miete)
- Notwendigkeit, differenzierte Steuerauswirkungen zu berücksichtigen
- Statisch errechnete Rendite liegt nahe an der Mindestkapitalrendite

5.2.1 Nichtmonetäre Größen

Die vorgestellten dynamischen und statischen Verfahren verwenden und ermitteln nur monetäre Größen. Oft spielen bei Investitionsentscheidungen aber auch nichtmonetäre Einflussfaktoren und Ziele eine Rolle. So müssen die Verantwortlichen beispielsweise bei der Entscheidung über Auslandsinvestitionen unter anderem folgende Faktoren beachten: *Auslandsinvestitionen*

- Stabilität der politischen Lage
- für den Investor relevante Gesetzgebung
- Infrastruktur des Landes (z.B. Erschließung durch Straßen und Eisenbahn)
- Angebot an qualifizierten und motivierten Arbeitskräften
- Wahrscheinlichkeit von Naturkatastrophen (z.B. Erd- oder Seebeben, Vulkanausbrüche)

Die Empfehlung lautet: Setze bei großen Vorhaben ergänzend die Nutzwertanalyse ein. Sie gestattet es, qualitative Einflussgrößen und Ziele zu berücksichtigen. *Nutzwertanalyse*

6 Auftragscontrolling

Auftragscontrolling ist Projektauswahl aus Sicht des potenziellen Auftragnehmers. Bei einer Anfrage eines möglichen Kunden muss er zunächst entscheiden, ob dies das richtige Projekt für ihn wäre. Davon hängt ab, ob er überhaupt ein Angebot ausarbeitet. Bei diesem Prozess spricht man nicht von Projektauswahl, sondern von Angebotscontrolling. Das Unternehmen muss unabhängig von der Projektart prüfen, ob es sich um ein bestimmtes Projekt bewerben will. *Angebotscontrolling*
Besondere Bedeutung hat das Angebotscontrolling bei großen Investitionsprojekten im Anlagenbau, weil die Kosten der Angebotserstellung bis zu fünf Prozent des Auftragswerts betragen können und bei starker Konkurrenz die Wahrscheinlichkeit, den Auftrag zu erhalten, sehr gering sein kann. Aus diesem Grund empfehlen Verbände wie die VDI-Gesellschaft Entwicklung Konstruktion Vertrieb [17] und der Verein Deutscher Maschinen- und Anlagenbau (VDMA) ihren Mitgliedern eine eingehende Bewertung jeder Anfrage.

Das nur in einzelnen Formulierungen leicht veränderte Schema des VDMA in Bild E2-11 hilft dabei, die Attraktivität einer Anfrage zu beurteilen. Für jedes Kriterium gibt es eine Tabelle, mit der der Controller die meist qualitativen Aussagen in Punktzahlen umwandeln kann. *Attraktivität von Anfragen*

		KRITERIEN	GEWICHT IN %	
	A 1.1	Eintritt in neue Märkte		3,0
	A 1.2	Gewinnung eines Referenzkunden		2,5
	A 1.3	Imagegewinn		2,5
	A 1.4	Eingliederung in das Lieferprogramm/Lernkurveneffekt		1,0
	A 1.5	Zukunftssicherung durch sonstige Maßnahmen		1,0
A		Strategische Ziele	10,0	
	B 1	Deckungsbeitragsattraktivität	10,0	
	B 2.1	Kapazitätsbelastung bei Angebotserstellung		2,5
	B 2.2	Kapazitätsbelastung bei Auftragsabwicklung		4,0
	B 2	Kapazitätsauslastung	6,5	
	B 3	Voraussichtlicher Zeitpunkt einer Auftragserteilung	3,5	
B		Operative Ziele	20,0	
	C 1.1	Vorhandene Kapazität/Kompetenz im eigenen Unternehmen		5,0
	C 1.2	Vorhandene Kapazität/Kompetenz bei Konsortialpartnern		2,5
	C 1.3	Vorhandene Kapazität/Kompetenz bei Unterlieferanten		2,5
	C 1	Vorhandene Kapazität und Kompetenz	10,0	
	C 2.1	Wirtschaftliche Risiken		3,0
	C 2.2	Terminrisiken		3,0
	C 2.3	Technologische Risiken		3,0
	C 2.4	Sonstige Risiken		3,0
	C 2.5	Gewährleistungen		3,0
	C2	Risikobeurteilung	15,0	
C		Durchführbarkeit (technisch, terminlich, technologisch)	25,0	
	D 1	Bonität des Kunden	9,0	
	D 2.1	Vertragstreue		2,5
	D 2.2	Kooperationsverhalten		1,5
	D 2.3	Zusatz-/Folgeaufträge		2,0
	D 2	Sonstige Besonderheiten des Kunden	6,0	
D		Kundenbewertung	15,0	
	E 1	Weitere Anbieter: Art, Anzahl	3,0	
	E 2	Vorleistungen der Konkurrenz	3,0	
	E 3	Eigene Vorleistungen	3,0	
	E 4	Vorangegangene Aufträge der Konkurrenz	3,0	
	E 5	Beurteilung unserer Vorleistungen durch Kunden	3,0	
	E 6	Auftragswahrscheinlichkeit	5,0	
E		Wettbewerbssituation	20,0	
	F 1.1	Länderrecht		1,5
	F 1.2	Währungsfragen		1,5
	F 1.3	Zölle und Steuern		1,0
	F 1.4	Politische Entwicklung		2,0
	F1	Länderbesonderheiten	6,0	
	F2	Angebotskosten zu Auftragswert/-chance (Verhältnis)	4,0	
F		Sonstige Attraktivitätsmerkmale	10,0	

Bild E2-11 Nutzwertanalyse zur Beurteilung der Attraktivität von Projekten

	GEWICHT	NOTE	NOTE	NOTE	NOTE	NOTE	K.O.-KRITERIUM
		10 9	8 7	6 5	4 3	2 1	
D1 Bonität	9,0	Bisher nur beste Erfahrungen	Bisher gute Erfahrungen	Bisher keine Erfahrungen	Eventuell problematisch	Als problematisch bekannt	
E2 Vorleistungen der Konkurrenz	3,0	Keine Vorleistungen	Nur Akquisitionsgespräch	Nur knappe Studie vorgelegt	Detailliertes Angebot durchgeführt	Zusätzliche Beratung	

Bild E2-12 Punktzahl je Kriterium (Beispiel)

Note und Gewicht werden für jedes Kriterium miteinander multipliziert. Das ergibt jeweils eine Punktzahl. Aus dem Verhältnis der effektiven Punktzahl zur theoretisch möglichen Höchstpunktzahl errechnet man für jede Kriteriengruppe einen Erfüllungsgrad. Schließlich lässt sich auch für das Projekt als Ganzes ein Erfüllungs- oder Attraktivitätsgrad ermitteln (→ Bild E2-13). Dieser Attraktivitätsgrad kann beispielsweise mit dem Durchschnitt früherer Projekte oder auch mit anderen Vorhaben verglichen werden, die gleichzeitig zur Bewertung anstehen.

Erfüllungs-/ Attraktivitätsgrad

		GEWICHT	EIGENSCHAFTEN	NOTE	PUNKTZAHL	NUTZWERT
A1	Zukunftssicherung	10,0	Kaum Effekte zu sehen	3	30	
Σ A	**Strategische Ziele**	**10,0**			**30**	**30%**
B1	Deckungsbeitragsattraktivität	10,0	Etwa 18%	3	30	
B2	Kapazitätsauslastung	6,5	Knappe Terminsituation	3	20	
B3	Wann erfolgt Auftrag?	3,5	In etwa drei Jahren	3	10	
Σ B	**Operative Ziele**	**20,0**			**60**	**30%**
C1	Kapazität/Kompetenz vorhanden?	10,0	Evtl. Probleme erscheinen lösbar	5	50	
C2	Risikobeurteilung	15,0	Auch nicht überschaubare Risiken (die ein K.o.-Kriterium darstellen)	0	0	
Σ C	**Durchführbarkeit**	**25,0**			**50**	**20%**
D1	Bonität des Kunden	9,0	Kreditwürdig	8	72	
D2	Sonstige Kundenbesonderheiten	6,0	Evtl. problematisch	3	18	
Σ D	**Kundenbewertung**	**15,0**			**90**	**60%**
E1	Weitere Anbieter: Art, Zahl	3,0	Wettbewerb etwas über Durchschnitt	4	12	
E2	Vorleistungen der Konkurrenz	3,0	Knappe Studie vorgelegt	5	15	
E3	Eigene Vorleistungen	3,0	Keine	2	6	
E4	Vorangegangene Aufträge der Konkurrenz	3,0	Gute	4	12	
E5	Beurteilung unserer Vorleistungen	3,0	Keine Vorleistungen erbracht	2	6	
E6	Auftragswahrscheinlichkeit	5,0	0,2	2	10	
Σ E	**Wettbewerbssituation**	**20,0**			**61**	**31%**
F1	Länderbesonderheiten	6,0	Relativ gut überschau- und absicherbar	5	30	
F2	Verhältnis Angebotskosten zu Auftragswert/-chance	4,0	Mittelmäßig	5	20	
Σ F	**Sonstige Attraktivität**	**10,0**			**50**	**50%**
	Gesamt	**100,0**			**341**	**34%**

Bei der Multiplikation von Note und Gewicht wurde zum Teil auf- bzw. abgerundet.

Bild E2-13 Beurteilung der Attraktivität eines einzelnen Projekts

Das Projekt erreicht einen Attraktivitätsindex von 34 Prozent. Das heißt: Von 1.000 theoretisch möglichen Punkten wurden 341 erreicht. Wegen der nicht überschaubaren Risiken – die ein „K.o.-Kriterium" darstellen – sollte es aber nicht in die engere Wahl gezogen werden.

7 Auswahlverfahren für alle Projektarten

Bisher wurden verschiedene Methoden dargestellt, die bei der Auswahl von Investitions- und Produktentwicklungsprojekten helfen. Eine Organisation setzt ihre Strategie aber auch durch IT- und Organisationsprojekte um, etwa in Personalwirtschaft oder Logistik. Deshalb liegt die Frage nahe, ob es auch einen Ansatz gibt, mit dem alle Projekte einer Institution bewertet werden können. Eine solche Methode stellen beispielsweise Lange [18] und Kühn, Hochstrahs und Pleuger [19] vor.

Kann-/Muss-Projekte

Lange wählt zunächst grobe Kriterien für eine Vorauswahl, wie das Prüfschema in Bild E2-14 zeigt. In diese Vorauswahl kommen nur Kann-Projekte. Muss-Projekte, also Vorhaben, die zum Beispiel wegen bereits eingegangener Vertragsverpflichtungen oder aufgrund zwingender gesetzlicher Vorschriften durchgeführt werden müssen, sind von vornherein gesetzt. In diese Kategorie fallen die Umstellung auf den Euro oder die Jahr-2000-Projekte zum Jahrtausendwechsel. Wichtige Prüfpunkte sind vor allem die Vereinbarkeit von Projekten mit dem Unternehmensleitbild und den strategischen Zielen des Unternehmens.

Vereinbarkeit mit Leitbild/Strategie

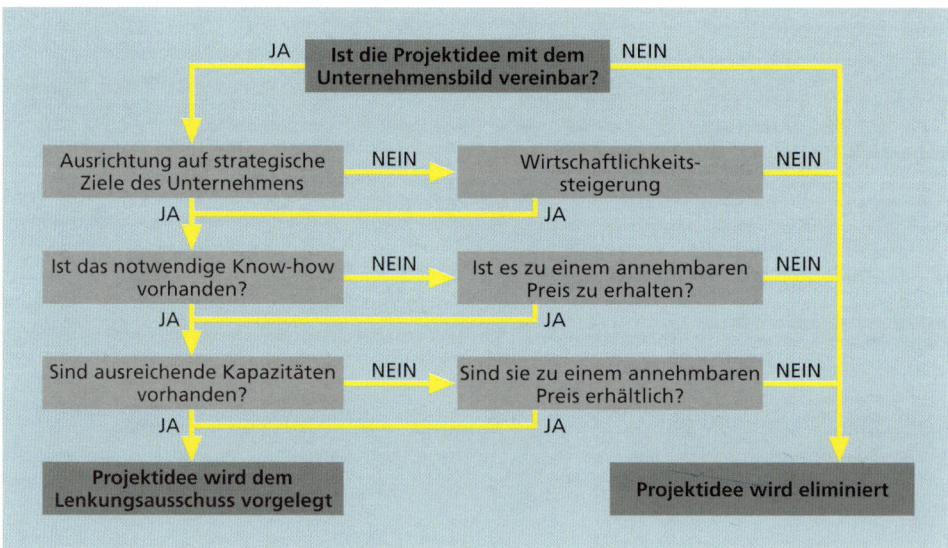

Bild E2-14 Prüfschema für Projekte, die zur Auswahl stehen

Portfolio-Ansatz mit strategischem/ wirtschaftlichem Nutzen

Für den nächsten Schritt – die endgültige Auswahl – nutzen die Verantwortlichen einen Portfolio-Ansatz mit den Dimensionen strategischer Nutzen und wirtschaftlicher Nutzen. Der strategische Nutzen lässt sich mithilfe der Nutzwertanalyse am Beitrag des Projekts zur Realisierung von Unternehmensstrategien messen. Was die Wirtschaftlichkeit angeht, so ist dies beispielsweise mithilfe des erwarteten Kapitalwerts eines Projekts oder mit einem Punktwert möglich, ebenfalls errechnet mit der Nutzwertanalyse.

7.1 Beitrag der Projekte zur Unternehmensstrategie

Die Projekte müssen danach bewertet werden, welchen Beitrag sie zur Implementierung von Strategien leisten (→ Bild E2-15).

- Rangziffer 0: für die Strategie irrelevant
- Rangziffer 1: der Strategie förderlich
- Rangziffer 2: für die Strategie wichtig
- Rangziffer 3: für die Strategie von entscheidender Bedeutung

PROJEKT	BUDGET IN EURO	STRATEGIEBEITRAG				STRATEGIEBEZUG DER PROJEKTE		
		Steigerung der Beratungsqualität	Verbesserung des Markenimages	Erhöhung der Lieferbereitschaft	Innovations- führerschaft	Summen der Rangziffern	Mögliche Gesamtpunktzahl	Grad der Strategieankopplung der Projekte
P1 Neue Auftragsabwicklung	5.000	1	2	3	0	6 :	12 =	0,50
P2 Umstellung auf neues Betriebssystem	1.000	0	0	1	0	1 :	12 =	0,08
P3 Umorganisation der Logistik	2.800	0	2	3	0	5 :	12 =	0,42
P4 Entwicklung einer neuen Produktlinie	6.200	0	2	0	3	5 :	12 =	0,42
Summe	15.000							

Bild E2-15 Ermittlung der Strategieankopplung der Projekte

Die Summe der Rangziffern pro Projekt wird durch die maximal erreichbare Punktzahl dividiert. So ergibt sich beispielsweise für die Strategieankopplung von Projekt 1 ein Wert von 0,5 (= 6 geteilt durch 12). In einem zweiten Schritt kann man nun den Wert für die Strategieankopplung mit den Budgets in Verbindung bringen und eine strategische Produktivität ermitteln:

Strategieankopplung berechnen

$$\text{Strategische Produktivität} = \frac{\text{Grad der Strategieankopplung des Projekts}}{\text{Anteil am Gesamtbudget des Projektportfolios}}$$

Strategische Produktivität

Je höher der Grad der Strategieankopplung und je niedriger der Mitteleinsatz, desto besser das Ergebnis.

PROJEKTE MIT BUDGETS UND ANTEILEN AM GESAMTBUDGET	BUDGET IN EUR	GRAD DER STRATEGIE- ANKOPPLUNG	ANTEIL AM GESAMTBUDGET	STRATEGISCHE PRODUKTIVITÄT
		a	b	a/b
P1 Auftragsabwicklung	5.000	0,50	0,33 %	1,52
P2 Neues Betriebssystem	1.000	0,08	0,07 %	1,14
P3 Umorganisation Logistik	2.800	0,42	0,19 %	2,21
P4 Neue Produktlinie	6.200	0,42	0,41 %	1,02
	15.000		1,00 %	

Bild E2-16 Ermittlung der Strategieproduktivität der Projekte

Die Berechnung der strategischen Produktivität in dem Beispiel ergibt, dass Projekt P3 mit einem relativ geringen Budget einen vergleichsweise hohen Strategiebeitrag erbringt, gefolgt von P1.

Portfolio-Darstellung Eine Portfolio-Darstellung, deren Dimensionen der strategische und der wirtschaftliche Nutzen bilden, sähe dann so aus:

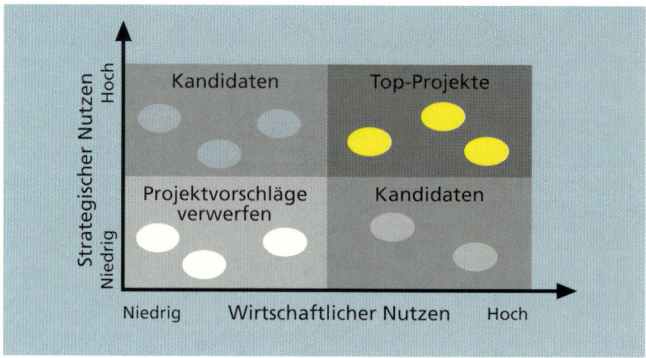

Bild E2-17 Portfolio-Darstellung mit den Dimensionen wirtschaftlicher und strategischer Nutzen

Die aussichtsreichsten Realisierungskandidaten sind die Projekte mit hohem strategischem und wirtschaftlichem Nutzen.

8 Vor- und Nachteile der Verfahren

Transparente Die beschriebenen Verfahren haben einen Vorteil: Sie helfen dabei, die Auswahlentscheidung zu
Auswahlentscheidung strukturieren, und unterstützen damit den Portfolio-Board. Außerdem machen sie den Auswahlprozess transparenter. Sie haben aber auch einige Nachteile.

Probleme Vor allem die Portfolio-Ansätze vereinfachen das Problem stark, indem sie die zur Auswahl stehenden Projekte nur in zwei Dimensionen beschreiben. Ein weiterer erheblicher Nachteil ist, dass die einzelnen Projektvorschläge weitgehend isoliert voneinander betrachtet werden. Nicht berücksichtigt werden mögliche Synergieeffekte, die sich aus einer Kombination von Vorhaben ergeben, oder auch der Beitrag, den eine Teilmenge von Projekten zu einem besonders zu fördernden Technologiebereich oder einer Geschäftseinheit leisten soll.

> **Beispiel** [20]
> *Sowohl für das Projekt „Einführung eines strategischen Geschäftsfeldmanagements" als auch für das Projekt „Aufbau eines Direktvertriebs" ist eine neue Kundendatei notwendig. Wird sie für beide Vorhaben gemeinsam aufgebaut, ergibt sich für das Unternehmen ein wichtiger Standardisierungs- beziehungsweise Synergieeffekt.*

Rechnergestützte In neuerer Zeit gibt es allerdings rechnergestützte Verfahren [21], mit denen sich auch solche Arten
Verfahren von Zusammenhängen zwischen den Projekten berücksichtigen lassen.

9 Bessere Auswahlentscheidungen

Zielkonflikte Widerstände gegen eine objektivere Projektauswahl wird es immer geben – auch wenn die Entscheidungsprozesse strukturiert und transparent ablaufen. Die Ursache dafür sind Zielkonflikte.

Beispiel

Der Vertreter des Marketings in einem Unternehmen bevorzugt Vorhaben, von denen er sich eine Erhöhung des Marktanteils verspricht. Der Entwicklungschef dagegen ist eher an technisch ehrgeizigen Projekten interessiert. Obwohl Projekt A eine höhere strategische Produktivität aufweist als Projekt B, wird Projekt B bevorzugt, weil dem Topmanagement aus persönlichen Gründen an diesem Vorhaben liegt.

Genauso wichtig wie Methoden zur Projektauswahl ist eine gute Kommunikation zwischen den Stellen, die mit strategischer Planung befasst sind, dem Marketing und den Entscheidern, die über die Projektauswahl befinden. Langfristige Unternehmensziele müssen den Mitarbeitern offen gelegt und erläutert werden. Ein besonders wichtiges Mittel, um zu einem möglichst guten Projektmix zu kommen, sind Workshops mit den Verantwortlichen (z.B. Projektleiter, zusammen mit dem Portfolio-Board). Diese müssen in solchen Veranstaltungen nicht nur die einzelnen Projekte, sondern das gesamte Projektportfolio immer wieder hinterfragen. Dazu gehört auch, die Notwendigkeit von Projektabbrüchen offen und ehrlich anzusprechen.

Kommunikation

Einen großen Beitrag zur besseren Projektauswahl kann der Multiprojektmanager leisten (→ Kapitel E3).

Fragen zur Selbsteinschätzung gemäß Zertifikatslevel

Nr.	Frage	Level				Selbsteinschätzung
		D	C	B	A	
E2.1	Was ist die Aufgabe der Projekte im Unternehmen?	1	2	2	3	☐
E2.2	Wie kann man mit jeweils einem Satz den Unterschied zwischen operativem und strategischem Projektmanagement darstellen?	1	2	2	3	☐
E2.3	Wer ist für das strategische Projektmanagement zuständig?	1	2	2	3	☐
E2.4	Was versteht man unter Management by Projects?	1	2	2	3	☐
E2.5	Welche Methoden können für die Auswahl von Produktentwicklungs- und welche für die Auswahl von Investitionsprojekten eingesetzt werden?	1	2	2	3	☐
E2.6	Welche Methoden können für die Auswahl aller Projektarten eingesetzt werden?	1	1	1	3	☐
E2.7	Welche nichtmonetären Größen spielen bei Investitionsentscheidungen eine Rolle?	1	1	1	3	☐
E2.8	Welche Kriterien für die Projektauswahl sollte ein Auftragnehmer berücksichtigen?	1	2	2	3	☐
E2.9	Welche Nachteile kann die Auswahl der Projekte mit der Projektportfolio-Methode haben?	1	1	1	3	☐
E2.10	Wie kann ein Projektportfolio-Board in der Unternehmensorganisation positioniert werden?	1	2	2	3	☐

E3 OPERATIVES MULTIPROJEKTMANAGEMENT

Wenn in einer Organisation mehrere Projekte parallel laufen, zwischen denen Beziehungen bestehen, ist ein Multiprojektmanager notwendig. Seine Rolle und seine Kernaufgaben – von der Planung der Projektlandschaft über deren Koordinierung bis hin zur Entwicklung einer Infrastruktur für professionelles Projektmanagement – stehen im Zentrum dieses Kapitels. Darüber hinaus wird seine organisatorische Position einschließlich seines Verhältnisses zu Projektleiter und Projektmanagement-Büro erläutert. Um die Komplexität seines Aufgabenbereichs einschätzen zu können, gilt es, die verschiedenen Beziehungen zwischen den Projekten kennen zu lernen.

1 Portfolio-Board

Die Aufgaben des Portfolio-Boards waren bereits Thema im Zusammenhang mit dem strategischen Projektmanagement (→ Kapitel E1). Der Portfolio-Board ist mit der Unternehmensleitung identisch, wenn ihm alle Vorstandsmitglieder angehören. Manchmal ist das allerdings nicht der Fall – etwa dann, wenn es spezielle Projektportfolios gibt. So könnte es beispielsweise für alle IT-Projekte oder alle Investitionsvorhaben in einer Organisation jeweils einen eigenen Portfolio-Board geben.

In einer Reihe von Unternehmen ist der Portfolio-Board zur Entlastung der Unternehmensleitung eine hierarchische Ebene tiefer angesiedelt und dem Vorstand unterstellt. Dieser behält sich unter Umständen bei bedeutenden Projekten das letzte Wort vor. Ignoriert die Unternehmensleitung allerdings häufig die Entscheidungen des Portfolio-Boards, ist es – wie Lomnitz [1] mit Recht anmerkt – besser, ihn aufzulösen.

Organisatorische Anbindung

2 Multiprojektmanager

Für ein wirksames Multiprojektmanagement muss eine weitere Rolle definiert werden: die des Multiprojektmanagers. Am genauesten hat Lomnitz [2] sie beschrieben. Ein Multiprojektmanager ist immer dann notwendig, wenn
- zu einem bestimmten Zeitpunkt in einer Organisation mehrere oder sogar viele Projekte laufen, die zumindest teilweise auf die gleichen Ressourcen zugreifen und um sie konkurrieren, und
- wenn weitere Abhängigkeiten zwischen den Vorhaben bestehen.

2.1 Abhängigkeiten zwischen Projekten

Solche Abhängigkeiten können inhaltliche, soziale oder zeitliche Beziehungen sein.

Abhängigkeiten

2.1.1 Inhaltliche Beziehungen

Inhaltliche Beziehungen bedeuten:
- Gleiches oder ergänzendes Know-how erforderlich
- Gleiche, sich ergänzende oder gegenläufige Ziele bestehen

Beispiel

Das Ziel „Verbesserung der Produktqualität" kann nur dadurch erreicht werden, dass auch andere Projekte wie zum Beispiel Schulungsvorhaben sowie die Straffung und Vereinheitlichung von Unternehmensprozessen erfolgreich sind [3].

- Gleiche oder konkurrierende Geschäftsfelder, für die die Projekte durchgeführt werden
- Gleiche Kunden, Zulieferer, Unterauftragnehmer und sonstige Stakeholder
- Input-Output-Beziehung: Ein Projekt liefert Ergebnisse für andere Projekte

2.1.2 Soziale Beziehungen

Soziale Beziehungen können bedeuten:
- Gleiche Stakeholder
- Mitglieder der Organisation gehören gleichzeitig mehreren Projektteams an
- Gemeinsame Berichts- und Kommunikationsstrukturen sind vorhanden

2.1.3 Zeitliche Beziehungen

Kapazitative/ technologische Abhängigkeit

Eine zeitliche Beziehung besteht beispielsweise dann, wenn ein Projekt oder ein Projektabschnitt erst beginnen kann, nachdem ein anderes Projekt abgeschlossen ist oder ein bestimmter Meilenstein in diesem Vorhaben erreicht wurde. Solche Abhängigkeiten können aus knappen Einsatzmitteln (= kapazitative Abhängigkeit) oder aus einer Input-Output-Beziehung (= technologische Abhängigkeit) resultieren.

Koordinationsbedarf

Aus den dargestellten Beziehungen zwischen den Projekten ergibt sich ein hoher Koordinationsbedarf. So ist zum Beispiel darauf zu achten, dass
- mit einem Lieferanten möglichst für alle Projekte einheitliche Konditionen vereinbart werden und die Bündelung der Nachfrage zu günstigeren Bedingungen führt,
- der Kunde die Projektleiter nicht gegeneinander ausspielt,
- für die Kommunikation mit den Stakeholdern eine einheitliche Sprachregelung (→ Kapitel D4) existiert und auch beachtet wird,
- Synergieeffekte genutzt und
- die detaillierten Terminpläne und die Meilensteintermine miteinander verknüpft werden.

Wechselbeziehung der Risiken

Der Multiprojektmanager muss auch beachten, dass die Risiken der einzelnen Projekte miteinander in einer Wechselbeziehung [4] stehen können. So kann beispielsweise bei einer Input-Output-Beziehung ein technischer Fehlschlag in einem Zulieferprojekt zu erheblichen Verzögerungen in einem anderen Projekt führen.

2.2 Kernaufgaben

Projektdiagnostiker

Am besten lässt sich der Multiprojektmanager wohl mit dem Begriff Projektdiagnostiker (Lomnitz) charakterisieren. Seine Kernaufgaben [5] sind die Planung und Steuerung der Projektlandschaft, die Entwicklung einer Infrastruktur für professionelles Projektmanagement und die Bereitstellung eines Personal-Pools.

2.2.1 Planung der Projektlandschaft

Der Multiprojektmanager muss projektübergreifende Entscheidungen so vorbereiten, dass die Unternehmensleitung oder der Portfolio-Board eindeutige, verbindliche Prioritäten setzen können. Dazu muss er fundierte Vorschläge zur Zusammensetzung des Projektportfolios machen. Vor allem hat er immer wieder zu prüfen, ob die Unternehmensstrategie sowie die laufenden und geplanten Vorhaben miteinander vereinbar sind und ob Projekte gestoppt werden müssen.

2.2.2 Steuerung der Projektlandschaft durch Controlling und Reporting

Diese Kernaufgabe entspricht im Wesentlichen den Pflichten des Projektcontrollers (→ Kapitel A6). Bei diesem wird allerdings die Multiprojektsituation weniger stark betont. Der Multiprojektmanager muss dafür sorgen, dass der Status aller Projekte jederzeit transparent ist. Das bedeutet unter anderem, dass er

Transparenter Projektstatus

- die Auslastung der Einsatzmittel – vor allem des Personals – in den Abteilungen der Organisation durch Projekte und nicht projektbezogene Arbeiten kennt,
- aktuelle Informationen über die Termin- und Kostensituation sowie den Projektfortschritt aller Projekte bereitstellt und
- über die inhaltlichen, zeitlichen und personellen Abhängigkeiten zwischen den einzelnen Projekten Bescheid weiß. Nur wenn er diese Kenntnisse hat, kann er Fragen wie die folgenden beantworten:
  - Wie wirkt sich der Abzug von fünf Entwicklungsingenieuren von Projekt A nach Projekt B voraussichtlich auf den Endtermin von Projekt A aus?
  - Welche Konsequenzen hat eine Verschiebung des Endtermins von Projekt C um drei Monate auf den Meilenstein M5 (= Präsentation beim Kunden) im Projekt D?
  - Ist es möglich, bei der derzeitigen Ressourcenauslastung in den Entwicklungsabteilungen EA1, EA2 und EA3 für den Kunden X noch termingerecht eine Auftragsentwicklung durchzuführen?
  - Wie hoch sind die bisher im Geschäftsjahr für alle Produktentwicklungsprojekte angefallenen Kosten? Welche Fördergelder von Drittmittelgebern sind in diese Projekte geflossen? Wie hoch sind die geschätzten Restkosten für die einzelnen Vorhaben?

Die einzelnen Projektleiter beziehungsweise Programmmanager könnten keine dieser Fragen beantworten, da sie ja nur die Situation in ihrem jeweiligen Projekt beziehungsweise Programm kennen.

Projektleiter/ Programmmanager

2.2.3 Entwicklung der Infrastruktur für professionelles Projektmanagement

Die Entwicklung der Infrastruktur für professionelles Projektmanagement gilt nach Lomnitz als weitere Kernaufgabe des Multiprojektmanagers. Dazu muss er unter anderem

- Prozesse definieren (z.B. im Rahmen eines Vorgehensmodells) und auf eine einheitliche Anwendung achten,
- Standards für Projektmanagement erarbeiten und durchsetzen,
- Werkzeuge (z.B. Software) bereitstellen und weiter pflegen,
- Projektbeteiligte ausbilden und
- für eine stetige Weiterentwicklung des Projektmanagement-Konzepts in der Organisation sorgen (→ Kapitel F2).

Auch diese Aufgabe stimmt in einer ganzen Reihe von Punkten mit der des Controllers überein (→ Kapitel A6).

2.2.4 Bereitstellung eines Personal-Pools

Eine weitere Aufgabe besteht darin, einen Pool von erfahrenen Projektleitern und -beratern bereitzuhalten.

2.3 Organisatorische Position

Anbindung an den Vorstand

Es empfiehlt sich, den Multiprojektmanager möglichst hoch in der Unternehmenshierarchie beim Vorstandssprecher oder Geschäftsführer anzusiedeln. Sofern es bereits ein Vorstandsressort „Projekte" gibt, sollte er dort angegliedert sein. Ist der Multiprojektmanager nur für einen Teilbereich des Projektportfolios zuständig (z.B. für alle IT- oder F&E-Projekte), muss er dem IT-Leiter oder dem Entwicklungschef unterstellt sein. Eine Anbindung hoch oben in der Organisationshierarchie empfiehlt sich schon deshalb, weil der Multiprojektmanager einen Machtpromotor braucht, vor allem für die Neuordnung von Prozessen und die Durchsetzung von Standards. Diesen findet er in der Regel an der Unternehmensspitze.

Machtpromotor

Die Einsetzung eines Multiprojektmanagers wird mit hoher Wahrscheinlichkeit auf erhebliche Akzeptanzhindernisse stoßen. Die Gefahr, dass er den Ruf des Superkontrolleurs erhält und seine Position missbraucht, kann tatsächlich vorhanden sein. Deshalb erfordert diese Aufgabe nicht nur eine gute Qualifikation im Projektmanagement, sondern auch ausgeprägte soziale Kompetenz [6].

Soziale Kompetenz

2.3.1 Verhältnis Projektleiter – Multiprojektmanager

Der Multiprojektmanager ist kein Ersatz für den Projektleiter. Dieser trägt die Verantwortung für das operative Projektmanagement vollständig selbst. Über seine in Kapitel A6 formulierten Aufgaben hinaus muss der Projektleiter den Multiprojektmanager umfassend, aktuell und regelmäßig über sein Projekt und die Beziehungen zu anderen Projekten informieren. Auf die Multiprojektsituation abgestimmte Statusberichte und regelmäßige Treffen sind die wichtigsten Mittel dazu.

2.3.2 Multiprojektmanager und Projektbüro

Projektmanagement-Büro

Die Institution Projektbüro (= Project Office) wird im Projektmanagement immer ernster genommen. In der angelsächsischen Literatur findet man sowohl die Begriffe Project Office als auch Project Management Office (= Projektmanagement-Büro). Der letztgenannte Ausdruck scheint sich in neuerer Zeit im Zusammenhang mit Multiprojektmanagement durchzusetzen. Der Aufgabenkatalog des Projekt- beziehungsweise Projektmanagement-Büros unterscheidet sich von Organisation zu Organisation.

Im Zusammenhang mit Multiprojektmanagement stellt sich die Frage: Wie ist die Beziehung zwischen Multiprojektmanager und Projektbüro? Eine Antwort darauf geben Campana, Reschke und Schott [7]: „(...) das Project Office schafft Transparenz über das Projektportfolio. Es hat einen Gesamtüberblick über die laufenden Projekte und die eingesetzten Ressourcen und bietet Unterstützung bei Multiprojektplanung, Koordination der Projekte und Projektpriorisierung." Daraus ergibt sich zwingend: Der Multiprojektmanager ist der Chef des Projekt- beziehungsweise Projektmanagement-Büros.

Verschiedene Autoren weisen dem Projekt- beziehungsweise Projektmanagement-Büro darüber hinaus zahlreiche andere Tätigkeiten zu, die sich teilweise mit der Stellenbeschreibung des Projektcontrollers ($\rightarrow$ Kapitel A6) und der des Multiprojektmanagers decken. Dazu gehört auch,

- einen Pool von Projektleitern bereitzustellen,
- Projektbeteiligte im Projektmanagement auszubilden,
- Prozesse zu vereinheitlichen sowie
- Standards zu entwickeln und durchzusetzen.

Zielgruppen des Projekt- beziehungsweise Projektmanagement-Büros sind vor allem die Projekt- und Programmmanager, die Projektteams, die Linienabteilungen, der Portfolio-Board und das Topmanagement. *Zielgruppen*

Projekt- beziehungsweise Projektmanagement-Büros können sich sogar zu unternehmensinternen Anbietern eines Komplettservices im Bereich Projektmanagement entwickeln [8]. Existieren in einem Unternehmen mehrere Geschäftsbereiche mit ganz unterschiedlichen Projektarten (z.B. Investitions- und Organisationsprojekte), empfiehlt es sich schon wegen des unterschiedlichen Wissens, das jeweils notwendig ist, verschiedene Projektbüros zu installieren. Sie müssen aber eng miteinander kommunizieren und sich regelmäßig abstimmen.

Fragen zur Selbsteinschätzung gemäß Zertifikatslevel

Nr.	Frage	Level				Selbsteinschätzung
		D	C	B	A	
E3.1	Worin bestehen die Verbindungen eines Projekt- und Multiprojektmanagers und eines Projekt- und Programmmanagers?	1	2	2	2	☐
E3.2	Welche Aufgaben nimmt ein Projektmanagement-Büro wahr?	1	2	2	3	☐
E3.3	Wie kann ein Projektleiter von einem Projektmanagement-Büro profitieren?	1	2	3	4	☐

BLOCK F

Projektmanagement einführen und optimieren

F1 PROJEKTMANAGEMENT EINFÜHREN

Projektmanagement kann in einer Organisation nur erfolgreich eingeführt werden (ICB-Element 2), wenn die Leitung dieses Projekts die Betroffenen einbezieht. Die Einführung „per Dekret" ist ebenso zum Scheitern verurteilt wie der bloße Kauf von Projektmanagement-Software. Ein Vorgehensmodell, wie es in diesem Kapitel vorgestellt wird, hilft dabei, Projektmanagement organisatorisch-technisch zu verankern. Der Projektleiter muss mit Widerständen der Organisationsmitglieder gegen diese Veränderungen in ihrem Arbeitsumfeld (ICB-Element 37) umgehen können. Geeignete Kommunikationsmaßnahmen gehören daher zu seinem Rüstzeug.

1 Einführung per Dekret

Projektmanagement „per Dekret" einführen: Diese Strategie ist zum Scheitern verurteilt. Dennoch wenden Topmanager in vielen Organisationen sie an, weil sie vordergründig schnell Ergebnisse bringt. Vorstand oder Geschäftsleitung lassen von einer Stabsabteilung oder einem externen Berater ein Konzept entwickeln, das in einem Projektmanagement-Handbuch festgehalten wird. Obwohl in der Regel der größte Teil der Beschäftigten von den Auswirkungen betroffen ist, dürfen diese weder Konzept noch Handbuch mitgestalten. Manchmal finden zumindest Interviews oder Fragebogenaktionen mit ausgewählten Mitarbeitern statt. Doch das genügt nicht.

Ein häufig angeführtes Argument gegen umfassendere Maßnahmen lautet: „Projektmanagement soll Kosten senken, nicht steigern." Doch dieser Gedanke greift zu kurz. Die Einführungskosten amortisieren sich schnell, weil Projekte künftig effizienter durchgeführt werden können. Vielerorts herrscht zudem der Irrglaube, Widerstände ließen sich verhindern, indem die Mitarbeiter vor vollendete Tatsachen gestellt werden. Als vollständig eingeführt gilt systematisches Projektmanagement in solchen Organisationen, sobald ein Rundschreiben mit etwa diesem Wortlaut verschickt worden ist: „Ab 1. September dieses Geschäftsjahrs ist bei allen neu gestarteten Vorhaben nach dem beiliegenden Handbuch zu verfahren." Die Folge: Ablehnung und Boykott von Seiten der Betroffenen.

Kosten senken

Widerstände

Allgemein gilt: Betroffene akzeptieren ein Projektergebnis nur, wenn sie ihren eigenen Nutzen erkennen. Der Schlüssel dazu ist neben einer frühzeitigen Kommunikation (→ Kapitel D4) die Integration der Betroffenen.

Nutzen als Akzeptanzbedingung

1.1 Perspektive der Verantwortlichen

Rosenstiel beschreibt die Einführung von Projektmanagement „per Dekret" anschaulich [1]: „Wenn die Aufbau- oder Ablauforganisation eines Unternehmens den (…) Umweltbedingungen nicht mehr zu entsprechen scheinen, (…) ergibt sich Handlungsbedarf. (…) Unterschiedliche, von der Realität abweichende Konzepte werden erarbeitet, Organigramme gezeichnet. Diese Papiere werden mit dem Siegel „streng geheim" den unterschiedlichen Expertengremien zur kritischen Prüfung übersandt. Mit mehr oder weniger guten Gründen entscheidet man sich dann für eine Alternative, die dann den Organisationsmitgliedern bekannt gegeben wird."

1.2 Perspektive der Betroffenen

Ungewissheit Für Betroffene ist die Ungewissheit schwer zu ertragen, die sich breit macht, wenn die Kommunikation bei der Einführung von Projektmanagement versagt [2]: „Man hört von Sondersitzungen der Geschäftsleitung oder des Vorstands, beobachtet mit Unruhe dunkel gekleidete Herren mit ledernen Aktenkoffern, die durch das Unternehmen huschen. Gerüchte, die nicht selten einen Kern der Wahrheit enthalten, machen die Runde." Plötzlich fallen der neue Organisationsplan und das Projektmanagement-Handbuch vom Himmel.

2 Einführung durch Software

Trügerische Hoffnung Eine ebenso falsche Variante: Das Unternehmen erwirbt ein Softwarepaket für Projektmanagement und lässt die Mitarbeiter im Umgang mit dem Programm schulen. Damit sei Projektmanagement ganzheitlich eingeführt, glauben die Verantwortlichen. Doch diese Hoffnung trügt ($\rightarrow$ Kapitel C11).

3 Akzeptanzhindernisse

Bild F1-1 [3] zeigt die vier Hindernisse, die bei der Einführung von Projektmanagement am häufigsten auftreten:

1. Informationsdefizite
2. Qualifikationsbarrieren
3. Mangelnde Unterstützung durch die Führungsspitze
4. Motivationsdefizite

Bild F1-1 Hindernisse bei der Einführung von Projektmanagement

Kommunikation Informationsdefizite lassen sich durch Kommunikation beseitigen. Über Qualifikationsbarrieren helfen in der Regel Schulungsmaßnahmen hinweg. Schwieriger wird es, wenn Mitarbeiter zwar systematisches Projektmanagement einführen wollen, aber von einer autoritären Unternehmensführung daran gehindert oder zumindest nicht dazu ermuntert werden. Die Unterstützung durch die Führungsspitze stellt einen wesentlichen Faktor für den Einführungserfolg dar. Fehlt sie, erlangen Gegner – die häufig in der mittleren Führungsebene zu finden sind – Oberwasser. Nur wenn es gelingt, *Topmanagement überzeugen* das Topmanagement vom Nutzen systematischen Projektmanagements zu überzeugen, besteht die Chance auf eine Implementierung. Das größte Hindernis, mit dem sich Organisatoren in der Praxis konfrontiert sehen, ist jedoch das Motivationsdefizit ($\rightarrow$ Kapitel D3).

3.1 Angst vor Veränderung

Die Einführung von Projektmanagement erzeugt Ängste. Mitarbeiter, auf die Veränderungen zukommen, befürchten eine Verschlechterung ihrer persönlichen Situation. Die Tabelle in Bild F1-2 zeigt verschiedene Arten von Nachteilen, mit denen Betroffene rechnen [4]: *Nachteile*

Vergütung	Direkte Einkommenseinbußen oder andere, indirekte finanzielle Nachteile
Sicherheit	Erzwungener Wechsel oder gar Verlust des Arbeitsplatzes
Kontakt	Verlust guter persönlicher Beziehungen zu anderen Organisationsmitgliedern, künftig Zusammenarbeit mit unbeliebten Kollegen
Anerkennung	Fachliche oder persönliche Überforderung in der neuen Arbeitssituation
Selbständigkeit	Verlust von Entscheidungsbefugnissen, persönlichen Handlungsspielräumen und indirekten Einflussmöglichkeiten
Entwicklung	Hindernisse bei Lernbedürfnissen und Karriereambitionen

Bild F1-2 Mögliche Nachteile aus der Sicht Betroffener

Es sind aber auch die zahlreichen ganz konkreten Auswirkungen von Projektmanagement auf ihre tägliche Arbeit, die Mitarbeitern zunächst Angst machen: *Auswirkungen auf die Projektarbeit*

- Projektanträge müssen künftig gut begründet werden. Der Antragsteller muss einen positiven Kapitalwert des Projekts prognostizieren und dafür hieb- und stichfeste Argumente liefern können.
- Projektleiter erhalten mehr Befugnisse als bisher. Linienvorgesetzte fürchten, dass sie zu einflusslosen Erfüllungsgehilfen degradiert werden. Sie sehen notwendige Änderungen in der Aufbauorganisation für sich als Nullsummen- oder gar Verliererspiel.
- Projektbezogene Einsatzmittelplanung macht transparent, dass manche Abteilungen nicht so stark ausgelastet sind, wie sie immer behaupten.
- Kostenverfolgung auf der Ebene der Arbeitspakete legt offen, in welchen Bereichen notorisch Kosten überzogen werden.
- Die Netzplantechnik deckt auf, wo die Ursachen für Terminüberschreitungen liegen.

Darüber hinaus können folgende Motive für Widerstand gegen das Projektmanagement vorliegen: *Weitere Motive*

- Trägheit
- Mangelnder Wille, Veränderungen mitzutragen
- Verärgerung darüber, von der Entwicklung des Projektmanagement-Konzepts ausgeschlossen zu sein
- Frustration darüber, nicht über die Konzeptentwicklung informiert worden zu sein

3.2 Formen des Widerstands und Killerphrasen

Widerstand gegen Neues ist menschlich. „Veränderungsprozesse sind Widerstandsauslöser", warnen Hansel und Lomnitz [5]. Das gilt insbesondere für einen so tiefen Eingriff in die Aufbau- und Ablauforganisation eines Unternehmens, wie ihn die Einführung von Projektmanagement erfordert. Sie liefern eine Erklärung für das Misstrauen gegenüber Projektmanagement: „Viele sehen Projektarbeit als Modeerscheinung, und das erscheint schon verdächtig." [6]

Mitarbeiter haben ein umfangreiches Instrumentarium entwickelt und eine Reihe von so genannten Killerphrasen formuliert, um die Einführung systematischen Projektmanagements zu boykottieren.

Scheinargumente Killerphrasen sind (Schein-)Argumente, mit denen Betroffene eine Veränderung ohne genauere Analyse pauschal verteufeln. Weil Killerphrasen eine logische Basis fehlt, fällt es schwer, vernünftige Gegenargumente anzubringen. Beispiele, die in der Praxis häufig vorkommen, sind:

Argument „Bei uns ist alles ganz anders"
Kritiker des Projektmanagements geben zwar zu, dass dieses Führungskonzept in der Telekommunikationsindustrie und der Raumfahrt erfolgreich war. In der eigenen Branche seien die Rahmenbedingungen aber ganz anders. Diese machen es angeblich unmöglich, systematisches Projektmanagement zu betreiben. Eine nähere Begründung bleiben diese Kritiker schuldig.

„Alter-Praktiker"-Argument
Ein häufig vorgebrachtes Argument lautet: „Das mag in der Theorie ja alles richtig sein, aber glauben Sie mir: Ich bin schon sehr lange in dem Geschäft. In der Praxis funktioniert das nicht." Auch wenn es sich vermutlich um eine Killerphrase handelt, sollte man diesen Einwand ernst nehmen. Nur zu oft sind in der Vergangenheit Projektmanagement-Konzepte entwickelt worden, die in der Tat nicht praktikabel waren. Die Qualität systematischen Projektmanagements liegt ja gerade darin, Prozesse, Strukturen und Sachverhalte transparent zu machen. Dadurch wird Bewährtes wiederholbar.

Argument „Wie man Projekte abwickelt, wissen wir schon"
Dieser Einwand ähnelt dem „Alter-Praktiker-Argument". Hintergrund ist in der Regel, dass sich Mitarbeiter indirekt kritisiert fühlen, weil die Art und Weise, wie sie über viele Jahre Vorhaben geplant und abgewickelt haben, geändert werden soll. In diesem Zusammenhang verweisen sie gerne auf Projekte, die ohne systematisches Projektmanagement erfolgreich verlaufen sind. Natürlich gibt es diese. Meist sind solche Erfolge aber nur durch besondere Anstrengungen der Mitarbeiter zustande gekom-
Burnout-Syndrom men. Das Burnout-Syndrom (→ Kapitel D3), wie es DeMarco [7] beschreibt, und starke Personalfluktuation sind mögliche Folgen.

Erfolgsgarantie-Argument
„Können Sie mir sagen, um wie viel sich die Termin- und Kostentreue unserer Projekte verbessern und wie sich das neue Führungskonzept auf den Bilanzgewinn auswirken wird?" Diese Frage zu beantworten ist schwierig. Man kann oft erst nach einigen Jahren feststellen, wie sich Projektmanagement im Unternehmen auswirkt. Zum Zeitpunkt der Einführung sind nur Hinweise auf die Erfolge bei anderen Firmen möglich.

Argument „Das können wir uns nicht leisten" oder „Dafür haben wir jetzt keine Zeit"
Richtig an diesen Einwänden ist, dass man für die Einführung von Projektmanagement einen gewissen zeitlichen Aufwand einkalkulieren muss. Auch nach der Implementierung erfordern Planung und Steuerung der einzelnen Projekte Ressourcen. Die Gegner systematischen Projektmanagements übersehen aber, dass sich dieser Aufwand auszahlt. Sie erinnern in ihrer Argumentation an den Holzfäller, der versucht, mit einem Taschenmesser eine Eiche zu fällen. Als ihm jemand rät, sich eine Motorsäge zu kaufen, entgegnet er: „Dafür habe ich keine Zeit, ich muss Eichen fällen."

Bewusstes Fehlleiten von Energie
Gegner systematischen Projektmanagements lenken gerne vom Kernthema ab und binden die Energie der Befürworter mit unnötigen Aktivitäten. Sie fordern beispielsweise eine gründliche Bestandsaufnahme der verfügbaren Projektmanagement-Software. Doch diese ist äußerst zeitraubend, weil das Angebot unübersichtlich geworden ist und ständig neue Versionen auf den Markt kommen. Auch das Ausweichen auf Nebenkriegsschauplätze gehört zu dieser Art von Boykottstrategie. So wurde in

einem Unternehmen mehrere Monate lang darüber diskutiert, wie viele Quadratmeter für das Projekt-büro benötigt werden.

Boykottstrategie

Argument „Projektmanagement ist out"

Skeptiker bezeichnen Projektmanagement gelegentlich auch als vorübergehendes Modethema, das inzwischen längst durch ein anderes ersetzt wurde. Ein Argument ist zum Beispiel: „Projektmanage-ment ist out, Break-through-Management ist in." Anstelle von Break-through-Management kann man auch ein beliebiges anderes Schlagwort aus der Managementliteratur einsetzen (z.B. Speed Management). Durch diese Behauptung wird dem Organisator zunächst einmal die Beweislast zuge-schoben: Er muss zeigen, dass Projektmanagement immer noch aktuell ist.

Modethema

Argument „Wir haben keine Projekte, sondern nur Aufträge"

Mit diesem Wortspiel wird die Notwendigkeit von Projektmanagement einfach wegdefiniert, obwohl die Aufträge in aller Regel den Charakter von Erst-und-Einmal-Vorhaben aufweisen und sich somit für die Bearbeitung mithilfe von Projektmanagement eignen.

Vorgetäuschte Kooperationsbereitschaft

„In unseren Projekten ist alles sehr unsicher – nicht nur die Vorgangszeiten, sondern auch die Ablauf-struktur selbst. Wir brauchen deshalb stochastische Netzplantechnik." Dieses Argument ist besonders heimtückisch, weil derjenige, der es vorbringt, Kooperationsbereitschaft vorgibt, vermutlich aber weiß, dass die stochastische Netzplantechnik in der Praxis noch nie eingesetzt wurde, sondern nur in Lehrbüchern behandelt wird. Würde man auf den Vorschlag eingehen, wäre damit die Grundlage für einen Misserfolg schon gelegt.

3.3 Verdeckte Widerstände

Am Beispiel der vorgetäuschten Kooperationsbereitschaft kann man bereits sehen: Viele Gegner des Projektmanagements leisten verdeckt Widerstand, anstatt ihn offen zu zeigen. Es gibt eine Reihe von Symptomen [8] des verdeckten Widerstands:

Symptome

- Verzögern notwendiger Entscheidungen (z.B. durch endlose Diskussionen)
- Fehlen in wichtigen Sitzungen
- Rückzug auf Dienst nach Vorschrift
- Informationsblockaden

3.4 Umgang mit Widerständen

Das Topmanagement und die Projektmanagement-Verantwortlichen sollten Widerstände auf jeden Fall ernst nehmen. Nicht hinter jeder Kritik steckt die Absicht, die Einführung von Projektmanage-ment zu verhindern. Viele praxisgerechte Lösungen kommen nur zustande, weil Mitarbeiter die ursprünglichen Vorschläge nicht akzeptieren.

Widerstände ernst nehmen

Beispiel
Gegen den ursprünglichen PERT/COST-Ansatz des deutschen und des amerikanischen Verteidi-gungsministeriums (→ Kapitel C6), der unter anderem sehr hohe Anforderungen an die Daten-erfassung stellte, hat sich die Rüstungsindustrie beider Länder offen aufgelehnt – mit Recht, wie man heute weiß.

4 Akzeptanz schaffen

Internes Marketing

Neben Kommunikation und der Beteiligung der Betroffenen (= Partizipation) an der Entwicklung und Einführung von Projektmanagement ist intensives internes Marketing (→ Kapitel D4) notwendig. Ziel ist, den Mitarbeitern zu demonstrieren, welchen Nutzen sie persönlich von Projektmanagement haben. Dazu lässt sich eine Studie [9] aus der Automobilindustrie anführen, in der der Einfluss von Projektmanagement auf die Zufriedenheit der Betroffenen untersucht wurde. Sie ergab: „Befragt man die in eine Projektorganisation integrierten Personen, wie ihr Befinden ist, so ist (...) die Antwort einhellig: Sie haben mehr Spaß an der Arbeit, sind motivierter und ihr Selbstwertgefühl ist gestärkt (...)." Zu einem ganz ähnlichen Ergebnis kommen die Verfasser einer Studie von Siemens [10].

Als weitere Maßnahmen empfiehlt Wahl [11] aufgrund einer umfassenden empirischen Analyse, Anreize für die Mitarbeiter zu schaffen. Eine ganze Reihe von Unternehmen wie etwa Siemens und die Deutsche Telekom praktizieren dies. Dazu gehören unter anderem Prämien für erfolgreich abgeschlossene Projekte und Möglichkeiten zur Weiterbildung, aber auch die Chance, im und durch Projektmanagement Karriere zu machen [12].

4.1 Projektmanagement zur Chefsache erklären

Topmanagement als Machtpromotor

Die Einführung von Projektmanagement muss Chefsache sein [13]. Doch in der Vergangenheit haben die Verantwortlichen in vielen Unternehmen die Rolle unterschätzt, die das Topmanagement für den Einführungserfolg spielt. Erst in jüngerer Zeit bestätigten eine ganze Reihe von Untersuchungen [14], wie wichtig es ist, dass die Unternehmensleitung als Machtpromotor (→ Kapitel A3) fungiert. Wahl [15] fasst das Resultat seiner Interviews so zusammen: „Nahezu übereinstimmend wurde in allen Gesprächen die Wichtigkeit der Unterstützung durch das oberste Management betont." Und Witte [16] stellt fest: „Der Machtpromotor trägt dazu bei, die Barriere des Nichtwollens zu überwinden, indem er die Innovationswilligen schützt und die Opponenten entweder mit Sanktionen belegt oder sie auf hoher hierarchischer Ebene blockiert."

System am Leben erhalten

Die Führungsspitze muss auch darauf achten, dass das einmal eingeführte System am Leben erhalten wird. Sonst droht die Gefahr, dass Gegenkräfte es nach und nach aushöhlen. Sie muss
- die notwendigen Ressourcen für die Implementierung und den laufenden Betrieb bereitstellen,
- die Einhaltung von Regeln und Standards fordern und überwachen und
- sich regelmäßig in einheitlicher Form über die einzelnen Projekte berichten lassen (→ Kapitel C9).

Einheitliche Berichtspflicht

In der Praxis kann man immer wieder beobachten, dass die einzelnen Projektleiter die Unternehmensleitung auf ganz unterschiedliche Weise über den Projektfortschritt informieren, ohne dass diese solche Alleingänge rügt.

Befugnisse für Projektleiter

Wie ernst es das Topmanagement mit Projektmanagement meint, lässt sich vor allem daran erkennen, ob es den Projektleitern ausreichende Befugnisse zugewiesen (→ Kapitel A6) oder aus Scheu vor Konflikten mit den manchmal als „Linienfürsten" bezeichneten Linienmanagern darauf verzichtet hat. Zusammenfassend kann man sagen: „Projektmanagement ist nur dort erfolgreich, wo es von den Führungskräften verstanden und unterstützt wird." [17]

5 Vorgehensmodell

Für die Einführung von Projektmanagement wurden einige Vorgehensmodelle entwickelt, eines davon von Platz [18]. Sein Modell umfasst sechs Phasen. Es basiert auf der Annahme, dass ein vollständiges Konzept erstellt wird. Wie die ICB allerdings zutreffend bemerkt, handelt es sich in der Unternehmenspraxis nicht immer um eine vollständige Neuentwicklung eines Projektmanagement-Konzepts, sondern nur um eine Verbesserung der bisherigen Praxis.

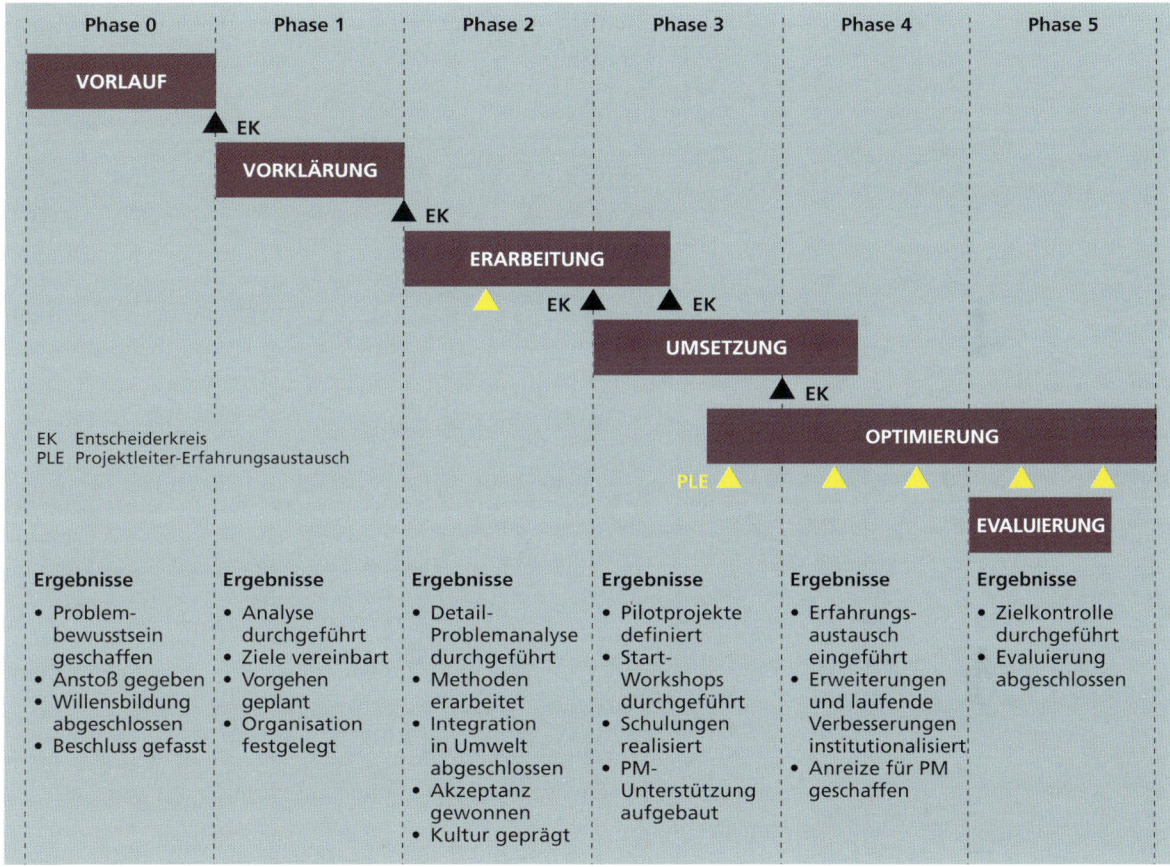

Bild F1-3 Vorgehensmodell für die Implementierung von Projektmanagement

5.1 Phase 0: Vorlaufphase

In der Vorlaufphase muss ein Bewusstsein dafür entwickelt werden, dass die Organisation ein Konzept für systematisches Projektmanagement braucht. In der Praxis ist dieser Bewusstseinsbildung oft eine Reihe von fehlgeschlagenen oder relativ erfolglosen Projekten vorangegangen. Der Anstoß muss von oben, vom Machtpromotor kommen. Bereits in dieser Phase ist es notwendig, neben dem Machtpromotor einen Fachpromotor einzusetzen, der sich mit Projektmanagement bestens auskennt. Gibt es diesen im Unternehmen nicht, sollte die Unternehmensleitung externen Sachverstand beschaffen. Am Ende der Phase 0 steht der Beschluss der Geschäftsführung, Projektmanagement im Unternehmen einzuführen beziehungsweise es entscheidend zu verbessern.

Machtpromotor

Fachpromotor

Entscheiderkreis

Die Einführung sollte als eigenständiges Projekt geplant werden. Das Topmanagement hat die Aufgabe, einen Projektleiter zu ernennen, der bereits gute Sachkenntnisse hat, und Vertreter aller betroffenen Bereiche in das Projektteam zu entsenden [19]. Außerdem ist ein Entscheiderkreis zu bilden. Dieser segnet die Ergebnisse des Projektteams, die zu den einzelnen Meilensteinen präsentiert werden, ab und hilft dabei, Akzeptanzhindernisse zu beseitigen.

Akzeptanz schaffen

Bereits in Phase 0 ist auf die Akzeptanz bei den Betroffenen zu achten. Dies geschieht am besten durch eine erste Informationsveranstaltung, bei der die Stakeholder über die Absichten des Topmanagements umfassend informiert werden. Zu den Stakeholdern gehört in diesem Fall auch der Betriebs- oder Personalrat. Dabei sollte die Unternehmensleitung Kritik an den Fehlern der Vergangenheit und an Verantwortlichen vermeiden, weil sie damit einen unnötigen Prozess der gegenseitigen Schuldzuweisung anstößt.

Externer Referent

Es hat sich bewährt, einen externen Referenten über Projektmanagement vortragen zu lassen. Zu empfehlen ist ein hochrangiger Mitarbeiter einer Organisation mit vergleichbaren Rahmenbedingungen, in der das Konzept schon längere Zeit mit Erfolg praktiziert wird. Ein Unternehmen, das sich vor allem mit der Planung und Abwicklung von Forschungs- und Entwicklungsprojekten befasst, könnte zum Beispiel einen Redner aus einer ähnlich entwicklungsintensiven Organisation einladen.

5.2 Phase 1: Klärung

In der Klärungsphase müssen die Projektverantwortlichen vor allem folgende Aufgaben erledigen:

Ziele
- Ziele des Projekts klären
  (z.B. Verbesserung der Termin- und Kostentreue um einen bestimmten Prozentsatz, Reduzierung der durchschnittlichen Durchlaufzeiten, Steigerung der Kundenzufriedenheit). Sie sollten möglichst operational – also messbar – formuliert werden.

Ausgangssituation
- Ausgangssituation analysieren
  Dazu gehört vor allem eine Untersuchung der bereits vorhandenen Instrumente und Regelungen. In vielen Organisationen gibt es Elemente systematischen Projektmanagements (z.B. Verfahren zur mitschreitenden Kostenkontrolle), die man modifiziert oder unverändert übernehmen kann. Interviews und eventuell auch eine umfassende Befragung per Fragebogen sind in Phase 1 notwendig.

Vorgehen und Termine
- Arbeitspakete für das weitere Vorgehen definieren und Meilensteine setzen
  Weil die Teammitglieder meist zusätzlich ihrer täglichen Arbeit nachgehen und daher unter Zeitdruck stehen, müssen verbindliche Termine für die Teamsitzungen festgelegt werden.

5.3 Phase 2: Erarbeitung

In Phase 2 erarbeitet das Projektteam das Projektmanagement-Konzept. Die wichtigsten Tätigkeiten dabei sind:

- Notwendige Methoden wie Projektstrukturierung, Netzplantechnik, Risikoanalyse und Berichtswesen auswählen und Regelungen treffen (z.B. Verantwortung, Aufgaben und Befugnisse des Projektleiters)
  Sie müssen an die Erfordernisse und die Kultur des Unternehmens angepasst werden. Ein Projektmanagement-Konzept von der Stange gibt es nicht. Perfektionismus – also etwa Vorschriften,

die einen hohen Detaillierungsgrad der Planung verursachen – oder komplizierte mathematische Verfahren (z.B. bei der Risikoanalyse), an deren Stelle einfache Hilfen ausreichen würden, sollte das Team vermeiden. Die Methoden müssen einfach und flexibel handhabbar sein. Ein Vorgehensmodell (→ Kapitel B), das für große Projekte entwickelt wurde, nutzt den späteren Anwendern nur dann, wenn sie es leicht an kleine Vorhaben anpassen können. Software (→ Kapitel C11) sollte erst ausgewählt werden, wenn das Konzept steht und vom Leitungskreis gebilligt ist.

Individuelle, einfach anwendbare Methoden

- Projektmanagement-Handbuch erarbeiten
  Die Praxis zeigt, dass zu umfangreiche und theoretisch gehaltene Werke unbenutzt in den Schreibtischen der Mitarbeiter verstauben. Deshalb gilt für das Projektmanagement-Handbuch die Regel: So dick wie nötig und so dünn wie möglich. Es bietet sich an, das Handbuch mit seinen Formularen, Arbeits- und Verfahrensvorschlägen DV-gestützt, über Intra- oder Internet zugänglich zu machen.

5.3.1 Inhalte eines Projektmanagement-Handbuchs

Das Projektmanagement-Handbuch (→ Kapitel C8, C9) ist ein „verbindlicher Leitfaden vom Beginn eines Projekts über alle Phasen bis zu seinem Abschluss. (…) Ablauf- beziehungsweise Arbeitsschritte, Aufgaben und Maßnahmen sind unmissverständlich darzulegen. Die Verteilung der Verantwortung zum Beispiel zwischen Lenkungsausschuss und Projektleitung ist zu präzisieren." [20]

Projektmanagement-Handbuch

Die grobe Gliederung eines Handbuchs aus dem Anlagenbau (→ Bild F1-4) soll eine Vorstellung von den grundlegenden Inhalten vermitteln [21]. Es baut auf einem Vorgehensmodell auf, das aus den folgenden Phasen besteht:

Gliederung

- Vorklärung
- Angebotserstellung
- Auftragsbearbeitung
- Projektabwicklung
- Interne Abnahme
- Inbetriebnahme vor Ort
- Auswertung
- After-Sales-Service

Darüber hinaus müssen sich in Phase 2 der Entscheiderkreis und das Projektteam weiterhin ständig um Akzeptanz des Einführungsprojekts bei den Projektbetroffenen bemühen.

GLIEDERUNG DES HANDBUCHS

I. Zielsetzung des Handbuchs

II. Begriffe und Definitionen

Kapitel 1: **Organisation**

Verantwortung, Aufgaben und Befugnisse des Projektleiters, des Lenkungsausschusses und des Projektcontrollers

Kapitel 2: **Projektinformation**

Regelungen zu Projektbesprechungen, Workshops und Präsentationen, Berichten, Dokumenten und Berichtswegen

Kapitel 3: **Qualitätssicherung**

Ziele und Maßnahmen der Qualitätssicherung

Kapitel 4: **Vorklärung**

Schritte, die nach Eingang einer Kundenanfrage zu erledigen sind

Kapitel 5: **Angebotserstellung**

Aktivitäten, die in dieser Projektphase auszuführen sind (z.B. technische, kommerzielle und juristische Angebotsklärung, Projektierung und Angebotskalkulation)

Kapitel 6: **Auftragsbearbeitung**

Ausführungen zur Freigabe der Auftragsbearbeitung, zu Vorgaben für die Kosten-, Termin- und Leistungsziele inklusive Priorisierung, zur Integration in die Gesamtplanung, zur Übergabe des Projekts an den Projektleiter und zur Startsitzung

Kapitel 7: **Projektplanung**

Wichtige Stichworte: Projektordner, Projektstrukturplan, Projektphasenplan, Aufgabenmatrix, Termin- und Einsatzmittelplanung, Projektdokumentation, Auftragskalkulation und Budgetierung

Kapitel 8 : **Projektabwicklung**

Regelungen insbesondere zur internen Auftragsvergabe, zu Bestellungen und Kundenbeistellungen (z.B. Testdaten, die der Kunde für das Projekt zur Verfügung stellen muss), zur Termin- und Kostenverfolgung und zum Claim Management

Kapitel 9: **Interne Abnahme**

Vorgaben unter anderem für die Funktionsprüfung, Nachbesserungen, Änderungen, die sich aus Kundenwünschen ergeben, und die Lieferfreigabe

Kapitel 10: **Inbetriebnahme vor Ort**

Prozesse für den Systemanlauf beim Kunden

Kapitel 11: **Auswertung**

Anleitungen für den systematischen Abschluss eines Projekts und für den Know-how-Transfer als Grundlage für die Weiterentwicklung des Projektmanagements

Kapitel 12: **After Sales-Service**

Ziele und Maßnahmen der Kundenbetreuung nach der Übergabe der Anlage

Kapitel 13: **Glossar**

Bild F1-4 Gliederungsmuster Projektmanagement-Handbuch

5.4 Phase 3: Umsetzungsphase

In der Umsetzungsphase müssen

1. Pilotprojekte ausgewählt werden, in denen das Konzept erprobt wird,
2. Mitarbeiter geschult und
3. eine Servicestelle (auch: Support-Stelle, z.B. Projekt- beziehungsweise Projektmanagement-Büro) installiert werden.

Da das neue Konzept noch nicht getestet wurde, neigen Unternehmen dazu, es zunächst bei kleinen, risikoarmen und wenig bedeutsamen Vorhaben einzusetzen. Sie provozieren damit den Einwand der Kritiker: „Das hätten wir auch ohne Projektmanagement geschafft." Möglicherweise haben diese sogar Recht. Das andere Extrem ist die Erprobung in einem Katastrophenprojekt, das schon seit längerem läuft. Auch davor muss gewarnt werden. Das Risiko, dass der Testlauf scheitert, ist in einem solchen Fall groß. Als Pilotprojekte eignen sich Vorhaben, die für die Organisation wichtig sind und gerade beginnen. Für diese Projekte müssen zunächst die beteiligten Mitarbeiter geschult werden. Das Projektmanagement-Handbuch ist dafür eine wichtige Grundlage.

Pilotprojekt

Das Projekt- beziehungsweise Projektmanagement-Büro, dessen Leiter die Rolle des Fachpromotors übernehmen sollte, muss den Projektleiter und die Teammitglieder unterstützen – vor allem in der Umsetzungsphase der Testprojekte. Darüber hinaus muss es das Projektmanagement-Konzept weiterentwickeln und optimieren. Leider sparen viele Organisationen gerade an einer solchen Unterstützungsstelle. Die Verantwortlichen hoffen, dass ihre Projektleiter auch ohne Service auskommen. Die Folge: Projektmanagement wird nur halbherzig praktiziert, sein Nutzen kommt nie in vollem Umfang zum Tragen.

Projektmanagement-Büro

5.5 Phase 4: Optimierung

In Phase 4 wird das Projektmanagement der Organisation weiterentwickelt und optimiert. Dies ist nur mithilfe einer Servicestelle in vollem Umfang möglich – schon aus Kapazitätsgründen. Wesentliche Anstöße dazu kommen aus einem institutionalisierten Erfahrungsaustausch der Projektleiter, aber auch aus dem Projekt- und Projektmanagement-Benchmarking (→ Kapitel F2).

Erfahrungsaustausch

Benchmarking

5.6 Phase 5: Evaluierung

In Phase 5 muss das Controlling überprüfen, ob die in Phase 0 gesetzten Ziele auch wirklich erreicht wurden.

Controlling

6 Kommunikation

Bei der Einführung von Projektmanagement gehören zur Zielgruppe von Kommunikation und Projektmarketing alle Mitarbeiter, in deren Arbeitsabläufe das Projektmanagement eingreift, aber auch Zulieferer, Kunden, Partner und – je nach Organisation – weitere Projektinteressenten. Die Planung der entsprechenden Kommunikationsbausteine muss schon beim Projektstart beginnen.

6.1 Unterstützer mobilisieren

Der Projektleiter sollte frühzeitig versuchen, durch Gespräche Unterstützer (= Promotoren) zu mobilisieren, die den Projektmanagement-Gedanken im „Schneeballsystem" in der Organisation verbreiten (= Multiplikatoren). Der Kontakt zur Arbeitnehmervertretung ist in dieser Phase von zentraler Bedeutung. Kurze Informationsveranstaltungen in möglichst kleinen Gruppen, verbunden mit einem Aufruf zur Mitarbeit, Aushänge, Beiträge im Internet und in der Mitarbeiterzeitung – all dies sind Maßnahmen, die schon von Projektbeginn an umgesetzt werden müssen (→ Kapitel D4).

Multiplikatoren

Kommunikations-markt

Zur aktiven Einbindung der Betroffenen eignet sich neben Workshops ein Kommunikationsmarkt besonders gut, weil er den persönlichen Kontakt zwischen Mitarbeitern des Einführungsprojekts und Betroffenen ermöglicht. Wichtige Zwischenergebnisse, etwa geplante Befugnisse des Projektleiters oder der Entwurf eines Vorgehensmodells, werden dabei auf Pinnwänden visualisiert. Die Stakeholder gehen – in kleine Gruppen aufgeteilt – von Pinnwand zu Pinnwand. Dort erläutern ihnen Mitglieder des Projektteams ihre Vorstellungen. Anschließend haben die Teilnehmer die Möglichkeit, Kritik zu äußern und Anregungen zu geben. Diese Rückmeldungen müssen ernst genommen werden. Scheinpartizipation durchschauen die Teilnehmer schnell. Sind die ersten organisatorischen Veränderungen bereits im Gange, ist es meist zu spät: Die Betroffenen fühlen sich überfahren und machen gegen das Projekt mobil.

Rechtzeitig handeln

Wird Projektmanagement gerade erst eingeführt, existiert in der Regel noch keine projektmanagementbezogene Kommunikationsinfrastruktur (z.B. Projektmanagement-Büro, Projektnewsletter). In dieser Phase empfiehlt es sich, auf die im Unternehmen vorhandene Infrastruktur zurückzugreifen (z.B. Betriebsversammlung, Abteilungsbesprechungen, Aushänge, Mitarbeiter-/Kundenzeitschrift).

6.2 Fragen Betroffener aufgreifen

Arbeitsgruppe

Am besten ist es, proaktiv zu agieren. Die Leitung des Einführungsprojekts sollte daher zunächst gemeinsam mit einem kleinen, repräsentativen Kreis von Betroffenen Fragen sammeln, die sich diese stellen könnten, zum Beispiel:

- Welche Folgen hat Projektmanagement für unser Unternehmen?
- Was ändert sich in meinem Arbeitsablauf?
- Bin ich dafür qualifiziert? Werde ich noch gebraucht? Bedroht das Projektmanagement meine Karriere oder meinen Arbeitsplatz?
- Was muss ich lernen?
- Werde ich mehr oder weniger arbeiten müssen?
- Bekomme ich andere Kollegen?

Meist gestellte Fragen

Zu diesen Fragen sollte die Projektleitung gemeinsam mit dieser Arbeitsgruppe verständliche Antworten formulieren und diese dann beispielsweise in einer Broschüre, im Intranet oder der Projektzeitung veröffentlichen. Vorbild kann das System der meistgestellten Fragen (= „Frequently asked Questions") sein, das viele Unternehmen im Internet anwenden, um die Zahl der Anrufe und e-Mails einzudämmen. Der Grundgedanke: Betroffene sollen zunächst nachsehen, ob sie die gewünschten Informationen bei den „meistgestellten Fragen" finden, und erst dann – falls noch nötig – zum Telefonhörer greifen. Mit dieser Art, Informationen vorbeugend bereitzustellen, signalisiert die Unternehmensleitung: „Wir informieren proaktiv. Wir haben wichtige Fragen der Betroffenen erkannt und können bereits Antworten vorweisen."

Fragen zur Selbsteinschätzung gemäß Zertifikatslevel

Nr.	Frage	Level				Selbsteinschätzung
		D	C	B	A	
F1.1	Auf welche Hindernisse für die Einführung des Projektmanagements im Unternehmen muss man achten?	1	2	2	3	☐
F1.2	Wie kann man mit Widerständen gegen Projektmanagement umgehen?	1	2	2	3	☐
F1.3	Was ist der Sinn und Zweck eines Projektmanagement-Handbuchs?	1	2	2	3	☐
F1.4	Welche Phasen (nach Platz) hat das Vorgehen zur Einführung von Projektmanagement im Unternehmen?	1	2	2	3	☐

Projektmanagement zu optimieren (ICB-Elemente 2, 37) ist ein Kontinuierlicher Verbesserungsprozess. Benchmarking-Modelle, vor allem Reifegradmodelle, helfen den Verantwortlichen festzustellen, wo ihr Projektmanagement Stärken und wo es Schwächen aufweist. Vergleiche mit Best Practices aus anderen Organisationen unterstützen sie dabei, den Status quo der eigenen Organisation zu bewerten. Die wichtigsten Modelle und ihr Aufbau – zum Beispiel CMM, OPM3 und PM Delta, das Benchmarking-Modell der GPM – stehen im Zentrum dieses Kapitels. Vor- und Nachteile einer streng prozessorientierten Betrachtungsweise werden dargestellt.

1 Reifegradmodelle

Das Führungskonzept Projektmanagement lässt sich nicht per Knopfdruck in einer Organisation einführen, verankern und optimieren. Wer von Beginn an einen Idealzustand erwartet, wird enttäuscht. Projektmanagement muss in einem Prozess der kontinuierlichen Verbesserung (→ Kapitel C8) Schritt für Schritt weiterentwickelt werden. Phase 4 und 5 des in Kapitel F1 beschriebenen Vorgehensmodells weisen darauf bereits hin.

Kontinuierliche Verbesserung

Projektbenchmarking-Modelle – vor allem Reifegradmodelle – helfen dabei festzustellen, wo das in einer Organisation gelebte Projektmanagement Stärken aufweist und wo noch Verbesserungsbedarf besteht. Vorgestellt werden in diesem Kapitel das Capability Maturity Model (CMM), das Project Management Maturity Model (Kerzner), das Organizational Project Management Maturity Model (OPM3) des Project Management Institute of America (PMI) und PM Delta der Deutschen Gesellschaft für Projektmanagement (GPM).

Das Modell Project Excellence der GPM (→ Kapitel C8) ist im Gegensatz zu den anderen genannten Modellen nicht für die Bewertung des Projektmanagement-Systems einer Organisation, sondern für die einzelner Projekte gedacht.

Bewertung einzelner Projekte

1.1 Capability Maturity Model

Der Gedanke der kontinuierlichen Verbesserung zeigt sich besonders deutlich am ersten Reifegradmodell, das sich auf breiter Basis durchgesetzt hat, dem Capability Maturity Model [1]. Das Software Engineering Institute (SEI) der Carnegie Mellon University entwickelte es in der zweiten Hälfte der 1980er Jahre im Auftrag des US-Verteidigungsministeriums für Softwareprojekte. CMM, das fünf Reifegradstufen unterscheidet, soll Unternehmen dabei unterstützen, Qualität und Leistungsfähigkeit von Softwareentwicklungsprozessen zu verbessern. Mittlerweile wurde es zu einer ganzen Modellfamilie erweitert, zu der beispielsweise auch das People Capability Maturity Model (P-CMM) zur Bewertung von Mitarbeitern (→ Kapitel D3) gehört.

CMM-Modellfamilie

Man kann das CMM auch als Benchmarking-Modell für Projektmanagement bezeichnen, mit dem das Projektmanagement-System einer Organisation an Best Practices (= erfolgreiche Vorgehensweisen) aus anderen Organisationen gemessen wird. Es besitzt eine Reihe von Gemeinsamkeiten mit der branchenneutralen Norm ISO 9001 (→ Kapitel C8), es gibt aber auch erhebliche Unterschiede [2]. Beim CMM wird der Gedanke der kontinuierlichen Verbesserung viel stärker betont. Gemeinsam ist beiden

Norm ISO 9001

Modellen, dass alle wichtigen Prozesse dokumentiert werden müssen.

Seit seiner Entstehung hat sich das CMM weltweit immer weiter verbreitet. Heute ist es ein inoffizieller Standard zur Zertifizierung von Softwareorganisationen.

1.1.1 Reifegradstufen

Stufen

Das CMM enthält fünf Reifegradstufen:

1. Initialer Prozess (= chaotischer oder Ad-hoc-Prozess): Auf dieser Stufe gibt es kein systematisches Projektmanagement. Der Projekterfolg hängt daher im Wesentlichen von den Anstrengungen der Mitarbeiter ab.
2. Wiederholbarer Prozess (= repeatable)
3. Definierter Prozess (= defined)
4. Gesteuerter Prozess (= managed)
5. Optimierender Prozess (= optimizing)

Schlüsselprozessbereiche

Das Modell identifiziert die wichtigsten Prozesse, die für die systematische Entwicklung von Software nötig sind, und fasst sie in Schlüsselprozessbereiche (= SPB) zusammen. Diese werden ihrerseits den fünf Reifegradstufen zugewiesen, wie Bild F2-1 [3] zeigt:

REIFEGRAD	SCHLÜSSELPROZESSBEREICH (SPB)	SPB-ABKÜRZUNG
5 Optimierend		
	Fehlervermeidung	FV
	Technologie-Change-Management	TCM
	Prozess-Change-Management	PCM
4 Gesteuert		
	Quantitatives Prozessmanagement	QPM
	Software-Qualitätsmanagement	SPM
3 Definiert		
	Organisationsweiter Prozessfokus	OPF
	Organisationsweite Prozessdefinition	OPD
	Trainingsprogramme	TP
	Integriertes Software-Management	ISM
	Software-Produkt-Engineering	SPE
	Gruppenkoordination	GK
	Peer Review (= Review durch Dritte)	PR
2 Wiederholbar		
	Anforderungsmanagement	AM
	Software-Projektplanung	SPP
	Software-Projektsteuerung und -verfolgung	SPLV
	Software-Qualitätssicherung	SQS
	Software-Konfigurationsmanagement	SKM
	Software-Unterauftragsmanagement	SUM
1 Initial		

Bild F2-1 Reifegradstufen nach CMM und Schlüsselprozessbereichen

Jeder Schlüsselprozessbereich setzt sich aus mehreren Schlüsselpraktiken zusammen. Der Schlüsselprozessbereich Softwareprojektplanung umfasst beispielsweise 25 Schlüsselpraktiken. Unter Prozess versteht man dabei eine Abfolge von Schritten, die notwendig ist, um ein gewünschtes Ziel zu erreichen. Ein höherer Reifegrad bedeutet – so die zugrunde liegende Annahme – für das Projekt ein geringeres Risiko und eine größere Erfolgswahrscheinlichkeit. Deshalb vergibt beispielsweise das US-Verteidigungsministerium nur noch Aufträge an Anbieter, die in einer externen Bewertung (= Assessment) mindestens Stufe 3 erreicht haben (→ Kapitel A2).

Schlüsselpraktiken

Da es aufgrund seines Umfangs sehr aufwändig ist, das Modell genauer zu beschreiben, soll an dieser Stelle die Darstellung [4] in Bild F2-2 genügen. Sie zeigt für jede Stufe die Prozesscharakteristika und die Aktionen, die notwendig sind, um zur nächsten Stufe zu gelangen. Außerdem ist der ungefähre Zeitbedarf angegeben, der anfällt, wenn eine Organisation auf eine höhere Stufe aufsteigen möchte.

Prozesscharakteristika

Zeitbedarf

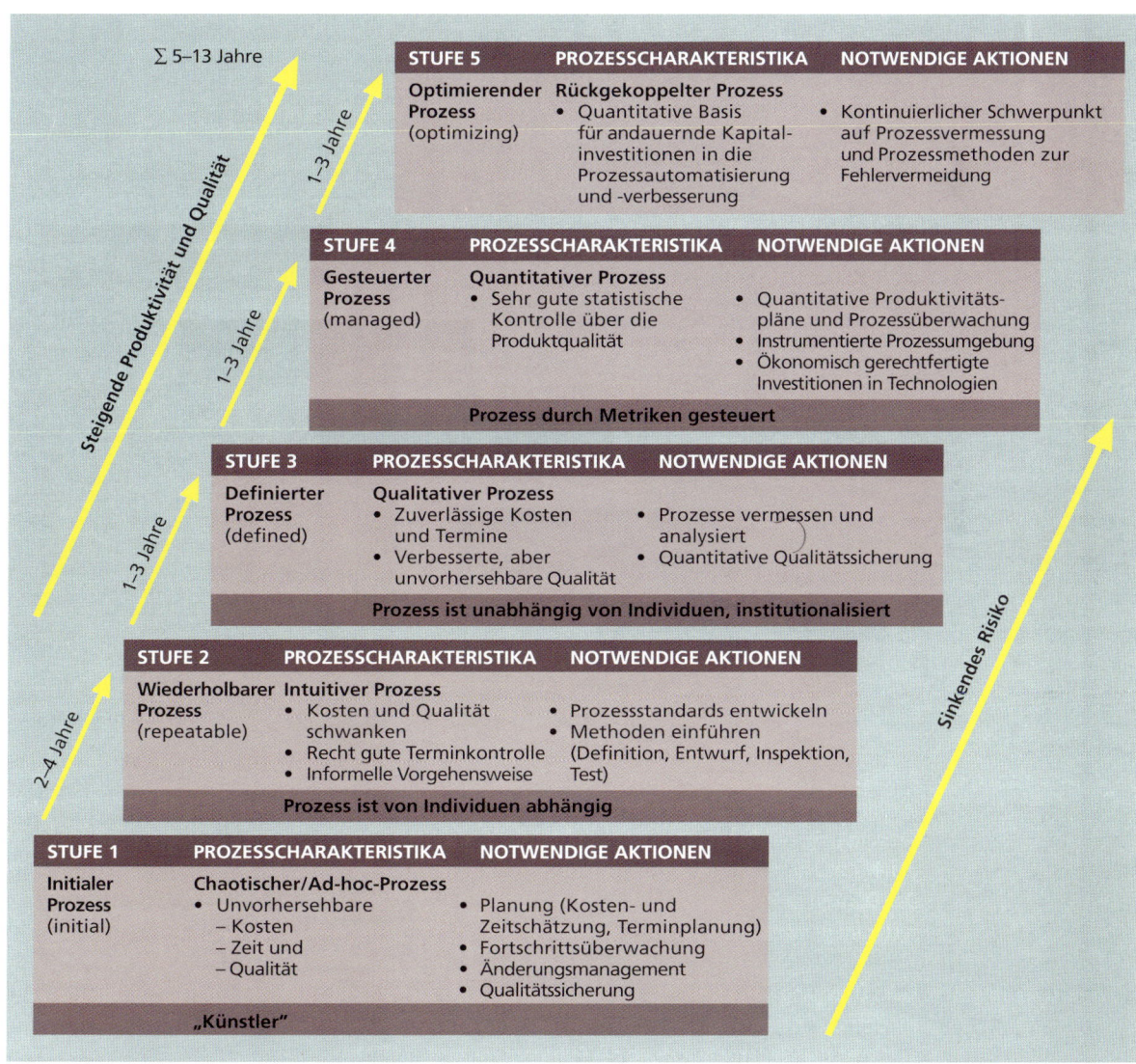

Bild F2-2 Die fünf Reifegradstufen von CMM im Überblick

CMM-I

Inzwischen ist an die Stelle von CMM das sehr viel umfassendere CMM-I (I = Integration) [5] getreten. Nach Aussage des Software Engineering Institute ist dieses Modell unter anderem für die Entwicklung von materiellen Produkten etwa im Maschinenbau und in der Elektro- beziehungsweise Elektronikindustrie geeignet. Nachfolgemodelle von CMM sind BOOTSTRAP und SPICE [6] (→ Kapitel C8). BOOTSTRAP wurde im Rahmen eines Esprit-Projekts entwickelt. Dabei diente CMM als Referenzmodell. Im Gegensatz zu den Entwicklern des CMM stützten sich die Schöpfer von BOOTSTRAP aber auch auf die Normenreihe ISO 9000.

BOOTSTRAP, SPICE

1.2 Branchenneutrale Reifegrad- und Assessment-Modelle

Auf die Reifegradmodelle für die Softwarebranche folgten branchenneutrale Modelle wie das Project Management Maturity Model von Kerzner [7] und OPM3.

1.2.1 Project Management Maturity Model

Fünf Reifegradstufen

Wie das CMM unterscheidet das Project Management Maturity Model fünf Reifegradstufen. Sie sind in Bild F2-3 dargestellt.

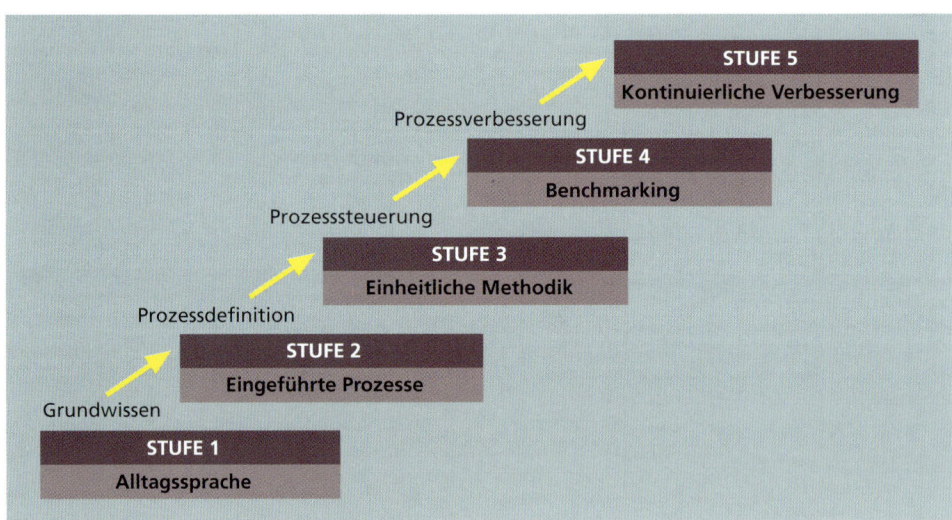

Bild F2-3 Project Management Maturity Model von Kerzner

Alltagssprache

Auf Stufe 1 (Alltagssprache, ohne Projektmanagement-Kontext) wird in der Organisation über Projektmanagement praktisch nicht gesprochen. Es gibt – wenn überhaupt – nur einige kleine Inseln der Anwendung. Das Topmanagement steht nicht hinter dem Führungskonzept, das Management kennt den Nutzen nicht, den es bringen kann. Dem Personal fehlt eine Ausbildung im Projektmanagement. Das Denken in Hierarchien ist stark ausgeprägt, das Verständnis für abteilungsübergreifendes Projektmanagement infolgedessen unterentwickelt.

Widerstände

Beim Übergang von Stufe 1 zu Stufe 2 stellen sich der Einführung von Projektmanagement erhebliche Hindernisse in den Weg. Die Gegner formulieren eine Reihe von Killerphrasen (→ Kapitel F1) und boykottieren die Weiterentwicklung des Führungskonzepts im Unternehmen. Für den Aufstieg auf Stufe 2 empfiehlt Kerzner vor allem Trainingsmaßnahmen und eine umfassende Information der Organisationsmitglieder über den „State of the Art" im Projektmanagement.

Auf Stufe 2 (eingeführte Prozesse) sehen die Verantwortlichen den Nutzen von Projektmanagement und die Notwendigkeit definierter Prozesse und Methoden. Auf allen Führungsebenen findet das Konzept Unterstützung. Das Management lässt Ausbildungspläne (= Curricula) erarbeiten, die über einzelne, isolierte, also nicht in ein Gesamtkonzept eingebundene Kurse hinausgehen, und erkennt die Notwendigkeit der projektbegleitenden Kostenkontrolle. Um auf Stufe 3 zu gelangen, muss eine Unternehmenskultur entwickelt werden, die Projektmanagement fördert. *Eingeführte Prozesse*

Auf Stufe 3 (einheitliche Methodik) sind die Prozesse integriert. Damit ist gemeint, dass Projektmanagement, Total Quality Management (→ Kapitel C8) und Concurrent Engineering (→ Kapitel B) zu einer Methodik vereint sind. Es herrscht eine Unternehmenskultur, in der alle Beteiligten und Betroffenen systematisches Projektmanagement ohne Vorbehalte akzeptieren und unterstützen. Auch die für Projektmanagement notwendigen „weichen" Fähigkeiten (= Soft Skills) werden trainiert. Der Nutzen, den die Qualifizierung der Mitarbeiter bringt, ist messbar gemacht worden. *Einheitliche Methodik*

Auf Stufe 4 (Benchmarking) existiert ein Projekt- beziehungsweise Projektmanagement-Büro oder ein Center of Excellence. Die Organisation lernt aus Erfahrungen in ihrer eigenen und in anderen Branchen und betreibt intensives Benchmarking (→ Kapitel C8). *Benchmarking*

Auf Stufe 5 (Kontinuierliche Verbesserung) hat das Projektbüro ein Mentorensystem entwickelt. Die Organisation betreibt konsequentes Wissensmanagement. Projekte werden nach ihrem Abschluss eingehend analysiert (→ Kapitel C10). Mentoren geben die gewonnenen Erfahrungen an die Mitarbeiter weiter. *Kontinuierliche Verbesserung*

Um beurteilen zu können, auf welcher Reifegradstufe sich eine Organisation befindet, hat Kerzner einen umfangreichen Katalog von Fragen (Multiple Choice) entwickelt, die der Bewertende beantworten muss (Fremd- oder Selbstbewertung). *Fragenkatalog*

1.2.2 Organizational Project Management Maturity Model [8]

Wie das CMM zeigt auch das Project Management Maturity Model (OPM3), wie man von einer niedrigeren Reifegradstufe auf eine höhere gelangen kann. An dem Modell fällt besonders auf, dass der Zusammenhang zwischen Projektmanagement und Unternehmensstrategie stark betont wird. Dies zeigt beispielsweise der neue Begriff Organizational Project Management, definiert als „Systematic management of projects, programs and portfolios in alignment with the achievement of strategic goals" [9]. Frei übersetzt heißt das: systematisches, auf die Strategie der Organisation ausgerichtetes Management von Projekten, Programmen und Portfolios. *Unternehmensstrategie*

1.2.2.1 Grundzüge des Modells
An dieser Stelle wird das Modell nur in seinen Grundzügen erläutert [10].
Zur Strukturierung existieren drei Dimensionen:
- Ebenen des Assessments
- Kategorisierung in vier Verbesserungsstufen
- Kategorisierung von Prozessen in Projekten

1.2.2.2 Ebenen des Assessments

Assessment-Ebenen Zunächst werden drei so genannte Domänen oder Ebenen des Assessments unterschieden, nämlich
- Projekt,
- Programm und
- Projektportfolio.

Projekte und Programme bilden das Projektportfolio einer Organisation. Im Gegensatz zur Definition in Kapitel E1 wird ein Programm bei OPM3 so definiert: „Groups of projects sometimes constitute a program, which is a group of related projects managed in a coordinated way to obtain benefits and control not available from managing them individually." Frei übersetzt: Ein Programm besteht aus einer Anzahl von Projekten, die miteinander in Beziehung stehen und gemeinsam so geplant und realisiert werden, dass der Nutzen für die Organisation größer ist, als wenn das Management jedes Projekt isoliert betrachten würde. Bei dieser Definition fehlt allerdings das wichtige Merkmal der zeitlichen Begrenzung, das ein Programm im Gegensatz zum Portfolio kennzeichnet.

1.2.2.3 Kategorisierung in vier Verbesserungsstufen

Verbesserungsstufen Eine weitere Kategorisierung bilden die vier aufeinander folgenden Stufen der Verbesserung eines Projektmanagement-Systems, nämlich
- Standardisierung,
- Messung,
- Steuerung und
- Kontinuierliche Verbesserung.

Die beiden Dimensionen der Betrachtung „Ebenen des Assessments" und „Verbesserungsstufen des Projektmanagement-Systems" werden in Bild F2-4 kombiniert.

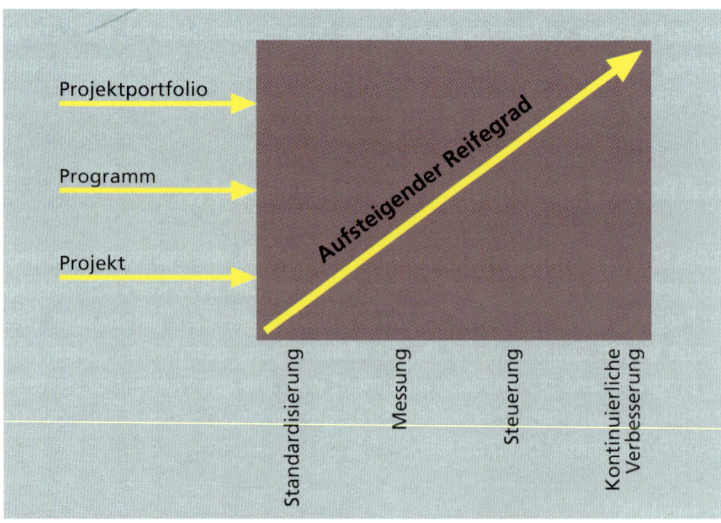

Bild F2-4 Entwicklung des Reifegrads nach OPM3

Bei dieser Systematik existieren Parallelen zu CMM, wenngleich OPM3 nicht als Stufenmodell betrachtet wird, sondern seine Entwickler von einem Kontinuum der Reife sprechen.

1.2.2.4 Kategorisierung von Prozessen in Projekten

Eine dritte Dimension wird hinzugefügt mit der Unterscheidung der Projektmanagement-Prozesse in *Prozesskategorien*

- Startprozess,
- Planungsprozess,
- Ausführungsprozess,
- Steuerungsprozess und
- Abschlussprozess.

1.2.2.5 Bewertung eines Projektmanagement-Systems mit OPM3

OPM3 bietet einen Katalog von 151 Fragen zur Bewertung des Projektmanagement-Systems der Organisation an. Für die Beantwortung und die anschließende Auswertung gibt es ein EDV-Programm. In *Fragenkatalog* den Fragen finden sich die genannten Dimensionen in unterschiedlichem Ausmaß wieder.

Beispiele [11]

Frage 23
„Gibt es in Ihrer Organisation standardisierte und dokumentierte Prozesse auf der Projektebene für den Abschluss des Vorhabens? Werden sie auch praktiziert?"

Frage 26
„Hat Ihre Organisation eine einheitliche Methode für die Definition, Sammlung und Analyse von Projektmetriken (= Messung auf Projektebene), um sicherzustellen, dass die Projektdaten konsistent und genau sind?"

Frage 60
„Existieren in Ihrer Organisation standardisierte und dokumentierte Prozesse auf der Programmebene für den Startprozess? Werden sie angewandt?"

Frage 145
„Identifiziert und bewertet Ihre Organisation Möglichkeiten der Verbesserung bei den wichtigsten Planungsprozessen (z.B. Schätzung der Vorgangsdauern und der Kosten) auf der Projektportfolioebene? Werden die Verbesserungsmöglichkeiten auch realisiert?"

1.2.2.6 Analyse der Selbstbewertung

Haben ausgewählte Mitglieder der Organisation – zum Beispiel Mitarbeiter des Projektbüros – die *Stärken/Schwächen* Fragen beantwortet, können sie mit Unterstützung der Software die Stärken und Schwächen des Pro- *ermitteln* jektmanagement-Systems ermitteln. Die Software liefert vier Grafiken (Gesamtbewertung, Projekt-, Programm- und Projektportfolioebene), die den relativen Reifegrad der Organisation in Form eines Prozentsatzes deutlich machen.

Bild F2-5 zeigt ein Beispiel aus dem OPM3-Handbuch [12]:

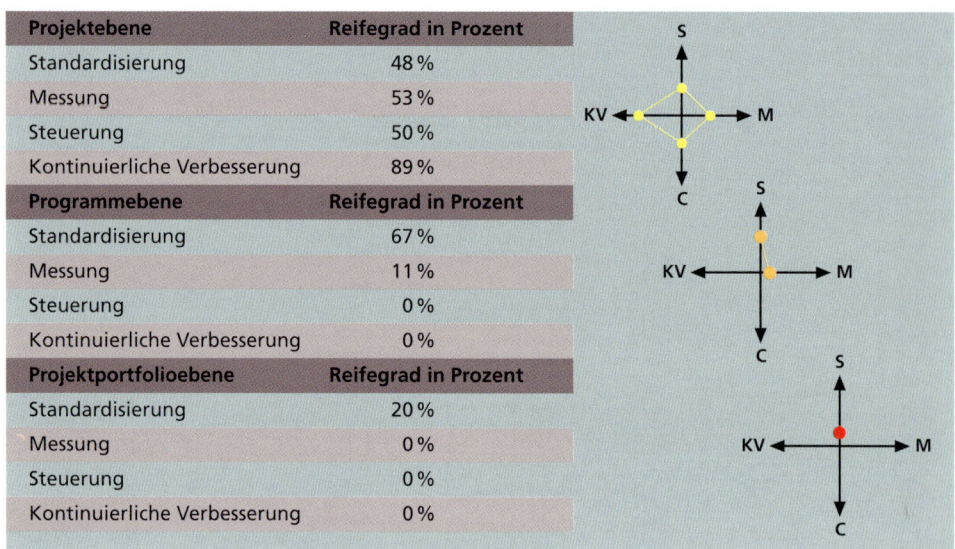

Projektebene	Reifegrad in Prozent
Standardisierung	48%
Messung	53%
Steuerung	50%
Kontinuierliche Verbesserung	89%
Programmebene	**Reifegrad in Prozent**
Standardisierung	67%
Messung	11%
Steuerung	0%
Kontinuierliche Verbesserung	0%
Projektportfolioebene	**Reifegrad in Prozent**
Standardisierung	20%
Messung	0%
Steuerung	0%
Kontinuierliche Verbesserung	0%

Bild F2-5 Reifegrade einer Organisation nach Ebenen in Prozent

1.2.2.7 Optimierung mit OPM3

Best Practices-Verzeichnis

Sind Stärken und Schwächen auf die beschriebene Art und Weise ermittelt, erstellen die Bewerter einen Plan zur Verbesserung des Projektmanagement-Systems. Dabei hilft ein so genanntes Best Practices Directory – ein Verzeichnis, das etwa 600 in systematischer Form dargebotene Best Practices enthält. Da das Handbuch auch hier wieder auf die Projekt-, Programm- und Projektportfolioebene und auf die vier Stufen Standardisierung, Messung, Steuerung und Kontinuierliche Verbesserung Bezug nimmt, ist es nach der Stärken- und Schwächenanalyse einfach, relevante Best Practices zu identifizieren und als Basis für die Optimierung des eigenen Projektmanagement-Systems zu nutzen.

Identifikations-nummer	Titel	Beschreibung	Projekt	Programm	Projektportfolio	Standardisieren	Messen	Steuerung	Kontinuierliche Verbesserung
1390	Standardisierung der administrativen Projektabschlussprozesse	Standards für den administrativen Projektabschluss existieren	x			x			
3120	Standardisierung der Prozesse für den Start eines Programms	Standards für den Programmstart existieren		x		x			
6720	Verbesserung des Planungsprozesses für die Zusammenstellung des Projektportfolios	Beim Prozess der Zusammenstellung des Projektportfolios wurden die Schwächen bewertet. Empfehlungen zur Veränderung wurden gesammelt. Verbesserungen wurden implementiert.				x			x
usw.									

Bild F2-6 Identifikation von Verbesserungsmöglichkeiten mit OPM3

1.2.3 PM Delta der GPM

PM-NR.	ELEMENTE DES PROJEKTMANAGEMENTS
1	Zieldefinition
2	Strukturierung
3	Organisation
4	Personalmanagement
5	Vertragsmanagement
6	Nachforderungsmanagement
7	Konfigurationsmanagement
8	Änderungsmanagement
9	Aufwandsermittlung
10	Kostenmanagement
11	Einsatzmittelmanagement
12	Ablauf- und Terminmanagement
13	Multiprojektkoordination
14	Risikomanagement
15	Informations- und Berichtswesen
16	Controlling
17	Logistik
18	Qualitätsmanagement
19	Dokumentation

Bild F2-7 Projektmanagement-Elemente von PM Delta

Zu den branchenneutralen Benchmarking-Modellen für Projektmanagement zählt auch PM Delta [13], das die Deutsche Gesellschaft für Projektmanagement (GPM) entwickelt hat. Wie OPM3 ist es kein Stufenmodell. Es besteht aus 19 Projektmanagement-Elementen (→ Bild F2-7) und einem Fragenkatalog. Er kann unternehmensspezifisch ergänzt werden.

Elemente statt Stufen

Fragenkatalog

Mit PM Delta lässt sich rechnergestützt ein Katalog von Stärken und Schwächen erstellen. Daraus werden wiederum Empfehlungen zur Optimierung des Projektmanagement-Systems abgeleitet. Auch ein anonymisierter Vergleich mit anderen Unternehmen ist möglich.

Stärken-/ Schwächenkatalog

Hier einige Fragen aus dem umfangreichen Katalog:

Beispielfragen

Zieldefinition
- Welche Prozesse und Regeln bestehen, um Projektziele festzulegen und zu dokumentieren?
- Wie ist sichergestellt, dass die Messgrößen für die Zielerreichung definiert sind?
- Wie werden Interessen von Stakeholdern bei der Zielfindung berücksichtigt?

Personalmanagement
- Wie werden Mitarbeiter ausgewählt?
- Nach welchen Kriterien wird ein Projektteam zusammengesetzt?
- Wie erfolgt ihre Wiedereingliederung in die bestehende Organisation nach Projektabschluss?

Vertragsmanagement
- Wie wird die Vertragserfüllung überwacht?
- Welche Prozesse und Regeln gelten für Analyse, Gestaltung, Abschluss und Änderungen von Verträgen?
- Wie sind die Schnittstellen zum Nachforderungs-, Änderungs- und Konfigurationsmanagement definiert?

Nachforderungsmanagement
- Wie wird das Sammeln, Sichern und Geltendmachen von Ansprüchen aus Vertragsabweichungen gewährleistet?
- Wie wird über die Realisierung von Nachforderungen entschieden?

1.3 Ablauf eines Assessment-Prozesses

Diskrepanz Theorie – Praxis

Bild F2-8 zeigt am Beispiel von PM Delta, wie ein Assessment-Prozess abläuft. Die Assessoren führen Interviews und werten Dokumente aus. Wie sich immer wieder herausstellt, besteht im Unternehmensalltag häufig ein erheblicher Unterschied zwischen schriftlich fixierten Regeln und der gelebten Praxis. Eine weitere Erfahrung, die unter anderem bei der Anwendung von CMM gemacht wurde, ist: Die Selbstbewertung fällt fast immer günstiger aus als die Bewertung durch Außenstehende.

EINSTIEG	DURCHFÜHRUNG	AUSWERTUNG
• Festlegen von – Diagnosezielen – Ablaufplan – Assessoren • Firmenunterlagen dem normenkonformen GPM-Standard gegenüberstellen	• Interviews durchführen • Stärken und Handlungsbedarf aufzeigen • Vergleich der vereinbarten Firmenregeln mit der Projektmanagement-Praxis	• Nachweise auswerten • Stärken und Handlungsbedarf dokumentieren • Assessment-Bericht erstellen

Bild F2-8 Ablauf eines Assessments am Beispiel von PM Delta

Beispiel

Das Beispiel in Bild F2-9 [14] zeigt einen kleinen Ausschnitt aus einem Bewertungsprozess, bei dem der Bereich Risikomanagement (→ Kapitel C3) geprüft wurde.

Stärken

• Die Risiken wurden mit dem Werkzeug RiskMitigate erfasst, bewertet und einem Controlling unterzogen.
• Es gibt eine aussagekräftige Checkliste zur Risikoermittlung.
• Gravierende Risiken (ab fünf Prozent Auftragswert) werden als Priority Risk an das Management gemeldet.

Schwächen

• Eine echte Risikobewertung (Risiko-Workshop) findet nur beim Projektstart statt. In der Praxis ist nicht gewährleistet, dass im weiteren Projektverlauf Risiken kontinuierlich fortgeschrieben werden (z.B. Änderung der Eintrittswahrscheinlichkeit, Auswirkungen).

Empfehlungen

• Anwenden des projektinternen Risikomanagements während des gesamten Projektverlaufs
• Dokumentation und fortlaufende (Neu-)Bewertung möglicher Problempunkte und Projektchancen einschließlich der Festlegung entsprechender Maßnahmen und ihres Umsetzungsstatus

Bild F2-9 Bewertungsprozess für Risikomanagement

Empfehlungen priorisieren

Die Assessoren müssen die abgeleiteten Empfehlungen priorisieren. Das Topmanagement hat die Aufgabe, ihre Umsetzung zu überwachen. Es muss sich regelmäßig über den Stand der Implementierung informieren lassen. Bild F2-10 [15] zeigt eine solche Prioritätenbildung.

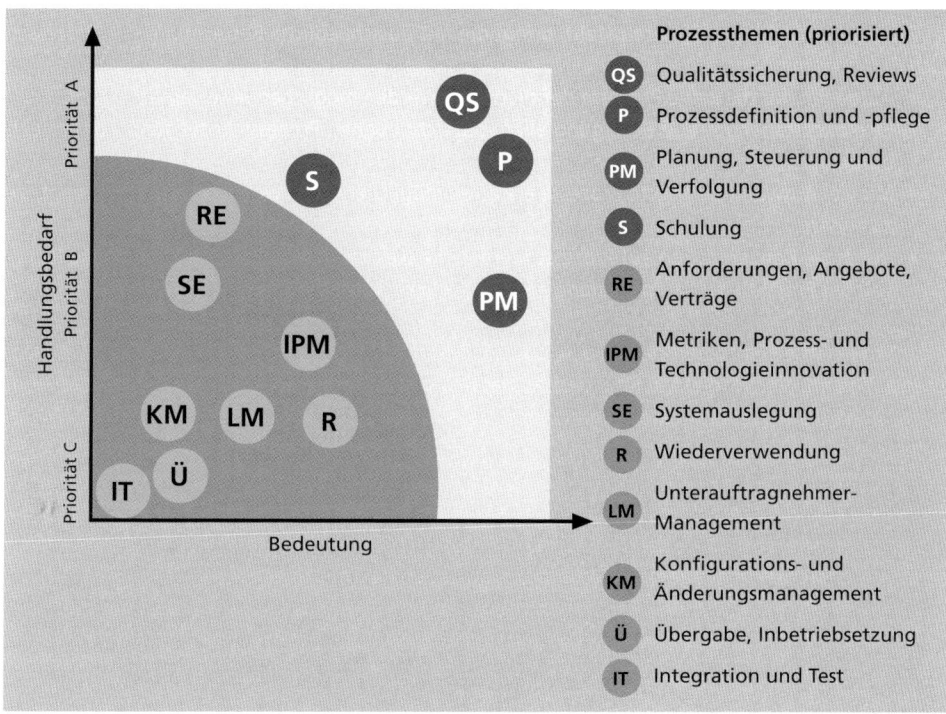

Bild F2-10 Prioritäten für Optimierungsmaßnahmen bei einem Projektmanagement-System

2 Kritische Auseinandersetzung mit Reifegradmodellen

Die Zahl der Benchmarking-Modelle für Projektmanagement ist kaum mehr zu überblicken. Bereits im Jahr 2002 wurden 30 solche Modelle registriert [16]. Eine Übersicht, die Gemeinsamkeiten und Unterschiede gegenüberstellt, fehlt. Auch eine neutrale, kritische Bewertung der einzelnen Ansätze sowie Empfehlungen, welche Modelle sich für welche Fälle am besten eignen, gibt es nicht. Eine Standardisierung vergleichbar der ISO 9000 ist nicht in Sicht.

CMM, BOOTSTRAP, SPICE, OPM3 und PM Delta sind stark prozessorientiert. Betrachtet wird nicht das Projektergebnis, also das Produkt, sondern die Prozesse, die zu seiner Entstehung führen. Unterschieden wird in der Regel zwischen

Prozessorientierung

- Ad-hoc-Prozessen, die spontan, individuell und ungeregelt [17] ablaufen, und
- systematischen Prozessen, die eindeutig definiert sind und nach denen auch gearbeitet wird.

Durch die Systematisierung der Abläufe soll ein einheitliches Vorgehen im Projekt erreicht werden. Ziel ist, dass der Projekterfolg personenunabhängiger und berechenbar wird. Systematisierung und Dokumentation von Prozessen ergeben darüber hinaus Ansatzpunkte für Prozessverbesserungen. Die zugrunde liegende Annahme lautet: Gute Prozesse führen zu guten Produkten.

Gefahren der Prozessorientierung

Letztendlich interessiert den Kunden die Qualität des Produkts oder der Dienstleistung und nicht die des Prozesses. Wie Glinz [18] herausstellt, bringt die fast ausschließliche Betrachtung von Prozessen auch Gefahren mit sich:

- Aufgaben, für die keine Prozesse definiert sind, werden möglicherweise vernachlässigt.
- Eine buchstabengetreue Befolgung aller vorgeschriebenen Prozessschritte führt zur Projektbürokratie.
- Mit viel Aufwand definierte Prozesse erstarren möglicherweise, weil niemand mehr wagt, sie zu ändern.
- Durch die Konzentration auf Prozesse werden die weichen Faktoren – zum Beispiel die Fähigkeit des Projektleiters zum Umgang mit Konflikten – vernachlässigt.

Weiche Faktoren

In der Projektarbeit ist zu berücksichtigen, dass es nicht nur auf Prozesse, sondern auch auf die Menschen ankommt, die in Projekten tätig sind. Ruskin [19] sagt dazu (frei übersetzt): Es bringt überhaupt nichts, wenn die Prozesse in einer Organisation zwar sorgfältig beschrieben, die betroffenen Mitarbeiter aber nicht fähig sind, das zu nützen.

Flexibilität

Die Reifegrad- und Benchmarking-Modelle müssten flexibler an die spezifischen Belange der Organisation anpassbar sein. Wäre das der Fall, dann würden sie als nützliche Hilfe zur systematischen Verbesserung des Projektmanagement-Systems betrachtet und gerne verwendet.

Fragen zur Selbsteinschätzung gemäß Zertifikatslevel

Nr.	Frage	Level				Selbsteinschätzung
		D	C	B	A	
F2.1	Was ist der grundsätzliche Unterschied zwischen den Reifegradmodellen und dem Project Excellence Model?	1	2	2	3	☐
F2.2	In welchen Stufen wird das Project Management Maturity Model von Kerzner umgesetzt?	1	2	2	3	☐
F2.3	Welche Aufgaben sollte nach dem Project Management Maturity Model von Kerzner ein Projektmanagement-Büro wahrnehmen?	1	2	2	3	☐
F2.4	Was bedeutet Benchmarking?	1	2	3	4	☐
F2.5	Welche Reifegrad- und Benchmarking-Modelle zur Optimierung des Projektmanagements sind bekannt?	1	2	3	4	☐
F2.6	Welche Kritik wird an den bekannten Reifegrad- und Benchmarking-Modellen geübt?	1	1	2	2	☐

1 Bedeutung

Normen [1] und Richtlinien sind notwendig, um insbesondere die Kommunikation in und zwischen Organisationen zu erleichtern. In den 1960er Jahren herrschte im Projektmanagement – genauer: in der Netzplantechnik – Sprachverwirrung. So wurden beispielsweise für den heute verbindlich festgelegten Begriff Puffer folgende weitere Ausdrücke verwendet: Slack, Float, Spielraum, Schlupf und Schlupfzeit. Immer wieder musste von Neuem geklärt werden, was der jeweilige Gesprächspartner unter einem von ihm verwendeten Terminus versteht. Schon dieses kleine Beispiel dürfte genügen, um die Notwendigkeit von Begriffsnormen deutlich zu machen. Sie wurden von Fachleuten im deutschsprachigen Raum immer stärker ausgearbeitet. Dieses Kapitel spiegelt den derzeitigen Stand wider.

2 Begriffsnormen im deutschsprachigen Raum

DIN 69 900 Teil 1: Projektwirtschaft, Netzplantechnik, Begriffe (August 1987)
Diese Norm behandelt insbesondere Formen der Netzplantechnik, Netzplanarten, Darstellungs- und Ablaufelemente sowie Begriffe der Struktur- und Zeitplanung.

DIN 69 900 Teil 2: Projektwirtschaft, Netzplantechnik, Darstellungstechnik (August 1987)
Diese Norm enthält Hinweise vor allem zum manuellen oder maschinellen Zeichnen von Netzplänen (grafische Darstellung). Sie beschreibt die Grundformen der Darstellungselemente sowie ihre Anwendung zur Darstellung der Ablaufelemente, Beschriftungen im Netzplan, allgemeine Regeln zur grafischen Darstellung, grafische Vereinfachungen und besondere Kennzeichnungen (z.B. für den Kritischen Weg).

DIN 69 901: Projektwirtschaft, Projektmanagement, Begriffe (August 1987)
Diese Norm enthält neben den Grundbegriffen Projekt, Projektmanagement und Projektwirtschaft hauptsächlich Begriffe zu den Themen Projektgliederung (z.B. Projektstrukturplan), personale Führungsorganisation und Führungsinformation.

DIN 69 902: Projektwirtschaft, Einsatzmittel, Begriffe (August 1987)
Nach den elementaren Definitionen werden hier Begriffe der Einsatzmitteldisposition und -nutzung sowie der Einsatzmittelverwaltung erläutert.

DIN 69 903: Projektwirtschaft, Kosten und Leistung, Finanzmittel, Begriffe (August 1987)
Diese Norm beschränkt sich auf Begriffe der projektbezogenen Kosten- und Leistungsrechnung und der Finanzmittelplanung.

DIN 69 904: Projektwirtschaft, Projektmanagement-Systeme, Elemente und Strukturen (November 2000)
Neben Hinweisen zur Gestaltung von Projektmanagement-Systemen enthält diese Norm Erläuterungen zu 19 Elementen des Projektmanagements: Zieldefinition, Strukturierung, Organisation, Personalmanagement, Vertragsmanagement, Nachforderungsmanagement, Konfigurationsmanagement, Änderungsmanagement, Aufwandsermittlung, Kostenmanagement, Einsatzmittelmanagement, Ablauf- und Terminmanagement, Multiprojektkoordination, Risikomanagement, Informations- und Berichtswesen, Controlling, Logistik, Qualitätsmanagement und Dokumentation.

Zusätzlich hat das Normungsgremium Regeln für Projektprozesse beschrieben und auf die Nutzung von Erfahrungen und Fachwissen hingewiesen.

DIN 69 905: Projektwirtschaft, Projektabwicklung, Begriffe (Mai 1997)
Diese Norm enthält allgemeine Begriffe, die im Projektablauf auftreten – etwa Projektgründung, Angebot, Auftrag, Lastenheft und Pflichtenheft.

Entwurf DIN 69 906: Logistik, Grundbegriffe (Dezember 1990)
In dieser Norm werden Begriffe für das Sachgebiet Logistik festgelegt. Dabei ist die Terminologie nicht allein projektbezogen.

Eine weitere DIN-Norm für das Management von Projekten ist die

DIN 19 246 Messen, Steuern, Regeln – Abwicklung von Projekten

3 Normung im Ausland

Die Schweiz hat darauf verzichtet, eigene Normen herauszugeben, und verwendet bei Bedarf die deutschen. In Österreich gibt es einen Normenausschuss, der vorwiegend Begriffe der Netzplantechnik genormt hat. In Großbritannien sind beim British Standard Institute Normblätter erschienen. Dieser Standard wird in den Niederlanden zur Anwendung empfohlen. Eine Reihe von Begriffsnormen existiert auch in Frankreich.

In den USA gibt es keine vergleichbaren Festlegungen. Allerdings hat das Project Management Institute (PMI) einen umfangreichen „Guide to the Project Management Body of Knowledge" (PMBoK) [2] in der nunmehr vierten Fassung herausgebracht, der vom American National Standards Institute (ANSI) als Standard anerkannt wurde. Der PMBoK wird auch in Kanada verwendet. Die Edition 2000 wurde in mehrere Sprachen übersetzt, unter anderem auch ins Deutsche.

Mit der Competence Baseline (ICB) der International Project Management Association (IPMA) liegt darüber hinaus ein Werk vor, das den Projektmanagern der nationalen Vereinigungen der IPMA als normative Grundlage zur Projektbearbeitung dient. Die ICB stellt alle Bereiche des Projektmanagements in den tabellarisch nebeneinander angeordneten Sprachversionen Englisch, Deutsch und Französisch vor. Damit kann auch innerhalb internationaler Projektteams auf eine einheitliche Kommunikationsplattform zurückgegriffen werden. Des Weiteren dient die ICB den nationalen Zertifizierungsgesellschaften als Basis für die Zertifizierung von Projektpersonal (4-Level-Certification, 4-L-C → Kapitel D3).

3.1 Internationale Normung

Standards für Projektmanagement, die weltweit oder in Europa verbindlich sind, gibt es zurzeit nicht.

3.2 Normen bei der International Standards Organization (ISO)

Für Projektmanagement existiert keine ISO-Norm. Im Rahmen der Familie ISO 9000 (Qualitätsmanagement) hat das Technical Committee ISO/TC 176 „Quality Management and Quality Assurance" aber im Dezember 1997 als ergänzenden Leitfaden den Standard ISO 10 006 „Quality management, Guidelines to quality in project management" veröffentlicht. Diese Norm gibt Hinweise für gutes Projektmanagement. Die ISO 10 006 wird zurzeit redaktionell überarbeitet. Parallel zu ihrer Entwicklung wurde auch ein entsprechender ISO-Standard für Konfigurationsmanagement erarbeitet, vom DIN 1997 in deutscher Übersetzung als DIN EN ISO 10 007 unter dem Titel „Qualitätsmanagement, Leitfaden für Konfigurationsmanagement" veröffentlicht. Auch dieser Standard wird gegenwärtig überarbeitet.

FALLSTUDIE

Einführung von Projektmanagement

bei einem Hersteller von Konsumgüterelektronik

1 Vorbemerkung

Die Fallstudie umfasst drei Teile.

Teil 1: Die Einführung von Projektmanagement im Unternehmen (→ Kapitel F1) ist als Projekt zu betrachten und nach den Regeln des Projektmanagements zu planen und zu realisieren.

Teil 2: In diesem Projekt sind Instrumente zu entwerfen und Regelungen zu treffen.

Teil 3: Im Verlauf der Konzeptentwicklung und Einführung ergeben sich verschiedene Situationen, für die der Bearbeiter Lösungsvorschläge erarbeiten soll.

In der Praxis sind die wesentlichen Arbeiten für dieses Projekt in Teamarbeit zu erbringen. Für die Fallstudie können Sie Ihren Lösungsvorschlag jedoch in Einzelarbeit erstellen.

2 Ausgangssituation

Ein Hersteller von Konsumgüterelektronik entwickelt und fertigt zahlreiche Produkte (CD-Player, Fernsehgeräte, Playstations, Walkmen etc.), die in hohen Stückzahlen an den Facheinzelhandel vertrieben werden. In der Vergangenheit waren verschiedene Projekte ein Flop. In einigen Fällen kamen Geräte im Vergleich zur starken Konkurrenz zu spät auf den Markt, in anderen waren die Entwicklungs- und Fertigungskosten zu hoch, sodass der erwartete Projektdeckungsbeitrag nicht erreicht wurde. Die Qualität ließ teilweise zu wünschen übrig. Deshalb schickten Einzelhändler Produkte nach Kundenbeschwerden verärgert zurück.

Ein systematisches Projektmanagement gibt es im Unternehmen bisher nicht, vielmehr plant und realisiert jeder Projektleiter „sein" Vorhaben nach eigenem Gutdünken. Ein externer Berater hat nach einem Assessment festgestellt, dass das Projektmanagement im Unternehmen nach der Terminologie des Reifegradmodells Capability Maturity Model (CMM, auch CMM-I) auf der Reifegradstufe 1 („chaotisch") steht. Das bedeutet: Es gibt keine Standards und Regeln, ein Projekterfolg kommt allenfalls durch den heroischen Einsatz von Mitarbeitern zustande. Die Geschäftsleitung, die aus einem Kaufmann und einem Ingenieur besteht, beschließt aufgrund dieses Analyseresultats und angesichts des wachsenden Konkurrenzdrucks, Projektmanagement für alle von ihr genehmigten Produktentwicklungsprojekte einzuführen.

Gehen Sie von folgenden Annahmen aus: Sie sind Abteilungsleiter in der Hauptabteilung Entwicklung und erhalten den Auftrag, dieses Einführungsprojekt zu leiten. Die notwendigen Mittel werden bereitgestellt. Außerdem sorgt die Geschäftsleitung dafür, dass die in ihr Team abgestellten Mitarbeiter für die Projektlaufzeit von ihren Linienaufgaben teilweise entlastet werden. Sie können zur fachlichen Unterstützung auch einen Berater engagieren. In einem Rundschreiben der Geschäftsleitung werden alle Mitarbeiter und der Betriebsrat über das Vorhaben informiert und gebeten, Sie bei Ihrer Aufgabe zu unterstützen. Aus Gesprächen mit Ihren Kollegen aus dem Entwicklungsbereich wissen Sie, dass die anderen Abteilungsleiter von systematischem Projektmanagement wenig halten, weil es nach deren Ansicht die Kreativität der Entwickler einschränkt. Die Meinungen in den anderen Hauptabteilungen sind gemischt. Eine eher positive Einstellung besteht wohl in den Fertigungsabteilungen. Hier gibt es seit langem ein ausgefeiltes Produktionsplanungs- und -steuerungssystem, das beibehalten werden soll und bei der Konzeption des Projektmanagement-Systems berücksichtigt werden muss.

ORGANISATIONSPLAN

Das Unternehmen gliedert sich wie folgt:

Geschäftsleitung

HA Einkauf und Lagerhaltung
Abteilung 1 (Einkauf)
Abteilung 2 (Lagerverwaltung)

HA Entwicklung*
Entwicklungsabteilung 1
Entwicklungsabteilung 2
Entwicklungsabteilung 3
Prüffeld

HA Konstruktion*
Konstruktionsabteilung 1
Konstruktionsabteilung 2
Konstruktionsabteilung 3

HA Fertigung*
Fertigungsvorbereitung 1
Fertigungsvorbereitung 2
Fertigungsvorbereitung 3
Fertigungsabteilung 1
Fertigungsabteilung 2
Fertigungsabteilung 3

Vertrieb*
Marktforschung
Vertrieb 1
Vertrieb 2
Vertrieb 3
Kundendienst

Kaufmännische Verwaltung
Finanzen
Rechnungswesen
Controlling
Organisation, Datenverarbeitung, Revision
Allgemeine Verwaltung

HA = Hauptabteilung
* Nach Produktgruppen gegliedert

Da der Vertrieb besonders unter der oft verspäteten Entwicklung neuer Produkte zu leiden hat, sind dort die Voraussetzungen für eine Akzeptanz von Projektmanagement gut. Man hofft, dadurch verlorene Marktanteile zurückzugewinnen. Eine ähnliche Haltung kann man von den Konstrukteuren erwarten. Denn sie leiden stark unter den Entwicklern, die sich ständig „verkünsteln". Die Haltung in der Kaufmännischen Verwaltung dürfte neutral sein. Der konservativ eingestellte Leiter des Rechungswesens wird dagegen voraussichtlich für Neuerungen wie projektbegleitende Kostenverfolgung auf Arbeitspaketebene nicht zu haben sein. Der Leiter des Controllings erhofft sich durch das zusätzliche Arbeitsgebiet Projektcontrolling eine Stärkung seiner Position. Über die Haltung der Hauptabteilungsleiter ist wenig bekannt. Sie stehen organisatorischen Neuerungen in der Regel ablehnend gegenüber. Eine Ausnahme bildet der Hauptabteilungsleiter Vertrieb.

Rechnen Sie also bei Ihrem Projekt trotz der Unterstützung durch die Unternehmensleitung mit erheblichem verstecktem oder offenem Widerstand. Stellen Sie rechtzeitig Überlegungen dazu an, wie Sie mit diesen Widerständen umgehen wollen. Ihre Maßnahmen, mit denen Sie weitgehende Akzeptanz erreichen möchten, müssen sich im Projektstrukturplan niederschlagen.

3 Aufgabenbereiche

3.1 Aufgabenbereich 1

1. Erstellen Sie eine kurze Tagesordnung für die Kick-off-Veranstaltung.
2. Erstellen Sie eine Agenda für die Startsitzung. Wen laden Sie zu dieser ein?
3. Erarbeiten Sie für das Einführungsprojekt folgende Planungsunterlagen:
   - Detaillierte Zielsetzung: Unterscheiden Sie dabei nach Abwicklungs- und Anwendungserfolg.
     Hilfestellung für die Definition des Anwendungserfolgs: Fragen Sie sich, woran Sie einige Zeit nach der Einführung von Projektmanagement den Erfolg des Projekts für die Firma messen wollen.
   - Projektstrukturplan (PSP)
   - Meilensteinplan mit Meilensteinergebnissen
   - Inhaltsverzeichnis für späteren Projektmanagement-Leitfaden
4. Arbeiten Sie eine Risiko- und Stakeholderanalyse aus. Entwickeln Sie ausgehend von der Stakeholderanalyse ein Konzept für den Umgang mit den wichtigsten Projektinteressenten. Lösungshinweis: Wenn Sie sich nicht ganz sicher sein können, wie die unterschiedlichen Stakeholdergruppen gegenüber dem Führungskonzept Projektmanagement eingestellt sind, unterstellen Sie bitte eine ablehnende Haltung und überlegen Sie sich, wie Sie damit proaktiv umgehen können. Das erarbeitete Konzept sollte sich auch im Projektstrukturplan niederschlagen. Das heißt: Arbeitspakete oder Teilprojekte fließen in den bereits erstellten PSP ein.
5. Überlegen Sie sich, welche Projekte Sie als Pilotprojekte auswählen wollen. Dabei genügen eine grobe Charakterisierung nach Art und Umfang und eine kurze Begründung Ihrer Auswahl.

3.2 Aufgabenbereich 2

Sie haben die Startsitzung erfolgreich hinter sich gebracht und können sich gemeinsam mit Ihrem Team an die Arbeit machen. Zusammen mit einem externen Berater erstellen Sie eine Liste der Projektergebnisse, die erarbeitet werden müssen. Zu diesem Zweck muss das Projektteam unter anderem folgende Unterlagen erstellen:

1. Entwickeln Sie eine Standardtagesordnung für die Startsitzung.
2. Erarbeiten Sie eine Checkliste für die Stakeholder- und die Risikoanalyse.
3. Formulieren Sie für die Entwicklungsprojekte einen Standardprojektstrukturplan. Legen Sie für die einzelnen Arbeitspakete fest, welche Abteilung für welches Arbeitspaket zuständig ist (z.B. Entwicklungs- oder Konstruktionsabteilung), und formulieren Sie die Arbeitspakete für Projektmanagement vollständig aus.
4. Konzipieren Sie ein Vorgehensmodell mit Phasen, Meilensteinen und Ergebnissen je Phase. Die Arbeitspakete, die Sie formuliert haben, müssen jetzt den einzelnen Phasen zugeordnet werden.
5. Entwerfen Sie einige Vorlagen für die monatlichen Standardberichte. Welchen Bedarf könnte die Geschäftsleitung haben?
6. Geben Sie für die Statussitzungen eine Standardtagesordnung vor.
7. Entwerfen Sie ein Formular für den Projektabschlussbericht.
8. Erarbeiten Sie für den Projektportfolioausschuss, den Projektleiter und sein Team, die Linie

und das zu gründende Projektservicebüro (Project Management Office) einen Katalog, der Verantwortung, Aufgaben und Befugnisse enthält.

9. Entwickeln Sie ein Anforderungsprofil für Projektleiter.

3.3 Aufgabenbereich 3

1. Stellen Sie ein Projektteam zusammen. Erstellen Sie eine Profilmatrix, in der Sie Folgendes eintragen:
   - die Funktionen, die Ihr Projektteam abdecken muss (z.B. Projektassistent, Controller)
   - die Anforderungen, die das Team abdecken muss (z.B. Projektmanagement-Wissen, Erfahrung in der Weitergabe von Wissen, Kontaktfähigkeit)

FUNKTION	ANFORDERUNG 1	ANFORDERUNG 2	ANFORDERUNG ...
Projektassistent	Projektmanagement-Wissen	Erfahrung in der Weitergabe von Wissen	... ...
Projektcontroller	Kontaktfähigkeit	...	
...	...		

Anforderungsmatrix für das Projektteam

Durch Ausfüllen (oder leer lassen) der Matrixfelder finden Sie heraus, welche Funktion welche Anforderungen erfüllen muss. Anhand dieser Informationen können Sie nach geeigneten Mitarbeitern suchen. Welche Möglichkeiten, die passenden zu finden, fallen Ihnen ein?

2. Sie müssen einen Teilprojektleiter engagieren, der ein unternehmensweites Projektmanagement-Büro aufbauen und leiten soll. Welche Fähigkeiten braucht er dazu? Erweitern Sie die Profilmatrix und finden Sie heraus, welche Kompetenzen (z.B. Projektmanagement-Kompetenz, Führungsqualitäten) Ihnen bei diesem Teilprojektleiter wichtig sind.

3. Kurze Zeit später haben Sie sich mithilfe dieser Matrix drei Mitarbeiter des Unternehmens ausgesucht, die in Frage kommen. Deren Profile ähneln sich so sehr, dass Ihnen die Entscheidung für einen von ihnen schwer fällt. Wie gehen Sie bei der Entscheidungsfindung zur endgültigen Mitarbeiterauswahl vor?

4. Welches Gremium brauchen Sie über das Projektteam hinaus für Ihr Vorhaben? Aus welcher hierarchischen Ebene sollen die Mitglieder dafür kommen?

5. In Ihrer Funktion als Projektleiter haben Sie ein erstes Gespräch zwischen Vertretern verschiedener Hierarchiestufen innerhalb der Abteilung Rechnungswesen organisiert (z.B. Abteilungsleiter, Sachbearbeiter, Sekretariatsmitarbeiterin, Werkstudent). Sie alle sind von den Veränderungen in ihrer Organisation durch Projektmanagement betroffen und sollen nun offen über Chancen und Bedenken diskutieren. Ein erfahrener Mitarbeiter aus der kaufmännischen Verwaltung, der dem Projekt neutral gegenübersteht, moderiert das Gespräch.

   Sie selbst haben sich auf eine Beobachterrolle zurückgezogen. Sie möchten Unterstützer und Gegner Ihres Projekts identifizieren und später die Informationen, die Sie dabei gewinnen, für die Planung Ihrer Strategie für Kommunikation und Projektmarketing nutzen. Dazu notieren Sie sich die Argumente der Teilnehmer und ihre Verhaltensweisen im Gespräch. Worauf achten Sie? Überlegen Sie dazu, welche Grundregeln der Gesprächsführung Sie kennen und was Sie über Gruppendynamik, Rollen, Wahrnehmung, Vorurteile etc. wissen.

6. Erstellen Sie eine Kommunikationsmatrix und einen Projektmarketingplan! Welche Informationen brauchen Sie dazu? Siehe auch 3.1 Aufgabenbereich 1, Punkt 4!

7. Der Vorstand hat Ihnen als Projektleiter für die Dauer des Projekts in allen Belangen der Projektmanagement-Einführung die Weisungsbefugnis gegenüber den Hauptabteilungsleitern übertragen, obwohl Sie in der Linie eine Hierarchiestufe unter diesen stehen. Sie sind verpflichtet, dafür zu sorgen, dass Ihre Anweisungen in der jeweiligen Hauptabteilung umgesetzt werden. Ihnen ist klar, dass dies in menschlicher Hinsicht eine schwierige Situation ist, mit der einige Hauptabteilungsleiter Probleme haben. Welchen Führungsstil wählen Sie? Mit welchen Reaktionen müssen Sie rechnen? Wie gehen Sie mit diesen Reaktionen um?

8. Sie möchten im Rahmen des Projektmanagement-Einführungsprojekts im gesamten Unternehmen auch ein standardisiertes Projektberichtswesen für alle Projekte einrichten. Für diese Idee müssen Sie in einer Präsentation vor den Hauptabteilungsleitern Ihres Unternehmens mit guten Argumenten werben. Ihre Weisungsbefugnis, die Ihnen der Vorstand für die Dauer des Projekts übertragen hat, betrachten Sie nur als allerletztes Mittel. Zunächst setzen Sie auf die Einsicht der Betroffenen. Worauf achten Sie bei der Vorbereitung und Durchführung der Präsentation?

9. Zwei Hauptabteilungsleiter ließen sich durch die Präsentation noch nicht von Ihren Vorstellungen von einem einheitlichen Berichtswesen überzeugen. Die beiden sind dazu entschlossen, ihr jeweiliges Berichtswesen im Alleingang beizubehalten. Immerhin schaffen Sie es, sie dazu zu bewegen, einem Gespräch mit Ihnen zu diesem Thema zuzustimmen. Ihr Ziel ist, die beiden auf jeden Fall von Ihrem Standpunkt zu überzeugen, da ein standardisiertes Berichtswesen für ein unternehmensweit einheitliches Projektmanagement unbedingt notwendig ist. Erstellen Sie eine Verhandlungsstrategie! Worauf achten Sie während des Gesprächs bei sich und Ihren Gesprächspartnern?

10. Wie können Sie den Hauptabteilungsleiter Vertrieb, der auf Ihrer Seite steht, in diesem Projekt noch stärker einbinden und seine positive Einstellung für das Projekt nutzen? Wie lautet der Fachbegriff für die Funktion, die Sie ihm zugedacht haben?

11. Der Leiter „Vertrieb" und der Leiter „Rechnungswesen" können sich nicht leiden. Kenner dieses Problems haben Ihnen im Rahmen Ihrer Stakeholderanalyse gesagt, es sei nur eine Frage der Zeit, bis die beiden auch über die Einführung von Projektmanagement in Streit geraten. Der Vertriebsleiter ist dafür, der Leiter „Rechnungswesen" dagegen. Darin liegt ein Risiko für das Projekt. Deshalb beschließen Sie, die beiden zum Gespräch zu bitten. Ihnen ist klar, dass Sie diesen Konflikt nicht auf der Sachebene (= Für und Wider von Projektmanagement) lösen können, sondern ihn an der Wurzel packen müssen (= Beziehungsebene), um ihn endgültig zu beenden. Wie gehen Sie bei der Konfliktlösung vor?

12. Sie müssen mit externen Dienstleistern zusammenarbeiten. Diese Zusammenarbeit muss vertraglich geregelt werden. Erstellen Sie ein Liste möglicher Vertragspartner und Verträge und stellen Sie sich die Frage, welche Probleme mit

- der Vertragsgestaltung und
- den Vertragspartnern

zu erwarten sind. Wie können diese Probleme umgangen beziehungsweise gelöst werden?

AUTOREN

Heinz Schelle

Heinz Schelle hat zunächst in München Nationalökonomie studiert. Nach seiner Tätigkeit als wissenschaftlicher Assistent und der Promotion im Jahr 1968 war er von 1969 bis 1975 in der Zentralen Forschung und Entwicklung der Siemens AG tätig und leitete dort eine Laborgruppe, die sich auch mit der internen Unternehmensberatung und Methoden des Projektmanagements befasste. 1975 erhielt er einen Ruf auf eine Professur für „Betriebswirtschaftslehre mit besonderer Berücksichtigung des Projektmanagements" an der Fakultät für Informatik der Universität der Bundeswehr München. Zusammen mit Professor Hasso Reschke und Roland Gutsch gründete er 1979 die GPM Deutsche Gesellschaft für Projektmanagement e.V. 19 Jahre lang war er Mitglied des Vorstands. In dieser Zeit zeichnete er für das Programm von rund 25 Kongressen und Symposien verantwortlich und brachte etwa 60 Bücher und Aufsätze zum Thema Projektmanagement heraus. Seit 1998 ist er Ehrenvorsitzender der GPM.
Buchkapitel: A1-3, A5-6, B, C1-4, C6, C9, C10 (Teil 1), C11, E1-3, F1 (Teil 1), F 2-3, Fallstudie, Glossar, fachliche Mitarbeit
e-Mail: h.schelle@gpm-ipma.de

Günter Rackelmann

Diplomkaufmann Günter Rackelmann arbeitete nach dem Studium der Betriebswirtschaft an der Friedrich-Alexander-Universität Erlangen-Nürnberg mehrere Jahre als Assistent am Lehrstuhl für Betriebs- und Wirtschaftsinformatik. Er ist Mitbegründer und geschäftsführender Gesellschafter der GCA Projektmanagement + Consulting GmbH (seit 1979) in Nürnberg. Günter Rackelmann übernahm Aufgaben als Projektleiter, Projektsteuerer und Berater in Großprojekten der Industrie und der öffentlichen Hand in den Bereichen Bau, Anlagenbau, Kraftwerksbau, Eisenbahn- und Straßenbau, Flugzeugindustrie und städtebauliche Entwicklungsmaßnahmen sowie bei Softwareentwicklungsprojekten. Tätigkeitsschwerpunkte waren Konzeption, Aufbau und Einführung von Projektsteuerungssystemen, Termin- und Kostencontrolling in Großprojekten sowie Schulungen und Trainings für Führungskräfte, Projektleiter und Projektteams. Zertifizierter Projektmanagement-Trainer ist er seit 1993, Vorstandsmitglied der GPM seit 1996. Darüber hinaus hat er zahlreiche Veröffentlichungen zum Thema Projektmanagement verfasst.
Buchkapitel: C5
e-Mail: g.rackelmann@gpm-ipma.de

Kurt E. Weber

Kurt E. Weber, Rechtsanwalt und Diplomingenieur, hat Chemische Verfahrenstechnik und Rechtswissenschaften studiert. Bis 1981 arbeitete er als Projektingenieur sowie als Projektleiter im Industrieanlagenbau und erhielt in diesem Jahr auch die Zulassung als Rechtsanwalt. Seit 1983 ist er in eigener Kanzlei mit Sitz in München im Bereich Zivilrecht tätig. Die Schwerpunkte seiner heutigen Tätigkeit liegen in der Gestaltung und der juristischen Begleitung von Bau- und Industrieanlagenbauverträgen, in der Methodik des Vertragscontrollings (Vertragsmanagement), in der Durchsetzung von Nachforderungen (Claim Management) und in der Beilegung von Streitfällen aus Bau- und Ingenieurverträgen.
Buchkapitel: A4
e-Mail: k.weber@gpm-ipma.de

Astrid Pfeiffer

Diplom-Politikwissenschaftlerin Astrid Pfeiffer war bereits während ihres Studiums in München als Journalistin bei der Süddeutschen Zeitung tätig. Nach einer Weiterbildung im Bereich IT/Internet im Jahr 1998 arbeitete sie ab 1999 journalistisch und redaktionell für Wirtschaftsmagazine und Fachpublikationen (Print und Online) sowie für die Tageszeitung Die Welt. Als Journalistin spezialisierte sie sich in den vergangenen Jahren auf Projektmanagement-, IT- und Wirtschaftsthemen. Seit 2001 berät und unterstützt sie außerdem Unternehmen in Sachen Kommunikation und Medienarbeit. Heute ist ein Schwerpunkt ihrer Arbeit neben der Erstellung und Betreuung von Publikationen zum Projektmanagement das Thema „Nachhaltiges Wirtschaften", in dessen Rahmen zukunftsorientierte Unternehmen ökonomische, ökologische und soziale Anforderungen unter dem Aspekt der Risikobeherrschung proaktiv miteinander verbinden. Astrid Pfeiffer ist zertifizierte Projektmanagement-Fachfrau (GPM).
Buchkapitel: D, C10 (Teil 2), F1 (Teil 2), Kapitelzusammenfassungen, Fallstudie, Redaktion
e-Mail: a.pfeiffer@gpm-ipma.de

Roland Ottmann

Roland Ottmann hat Maschinenbau, Management und Betriebswirtschaft studiert und in Henley on Thames (UK) den akademischen Grad eines Master of Business Administration (MBA) erlangt. Seit 1985 arbeitet er als Projektleiter, Berater, Coach und Trainer im Projekt- und Qualitätsmanagement, seit 1992 ist er geschäftsführender Gesellschafter der Ottmann & Partner GmbH Management Consulting. Er war Vorstand des Fachverbands Projektmanagement im Bundesverband Deutscher Unternehmensberater (BDU), mehrere Jahre lang Repräsentant für Deutschland und Delegierter im Council of Delegates der IPMA International Project Management Association und Officer im Executive Board sowie Vice President der IPMA. Seit 1993 ist er zertifizierter Projektmanagement-Trainer, seit 1995 zertifizierter Projektmanager Level B. Seit 1996 ist Roland Ottmann Vorstandsmitglied bei der GPM, seit 2002 Vorstandsvorsitzender. Er ist Initiator und Projektleiter des Deutschen und des Internationalen PM Award und des Bewertungsmodells Project Excellence, Trainer für PM Award-Assessoren und Mitglied der PM Award-Jury.
Buchkapitel: C8, Beiträge insbesondere zu A6, B, C7, D1-3, F2-3, Fallstudie, Glossar, fachliche Mitarbeit
e-Mail: r.ottmann@gpm-ipma.de

Klaus Pannenbäcker

Klaus Pannenbäcker begann seine Laufbahn nach dem Studium der Elektrotechnik in Dortmund 1959 bei der Siemens AG als Qualitätsfachmann für Firmenprodukte in Industrieanlagen. Mit Gründung der Kraftwerksunion übernahm er 1969 dort die Einführung von Projektmanagement für die Planung und Errichtung von Großkraftwerken im In- und Ausland. 1982 gründete er die Unternehmensberatung GABO Anlagentechnik und Prozessmanagement GmbH. Er entwickelte als Vorstandsmitglied der GPM (1983 bis 1994) den Lehrgang „Projektmanagement-Fachmann" mit einem Franchise-Modell für zertifizierte und lizenzierte GPM-Trainer. Als Präsident und Chairman (1992 bis 1998) der IPMA entstand unter seiner Leitung das 4-Level-Certification-Programme (4-L-C), das sich mit rund 40.000 zertifizierten Projektmanagement-Experten (Stand 2004) in rund 40 Ländern als Karrieremodell etabliert hat. Heute ist er als Projektmanagement-Berater, Zertifizierungsassessor, IPMA-Validator sowie Dozent für MBA-Studiengänge in Neu-Ulm und Hannover tätig.
Buchkapitel: C7
e-Mail: k.pannenbaecker@gpm-ipma.de

GLOSSAR

Begriff	Definition
Ablauforganisation	Gesamtheit der Regelungen und Instrumentarien für die Geschäftsprozesse im Projekt(-management-System).
Ablaufplan	Plan eines komplexen Prozesses, der auf dessen Gliederung in Teilprozesse (Vorgang) beruht. Er enthält in der Regel • Dauer, Arbeitsmenge und andere Parameter der einzelnen Vorgänge, • Anordnungsbeziehungen zwischen den Vorgängen, • früheste/späteste Termine.
Abweichung	Differenz zwischen geplanten und realisierten Terminen, Kosten oder Leistungen.
Aktivität	In der Netzplantechnik gebräuchlich für →Vorgang.
Änderungsantrag	Basisdokument des →Änderungsmanagements, in der Regel mit folgenden Daten: • Antragsteller • Betroffene Projektkomponente • Anlass und Begründung • Auswirkungen (Kosten, Termine, Technik, ...) • Zu ändernde Unterlagen • Stellungnahmen • Entscheidung • Direktiven für die Änderungsdurchführung
Änderungsauftrag	Dokument zur Durchführung beschlossener Änderungen (soweit möglich in das Formular →„Änderungsantrag" integriert). Hat in aller Regel für bestimmte Empfänger Anweisungs- und für andere Empfänger Mitteilungscharakter.
Änderungsausschuss	Entscheidungsgremium für Änderungen, die Projektziele betreffen oder deren Auswirkungen gewisse Grenzen übersteigen. Bei Großprojekten als Untergremium des Konfigurationsausschusses oder des Steuergremiums gebildet. Bei mittleren Projekten fungiert das Steuergremium als Änderungsausschuss, bei kleinen Projekten der Projektverantwortliche selbst.
Änderungsmanagement	Bewertung aller Änderungsanträge, insbesondere wenn sie Projektziele betreffen. Veranlassung und Überwachung der Änderungen im Projektergebnis und in dessen Dokumentation.
Angebotscontrolling	Bewertung von Kundenanfragen nach bestimmten Kriterien (z.B. technologisches Risiko und Bonität der Kunden). Soll das Management bei der Frage unterstützen, ob für eine Kundenanfrage ein Angebot erstellt werden soll oder nicht.
Anordnungsbeziehung	Quantifizierbare Abhängigkeit zwischen Ereignissen oder Vorgängen. Standardisierte Formen sind folgende Beziehungen zwischen →Vorgängen im Netzplan: Normalfolge (Ende-Anfang), Anfangsfolge (Anfang-Anfang), Endfolge (Ende-Ende) und Sprungfolge (Anfang-Ende).
Arbeitspaket (= AP)	Teil des Projekts, der im →Projektstrukturplan (PSP) nicht weiter aufgegliedert ist und auf einer beliebigen Gliederungsebene liegen kann. Eigentlicher Zweck: gut handhabbare Bündelung von Leistungen für →Spezifikation/→Ausschreibung – Angebot – Auftrag/→Vertrag – Durchführung – Abrechnung.
Arbeitspaketbeschreibung	Detailliertes Dokument zu jedem Arbeitspaket, in der Regel auf einem Formular fixiert: Teilaufgabe, AP-Verantwortlicher, Inhalt, Termine, Gliederung in Vorgänge.
Assessment	Bewertung, Beurteilung. Der Begriff wird meist im Sinne eines diagnostischen Beobachtens verwendet.
Audit	Systematische, unabhängige Untersuchung um festzustellen, ob reale Prozesse und Ergebnisse der gültigen Beschreibung entsprechen und ob diese Beschreibung geeignet ist, die beabsichtigten Ergebnisse zu erzielen.
Auditierung	Durchführung eines Audits

Aufbauorganisation	Gesamtheit der verbindlichen Regelungen für Zuständigkeiten, Weisungsrechte und Berichtspflichten, in der Regel dargestellt im →Organigramm.
Auftraggeber	Die juristische Person, die den (Projekt-)Auftrag erteilt, finanziert, abnimmt usw. Bei kleinen Projekten ist typischerweise eine natürliche Person Auftraggeber und damit Ansprechpartner. Für große Projekte ist wichtig, dass die Bevollmächtigten des Auftraggebers definitiv für ein →Steuergremium benannt sind.
Auftragnehmer	Aus Projektsicht die juristische oder natürliche Person, die die Realisierung eines Projekts per Vertrag übernimmt.
Aufwand	Sammelbegriff für Ressourcenverbrauch: Geldmittel, Arbeits- und Maschinenzeit, Material.
Aufwandsermittlung	Bestimmung des Zeit- und Einsatzmittelbedarfs für alle Vorgänge/Arbeitspakete als Grundlage für die Planungs- und Steuerungsprozesse im Projekt.
Ausschreibung	Aufforderung zur Angebotsabgabe für ein Arbeitspaket, eine Teilaufgabe oder ein Projekt. Hauptinhalt ist die →Spezifikation der zu erbringenden Leistung. Überdies sind Anforderungen bezüglich der fachlichen Qualifikation, der Leistungstermine und anderer Details üblich.
Autonomes Projektmanagement	Organisationsform großer Projekte, bei der die Projektleitung die volle Verantwortung für das Projekt hat, insbesondere auch die disziplinarische Unterstellung des Projektpersonals. Auch reine oder absolute Projektorganisation genannt.
Balkenplan (Gantt-Diagramm)	Grafik, in der die interessierenden Objekte als liegende, zeitlich geordnete Balken dargestellt werden. In der →Ablaufplanung sind dies beispielsweise die Vorgänge. Die zeitliche Lage kann aus einem Netzplan abgeleitet oder auch intuitiv entwickelt sein. Nach dem amerikanischen Maschinenbauingenieur Henry Laurence Gantt (1861–1919).
Basisplan	Bestätigter Plan einschließlich aller bestätigten Änderungen.
Bearbeitungskapazität	Leistungsvermögen (z.B. in Personentagen oder Maschinenstunden), das für die Ausführung von Arbeitspaketen oder Vorgängen geplant beziehungsweise verbraucht wird.
Bedarfsbegrenzung	Verfahren der Ressourceneinsatzplanung, bei dem alle Vorgänge so verschoben oder gestreckt werden, dass vorgegebene Ressourcenschranken (Kapazitäten) nicht überschritten werden.
Bedarfsglättung	Verfahren der Ressourceneinsatzplanung, bei dem alle Vorgänge so verschoben oder gestreckt werden, dass ein möglichst gleichmäßig über die Zeit verteilter Ressourcenbedarf entsteht.
Befugnis	Berechtigung zu (rechtswirksamen) Handlungen im Namen beziehungsweise im Rahmen von Organisationen oder Projekten.
Benchmarking	Verfahren zur vergleichenden Bewertung von (komplexen) Prozessen beziehungsweise Organisationen.
Bericht	Dokument, mit dem Informationen über begrenzte Gegenstandsbereiche und begrenzte Zeiträume nach einem bestimmten Schema an bestimmte Empfänger gegeben werden. Berichte werden auch für Informationen aus dem Projekt heraus an übergeordnete Instanzen, Auftraggeber, Banken etc. verwendet – im Unterschied zu den internen Mitteilungen.
Berichtsarten	Oberbegriff für →Berichtsformen und →Berichtspflichten.
Berichtsformen	Durch Vorlagen nach Form und Inhalt bestimmte Dokumente.
Berichtspflicht	Verpflichtung eines Stelleninhabers (in der Regel in der Stellenbeschreibung fixiert), Berichte mit wohl definiertem Inhalt zu bestimmten Terminen an bestimmte Empfänger zu liefern.
Berichtswesen	Gesamtheit der Regelungen und Instrumentarien zur Erstattung und Behandlung von →Berichten. Siehe auch →Bericht und →Informations-/Berichtswesen.
Beschaffungslogistik	Versorgungsprozesse, die durch eine Bedarfsmeldung ausgelöst werden und bis zur Bereitstellung des Materials beziehungsweise der Ausrüstung am Einbauort reichen. Die einzelnen Beschaffungsprozesse wie Auswahl der Lieferanten, Bestellung, Antransport und Bezahlung sind in der Regel nur beim autonomen Projektmanagement Aufgabe des Projektmanagements selbst.

Beziehungen	Systemtheoretisch: Beziehung zwischen den Elementen eines Systems (z.B. im →Projektstrukturplan oder in einem →Zielsystem). Ziele können in unterschiedlichster Weise miteinander in Beziehung stehen. Sie können sich gegenseitig unterstützen, ausschließen oder zueinander neutral sein. Meist jedoch konkurrieren sie miteinander, sodass Kompromisse gefunden werden müssen. Siehe auch →Schnittstelle.
Bezugsbasis	Dokumentation, auf die sich alle weiteren Änderungen beziehen (im →Konfigurationsmanagement: →Bezugkonfiguration).
Bezugskonfiguration	Die formell zu einem bestimmten Zeitpunkt festgelegte Konfiguration eines Produkts, die als Grundlage für weitere Tätigkeiten dient. Eine neue Bezugskonfiguration (= Referenzkonfiguration) entsteht entweder im Ergebnis einer Projektphase oder im Sonderfall auch innerhalb einer Phase, wenn mehrfache Änderungen die Übersicht gefährden.
Brainstorming	Kreativitätstechnik, mit der Ideen und Aspekte für eine Problemlösung erschlossen werden können.
Budget	Vorgegebenes Kostenlimit für ein →Projekt, eine →Teilaufgabe oder ein →Arbeitspaket.
Budgetierung	Vorgabe von Kostenlimits.
Chance	Eintrittsmöglichkeit eines nützlichen, positiven Ereignisses.
Claim Management (= CM)	Komponente des professionellen Projektmanagements, in etwa zu übersetzen mit Aufbau und Abwehr von →Nachforderungen. Claim: Anspruch, Anrecht, Forderung. CM wird häufig übersetzt mit →Nachforderungsmanagement.
Codierung	Kennzeichnung von Objekten mit einem Code (= Schlüssel), der eine eindeutige Beziehung zwischen dem Objekt und seiner Beschreibung herstellt. Zu unterscheiden sind • nach den verwendeten Zeichen: numerische, alphabetische, alpha-numerische Codes, • nach dem Aufbau: ungegliederte oder mittels Separatoren (z.B. /, ., -) gegliederte Codes, • nach Verwendungszweck: identifizierende Codes als Ordnungssystem (jedes Element hat seinen Code) und klassifizierende Codes (jedes Merkmal hat seinen Code).
Control	Ursprünglich im Sinne von Überwachung gebraucht, ist die Bedeutung von Control zunächst im Maschinenbau auf Steuerung erweitert worden. Control bedeutet nun auch im täglichen Leben „etwas im Griff haben".
Control Charts	Diagramme und Tabellen, die einen Verlauf für Steuerungszwecke darstellen (z.B. →Meilensteintrend- und →Kostentrendanalyse).
Controller (= Projektcontroller)	Funktion im Projektmanagement, der das →Controlling obliegt – im Regelfall als →Stelle definiert. Der Controller hat im Wesentlichen Servicefunktion. Er trägt – etwas vereinfacht gesagt – insbesondere die Verantwortung dafür, dass der Status der einzelnen Projekte für alle Stakeholder jederzeit transparent ist. Er unterstützt den Projektleiter bei der Aufgabe des operativen Projektmanagements und mahnt gegebenenfalls auch Steuerungsaktionen an. Bei kleineren Projekten ist der Projektleiter häufig sein eigener Controller.
Controlling	Laufende Erfassung der Ist-Daten, das heißt Zeit, Aufwand/Kosten und Leistung/Qualität (zur Projektsteuerung), Bewertung von Soll-Ist-Abweichungen und im Bedarfsfall Veranlassung von Maßnahmen. Die konkreten Ausprägungen des Controllings können sehr unterschiedlich sein, zum Beispiel hinsichtlich der Ausstattung mit →Befugnissen.
Dauer (=D)	Zeitspanne vom Anfang bis zum Ende eines Vorgangs. Anzahl von Zeiteinheiten im Arbeitskalender (z.B. ohne arbeitsfreie Tage). „Dauer" wird nicht nur auf Vorgänge, sondern auch als →Projektdauer auf das ganze Projekt bezogen.
Deliverable	Engl. „Das zu Liefernde", allgemein für Vertragsgegenstand.
Dokumentation	Systematische Zusammenstellung von Informationen über das Projektergebnis (Bestandsunterlagen, Nutzer-/ Betreiberdokumentation) und seinen Entstehungsprozess (Entwicklerdokumentation).

Effizienzabweichung	Differenz zwischen →Soll-Kosten der Ist-Leistung (= Arbeitswert, Ist-Fertigstellungswert) eines Arbeitspakets oder einer Teilaufgabe und den tatsächlich bis zum Stichtag angefallenen Kosten (= →Ist-Kosten der Ist-Leistung). Sofern der Leistungsfortschritt zuverlässig ermittelt wurde, ist die Effizienzabweichung beispielsweise ein Maß dafür, wie wirtschaftlich das Arbeitspaket durchgeführt wurde.
Eigenleistung	Eingesetzte eigene Ressourcen des Projektträgers zur Realisierung beispielsweise von Arbeitspaketen.
Einsatzmittel (= EM)	Personal oder Sachmittel, die zur Durchführung beispielsweise von Arbeitspaketen benötigt werden.
Einsatzmittelmanagement	Ermittlung der benötigten Einsatzmittel (Ressourcen) und deren Zuordnung für das Gesamtprojekt und die einzelnen Vorgänge, deren effektive Einsatzsteuerung und Kontrolle.
Einsatzmittelsystematik	Übersicht über die verfügbaren beziehungsweise die benötigten →Einsatzmittel/Ressourcen mit dem Zweck, jeden Einsatzmittelbedarf/ Ressourcenbedarf einer dafür geeigneten Ressource zuordnen zu können. Wichtig ist die →Codierung der Ressourcen.
Eintrittswahrscheinlichkeit	Wahrscheinlichkeit, dass bei einem bestimmten Risiko der Ernstfall tatsächlich eintritt. Neben der Schadenshöhe (= Tragweite) ist die Eintrittswahrscheinlichkeit ein Bewertungsmaß für Risiken.
Ergebnis/Erzeugnis	Je nach Projektart sehr verschiedenartiger Zielzustand des Projekts. Die Bezeichnung Ergebnis steht für die erbrachte Leistung im allgemeinen Sinne, während die Bezeichnung Erzeugnis das konkrete, also gegenständliche Ergebnis (z.B. ein Bauwerk) meint. Im Sinne der Vermarktung kann jedes Ergebnis/Erzeugnis ein →Produkt sein. Siehe auch →Projektziel.
Ergebnisziele (= Systemziele, Projektgegenstandsziele, Aufgabenziele)	Projektziele, die den mit dem Projekt zu erreichenden Zielzustand betreffen, etwa Leistungs-/Funktionsziele (= Qualitätsziele), Finanzziele, sozialpolitische und ökologische Ziele. Gegensatz: →Vorgehensziele oder →Prozessziele.
Ertragswert (= Arbeitswert, Ist-Fertigstellungswert, Soll-Kosten der Ist-Leistung, Earned Value, Budgeted Cost of Work Performed)	Mit der geleisteten Arbeit begründeter Vergütungsanspruch, rechnerisch in der Regel als →Fertigstellungswert ermittelt.
Erzeugnisstruktur	Struktur eines Ergebnisses menschlicher Tätigkeit. Sofern es sich dabei um die Ergebnisse von Projekten handelt, sind zwei unterschiedlich detaillierte Strukturen zu unterscheiden: • →Projektstrukturplan (→objektorientiert) als Gliederung in →Arbeitspakete, • →Konfigurationsstruktur als Gliederung bis ins technische Detail.
Eskalationsverfahren	Definiertes Verfahren für den Fall, dass Störungen aufgetreten sind, die mit den normalen Mitteln zur Projektsteuerung nicht bewältigt werden können. Dies erfordert, dass Grenzwerte definiert sind, und bedeutet beispielsweise die Einbeziehung höherer Leitungsebenen, die Auflösung von Reserven oder den Start von Notprogrammen.
Estimate at Completion (= EAC)	Schätzwert für die voraussichtlich zum Zeitpunkt des Projektabschlusses insgesamt angefallenen Kosten.
Estimate to Completion (= ETC)	Die schätzungsweise bis zur Fertigstellung noch zu erwartenden Kosten (= Restkostenschätzung).
Fertigstellungsgrad	Verhältniszahl zwischen Ertragswert/Fertigstellungswert und den (geplanten) Projektgesamtkosten. Für jeden Zeitpunkt im Projektablauf kann ein geplanter und ein tatsächlicher Fertigstellungsgrad ermittelt werden.
Fertigstellungswert (= Ertragswert, Earned Value, Soll-Kosten der Ist-Leistung, FW, Budgeted Cost of Work Performed, BCWP)	Die dem Fertigstellungsgrad entsprechenden Kosten eines Vorgangs oder eines Projekts. Prognostizierter Fertigstellungswert steht für →Soll-Kosten der Ist-Leistung.
Finanzmittel	Geldmittel, die zur Vergütung von Sach- und Dienstleistungen verfügbar beziehungsweise nötig sind.

518

Fremdleistung	Zur Realisierung an Dritte/Subunternehmer vergebene Teilaufgaben/Arbeitspakete beziehungsweise deren Ergebnis. Gegensatz: Eigenleistung.
Führungsvereinbarung	Dokument, in dem konkrete Leitlinien für das Zusammenwirken der Leitung mit den Mitarbeitern fixiert sind.
Funktion	Nach seinem Inhalt definierter Aufgaben-, Zuständigkeits-, Kompetenzbereich. Siehe auch →Stelle.
Gemeinkosten	Nicht direkt einem Kostenträger zuordenbare Kosten, die durch Umlage anteilig auf die →Kostenträger oder auf Kostenstellen verteilt werden.
Gemischtorientiert	Ein →Projektstrukturplan ist gemischtorientiert, wenn die in ihm enthaltenen Teilaufgaben beispielsweise zum Teil (in den oberen Ebenen!) →objektorientiert und zum Teil funktionsorientiert definiert sind.
Gesamtkosten	Geplante Gesamtkosten des Projekts sind die definitiv zum Plan erklärten Gesamtkosten des Projekts. In der Regel werden unter Gesamtkosten die Erstellungskosten verstanden, die dem Vertragspreis des Projekts gegenüberzustellen wären. Siehe auch →Lebenszykluskosten.
Gewerk	Nach handwerklicher Qualifikation definierte Ressourcenart (z.B. Maler, Maurer).
Histogramm	Diagrammtyp, bei dem die Abszissenachse die Zeitachse ist, über der zu jedem Zeitpunkt oder Zeitintervall als Ordinatenwerte Schnittgrößen dargestellt werden (z.B. Kosten oder Arbeitskräfteanzahl für alle jeweils geschnittenen Vorgänge des Netzplans).
Information	Kenntnis, die die Ungewissheit über das Eintreten eines Ereignisses aus einer Menge von möglichen Ereignissen verringert oder beseitigt.
Informations-/Berichtswesen	Zielgruppenorientierte, bedarfsgerechte Information aller Projektbeteiligten über die Projektprozesse, insbesondere für Steuergremien und Dokumentation. Siehe auch →Bericht.
Informationsflüsse	Bewegung der Informationen zwischen den einzelnen Stellen in einer Organisation. Informationsflüsse sind Gegenstand der →Informationssysteme.
Informationssystem	Gesamtheit der Informationsmittel und der Regelungen für die Kommunikation innerhalb des Projektteams sowie zwischen dem Projektteam und seiner Umgebung.
Informelle Kommunikation	Kommunikationsweise, die nicht formal geregelt ist. Unverzichtbare Ergänzung der formalen Kommunikation zur Sicherung von Flexibilität und Entwicklungsfähigkeit.
Institutionalisiert	In der Aufbau- und Ablauforganisation definierte Zuordnung (von Aufgaben oder Prozessen) zu bestimmten Stellen (Institutionen).
Instrumente, Instrumentarien	Materielle Hilfsmittel wie Checklisten, Computerhard- und -software, Büro- und Präsentationstechnik. Dazu zählen auch alle Methoden/ Verfahren, die in Checklisten und Software instrumentalisiert sind.
Ist-Dokumentation	Dokumentation des Ist-Zustands.
Ist-Kosten (= Ist-Kosten der Ist-Leistung, Actual Cost of Work Performed, ACWP)	Tatsächlich für die erbrachte Leistung angefallene Kosten.
Jour fixe	Regelmäßiger Besprechungstermin.
Karrierepläne	Personenbezogene Pläne zur längerfristigen Entwicklung des eigenen Personals (in Großunternehmen).
Kick-off(-Meeting)	Startschuss des Projekts: Offizielle Bekanntgabe und In-Kraft-Setzung der Ziele und des Regelwerks für das Projekt. Zu beachten ist der Unterschied zum →Projektstart-Workshop.
Kommunikation	Bezeichnet den Austausch von Informationen und ist damit eine spezifische Form sozialer Interaktion. Auch: Gesamtheit der technischen Mittel und der Regeln für deren Benutzung zur Sicherung der Kommunikation zwischen den Personen und Prozessen im Projekt. Zugehörige Prozesse siehe unter →Informations-/Berichtswesen.
Konfiguration	Funktionelle und physische Merkmale eines Produkts, wie sie in seinen technischen Dokumenten beschrieben und im Produkt verwirklicht sind.

Konfigurationsaudit	Überprüfung der Übereinstimmung des realen Ausführungsstands mit den gültigen Konfigurationsdokumenten zu bestimmten Zeitpunkten oder Anlässen.
Konfigurationsbuchführung	Hilfsprozess der Konfigurationsüberwachung mit den Aufgaben Registrierung und Archivierung der Änderungen und Statusberichterstattung.
Konfigurationsdokumente	Detaillierte Produktdokumentation mit identifizierender Codierung von Konfigurationseinheiten und Einzelteilen.
Konfigurationsidentifikation (= Konfigurationsbestimmung)	Grundlegendes Teilgebiet des Konfigurationsmanagements: • Strukturierung des Gesamtprodukts in Konfigurationseinheiten (KE) • Codierung und Kennzeichnung der KE sowie der zugehörigen Dokumente • Beschreibung der KE (inklusive der anzuwendenden Vorschriften und Prozesse)
Konfigurationsmanagement	Detaillierte und vollständige Zusammenstellung und Dokumentation der Projektergebnisse sowie deren systematische Aktualisierung bei Projektänderungen. Technische und organisatorische Maßnahmen zur Konfigurationsidentifizierung, -überwachung, -buchführung, -auditierung.
Konfigurationssteuerung	Funktion beziehungsweise Stelle im Projektmanagement, die die Realisierung der geplanten Konfiguration überwacht und gegebenenfalls selbst steuernd eingreift.
Konfigurationsstruktur	Detaillierte Gliederung eines Erzeugnisses in Konfigurationseinheiten sowie deren systematische →Codierung und Kennzeichnung. Ergebnis der →Konfigurationsidentifikation.
Konfigurationsüberwachung (= Änderungsmanagement)	Grundlegendes Teilgebiet des Konfigurationsmanagements, das die Realisierung der geplanten Konfiguration überwacht und gegebenenfalls notwendige Eingriffe selbst veranlasst oder signalisiert.
Kontenrahmen	Das Ordnungssystem für die Erfassung von →Kosten und →Finanzmitteln in einem Geschäftsbereich. Der Kontenrahmen für Unternehmen ist weitgehend durch die (Steuer-)Gesetzgebung vorgeschrieben. Erhebliche Unterschiede gibt es jedoch bei der Erfassung der Kostenarten in Projekten.
Kontenplan	In enger Anlehnung an den Kontenrahmen baut das Unternehmen unter Berücksichtigung seiner firmen- und projektspezifischen Anforderungen einen Kontenplan auf.
Kosten	Bewerteter Güter- und Dienstleistungsverzehr zur Erstellung der betrieblichen Leistung. • Zuordenbarkeit: Einzelkosten, Gemeinkosten • Zuordnung: →Kostenträger, →Kostenstelle • Art der Entstehung: →Kostenarten • Zeitliche Einordnung: Erstkosten, Folgekosten, Lebenszykluskosten
Kostenarten	Nach der Art der Entstehung definierte Kostenanteile, zum Beispiel: • Personalkosten: Löhne und Gehälter, Lohnnebenkosten • Sachkosten: Material, Maschinen, Gebäude • Finanzierungskosten: Zinsen, Aufschläge • Dienstleistungen: Energie, Beratung • Abgaben: Steuern, Gebühren
Kostenganglinie	Grafische oder tabellarische Darstellung des Kostenanfalls über die Projektdauer (Ordinatenwert = Kosten je Zeitintervall).
Kostenmanagement	Ermittlung der Kosten für die einzelnen Vorgänge, Arbeitspakete sowie für das Gesamtprojekt als Grundlage für Finanzierung, Budgetierung und Controlling der Projekte.
Kostenplanung	Vorausbestimmung der Projektkosten nach Höhe und zeitlicher Verteilung. Siehe auch →Kostenganglinie und →Kostensummenlinie.
Kostensatz	Kosten je Einheit, das heißt je Zeiteinheit (z.B. pro Stunde) oder je Naturaleinheit (z.B. pro Kubikmeter).
Kostenstelle	Räumlich oder organisatorisch abzugrenzender Ort einer Organisation, an dem Kosten anfallen. Kostenstellen entsprechen zum Beispiel einzelnen Abteilungen oder auch einzelnen Maschinen. Die Kosten können entweder direkt der Kostenstelle zugeordnet (z.B. Abschreibungen auf Maschinen, die in der Kostenstelle aufgestellt sind) oder nur mithilfe von Schlüsselfaktoren umgelegt werden (z.B. die Kosten der Gebäudeheizung). Im ersten Fall spricht man von Kostenstelleneinzelkosten, im zweiten von Kostenstellengemeinkosten.

Kostensummenlinie (= KSL)	Grafische oder tabellarische Darstellung des Kostenverlaufs über die Projektdauer (Ordinatenwert = kumulierte Kosten bis zum jeweiligen Zeitpunkt). Die KSL wird durch Aufsummieren aus der →Kostenganglinie gebildet.
Kostenträger	Im Projektmanagement ist grundsätzlich das Projekt der Kostenträger. In der Regel fungieren jedoch auch Teilaufgaben/Teilobjekte und Arbeitspakete als Kostenträger, sodass der →objektorientierte PSP idealerweise als Kostenträgerstruktur dient.
Kostentrendanalyse (= KTA)	Gewinnung von Aussagen über die künftige Entwicklung der Projektkosten aus den →Ist-Kosten (→Estimate to Completion). Eine realistische Kostentrendanalyse ist nur in Verbindung mit der Fortschrittsmessung möglich. Eine Kostenunterschreitung ist negativ zu bewerten, wenn sie mit Leistungsverzug einhergeht. Siehe →Fertigstellungswert.
Kostenziele	Primär für das Projekt und seine →Arbeitspakete die Obergrenzen der Kosten, die nicht überschritten werden sollen. Kostenziele können aber beispielsweise auch für den zeitlichen Kostenanfall und für die Verteilung nach Kostenarten definiert sein.
Kontinuierlicher Verbesserungsprozess (= KVP)	Eine der grundlegenden Vorgehensweisen des →Qualitätsmanagements. Das Prinzip der ständigen Verbesserung lautet: Suche ständig nach den Ursachen von Problemen, um alle Systeme (Produkte, Prozesse, Aktivitäten) im Unternehmen beständig und immer weiter zu verbessern.
Kritisch	„Kritisch" ist im Projektmanagement meist im Sinn des englischen „crucial" gemeint, das die Aspekte „kritisch, entscheidend, wichtig" gleichzeitig enthält. Der Kritische Weg ist die längste und damit die Dauer bestimmende Vorgangskette im Ablaufplan. Kritische Ressourcen sind die auf dem Kritischen Weg eingesetzten Engpassressourcen.
Lastenheft	Vom Auftraggeber festgelegte Gesamtheit der Forderungen an die Lieferungen und Leistungen eines Auftragnehmers innerhalb eines Auftrags. Zusammenstellung aller Anforderungen an das Projekt aus der Auftraggeber- beziehungsweise Nutzersicht (vor allem Ziele, Liefer- und Leistungsumfang, Randbedingungen). Das Lastenheft sollte ebenso vom Projekt als Auftraggeber gegenüber Ausführungsbetrieben verwendet werden.
Lebenszykluskosten	Kostenbetrachtung, die neben den Erstellungs-/Erstkosten auch die Folgekosten (Betriebs-, Unterhaltungs-, Rekonstruktions- und Abrisskosten etc.) umfasst. Das Projekt wird „von Erde zu Erde" bewertet.
Leistungsabweichung	Differenz zwischen →Soll-Kosten der Ist-Leistung (= Arbeitswert, Ist-Fertigstellungswert, Budgeted Cost of Work Performed) und →Soll-Kosten der Soll-Leistung (= Welche Kosten hätten nach Plan für die bis zum Stichtag geplante Leistung anfallen dürfen?). Die Leistungsabweichung erlaubt eine Aussage darüber, inwieweit der für ein Arbeitspaket oder eine Teilaufgabe Verantwortliche im Leistungsverzug ist oder mehr als die bis zum Stichtag geplante Leistung erbracht hat. Verzug oder Vorsprung bei der Leistungserstellung werden nicht direkt ermittelt, sondern mithilfe von Kostengrößen. Die Aussagekraft der Kennzahl steht und fällt damit, wie zuverlässig der Leistungsfortschritt gemessen werden kann.
Lenkungsausschuss	Gremium aus bevollmächtigten, übergeordneten Vertretern des Projekts. Besteht zum Beispiel aus →Auftraggeber, Investor(en), Vertretern von Behörden und Trägern öffentlicher Belange. Synonym: →Steuergremium. In manchen Organisationen wird jedoch unterschieden: Steuergremium meint ein internes Gremium des →Projektträgers, Lenkungsausschuss ein Gremium unter Einbeziehung externer Partner. Der Lenkungsausschuss sollte so klein wie möglich gehalten werden. Er dient dem Projektleiter als Berichts-, Entscheidungs- und Eskalationsgremium.
Linie	In der Aufbauorganisation eines Unternehmens die Folge der Unterstellungsverhältnisse vom einzelnen Mitarbeiter über Abteilungsleiter, Hauptabteilungsleiter usw. bis zum Topmanagement. Im Projektmanagement steht die Linie als Kurzwort für die vertikale Einbindung der →Projektmitarbeiter in ihre Stammorganisation im Gegensatz zur horizontalen Einbindung in die Projektorganisation. Siehe →Matrixorganisation.

Linienvorgesetzter	Verantwortlicher für eine bestimmte Abteilung oder Funktion in der Linien- oder Stammorganisation.
Logistik	Physische Gewährleistung der Versorgung der Realisierungsprozesse mit den zugeteilten →Einsatzmitteln. Dazu gehören auch die Instandhaltungs- und die Entsorgungslogistik.
Lösungsneutral	Geforderte Eigenschaft von Zieldefinitionen. Diese sollen die angestrebten Eigenschaften definieren, ohne den Lösungsweg (unnötig) einzuschränken.
Management by Projects	Ein zentrales Managementkonzept von Stammorganisationen, insbesondere von projektorientierten Unternehmen. Projektorientierte Unternehmen erfüllen ihre Aufgaben vor allem in Form von Projekten. Viele verschiedene Projekte werden parallel begonnen, geführt und abgeschlossen. Durch Management by Projects werden die organisatorische Flexibilität und Dynamik gesteigert, die Managementverantwortung dezentralisiert, das Lernen im Unternehmen verbessert und die organisatorischen Veränderungen erleichtert.
Matrixorganisation	Form der Projektorganisation, wobei jeder Projektmitarbeiter in der Linie (= vertikal) seinem Vorgesetzten (z.B. Abteilungsleiter) unterstellt bleibt, während er gleichzeitig Anforderungen des Projekts erfüllen soll und Weisungen vom Projektleiter erhält (= horizontal). So entsteht das Bild einer Matrix.
Meilenstein	Ereignis von besonderer Bedeutung (z.B. Abschluss einer →Teilaufgabe, Zwischenabnahme) im Projektablauf.
Meilensteintrendanalyse (= MTA)	Systematische Beobachtung der →Meilensteine, wie sich diese im Lauf des Projekts verschieben. Das Meilensteintrenddiagramm ist eines der wichtigsten Instrumente des Projektmanagements. Es besitzt zwei Zeitachsen. Auf der X-Achse befinden sich die Beobachtungszeitpunkte, auf der Y-Achse die jeweils erwarteten (prognostizierten) Eintrittszeitpunkte der Meilensteine.
Mengengerüst	Verzeichnis der für ein Projekt benötigten Mengen an Material oder allgemein an Komponenten, für die ein Zeit- oder Kostenaufwand bestimmbar ist.
Methode	Ein Verfahren nach Grundsätzen, ein planvolles Verfahren. Oft gebraucht für detailliert definierte Algorithmen im Rahmen komplexerer →Verfahren.
Möglichkeitsplanung	Entwicklung verschiedener Planvarianten, aus denen dann je nach Möglichkeit eine zur Realisierung ausgewählt wird.
Monitoring	Beobachtung/Überwachung von Prozessen.
Multiprojektkoordination (= Multiprojektmanagement)	Abstimmung von Terminen, Ressourceneinsatz, Leistungszielen etc. zwischen mehreren Projekten zwecks Erschließung von Synergieeffekten und Vermeidung gegenseitiger Störungen.
Nachforderung	Nicht geplante beziehungsweise über den Vertragsumfang hinausgehende vergütungspflichtige Leistung beziehungsweise deren Vergütung.
Nachforderungs-/ Claim Management	Erfassung aller nachforderungsrelevanten Daten, deren juristische und wirtschaftliche Bewertung und schließlich das Stellen beziehungsweise Abwehren von Nachforderungen.
Objektorientiert	Ein objektorientierter Projektstrukturplan definiert eine Struktur des Projektergebnisses, also des Erzeugnisses. Siehe →prozessorientiert.
Obligo	Kaufmännische Verbindlichkeit, Zahlungsverpflichtung. Entsteht in der Regel durch Abschluss eines Liefer-/Leistungsvertrags.
Organigramm	Leitungsstruktur in Unternehmen, Projekten und anderen Organisationen, meist als Baumstruktur grafisch dargestellt. Die direkte Verbindung zwischen zwei Stellen bedeutet eine Unterstellung, also das Weisungsrecht von oben nach unten und die →Berichtspflicht von unten nach oben.
Organisation	Aufbau- und Ablauforganisation im Projekt, deren Anpassung an den Projektfortschritt und Einbindung in die Trägerorganisation. Siehe →Projektorganisation.
Organisationsplanung	Entwicklung von →Aufbau- und →Ablauforganisation für ein Projekt. Siehe →Projektorganisation.

Pflichtenheft

Vom Auftragnehmer erarbeitete Realisierungsvorgaben aufgrund der Umsetzung des vom Auftraggeber vorgegebenen →Lastenhefts. Das Pflichtenheft ist im Regelfall zwischen Auftraggeber und Projekt(-leiter) zu vereinbaren, wird aber oft auch als rein interne Unterlage des Auftragnehmers gehandhabt.

Portfolio-Darstellung

Anschauliche grafische Darstellung, die die zweidimensionale Projekteinordnung gestattet. Es findet beispielsweise Anwendung bei der Projektauswahl. Die zur Auswahl stehenden Projekte werden dabei nach zwei Merkmalen (Dimensionen) bewertet beziehungsweise eingeordnet. Ein weit verbreiteter Portfolio-Ansatz ist das Technologievorteil-Portfolio (Technologievorteil = erste Dimension, Kundennutzen = zweite Dimension). Bewertet werden Projekte beziehungsweise die Produkte, die in den Projekten entstehen sollen, nach dem Technologievorsprung, den ein Unternehmen hat, und nach dem erwarteten Kundennutzen.

Programm

Große Vorhaben, die mehrere Projekte unter einem Dach vereinigen. Ein Beispiel ist die Entwicklung einer neuen Generation von Lastkraftwagen durch einen Automobilhersteller zusammen mit seinen Zulieferern (Entwicklung des Fahrzeugs mit allen Bauteilen, Aufbau der Fertigungsanlagen, Aufbau des Servicenetzes etc.). Verantwortlich für das Programm ist der Programmmanager. Im Gegensatz zum →Projektportfolio hat ein Programm – genauso wie ein Projekt – das Merkmal der zeitlichen Begrenzung. Das Lkw-Programm ist beendet, wenn die Kunden die einzelnen Fahrzeugtypen erwerben können. Der Programmmanager ist dann entlastet.

Priorisierung

Definition beziehungsweise Anwendung von Vorrangregelungen für Konfliktsituationen, zum Beispiel hinsichtlich der
• Beanspruchung von Projektmitarbeitern durch →Projekt und →Linie,
• Erfüllung konkurrierender Ziele,
• Ausführung konkurrierender Vorgänge durch Engpassressourcen u.a.

Prognose

1. Allgemein: Gewinnung von Informationen über künftige Entwicklungen mittels Umfragen, Scenario Writing, Extrapolation, Regression u.a.

2. Im Projektmanagement: Voraussage über die künftige Entwicklung des Projekts. Wichtigste Hilfsmittel sind →Meilensteintrendanalysen und →Kostentrendanalysen.

Project Management Office (= Project Office, Projektbüro)

Aufgabe des Project Management Office ist es, Transparenz über das Projektportfolio (Termine, Ressourceneinsatz, Kosten, sachliche Beziehungen zwischen den Projekten) herzustellen und Unterstützung bei der Projektauswahl und der Koordination der Projekte zu geben. Weitere Aufgaben können sein, einen Pool von Projektleitern bereitzustellen, Projektbeteiligte in Projektmanagement auszubilden, Prozesse zu vereinheitlichen und Standards zu entwickeln. Siehe auch →Projektcontroller.

Projekt

Vorhaben, das im Wesentlichen durch die Einmaligkeit der Bedingungen in ihrer Gesamtheit gekennzeichnet ist – zum Beispiel Zielvorgabe, zeitliche, finanzielle, personelle und andere Begrenzungen, Abgrenzung gegenüber anderen Vorhaben und projektspezifische Organisation.

Projektabbruch

Vorzeitige Beendigung eines Projekts vor Erreichen der wesentlichen Projektziele. Es gilt im professionellen Projektmanagement als normal, dass ein gewisser Anteil der Projekte auch dann in Angriff genommen wird, wenn das Erreichen der Ziele nicht sicher ist. Umso wichtiger ist es, solche Projekte gegebenenfalls rechtzeitig und verlustarm abzubrechen.

Projektabschluss (= Projektende)

Gesamtheit der Arbeitsschritte und Dokumente, die zum ordnungsgemäßen Beenden eines Projekts nötig sind: Abnahme/Übergabe von →Projektergebnissen, Schlussrechnung, →Controlling, Projektdokumentation, Projektbewertung →Assessment, Berichtswesen.

Projektauswahl

Auswahl von Projekten aus einer größeren Anzahl von Vorschlägen nach bestimmten Kriterien wie etwa dem zu erwartenden Deckungsbeitrag oder dem Return on Investment.

Projektbeteiligter

Person oder Personengruppe, die am Projekt zu beteiligen ist, weil ein berechtigtes Interesse am Projektverlauf oder eine Betroffenheit von den

	Auswirkungen des Projekts vorliegt. Beispiele: Auftraggeber, Auftragnehmer, Projektleiter, Projektmitarbeiter, Nutzer des Projektergebnisses, Anwohner, Naturschutzverbände, Presse, öffentliche Verwaltung. Siehe →Stakeholder.
Projektbudget	Summe der einem Projekt zur Verfügung gestellten finanziellen Mittel.
Projektcontroller	Siehe →Controller.
Projektdauer	Anzahl von Zeiteinheiten (z.B. Monate, Jahre) zur Realisierung eines Projekts, die zunächst geschätzt, dann berechnet, gegebenenfalls verkürzt, dann geplant, realisiert, überwacht, bei Bedarf korrigiert und dokumentiert werden.
Projektdokumentation	Zusammenstellung ausgewählter, wesentlicher Daten über Konfiguration, Organisation, Mitteleinsatz, Lösungswege, Ablauf und erreichte Ziele des Projekts.
Projektergebnis	Je nach Projektart sehr verschiedenartiger Zielzustand des Projekts. Die Bezeichnung Erzeugnis meint eher den Sonderfall „gegenständliches Ergebnis" (z.B. Bauwerk), während die allgemeinere Bezeichnung Ergebnis beispielsweise für Organisationsprojekte oder auch für ein gegenständliches Ergebnis nebst Umfeld verwendet wird.
Projektfortschritt	Maß für den erreichten Realisierungsstand eines Projekts, darstellbar als →Fertigstellungswert(-grad) oder zum Beispiel als realisierte →Meilensteine.
Projektfreigabe	Unternehmerische Entscheidung, dass für ein Projekt Leistungen Dritter in Anspruch genommen werden dürfen. Der Begriff Projektfreigabe wird unterschiedlich benutzt: • als Anstoß für die Vorbereitung des →Projektstarts, dann „vorläufige Projektfreigabe" • als Synonym für →Projektgenehmigung • als Anstoß für die Projektprozesse, wenn diese erst mit einer gewissen Verzögerung nach der Projektgenehmigung beginnen, dann „endgültige Projektfreigabe"
Projektgenehmigung	Unternehmerische Entscheidung, dass eine Projektidee als Projekt realisiert werden soll. Damit zentraler Punkt des →Projektstarts.
Projektgesamtkosten	Die insgesamt dem →Projekt zugerechneten →Kosten.
Projekthandbuch	Zusammenstellung der für ein Projekt (in der Regel auf Grundlage des Projektmanagement-Handbuchs) getroffenen Festlegungen und Vereinbarungen.
Projektinformation	Daten für Planung, Steuerung und Überwachung eines Projekts.
Projektinformationssystem	Gesamtheit der Einrichtungen und Hilfsmittel und deren Zusammenwirken bei der Erfassung, Weiterleitung, Be- und Verarbeitung, Auswertung und Speicherung der Projektinformationen. Umfasst auch Regelwerk und Datenbestände.
Projektkosten	Oberbegriff für alle im Zusammenhang mit Projekten auftretenden Kosten →Projektgesamtkosten.
Projektmanagement, operatives	Der Projektleiter hat die Aufgabe des operativen Projektmanagements (= das Projekt richtig machen). Das bedeutet, dass er Termine und Kosten einhalten muss, dass er verpflichtet ist, die gewünschte Leistung in der geforderten Qualität zu liefern, und dass er das Vorhaben zur Zufriedenheit der wichtigsten Stakeholder abwickeln muss.
Projektmanagement, strategisches	Die Aufgabe des strategischen Projektmanagements (= die richtigen Projekte machen) nehmen in der Regel Gremien wahr, die speziell dafür gegründet und zum Beispiel Projektsteuerungsgremium oder →Projektportfolio-Board genannt werden. Derartige Gremien sind nicht mit Steuerungsgremien zu verwechseln, die für ein einzelnes Projekt installiert werden →Lenkungsausschuss. Die Mitglieder eines Projektportfolio-Boards sind in aller Regel in der Unternehmenshierarchie hoch angesiedelt. Sie sind insbesondere für die Projektauswahl und den rechtzeitigen Projektabbruch zuständig. Sie müssen auch weitere Entscheidungen fällen, die nicht der einzelne Projektleiter, sondern nur Gremien treffen können, die das gesamte Projekt- und Produktportfolio überblicken und mit der Unternehmensstrategie vertraut sind. Zu diesen Entscheidungen zählt zum Beispiel die Freigabe von Projektbudgets.

Projektmanagement-Handbuch (= PM-Handbuch)	Zusammenstellung von Regelungen, die innerhalb einer Organisation für die Planung und Durchführung aller Projekte gelten.
Projektmanagement-Kosten	Personeller und finanzieller Aufwand für die Leitung des Projekts.
Projektmanagement-Prozess	Gesamtheit der vom Projektmanagement im Rahmen des Projektprozesses zu leistenden Prozesse, zu gliedern in →Projektvorbereitung, →Projektstart, →Projektrealisierung (= Management der technischen Planung und Durchführung) und →Projektabschluss.
Projektmanagement-System (= PM-System)	Organisatorisch abgegrenztes Ganzes, das durch das Zusammenwirken seiner Elemente in der Lage ist, Projekte vorzubereiten und abzuwickeln.
Projektmanagement-Tools	Kurzbezeichnung für die Gesamtheit der Instrumentarien und Hilfsmittel des Projektmanagements, insbesondere die Software.
Projektmitarbeiter	Gesamtheit der an einem Projekt mitwirkenden Personen, also neben den definitiv zugeordneten Projekt(team)mitgliedern auch weitere, mit Zuarbeiten betraute Personen.
Projektorganisation	→Aufbau- und →Ablauforganisation im Projekt beziehungsweise im PM-System, siehe auch →Organisation. Charakteristische Besonderheit der Projektorganisation ist ihre Veränderlichkeit nach Personalstärke und Ausstattung über die Projektphasen.
Projektpersonal	Oberbegriff für alle in einer Organisation in Projekten tätigen Personen, also Projektverantwortliche und Projektmitarbeiter.
Projektportfolio	Ein Projektportfolio besteht aus mehreren oder vielen eigenständigen Projekten in einem Unternehmen, die in Beziehung zueinander stehen (z.B. alle Organisationsprojekte oder alle Investitionsprojekte). Im Gegensatz zum →Programm ist die Aufgabe des Managements von Projektportfolios (= Mehr- bzw. Multiprojektmanagement) permanent. Das Projektportfolio erneuert sich ständig durch Abschluss oder Abbruch und durch die Neuaufnahme von Projekten. Der Projektportfoliomanager ersetzt nicht die Leiter der einzelnen Projekte eines Portfolios. Im Gegensatz zum Programmmanager übernimmt er – vereinfacht gesagt – die Funktion eines Controllers, der für Transparenz in der Projektlandschaft zu sorgen hat.
Projektportfolio-Board (= Projektsteuerungsgremium)	Zu den Aufgaben siehe →Projektmanagement, strategisches.
Projektpriorisierung	Systematische Bestimmung einer Rangfolge der Projekte untereinander. Höhere Priorität bedeutet in der Regel bevorzugte Versorgung mit Ressourcen in Engpasssituationen.
Projektprozess	Gesamtprozess, der zur Erreichung des Projektergebnisses führt. Besteht zunächst aus dem →Projektmanagement-Prozess und einer Vielzahl von Durch- beziehungsweise Ausführungsprozessen.
Projektrealisierung	Gesamtheit der Prozesse, die unmittelbar der Realisierung eines bestimmten Zielzustands dienen. Dazu gehört neben der Ausführung auch die (technische) Planung. Siehe →Projektvorbereitung.
Projekt-Review	Stichtagsbezogene ganzheitliche Überprüfung der Projektsituation.
Projektstart	Im Kern die unternehmerische Entscheidung, dass eine Projektidee als Projekt realisiert werden soll: • Projektleiter und Projektteam sind benannt, • die →Projektziele sind bestätigt, • das Projektbudget ist bewilligt, • das →Projekthandbuch ist in Kraft gesetzt, • alle Projektdateien sind angelegt. Der Projektstart bildet in der Regel die Nahtstelle zwischen →Projektvorbereitung und →Projektrealisierung.
Projektstart-Workshop	Workshop des Projektteams, in dem die Projektziele, die Projektorganisation, Verfahrensweisen usw. erarbeitet und vereinbart werden.
Projektsteuerung	Allgemein: jeweils durch Vertrag nach Pflichten und Kompetenzen konkret zu definierendes Aufgabengebiet zur Überwachung (Soll-Ist-Vergleich) und zielorientierten Beeinflussung der Projektprozesse. Baubranche: durch den Verband der Projektsteuerer genau definiertes Aufgaben- beziehungsweise Tätigkeitsgebiet.
Projektstruktur	Struktur eines →Projekts, dargestellt im →Projektstrukturplan.

Projektstrukturplan (= PSP)	Systematische Aufgliederung eines (Gesamt-)Projekts in →Teilaufgaben und →Arbeitspakete. Der PSP kann grafisch oder tabellarisch dargestellt sowie →objektorientiert, →prozessorientiert, funktionsorientiert, phasenorientiert oder →gemischtorientiert aufgebaut sein.
Projektstrukturplan, objektorientierter	Systematische Gliederung des Projekterzeugnisses in →Teilprojekte (= Objekte) (z.B. im Bauwesen nach Gewerkegruppen und →Gewerken).
Projektstrukturplan, prozessorientierter	Systematische Gliederung des Projekts nach Prozessen (z.B. Entwicklungs-, Arbeitsvorbereitungs-, Fertigungsprozess).
Projektteam	Team aus den natürlichen Personen, die dem Projekt zugeordnet sind, um bestimmte Aufgaben zu erfüllen.
Projektteamsitzung	Zusammenkunft des →Projektteams. Als →Jour fixe bezeichnet, falls es regelmäßig zu einem bestimmten Wochentag stattfindet.
Projektträger	Juristische oder natürliche Person, die als →Auftraggeber des Projekts firmiert.
Projektvorbereitung	Gesamtheit aller Prozesse, die zu absolvieren sind, ehe mit dem →Projektstart die →Projektrealisierung eingeleitet wird.
Projektziel	Nachzuweisendes Ergebnis und vorgegebene Realisierungsbedingungen der Gesamtaufgabe eines Projekts.
Projektziele	Gesamtheit der mit dem und im Projekt zu erreichenden Ziele. Dabei werden unterschieden nach • dem Gegenstand: Qualitäts-, Kosten- und Terminziele, • der Beziehung zum Projektergebnis: Vorgehens- und Ergebnisziele, • der Prozessnähe: allgemeine und →operationale Ziele und • dem Grad der Verbindlichkeit: Muss- und Wunschziele. Der Projektleiter muss die Projektgegenstandsziele priorisieren und freigeben lassen. Siehe auch →Projektziel im Sinne von Produkt oder Ergebnis.
Promotor	Förderer (des Projekts). Fachpromotor: Förderer mit besonderer Fachkompetenz. Machtpromotor: Förderer mit besonderer Autorität.
PSP-Code	Ordnungssystem für die Elemente des →Projektstrukturplans.
Pufferzeit (= Gesamtpuffer)	Als Ergebnis der Netzplanterminrechnung entstandener Zeitraum, in dem ein Vorgang verlängert oder verschoben werden kann, ohne den Projektendtermin zu beeinflussen.
Pufferzeit, bedingte	Pufferzeit, die für eine Vorgangskette insgesamt verfügbar ist, also nur unter Berücksichtigung anderer Vorgänge genutzt werden kann.
Pufferzeit, freie	Der Teil der Pufferzeit, der für einen Vorgang verfügbar ist, wenn alle seine Vorgänger auf ihren frühesten Termin festgelegt sind.
Quality Function Deployment (= Qualitätsfunktionendarstellung)	Vorgehensmethodik des →Qualitätsmanagements, um Wünsche des späteren Benutzers zu ermitteln und in technische Ziele umzusetzen.
Qualität	Gesamtheit der Merkmale/Eigenschaften eines Erzeugnisses, insofern meint Qualität das Erzeugnis selbst. Qualität kann als Übereinstimmung von Kundenanforderung und erbrachter Leistung verstanden werden.
Qualitätskosten	Kosten, die explizit zur Erfüllung der Qualitätsziele aufgewendet werden. Dies umfasst die Kosten von Planung und Kontrolle der Qualitätssicherung, Vorbeugung und Prüfung sowie von Nachbesserungen und Ersatzleistungen.
Qualitätsmanagement (= QM)	Gesamtheit der Maßnahmen und Regelungen zur Sicherung und Darlegung der Qualität von Produkten und Prozessen. Professionelles Projektmanagement ist Qualitätsmanagement für Projekte.
Qualitätsziele	Gesamtheit der Projektziele, die sich auf die Merkmale/Eigenschaften des Erzeugnisses oder des Zielzustands beziehen.
Rahmenbedingungen	Gesamtheit der Bedingungen, unter denen das Projekt in Angriff genommen wird. Dazu können zum Beispiel die wirtschaftliche Lage des →Projektträgers, die politische Situation oder Preise auf dem Absatz- und Beschaffungsmarkt zählen.
Referenzkonfiguration	→Bezugskonfiguration.
Reserven	Vorräte an Zeit und Ressourcen, die bei planmäßigem Ablauf nicht verbraucht werden, jedoch zur Überwindung von Störsituationen eingesetzt werden können.

Reservezeit	Der Teil der Pufferzeit, der einem Vorgang bei der Terminfestlegung zusätzlich zur Arbeitsdauer als Störreserve zugeteilt wird. Reservezeiten können auch als →Wartezeiten von vornherein im Netzplan eingeplant werden.
Risiko	Mögliches Ereignis oder Situation mit negativen Auswirkungen (Schäden) auf das Projektergebnis insgesamt, auf einzelne Planungsgrößen oder Ereignisse, die neue unvorhergesehene und schädliche Aspekte aufwerfen können. Projektrisiko: Risiko, durch das der vorgesehene Ablauf oder Ziele des Projekts gefährdet werden können. Der Wert des Risikos ist die Wahrscheinlichkeit des Eintritts des Ernstfalls (in Prozent) multipliziert mit dem verursachten Schaden (Tragweite in Euro).
Risikoausschluss	Vertraglicher Risikoausschluss meint vertragliche Vereinbarungen zur Verteilung der Risiken zwischen den Vertragspartnern (z.B. Aufteilung von Haftung und Versicherungen). Es geht also eigentlich nicht um den Ausschluss von Risiken, sondern allenfalls um die Überstellung von Risiken an den Vertragspartner oder die Weitergabe an den Versicherer.
Risikomanagement	Sicherung der Projekte durch Erfassung und Bewertung möglichst aller Risiken sowie deren Bewältigung durch Maßnahmen zur Vermeidung, Versicherung, Milderung oder Abwälzung. Aufgabengebiet innerhalb des Projektmanagements zur Ausschaltung, Vermeidung oder Verringerung von Projektrisiken. Das Risikomanagement bedient sich der Risikoanalyse und -bewertung. In dieses Aufgabengebiet gehört auch das Fördern von Projektchancen, also positiver Entwicklungsmöglichkeiten.
Risikopotenzial (= Risikofaktor, Risikowert)	Bewertung eines Risikos nach Schadenshöhe (Tragweite) und Eintrittswahrscheinlichkeit des Ernstfalls.
Schnittstelle	Technischer Fachbegriff, der eigentlich die Verbindungs- oder Nahtstelle zwischen Systemen oder Systemelementen meint. Der Schnitt wird gedanklich geführt, um die einzelnen zusammentreffenden Komponenten klar beschreiben, herstellen und steuern zu können.
Soll-Kosten der Ist-Leistung (= Arbeitswert, Ist-Fertigstellungswert)	→Soll-Kosten der erbrachten Arbeit (das, was die geleistete Arbeit hätte kosten dürfen). →Arbeitswert, der bei Leistungsverzug von den Plankosten (= Soll-Kosten der Soll-Leistung) abweicht.
Soll-Kosten der Soll-Leistung	→Soll-Kosten der bis zu einem Stichtag geplanten Arbeit. Bei planmäßigem Ablauf sind die Soll-Kosten der Ist-Leistung mit den Soll-Kosten der Soll-Leistung identisch. Die teilweise in Projektmanagement-Software verwendete Bezeichnung „abgeschlossene Arbeit" ist unglücklich, da es sich um erbrachte Arbeit an in der Regel nicht abgeschlossenen Vorgängen handelt.
Spezifikation	Detaillierte (→operationale, technische) Beschreibung der geforderten Eigenschaften eines Erzeugnisses.
Sponsor	Förderer, der zu Werbezwecken Geld oder Sachleistungen gibt (z.B. für einen Verein). Im Unterschied dazu im amerikanischen Sprachgebrauch auch der Auftraggeber eines Projekts in Person.
Stakeholder	Aus dem Amerikanischen übernommener Begriff für eine juristische oder natürliche Person, die ein berechtigtes Interesse am Projekt und seinem Ergebnis hat. Dies entspricht im Deutschen dem Projektinteressenten. Siehe →Projektbeteiligter.
Stakeholderanalyse	Systematische Erfassung der Interessenlage und der Eingriffsmöglichkeiten (= Macht) aller Stakeholder, Einordnung in ein Stakeholderportfolio (z.B. nach Einflussnahme und Betroffenheit) und Maßnahmendefinition für den Umgang mit den Stakeholdern (z.B. Kommunikation, Information, Integration in das Projektteam oder den Lenkungsausschuss).
Standardnetzplan	Netzplan, der zur Verwendung für mehrere (gleichartige) Projekte erstellt wird.
Standard-PSP	Projektstrukturplan, der zur Verwendung für mehrere (gleichartige) Projekte erstellt wird.
Standard	Bezeichnung für zwei verschiedene, aber verwandte Begriffe: 1. Gesamtheit der für ein gewisses Tätigkeitsfeld (gewissermaßen von außen) gültigen Normen, Vorschriften, Richtlinien etc. 2. Gesamtheit der innerhalb eines gewissen Tätigkeitsfelds vereinbarten Arbeitsweisen, Dokumentvorlagen, Wertvorstellungen etc.

Stelle	In der Aufbauorganisation: der einer Person zugeordnete Aufgaben-, Zuständigkeits-, Kompetenzbereich. Im einfachsten Fall wird jeder Stelle genau eine →Funktion zugeordnet. In der Praxis ist dies nur selten zu realisieren, denn in kleinen Projekten wird jede Stelle mehrere Funktionen zu erfüllen haben und in Großprojekten können bestimmte Funktionen die Zuordnung mehrerer Stellen erfordern.
Stellenbeschreibung	Dokument der →Aufbauorganisation, das eine →Stelle in standardisierter Form beschreibt.
Steuergremium	Internes Gremium des Projektträgers aus bevollmächtigten Vertretern von →Auftraggeber/Investor(en). Der →Lenkungsausschuss ist ein vergleichbares Gremium unter Einbeziehung externer Partner.
Steuerungsmaßnahme	Eingriff bei einer Abweichung vom Plan.
Strukturierung	Schaffung von Ordnungssystemen für Erzeugnisse, Prozesse, Einsatzmittel, Kosten usw. Im Mittelpunkt steht der Projektstrukturplan, der auch die Projektabgrenzung repräsentiert.
Teilaufgabe	Gruppe inhaltlich zusammengehöriger →Arbeitspakete im →Projektstrukturplan. Teilaufgaben können in mehreren Ebenen definiert sein, wobei jede Teilaufgabe einer höheren Ebene eine Gruppe inhaltlich zusammengehöriger Teilaufgaben der nächstniedrigeren Ebene umfasst. Teil des Projekts, der im Projektstrukturplan weiter aufgegliedert werden kann.
Teilzeitmitarbeit	Typische Situation der →Matrixorganisation, dass Mitglieder des →Projektteams in ihrer Linien- beziehungsweise Stammorganisation verbleiben, aber mit einem gewissen Anteil ihrer Arbeitszeit für ein Projekt eingesetzt werden. Führt bei unklarer Regelung oft zu Komplikationen.
Terminmanagement	Erfassung der (technologischen) Bedingungen für den Projektablauf, Bestimmung von Terminvorgaben und Fristen einschließlich deren Optimierung und Überwachung.
Terminplanung	Erfassung der (technologischen) Bedingungen für den Projektablauf, Bestimmung von Terminvorgaben und Fristen einschließlich deren Optimierung. Oft wird auch die Überwachung der Termineinhaltung als zur Funktion Ablauf- und Terminplanung gehörig definiert.
Terminziele	Zeitpunkte, zu denen der Zielzustand des Projekts oder gewisse →Meilensteine spätestens erreicht sein sollen.
ToDo	Englisch „zu tun". Die ToDo-Liste ist ein Werkzeug zum Beispiel zur Darstellung von Absprachen oder Vereinbarungen von Projektteamsitzungen, das deutlich macht: Wer hat was bis wann zu erledigen?
Trägerorganisation	Oberbegriff für Unternehmen, Behörden, Vereine etc., soweit diese Projekte in Auftrag geben, finanzieren, Ziele vorgeben usw. Synonym: →Projektträger.
Überlappung	Zeitweise gleichzeitige Durchführung von zwei oder mehr Vorgängen an einem Arbeitsabschnitt, zum Beispiel mittels →Vorziehzeit. Überlappung kann ein effektiver Weg zur Verkürzung der →Projektdauer sein. Überlappung zwischen verschiedenen Arbeitspaketen kann die Steuerbarkeit der Einzelprozesse gefährden.
Verfahren	Schrittweise definierte Vorgehensweise. Dieser Begriff wird in verschiedenen Bedeutungen benutzt, einmal als (primitivere) Vorstufe für →Methode oder aber als (komplexerer) Rahmen für einzelne →Methoden.
Verfahrensanweisung	Oberbegriff für →operationale Vorschriften.
Vergleichsprojekt	Ein bereits realisiertes oder zumindest durchgeplantes Projekt, das nach Art oder Struktur dem aktuellen Projekt so weit ähnelt, dass daraus für das aktuelle Projekt Aufwandsschätzungen, Arbeitsweisen etc. abgeleitet werden können.
Verkürzung	In der Terminplanung oft erforderlicher Arbeitsschritt. Auch als Beschleunigung bezeichnet. Liegt die berechnete Projektdauer über der vorgegebenen beziehungsweise gewünschten, so kann sie beispielsweise durch folgende Maßnahmen verkürzt werden: • Überlappung von kritischen Vorgängen

	• Kürzung der Dauer kritischer Vorgänge
	• Änderung der Ablaufstruktur
Versorgungsprozesse	Gesamtheit der vorbereitenden und unterstützenden Prozesse, insbesondere Bereitstellung von Material und Ausrüstungen, die für die Ausführungsprozesse notwendig sind.
Verteilerliste	Liste der Empfänger, an die ein bestimmtes →Dokument verteilt werden soll. In professionellen →Informationssystemen wird jedem Dokumententyp eine Verteilerliste zugeordnet.
Vertrag	Rechtsverbindliche Vereinbarung zwischen Vertragsparteien.
Vertragsabwicklung	Gesamtheit der nach Vertragsabschluss anfallenden Prozesse zur Erfüllung und gegebenenfalls Veränderung des Vertrags.
Vertragsanalyse	Detaillierte Prüfung eines vom Vertragspartner angebotenen Vertragstexts. Die Vertragsanalyse ist Grundlage für die Abstimmung zwischen den Vertragspartnern bei der Vertragsgestaltung, also vor Vertragsabschluss.
Vertragsgestaltung	Gesamtheit der bis zum Vertragsabschluss notwendigen Prozesse zur Abstimmung und Formulierung des Vertragstexts. Die Abstimmung kann sich auf technische Inhalte, rechtliche und wirtschaftliche Regelungen, Finanzierung und Budgetierung, Einbindung in Rahmenverträge und anderes beziehen.
Vertragsmanagement	Gestaltung, Analyse, Abschluss und Änderung von Verträgen unter Beachtung der Zusammenhänge mit Änderungs- und Nachforderungsmanagement und der Überwachung der Vertragserfüllung.
Vertragsnetz	Gesamtheit der Vereinbarungen zwischen Projekt als Auftraggeber und Linie als Auftragnehmer über die für das Projekt zu erbringenden Leistungen.
Vorgang	Inhaltlich definierter Teilprozess oder Arbeitsschritt.
Vorgänge	Im Netzplan: zeitlich in sich geschlossen ablaufender Teilprozess mit definiertem Anfangs- und Endzustand und konstantem Ressourceneinsatz. Es ist jedoch auch PC-Software gebräuchlich, die bei Bedarf zeitliche Unterbrechungen und veränderlichen Ressourceneinsatz zulässt.
	Im Workflow: linearer Geschäftsprozess, der in gleicher oder ähnlicher Weise wiederholt ausgeführt wird und für dessen Abwicklung dauerhaft gültige Regelungen existieren.
Vorgangsdauer	Gesamtanzahl der Zeiteinheiten (z.B. Stunden, Tage), die für die Ausführung eines Vorgangs benötigt werden.
Vorgehensziele (= Prozessziele, Ablaufziele)	Projektziele, die sich auf den Projektprozess beziehen (also nicht auf das Projekterzeugnis oder Endergebnis des Projekts), beispielsweise Zwischenergebnisse, Phasenübergänge.
Vorziehzeit	Verfeinerte Anordnungsbeziehung im Netzplan: Zeitspanne, um die ein bedingtes Ereignis (z.B. Anfang eines Vorgangs) vor das bedingende Ereignis (z.B. Ende des Vorgängers) gezogen werden kann. Wird ausgedrückt durch einen negativen →Zeitabstand.
Wartezeit	Im Netzplan: vorgegebener positiver Zeitabstand zwischen einem bedingenden Ereignis (z.B. Ende des Vorgängers) und dem bedingten Ereignis (z.B. Anfang des betrachteten Vorgangs). Wartezeiten können technologisch bedingt sein oder zur Bereitstellung von Reservezeiten dienen.
Zeitabstand	Zeitwert einer →Anordnungsbeziehung.
Zeitaufwand	Erforderliche beziehungsweise realisierte Dauer eines Vorgangs/Prozesses in Zeiteinheiten.
Zielalternativen	Unterschiedliche Ziele, die für ein und dasselbe Projekt in Betracht kommen. Die Auswahl der zu realisierenden Ziele ist im Rahmen der →Projektvorbereitung zu treffen, denn sie entscheidet über Erfolg oder Misserfolg des Projekts.
Zieländerung	Veränderung der bestätigten Ziele – zum Beispiel auf Wunsch des Kunden/Auftraggebers, bedingt durch Änderung der Gesetzes- oder der Marktlage oder Ähnliches →Änderungsmanagement.

Zieldefinition	Erfassung aller für das Projekt relevanten Interessen und Ziele, deren Bewertung und Umsetzung in →operationale Zielvorgaben sowie deren Festlegung, Priorisierung und Überwachung.
Zielerreichungsgrad	Maßzahl für das (geplante oder tatsächliche) Erreichen der Ziele. In der Praxis wird der →Fertigstellungsgrad ermittelt.
Zielfindung	Gesamtheit der Prozesse zur Auswahl und Konkretisierung der →Projektziele. Hauptprozess ist dabei die →Zieldefinition.
Zielsystem	Ganzheitliche, systematisch geordnete Zusammenstellung der Projektziele und deren Beziehungen untereinander.

Dieses Glossar beruht auf dem Projektmanagement-Benchmarking-System PM Delta der GPM Deutsche Gesellschaft für Projektmanagement e.V. Es wurde angepasst und um wichtige Begriffe erweitert.

STICHWORTE

LITERATUR

A1 Projekt und Projektmanagement

1 Vgl. dazu etwa Caupin, G.; Knöpfel, H.; Morris, P.; Motzel, E.; Pannenbäcker, O.: ICB IPMA Competence Baseline, Version 2.0. Bremen 1999, Element 1, Projekte und Projektmanagement, S. 3

2 DIN 69 901

3 Rüsberg, J.H.: Die Praxis des Project-Managements. 2. Auflage, München 1973, S. 20

4 Nach Meinung des Verfassers

5 Dülfer, E.: Projekte und Projektmanagement im internationalen Kontext. Eine Einführung. In: Dülfer, E. (Hrsg.): Projektmanagement-International, Stuttgart 1982, S. 11

6 Frese, E.: Ziele als Führungsinstrumente – Kritische Anmerkungen zum „Management by Objectives". In: Zeitschrift für Organisation, 1971, S. 227–238, hier S. 227

7 Staehle, W.: Management. 2. Auflage, München 1985, S. 43

8 Zum besseren Verständnis sprachlich bearbeitet und ergänzt

9 Kieser, A.; Kubicek, H.: Organisation. Berlin – New York 1977, S. 74 ff.

10 Staehle, a.a.O, S. 436 f.

11 Scacchi, W.: Managing Software Engineering Projects. A Social Analysis. In: IEEE Transactions on Software Engineering, January 1984, Vol. SE-10, Number 1, S. 623–642, S. 638

12 Tushman, M. L.: Managing Communication Networks in R&D Laboratories. In: Sloan Managing Review, Winter 1979, zitiert nach: Wilemon, D. L.; Baker, B. N.: Some Major Research Findings Regarding the Human Element in Project Management. In: Cleland, D. I., King, W. R. (Eds.): Project Management Handbook. New York 1983, S. 623–641, S. 638

A2 Projektarten

1 Vgl. dazu auch ICB-Element 1, Projekt und Projektmanagement, S. 30

2 Siehe Schulz, G.: Projektarten. In: Projektmanagement 1 (91), S. 43–46

3 Schulz, a.a.O., S. 44

4 Schulz, a.a.O.

5 McFarlan, F. W.: Portfolio Approach to Information Systems. In: Harvard Business Review, September/October 1981, S. 142–150

6 Sizemore House R.: The Human Side of Project Management. Reading (Mass.) 1988

7 Grün, O.: Taming Giant Projects. Berlin – Heidelberg – New York 2004, S. 182 ff.

A3 Stakeholderanalyse

1 Patzak, G.; Rattay, R.: 4.2.6 Die Projektumfeldanalyse – Das soziale Umfeld eines Projekts (Stakeholder-Analysis). In: Schelle, H.; Reschke, H.; Schnopp, R.; Schub, A. (Hrsg.): Loseblattsammlung „Projekte erfolgreich managen". 6. Aktualisierung, Köln 1994 ff., S. 1

2 Patzak, Rattay, a.a.O., S. 5

3 Landesbausparkasse Baden-Württemberg, zitiert nach Schelle, H.: Projekte zum Erfolg führen. Projektmanagement systematisch und kompakt. 4. Auflage, München 2004, S. 101 ff.

4 Hansel, J.; Lomnitz, G.: Projektleiter-Praxis. Erfolgreiche Projektabwicklung durch verbesserte Kommunikation und Kooperation. Berlin 1987, S. 40

5 Patzak, G.; Rattay, G.: Projektmanagement. Leitfaden zum Management von Projekten, Projektportfolios und projektorientierten Unternehmen. 2. Auflage, Wien 1997, S. 75

6 Schulz-Wimmer, H.: Projekte managen. Werkzeuge für effizientes Organisieren, Durchführen und Nachhalten des Projekts. Planegg b. München 2002, S. 115

7 Patzak, Rattay, 4.2.6 Projektumfeldanalyse. In: Schelle et alii (Hrsg.): Loseblattsammlung etc., S. 3 ff.

A4 Rechtliche Aspekte

Weiterführende Literatur

1 Bernstorff, C. Graf von: Vertragsgestaltung im Auslandsgeschäft. 5. Auflage, Frankfurt/M. 2002

2 Eschenbruch, K.: Recht der Projektsteuerung. 2. Auflage, Düsseldorf 2002

3 Eysel, H.: Vertragsrecht für Architekten und Ingenieure. 2. Auflage, Köln 2004

4 Girmscheid, G.: Projektabwicklung in der Bauwirtschaft. Berlin 2003

5 Hahn, H. P.: CE-Kennzeichnung leicht gemacht, 2. Auflage, München 1996

6 Heiermann, W.; Linke, L.: VOB Musterbriefe für Auftragnehmer. 10. Auflage, Wiesbaden 2003

7 Heiermann, W.; Linke, L.: VOB Musterbriefe für Auftraggeber. 5. Auflage, Wiesbaden 2003

8 Hoeren, T.; Flohr, E.: Vertragsgestaltung nach der Schuldrechtsreform. Recklinghausen 2002

9 Joussen, P.: Der Industrieanlagenvertrag. 2. Auflage, Heidelberg 1996

10 Kapellmann, K. D.: Juristisches Projektmanagement bei der Entwicklung und Realisierung von Bauprojekten. Düsseldorf 1997

11 Kapellmann, K. D.; Schiffers, K.-H.: Vergütung, Nachträge und Behinderungsfolgen beim Bau- vertrag, Band 2: Pauschalvertrag einschließlich Schlüsselfertigbau. 3. Auflage, Düsseldorf 2000

12 Oppen, A. von: Der internationale Industrieanlagenvertrag, Konfliktvermeidung und Erledigung durch alternative Streitbeilegungsverfahren. Heidelberg 2001

13 Piltz, B.: UN-Kaufrecht. 3. Auflage, Heidelberg 2001

14 Vergaberecht, Textausgabe mit VOB/A und VOB/B. dtv Nr. 5595. 7. Auflage, München 2004

15 Weber, K. E.: Vertragsinhalte und -management. 7. Auflage. In: RKW/GPM (Hrsg.): Projektmanagement Fachmann Band 2. S. 963–1005, Eschborn 2003

16 Westphalen, F. Graf von: Allgemeine Einkaufsbedingungen nach neuem Recht. 4. und 5. Auflage, München 2003

Zeitschriften

1 IBR Immobilien- & Baurecht, id Verlags GmbH, Postfach 10 17 37, 68017 Mannheim

2 Baurecht, Werner Verlag, Düsseldorf

3 projektMANAGEMENT aktuell, GPM Deutsche Gesellschaft für Projektmanagement e.V., Nürnberg

A5 Projekterfolg und Erfolgsfaktoren

1 Lechler, Th.: Erfolgsfaktoren des Projektmanagements. Frankfurt/M. 1997, S. 44

2 Zitiert nach Schelle, H.: Projekte zum Erfolg führen. Projektmanagement systematisch und kompakt, 3. überarbeitete und erweiterte Auflage, München 2001, S. 121

3 Strohmeier, H.: Das aktuelle Stichwort: Was ist eigentlich Projekterfolg? In: Projektmanagement aktuell 3 (2003), S. 29–32

4 Strohmeier, a.a.O.

5 Lechler, a.a.O., S. 44. Die Darstellung wurde um den Begriff Anwendungserfolg ergänzt.

6 Lechler a.a.O., S. 45

7 Lechler, Th.: 1.8 Erfolgsfaktoren des Projektmanagements – Handlungsempfehlung aus 448 deutschen Projekten. In: Schelle et alii (Hrsg.): Loseblattsammlung „Projekte erfolgreich managen"

8 Lechler, a.a.O., S. 18 ff.

9 KPMG Strategic and Technology Service Group (Hrsg.): What went wrong? Unsuccessful

Information Technology Projects 1997; The Standish Group International Inc. (Hrsg.): Chaos Application Project and Failure January 1995; KPMG Great Britain (Hrsg.): Why do so many projects still fail when we invest so much in training? In: KWORLD January 2001 (Daily-Telegraph-Studie). Alle drei Arbeiten zitiert nach Gaulke, M.: Risikomanagement in IT-Projekten. München – Wien 2002, S. 35 f.

10 Vgl. dazu insbesondere die einzelnen Fallstudien in: Heilmann, H.; Etzel, H.-J.; Richter, R. (Hrsg.): IT-Projektmanagement – Fallstricke und Erfolgsfaktoren – Erfahrungsberichte aus der Praxis. 2. Auflage, Heidelberg 2003

A6 Projektorganisation

1 Kummer, W. A.; Spühler, R. W.; Wyssen, R.: Projekt Management. Leitfaden zu Methode und Teamführung in der Praxis. Zürich 1985, S. 48

2 Grün, O.: Artikel „Projektorganisation". In: Frese, E. (Hrsg.): Handwörterbuch der Organisation. 3., völlig neu gestaltete Auflage, Stuttgart 1992, Sp. 2102–2116

3 Madauss, B.-J.: 6.2.2 Internationales Projektmanagement. In: Schelle, H.; Reschke, H.: Schnopp, R.; Schub, A. (Hrsg.): Loseblattsammlung „Projekte erfolgreich managen". 1. Aktualisierung, Köln 1994 ff.

4 Ebd., S. 8

5 Vgl. dazu etwa Seibert, S.: Technisches Management. Innovationsmanagement, Projektmanagement, Qualitätsmanagement. Stuttgart – Leipzig 1998, S. 294

6 Madauss, a.a.O., S. 5

7 Schröder, H.-J.: Projekt-Management. Eine Führungskonzeption für außergewöhnliche Vorhaben. Wiesbaden 1973, S. 27

8 Stichwort „Lenkungsausschuss" (ohne Autor). In: Specht, D.; Möhrle, M. G. (Hrsg.): Gabler Lexikon Technologie Management, A–Z. Wiesbaden 2001, S. 158

9 ICB-Element 22, S. 51

10 Vgl. dazu zum Beispiel Reschke, H.; Svoboda, M.: Projektmanagement. Konzeptionelle Grundlagen. München 1984, S. 63 f.

11 Grün, a.a.O., Sp. 2102–2116

12 Frese, E.: Grundlagen der Organisation. 4., durchgesehene Auflage. Wiesbaden 1988, S. 467

13 Ebd., S. 473

14 Vgl. dazu Lumbeck, T.: Struktur-Organisation von DV-Projekten. In: Molzberger, P.; Schelle, H. (Hrsg.): Software. Moderne Methoden zur Planung, Überwachung und Kontrolle der Entwicklung. München 1981, S. 121–141

15 Knöpfel, H.: 6.2.1 Alternativen der Projektorganisation. In: Schelle et alii (Hrsg.): Loseblattsammlung etc., 12. Aktualisierung, S. 32

16 Daenzer, W. F. (Hrsg.): Systems Engineering. Leitfaden zur methodischen Durchführung umfangreicher Planungsvorhaben. Zürich 1976, S. 135

17 Vgl. dazu Vasconcelles, E.: A Model for a Better Understanding of the Matrix Structure. In: IEEE Transactions on Engineering Management. Vol. EM-26, No. 3, August 1979, S. 56–63

18 Staehle, W.: Management. 2. Auflage. München 1985, S. 448

19 Gemünden, H. G.; Lechler, Th.: Dynamisches Projektmanagement. Grenzen des formalen Regelwerks. In: Projektmanagement, 1998 (2), S. 8

20 Im Detail dazu Hilpert; Rademacher; Sauter, G.: Projektmanagement und Projektcontrolling im Anlagen- und Systemgeschäft. 6. Auflage, Frankfurt/M., S. 37, und Reschke, H.: 8.3 Tätigkeitsbild: Projektkaufmann/-frau. In: Schelle; Reschke; Schnopp; Schub: Loseblattsammlung etc., 11. Aktualisierung

21 Horvath, P.: Controlling. 5. Auflage, München 1994, S. 826

22 Campana, C.; Reschke, H.; Schott, E.: 6.2.3 Project Office-Implementierung und Verankerung im Unternehmen. In: Schelle et alii (Hrsg.): Loseblattsammlung etc., 18. Aktualisierung, Köln, S. 3

23 Hilpert; Rademacher; Sauter, S. 37. Die Darstellung der Autoren wurde etwas verkürzt übernommen.

24 Im Detail dazu Hilpert; Rademacher; Sauter, a.a.O., S. 37

B   Vorgehensmodelle

1   Office of Government Commerce (Hrsg.): Managing Successful Projects with Prince 2. London 2003

2   Versteegen, G.: Projektmanagement mit dem Rational Unified Process. Berlin – Heidelberg – New York 2000, S. 23

3   Vgl. dazu z.B. Balzert, H.: Lehrbuch der Software-Technik. Software-Management, Software-Qualitätssicherung, Unternehmensmodellierung. Heidelberg – Berlin 1998, S. 98 ff.

4   Seibert, S.: Technisches Management. Innovationsmanagement – Projektmanagement – Qualitätsmanagement. Stuttgart – Leipzig 1998, S. 301

5   Quelle: Siemens AG

6   Madauss, B. J.: Handbuch Projektmanagement. 5. Auflage, Stuttgart 1994, S.158

7   Quelle: Siemens AG

8   Patzak, G.; Rattay, G.: Projektmanagement. Leitfaden zum Management von Projekten, Projektportfolios und projektorientierten Unternehmen. 2. Auflage, Wien 1997, S. 158 ff.

9   Schmelzer, H. J.; Buttermilch, K. H.: Reduzierung von Entwicklungszeiten in der Produktentwicklung als ganzheitliches Problem. In: Brockhoff, K. et alii (Hrsg.): Zeitmanagement in Forschung und Entwicklung. In: Zeitschrift für betriebswirtschaftliche Forschung, Sonderheft 23/1988, S. 43–72, hier S. 61

10 Siehe Schnopp, R.: Concurrent (Simultaneous) Engineering und Projektmanagement. In: Schelle, H.; Reschke, H.; Schnopp, R.; Schub, A. (Hrsg.): Loseblattsammlung „Projekte erfolgreich managen", 4. Aktualisierung, Köln 1994 ff.

11 Schmelzer, H. J.: Organisation und Controlling von Produktentwicklungen. Stuttgart 1992, S. 30 ff.

12 In der ISO 9001: 2000 sind die Elemente zwar erhalten geblieben, aber sehr unübersichtlich über die Hauptprozesse der neuen Normstruktur verteilt. Kapitel 4.4 der alten Norm, in dem die Designlenkung behandelt wurde, entspricht der neuen Norm 7.3. Vgl. dazu Schönbach, G.: Keine Angst vor ISO 9001:2000. Leitfaden für Manager, Beauftragte und Prozesseigner auf die 2. Normenrevision. Eschborn 2001

13 Bayerisches Staatsministerium für Wirtschaft und Verkehr (Hrsg.): Qualitätsmanagement für kleine und mittlere Unternehmen. Ein Leitfaden zur Einführung eines Qualitätsmanagementsystems. München 1994, S. 12

14 Eine ausführliche Darstellung bietet Balzert, a.a.O., S. 97 ff.

15 Hindel, B.; Hörmann, K.; Müller, M.; Schmied, J.: Basiswissen Software-Projektmanagement. Aus- und Weiterbildung zum Certified Project Manager nach dem iSQI-Standard. Heidelberg 2004, S. 15

16 Versteegen, a.a.O., S. 29

17 Vgl. dazu im Detail Schaaf, M.: 7.3.3 Vorgehensmodell der Bundeswehr: Aktivitäten, Produkte und Projektstrukturplanung für ein typisches F&E-Projekt mit DV-Anteil. In: Schelle et alii (Hrsg.): Loseblattsammlung etc., 7. Aktualisierung und www.v-modell.iabg.de

18 V-Modell. Entwicklungsstandard für IT-Systeme des Bundes. Vorgehensmodell. Kurzbeschreibung. www.v-modell.iabg.de/prod.htm, S. 5 (1.9.2004)

19 z.B. Balzert, a.a. O., S. 113

20 Ausführlich zum Prototyping-Ansatz und zu den verschiedenen Arten von Prototypen Balzert, a.a.O., S. 114 ff.

21 Balzert, a.a.O., S. 122

22 Hindel et alii, a.a.O., S. 21

23 Weltz, F.: Softwareentwicklung im Umbruch: Projektmanagement als dynamischer Prozess. In: Balck, H. (Hrsg.): Networking und Projektorientierung. Gestaltung des Wandels in Unternehmen und Märkten. Berlin – Heidelberg – New York 1996, S. 211–220, hier S. 217

24 Steinmetz, A.: Management von mittleren Softwareprojekten. In: Ottmann, R.; Grau, N. (Hrsg.): Projektmanagement-Strategien und Lösungen für die Zukunft. 17. Deutsches Projektmanagement Forum 2000 in Frankfurt. Berlin 2000, S. 139–154
Der Meilensteinabstand wurde mündlich mitgeteilt.

25 www.swikull.com/north/1088.htm (28.2.2001)

26 Grahl, J.; Puchan, J.; Senzenberger, A.: Systematisches Management eines Jahr-2000-Projekts. In: Etzel, H.-J.; Heilmann, H.; Richter, R. (Hrsg.): IT-Projektmanagement – Fallstricke und Erfolgsfaktoren. Erfahrungsbericht aus der Praxis. Heidelberg 2000, S. 230

C1 Projektstart

 1 Gareis, R.: Der professionelle Projektstart. In: Projektmanagement 3/2000, S. 23–29, hier S. 23

 2 Anders, Th: 2.3 Zielfestlegungen bei Produktentwicklungen. In: Schelle, H.; Reschke, H.; Schnopp, R.; Schub, A. (Hrsg.): Loseblattsammlung „Projekte erfolgreich managen". Köln 1994, S. 5 ff.

 3 Krause, H.: Erfahrungen mit dem Phasenmodell zur Entwicklung und Beschaffung von Wehrmaterial. In: Schelle, H. (Hrsg.): Symposium Phasenorientiertes Projektmanagement. Köln 1989, S. 75–97, hier S. 94

 4 Stellvertretend für viele: Thaller, G. E.: Software-Test-Verifikation und Validation. 2., aktualisierte und erweiterte Auflage. Hannover 2002, S. 39

 5 Möller, K. H.: Ausgangsdaten für Qualitätsmetriken – Eine Fundgrube für Analysten. In: Ebert, Ch.; Dumke, R. (Hrsg.): Software-Metriken in der Praxis. Einführung und Anwendung von Software-Metriken in der industriellen Praxis. Berlin – Heidelberg – New York, S. 105–116, hier S. 111

 6 Lechler, Th.: Erfolgsfaktoren des Projektmanagements. Frankfurt/M. 1997, S. 278

 7 Schulz, G.: Der Projektsteuerungsvertrag. Köln 1989, S. 23

 8 Saynisch, M.: 4.7.1 Konfigurationsmanagement: Konzepte, Methoden, Anwendungen und Trends. In: Schelle et alii (Hrsg.): Loseblattsammlung etc., S. 33

 9 Gareis, a.a.O., S. 25

10 Lomnitz, G.: 4.2.4 Der Projektvereinbarungsprozess von der Projektidee zum klaren Projektauftrag: Sage mir, wie Dein Projekt beginnt, und ich sage Dir, wie es endet. In: Schelle et alii (Hrsg.), Loseblattsammlung etc., 5. Aktualisierung, S. 2

11 Platz, J.: 4.2.7 Der erfolgreiche Projektstart. In: Schelle et alii (Hrsg.), Loseblattsammlung etc., 9. Aktualisierung, S. 7

12 Lembke, P. M.: Strategisches Produktmanagement. Berlin – New York 1980, insbesondere S. 211 ff.

13 Platz, a.a.O., S. 14

14 Heilmann, H.: Erfolgsfaktoren des IT-Projektmanagements. In: Heilmann, H.; Etzel, H.-J.; Richter, R. (Hrsg.): IT-Projektmanagement – Fallstricke und Erfolgsfaktoren. Erfahrungsberichte aus der Praxis. 2. überarbeitete und erweiterte Auflage, Heidelberg 2003, S. 5–39, hier S. 33

15 Gareis, a.a.O., S. 27
16 Detaillierte Darstellung des Angebotsprozesses. In: VDI-Gesellschaft Entwicklung Konstruktion Vertrieb (Hrsg.): Angebotsbearbeitung – Schnittstelle zwischen Kunden und Lieferanten. Kundenorientierte Angebotsbearbeitung für Investitionsgüter und industrielle Dienstleistungen. Berlin – Heidelberg 1999
17 Vgl. Madauss, B. J.: 4.2.5 Projektdefinition. In: Schelle et alii (Hrsg.): Loseblattsammlung etc., 6. Aktualisierung

C2   Projektziele
1   GPM Deutsche Gesellschaft für Projektmanagement e.V. (Hrsg.): The International German Project Management Award. Der Internationale Deutsche Projektmanagement Award 2001. Application Brochure. Nürnberg 2002, S. 3
    Knappe Zusammenfassung unter www.gpm-ipma.de
2   Vgl. z.B. Zapletal, I.; Schub, A.: 4.6.8 Lebenszykluskosten und Lebensdauer von baulichen Anlagen. In: Schelle, H.; Reschke, H.; Schnopp, R.; Schub A. (Hrsg.): Loseblattsammlung „Projekte erfolgreich managen", 5. Aktualisierung, Köln 1994 ff.
3   Vgl. dazu z.B. Seidenschwarz, W.; Niemand, S.; Esser, J.: 4.6.6. Target Costing und seine elementaren Werkzeuge. In: Schelle et alii (Hrsg.), Loseblattsammlung etc., 10. Aktualisierung
4   Zitiert nach Rüsberg, K. H.: Die Praxis des Projektmanagements. München 1971, S. 94 ff.
5   Boehm, B. W.: Wirtschaftliche Software-Produktion. Wiesbaden 1981, S. 22
6   Wasielewski, v. E.: Grundzüge einer Projektvergleichstechnik. In: Saynisch, M.; Schelle, H.; Schub, A. (Hrsg.): Projektmanagement. Konzepte, Verfahren, Anwendungen. München 1979, S. 372–397, hier S. 373
7   Chestnut, H.: Prinzipien der Systemplanung. München 1970, S. 24
8   Balzert, H.: Lehrbuch der Software-Technik. Software-Management, Software-Qualitätssicherung, Unternehmensmodellierung. Heidelberg – Berlin 1998, S. 257 ff.
9   Platz, J., unveröffentlichte Quelle (mit Erlaubnis des Verfassers)
10 Daenzer, W. (Hrsg.): Systems Engineering. Leitfaden zur methodischen Durchführung umfangreicher Planungsvorhaben. Köln 1976, S. 76
11 Weinberg, G.; Schulman, E.: Goals and Performance in Computer Programming. In: Human Factors 16 (1974), S. 70–77
    Gute Tipps für die Zielformulierung gibt das Buch von Schulz-Wimmer, H.: Projekte managen. Werkzeuge für effizientes Organisieren, Durchführen und Nachhalten von Projekten. Planegg 2002, S. 124 ff.
12 Quelle: Siemens AG

C3   Projektrisiken
1   Ähnlich die Projektmanagement-Bibel der USA: Project Management Institute (Hrsg.): A Guide to the Project Management Body of Knowledge. PMBOK Guide 2000 Edition. Newton Square Pennsylvania 2000, S.12
2   Versteegen, G. (Hrsg.): Risikomanagement in IT-Projekten. Gefahren rechtzeitig erkennen und meistern. Berlin – Heidelberg – New York 2003, S. 3
3   Siehe u.a. Gaulke, M.; 4.2.9 Risikomanagement in IT-Projekten. In: Schelle, H.; Reschke, H.; Schnopp, R.; Schub, A. (Hrsg.): Loseblattsammlung „Projekte erfolgreich managen". 22. Aktualisierung, Köln 1994 ff.
4   Dymond, K. M.: CMM Handbuch. Berlin – Heidelberg – New York 2002, S. 128
5   Webb, S.; Sidler, Ch.; Meermans, R.: The New Basel Accord and the Impact on Financial

Information Technology Project Risk Management. In: Ottmann, R.; Grau, N.; Schelle, H. (Hrsg.): Making the Vision Work. Proceedings of the 16th IPMA World Congress on Project Management. Berlin 2002, S. 311–315

6 Zitiert nach Gaulke, a.a.O., S. 3

7 Versteegen a.a.O., S. 21

8 Steeger, O.: Trotz „Quantensprung" noch viele Einsparungspotenziale. PM-Benchmarking-Studie nimmt Finanzdienstleister unter die Lupe. In: Projektmanagement aktuell 4 (2003), S. 11–13, hier S. 12, und Kalthoff, Ch.; Kunz, S.: Projektmanagement bei der Entwicklung kritischer Softwaresysteme. Fraunhofer-Institut (ITB) gibt Umfrageergebnisse bekannt. In: Projektmanagement aktuell 2 (2004), S. 33–35, hier S. 36

9 Hilpert, N.; Rademacher, G.; Sauter, B.: Projekt-Management und Projekt-Controlling im Anlagen- und Systemgeschäft. 6. Auflage, Frankfurt/M. 2001, S. 169 f. Checkliste geringfügig geändert, um sie für den Leser verständlicher zu machen

10 Franke, A.: Risikobewusstes Projekt-Controlling. Köln 1993, Anhang S. 7 (Schriftenreihe der Deutschen Gesellschaft für Projektmanagement, hrsgg. von H. Schelle)

11 Versteegen, a.a.O., S. 105

12 Füting, U. C.: Troubleshooting im Projektmanagement. Frankfurt – Wien 2003, S. 119 ff.

13 DIN Deutsches Institut für Normung e.V. (Hrsg.): Risikomanagement für Projekte – Anwendungsleitfaden. DIN IEC 62 198:2002–09

14 Franke, A.: 4.2.2. Risikomanagement im Anlagen- und Systemgeschäft. In: Schelle et alii (Hrsg.), Loseblattsammlung etc., S. 16 ff.

15 Ebd., S. 34

16 Versteegen, a.a.O., S. 108

17 Etzel, H.-J.; Vollberg, H.: Sanierung eines IT-Projekts – Einführung einer Standardsoftware zur Vertriebsabwicklung. In: Heilmann, H.; Etzel, H.-J.; Richter, R. (Hrsg.): IT-Projektmanagement. Fallstricke und Erfolgsfaktoren. Erfahrungsberichte aus der Praxis. 2. überarbeitete und erweiterte Auflage. Heidelberg 2003, S. 315–350, hier S. 327 f.

18 Hierzu ausführlich Versteegen, a.a.O., S. 68 ff.

19 Schelle, H.: Projekte zum Erfolg führen. Projektmanagement systematisch und kompakt. 3. Auflage, München 2001, S. 106 f.

20 Gaulke, a.a.O., S. 21

21 Kalthoff, Kunz, a.a.O.

22 A.a.O., S. 41

23 DeMarco, T.; Lister, T.: Bärentango. Mit Risikomanagement Projekte zum Erfolg führen. München – Wien 2003, S. 39

24 Dymond, a.a.O., S. 129

25 Hall, E.M.: Managing Risk Methods for Software Systems Development. Boston 1998, p. 178

C4 Projektstrukturplan

1 Vgl. dazu im Detail die Ausführungen zur projektbegleitenden Kostenkontrolle

2 VDMA (Hrsg.): Projekt-Controlling bei Anlagengeschäften. Frankfurt/M. 1982

3 Saynisch, M.: Konfigurations-Management. Entwurfssteuerung, Dokumentation, Änderungswesen. München 1984, S. 163. Bd. 1 der Schriftenreihe der Deutschen Gesellschaft für Projektmanagement, hrsgg. von H. Schelle

4 Platz nennt einen ausschließlich objektorientierten Plan dann auch Produktstruktur beziehungsweise Objektstruktur und einen verrichtungsorientierten Plan Projektstrukturplan. Vgl. dazu Platz, J.: Kapitel „Projektplanung". In: Platz, J.; Schmelzer, H. J.: Projektmanagement in der industriellen Forschung und Entwicklung. Einführung anhand von Beispielen

aus der Informationstechnik. Berlin 1986, S. 144; Platz, J.: 4.3.1 Projekt- und Produktstruktur-pläne als Basis der Projektplanung. In: Schelle et alii (Hrsg.): Loseblattsammlung „Projekte erfolgreich managen"

5   Platz, Projektplanung, a.a.O., S. 148

6   Platz, Projektplanung, a.a.O., S. 149 ff.

7   Peylo, E.; Neues Verfahren der dreidimensionalen Projektaufgabenstrukturierung, Wolff, U. (Hrsg.): Projektmanagement-Forum 93 Tagungsunterlagen. München 1993, S. 427–434

8   Madauss, B.: Projektmanagement. Ein Handbuch für Industriebetriebe, Unternehmens-berater und Behörden. Stuttgart 1984, S. 183

9   Hirzel, M.: Durch Standardisierung Innovationsprojekte beschleunigen. In: Hirzel, Leder & Partner (Hrsg.): Speed-Management. Geschwindigkeit zum Wettbewerbsvorteil machen. Wiesbaden 1992, S. 81–101, hier S. 92

10 Seibert, S.: Technisches Management. Innovationsmanagement, Projektmanagement, Qualitätsmanagement. Stuttgart – Leipzig 1998, S. 330

11 Reschke, H.; Svoboda, M.: Projektmanagement. Konzeptionelle Grundlagen. München 1984, S. 17

12 Andreas, D.; Sauter, B.; Rademacher, G.: Projekt-Controlling und Projektmanagement im Anlagen- und Systemgeschäft. 5. Auflage 1992, Frankfurt/M. S. 128

13 Reschke, Svoboda, a.a.O.

14 Miller, P. F. (Hrsg.): Project Cost Databanks. Working Party Report Association of Project Managers in conjunction with DHSS-Directorate of Work Construction Cost Intelligence. London 1988, S. 40

15 Burghardt, M.: Projektmanagement. Leitfaden für die Planung, Überwachung und Steuerung von Entwicklungsprojekten. München 1988, S. 204

C5 Ablauf- und Terminplanung

1   DIN 69 900, Teil 1, Netzplantechnik-Begriffe, August 1987

2   DIN 69 900, Teil 2, Netzplantechnik-Darstellungstechniken, August 1987

3   Elmaghraby, S. E., Activity Networks. New York – London – Sydney – Toronto 1977

4   Goldratt, E. M.: Critical Chain. Great Barrington MA 1997 bzw. Goldratt, E. M.: Die kritische Kette – Das neue Konzept im Projektmanagement. Frankfurt/M. 2002 (deutsche Überset-zung) und Techt, U.: Das aktuelle Stichwort: Critical-Chain-Projektmanagement. In: Projekt-management aktuell 2/2005, S. 14–15

Weiterführende Literatur

1   Albert, I.; Högsdal, B. 4.4.2 Meilenstein-Trendanalyse (MTA). In: Schelle, H.; Reschke, H.; Schnopp, R.; Schub, A. (Hrsg.): Loseblattsammlung „Projekte erfolgreich managen". 5. Aktualisierung, Köln 1994 ff.

2   DIN 69 901, Projektmanagement, August 1987

3   Groh, H.; Gutsch R. W. (Hrsg.): Netzplantechnik. Düsseldorf 1982, S. 36

4   Müller, D.: 4.4.1 Methoden der Ablauf- und Terminplanung von Projekten. In: Schelle et alii (Hrsg.), Loseblattsammlung etc.

5   Reschke, H.; Schelle H.; Schnopp, R. (Hrsg.): Handbuch Projektmanagement, Band 1 und 2, Köln 1989, Schwarze, J.: Projektmanagement mit Netzplantechnik. Herne – Berlin 2001

6   Ebd., Übungen zur Netzplantechnik

C6 Kosten- und Einsatzmittelplanung

1   Hilpert, N.; Rademacher, G.; Sauter, B.: Projektmanagement und Projektcontrolling im Anlagen- und Systemgeschäft. 6. Auflage, Frankfurt/M. 2001, S. 79

2 Brockhoff, K.: Prognoseverfahren für die Unternehmensplanung. Wiesbaden 1977, S. 63 u. 87

3 Hilpert, Rademacher, Sauter, a.a.O., S. 77

4 Zu Einzelheiten der Methode vgl. Boehm, B. W.: Wirtschaftliche Softwareproduktion. Wiesbaden 1986, S. 284 f.

5 Vgl. dazu vor allem Wolf, M. L. J.; Mlekusch, R.; Hab, G.: Projektmanagement live. Instrumente, Verfahren und Kooperationen als Garanten des Projekterfolgs. 5., neu bearbeitete Auflage mit CD, Renningen 2004, S. 111 ff.

6 Füting, U. Ch.: Troubleshooting im Projektmanagement. Frankfurt – Wien 2003, S. 90

7 Vgl. dazu für IT-Projekte Bundschuh, M.; Fabry, A.: Aufwandsschätzung von IT-Projekten. Bonn 2000, S. 280 ff. und für den Hochbau Mayer, P. E.: 4.6.2 Kostendatenbanken und Kostenplanung im Bauwesen. In: Schelle, H.; Reschke, H.; Schnopp, R.; Schub, A. (Hrsg.): Loseblattsammlung „Projekte erfolgreich managen". Köln 1994 ff.

8 Vgl. z.B. Brandenberger, J.; Ruosch, E.: Projektmanagement im Bauwesen. Zürich 1985, S. 136

9 VDI-Gesellschaft Entwicklung – Konstruktion – Vertrieb (Hrsg.): Angebotsbearbeitung – Schnittstelle zwischen Kunden und Lieferanten. Berlin – Heidelberg – New York 1999, S. 124 ff.

10 Hutzelmeyer, H.; Greulich, M.: Baukostenplanung mit Gebäudeelementen. Vollständige Hochbaukosten nach DIN 276. Köln-Braunsfeld 1983

11 Mayer, a.a.O., S. 19

12 Im Detail dazu Bundschuh; Fabry, a.a.O., S. 280 ff.

13 Miller, P. F. (Hrsg.): Project Cost Databanks. Working Party Report. Association of Project Managers in conjunction with DHSS-Directorate of Works Construction Cost Intelligence. London 1988

14 Seibert, S.: Softwaremessung, quantitative Projektsteuerung und Benchmarking. Wie helfen sie dem Software-Projektmanager? In: Projektmanagement aktuell, 2003 (4)

15 Bundschuh, M.: 4.6.9 Die Function-Point-Methode im praktischen Einsatz bei Softwareprojekten. In: Schelle et alii (Hrsg.): Loseblattsammlung etc., S. 8

16 Zu Details siehe Bundschuh; Fabry, a.a.O., S. 188 ff.

17 Großjohann, R.: Kostenschätzung von IT-Projekten. In: Ebert, Ch.; Dumke, R. (Hrsg.): Software-Metriken in der Praxis. Berlin – Heidelberg – New York 1996, S. 117–141

18 Scheuring. H.: Der www-Schlüssel zum Projektmanagement. Zürich 2002, S. 171

19 Ebd., S. 183

20 Scheuring, H.: Ressourcenplanung: Sache der Linie. In: Projektmanagement 3/96, S. 25

21 Schwarze, J.: Projektlogistik. In: Bloech, J.; Ihde, G. B. (Hrsg.): Vahlens Großes Logistiklexikon. München 1996, S. 846

22 Gudehus, T.: Logistik 1. Grundlagen, Verfahren und Strategien. Berlin – Heidelberg – New York 2000, S. 37

23 Vgl. dazu Ihde, G. B.: Transport, Verkehr, Logistik. Gesamtwirtschaftliche Aspekte und einzelwirtschaftliche Handhabung. 2., völlig überarbeitete und erweiterte Auflage, München 1991, S. 231 ff.

24 Gewald, K.; Kasper, K.; Schelle, H.: Netzplantechnik. Methoden zur Planung und Überwachung von Projekten. Band 3: Kosten- und Finanzplanung. München – Wien 1974, S. 68

25 Schelle, H.: 4.6.1 Projektkostenplanung und -kontrolle: Überblick und neuere Entwicklungen. In: Schelle et alii (Hrsg.): Loseblattsammlung etc., 14. Aktualisierung

26 Burghardt, M.: Projektmanagement. Leitfaden für die Planung, Überwachung und Steuerung von Entwicklungsprojekten. Berlin – München 1988, S. 297

27 Andreas, D.; Rademacher, G.; Sauter, B.: 7.3.1 Projektcontrolling bei Anlagen- und Systemgeschäften. In Schelle et alii (Hrsg.): Loseblattsammlung etc., und Hilpert, N.; Rademacher, G.; Sauter, B.: Projektmanagement und Projekt-Controlling im Anlagen- und Systemgeschäft.

6. Auflage, Frankfurt/M. 2002, S. 88 ff.

28 Seidenschwarz, W.: Target Costing und Prozesskostenrechnung. In: IFUA Horvath und Partner GmbH (Hrsg.): Prozesskostenmanagement. Methodik, Implementierung, Erfahrungen. Stuttgart 1991, S. 49–70, hier S. 50

29 Krause, H.: Erfahrungen mit dem Phasenmodell zur Entwicklung und Beschaffung von Wehrmaterial. In: Schelle, H. (Hrsg.): Symposium Phasenorientiertes Projektmanagement. Köln 1989, S. 75–97, hier S. 94

30 Lachnit, L.; Ammann, H.; Becker, B.: Controllingkonzeption für Unternehmen mit Projektleistungstätigkeit. Modell zur systemgestützten Unternehmensführung bei auftragsgebundener Einzelfertigung, Großanlagenbau und Dienstleistungsgroßaufträgen. München 1994

Weiterführende Literatur

Eine eingehende Darstellung der Projektlogistik mit zahlreichen Checklisten findet sich in: Riethmüller, W.; Lamping H.: 3.3 Projektlogistik im Anlagenbau. In: Schelle et alii (Hrsg.): Loseblattsammlung etc.

C7 Konfigurations- und Änderungsmanagement

1 Versteegen, G.; Weischedel, G. (Hrsg.): Konfigurationsmanagement Berlin – Heidelberg – New York 2002, S. 2

2 Glossar zum PM-DELTA der GPM Deutsche Gesellschaft für Projektmanagement

3 DIN EN ISO 10007. 1996, Beuth Verlag

4 Saynisch, M.: Konfigurationsmanagement: Konzepte, Methoden, Anwendungen und Trends. In Schelle, H.; Reschke, H.; Schnopp, R.; Schub, A. (Hrsg.): Loseblattsammlung „Projekte erfolgreich managen", Köln 1994 ff., S. 6, Abb. 4.7.1-1

5 DIN 69904. Projektwirtschaft – Projektmanagementsysteme – Elemente und Strukturen (11/00)

6 Versteegen, a.a.O., S. 7

7 DIN EN ISO 10007

8 Saynisch, a.a.O., S. 31, Abb. 4.7.1–8

9 Pannenbäcker, K.: Projektmanagement-Fachmann. Eschborn 2003, S. 1051, Abb. 4.5–13

10 Saynisch, a.a.O., S. 14, Abb. 4.7.1–5

11 Ebd., S. 12, Abb. 4.7.1–4

C8 Qualitätsmanagement
Weiterführende Literatur

1 Akao, Y.: QFD – Quality Function Deployment – Wie die Japaner Kundenwünsche in Qualität umsetzen. Landsberg am Lech 1992

2 Bechler, K. J.: Projektmanagement im Unternehmen richtig einführen – eine Herausforderung für Unternehmensleitung und Unternehmensberater. In: Lange, D. (Hrsg.): Management von Projekten. Know-how aus der Beraterpraxis. Stuttgart 1995

3 Clutterbuck, D.; Crainer, S.: Die Macher des Managements. Wien 1991

4 Crosby, P. B.: Qualität ist und bleibt frei. Wien 1996

5 DIN Deutsches Institut für Normung e.V. (Hrsg.): Qualitätsmanagement und Statistik – Anleitung zur Auswahl aus der Normenreihe DIN EN ISO 9000 und den unterstützenden Normen, Normensammlung Berlin – Wien – Zürich 2004

6 Frehr, H.-U.: Total Quality Management – Unternehmensweite Qualitätsverbesserung. München – Wien 1993

7 Hauser, J. R.; Clausing, D.: The House of Quality. In: HBR, 5–6/1988, S. 63–73

8   Hummel, T.; Malorny, C.: Total Quality Management-Tips für die Einführung. München 1996

9   Kamiske, G. F.; Brauer, J.-P.: ABC des Qualitätsmanagement. München – Wien 1996

10 Lümkemann, H.: Das Capability Maturity Model (CMM). Dortmund 2000

11 Motzel, E.: Zertifizierung im Projektmanagement – aktueller Stand in der Bundesrepublik Deutschland. In Projekt Management. Köln 2/1996

12 Ottmann, R.: Qualitätsmanagement mit DIN EN ISO 9000 – Projektmanagement effizient einführen. In: Lange, D. (Hrsg.): Management von Projekten. Know-how aus der Beraterpraxis. Stuttgart 1995

13 Ottmann, R.: Projektmanagement, die Mega-Methode zur Krisenbewältigung. In: Feyerabend, F.-K.; Grau, N. (Hrsg.): Aspekte des Projektmanagements – Eine praxisorientierte Einführung. Gießen 1995

14 Theden, P.; Colsman, H.: Qualitätstechniken – Werkzeuge zur Problemlösung und ständigen Verbesserung. München – Wien 1996

15 Zink, K. J.; Voß, W.: Wettbewerbsvorsprung durch Qualität. Eschborn 1997

Websites

1   SPICE – Software Process Improvement and Capability Determination www.sqi.gu.edu.au/spice/, 23.4.2004

2   BOOTSTRAP www.synspace.com/D/Assessments/bootstrap.html

C9 Fortschrittskontrolle und Projektsteuerung

1   Motzel, E.: Fortschrittskontrolle im Anlagenbau. In: Reschke, H.; Schelle, H.; Schnopp, R.: Handbuch Projektmanagement, Band I. Köln 1989, S. 509–528 (I) und Motzel, E.: 4.9.2 Fortschrittskontrolle bei Investitionsprojekten. In: Schelle, H.; Reschke, H.; Schnopp, R.; Schub, A. (Hrsg.): Loseblattsammlung „Projekte erfolgreich managen". Köln 1994 ff. (II)

2   Souder, E. E.: Experiences with a R&D Project Control Model. In: IEEE Transactions on Engineering Management, Vol. EM-15 (1968), S. 39–49

3   Wehking, F.: Projektfortschrittsmessung und -berichterstattung bei F&E-Projekten. In: Reschke, H.; Schelle, H.; Schnopp, R.: (Hrsg.): Handbuch Projektmanagement. Band I, S. 493–508, hier S. 501

4   Motzel, Fortschrittskontrolle im Anlagenbau (I), S. 518

5   NASA (Hrsg.): DOD and NASA PERT/Cost Guide. Washington 1962

6   Seibert, S.: Softwaremessung, quantitative Projektsteuerung und Benchmarking. Wie helfen sie dem Software-Projektmanager? In: Projektmanagement aktuell 4/2003, S. 26–34, hier S. 28

7   Zu Details siehe Bundschuh, M.; Fabry, A.: Aufwandschätzung von IT-Projekten. Bonn 2000, S. 179 ff.

8   Seibert, a.a.O., S. 32

9   Weinberg, G.: The Psychology of Computer Programming. New York 1971, S. 101

10 Souder, a.a.O.

11 Wehking, a.a.O., S. 499. Vgl. dazu auch Rüsberg, K. H.: Die Praxis des Projektmanagements. München 1971, S. 94

12 Wehking, a.a.O., S. 499

13 Ebd.

14 Motzel, Fortschrittskontrolle I und II

15 Souder, W. E.: The Validity of Subjective Probability of Success Forecasts by R&D Project Managers. IEEE Transactions on Engineering Management. Vol. EM-16 (1964), S. 35–49

16 Browne, N.: The Program Manager's Guide to Software Acquisition Best Practices. Arlington, VA 1995, zitiert nach Hall, E. M.: Managing Risks. Methods for Software Development.

Boston 1998, S. 112

17 Zitiert nach Seibert, a.a.O., S. 33

18 Madauss, B. J.: Handbuch Projektmanagement. 5., überarbeitete und erweiterte Auflage, Stuttgart 1994, S. 230

19 Wünnenberg, H.: 4.9.3 Die Projekt-Status-Analyse. In: Schelle et alii (Hrsg.): Loseblattsammlung etc., 8. Aktualisierung, S. 3

20 Siemens AG

21 Wolf, M. L. J.: Die Projektstatusbesprechung als Informationsdrehscheibe nutzen. In: Schelle et alii (Hrsg.): Loseblattsammlung etc., 10. Aktualisierung, S. 15

22 Ebd. S. 15 f.

23 Platz, J.: 4.9.1 Aufgaben der Projektsteuerung – Ein Überblick. In: Schelle et alii (Hrsg.): Loseblattsammlung etc., S. 233 ff.

24 Ebd. S. 233 ff.

C10 Projektabschluss und Projektlernen

1 Patzak, G.; Rattay, G.: Projektmanagement. Leitfaden zum Management von Projekten, Projektportfolios und projektorientierten Unternehmen. 2. Auflage, Wien 1997, S. 380

2 Hansel, J.; Lomnitz, G.: Projektleiter-Praxis. Erfolgreiche Projektabwicklung durch verbesserte Kommunikation und Kooperation. New York – Berlin – Heidelberg 1987, S. 194

3 Hamburger, D. A.; Spirer, H. F.: Project Completing. In: Kimmons, R. L.; Loweree, J. H. (Hrsg.): Project Management: A reference for professionals. New York 1989, S. 587–616

4 Geißler, Kh.: Schlußsituationen. Die Suche nach dem guten Ende. Weinheim – Basel 1992, S. 34

5 Sackmann, S.: 6.5.1 Teambildung in Projekten. In: Schelle, H.; Reschke, H.; Schnopp, R.; Schub, A. (Hrsg.): Loseblattsammlung „Projekte erfolgreich managen". 6. Ergänzungslieferung, Köln 1994 ff., S. 31 f.

6 Doujak, A.; Rattay, G.: Phasenbezogenes Personalmanagement in Projekten. In: Gareis, R. (Hrsg.): Projekte und Personal. Projektmanagementtag 1990. Wien 1991, S. 109–116

7 Ein sehr detailliertes Drehbuch für eine Abschlusssitzung findet sich in dem Buch von Kerth, N. L.: Post Mortem. Projekte erfolgreich auswerten. Bonn 2003

8 Zum Beispiel Wolf, M. L. J.; Mlekusch, R.; Hab, G.: Projektmanagement live. Instrumente, Verfahren und Kooperation als Garanten des Projekterfolgs. 5., neu bearbeitete, Auflage Renningen 2004, S. 213 und Gareis, R.: Happy Projects. Wien 2003, S. 374 f.

9 Schelle, H.: Projekte zum Erfolg führen. 4. Auflage, München 2004, S. 282

10 Vgl. z.B. Mayer, P. E.: 4.6.2 Kostendatenbanken und Kostenplanung im Bauwesen. In: Schelle H. et alii (Hrsg.): Loseblattsammlung etc.

11 Seibert, S.: Softwaremessung, quantitative Projektsteuerung und Benchmarking. Wie helfen sie dem Software-Projektmanager? In: Projektmanagement aktuell, 2003 (4), S. 26–34

12 Möller, K.; Paulish, D. J.: Software Metrics. London 1993

13 George, G.: 4.10.4 Kennzahlen und Kennzahlensysteme für das Projektmanagement. In Schelle et alii (Hrsg.): Loseblattsammlung „Projekte erfolgreich managen"

14 Patzak, Rattay., a.a.O., S. 403

15 Streich, R. K.; Marquardt, M.: Projektteamverfahren. In: Streich, R. K.; Marquardt, M.; Sanden, H. (Hrsg.): Projektmanagement. Prozesse und Praxisfelder. Stuttgart 1996, S. 32–58, hier S. 42 f.

16 Ottmann, R.: 4.10.2 Projektbenchmarking PBM – Analyse der besten Praktiken. In: Schelle et alii (Hrsg.): Loseblattsammlung etc., 10. Aktualisierung, S. 15

17 Schindler, M.; Eppler, M. J.: Harvesting project knowledge: A review of project learning methods and success factors. In: International Journal of Project Management 21 (2003), S. 219-228

C11 IT-Unterstützung

1 Eine eingehende Darstellung bietet Dworatschek, S.: 5.2 Projektmanagement-Software. In: Schelle, H.; Reschke, H.; Schnopp, R.; Schub, A. (Hrsg.): Loseblattsammlung „Projekte erfolgreich managen". Köln 1994

2 Ahlemann, F.: Comparative Market Analysis of Project Management Systems. University of Osnabrück, 2. Auflage, Osnabrück 2004 (www.pm-studie.de). und Schelle, H.: Benchmarking von PM-Software. Vergleichende Analyse der Universität Osnabrück. In: Projektmanagement aktuell 4/2003, S. 35–39

3 Hayek, A.: Projektmanagement-Software. Anforderungen und Leistungsprofile. Verfahren der Bewertung und Auswahl sowie Nutzungsorganisation von Projekt-Software. Köln 1993, S. 25 (Schriftenreihe der Deutschen Gesellschaft für Projektmanagement; hrsgg. von H. Schelle)

4 Vgl. dazu z.B. Bartsch-Beuerlein, S.; Klee, O.: Projektmanagement mit dem Internet. Konzepte und Lösungen für virtuelle Teams. München – Wien 2001, S. 107 ff. und Schott, E.; Campana, Ch., Kuhlmann, A.: 5.4 Unterstützung des Projektmanagements durch IT-Plattformen. In: Schelle et alii (Hrsg.): Loseblattsammlung etc., 15. und 16. Aktualisierung

5 Schott et alii, a.a.O.

6 Graf, G.; Jordan, G.: Virtuelles Teammanagement im Projekt. Eine neue Herausforderung im Umgang mit Hochleistungsteams – ein Diskussionsansatz. In: Projektmanagement 3 (2002), S. 21–28, hier S. 27

7 Scheuring, H.: Der www-Schlüssel zum Projektmanagement. Zürich 2002, S. 185 f.

8 Die Befragung wurde im Frühjahr 2002 von Dr. Karsten Hoffmann, Aresh Yalpani und dem Verfasser im Auftrag der GPM durchgeführt.
   Alle Ergebnisse finden sich unter www.asynchron.de.

9 Ahlemann, a.a.O., S. 63 ff.

D1 Projektleiter

1 Kap C, S. 67

2 DIN 69 901

3 Hansel, J.: 6.5.2.4 Mit Projektcoaching schwierige Projektsituationen erfolgreich meistern. In: Schelle, H.; Reschke, H.; Schnopp, R.; Schub A. (Hrsg.): Loseblattsammlung „Projekte erfolgreich managen". 13. Aktualisierung, Köln 1994 ff., S. 9

4 Ebd., S. 10

5 Siehe auch: Kuhlmann, U.: Was ist wichtig bei der Besetzung von Projektleiterstellen? In: Projekt Magazin (Online), Ausgabe 16/02, S. 2

6 Sackmann, S. A.: 6.5.1 Teambildung in Projekten. In: Schelle et alii (Hrsg.): Loseblattsammlung etc., 6. Aktualisierung, S. 5 f.

7 Ebd.

8 ICB, a.a.O., S. 67

9 Hofstetter, H.: 1.5 Der Faktor Mensch im Projektmanagement. In: Schelle et alii (Hrsg.): Loseblattsammlung etc., 3. Aktualisierung, S. 16

10 ICB Kap. C S. 68–75

11 Wildemann, B.: Professionell führen., 4., erweiterte Auflage, Neuwied 1999, S. 51 ff.

12 Kessler, H.: 9.2 Auswahl und Einsatz von Projektpersonal – Checklisten. In: Schelle et alii (Hrsg.): Loseblattsammlung etc., 21. Aktualisierung, S. 2

13 Meyer, H.: Personalwirtschaft und Projektmanagement. In: Projektmanagement-Fachmann (GPM/RKW), S. 1223

14 Ebd., S. 1224
15 Nach Motzel, E.: 8.2 Qualifizierung und Zertifizierung von Projektpersonal. In: Schelle et alii (Hrsg.): Loseblattsammlung etc., 9. Aktualisierung, S. 46
16 Kessler, a.a.O., S. 6 ff
17 PM-ZERT
18 Nach Lechler, T.: 1.8 Erfolgsfaktoren des Projektmanagements, In: Schelle et alii (Hrsg.): Loseblattsammlung etc., 8. Aktualisierung, S. 14 f.
19 Lechler a.a.O., S. 18 f.
20 Knöpfel, H.; Gray, C.; Dworatschek, S.: Projektorganisationsformen: Internationale Studie über ihre Verwendung und ihren Erfolg. In: Projekt Management, 1992, Nr. 1, S. 3–14 (siehe auch Kapitel A6)

D2 Arbeitshilfen für den Projektleiter

1   In Anlehnung an Rohwedder, A.; Milszus, W.: Selbstmanagement. In: Projektmanagement-Fachmann (GPM/RKW), S. 393 ff.
2   Ebd. S. 393 ff.
3   In Anlehnung an Seiwert, L. .: Mehr Zeit für das Wesentliche. Landsberg 1994
4   In Anlehnung an Rohwedder; Milszus, a.a.O., S. 393 ff.
5   Lomnitz, G.: „Nicht-Entscheiden" hat System – Ursachen erkennen und richtig reagieren. Projekt Magazin (online), Ausgabe 17/03
6   Nach einer unveröffentlichten Ausarbeitung von Ottmann, R., München 2004
7   Gordon, T.: Managerkonferenz. 18. Auflage, New York 1999, S. 67
8   ICB, S. 53
9   Nach Pannenbäcker, O.: Methoden zur Problemlösung. In: Projektmanagement-Fachmann (GPM/RKW), S. 841 ff. Aus: Battelle-Institut (Hrsg.): Battelle-Marketing-Compendium – Probleme und Methoden des Marketing in der Produktions- und Investitionsgüterindustrie. Bericht über ein Gruppenprojekt. Frankfurt 1974
10 Bergfeld, H.: Kreativitätstechniken. In: Projektmanagement-Fachmann (GPM/RKW), S. 811 ff.
11 In Anlehnung an Pannenbäcker, a.a.O., S. 842
12 Kellner, H.: Richtig präsentieren: Drei Kernbotschaften an das Unterbewusstsein steigern Ihren Erfolg. In: Projekt Magazin (online)
13 Kellner, H.: Ganz nach oben durch Projektmanagement, S. 195
14 In Anlehnung an Wittenzellner, C.: Präsentieren. München 2001, Kapitel 27
15 Ebd.
16 Ebd. Kapitel 15 ff.
17 Nach einer unveröffentlichten Ausarbeitung von Ottmann, R., München 2004
18 Bergfeld, H.: 3.9 Kreativitätstechniken. In: Projektmanagement-Fachmann (GPM/RKW), S. 809 ff.
19 Ebd.
20 Ebd.

D3 Qualifizierte Teams bilden und führen

1   GPM/RKW (Hrsg.): Soziale Kompetenz. In: Projektmanagement-Fachmann (GPM/RKW), S. 269 f.
2   In Anlehnung an Ullrich/Ullrich de Muynck. In: Projektmanagement-Fachmann (GPM/RKW), 1978, S. 270
3   Högl, M.: Teamarbeit in innovativen Projekten. Einflussgrößen und Wirkungen. Wiesbaden 1998, S. 164 f.
4   Ebd., S. 97
5   Sackmann, S. A.: 6.5.1 Institutionensysteme in Projekten. In: Schelle, H.; Reschke, H.; Schnopp,

R.; Schub, A. (Hrsg.): Loseblattsammlung „Projekte erfolgreich managen", 6. Aktualisierung, Köln 1994 ff. S. 39

6   Ebd., S. 6 ff.

7   Bezieht sich auf Denison, D. R.; Hart, S. L.; Kahn, J. A.: From Chimneys to Cross-Functional Teams: Developing and Validating a Diagnostic Model. In: Academy of Management Journal 1996, Ausgabe 39, Nr. 4, S. 1005–1023

8   Mayrshofer D.; Ahrens, S.: 6.5.3.3.3 Der Teamentwicklungsprozess. In: Schelle et alii (Hrsg.): Loseblattsammlung etc., 13. Aktualisierung, S. 6 f.

9   Ingham, H.; Luft, J.: The Johari window, a graphic model for interpersonal relations. Western Training laboratory in Group Development. Los Angeles, University of California, Extension Office, 1955

10 Langmaack, B.; Braune-Krickau, M.: Wie die Gruppe laufen lernt. 5. Auflage, Weinheim 1995

11 ICB, S. 45

12 Mayrshofer; Ahrens, a.a.O., S. 7 f.

13 ICB, a.a.O

14 In Anlehnung an Schelle, H.: Projekte zum Erfolg führen. 4., überarbeitete Auflage, München 2004, S. 72

15 ICB, a.a.O

16 Baitsch, C.: 1994, St. Gallen zitiert von Denisow, K. In: Soziale Strukturen, Gruppen und Team. In: Projektmanagement-Fachmann (GPM/RKW) S. 348

17 In Anlehnung an: Hofstätter, P. R.: Gruppendynamik. Hamburg 1986

18 Baitsch, a.a.O.

19 In Anlehnung an Hofstätter, a.a.O.

20 Baitsch, a.a.O. S. 348

21 In Anlehnung an Wittstock, M.; Triebe, J.: Soziale Wahrnehmung. In: Projektmanagement-Fachmann (GPM/RKW) S. 277 ff.

22 Ebd.

23 Ebd.

24 Staehle, W.: Management. 2. Auflage, Wiesbaden 1985, S. 436 ff.

25 ICB, S. 75

26 Högl, a.a.O., S. 166 f.

27 Schelle, Projekte zum Erfolg führen, a.a.O., S. 67

28 Gregor-Rauschtenberger, B.; Hansel, J.: Innovative Projektführung. Berlin – Heidelberg – New York, S. 33 ff.

29 Sprenger, R. K.: Mythos Motivation. Wege aus einer Sackgasse. 16. Auflage, Frankfurt – New York 1999

30 In Anlehnung an die Maslow'sche Bedürfnispyramide (Maslow 1954)

31 Hansel, J.: 6.5.2 Mit Projektcoaching schwierige Projektsituationen erfolgreich meistern. In: Schelle et alii (Hrsg.), Loseblattsammlung etc., 9. Aktualisierung, S. 24

32 ICB, S. 57

33 PM-ZERT

34 Meyer, H.: Personalwirtschaft und Projektmanagement. In: Projektmanagement-Fachmann (GPM/RKW), S. 1227

Weiterführende Literatur

1   Rohr, R.; Ebert, A.: Das Eneagramm. München 2004

D4   Kommunikation

1   Müller, G.: Konflikte vermeiden durch aufrichtiges Kommunizieren. In: Projekt Magazin

2 Mayrshofer, D.; Kröger, H.: Prozesskompetenz in der Projektarbeit: Ein Handbuch für Projekt-leiter, Prozessberater und Berater mit vielen Praxisbeispielen. Hamburg 1990, S. 89

3 Wolf, M. L. J.: 4.9.4 Die Projektstatusbesprechung als Informationsdrehscheibe nutzen. In: Schelle, H.; Reschke, H.; Schnopp, R.; Schub, A. (Hrsg.): Loseblattsammlung „Projekte erfolgreich managen". 10. Aktualisierung, S. 7

4 Mayrshofer, D.; Ahrens, S.: 6.5.3 Konflikte im Projekt. In: Schelle et alii (Hrsg.): Loseblatt-sammlung etc., 13. Aktualisierung, S. 15 f.

5 Ebd.

6 Abresch, J.-P.: Projektumfeld und Stakeholder. In: Projektmanagement-Fachmann (GPM/RKW), S. 76

7 Wolf, a.a.O., S. 4

8 Ebd.

9 ICB 21, S. 43

10 Kellner, H.: Ganz nach oben durch Projektmanagement. S. 195

11 Oechtering, R. P.: Theorie kontra Praxis: Wie offen lassen sich Projektrisiken kommunizieren? In: Projekt Magazin (online), Ausgabe 14/03

12 Kellner, a.a.O., S. 191

D5 Konflikte und Krisen

1 ICB 26, S. 48

2 Sackmann, S. A.: 6.5.1 Teambildung in Projekten. In: Schelle, H.; Reschke, H.; Schnopp, R.; Schub, A. (Hrsg.): Loseblattsammlung „Projekte erfolgreich managen". 6. Aktualisierung, S. 13

3 Hier stellvertretend genannt: Glasl, F.: Konfliktmanagement. Ein Handbuch für Führungs-kräfte und Berater. Stuttgart 1997

4 ICB 26, S. 48

5 Schelle, H.: Projekte zum Erfolg führen. 4. Auflage, München 2004, S. 234 ff.

6 Mayrshofer, D.; Kröger, H.: Prozesskompetenz in der Projektarbeit: Ein Handbuch für Projekt-leiter, Prozessberater und Berater mit vielen Praxisbeispielen. Hamburg 1990, S. 29 ff.

7 Mayrshofer, D.; Ahrens, S.: 6.5.3 Konflikte im Projekt. In: Schelle et alii (Hrsg.): Loseblatt-sammlung etc., 13. Aktualisierung, S. 4

8 Ebd., S. 9 ff.

9 Kellner, H.: Projekte konfliktfrei führen. München – Wien 2000, S. 42

10 Mayrshofer; Kröger, a.a.O., S. 89 (leicht abgewandelt)

11 Pondy, L. R.: Organisationaler Konflikt: Konzeptionen und Modelle. In: Türk, K. (Hrsg.): Orga-nisationstheorie. Hamburg 1975, S. 235–251

12 In Anlehnung an Glasl, F.: Konfliktmanagement. Ein Handbuch für Führungskräfte, Beraterin-nen und Berater. 6., ergänzte Auflage Bern – Stuttgart 1999

13 In Anlehnung an Fleischer, T.: Zur Verbesserung der sozialen Kompetenz von Lehrern und Schulleitern. Hohengehren 1990, S. 144 f.

14 ICB 26, S. 48

15 In Anlehnung an Mayrshofer, Kröger a.a.O., S. 89

16 Ebd., S. 90 (leicht abgewandelt)

17 In Anlehnung an Redlich, A.: Konfliktmoderation. Hamburg 1997, S. 3 ff.

18 ICB 26, S. 48

19 Neubauer, M.: 4.9.5 Krisenmanagement in Projekten. In: Schelle et alii (Hrsg.): Loseblatt-sammlung etc., 14. Aktualisierung, S. 1 ff.

20 Gareis, R.: Happy Projects. Wien 2003, S. 361

21 Gareis, a.a.O., S. 362; Schelle; a.a.O., S. 230; Neubauer, M.: Krisenmanagement in Projekten.

Handeln, wenn Probleme eskalieren. Berlin – Heidelberg – New York 1999, S. 20

22 In Anlehnung an Neubauer, M.: 4.9.5 Krisenmanagement in Projekten. In: Schelle et alii (Hrsg.): Loseblattsammlung etc., 14. Aktualisierung, S. 4 f.

23 Triebe, J. K.; Wittstock. M: Konfliktmanagement. In: Projektmanagement-Fachmann (GPM/RKW), S. 441

24 Glasl, F.: Konfliktmanagement. 3. Auflage), Bern 1992, S. 74 f.

25 Neubauer, a.a.O., S. 8

Weiterführende Literatur

1 Sparrer, I.; Varga von Kibed, M.: Ganz im Gegenteil. Tetralemmaarbeit und andere Grundformen Systemischer Strukturaufstellungen. Heidelberg 2003

2 Rosenberg, M. B.: Gewaltfreie Kommunikation. Eine Sprache des Lebens. Paderborn 2001 (überarbeitete, erweiterte Neuauflage, Originaltitel: Nonviolent Communication)

E1 Programm- und Multiprojektmanagement

1 VDI-Gesellschaft Entwicklung Konstruktion Vertrieb (Hrsg.): Angebotsbearbeitung – Schnittstelle zwischen Kunden und Lieferanten. Berlin – Heidelberg 1999, S. 7

2 Lomnitz, G.: Multiprojektmanagement. Projekte planen, vernetzen und steuern. Landsberg/Lech 2001, S. 22

3 Ebd., S. 23

4 Ebd., S. 72

E2 Projektauswahl und Unternehmensstrategie

1 Siehe dazu vor allem Schelle, H.: 2.2 Projektmanagement und Geschäftsfeldstrategie. In: Schelle, H.; Reschke, H.; Schnopp, R.; Schub, A. (Hrsg.): Loseblattsammlung „Projekte erfolgreich managen". 7. Aktualisierung, Köln 1994 ff.

2 Scheuring, H.: Der www-Schlüssel zum Projektmanagement. Zürich 2002, S. 169

3 King, W. R.: The Role of Projects in the Implementation of Business Strategy. In: Cleland, D. J.; King, W. R. (Hrsg.): Project Management Handbook. 2. Auflage, New York 1988, S. 129–39

4 Seibert, S.: Auf dem Weg zum projektorientierten Unternehmen: PM-Experten zur Zukunft des Projektmanagements. In: Projektmanagement aktuell 4 (2004), S. 3–11, hier S. 4

5 Gareis, R.: 1.4. Management by Projects. In: Schelle, H. et alii (Hrsg.): Loseblattsammlung etc., S. 40 ff.

6 Melzer, B.H.; Kerzner, H.: Strategic Planning: Development and Implementation. Blue Ridge Summit 1989, S. 253

7 Schubert, B.: Entwicklung von Konzepten für Produktinnovationen mittels Conjoint-Analysen. Stuttgart 1991, S. 281

8 Die Investitionsrechnung ist ein umfangreiches Teilgebiet der BWL. Die Einarbeitung erfordert hohen Zeitaufwand und Kenntnisse der Finanzmathematik. In diesem Buch kann nur eine sehr knappe Einführung geboten werden. Der interessierte Leser wird unter anderem auf das didaktisch sehr gut gemachte Buch von Grob (siehe Anmerkung 13 in dieser Liste) verwiesen.

9 Wöhe, G.; Döring, U.: Einführung in die Allgemeine Betriebswirtschaftslehre. 20., neu bearbeitete Auflage, München 2000, darin das Kapitel „Investitionsplanung und Investitionsrechnung", S. 617 ff. Die weiteren Ausführungen zur Investitionsrechnung lehnen sich eng an dieses Werk an.

10 Horvath, P.: Controlling. 5. Auflage, München 1994, S. 461

11 Wöhe; Döring, a.a.O., S. 633

12 Ebd.

13 Grob, H. L.: Einführung in die Investitionsrechnung. Eine Fallstudiengeschichte.
    München 2001, S. 36

14 Vgl. dazu z.B. Seibert, S.: Technisches Management. Innovationsmanagement – Projektmana-
    gement – Qualitätsmanagement. Stuttgart – Leipzig 1998, S. 262 ff.

15 Horvath, a.a.O., S. 461

16 Ruttkamp, P.; Eicker, M.: Controlling in Aktion. In: Controller Magazin (1978), S. 205–220,
    hier S. 214

17 VDI-Gesellschaft Entwicklung Konstruktion Vertrieb (Hrsg.): Angebotsbearbeitung – Schnitt-
    stelle zwischen Kunden und Lieferanten. Kundenorientierte Angebotsbearbeitung für Inve-
    stitionsgüter und industrielle Dienstleistungen. Berlin – Heidelberg – New York 1999, S. 73 ff.
    und Hilpert, N.; Rademacher, G.; Sauter, B.: Projekt-Management und Projekt-Controlling im
    Anlagen- und Systemgeschäft. 6. Auflage, Frankfurt/M. 2001, S. 65 ff.

18 Lange, D.: Projekte frühzeitiger „controllen". In: Lange, D. (Hrsg.): Management von Projekten.
    Know-how aus der Beraterpraxis. Stuttgart 1995, S. 21–45

19 Kühn, F.; Hochstrahs, A.; Pleuger, G.: Steuerung des Projektportfolios nach Strategiebezug
    und Wirtschaftlichkeit. In: Hirzel, M.; Kühn, F.; Wollmann, P.: Multiprojektmanagement.
    Strategische und operative Steuerung von Projektportfolios. Frankfurt/M. 2002, S. 52

20 Abresch, P.; Hirzel, M.: Synergien in der Projektelandschaft erkennen und nutzen. In: Hirzel;
    Kühn; Wollmann, a.a.O., S. 110–116, hier S. 114

21 Gackstatter, S.; Habenicht, W.: 4.2.8 Projekte auswählen durch ganzheitliche F&E-Programm-
    planung. In: Schelle, H. et alii (Hrsg.): Loseblattsammlung etc., 11. Aktualisierung

E3 Operatives Multiprojektmanagement

1   Lomnitz, G.: Multiprojektmanagement. Projekte planen, vernetzen und steuern.
    Landsberg/Lech 2002, S. 52

2   Ebd., S. 57 ff.

3   Patzak und Rattay, a.a.O., S. 441

4   Vgl. im Detail Fischer, F.: Korrelationen von Risiken im Projektportfoliomanagement. Ein
    hybrides Entscheidungsmodell für die Selektion alternativer Projektportfolien. In: Projekt-
    management 3 (2004), S. 25–33

5   Lomnitz, a.a.O., S. 24

6   Zum Anforderungsprofil des Multiprojektmanagers ausführlich Lomnitz, a.a.O., S. 72 ff.

7   Campana, Ch.; Reschke, H.; Schott, E.: 6.2.3 Project Office-Implementierung und -Veranke-
    rung im Unternehmen. In: Schelle, H.; Reschke, H.; Schnopp, R.; Schub, A. (Hrsg.): Loseblatt-
    sammlung „Projekte erfolgreich managen". 18. Aktualisierung, S. 22

8   Block, T.; Frame, R.; Davidson, J.: The Project Office. A Key to Managing Projects Effectively.
    Menlo Park (CA) 1998

F1 Projektmanagement einführen

1   Rosenstiel, L. von: Verhaltenswissenschaftliche Grundlagen von Veränderungsprozessen. In:
    Reiß, M.; Rosenstiel, L. von; Lanz, A.: Change Management. Programme, Projekte und Pro-
    zesse. Stuttgart 1997, S. 191–212, hier S. 197

2   Ebd.

3   Reiß, M.: Change Management als Herausforderung. In: Reiß et alii, Change Management.
    Programme, Projekte und Prozesse. S. 5–29, hier S. 17

4   Modifiziert: Doppler, K.; Lautenburg, C.: Change Management. Den Unternehmenswandel
    gestalten. 2. Auflage, Frankfurt/M. – New York 1994, S. 207, zitiert nach Wahl, R.: Die Imple-
    mentierung von Projektmanagementkonzepten in der Praxis. Eine empirische Analyse. In:

Projektmanagement aktuell 3/2001, S. 9–18, hier S. 13

5 Hansel, J.; Lomnitz, G.: Projektleiter-Praxis. Erfolgreiche Projektabwicklung durch verbesserte Kommunikation und Kooperation. Berlin – Heidelberg – New York 1987, S.123

6 Ebd., S. 125

7 DeMarco, T.: Spielräume. Projektmanagement jenseits von Burn-out, Stress und Effizienzwahn. München – Wien 2001

8 Hansel; Lomnitz, a.a.O., S. 150 f.

9 Kraus, H.: Einfluss des angewandten Projektmanagements auf die Arbeitszufriedenheit der in einer Projektorganisation integrierten Personen. Eine Felduntersuchung in der Automobilindustrie. Dissertatation, Karlsruhe 1995, S. 243

10 Platz, J.: Projektmanagement erfolgreich einführen. In: Projektmanagement 2(92), S. 5–13, hier S. 12

11 Wahl, a.a.O., S. 16 ff.

12 Vgl. dazu insbesondere Kessler, H.: 8.4 Karriere machen in und durch Projektmanagement. In: Schelle, H.; Reschke, H.; Schnopp, R.; Schub, A. (Hrsg.): Loseblattsammlung etc., 19. Aktualisierung, Köln 1994 ff.

13 Hilpert, N.; Rademacher, G.; Sauter, B.: Projekt-Management und Projekt-Controlling im Anlagen- und Systemgeschäft. 6. Auflage, Frankfurt/M. 2001, S. 139

14 KPMG Strategic and Technology Service Group (Hrsg.): What went wrong? Unsuccessful Information Technology Projects; The Standish Group International Inc. (Hrsg.): Chaos. Application Project and Failure. January 1995; KPMG Great Britain (Hrsg.): Why do so many projects still fail when we invest so much in training? In: KWORLD January 2001 (Daily-Telegraph-Studie). Alle drei Arbeiten zitiert nach Gaulke, M.: Risikomanagement in IT-Projekten. München – Wien 2002, S. 35 f.

15 Wahl, a.a.O., S. 10

16 Witte, E.: Organisation für Innovationsentscheidungen. Das Promotoren-Modell. Göttingen 1973, S. 17

17 Platz, a.a.O., S. 18 ff.

18 Ebd.

19 Im Gegensatz zu Platz, der die Formierung des Projektteams erst in der Phase 1 empfiehlt, ist der Verfasser der Meinung, dass dies schon früher geschehen muss.

20 Hilpert et alii, a.a.O., S. 64

21 Ebd., S. 181 f.

F2 Projektmanagement optimieren

1 www.sei.cmu.edu/cmm/cmm.html (16.9.04)

2 Paulk, M. C.: How ISO 9001 compares with the CMM. In: IEEE Transactions on Software, Ausgabe Nr. 12, No.1, Januar 1995, S. 74–83

3 Dymond, K. M.: CMM Handbuch. Das Capability Maturity Model für Software. Berlin – Heidelberg – New York 2002, S. 16

4 Balzert, H.: Lehrbuch der Softwaretechnik. Software Management, Software-Qualitätssicherung, Unternehmensmodellierung. Heidelberg – Berlin 1998, S. 11

5 http://www.sei.cmu.edu/cmmi.html (1.12. 04)

6 Stienen, H.: Nach CMM und BOOTSTRAP: SPICE. Die neue Norm für Prozessbewertungen. In: Informatik. Informatique, Heft 6, 1999, S. 16–21

7 Kerzner, H.: Strategic Planning for Project Management Using a Project Management Maturity Model. New York 2001, S. 4–1

8 Project Management Institute (Hrsg.): Organizational Project Management Model (OPM3).

Knowledge Foundation. Newton Square, Pennsylvania 2003

9 Ebd., S. 13

10 Ebd., S. 37

11 Fettdruck durch den Verfasser, um die gewählte Systematik hervorzuheben

12 Projektmanagement Institute, a.a.O., S. 44

13 www.gpm-ipma.de/11-2.htm (7.10.04)

14 Lebsanft, K.; Westermann, F.: Projektmanagement-Assessment bei Siemens. In: Projekt-management aktuell 4 (2003), S. 16–25, hier S. 22

15 Ebd., S. 24

16 Cooke-Davies, T.: Project Management Maturities Models. Does it make sense to adopt one? In: Project Manager Today, May 2002, S. 16–20

17 Glinz, M.: Eine geführte Tour durch die Landschaft der Software-Prozesse und Prozessverbes-serung. In: Informatik. Informatique, Heft 6, 1999, S. 7–11

18 Ebd., S. 11

19 Ruskin, A. M.: Project Management Maturity Models. In: Duncan, W. R. (Hrsg.): PM Network. October 1998, S. 4, zitiert nach Motzel, a.a.O., S. 36

F3 Normen

1 Vgl. dazu Waschek, G.: 1.6 Normen im Projektmanagement. In: Schelle, H.; Reschke, H.; Schnopp, R.; Schub, A. (Hrsg.): Loseblattsammlung „Projekte erfolgreich managen", 18. Aktualisierung. Köln 1994 ff. Das Kapitel F3 orientiert sich stark an der Ausarbeitung von Waschek, der Leiter des DIN-Ausschusses Netzplantechnik und Projektmanagement ist. Siehe auch Motzel, E.: 1.9 Standards und Kompetenzmodelle im Projektmanagement, ebd., 18. Aktualisierung

2 Project Management Institute (Ed.): A Guide to the Project Management Body of Knowledge. Third Edition (PMBOK Guide), Newton Square Pennsylvania 2004